组合数、递推序列与同余式

Binomial Coefficients, Recurrence Sequences and Congruences

孙智宏 著

国家自然科学基金面上项目资助（项目号：12271200）

科 学 出 版 社

北 京

内 容 简 介

本书旨在展现数学魅力和作者研究成果,内容分为两部分:第一部分为基础知识,以高中数学为起点,通俗易懂地介绍经典不等式、抽屉原理、素数与算术基本定理、组合数与组合恒等式、同余概念与性质以及代数方程;第二部分为较高级知识,由浅入深地介绍连分数、同余覆盖系、二次互反律、二元二次型、Chebyshev 多项式、Legendre 多项式、分拆数、线性递推序列、组合数等距求和、不变序列、Stirling 数、Bernoulli 数、p-正则函数、三(四)次同余式、二项式系数同余式、类似 Apéry 数、差集和群的概念等美妙知识,其中包含了作者的许多相关成果. 此外,第一讲介绍数学的本性和特点,最后的附录介绍数学英雄 Euler.

本书适合高中生、大学生、数学爱好者和数论工作者阅读,对读者提高数学认识、学习和研究数论大有裨益.

图书在版编目(CIP)数据

组合数、递推序列与同余式 / 孙智宏著. -- 北京:科学出版社,2025.
6. -- ISBN 978-7-03-079665-3

Ⅰ. O1-05

中国国家版本馆 CIP 数据核字第 2024ZR7438 号

责任编辑:胡庆家 李 萍/责任校对:彭珍珍
责任印制:张 伟/封面设计:无极书装

科学出版社 出版
北京东黄城根北街 16 号
邮政编码:100717
http://www.sciencep.com

北京厚诚则铭印刷科技有限公司印刷
科学出版社发行 各地新华书店经销

*

2025 年 6 月第 一 版 开本:720×1000 1/16
2025 年 6 月第一次印刷 印张:27 1/2
字数:553 000
定价:168.00 元
(如有印装质量问题,我社负责调换)

作者简介

孙智宏，男，1965 年出生，淮阴师范学院数学与统计学院教师，江苏省二级教授，曾获"全国师范院校曾宪梓教师奖"(1999)，"全国优秀教师"(2007)，"江苏省师德模范"(2000)，"江苏省大学生最喜爱的教师"(2011)等荣誉称号，在数论、图论与组合数学研究中取得了丰硕成果，特别彻底解决了三、四次剩余中长期悬而未决的几个难题. 在国际核心刊物 SCI 杂志发表论文 80 篇，其中 69 篇 SCI 论文为独立发表，出版《数和数列》《数学史和数学方法论》等著作，并四次获得国家自然科学基金面上项目资助. 其个人主页网址为 http://maths.hytc.edu.cn/szh.htm.

前　　言

　　本书以高中数学为起点, 用通俗易懂和相对初等的方法介绍了数学中的若干论题, 内容涉及数学的本性和特点、经典不等式、组合数性质、抽屉原理、代数方程、连分数、同余式、二次互反律、Lucas 序列、Stirling 数、Ramsey 数、分拆数、Chebyshev 多项式、Legendre 多项式、差集、对称设计、群的概念和性质, 以及作者作出贡献的不变序列与反不变序列、Bernoulli 数与 Euler 数、高阶递推序列、三 (四) 次同余式、组合数等距求和、p-正则函数、二元二次型、二项式系数同余式和类似 Apéry 数等课题.

　　本书旨在充分展现数学魅力, 引导高中生、大学生、数学爱好者更加热爱数学, 走上数学研究之路, 为此放弃了所有高深和复杂的内容. 同时, 本书总结和展现了作者的相关研究成果, 包括已经发表和本书首次出版的许多定理和猜想 (如定理 8.8、定理 18.21、定理 20.11、定理 21.44、定理 22.44 和猜想 22.35 等). 特别综述了现在的热点课题 "二项式系数同余式" 和 "类似 Apéry 数". 这对从事组合数学和数论研究的同行也极有参考价值.

　　阅读本书不需要高深的数学知识, 中学生也可看懂大部分内容. 如果读者熟悉求导、幂级数和母函数, 那就几乎没有阅读困难. 积分只在 Chebyshev 多项式与 Legendre 多项式中出现, 矩阵和行列式的简单知识只在同余覆盖系一个定理证明、高阶递推序列与对称设计中用到. 群的观念也只在最后三讲中涉及.

　　感谢我的学生李桂林、李龙、赵媛媛、庄原、王妍、周煦帮助检查部分书稿内容. 限于时间、篇幅及作者知识面, 书中所列文献不够全面. 欢迎广大读者来信讨论和指正.

孙智宏

2024 年 11 月

目　　录

常 用 记 号

$\mathbb{Z}$ 表示整数集, $\mathbb{Z}^+$ 表示正整数集

$[x]$ 为取整函数, 即不超过 x 的最大整数

H_n 为调和数, 即 $H_{-1} = H_0 = 0$, $H_n = 1 + \dfrac{1}{2} + \cdots + \dfrac{1}{n}$ $(n \in \mathbb{Z}^+)$

$\dbinom{a}{k}$ 为广义组合数, 即 $\dbinom{a}{0} = 1$, $\dbinom{a}{k} = \dfrac{a(a-1)\cdots(a-k+1)}{k!}$ $(k \in \mathbb{Z}^+)$

$\mathbb{Z}_p$ 为所有分母与正整数 p 互质的有理数构成的集合

Fermat 商 $q_p(a) = (a^{p-1} - 1)/p$

$\langle a \rangle_p$ 为 a 模 p 的最小非负剩余

$\operatorname{ord}_p n$ 为素数 p 在 n 中的指数, 即最大的非负整数 α 使得 $p^\alpha \mid n$, 但 $p^{\alpha+1} \nmid n$

$p^\alpha \parallel n$ 表示 $p^\alpha \mid n$, 但 $p^{\alpha+1} \nmid n$

$a \equiv b \pmod{m}$ 表示 $a - b$ 是 m 的整数倍

(a, b) 表示整数 a 和 b 的最大公因子

$\left(\dfrac{a}{m}\right)$ 为整数 a 对正整数 m 的 Legendre-Jacobi-Kronecker 符号

$a(n) = \{a + kn \mid k \in \mathbb{Z}\}$

$[x^k]f(x)$ 为 $f(x)$ 幂级数展开式中 x^k 项系数

$T^n_{r(m)}$ 表示组合和 $\sum_{k \equiv r \pmod{m}} \dbinom{n}{k}$

$\sigma(n)$ 为正整数 n 的所有正因子之和

$\{F_n\}$ 为 Fibonacci 数, 即 $F_0 = 0$, $F_1 = 1$, $F_{n+1} = F_n + F_{n-1}$ $(n \in \mathbb{Z}^+)$

$\{P_n\}$ 为 Pell 数, 即 $P_0 = 0$, $P_1 = 1$, $P_{n+1} = 2P_n + P_{n-1}$ $(n \in \mathbb{Z}^+)$

$\{B_n\}$ 为 Bernoulli 数, 即 $B_0 = 1$, $\sum_{k=0}^{n-1} \dbinom{n}{k} B_k = 0$ $(n = 2, 3, 4, \cdots)$

$B_n(x)$ 为 Bernoulli 多项式, 即 $B_n(x) = \sum_{k=0}^{n} \dbinom{n}{k} B_k x^{n-k}$

$\{E_n\}$ 为 Euler 数, 即 $E_{2n-1} = 0$, $E_0 = 1$, $E_{2n} = -\sum_{k=0}^{n-1} \dbinom{2n}{2k} E_{2k}$ $(n \in \mathbb{Z}^+)$

$E_n(x)$ 为 Euler 多项式, 即 $E_n(x) = \dfrac{1}{2^n} \sum_{k=0}^{n} \dbinom{n}{k} (2x-1)^{n-k} E_k$ $(n \geqslant 0)$

$\{U_n\}$ 定义为 $U_{2n-1} = 0$, $U_0 = 1$, $U_{2n} = -2\sum_{k=0}^{n-1}\binom{2n}{2k}U_{2k}$ $(n \in \mathbb{Z}^+)$

$s(n,k)$ 为第一类 Stirling 数, 即 $x(x+1)\cdots(x+n-1) = \sum_{k=0}^{n}s(n,k)x^k$

$S(n,k)$ 为第二类 Stirling 数, 即 $x^n = \sum_{k=0}^{n}S(n,k)x(x-1)\cdots(x-k+1)$

Lucas 序列 $\{U_n(b,c)\}$ 定义为 $U_0(b,c) = 0, U_1(b,c) = 1, U_{n+1}(b,c) = bU_n(b,c) - cU_{n-1}(b,c)$ $(n \in \mathbb{Z})$

Lucas 序列 $\{V_n(b,c)\}$ 定义为 $V_0(b,c) = 2$, $V_1(b,c) = b$, $V_{n+1}(b,c) = bV_n(b,c) - cV_{n-1}(b,c)$ $(n \in \mathbb{Z})$

序列 $\{u_n(a_1,\cdots,a_m)\}$ 定义为 $u_{1-m} = \cdots = u_{-1} = 0$, $u_0 = 1$, $u_n + a_1u_{n-1} + \cdots + a_mu_{n-m} = 0$ $(n \in \mathbb{Z}^+)$

Legendre 多项式 $\{P_n(x)\}$ 定义为 $P_0(x) = 1$, $P_1(x) = x$, $(n+1)P_{n+1}(x) = (2n+1)xP_n(x) - nP_{n-1}(x)$ $(n \geqslant 1)$

对给定的 $x_1, x_2, \cdots, x_n$, $s_k = x_1^k + \cdots + x_n^k$, $\sigma_k = \sum_{1 \leqslant i_1 < \cdots < i_k \leqslant n} x_{i_1}\cdots x_{i_k}$

$$R_1(p) = (2p + 2 - 2^{p-1})\binom{(p-1)/2}{[p/4]}^2$$

$$R_2(p) = (5 - 4(-1)^{\frac{p-1}{2}})\left(1 + (4 + 2(-1)^{\frac{p-1}{2}})p - 4(2^{p-1} - 1) - \frac{p}{2}H_{[\frac{p}{8}]}\right)$$
$$\times \binom{(p-1)/2}{[p/8]}^2$$

$$R_3(p) = \left(1 + 2p + \frac{4}{3}(2^{p-1} - 1) - \frac{3}{2}(3^{p-1} - 1)\right)\binom{(p-1)/2}{[p/6]}^2$$

第 1 讲　数学是什么

Comte (科姆特): 数学是人类理性最原始的源泉.

数学是人类征服自然的有力武器. 本讲阐述数学的本性和特点.

1.1　数学的本性

数学位于一切科学之首, 渗透到自然科学和日常生活中, 每个受教育的人都要学习数学. 那数学到底是什么, 不同的人会有不同的理解. 在一般人心目中数学是抽象难懂的天书, 学生会认为数学是智力游戏, 工程师和物理学家认为数学只是他们用到的一种方法和工具, 有的哲学家认为数学不过是一小串一小串无聊的逻辑推理组成的长链, 而数学家则认为数学是一门崇高的艺术.

要想给数学下个准确定义是很难的, 随着时代的变迁, 数学的含义和内容会有所不同. 例如: 在 18 世纪, 力学是数学的分支; 现在, 力学则是物理的分支. 革命导师 Engels (恩格斯) 认为数学是研究现实世界空间形式与数量关系的一门科学, 这包括了算术、代数和几何学. 但现在数学不只是算术、代数和几何, 还有拓扑、分析和概率论等分支, 因此该定义已不再实用. 法国大数学家 Weil (韦伊) 说, 非要给某些东西下定义是愚蠢的. 例如: 猫不一定会定义什么是老鼠, 但他闻到鼠味就知道是老鼠, 不是老鼠也能辨别, 这就够了. 尽管很难给数学下定义, 但数学的一些共同特征是人们所公认的.

1. 数学是一项崇高的智力活动

毫无疑问, 数学训练人的思维, 反映人们积极进取的意志, 以及对严谨推理及完美境界的追求. 数学与音乐看起来风马牛不相及, 但这两个学科却极为相似, 都是用简单的阿拉伯数字和若干符号编织无限奇妙的世界.

Poincaré (庞加莱): 数学研究所用外部景观最少, 探讨内在世界最多, 因而最接近人类心灵的本质.

Selberg (塞尔贝格): 我很同情非数学家, 我觉得他们失去了一种最激动人心的报酬丰厚的智力活动.

2. 数学是人类征服自然的有力武器

自欧洲文艺复兴以来, 人们就确信大自然是用数学设计的. Kepler (开普勒) 说: "自然界的和谐是上帝用数学语言透露给我们的." 可以说, 数学是科学的催生婆, 它的成长和发展伴随着宇宙的欢呼.

　　数学是研究自然的重要方法和打开自然奥秘的钥匙. 反过来, 数学也深受自然科学的影响. 数学的最初思想与最好灵感都来自于经验, Fourier (傅里叶) 有句名言: "对自然界的深刻研究乃是数学发现最富饶的源泉." 的确, 今天数学中的大部分分支都是由自然科学特别是物理学所激励而产生的. 自然科学不断地向数学提出问题, 而这些问题的解决就促进了数学向前发展. 正如大数学家 Poincaré 所说: "物理不仅给我们以解决问题的机会, 而且促使我们预料到问题的解."

　　英国物理学家 Maxwell (麦克斯韦) 在 1873 年出版《电磁通论》, 用高深的数学革新电磁理论, 特别建立了 Maxwell 方程, 并用他的方程式导出电、磁、光的几乎所有规律. Maxwell 预言变化的电场产生变化的磁场, 变化的磁场产生变化的电场, 从而存在电磁波. 他用他的方程式计算了电磁波的速度, 接近每秒 30 万公里, 与光速一致, 由此他推断光就是电磁波. 当时物理学家与数学家都读他的书, 数学家认为他创造了一个漂亮的理论, 物理学家觉得用的数学太高深难以读懂, 物理学家 Boltzmann (玻尔兹曼) 读了十几年, 感慨地说: "难道这不是出自上帝之手吗？" 无论当时的数学家还是物理学家, 几乎都不相信 Maxwell 理论真实地反映自然界规律. Maxwell 去世 8 年后, 物理学家 Hertz (赫兹) 验证了电磁波的存在并证明了光就是电磁波. 可以说, 正因为有了 Maxwell 的电磁理论和 Hertz 的实验, 才有今天的文明.

　　Einstein (爱因斯坦) 在 1916 年出版《广义相对论基础》, 用 Riemann (黎曼) 几何建立广义相对论, 并应用于宇宙学研究. 玻恩 (Born) 说: "广义相对论是人类思想史上最伟大的成就, 是物理的直觉、哲学的深奥与数学的技巧最惊人的结合." 广义相对论断言每个大质量天体都会产生引力场, 导致周围的时空弯曲, 而这弯曲的时空结构正好对应 Riemann 几何, 物理学家关心的场强等物理量与 Riemann 引入的曲率等几何量正好一一对应, 好像物理学变成了几何学. 这令几代数学家和物理学家激动不已.

　　3. 数学是关于定理的学问

　　此观点要求人们关注数学定理的五个方面: 怎样发现定理, 怎样证明定理, 怎样理解定理, 怎样推广定理, 怎样应用定理. 数学教学中往往忽视指导学生怎样发现定理, 这直接影响学生数学创造能力的培养.

1.2　数学的特点

1. 抽象性

　　数学抽象难懂, 可正因为抽象才更加有用. 自然数是抽象的, 1 既可表示一个人, 也可表示一本书或一头猪. 点和直线也是抽象的, Euclid (欧几里得) 在《几何原本》

中说: 点是没有大小的, 直线是两端笔直、没有宽度、无限延长的. 我们生活在三维空间, 可数学家对所有正整数引进 n 维空间, 并研究无穷维空间与分数维空间.

2. 严密性

数学是精确科学, 体现为对现实世界的精确描述以及数学真理的不可争辩. 17 世纪数学家和哲学家 Descartes (笛卡儿) 梦到寻求科学真理的方法只能是数学方法, 立足于公理上的证明是无懈可击的, 且不是任何权威所能左右的. 如果一个默默无闻的大学生解决数学难题, 只要证明正确, 最终都会被承认. 而一个名人宣布解决猜想, 只要其证明有错, 最终都不被承认.

Hecke (赫克): 在别的学科中, 每代人都推翻前人建立的理论, 而只有在数学中才是每代人都更上一层楼.

如在物理学中不同时期对重物下落原因解释不同, Aristotle (亚里士多德) 解释说: 一切物体都有自然位置, 有回到自然位置的本能, 重物中土成分多, 而土的自然位置就在下面, 所以重物下落. Newton (牛顿) 认定重物下落是由于地球的引力, Einstein 则认为重物下落以及行星、卫星运动是引力场造成时空弯曲后物体沿短程线运动的必然结果.

3. 应用性

自 17 世纪以后, 数学在自然科学研究中的重要性与日俱增, 第一颗小行星谷神星的寻找、海王星的预言、Maxwell 的电磁理论、Einstein 的相对论、量子力学的创建都因成功地运用数学而取得巨大成功. 今天, 数学也已经渗透到化学、生物学、地质学、经济学等各个学科, 成为这些学科必不可少的重要工具, 是衡量该学科成熟与否的重要标志.

Demoulins (德莫林斯): 没有数学, 我们无法看穿哲学的深度; 没有哲学, 人们也无法看穿数学的深度; 而若没有这两者, 人们就什么也看不透.

Gauss (高斯): 数学是科学的女皇, 也是科学的女仆.

White (怀特): 工匠后面是化学家, 化学家后面是物理学家, 而物理学家后面则是数学家.

奥地利数学家 Radon (拉东) 于 1917 年发现 Radon 变换及其反演公式, 其核心思想是在知道平面区域上函数积分值后如何重现这个函数, 首次从数学上证明了通过多角度投影重建物体内部结构的可行性, 从而从理论上解决了重建人体图像的问题. 这个发现对于数学本身及其应用都有重大影响. 最重要的, 毫无疑问, 是将 Radon 变换应用于医学, 导致 CT(computed tomography, 计算机断层扫描) 技术的诞生: 研究隐藏于机体内的形成物的方法, 包括在其照射下获得目的物的分层影像. 体层 X 射线摄影术无疑是 20 世纪后半叶最伟大的技术成果之一.

现在许多数学家已经放弃了应用, 只研究纯粹数学. 数学正向抽象化、一般化、专门化和公理化方向发展.

Jacobi (雅可比): 繁荣人类的精神是一切科学的唯一目的, 在这种观点下, 数的问题和关于世界体系的问题具有同等的价值.

Poincaré: 忘记外部世界的纯数学家就像是没有模特的画家.

Klein (克莱因): 数学就像是和平时期的一个伟大的兵工厂, 橱窗里满是巧妙、精致和好看的各种玩艺, 它们的真正动机和目标——战斗和征服敌人——已经几乎完全被遗忘了.

4. 艺术性

数学具有艺术性, 是因为数学美令人印象深刻.

Russell (罗素): 数学的美是冷而严肃的美.

Poincaré: 科学家研究自然并非因为它有用处；他研究它, 是因为他喜欢它；他之所以喜欢它, 是因为它是美的. 如果自然不美, 它就不值得我们了解. 如果自然不值得了解, 生活也就毫无意义.

Dirac (狄拉克): 那些奠基者的方程都具有触目惊心的数学的美.

数学美的例子很多, 如勾股定理、Newton-Leibniz (牛顿–莱布尼茨) 公式. 数论中的如下二次互反律也特别漂亮.

二次互反律: 设 p 和 q 是不同的奇素数 (质数), 则当 p, q 中至少有一个为 $4k+1$ 形数时, 不定方程 $x^2 = q + py$ 有整数解当且仅当 $x^2 = p + qy$ 有整数解; 当 p, q 均为 $4k+3$ 形数时, 不定方程 $x^2 = q + py$ 有整数解当且仅当 $x^2 = p + qy$ 无整数解.

Gauss 称二次互反律为 “算术中的宝石”, 共给出八个不同证明.

5. 竞技性

因为有众多同行和对自己优先权、成就和荣誉的看重而使数学研究同样充满竞争. 与其他学科不同, 数学研究最适合单干和发挥个人的聪明才智.

比如: 20 世纪 40—70 年代 Goldbach (哥德巴赫) 猜想研究竞争激烈, 最终我国数学家陈景润取得 (1+2) 的最好成果, 即每个充分大偶数都是一个素数与另外一个至多是两个素数乘积的数之和. 此项成果, 不仅为陈景润, 也为中国解析数论学派甚至中华民族带来莫大的荣誉.

参 考 读 物

[1]　Kline M. 数学: 确定性的丧失. 李宏魁, 译. 长沙: 湖南科学技术出版社, 1997.
[2]　Poincaré H. 科学的价值. 李醒民, 译. 北京: 光明日报出版社, 1988.

第 2 讲　经典不等式

Novalis (努瓦列斯): 数学方法是数学的本质, 充分了解这种方法的人才是数学家.

不等式在初等数学和数学研究中经常出现, 一些重要的不等式更是人们解题和证明定理的工具, 本讲介绍一些经典不等式及其巧妙的证明.

定理 2.1 (算术–几何平均不等式)　设 $a_1, a_2, \cdots, a_n$ 为正实数, 则有

$$\frac{a_1 + a_2 + \cdots + a_n}{n} \geqslant \sqrt[n]{a_1 a_2 \cdots a_n}.$$

证 (Cauchy(柯西), 1821)　先证明 $n = 2^m$ (m 为非负整数) 时不等式正确, 显然 $n = 1$ 时不等式成立, 我们再说明 $n = k$ 时不等式成立可推出 $n = 2k$ 时不等式成立. 由于 $a, b > 0$ 时 $a + b - 2\sqrt{ab} = (\sqrt{a} - \sqrt{b})^2 \geqslant 0$, 故有

$$
\begin{aligned}
\frac{a_1 + \cdots + a_{2k}}{2k} &= \frac{1}{2}\left(\frac{a_1 + \cdots + a_k}{k} + \frac{a_{k+1} + \cdots + a_{2k}}{k}\right) \\
&\geqslant \frac{1}{2}\left(\sqrt[k]{a_1 \cdots a_k} + \sqrt[k]{a_{k+1} \cdots a_{2k}}\right) \\
&\geqslant \sqrt[2k]{a_1 \cdots a_k a_{k+1} \cdots a_{2k}}.
\end{aligned}
$$

由此 $n = 2^m$ (m 为非负整数) 时不等式正确. 现设 n 不是 2 的正整数方幂, 则存在正整数 r, m 使得 $n + r = 2^m$. 由上有

$$
\begin{aligned}
\frac{a_1 + \cdots + a_n}{n} &= \frac{a_1 + \cdots + a_n + r \cdot (a_1 + \cdots + a_n)/n}{n + r} \\
&\geqslant \sqrt[n+r]{a_1 \cdots a_n \cdot \left(\frac{a_1 + \cdots + a_n}{n}\right)^r},
\end{aligned}
$$

即

$$\left(\frac{a_1 + \cdots + a_n}{n}\right)^{n+r} \geqslant a_1 \cdots a_n \cdot \left(\frac{a_1 + \cdots + a_n}{n}\right)^r.$$

这推出 $\dfrac{a_1 + \cdots + a_n}{n} \geqslant \sqrt[n]{a_1 \cdots a_n}$.

定理 2.2 (Cauchy 不等式)　设 $a_1, a_2, \cdots, a_n, b_1, b_2, \cdots, b_n$ 为实数, 则有

$$(a_1 b_1 + a_2 b_2 + \cdots + a_n b_n)^2 \leqslant (a_1^2 + a_2^2 + \cdots + a_n^2)(b_1^2 + b_2^2 + \cdots + b_n^2).$$

证一　显然有

$$\left(\sum_{k=1}^n a_k^2\right)\left(\sum_{k=1}^n b_k^2\right) - \left(\sum_{k=1}^n a_k b_k\right)^2$$

$$= \frac{1}{2}\left(\sum_{i=1}^n a_i^2\right)\left(\sum_{j=1}^n b_j^2\right) + \frac{1}{2}\left(\sum_{j=1}^n a_j^2\right)\left(\sum_{i=1}^n b_i^2\right) - \left(\sum_{i=1}^n a_i b_i\right)\left(\sum_{j=1}^n a_j b_j\right)$$

$$= \frac{1}{2}\sum_{i=1}^n\sum_{j=1}^n (a_i^2 b_j^2 + a_j^2 b_i^2 - 2a_i b_i a_j b_j)$$

$$= \frac{1}{2}\sum_{i=1}^n\sum_{j=1}^n (a_i b_j - a_j b_i)^2 \geqslant 0.$$

证二　把问题特殊化, 先假定 $a_1^2 + \cdots + a_n^2 = b_1^2 + \cdots + b_n^2 = 1$, 这时有

$$|a_1 b_1 + \cdots + a_n b_n| \leqslant |a_1 b_1| + \cdots + |a_n b_n| \leqslant \frac{a_1^2 + b_1^2}{2} + \cdots + \frac{a_n^2 + b_n^2}{2} = 1,$$

故两边平方知不等式成立.

再把问题一般化. 当 $a_1^2 + \cdots + a_n^2 = 0$ 或 $b_1^2 + \cdots + b_n^2 = 0$ 时容易验证所要证的不等式, 现设 $(a_1^2 + \cdots + a_n^2)(b_1^2 + \cdots + b_n^2) \neq 0$, 令

$$A_i = \frac{a_i}{\sqrt{a_1^2 + \cdots + a_n^2}}, \quad B_i = \frac{b_i}{\sqrt{b_1^2 + \cdots + b_n^2}} \quad (i = 1, 2, \cdots, n),$$

则 $A_1^2 + \cdots + A_n^2 = B_1^2 + \cdots + B_n^2 = 1$, 这就转化为前面的特殊情形, 从而有

$$(a_1 b_1 + \cdots + a_n b_n)^2 = (A_1 B_1 + \cdots + A_n B_n)^2 (a_1^2 + \cdots + a_n^2)(b_1^2 + \cdots + b_n^2)$$

$$\leqslant (a_1^2 + \cdots + a_n^2)(b_1^2 + \cdots + b_n^2).$$

这就证明了 Cauchy 不等式.

定理 2.3 (Chebyshev(切比雪夫) 不等式)　设 $a_1 \geqslant a_2 \geqslant \cdots \geqslant a_n, b_1 \geqslant b_2 \geqslant \cdots \geqslant b_n$, 则

$$\left(\sum_{k=1}^n a_k\right)\left(\sum_{k=1}^n b_k\right) \leqslant n\sum_{k=1}^n a_k b_k.$$

证 易见

$$n\sum_{k=1}^{n}a_kb_k - \left(\sum_{k=1}^{n}a_k\right)\left(\sum_{k=1}^{n}b_k\right)$$

$$= \frac{1}{2}\left(n\sum_{i=1}^{n}a_ib_i + n\sum_{j=1}^{n}a_jb_j\right) - \frac{1}{2}\left(\sum_{i=1}^{n}a_i\right)\left(\sum_{j=1}^{n}b_j\right)$$

$$- \frac{1}{2}\left(\sum_{j=1}^{n}a_j\right)\left(\sum_{i=1}^{n}b_i\right)$$

$$= \frac{1}{2}\sum_{i=1}^{n}\sum_{j=1}^{n}(a_ib_i + a_jb_j - a_ib_j - a_jb_i)$$

$$= \frac{1}{2}\sum_{i=1}^{n}\sum_{j=1}^{n}(a_i - a_j)(b_i - b_j) \geqslant 0.$$

定理 2.4 (Jesen (琴生) 不等式) 设 $a_1,\cdots,a_n>0, 0<r<s$, 则

$$\left(\sum_{k=1}^{n}a_k^s\right)^{\frac{1}{s}} \leqslant \left(\sum_{k=1}^{n}a_k^r\right)^{\frac{1}{r}}.$$

证 当 $0\leqslant x<1$ 时由 $\frac{s}{r}\geqslant 1$ 知 $x^{\frac{s}{r}}\leqslant x$, 故有

$$\frac{(\sum_{k=1}^{n}a_k^s)^{\frac{1}{s}}}{(\sum_{k=1}^{n}a_k^r)^{\frac{1}{r}}} = \left(\sum_{k=1}^{n}\left(\frac{a_k^r}{\sum_{k=1}^{n}a_k^r}\right)^{\frac{s}{r}}\right)^{\frac{1}{s}} \leqslant \left(\sum_{k=1}^{n}\frac{a_k^r}{\sum_{k=1}^{n}a_k^r}\right)^{\frac{1}{s}} = 1.$$

定义 2.1 设 n 为正整数, 组合数或二项式系数 $\binom{n}{k}$ 由下式给出:

$$\binom{n}{0}=1, \quad \binom{n}{k} = \frac{n(n-1)\cdots(n-k+1)}{k!} \quad (k=1,2,\cdots,n).$$

定理 2.5 设 $x_1,\cdots,x_n(n\geqslant 2)$ 为非负实数,

$$\sigma_0=1, \quad \sigma_k = \sum_{1\leqslant i_1<\cdots<i_k\leqslant n}x_{i_1}\cdots x_{i_k} \quad (1\leqslant k\leqslant n), \quad S_k=\frac{\sigma_k}{\binom{n}{k}},$$

则有

(i) (Newton 不等式) $S_k^2 \geqslant S_{k-1}S_{k+1}(k=1,2,\cdots,n-1)$;

(ii) (Maclaurin (麦克劳林) 不等式) $\sqrt[k]{S_k} \geqslant \sqrt[k+1]{S_{k+1}}(k=1,2,\cdots,n-1)$;

(iii) $k\sigma_k \leqslant \left(1-\dfrac{k-1}{n}\right)\sigma_1\sigma_{k-1}(k=1,2,\cdots,n)$.

证 先对 n 归纳证明 Newton 不等式. 当 $n=2$ 时 $S_0=1, S_1=\dfrac{x_1+x_2}{2}$, $S_2=x_1x_2$, 故有 $S_1^2 \geqslant S_2S_0$. 现设 Newton 不等式对 $n=m-1 \geqslant 2$ 成立, 令

$$T_0=1, T_{-1}=T_m=0, T_k=\frac{1}{\binom{m-1}{k}}\sum_{1\leqslant i_1<\cdots<i_k\leqslant m-1}x_{i_1}\cdots x_{i_k}(1\leqslant k\leqslant m-1),$$

则当 $n=m$ 且 $2\leqslant k\leqslant m-1$ 时

$$S_k=\frac{1}{\binom{m}{k}}\sum_{1\leqslant i_1<\cdots<i_k\leqslant m}x_{i_1}\cdots x_{i_k}$$

$$=\frac{1}{\binom{m}{k}}\left(\sum_{1\leqslant i_1<\cdots<i_k\leqslant m-1}x_{i_1}\cdots x_{i_k}+x_m\sum_{1\leqslant i_1<\cdots<i_{k-1}\leqslant m-1}x_{i_1}\cdots x_{i_{k-1}}\right)$$

$$=\frac{m-k}{m}T_k+\frac{k}{m}x_mT_{k-1}.$$

这对 $k=0,1,m$ 也成立. 因此, 当 $1\leqslant k\leqslant m-1$ 时有

$$m^2(S_k^2-S_{k+1}S_{k-1})$$

$$=(mS_k)^2-mS_{k+1}\cdot mS_{k-1}$$

$$=((m-k)T_k+kx_mT_{k-1})^2$$

$$\quad-((m-k-1)T_{k+1}+(k+1)x_mT_k)((m-k+1)T_{k-1}+(k-1)x_mT_{k-2})$$

$$=(k^2T_{k-1}^2-(k^2-1)T_kT_{k-2})x_m^2$$

$$\quad+(((k-1)(m-k-1)-2)T_kT_{k-1}-(k-1)(m-k-1)T_{k+1}T_{k-2})x_m$$

$$\quad+(m-k)^2T_k^2-(m-k-1)(m-k+1)T_{k+1}T_{k-1}.$$

根据归纳假设有

$$T_k^2\geqslant T_{k+1}T_{k-1},\quad T_{k-1}^2\geqslant T_kT_{k-2},\quad 从而\quad T_kT_{k-1}\geqslant T_{k+1}T_{k-2}.$$

由此 $1 \leqslant k \leqslant m-1$ 时

$$k^2 T_{k-1}^2 - (k^2-1)T_k T_{k-2} \geqslant k^2 T_{k-1}^2 - (k^2-1)T_{k-1}^2 = T_{k-1}^2,$$

$$((k-1)(m-k-1)-2)T_k T_{k-1} - (k-1)(m-k-1)T_{k+1}T_{k-2}$$

$$\geqslant (((k-1)(m-k-1)-2) - (k-1)(m-k-1))T_k T_{k-1} = -2T_k T_{k-1},$$

$$(m-k)^2 T_k^2 - (m-k-1)(m-k+1)T_{k+1}T_{k-1}$$

$$\geqslant ((m-k)^2 - (m-k-1)(m-k+1))T_k^2 = T_k^2,$$

从而由上有

$$m^2(S_k^2 - S_{k+1}S_{k-1}) \geqslant T_{k-1}^2 x_m^2 - 2T_k T_{k-1} x_m + T_k^2 = (T_{k-1}x_m - T_k)^2 \geqslant 0.$$

这就证明了 $n=m$ 时 $S_k^2 \geqslant S_{k+1}S_{k-1}$. 于是由数学归纳法 (i) 得证.

现在用 Newton 不等式和数学归纳法证明 Maclaurin 不等式. 先对 $k=1$ 证明, 根据 Newton 不等式, $S_1^2 \geqslant S_0 S_2 = S_2$, 即有 $S_1 \geqslant \sqrt{S_2}$. 假设 $k \geqslant 2$ 时已有 $\sqrt[k-1]{S_{k-1}} \geqslant \sqrt[k]{S_k}$, 则利用 Newton 不等式有

$$S_k^2 \geqslant S_{k-1}S_{k+1} \geqslant S_k^{\frac{k-1}{k}} S_{k+1},$$

即 $S_k^{\frac{k+1}{k}} \geqslant S_{k+1}$, 故 $\sqrt[k]{S_k} \geqslant \sqrt[k+1]{S_{k+1}}$. 于是由数学归纳法 (ii) 得证.

最后证 (iii). 由 (ii) 知 $2 \leqslant k \leqslant n$ 时

$$\left(\frac{\sigma_k}{\dbinom{n}{k}} \right)^{\frac{1}{k}} \leqslant \left(\frac{\sigma_{k-1}}{\dbinom{n}{k-1}} \right)^{\frac{1}{k-1}} \leqslant \cdots \leqslant \frac{\sigma_1}{\dbinom{n}{1}},$$

故

$$\sigma_k \leqslant \binom{n}{k} \left(\frac{\sigma_{k-1}}{\dbinom{n}{k-1}} \right)^{1+\frac{1}{k-1}} = \frac{n-k+1}{k}\sigma_{k-1} \left(\frac{\sigma_{k-1}}{\dbinom{n}{k-1}} \right)^{\frac{1}{k-1}}$$

$$\leqslant \frac{n-k+1}{k}\sigma_{k-1} \cdot \frac{\sigma_1}{n},$$

从而 $k\sigma_k \leqslant \left(1 - \dfrac{k-1}{n}\right)\sigma_1 \sigma_{k-1}$. 这对 $k=1$ 也成立, 故 (iii) 得证.

注 2.1 根据 Maclaurin 不等式有

$$\sqrt[n]{S_n} \leqslant \sqrt[n-1]{S_{n-1}} \leqslant \cdots \leqslant S_1.$$

由此对 $k = 1, 2, \cdots, n$ 有 $\sqrt[k]{S_k} \leqslant S_1$, 从而

$$\sigma_k \leqslant \binom{n}{k} \left(\frac{\sigma_1}{n}\right)^k = \binom{n}{k} \left(\frac{x_1 + \cdots + x_n}{n}\right)^k. \tag{2.1}$$

$\sigma_n \leqslant \left(\frac{\sigma_1}{n}\right)^n$ 就是算术–几何平均不等式, 因此 Maclaurin 不等式是算术–几何平均不等式的推广.

假定读者熟悉微积分, 我们介绍如下重要不等式.

定理 2.6 (Bernoulli(伯努利) 不等式) 设 $x > -1$, 则当 $\alpha < 0$ 或 $\alpha > 1$ 时 $(1+x)^\alpha \geqslant 1 + \alpha x$, 当 $0 < \alpha < 1$ 时 $(1+x)^\alpha \leqslant 1 + \alpha x$.

证 令 $f(x) = (1+x)^\alpha - (1 + \alpha x)$, 则 $f(x)$ 的导数 $f'(x) = \alpha((1+x)^{\alpha-1} - 1)$. 先设 $\alpha < 0$ 或 $\alpha > 1$. 当 $-1 < x < 0$ 时 $f'(x) < 0$, 故 $f(x)$ 严格递减; 当 $x > 0$ 时 $f'(x) > 0$, 故 $f(x)$ 严格递增. 因此 $f(x)$ 在 $x = 0$ 处取得最小值, 即有 $f(x) \geqslant f(0) = 0$. 再设 $0 < \alpha < 1$. 当 $-1 < x < 0$ 时 $f'(x) > 0$, 故 $f(x)$ 严格递增; 当 $x > 0$ 时 $f'(x) < 0$, 故 $f(x)$ 严格递减. 因此 $f(x)$ 在 $x = 0$ 处取得最大值, 即有 $f(x) \leqslant f(0) = 0$.

定理 2.7 (凸函数不等式, Jesen 不等式) 设 $f(x)$ 在 $[a, b]$ 上连续, 在 (a, b) 内存在一阶和二阶导数, 且二阶导数 $f''(x) \geqslant 0$, 则当 $q_1, \cdots, q_n > 0$, $q_1 + \cdots + q_n = 1$, $x_1, \cdots, x_n \in (a, b)$ 时有

$$f(q_1 x_1 + \cdots + q_n x_n) \leqslant q_1 f(x_1) + \cdots + q_n f(x_n).$$

特别有

$$f\left(\frac{x_1 + \cdots + x_n}{n}\right) \leqslant \frac{f(x_1) + \cdots + f(x_n)}{n}.$$

证 令 $x_0 = q_1 x_1 + \cdots + q_n x_n$, 则由 $\sum_{i=1}^n q_i a < \sum_{i=1}^n q_i x_i < \sum_{i=1}^n q_i b$ 知 $x_0 \in (a, b)$. 根据 Taylor(泰勒) 中值定理, 对 $i = 1, 2, \cdots, n$, 存在介于 x_i 与 x_0 之间的 ξ_i 使得

$$f(x_i) = f(x_0) + f'(x_0)(x_i - x_0) + \frac{1}{2}f''(\xi_i)(x_i - x_0)^2 \geqslant f(x_0) + f'(x_0)(x_i - x_0).$$

由此

$$\sum_{i=1}^{n} q_i f(x_i) \geqslant \sum_{i=1}^{n} q_i f(x_0) + f'(x_0) \sum_{i=1}^{n} q_i (x_i - x_0) = \sum_{i=1}^{n} q_i f(x_0) = f(x_0).$$

在定理 2.7 中取 $f(x) = \mathrm{e}^x$, 则 $f''(x) = \mathrm{e}^x > 0$. 因此当 $a_1, \cdots, a_n > 0$ 时有

$$\mathrm{e}^{\frac{\ln a_1 + \cdots + \ln a_n}{n}} \leqslant \frac{\mathrm{e}^{\ln a_1} + \cdots + \mathrm{e}^{\ln a_n}}{n}.$$

由此 $\sqrt[n]{a_1 \cdots a_n} \leqslant \dfrac{a_1 + \cdots + a_n}{n}$. 这就是算术–几何平均不等式.

下面不加证明地列举两个有名的不等式:

定理 2.8 (Hölder(赫尔德) 不等式)　设 $p, q > 1$, $\dfrac{1}{p} + \dfrac{1}{q} = 1$, $a_k, b_k \geqslant 0$ ($k = 1, 2, \cdots, n$), 则

$$\sum_{k=1}^{n} a_k b_k \leqslant \left(\sum_{k=1}^{n} a_k^p \right)^{\frac{1}{p}} \left(\sum_{k=1}^{n} b_k^q \right)^{\frac{1}{q}}.$$

如取 $p = q = 2$, 则得 Cauchy 不等式.

定理 2.9 (Minkowski(闵可夫斯基) 不等式)　设 $a_1, \cdots, a_n, b_1, \cdots, b_n$ 为实数, $p \neq 0$, 则当 $p \geqslant 1$ 时

$$\left(\sum_{k=1}^{n} |a_k + b_k|^p \right)^{\frac{1}{p}} \leqslant \left(\sum_{k=1}^{n} |a_k|^p \right)^{\frac{1}{p}} + \left(\sum_{k=1}^{n} |b_k|^p \right)^{\frac{1}{p}},$$

当 $p < 1$ 时

$$\left(\sum_{k=1}^{n} |a_k + b_k|^p \right)^{\frac{1}{p}} \geqslant \left(\sum_{k=1}^{n} |a_k|^p \right)^{\frac{1}{p}} + \left(\sum_{k=1}^{n} |b_k|^p \right)^{\frac{1}{p}},$$

这里 $p < 0$ 时要求所有 $a_k, b_k, a_k + b_k$ 均不为 0.

最后提一个作者在大学时代想过的有趣问题:

设 $f(x_1, \cdots, x_n)$ 是 $x_1, \cdots, x_n$ 的对称函数, 即 $i \neq j$ 时 x_i 与 x_j 互换后 f 的值保持不变, 问是否对所有非负整数 $x_1, \cdots, x_n$ 恒有 $f(x_1, \cdots, x_n) \leqslant f(\bar{x}, \cdots, \bar{x})$ 或者对所有非负整数 $x_1, \cdots, x_n$ 恒有 $f(x_1, \cdots, x_n) \geqslant f(\bar{x}, \cdots, \bar{x})$? 其中 $\bar{x} = \dfrac{x_1 + \cdots + x_n}{n}$.

根据注 2.1, $\sigma_k \leqslant \dbinom{n}{k} \left(\dfrac{\sigma_1}{n} \right)^k$, 故 $f = \sigma_k$ 时上述断言是正确的.

参 考 读 物

[1] Cirtoaje V. 数学不等式（第 1 卷）——对称多项式不等式. 易桂如，文湘波，译. 哈尔滨: 哈尔滨工业大学出版社，2022.

[2] Hardy G H , Littlewood J E , Pólya G. 不等式. 2 版. 越民义，译. 北京: 人民邮电出版社, 2008.

[3] 匡继昌. 常用不等式. 4 版. 济南: 山东科学技术出版社, 2010.

[4] 徐利治, 王兴华. 数学分析的方法及例题选讲 (修订版). 北京: 高等教育出版社, 1983.

第 3 讲　抽屉原理与 Ramsey 定理

Dirichlet (狄利克雷): 研究数学如同研究其他领域一样, 当清楚地了解自己陷入某种不可思议的境地时, 这往往离新发现只剩一半路程了.

抽屉原理又称鸽笼原理, 它是由数学家 Dirichlet 首先提炼出的一种证明方法, 尽管原理简单, 但却有许多实际的应用. Ramsey (拉姆齐) 定理可视为抽屉原理的巨大推广. 本讲介绍利用抽屉原理解题的典型范例与 Ramsey 数的基本知识.

3.1　抽屉原理

定理 3.1 (抽屉原理)　设 n 为正整数, 若把 $n+1$ 个物品放入 n 个抽屉, 则必有一个抽屉含有至少两个物品.

证　若不然, 每个抽屉至多一个物品, 则 n 个抽屉至多有 n 个物品, 这与已知有 $n+1$ 个物品矛盾.

定理 3.2 (抽屉原理的加强形式)　设 m, n 为正整数, 若将 m 个物品放入 n 个抽屉中, 则必有一个抽屉至少含有 $\left\lceil \dfrac{m}{n} \right\rceil$ 个物品, 这里 $\lceil x \rceil$ 为大于等于 x 的最小整数.

证　若每个抽屉中物品数都小于 $\dfrac{m}{n}$, 则 n 个抽屉中物品总数不足 m 个. 由此必有一个抽屉所含物品数 $\geqslant \dfrac{m}{n}$, 亦即该抽屉至少含有 $\left\lceil \dfrac{m}{n} \right\rceil$ 个物品.

定义 3.1　设 x 为实数, 以 $[x]$ 表示不超过 x 的最大整数, 称 $[x]$ 为 x 的取整或整数部分, 记 $\{x\} = x - [x]$, 则 $0 \leqslant \{x\} < 1$, 称 $\{x\}$ 为 x 的小数部分.

例如: $\left[\dfrac{2}{3} \right] = 0$, $\left\{ \dfrac{2}{3} \right\} = \dfrac{2}{3}$, $\left[-\dfrac{2}{3} \right] = -1$, $\left\{ -\dfrac{2}{3} \right\} = \dfrac{1}{3}$.

例 3.1　在单位正方形内任取 5 点, 证明必有两点其距离不超过 $\dfrac{\sqrt{2}}{2}$.

证　连接单位正方形对边中点, 把单位正方形分成 4 个边长为 $\dfrac{1}{2}$ 的小正方形, 则大正方形内 5 点中必有两点落在同一个小正方形内, 而一个小正方形内两点间最大距离为其对角线长度 $\dfrac{\sqrt{2}}{2}$, 故大正方形内 5 点中必有两点其距离不超过 $\dfrac{\sqrt{2}}{2}$.

例 3.2 设 n 为正整数, 在 $1, 2, \cdots, 2n$ 中任取 $n+1$ 个数, 证明其中必有两数互质.

证 将 $1, 2, \cdots, 2n$ 中的数分成 n 组: $\{1, 2\}, \{3, 4\}, \cdots, \{2n-1, 2n\}$. 由抽屉原理知, 在 $1, 2, \cdots, 2n$ 中任取 $n+1$ 个数, 其中必有两数在同一组, 从而有两数相邻. 由于相邻数差为 1, 故相邻的两数互质, 从而断言正确.

例 3.3 设 n 为正整数, 在 $1, 2, \cdots, 2n$ 中任取 $n+1$ 个数, 证明其中必有一数是另一数的倍数.

证 设所选取的 $n+1$ 个数为 $a_1, a_2, \cdots, a_{n+1}, a_i = 2^{\alpha_i} A_i (2 \nmid A_i)$, 则 $A_1, \cdots, A_{n+1}$ 均为 $1, 2, \cdots, 2n$ 中奇数, 但 $1, 2, \cdots, 2n$ 中只有 n 个奇数, 故由抽屉原理知必有 $i \neq j$ 使得 $A_i = A_j$. 不妨设 $\alpha_i > \alpha_j$, 令 $\alpha = \alpha_i - \alpha_j$, 则有 $a_i = 2^{\alpha_i} A_i = 2^{\alpha} \cdot 2^{\alpha_j} A_j = 2^{\alpha} a_j$, 故断言正确.

例 3.4 设 $m \geqslant 2$ 为整数, 证明任 m 个整数中必有一些数之和为 m 的倍数.

证 设 $a_1, a_2, \cdots, a_m$ 为整数, $s_k = a_1 + \cdots + a_k$ $(k = 1, 2, \cdots, m)$. 若结论不真, 则 $s_1, \cdots, s_m$ 都不是 m 的倍数, 从而 $s_1, \cdots, s_m$ 除以 m 余数都在 $\{1, 2, \cdots, m-1\}$ 中. 由抽屉原理知, 必有不同的 i, j 使得 s_i 与 s_j 除以 m 余数相同. 不妨设 $i < j$, 则 $a_{i+1} + \cdots + a_j = s_j - s_i$ 为 m 的倍数, 这与假设矛盾, 故结论正确.

例 3.5 证明: 在至少有两人的一组人群中存在两人在组内有相同个数的朋友.

证 设人群中恰有 p 个人, p 个人在组内的朋友数目分别为 $a_1, a_2, \cdots, a_p$, 则 $a_i \in \{0, 1, \cdots, p-1\}$. 若没有两人朋友数目相同, 则必 $\{a_1, a_2, \cdots, a_p\} = \{0, 1, \cdots, p-1\}$. 于是有一人朋友数目为 $p-1$, 此人为组内所有人的朋友, 进而 $a_1, a_2, \cdots, a_p \in \{1, 2, \cdots, p-1\}$. 由抽屉原理知, $a_1, a_2, \cdots, a_p$ 中必有两数相同, 从而有两人朋友数目相同.

例 3.6 (Dirichlet,1842) 设 θ 为实数, $n > 1$ 为正整数, 则必有有理数 $\dfrac{p}{q}$ 满足

$$1 \leqslant q < n \quad \text{且} \quad \left| \theta - \frac{p}{q} \right| \leqslant \frac{1}{nq} < \frac{1}{q^2}.$$

证 将 $[0, 1]$ 划分成 n 个小区间 $\left[0, \dfrac{1}{n} \right), \left[\dfrac{1}{n}, \dfrac{2}{n} \right), \cdots, \left[\dfrac{n-1}{n}, 1 \right]$. 由于 $n+1$ 个数 $0, 1, \{\theta\}, \{2\theta\}, \cdots, \{(n-1)\theta\}$ 均在 $[0, 1]$ 中, 故由抽屉原理知, 其中必有两数在同一小区间中, 从而这两数差的绝对值不超过 $\dfrac{1}{n}$, 即有 $k \in \{1, 2, \cdots, n-1\}$ 使得 $|\{k\theta\} - 1| = |k\theta - ([k\theta] + 1)| \leqslant \dfrac{1}{n}$, 或有 $k, m \in \{0, 1, \cdots, n-1\}$ 使得 $m < k$ 且

$$|\{k\theta\} - \{m\theta\}| = |(k-m)\theta - ([k\theta] - [m\theta])| \leqslant \frac{1}{n}.$$

于是存在整数 p 及 $q \in \{1, 2, \cdots, n-1\}$ 使得 $|q\theta - p| \leqslant \frac{1}{n}$, 从而 $\left|\theta - \dfrac{p}{q}\right| \leqslant \dfrac{1}{nq} < \dfrac{1}{q^2}$.

例 3.7 设 n 为正整数, 则任 $n^2 + 1$ 个实数构成的序列中都含有长为 $n+1$ 的单调子序列.

证 假设不存在长为 $n+1$ 的递增子序列, 我们证明必有长为 $n+1$ 的递减子序列. 设 $n^2 + 1$ 个实数构成的序列为 $a_1, \cdots, a_{n^2+1}$, 对 $k = 1, 2, \cdots, n^2+1$, 令 m_k 表示从 a_k 开始的递增子序列的最大长度, 则由假设知 $1 \leqslant m_k \leqslant n$. 考虑 $n^2 + 1$ 个数 $m_1, m_2, \cdots, m_{n^2+1}$, 它们的数值都只可能是 $1, 2, \cdots, n$, 故由抽屉原理加强形式知一定有 $\left\lceil \dfrac{n^2+1}{n} \right\rceil = n+1$ 个数相等, 不妨设 $m_{k_1} = m_{k_2} = \cdots = m_{k_{n+1}}$, 其中 $1 \leqslant k_1 < k_2 < \cdots < k_{n+1} \leqslant n^2+1$. 我们断言 $a_{k_1} \geqslant a_{k_2} \geqslant \cdots \geqslant a_{k_{n+1}}$. 若不然, 存在某个 i 使 $a_{k_i} < a_{k_{i+1}}$, 则由于 $k_i < k_{i+1}$ 而有 $m_{k_i} > m_{k_{i+1}}$, 此与 $m_{k_i} = m_{k_{i+1}}$ 矛盾, 可见断言正确, 从而存在长为 $n+1$ 的递减子序列.

3.2 Ramsey 数 $R(n,k)$

定义 3.2 图由一些点和连接点之间的边所构成, 若点 v 为边 e 的端点, 则称 v 与 e 关联, 完全图 K_n 是 n 个顶点的图, 其中任两顶点间恰有一条边, 图 G 的部分点和边构成的图称为 G 的子图, 顶点 v 关联的边的数目称为 v 的次数, 记为 $d(v)$.

由于一条边恰有两个端点, 故图中各顶点次数之和为边数的两倍, 这就是 Euler (欧拉) 定理.

例 3.8 证明在任何 6 个人中或者有 3 个人互相认识, 或者有 3 个人互相不认识.

证 设 $v_1, \cdots, v_6$ 表示任给的 6 个人, 以 $v_1, \cdots, v_6$ 为顶点, 当两人相互认识时以一条红边连接两对应顶点, 当两人相互不认识时以一条蓝边连接两对应顶点, 这样得到一个有边着色的图 G. 显然命题等价于说 G 中有红色三角形或蓝色三角形, 由抽屉原理知与 v_1 关联的 5 条边中至少有 3 条边具有同一颜色, 不妨设这三条边的另外端点是 v_i, v_j, v_k. 若 v_i, v_j, v_k 不是同色三角形的顶点, 则在边 v_iv_j, v_jv_k, v_iv_k 中有一条边与上述三条边颜色相同, 从而有三条边构成同色三角形, 于是命题得证.

注 3.1 (1) 上述 6 个点的图中至少有两个同色三角形. (2) 6 是人群中具有性质 "或者有 3 个人互相认识, 或者有 3 个人互相不认识" 的最少人数, 因为五边形相应的情形就没有 3 个人互相认识, 也没有 3 个人互相不认识.

定义 3.3　若 p 为具有如下性质的最小自然数, 对任何 p 个顶点的完全图 G, 用红色和蓝色对其边着色时必有红色的完全子图 K_n 或者蓝色的完全子图 K_k, 则称 $R(n, k) = p$ 为 Ramsey 数.

显然 Ramsey 数 $R(n, k)$ 是一组人群中具有性质 "或者有 n 个人互相认识, 或者有 k 个人互相不认识" 的最少人数. 设 $n, k \geqslant 2$ 为自然数, 易见 $R(n, 2) = n$, $R(n, k) = R(k, n)$.

定理 3.3 (Ramsey 定理)　设 $n, k \geqslant 2$ 为自然数, 则 Ramsey 数 $R(n, k)$ 一定存在.

F. P. Ramsey, 1903—1930, 英国数学家、经济学家、哲学家, 有趣的是其持续的名声是基于他一篇不可能实现目标的逻辑文章 (1930) 中一个不必要的引理 (一般的 Ramsey 定理), 27 岁时他在伦敦做手术时意外死亡. 详见 D. H. Mellor 的文章 "The Eponymous F. P. Ramsey" (J.Graph Theory, 1983, 7: 9—13.)

定理 3.4 (Erdős (埃尔德什), Szekeres, 1935)　设 $n, k \geqslant 3$ 为自然数, 则

$$R(n, k) \leqslant R(n-1, k) + R(n, k-1),$$

且当 $R(n-1, k)$ 与 $R(n, k-1)$ 都是偶数时 $R(n, k) < R(n-1, k) + R(n, k-1)$.

证　由 $R(n, k)$ 的定义知, 对 $R(n, k) - 1$ 个顶点的完全图存在用红色和蓝色的一种边着色法使得相应的图 G 既没有红色的完全子图 K_n, 也没有蓝色的完全子图 K_k. 设 v 为 G 的任一个顶点, $d_1(v)$ 与 $d_2(v)$ 分别为与 v 关联的红边数目与蓝边数目, 则 $d_1(v) + d_2(v) = R(n, k) - 2$. 我们断言 $d_1(v) \leqslant R(n-1, k) - 1$. 若不然, $d_1(v) \geqslant R(n-1, k)$. 不妨设顶点 $u_1, \cdots, u_{R(n-1, k)}$ 与 v 所连的边都是红色, 由 $R(n-1, k)$ 的含义知, 在 $u_1, \cdots, u_{R(n-1, k)}$ 为顶点诱导的子图中或者有红色 K_{n-1} 或者有蓝色 K_k, 从而 G 中或者有红色 K_n 或者有蓝色 K_k, 这与 G 的假定矛盾. 因此 $d_1(v) \leqslant R(n-1, k) - 1$. 同理 $d_2(v) \leqslant R(n, k-1) - 1$. 于是

$$R(n, k) = d_1(v) + d_2(v) + 2 \leqslant R(n-1, k) - 1 + R(n, k-1) - 1 + 2$$

$$= R(n-1, k) + R(n, k-1).$$

现设 $R(n-1, k)$ 与 $R(n, k-1)$ 均为偶数, 若 $R(n, k) = R(n-1, k) + R(n, k-1)$, 则由上知, 对上述图 G 的任一顶点 v 有 $d_1(v) = R(n-1, k) - 1, d_2(v) = R(n, k-1) - 1$. 由此 G 的顶点及红边构成的图 G_1 的顶点次数总和为 $(R(n, k) - 1)(R(n-1, k) - 1) = (R(n-1, k) + R(n, k-1) - 1)(R(n-1, k) - 1)$, 这显然为奇数, 此与图的顶点次数之和为边数两倍的 Euler 定理矛盾, 故 $R(n-1, k)$ 与 $R(n, k-1)$ 均为偶数时 $R(n, k) \neq R(n-1, k) + R(n, k-1)$, 从而 $R(n, k) < R(n-1, k) + R(n, k-1)$.

目前已知的 Ramsey 数数值如下:

定理 3.5

$$R(3,3) = 6, \ R(3,4) = 9, \ R(3,5) = 14, \ R(3,6) = 18, \ R(3,7) = 23,$$

$$R(3,8) = 28, \ R(3,9) = 36, \ R(4,4) = 18, \ R(4,5) = 25.$$

Ramsey 数的计算非常困难, 对此 Erdős 评论说: 假如有个妖精对我们说, 告诉我 $R(5,5)$ 的值, 否则我就要毁灭地球, 那我们最好的办法是集中所有的计算机与计算机科学家来求这个值. 假如妖精问我们 $R(6,6)$ 的数值, 那我们最好的办法是在他毁灭地球之前先干掉他.

下面介绍孙智宏的两个有趣和大胆猜想:

猜想 3.1 设 $n \in \{2, 3, 4, \cdots\}$, 则

$$\frac{n-1}{R(3,n)-1} > \frac{n}{R(3,n+1)-1}, \quad \text{从而 } R(3, n+1) > \frac{nR(3,n)-1}{n-1}.$$

因 $\dfrac{1}{2} > \dfrac{2}{5} > \dfrac{3}{8} > \dfrac{4}{13} > \dfrac{5}{17} > \dfrac{6}{22} > \dfrac{7}{27} > \dfrac{8}{35}$, 我们知道猜想 3.1 对 $n \leqslant 8$ 正确. 如果猜想对 $n = 9$ 正确, 则有 $R(3,10) > \dfrac{9R(3,9)-1}{8} > 40$. 目前已知 $R(3,10) = 40$ 或 41.

猜想 3.2 设 $\{L_n\}$ 为 Lucas(卢卡斯) 序列, 即

$$L_0 - 2, \quad L_1 - 1, \quad L_{n+1} = L_n + L_{n-1} \ (n \geqslant 1),$$

则当 $k = 3, 4, 5, \cdots$ 时有 $R(k,k) = 4L_{2k-5} + 2$.

已知猜想 3.2 对 $k = 3, 4$ 成立. 若猜想 3.2 为真, 则应有 $R(5,5) = 46$, $R(6,6) = 118$, $R(7,7) = 306$. 因 $L_n = 3L_{n-2} - L_{n-4}(n \geqslant 4)$, 猜想 3.2 等价于

$$R(k,k) = 3R(k-1, k-1) - R(k-2, k-2) - 2 \quad (k \geqslant 3). \tag{3.1}$$

熟知

$$L_n = \left(\frac{1+\sqrt{5}}{2}\right)^n + \left(\frac{1-\sqrt{5}}{2}\right)^n,$$

故由猜想 3.2 有

$$R(k,k) = 4\left\{ \left(\frac{1+\sqrt{5}}{2}\right)^{2k-5} - \left(\frac{\sqrt{5}-1}{2}\right)^{2k-5} \right\} + 2$$

$$= \frac{128}{(1+\sqrt{5})^5} \left(\frac{3+\sqrt{5}}{2}\right)^k \left\{ 1 - \left(\frac{\sqrt{5}+1}{\sqrt{5}-1}\right)^5 \left(\frac{3-\sqrt{5}}{3+\sqrt{5}}\right)^k \right\} + 2.$$

因此,

$$\text{当 } k \to +\infty \text{ 时,} \quad R(k,k) \sim \frac{128}{(1+\sqrt{5})^5} \left(\frac{3+\sqrt{5}}{2}\right)^k.$$

注意到 $\dfrac{3+\sqrt{5}}{2} \approx 2.618$. 已知 $(\sqrt{2})^k < R(k,k) \leqslant 4^k$. Erdős 悬赏 350 美元征求 $\lim\limits_{k \to +\infty} R(k,k)^{\frac{1}{k}}$ 的值. 按猜想 3.2, 此极限值为 $\dfrac{3+\sqrt{5}}{2}$.

参 考 读 物

[1]   康庆德. 组合学笔记. 北京: 科学出版社, 2009.

[2]   Radziszowski S P. Small Ramsey numbers. Electron. J. Combin., 2021: DSl.16, 116pp.

第 4 讲　组合数与组合恒等式

De Morgan (德摩根): 数学发明的动力不是推理而是思想.

广义组合数在组合数学、数论与分析中有广泛应用, 目前已发现上千个包含组合数的求和公式, 即组合恒等式. 本讲介绍组合数基本性质、二项式定理、多项式定理、二项式反演公式与常见的组合恒等式.

对非负整数 n, 熟知 n 的阶乘为

$$0! = 1, \quad n! = 1 \times 2 \times \cdots \times n \quad (n = 1, 2, 3, \cdots).$$

例如: $4! = 24$, $5! = 120$.

定义 4.1　设 α 为实数, k 为整数, 则称

$$\binom{\alpha}{k} = \begin{cases} \dfrac{\alpha(\alpha - 1) \cdots (\alpha - k + 1)}{k!}, & \text{当 } k > 0 \text{ 时}, \\ 1, & \text{当 } k = 0 \text{ 时}, \\ 0, & \text{当 } k < 0 \text{ 时} \end{cases}$$

为广义组合数或二项式系数.

例如:

$$\binom{7}{3} = \frac{7 \cdot 6 \cdot 5}{3!} = 35, \quad \binom{2}{4} = \frac{2 \cdot 1 \cdot 0 \cdot (-1)}{4!} = 0,$$

$$\binom{-1}{3} = \frac{(-1)(-2)(-3)}{3!} = -1, \quad \binom{1/2}{3} = \frac{\dfrac{1}{2}\left(-\dfrac{1}{2}\right)\left(-\dfrac{3}{2}\right)}{3!} = \frac{1}{16}.$$

当 n 为正整数时, 易见

$$\binom{n}{0} = \binom{n}{n} = 1, \quad \binom{n}{1} = \binom{n}{n-1} = n, \quad \binom{n}{2} = \frac{n(n-1)}{2}.$$

容易验证:

$$\binom{\alpha}{k} = \frac{\alpha}{k}\binom{\alpha - 1}{k - 1} \quad (k = 1, 2, 3, \cdots), \tag{4.1}$$

$$\binom{-1}{k} = (-1)^k \quad (k = 0, 1, 2, \cdots), \tag{4.2}$$

$$\binom{\alpha}{k}\binom{k}{r} = \binom{\alpha}{r}\binom{\alpha - r}{k - r} \quad (0 \leqslant r \leqslant k), \tag{4.3}$$

$$\binom{n}{k} = \frac{n!}{k!(n-k)!} = \binom{n}{n-k} \quad (k, n = 0, 1, 2, \cdots). \tag{4.4}$$

定理 4.1 设 α 为实数, k 为整数, 则

$$\binom{\alpha}{k} + \binom{\alpha}{k+1} = \binom{\alpha+1}{k+1}, \quad \binom{-\alpha}{k} = (-1)^k \binom{\alpha+k-1}{k}.$$

证 由定义 4.1 知, 当 $k \leqslant 0$ 时公式成立. 现设 k 为正整数, 易见

$$\binom{\alpha}{k} + \binom{\alpha}{k+1} = \frac{\alpha(\alpha-1)\cdots(\alpha-k+1)}{k!} + \frac{\alpha(\alpha-1)\cdots(\alpha-k)}{(k+1)!}$$

$$= \frac{\alpha(\alpha-1)\cdots(\alpha-k+1)(k+1+\alpha-k)}{(k+1)!} = \binom{\alpha+1}{k+1}.$$

又

$$\binom{-\alpha}{k} = \frac{-\alpha(-\alpha-1)\cdots(-\alpha-k+1)}{k!} = (-1)^k \frac{\alpha(\alpha+1)\cdots(\alpha+k-1)}{k!}$$

$$= (-1)^k \binom{\alpha+k-1}{k},$$

故定理得证.

定理 4.2 设 k, n 为正整数, $k \leqslant n$, 则 $\binom{n}{k}$ 恰是从 n 个不同物件中选取出 k 个物件的方法数, 从而 $\binom{n}{k}$ 为整数.

证 令 C_n^k 为从 n 个不同物件中选取出 k 个物件的方法数, 对每一种选取方案, 把取出的 k 个物件排序, 有 $k!$ 种方法, 再把剩余的 $n-k$ 个物件排序, 有 $(n-k)!$ 种方法, 这样所有 n 个物件排列共有 $\mathrm{C}_n^k \cdot k! \cdot (n-k)!$ 种方法, 但 n 个物件排列方法数应为 $n!$, 故有 $\mathrm{C}_n^k \cdot k! \cdot (n-k)! = n!$, 从而

$$\mathrm{C}_n^k = \frac{n!}{k!(n-k)!} = \frac{n(n-1)\cdots(n-k+1)}{k!} = \binom{n}{k}.$$

设 $n \geqslant 2$ 为正整数, 根据定理 4.2 知 n 个选手进行循环赛共需比赛 $\dbinom{n}{2} = \dfrac{n(n-1)}{2}$ 场.

熟知 $(1+x)^2 = x^2 + 2x + 1$, $(1+x)^3 = x^3 + 3x^2 + 3x + 1$. 对一般的正整数 n, 如何确定 $(1+x)^n$ 的展开公式? 这就引出如下的二项式定理.

定理 4.3 (二项式定理)　设 n 为正整数, 则

$$(1+x)^n = \sum_{k=0}^{n} \binom{n}{k} x^k.$$

令 $x = \dfrac{a}{b}$, 则有

$$(a+b)^n = \sum_{k=0}^{n} \binom{n}{k} a^k b^{n-k}.$$

证一　对 n 归纳. 当 $n = 1$ 时, 左边 $= 1 + x = \dbinom{1}{0} + \dbinom{1}{1} x =$ 右边, 故此时公式成立. 现设 $n = m$ 时公式正确, 则 $n = m+1$ 时由归纳假设及定理 4.1 知

$$(1+x)^{m+1} = (1+x)(1+x)^m = (1+x)\left(\sum_{k=0}^{m} \binom{m}{k} x^k \right)$$

$$= \sum_{k=0}^{m} \binom{m}{k} x^k + \sum_{k=0}^{m} \binom{m}{k} x^{k+1} = \sum_{k=0}^{m} \binom{m}{k} x^k + \sum_{k=1}^{m+1} \binom{m}{k-1} x^k$$

$$= \sum_{k=0}^{m+1} \left(\binom{m}{k} + \binom{m}{k-1} \right) x^k = \sum_{k=0}^{m+1} \binom{m+1}{k} x^k.$$

这表明公式在 $n = m+1$ 时正确. 于是由数学归纳法定理得证.

证二　由于

$$(1+x)^n = \underbrace{(1+x)(1+x)\cdots(1+x)}_{n\text{个}},$$

故 $(1+x)^n$ 展开式中 x^k 项系数为从上述 n 个括号中选取 k 个 x 而其余 $n-k$ 个括号选取 1 的方法数. 根据定理 4.2, 这个方法数就是 $\dbinom{n}{k}$. 因此 $(1+x)^n = \sum_{k=0}^{n} \dbinom{n}{k} x^k$.

二项式定理可以推广为如下多项式定理:

定理 4.4 (多项式定理)　设 n 为正整数, $x_1, x_2, \cdots, x_r (r \geqslant 2)$ 为复数, 则有

$$(x_1 + x_2 + \cdots + x_r)^n = \sum_{k_1 + \cdots + k_r = n} \frac{n!}{k_1! \cdots k_r!} x_1^{k_1} \cdots x_r^{k_r},$$

其中求和号对所有满足 $k_1 + \cdots + k_r = n$ 的非负整数 $k_1, \cdots, k_r$ 求和.

　　证　对 r 归纳. 当 $r = 2$ 时即为二项式定理, 所以公式正确. 现设 $m > 2$ 且 $r < m$ 时公式成立, 则由二项式定理及归纳假设知

$$(x_1 + x_2 + \cdots + x_m)^n$$

$$= ((x_1 + \cdots + x_{m-1}) + x_m)^n = \sum_{k_m=0}^{n} \binom{n}{k_m} (x_1 + \cdots + x_{m-1})^{n-k_m} x_m^{k_m}$$

$$= \sum_{k_m=0}^{n} \binom{n}{k_m} \sum_{k_1+\cdots+k_{m-1}=n-k_m} \frac{(n-k_m)!}{k_1! \cdots k_{m-1}!} x_1^{k_1} \cdots x_{m-1}^{k_{m-1}} x_m^{k_m}$$

$$= \sum_{k_1+\cdots+k_m=n} \frac{n!}{k_1! \cdots k_m!} x_1^{k_1} \cdots x_m^{k_m}.$$

这表明 $r = m$ 时公式正确. 于是由数学归纳法定理得证.

　　定义 4.2　对实数数列 $\{a_n\}$, 若存在实数 c 使得当 n 充分大时 $|a_n - c|$ 可以小于任意指定的小正数, 即对任给 $\varepsilon > 0$, 存在 $N > 0$, 使 $n > N$ 时 $|a_n - c| < \varepsilon$, 则称数列 $\{a_n\}$ 极限为 c, 记为 $\lim\limits_{n \to +\infty} a_n = c$.

　　例如:

$$\lim_{n \to +\infty} \frac{1}{n} = \lim_{n \to +\infty} \frac{n}{2^n} = 0.$$

　　定义 4.3　当极限 $\lim\limits_{n \to +\infty} (a_1 + a_2 + \cdots + a_n)$ 存在时定义无穷级数和

$$\sum_{k=1}^{\infty} a_k = a_1 + a_2 + \cdots + a_n + \cdots = \lim_{n \to +\infty} (a_1 + a_2 + \cdots + a_n),$$

并称该级数收敛, 否则称该级数发散.

　　例如:

$$\frac{1}{2} + \frac{1}{2^2} + \cdots + \frac{1}{2^n} + \cdots = \lim_{n \to +\infty} \frac{\frac{1}{2}\left(1 - \frac{1}{2^n}\right)}{1 - \frac{1}{2}} = 1.$$

若一支粉笔长度为 1, 不断折半就得到一系列粉笔头, 长度分别为 $\frac{1}{2}, \frac{1}{4}, \frac{1}{8}, \cdots$. 因这些折断的粉笔长度之和为原来的整支粉笔长度, 故立即推出上面等式.

定义 4.4　对实数数列 $\{a_n\}$, 称幂级数 $\sum_{n=0}^{\infty} a_n x^n$ 为 $\{a_n\}$ 的母函数或生成函数.

对实数数列 $\{a_n\}$, 根据 Abel(阿贝尔) 定理, 一定存在正实数 r (收敛半径) 使得幂级数 $\sum_{n=0}^{\infty} a_n x^n$ 在 $|x| < r$ 时收敛.

二项式定理的另一惊人推广是如下的 Newton 二项式定理:

定理 4.5 (Newton 二项式定理)　设 α 为实数, $|x| < 1$, 则有

$$(1+x)^\alpha = \sum_{k=0}^{\infty} \binom{\alpha}{k} x^k.$$

Newton 二项式定理可根据对 $f(x) = (1+x)^\alpha$ 应用微积分中的 Taylor 公式来证明. 当 k, n 为正整数且 $k > n$ 时, 易见 $\binom{n}{k} = 0$, 故 Newton 二项式定理在 $\alpha = n$ 为正整数时退化到二项式定理.

在 Newton 二项式定理中取 $\alpha = -1$ 知, 当 $|x| < 1$ 时有

$$\frac{1}{1+x} = 1 - x + x^2 - x^3 + \cdots, \quad \text{从而} \quad \frac{1}{1-x} = 1 + x + x^2 + x^3 + \cdots.$$

这就是几何级数. 易知

$$
\begin{aligned}
\binom{-\frac{1}{2}}{k} &= \frac{\left(-\frac{1}{2}\right)\left(-\frac{3}{2}\right)\cdots\left(-\frac{2k-1}{2}\right)}{k!} \\
&= \frac{1 \cdot 3 \cdots (2k-1)}{(-2)^k \cdot k!} = \frac{1 \cdot 2 \cdot 3 \cdots 2k}{(-2)^k \cdot k! \cdot 2 \cdot 4 \cdots 2k} \\
&= \frac{(2k)!}{(-2)^k \cdot k! \cdot 2^k \cdot k!} = \frac{\binom{2k}{k}}{(-4)^k},
\end{aligned}
\tag{4.5}
$$

故在 Newton 二项式定理中取 $\alpha = -\frac{1}{2}$ 有

$$\frac{1}{\sqrt{1+x}} = \sum_{k=0}^{\infty} \binom{2k}{k} \left(-\frac{x}{4}\right)^k \quad (|x| < 1).$$

定理 4.6 (组合互逆公式, 二项式反演公式)　设 $\{a_n\}$ 和 $\{b_n\}$ 为两数列, 满足

$$a_n = \sum_{k=0}^{n} \binom{n}{k} (-1)^k b_k \quad (n = 0, 1, 2, \cdots),$$

则

$$b_n = \sum_{k=0}^{n} \binom{n}{k} (-1)^k a_k \quad (n = 0, 1, 2, \cdots).$$

证　根据 (4.3), 对任一非负整数 n 有

$$\sum_{k=0}^{n} \binom{n}{k} (-1)^k a_k$$

$$= \sum_{k=0}^{n} \binom{n}{k} (-1)^k \sum_{r=0}^{k} \binom{k}{r} (-1)^r b_r = \sum_{k=0}^{n} \sum_{r=0}^{k} \binom{n}{k} \binom{k}{r} (-1)^{k-r} b_r$$

$$= \sum_{r=0}^{n} \sum_{k=r}^{n} \binom{n}{r} \binom{n-r}{k-r} (-1)^{k-r} b_r = \sum_{r=0}^{n} \binom{n}{r} b_r \sum_{k=r}^{n} \binom{n-r}{k-r} (-1)^{k-r}$$

$$= \sum_{r=0}^{n} \binom{n}{r} b_r \sum_{s=0}^{n-r} \binom{n-r}{s} (-1)^s = \sum_{r=0}^{n} \binom{n}{r} b_r (1 + (-1))^{n-r}$$

$$= \binom{n}{n} b_n = b_n.$$

于是定理得证.

　　组合恒等式是指含有组合数的求和公式, 数学家已经发现成百上千个组合恒等式. 如在二项式定理中取 $x = \pm 1$ 得

$$\sum_{k=0}^{n} \binom{n}{k} = 2^n, \quad \sum_{k=0}^{n} \binom{n}{k} (-1)^k = 0 \quad (n = 1, 2, 3, \cdots). \tag{4.6}$$

由二项式定理知

$$(1+x)^n + (1-x)^n = \sum_{k=0}^{n} \binom{n}{k} (1 + (-1)^k) x^k = 2 \sum_{\substack{k=0 \\ 2|k}}^{n} \binom{n}{k} x^k,$$

$$(1+x)^n - (1-x)^n = \sum_{k=0}^{n} \binom{n}{k} (1 - (-1)^k) x^k = 2 \sum_{\substack{k=0 \\ 2\nmid k}}^{n} \binom{n}{k} x^k.$$

取 $x = 1$ 即得

$$\binom{n}{0} + \binom{n}{2} + \binom{n}{4} + \cdots = \binom{n}{1} + \binom{n}{3} + \binom{n}{5} + \cdots = 2^{n-1}. \tag{4.7}$$

组合恒等式的证明有好多种方法, 下面列举几个常用的组合恒等式及不同证明方法.

定理 4.7 (Chu-Vandermonde (朱-范德蒙德) 恒等式)   设 x, y 为实数, n 为非负整数, 则

$$\sum_{k=0}^{n} \binom{x}{k} \binom{y}{n-k} = \binom{x+y}{n}.$$

证   由 Newton 二项式定理知, 当 $|t| < 1$ 时,

$$(1+t)^x \cdot (1+t)^y = \left(\sum_{k=0}^{\infty} \binom{x}{k} t^k \right) \left(\sum_{r=0}^{\infty} \binom{y}{r} t^r \right)$$

$$= \sum_{n=0}^{\infty} \left(\sum_{k=0}^{n} \binom{x}{k} \binom{y}{n-k} \right) t^n.$$

又

$$(1+t)^{x+y} = \sum_{n=0}^{\infty} \binom{x+y}{n} t^n,$$

故

$$\sum_{n=0}^{\infty} \left(\sum_{k=0}^{n} \binom{x}{k} \binom{y}{n-k} \right) t^n = \sum_{n=0}^{\infty} \binom{x+y}{n} t^n.$$

比较两边 t^n 项系数即得所要证的等式.

推论 4.1   设 n 为非负整数, 则

$$\sum_{k=0}^{n} \binom{n}{k}^2 = \binom{2n}{n}, \quad \sum_{k=0}^{n} \binom{2k}{k} \binom{2n-2k}{n-k} = 4^n.$$

证   在定理 4.7 中取 $x = y = n$ 即得前一等式, 取 $x = y = -\dfrac{1}{2}$, 并应用 (4.2) 和 (4.5) 可得后一等式.

定理 4.8 (朱世杰恒等式)   设 m, n 为非负整数, 则

$$\binom{n}{n} + \binom{n+1}{n} + \cdots + \binom{n+m}{n} = \binom{n+m+1}{n+1}.$$

证 对 m 归纳. 当 $m = 0$ 时公式两边都是 1, 故公式正确. 现设公式对 $m = k$ 成立, 即有

$$\binom{n}{n} + \binom{n+1}{n} + \cdots + \binom{n+k}{n} = \binom{n+k+1}{n+1},$$

则根据定理 4.1 有

$$\binom{n}{n} + \binom{n+1}{n} + \cdots + \binom{n+k}{n} + \binom{n+k+1}{n}$$

$$= \binom{n+k+1}{n+1} + \binom{n+k+1}{n} = \binom{n+k+2}{n+1}.$$

这表明公式在 $m = k+1$ 时正确. 于是由数学归纳法定理得证.

定理 4.9 (孙智宏 [5], 2014) 设 n 为非负整数, 则

$$\sum_{k=0}^{n} \frac{\binom{a}{k}\binom{-1-a}{k}}{k+1} = \frac{\binom{a-1}{n}\binom{-2-a}{n}}{n+1}.$$

证 令

$$f(k) = \frac{\binom{a}{k}\binom{-1-a}{k}}{k+1}, \quad g(k) = \frac{\binom{a-1}{k}\binom{-2-a}{k}}{k+1},$$

易见 $a \neq 0, -1$ 时

$$g(k) - g(k-1)$$

$$= \frac{1}{k+1} \cdot \frac{a-k}{a}\binom{a}{k}\frac{a+1+k}{a+1}\binom{-1-a}{k} - \frac{1}{k} \cdot \frac{k}{a}\binom{a}{k}\frac{k}{-1-a}\binom{-1-a}{k}$$

$$= \frac{1}{a(a+1)}\binom{a}{k}\binom{-1-a}{k}\left(\frac{(a-k)(a+1+k)}{k+1} + k\right) = f(k),$$

这对 $a = 0, -1$ 也成立, 故有

$$\sum_{k=0}^{n} f(k) = f(0) + \sum_{k=1}^{n}(g(k) - g(k-1)) = f(0) - g(0) + g(n) = g(n).$$

于是定理得证.

定理 4.10 (Lerch (勒奇))　设 n 为正整数, a, b 为实数, $b + 1 - a \neq 0$, $b \notin \{0, 1, \cdots, n-1\}$, 则

$$\sum_{k=0}^{n} \frac{\binom{a}{k}}{\binom{b}{k}} = \frac{1}{b+1-a}\left(b+1-a\frac{\binom{a-1}{n}}{\binom{b}{n}}\right).$$

证　令

$$S_k = \frac{1}{b+1-a}\left(b+1-a\frac{\binom{a-1}{k}}{\binom{b}{k}}\right),$$

则 k 为正整数且 $a \neq 0$ 时

$$S_k - S_{k-1} = \frac{1}{b+1-a}\left(b+1-a\frac{\binom{a-1}{k}}{\binom{b}{k}}\right) - \frac{1}{b+1-a}\left(b+1-a\frac{\binom{a-1}{k-1}}{\binom{b}{k-1}}\right)$$

$$= \frac{a}{b+1-a}\left(\frac{\binom{a-1}{k-1}}{\binom{b}{k-1}} - \frac{\binom{a-1}{k}}{\binom{b}{k}}\right)$$

$$= \frac{a}{b+1-a}\left(\frac{\frac{k}{a}\binom{a}{k}}{\frac{k}{b+1-k}\binom{b}{k}} - \frac{\frac{a-k}{a}\binom{a}{k}}{\binom{b}{k}}\right) = \frac{\binom{a}{k}}{\binom{b}{k}}.$$

这对 $a = 0$ 也成立. 由此

$$\sum_{k=0}^{n} \frac{\binom{a}{k}}{\binom{b}{k}} = 1 + \sum_{k=1}^{n}(S_k - S_{k-1}) = 1 + S_n - S_0 = S_n.$$

在定理 4.10 中取 $b = -1$ 即得

$$\sum_{k=0}^{n}\binom{a}{k}(-1)^k = (-1)^n\binom{a-1}{n}. \tag{4.8}$$

下面不加证明地列举几个重要的组合恒等式, 其中 Euler 恒等式将在第 15 讲中证明, 在以后各讲中将遇到另一些组合恒等式.

$$\text{(Euler 恒等式)}\quad \sum_{k=0}^{n}\binom{n}{k}(-1)^{n-k}k^n = n!, \tag{4.9}$$

$$\text{(Dixon (狄克逊) 恒等式)}\quad \sum_{k=0}^{2n}\binom{2n}{k}^3(-1)^{n-k} = \binom{2n}{n}\binom{3n}{n}, \tag{4.10}$$

$$\sum_{k=0}^{n}\binom{2k}{k}(-1)^k\binom{n+k}{2k}\frac{1}{k+x} = \frac{\binom{x-1}{n}}{x\binom{-x-1}{n}}, \tag{4.11}$$

$$\text{(Bell 恒等式)}\ \sum_{k=0}^{n}\binom{2k}{k}^2\binom{n+k}{2k}\frac{1}{(-4)^k} = \begin{cases} 0, & \text{若 } 2\nmid n, \\ \dfrac{1}{2^{2n}}\dbinom{n}{n/2}^2, & \text{若 } 2\mid n, \end{cases} \tag{4.12}$$

$$\text{(李善兰等式)}\ \sum_{k=0}^{n}\binom{x}{k}\binom{y}{k}\binom{x+y+n-k}{n-k} = \binom{x+n}{n}\binom{y+n}{n}. \tag{4.13}$$

最后我们指出如下反演公式:

定理 4.11 (孙智宏 [4])   设 t 为实数, 则有

$$a_n = n\sum_{m=1}^{n}\binom{mt}{n-m}b_m \quad (n=1,2,3,\cdots)$$

$$\Longleftrightarrow b_n = \frac{1}{n}\sum_{m=1}^{n}\binom{-nt}{n-m}a_m \quad (n=1,2,3,\cdots).$$

参 考 读 物

[1] 康庆德. 组合学笔记. 北京: 科学出版社, 2009.

[2] Gould H W. Combinatorial Identities: A Standardized Set of Tables Listing 500 Binomial Coefficient Summations. Morgantown: West Virginia University, 1972.

[3] Petkovšek M, Wilf H S, Zeilberger D. $A = B$. Wellesley: A K Peters, 1996.

[4] Sun Z H. Some inversion formulas and formulas for Stirling numbers. Graphs and Combinatorics, 2013, 29: 1087-1100.

[5] Sun Z H. Generalized Legendre polynomials and related supercongruences. J. Number Theory, 2014, 143: 293-319.

第 5 讲　连分数与 Pell 方程

Cauchy: 如果一个人在给科学增加术语而让读者接着研究摆在他面前的奇妙难尽的东西, 那他就已经使科学获得了巨大的进展.

本讲介绍连分数和循环连分数的概念与性质, 并讨论 Pell (佩尔) 方程 $x^2 - dy^2 = \pm 1$ 的整数解, 其中包含作者给出的新证明和新结果. 本讲中 $\mathbb{Z}$ 表示整数集合, $\mathbb{Z}^+$ 表示正整数集合.

5.1　辗转相除法

定义 5.1　设 $a, b \in \mathbb{Z}$, $a \neq 0$, 若存在 $c \in \mathbb{Z}$ 使得 $b = ac$, 则称 a 是 b 的因子, b 为 a 的倍数, a 整除 b, 记为 $a \mid b$. 若不存在 $c \in \mathbb{Z}$ 使得 $b = ac$, 则称 a 不整除 b, 记为 $a \nmid b$. 若 $a, b \in \mathbb{Z}^+$, $a > 1$, $a^2 \mid b$, 则称 a 为 b 的重因子或平方因子.

例如: $7 \mid 21$, $-3 \mid 9$, $-5 \mid 0$, $6 \nmid 9$, $4 \nmid 6$, 5 为 75 的重因子.

定义 5.2　设 a, b 是不全为 0 的整数, 若整数 d 满足 $d \mid a, d \mid b$, 则称 d 为 a, b 的公因子, a, b 的所有公因子中最大者称为 a, b 的最大公因子, 记为 (a, b). 当 $(a, b) = 1$ 时称 a 与 b 互质.

例如: $(6, 9) = 3$, $(6, 10) = 2$, $(6, 11) = 1$.

引理 5.1 (带余除法)　设 $a \in \mathbb{Z}^+$, $b \in \mathbb{Z}$, 则存在唯一一对整数 q 与 r 使得 $b = aq + r$ 且 $0 \leqslant r < a$.

证　先证存在性. 显然存在整数 q, 使得 $aq \leqslant b < a(q+1)$. 令 $r = b - aq$, 则 $b = aq + r$ 且 $0 \leqslant r < a$.

再证唯一性. 设 $q', r' \in \mathbb{Z}$ 也满足 $b = aq' + r'$ 和 $0 \leqslant r' < a$, 则 $aq + r = aq' + r'$, 从而 $a|q - q'| = |r - r'|$. 因 $0 \leqslant |r - r'| < a$, 故必 $|r - r'| = 0$, 从而 $r = r'$. 又 $a > 0$, 故必有 $q = q'$.

引理 5.2　设 $a \in \mathbb{Z}^+$, $q, r \in \mathbb{Z}$, 则 $(a, aq + r) = (a, r)$.

证　若 d 为 a 与 r 的公因子, 则 $d \mid a, d \mid r$, 从而 $d \mid aq + r$, d 也是 a 与 $aq + r$ 的公因子. 若 d 为 a 与 $aq + r$ 的公因子, 则 $d \mid a, d \mid aq + r$, 从而 $r = aq + r - aq$ 是 d 的倍数, 故 d 也是 a 与 r 的公因子.

由上知, a 与 $aq + r$ 的公因子和 a 与 r 的公因子完全相同, 故它们的最大公因子也相同, 即 $(a, aq + r) = (a, r)$.

如何求两个自然数的最大公因子? 早在古希腊时期大数学家 Euclid 在其名著《几何原本》中就给出了求最大公因子的著名的 Euclid 算法.

定理 5.1 (Euclid 辗转相除法)　设 a 为正整数, b 为整数, 按带余除法依次有

$$b = aq_1 + r_1 \quad (0 < r_1 < a),$$

$$a = r_1 q_2 + r_2 \quad (0 < r_2 < r_1),$$

$$r_1 = r_2 q_3 + r_3 \quad (0 < r_3 < r_2),$$

$$\vdots$$

$$r_{n-2} = r_{n-1} q_n + r_n \quad (0 < r_n < r_{n-1}),$$

$$r_{n-1} = r_n q_{n+1} + 0,$$

则 $(a, b) = r_n$.

证　由引理 5.2 得

$$(a, b) = (a, r_1) = (r_1, r_2) = (r_2, r_3) = \cdots = (r_{n-1}, r_n) = r_n.$$

例如: 根据辗转相除法,

$$4559 = 2867 \times 1 + 1692, \qquad 2867 = 1692 \times 1 + 1175,$$

$$1692 = 1175 \times 1 + 517, \qquad 1175 = 517 \times 2 + 141,$$

$$517 = 141 \times 3 + 94, \qquad 141 = 94 \times 1 + 47,$$

$$94 = 47 \times 2 + 0,$$

故 $(2867, 4559) = 47$.

5.2　有限连分数

根据辗转相除法,

$$67 = 2 \times 24 + 19, \quad \frac{67}{24} = 2 + \frac{19}{24},$$

$$24 = 1 \times 19 + 5, \quad \frac{24}{19} = 1 + \frac{5}{19},$$

$$19 = 3 \times 5 + 4, \quad \frac{19}{5} = 3 + \frac{4}{5},$$

$$5 = 1 \times 4 + 1, \qquad \frac{5}{4} = 1 + \frac{1}{4},$$

$$4 = 4 \times 1 + 0,$$

故

$$\frac{67}{24} = 2 + \cfrac{1}{1 + \cfrac{1}{3 + \cfrac{1}{1 + \cfrac{1}{4}}}}.$$

定义 5.3 设 $a_1, a_2, \cdots, a_n$ 为非零实数, 定义

$$[a_1, a_2, \cdots, a_n] = a_1 + \cfrac{1}{a_2 + \cfrac{1}{a_3 + \cfrac{1}{\ddots\, a_{n-1} + \cfrac{1}{a_n}}}}.$$

当 $a_1, \cdots, a_n$ 均为正整数时称上式为有限简单连分数, $a_i (1 \leqslant i \leqslant n)$ 称为部分商, $[a_1, \cdots, a_k]\ (k \leqslant n)$ 的分数值称为第 k 个渐近分数.

例如: $\dfrac{67}{24} = [2, 1, 3, 1, 4]$ 的各渐近分数为 $\dfrac{2}{1}, \dfrac{3}{1}, \dfrac{11}{4}, \dfrac{14}{5}, \dfrac{67}{24}$.

根据辗转相除法, 有限简单连分数必表示有理数, 有理数也皆可表为有限简单连分数.

定理 5.2 设 $a_1, \cdots, a_n$ 为实数, $\{p_n\}$ 与 $\{q_n\}$ 定义如下:

$$p_0 = 1, \quad p_1 = a_1, \quad p_n = a_n p_{n-1} + p_{n-2} \quad (n \geqslant 2),$$

$$q_0 = 0, \quad q_1 = 1, \quad q_n = a_n q_{n-1} + q_{n-2} \quad (n \geqslant 2),$$

则

(i) $[a_1, a_2, \cdots, a_n] = \dfrac{p_n}{q_n}$;

(ii) $p_n q_{n-1} - p_{n-1} q_n = (-1)^n$.

证 (i) 显然 $[a_1] = \dfrac{p_1}{q_1}$, 设 $[a_1, \cdots, a_m] = \dfrac{p_m}{q_m}$, 则

$$[a_1, a_2, \cdots, a_{m-1}, a_m, a_{m+1}] = \left[a_1, a_2, \cdots, a_{m-1}, a_m + \frac{1}{a_{m+1}}\right]$$

$$= \frac{\left(a_m + \dfrac{1}{a_{m+1}}\right) p_{m-1} + p_{m-2}}{\left(a_m + \dfrac{1}{a_{m+1}}\right) q_{m-1} + q_{m-2}} = \frac{a_{m+1} p_m + p_{m-1}}{a_{m+1} q_m + q_{m-1}} = \frac{p_{m+1}}{q_{m+1}},$$

故由数学归纳法知 $[a_1, a_2, \cdots, a_n] = \dfrac{p_n}{q_n}$ 对一切正整数 n 成立.

(ii) 由于 $p_1 q_0 - p_0 q_1 = -1$, 故 $n = 1$ 时 (ii) 成立. 现设 $n = m$ 时公式正确, 则 $n = m + 1$ 时由归纳假设及 (i) 知

$$p_{m+1} q_m - p_m q_{m+1} = (a_{m+1} p_m + p_{m-1}) q_m - p_m(a_{m+1} q_m + q_{m-1})$$

$$= -(p_m q_{m-1} - p_{m-1} q_m) = -(-1)^m = (-1)^{m+1}.$$

这就证明了 (ii).

定理 5.3　设 $a, b \in \mathbb{Z}^+$, $a > b$, a 与 b 互质, 则一次不定方程 $ax - by = 1$ 必有整数解. 若 $\dfrac{a}{b} = [a_1, \cdots, a_{2n}]$, 其中 $a_1, \cdots, a_{2n} \in \mathbb{Z}^+$, 则 $ax_0 - by_0 = 1$, 其中 x_0, y_0 由 $[a_1, \cdots, a_{2n-1}] = \dfrac{y_0}{x_0}$ 给出.

证　设 $[a_1, \cdots, a_k] = \dfrac{p_k}{q_k}$ $(1 \leqslant k \leqslant 2n)$, 则由定理 5.2(ii) 知

$$ax_0 - by_0 = p_{2n} q_{2n-1} - p_{2n-1} q_{2n} = 1.$$

注 5.1　在定理 5.3 条件下, 不定方程 $ax - by = 1$ 的所有整数解可表为 $x = x_0 + bt$, $y = y_0 + at$, 其中 $t \in \mathbb{Z}$.

例如:

$$\frac{67}{24} = [2, 1, 3, 1, 3, 1], \quad [2, 1, 3, 1, 3] = \frac{53}{19},$$

故 $67x - 24y = 1$ 有整数解 $x = 19, y = 53$, 其全部整数解为 $x = 19 + 24t$, $y = 53 + 67t$, 其中 $t \in \mathbb{Z}$.

5.3　无限连分数

现在考虑无理数的连分数展开, 先看一个富有启发性的简单例子. 易知

$$\sqrt{2} = 1 + \frac{1}{1 + \sqrt{2}}.$$

由此

$$\sqrt{2} = 1 + \cfrac{1}{1 + 1 + \cfrac{1}{1 + \sqrt{2}}} = 1 + \cfrac{1}{2 + \cfrac{1}{2 + \cfrac{1}{1 + \sqrt{2}}}} = \cdots = 1 + \cfrac{1}{2 + \cfrac{1}{2 + \cfrac{1}{2 + \cfrac{1}{2 + \cfrac{1}{\ddots}}}}}.$$

定义 5.4 设 $a_1, a_2, a_3, \cdots$ 为正整数, 称

$$[a_1, a_2, a_3, \cdots] = a_1 + \cfrac{1}{a_2 + \cfrac{1}{a_3 + \cfrac{1}{\ddots}}}$$

为无限简单连分数, $[a_1, \cdots, a_n] = \dfrac{p_n}{q_n}$ 称为第 n 个渐近分数.

根据定理 5.2, 我们有

$$p_n q_{n-1} - p_{n-1} q_n = (-1)^n. \tag{5.1}$$

因此 p_n 与 q_n 互质.

例如: $\sqrt{2}$ 的各渐近分数为 $\dfrac{1}{1}, \dfrac{3}{2}, \dfrac{7}{5}, \dfrac{17}{12}, \dfrac{41}{29}, \dfrac{99}{70}, \cdots$, $7 \times 2 - 3 \times 5 = -1$, $17 \times 5 - 7 \times 12 = 1$.

一般地, 给定无理数 $\alpha > 1$, 令 a_1 为不超过 α 的最大整数, 则 $\alpha = a_1 + \dfrac{1}{\alpha_1}$, 其中 $\alpha_1 > 1$ 为无理数. 再令 a_2 为不超过 α_1 的最大整数, 则 $\alpha_2 = a_2 + \dfrac{1}{\alpha_2}$, 其中 $\alpha_2 > 1$ 为无理数. 依此步骤, 最终有

$$\alpha = a_1 + \cfrac{1}{\alpha_1} = a_1 + \cfrac{1}{a_2 + \cfrac{1}{\alpha_2}} = a_1 + \cfrac{1}{a_2 + \cfrac{1}{a_3 + \cfrac{1}{\alpha_3}}} = \cdots = [a_1, a_2, a_3, \cdots].$$

因此无理数都能展成无限简单连分数, 反之无限简单连分数都表示无理数.

例如: $\pi = [3, 7, 15, 1, 292, 1, 1, \cdots]$, 前几个渐近分数为 $\dfrac{3}{1}, \dfrac{22}{7}, \dfrac{333}{106}, \dfrac{355}{113}$.

定理 5.4 设 $\alpha > 1$ 为无理数, $\alpha = [a_1, a_2, a_3, \cdots]$, 其中 $a_1, a_2, a_3, \cdots$ 均为正整数. 若 $[a_1, \cdots, a_n] = \dfrac{p_n}{q_n}$, 则

$$\frac{1}{2q_n q_{n+1}} < \frac{1}{q_n(q_n + q_{n+1})} < (-1)^n \left(\frac{p_n}{q_n} - \alpha \right) < \frac{1}{q_n q_{n+1}} < \frac{1}{q_n^2},$$

从而

$$\alpha = \lim_{n \to +\infty} \frac{p_n}{q_n}.$$

证　设

$$\alpha = a_1 + \cfrac{1}{a_2 + \cfrac{1}{a_3 + \cfrac{1}{\ddots\ \cfrac{1}{a_n + \cfrac{1}{\alpha_n}}}}},$$

根据定理 5.2,

$$\alpha = \left[a_1,\cdots,a_{n-1},a_n+\frac{1}{\alpha_n}\right] = \frac{\left(a_n+\dfrac{1}{\alpha_n}\right)p_{n-1}+p_{n-2}}{\left(a_n+\dfrac{1}{\alpha_n}\right)q_{n-1}+q_{n-2}} = \frac{p_n+\dfrac{p_{n-1}}{\alpha_n}}{q_n+\dfrac{q_{n-1}}{\alpha_n}}.$$

由此

$$\alpha - \frac{p_n}{q_n} = \frac{p_n\alpha_n+p_{n-1}}{q_n\alpha_n+q_{n-1}} - \frac{p_n}{q_n} = \frac{p_{n-1}q_n-p_nq_{n-1}}{q_n(q_n\alpha_n+q_{n-1})} = \frac{(-1)^{n-1}}{q_n(q_n\alpha_n+q_{n-1})}. \quad (5.2)$$

因 $\alpha_n > a_{n+1}$, 故有

$$(-1)^n\left(\frac{p_n}{q_n}-\alpha\right) = \frac{1}{q_n(q_n\alpha_n+q_{n-1})} < \frac{1}{q_n(q_na_{n+1}+q_{n-1})} = \frac{1}{q_nq_{n+1}} < \frac{1}{q_n^2}.$$

又 $\alpha_n < a_{n+1}+1$, $q_n < q_{n+1}$, 故

$$(-1)^n\left(\frac{p_n}{q_n}-\alpha\right) = \frac{1}{q_n(q_n\alpha_n+q_{n-1})} > \frac{1}{q_n(q_n(a_{n+1}+1)+q_{n-1})}$$
$$= \frac{1}{q_n(q_n+q_{n+1})} > \frac{1}{2q_nq_{n+1}}.$$

由定理 5.2 知, $\{q_n\}$ 是严格递增的正整数序列, 故 $\dfrac{1}{q_n^2} \to 0$, 从而 $\alpha = \lim\limits_{n\to+\infty}\dfrac{p_n}{q_n}$.

定理 5.5　设 $\alpha > 1$ 为无理数, $\alpha = [a_1,a_2,a_3,\cdots]$, $[a_1,\cdots,a_n]=\dfrac{p_n}{q_n}$, 则当 $n \geqslant 3$ 时

$$\frac{p_n}{q_n} - \frac{p_{n-2}}{q_{n-2}} = \frac{(-1)^{n-1}a_n}{q_nq_{n-2}},$$

从而

$$\frac{p_1}{q_1} < \frac{p_3}{q_3} < \frac{p_5}{q_5} < \cdots < \alpha, \qquad \frac{p_2}{q_2} > \frac{p_4}{q_4} > \frac{p_6}{q_6} > \cdots > \alpha.$$

证 根据定理 5.2,

$$\frac{p_n}{q_n} - \frac{p_{n-2}}{q_{n-2}} = \frac{p_n q_{n-2} - p_{n-2} q_n}{q_n q_{n-2}} = \frac{(a_n p_{n-1} + p_{n-2}) q_{n-2} - p_{n-2}(a_n q_{n-1} + q_{n-2})}{q_n q_{n-2}}$$

$$= \frac{a_n(p_{n-1} q_{n-2} - p_{n-2} q_{n-1})}{q_n q_{n-2}} = \frac{(-1)^{n-1} a_n}{q_n q_{n-2}}.$$

由此

$$\frac{p_1}{q_1} < \frac{p_3}{q_3} < \frac{p_5}{q_5} < \cdots, \qquad \frac{p_2}{q_2} > \frac{p_4}{q_4} > \frac{p_6}{q_6} > \cdots.$$

由 (5.2) 知, $\dfrac{p_{2k}}{q_{2k}} > \alpha > \dfrac{p_{2k+1}}{q_{2k+1}}$, 故定理得证.

定理 5.6 设 $\alpha > 1$ 为无理数, $\dfrac{p_1}{q_1}, \dfrac{p_2}{q_2}, \cdots$ 为 α 的各渐近分数, 则

$$\left|\frac{p_1}{q_1} - \alpha\right| > \left|\frac{p_2}{q_2} - \alpha\right| > \cdots > \left|\frac{p_n}{q_n} - \alpha\right| > \left|\frac{p_{n+1}}{q_{n+1}} - \alpha\right| > \cdots.$$

证 根据定理 5.2, 对正整数 n 有

$$\frac{p_n}{q_n} + \frac{p_{n+1}}{q_{n+1}} = 2\frac{p_n}{q_n} + \frac{p_{n+1} q_n - p_n q_{n+1}}{q_n q_{n+1}} = 2\frac{p_n}{q_n} + (-1)^{n+1}\frac{1}{q_n q_{n+1}}.$$

当 n 为偶数时, 由定理 5.5 知, $\dfrac{p_n}{q_n} > \alpha > \dfrac{p_{n+1}}{q_{n+1}}$; 由定理 5.4 知, $\dfrac{p_n}{q_n} - \alpha > \dfrac{1}{2q_n q_{n+1}}$, 故

$$2\alpha < 2\frac{p_n}{q_n} - \frac{1}{q_n q_{n+1}} = \frac{p_n}{q_n} + \frac{p_{n+1}}{q_{n+1}},$$

从而 $\dfrac{p_n}{q_n} - \alpha > \alpha - \dfrac{p_{n+1}}{q_{n+1}}$. 当 n 为奇数时, 由定理 5.5 知, $\dfrac{p_n}{q_n} < \alpha < \dfrac{p_{n+1}}{q_{n+1}}$; 由定理 5.4 知, $\alpha - \dfrac{p_n}{q_n} > \dfrac{1}{2q_n q_{n+1}}$, 故

$$2\alpha > 2\frac{p_n}{q_n} + \frac{1}{q_n q_{n+1}} = \frac{p_n}{q_n} + \frac{p_{n+1}}{q_{n+1}},$$

从而 $\alpha - \dfrac{p_n}{q_n} > \dfrac{p_{n+1}}{q_{n+1}} - \alpha$. 于是定理得证.

根据定理 5.5 和定理 5.6, 正无理数展成连分数的渐近分数给出该无理数越来越好的近似值. 例如: $\dfrac{1}{1} < \dfrac{7}{5} < \dfrac{41}{29} < \sqrt{2} < \dfrac{99}{70} < \dfrac{17}{12} < \dfrac{3}{2}$.

由

$$\frac{1+\sqrt{5}}{2} = 1 + \cfrac{1}{\dfrac{1+\sqrt{5}}{2}}$$

知

$$\frac{1+\sqrt{5}}{2} = 1 + \cfrac{1}{1+\cfrac{1}{1+\cfrac{1}{\ddots}}} = [1,1,1,\cdots],$$

各渐近分数为

$$\frac{1}{1},\frac{2}{1},\frac{3}{2},\frac{5}{3},\frac{8}{5},\frac{13}{8},\frac{21}{13},\frac{34}{21},\frac{55}{34},\frac{89}{55},\frac{144}{89},\cdots.$$

定义 5.5　Fibonacci (斐波那契) 数 $\{F_n\}$ 与 Pell 数 $\{P_n\}$ 由下式给出:

$$F_0 = 0, \quad F_1 = 1, \quad F_{n+1} = F_n + F_{n-1} \quad (n=1,2,3,\cdots),$$

$$P_0 = 0, \quad P_1 = 1, \quad P_{n+1} = 2P_n + P_{n-1} \quad (n=1,2,3,\cdots).$$

由于

$$\frac{F_{n+1}}{F_n} = \frac{F_n + F_{n-1}}{F_n} = 1 + \cfrac{1}{\dfrac{F_n}{F_{n-1}}},$$

故 $\dfrac{1+\sqrt{5}}{2}$ 的渐近分数为 $\dfrac{F_{n+1}}{F_n}$ $(n=1,2,3,\cdots)$, 从而有

$$\lim_{n\to+\infty} \frac{F_{n+1}}{F_n} = \frac{1+\sqrt{5}}{2}.$$

利用数学归纳法容易证明:

$$F_n = \frac{1}{\sqrt{5}}\left\{\left(\frac{1+\sqrt{5}}{2}\right)^n - \left(\frac{1-\sqrt{5}}{2}\right)^n\right\}.$$

类似地,

$$\frac{P_{n+1}}{P_n} = \frac{2P_n + P_{n-1}}{P_n} = 2 + \cfrac{1}{\dfrac{P_n}{P_{n-1}}}.$$

利用数学归纳法可知 $\dfrac{P_{n+1}-P_n}{P_n}$ $(n=0,1,2,\cdots)$ 为 $\sqrt{2}$ 的各渐近分数, 并有

$$P_n = \frac{1}{2\sqrt{2}}\Big\{(1+\sqrt{2})^n - (1-\sqrt{2})^n\Big\}.$$

定理 5.7 设 $\alpha > 1$ 为无理数, $\dfrac{p_1}{q_1}, \dfrac{p_2}{q_2}, \cdots$ 为 α 的各渐近分数, 则对 $n \in \mathbb{Z}^+$ 有

$$(-1)^n(p_n^2 - \alpha^2 q_n^2) > \frac{p_n}{q_{n+1}}, \quad (-1)^n(p_n p_{n+1} - \alpha^2 q_n q_{n+1}) > 0.$$

证 根据定理 5.5, 对偶数 n 有 $\alpha > \dfrac{p_{n+1}}{q_{n+1}} > \dfrac{p_n}{q_{n+1}}$, 对奇数 n 有 $\alpha > \dfrac{p_n}{q_n} > \dfrac{p_n}{q_{n+1}}$. 因此总有 $\alpha > \dfrac{p_n}{q_{n+1}}$. 于是, 利用定理 5.4 有

$$\begin{aligned}
(-1)^n(p_n^2 - \alpha^2 q_n^2) &= (-1)^n \left(\frac{p_n}{q_n} - \alpha\right)\left(\frac{p_n}{q_n} + \alpha\right) q_n^2 \\
&> \frac{1}{q_n(q_n + q_{n+1})}\left(\frac{p_n}{q_n} + \frac{p_n}{q_{n+1}}\right) q_n^2 = \frac{p_n}{q_{n+1}}.
\end{aligned}$$

另一方面, 根据定理 5.2(ii) 和上面的不等式有

$$\begin{aligned}
(-1)^n \left(\frac{p_n}{q_n} \cdot \frac{p_{n+1}}{q_{n+1}} - \alpha^2\right) &= (-1)^n \left(\frac{p_n^2}{q_n^2} - \alpha^2 + \frac{p_n}{q_n}\left(\frac{a_{n+1}p_n + p_{n-1}}{a_{n+1}q_n + q_{n-1}} - \frac{p_n}{q_n}\right)\right) \\
&= (-1)^n \left(\frac{p_n^2}{q_n^2} - \alpha^2\right) + (-1)^n \frac{p_n}{q_n} \cdot \frac{p_{n-1}q_n - p_n q_{n-1}}{q_n(a_{n+1}q_n + q_{n-1})} \\
&= (-1)^n \left(\frac{p_n^2}{q_n^2} - \alpha^2\right) - \frac{p_n}{q_n^2 q_{n+1}} > 0.
\end{aligned}$$

于是定理得证.

根据定理 5.4, 对正无理数 α 存在无穷多个有理数 $\dfrac{p}{q}$ $(p \in \mathbb{Z}, q \in \mathbb{Z}^+)$ 使得 $\left|\alpha - \dfrac{p}{q}\right| < \dfrac{1}{q^2}$. 利用连分数, Hurwitz (赫尔维茨) 改进和加强了这一结果.

定理 5.8 (Hurwitz, 1891) 设 α 为无理数, 则有无穷多个有理数 $\dfrac{p}{q}$ $(p \in \mathbb{Z}, q \in \mathbb{Z}^+)$ 使得

$$\left|\alpha - \frac{p}{q}\right| < \frac{1}{\sqrt{5}q^2},$$

并且 $\sqrt{5}$ 是最好可能的数, 即若用更大的数代替 $\sqrt{5}$, 则结论不真.

可以证明, 无理数 α 的连分数展式中除去前三个渐近分数外, 每三个相继的渐近分数中就有一个渐近分数 $\dfrac{p}{q}$ 满足 $\left| \alpha - \dfrac{p}{q} \right| < \dfrac{1}{\sqrt{5}q^2}$. 由此推出定理 5.8.

1737 年 Euler 发现

$$\frac{e-1}{2} = \cfrac{1}{1 + \cfrac{1}{6 + \cfrac{1}{10 + \cfrac{1}{14 + \cfrac{1}{\ddots}}}}},$$

由此知 e 为无理数, 且通过计算渐近分数可快速逼近 e. 利用 Wallis (沃利斯) 的无穷乘积

$$\frac{4}{\pi} = \frac{3^2}{3^2 - 1} \cdot \frac{5^2}{5^2 - 1} \cdot \frac{7^2}{7^2 - 1} \cdots,$$

Brouncker (布龙克尔) 在 1658 年得到

$$\frac{4}{\pi} = 1 + \cfrac{1}{2 + \cfrac{9}{2 + \cfrac{25}{2 + \cfrac{49}{2 + \cfrac{81}{\ddots}}}}}.$$

由此推断 π 为无理数.

一些常用函数也可用连分数展开, 如 1766 年 Lambert (兰伯特) 得到

$$\tan x = \cfrac{1}{\cfrac{1}{x} - \cfrac{1}{\cfrac{3}{x} - \cfrac{1}{\cfrac{5}{x} - \cfrac{1}{\cfrac{7}{x} - \cfrac{1}{\ddots}}}}},$$

$$\frac{e^x - 1}{e^x + 1} = \cfrac{1}{\cfrac{2}{x} + \cfrac{1}{\cfrac{6}{x} + \cfrac{1}{\cfrac{10}{x} + \cfrac{1}{\cfrac{14}{x} + \cfrac{1}{\ddots}}}}}.$$

5.4 循环连分数

定义 5.6 设无理数 $\alpha > 1$ 的简单连分数展式为

$$\alpha = [a_1, \cdots, a_s, b_1, \cdots, b_t, b_1, \cdots, b_t, b_1, \cdots, b_t, \cdots],$$

其中 $b_1, \cdots, b_t$ 反复循环, 则称该连分数为循环连分数, $b_1, \cdots, b_t$ 为循环节, t 为循环节长度. 这时 α 的连分数展式简记为 $[a_1, \cdots, a_s; \overline{b_1, \cdots, b_t}]$. 若 α 的简单连分数展式为 $[\overline{b_1, \cdots, b_t}]$, 则称该连分数为纯循环连分数.

例如:

$$\sqrt{2} = [1; \overline{2}], \quad \sqrt{3} = [1; \overline{1, 2}], \quad \sqrt{5} = [2; \overline{4}], \quad \sqrt{6} = [2; \overline{2, 4}], \quad \sqrt{7} = [2; \overline{1, 1, 1, 4}],$$

$$\sqrt{8} = [2; \overline{1, 4}], \quad \sqrt{10} = [3; \overline{6}], \quad \sqrt{11} = [3; \overline{3, 6}], \quad \sqrt{12} = [3; \overline{2, 6}],$$

$$\sqrt{13} = [3; \overline{1, 1, 1, 1, 6}], \quad \sqrt{14} = [3; \overline{1, 2, 1, 6}], \quad \sqrt{15} = [3; \overline{1, 6}], \quad \sqrt{17} = [4; \overline{8}]$$

为循环连分数,

$$\frac{1 + \sqrt{5}}{2} = [\overline{1}], \quad 1 + \sqrt{2} = [\overline{2}], \quad \frac{1 + \sqrt{3}}{2} = [\overline{1, 2}], \quad \frac{2 + \sqrt{7}}{3} = [\overline{1, 1, 1, 4}]$$

为纯循环连分数.

定义 5.7 若无理数 α 是整系数二次方程 $ax^2 + bx + c = 0$ 的根, 则 $\alpha = \dfrac{-b \pm \sqrt{b^2 - 4ac}}{2a}$, 故 α 可表为 $\alpha = \dfrac{P + \sqrt{D}}{Q}$, 其中 P, Q 为整数, D 为正整数且不是平方数, 并且 $P^2 - D$ 是 Q 的倍数. 称 $\alpha' = \dfrac{P - \sqrt{D}}{Q}$ 为 α 的共轭数, 因为它们是同一个整系数二次方程的根. 如果 $\alpha > 1$ 且 $-1 < \alpha' < 0$, 则称 α 为约化二次无理数.

定理 5.9 (Lagrange (拉格朗日)) 设 $a_1, \cdots, a_n$ 为正整数, $\alpha = [\overline{a_1, \cdots, a_n}]$, 则 $\alpha > 1$ 且 α 是一个整系数二次方程的根. 令 $\beta = [\overline{a_n, \cdots, a_1}]$, $\alpha' = -\dfrac{1}{\beta}$, 则 $-1 < \alpha' < 0$ 且 α' 是上述二次方程的第二个根, 即 α' 为 α 的共轭数.

证 因为 α 的连分数是纯循环的, 故有

$$\alpha = a_1 + \cfrac{1}{a_2 + \cfrac{1}{a_3 + \cfrac{1}{\ddots + \cfrac{1}{a_n + \cfrac{1}{\alpha}}}}} = [\overline{a_1, \cdots, a_n, \alpha}].$$

设 $\dfrac{p_{n-1}}{q_{n-1}}$ 与 $\dfrac{p_n}{q_n}$ 分别为 $[a_1, \cdots, a_n]$ 或 $[\overline{a_1, \cdots, a_n}]$ 的第 $n-1$ 个与第 n 个渐近分

数. 由定理 5.2 知 $\alpha = \dfrac{\alpha p_n + p_{n-1}}{\alpha q_n + q_{n-1}}$, 从而

$$q_n \alpha^2 - (p_n - q_{n-1})\alpha - p_{n-1} = 0.$$

类似于前面关于 α 的讨论, 设 $\dfrac{p'_{n-1}}{q'_{n-1}}$ 与 $\dfrac{p'_n}{q'_n}$ 分别为 $[a_n, \cdots, a_1]$ 或 $[\overline{a_n, \cdots, a_1}]$

的第 $n-1$ 个与第 n 个渐近分数, 我们有 $\beta = [\overline{a_n, \cdots, a_1}] = [a_n, \cdots, a_1, \beta]$, 从而

$\beta = \dfrac{\beta p'_n + p'_{n-1}}{\beta q'_n + q'_{n-1}}$. 由于 $\dfrac{p_2}{p_1} = a_2 + \dfrac{1}{a_1}$, $\dfrac{q_2}{q_1} = a_2$, 按照定理 5.2 有

$$\frac{p_n}{p_{n-1}} = a_n + \frac{1}{\dfrac{p_{n-1}}{p_{n-2}}} = a_n + \cfrac{1}{a_{n-1} + \cfrac{1}{\dfrac{p_{n-2}}{p_{n-3}}}} = \cdots = [a_n, a_{n-1}, \cdots, a_2, a_1],$$

$$\frac{q_n}{q_{n-1}} = a_n + \frac{1}{\dfrac{q_{n-1}}{q_{n-2}}} = a_n + \cfrac{1}{a_{n-1} + \cfrac{1}{\dfrac{q_{n-2}}{q_{n-3}}}} = \cdots = [a_n, a_{n-1}, \cdots, a_2].$$

于是 $p'_{n-1} = q_n$, $q'_{n-1} = q_{n-1}$, $p'_n = p_n$, $q'_n = p_{n-1}$, 从而

$$\beta = \frac{\beta p'_n + p'_{n-1}}{\beta q'_n + q'_{n-1}} = \frac{\beta p_n + q_n}{\beta p_{n-1} + q_{n-1}},$$

即 β 满足 $p_{n-1}\beta^2 - (p_n - q_{n-1})\beta - q_n = 0$, 从而

$$q_n\left(-\frac{1}{\beta}\right)^2 - (p_n - q_{n-1})\left(-\frac{1}{\beta}\right) - p_{n-1} = 0.$$

这表明 $\alpha' = -\dfrac{1}{\beta}$ 与 α 满足同一二次方程, 故为 α 的共轭数. 由于 $a_1, \cdots, a_n$ 为

正整数, 我们有 $\beta = [\overline{a_n, \cdots, a_1}] > 1$, 从而 $\alpha' = -\dfrac{1}{\beta} \in (0, 1)$.

引理 5.3　设 α 为约化二次无理数, $q = [\alpha]$ 为不超过 α 的最大整数, $\alpha =$

$q + \dfrac{1}{\alpha_1}$, 则 α_1 也是约化二次无理数.

证　设 $\alpha = \dfrac{P + \sqrt{D}}{Q}$, 其中 P, Q 为整数, D 为正整数且不是平方数, $Q \mid P^2$

$-D$. 因 $\alpha > 1$, 我们有 $q \geqslant 1$, $\alpha_1 > 1$. 易见

$$\alpha_1 = \frac{1}{\dfrac{P + \sqrt{D}}{Q} - q} = \frac{Q(qQ - P + \sqrt{D})}{D - (P - qQ)^2} = \frac{P_1 + \sqrt{D}}{Q_1},$$

其中

$$P_1 = qQ - P, \quad Q_1 = \frac{D - P^2}{Q} + 2qP - q^2 Q.$$

易知 $P_1, Q_1 \in \mathbb{Z}$, $P_1^2 - D = -QQ_1$ 且

$$-\frac{1}{\alpha_1'} = -\frac{Q_1}{P_1 - \sqrt{D}} = \frac{P_1 + \sqrt{D}}{Q} = q - \frac{P - \sqrt{D}}{Q} = q - \alpha'.$$

因 $q \geqslant 1$, $\alpha' \in (-1, 0)$, 故有 $-\dfrac{1}{\alpha_1'} > 1$, 从而 $-\alpha_1' \in (0, 1)$, $\alpha_1' \in (-1, 0)$. 于是 α_1 为约化二次无理数.

引理 5.4 设 D 为正整数且不是平方数, 则形如 $\dfrac{P + \sqrt{D}}{Q}$ 的约化二次无理数只有有限个.

证 设 $\alpha = \dfrac{P + \sqrt{D}}{Q}$ 为约化二次无理数, 则 $P, Q \in \mathbb{Z}$, $\alpha > 1$, $\alpha' = \dfrac{P - \sqrt{D}}{Q} \in (-1, 0)$, 故

$$\frac{2\sqrt{D}}{Q} = \alpha - \alpha' > 0, \quad \frac{2P}{Q} = \alpha + \alpha' > 0, \quad P - \sqrt{D} = Q\alpha' < 0.$$

由此 $Q > 0$, $P > 0$, $P < \sqrt{D}$. 再由 $\alpha > 1$ 得 $Q < P + \sqrt{D} < 2\sqrt{D}$. 于是 P, Q 都只有有限个可能取值, 从而形如 $\dfrac{P + \sqrt{D}}{Q}$ 的约化二次无理数只有有限个.

定理 5.10 (Galois (伽罗瓦), 1828) 约化二次无理数的连分数是纯循环的.

证 设 $\alpha = \alpha_0 = \dfrac{P + \sqrt{D}}{Q}$ 为约化二次无理数, $a_1 = [\alpha]$, $\alpha = a_1 + \dfrac{1}{\alpha_1}$, 则由引理 5.3 知, α_1 为形如 $\dfrac{P + \sqrt{D}}{Q}$ 的约化二次无理数. 再令 $\alpha_1 = a_2 + \dfrac{1}{\alpha_2}$, 其中 $a_2 = [\alpha_1]$, 由引理 5.3 知, α_2 为形如 $\dfrac{P + \sqrt{D}}{Q}$ 的约化二次无理数. 一般地, 令

$\alpha_k = a_{k+1} + \dfrac{1}{\alpha_{k+1}}$, 其中 $a_{k+1} = [\alpha_k]$, 则由 α_k 为形如 $\dfrac{P+\sqrt{D}}{Q}$ 的约化二次无理

数推出 α_{k+1} 为形如 $\dfrac{P+\sqrt{D}}{Q}$ 的约化二次无理数, 并且有

$$\alpha = [a_1, \cdots, a_k, \alpha_k] = [a_1, a_2, \cdots, a_n, \cdots].$$

根据引理 5.4, 形如 $\dfrac{P+\sqrt{D}}{Q}$ 的约化二次无理数只有有限个, 因此存在 $k, l \in \mathbb{Z}$ 使

得 $0 \leqslant k < l$ 且 $\alpha_k = \alpha_l$, 从而 $a_{k+1} = [\alpha_k] = [\alpha_l] = a_{l+1}$, $a_{k+2} = [\alpha_{k+1}] = [\alpha_{l+1}] = a_{l+2}$. 依此步骤, 对 $i = 0, 1, 2, \cdots$ 有 $a_{k+i} = a_{l+i}$, 从而 $\alpha = [a_1, \cdots, a_n, \cdots]$ 为循环连分数.

令 α_r' 为 α_r 的共轭数, $\beta_r = -\dfrac{1}{\alpha_r'}$, 则当 $r \geqslant 1$ 时由 $\alpha_{r-1} = a_r + \dfrac{1}{\alpha_r}$ 知

$\alpha_{r-1}' = a_r + \dfrac{1}{\alpha_r'}$, 从而 $\beta_r = -\dfrac{1}{\alpha_r'} = a_r - \alpha_{r-1}' = a_r + \dfrac{1}{\beta_{r-1}}$. 由于 α_{r-1} 为约化二

次无理数, 故有 $-1 < \alpha_{r-1}' < 0$, 从而 $0 < \dfrac{1}{\beta_{r-1}} = -\alpha_{r-1}' < 1$. 因此 $a_r = [\beta_r]$.

若有 $l > k$ 使得 $\alpha_k = \alpha_l$, 则 $\alpha_k' = \alpha_l'$, 从而 $\beta_k = -\dfrac{1}{\alpha_k'} = -\dfrac{1}{\alpha_l'} = \beta_l$. 于是

$a_k = [\beta_k] = [\beta_l] = a_l$. 当 $k \geqslant 1$ 时 $\alpha_{k-1}' = -\dfrac{1}{\beta_{k-1}} = a_k - \beta_k = a_l - \beta_l = \alpha_{l-1}'$, 从

而 $\alpha_{k-1} = \alpha_{l-1}$. 依此推理, 我们得到 $\alpha_{k-2} = \alpha_{l-2}, \cdots, \alpha_1 = \alpha_{l-k+1}$, $\alpha_0 = \alpha_{l-k}$. 于是

$$\alpha = [a_1, \cdots, a_{l-k}, \alpha_{l-k}] = [a_1, \cdots, a_{l-k}, \alpha].$$

这表明 $\alpha = [\overline{a_1, \cdots, a_{l-k}}]$ 为纯循环连分数.

定理 5.10 是定理 5.9 的逆定理, 隐含在 Lagrange 的工作中, 尽管是 Galois 更明确地指出和证明.

定理 5.11 (Lagrange 定理) 设 $\alpha > 1$ 为整系数二次方程的无理根, 则 α 的连分数展式从某点向后是循环的, 也即为循环连分数.

证 设 α 的连分数展式为

$$\alpha = [a_1, a_2, \cdots, a_n, \cdots] = [a_1, \cdots, a_n, \alpha_n].$$

令 $\dfrac{p_m}{q_m}$ 为 α 的第 m 个渐近分数, 则由定理 5.2 知 $\alpha = \dfrac{\alpha_n p_n + p_{n-1}}{\alpha_n q_n + q_{n-1}}$, 从而

$$\alpha_n = -\frac{p_{n-1} - \alpha q_{n-1}}{p_n - \alpha q_n} = -\frac{q_{n-1}}{q_n} \cdot \frac{\alpha - p_{n-1}/q_{n-1}}{\alpha - p_n/q_n}.$$

因 $\alpha > 1$ 为整系数二次方程的无理根, 易见 $\alpha_n > 1$ 且也是某个整系数二次方程的无理根. 若 α' 为 α 的共轭数, α_n' 为 α_n 的共轭数, 则有

$$\alpha_n' = -\frac{q_{n-1}}{q_n} \cdot \frac{\alpha' - p_{n-1}/q_{n-1}}{\alpha' - p_n/q_n}.$$

根据定理 5.2, $q_n = a_n q_{n-1} + q_{n-2} > a_n q_{n-1} \geqslant q_{n-1} \geqslant 1$, 故 $0 < \frac{q_{n-1}}{q_n} < 1$. 由定理 5.4 和定理 5.5 知, $\lim\limits_{m \to +\infty} \frac{p_m}{q_m} = \alpha$, 且 $\frac{p_{n-1}}{q_{n-1}}$ 与 $\frac{p_n}{q_n}$ 中一个比 α 大, 另一个比 α 小. 由此

$$\lim_{n \to +\infty} \frac{\alpha' - p_{n-1}/q_{n-1}}{\alpha' - p_n/q_n} = \frac{\alpha' - \alpha}{\alpha' - \alpha} = 1,$$

并存在正整数 n 使得 $\frac{\alpha' - p_{n-1}/q_{n-1}}{\alpha' - p_n/q_n} \in (0, 1)$, 从而 $\alpha_n' \in (-1, 0)$. 于是 α_n 为约化二次无理数, 从而由定理 5.10 知 α_n 的连分数是纯循环的. 设 $\alpha_n = [\overline{b_1, b_2, \cdots, b_t}]$, 则

$$\alpha = [a_1, \cdots, a_n, \alpha_n] = [a_1, \cdots, a_n; \overline{b_1, b_2, \cdots, b_t}].$$

这就证明了 α 的连分数是循环的.

5.5 $\sqrt{d}$ 连分数与 Pell 方程

我们看几个 $\sqrt{d}$ 连分数的例子:

$$\sqrt{19} = [4; \overline{2, 1, 3, 1, 2, 8}], \quad \sqrt{22} = [4; \overline{1, 2, 4, 2, 1, 8}],$$

$$\sqrt{29} = [5; \overline{2, 1, 1, 2, 10}], \quad \sqrt{31} = [5; \overline{1, 1, 3, 5, 3, 1, 1, 10}],$$

$$\sqrt{43} = [6; \overline{1, 1, 3, 1, 5, 1, 3, 1, 1, 12}], \quad \sqrt{53} = [7; \overline{3, 1, 1, 3, 14}],$$

$$\sqrt{61} = [7; \overline{1, 4, 3, 1, 2, 2, 1, 3, 4, 1, 14}], \quad \sqrt{73} = [8; \overline{1, 1, 5, 5, 1, 1, 16}].$$

不难观察到 $\sqrt{d}$ 连分数循环节除去最后一个数外其余数字关于中间数对称, 即有

定理 5.12 设 d 是正整数, 但不是平方数, 则 $\sqrt{d}$ 的连分数形如

$$\sqrt{d} = [a_0; \overline{a_1, a_2, \cdots, a_2, a_1, 2a_0}],$$

其中 $a_0, a_1, a_2, \cdots$ 为正整数.

证 令 $a_0 = [\sqrt{d}]$, $\alpha = a_0 + \sqrt{d}$, $\alpha' = a_0 - \sqrt{d}$, 则 $\alpha > 1$, $-1 < \alpha' < 0$, 故 α 为约化二次无理数. 根据定理 5.10, α 的连分数展式是纯循环的, 注意到 $[\alpha] = 2a_0$, 有正整数 $a_1, \cdots, a_n$ 使得

$$\alpha = a_0 + \sqrt{d} = \overline{[2a_0, a_1, \cdots, a_n]} = [2a_0; \overline{a_1, \cdots, a_n, 2a_0}],$$

从而

$$-\frac{1}{\alpha'} = \frac{1}{\sqrt{d} - a_0} = \overline{[a_1, \cdots, a_n, 2a_0]}.$$

另一方面, 由定理 5.9 知

$$-\frac{1}{\alpha'} = \overline{[a_n, a_{n-1}, \cdots, a_1, 2a_0]}.$$

比较 $-\dfrac{1}{\alpha'}$ 的两个连分数展式即知 $a_1 = a_n, a_2 = a_{n-1}, \cdots$. 于是 $\sqrt{d}$ 的连分数形如 $[a_0; \overline{a_1, a_2, \cdots, a_2, a_1, 2a_0}]$.

定理 5.12 首先出现在 Fermat (费马) 写给 Brouncker 的信中, 第一个证明是 Lagrange 作出的.

设 $d \in \mathbb{Z}^+$, 但不是平方数, $\sqrt{d} = [a_0, a_1, \cdots, a_{k-1}, \alpha_k]$, $\sqrt{d}$ 的第 m 个渐近分数为 $\dfrac{p_m}{q_m}$, 根据定理 5.2 知

$$\sqrt{d} = \frac{\alpha_k p_k + p_{k-1}}{\alpha_k q_k + q_{k-1}}, \quad \text{从而} \quad \alpha_k = -\frac{p_{k-1} - q_{k-1}\sqrt{d}}{p_k - q_k\sqrt{d}}.$$

于是应用定理 5.2(ii) 有

$$\begin{aligned}
\alpha_k &= -\frac{(p_{k-1} - q_{k-1}\sqrt{d})(p_k + q_k\sqrt{d})}{p_k^2 - dq_k^2} \\
&= -\frac{p_{k-1}p_k - dq_{k-1}q_k - (p_kq_{k-1} - p_{k-1}q_k)\sqrt{d}}{p_k^2 - dq_k^2} \\
&= \frac{(-1)^{k-1}(p_{k-1}p_k - dq_{k-1}q_k) + \sqrt{d}}{(-1)^k(p_k^2 - dq_k^2)}.
\end{aligned}$$

令

$$b_k = (-1)^k(p_k p_{k+1} - dq_k q_{k+1}), \quad c_k = (-1)^k(p_k^2 - dq_k^2), \tag{5.3}$$

根据定理 5.7 知 $b_k > 0, c_k > 0$. 由上有

$$\alpha_k = \frac{b_{k-1} + \sqrt{d}}{c_k}. \tag{5.4}$$

若 $\sqrt{d}$ 循环节长度为 $n+1$, 则由 $a_0 + \sqrt{d} = \overline{[2a_0, a_1, \cdots, a_n]}$ 知, 当 $s \in \mathbb{Z}^+$ 时有 $\alpha_{s(n+1)} = a_0 + \sqrt{d}$. 于是

$$\alpha_{s(n+1)+k} = \alpha_k, \text{ 从而 } b_{s(n+1)+k-1} = b_{k-1}, c_{s(n+1)+k} = c_k \ (k \geqslant 1). \tag{5.5}$$

定义 5.8 设 m 为非零整数, d 为正整数, 且不是平方数, 称不定方程 $x^2 - dy^2 = m$ 为 Pell 方程.

令人惊讶的是, 当 $m = 1$ 时 Pell 方程有无穷多对正整数解, 这是 Fermat 首先指出的. 之所以叫 Pell 方程, 是因为 Euler 这么称呼的. Euler 是大数学家, 所以大家也就默认这种叫法, 尽管 Pell 并未对此类方程作出独立贡献. Pell 方程求解有着悠久的历史, 古希腊 Archimedes (阿基米德) 研究的群牛问题就等价于求解 Pell 方程 $x^2 - 472949y^2 = 1$. 今天知道 $x^2 - 472949y^2 = 1$ 的最小解 (x_1, y_1) 很大, x_1 是 45 位数, y_1 是 41 位数. 7 世纪印度数学家 Brahmagupta (婆罗摩笈多) 在其著作中研究了 Pell 方程, 发现对解 Pell 方程有用的恒等式:

$$(x_1^2 - dy_1^2)(x_2^2 - dy_2^2) = (x_1x_2 \pm dy_1y_2)^2 - d(x_1y_2 \pm x_2y_1)^2. \tag{5.6}$$

17 世纪 Brouncker 给出求 Pell 方程解的方法, 等价于后来 Euler 发现的连分数方法. 但最终是 Lagrange 在 1768 年首先成功证明了 Pell 方程 $x^2 - dy^2 = 1$ 有无穷多对正整数解 (Fermat 猜想).

定理 5.13 设 $d \in \mathbb{Z}^+$, 但不是平方数, $\sqrt{d} = [a_0; \overline{a_1, \cdots, a_n, 2a_0}]$, $\dfrac{p_k}{q_k}$ 为 $\sqrt{d}$ 的第 k 个渐近分数, 则对 $s = 1, 2, 3, \cdots$ 有

$$p_{s(n+1)-1}p_{s(n+1)} - dq_{s(n+1)-1}q_{s(n+1)} = (-1)^{s(n+1)-1}a_0,$$

$$p_{s(n+1)}^2 - dq_{s(n+1)}^2 = (-1)^{s(n+1)},$$

从而 Pell 方程 $x^2 - dy^2 = 1$ 有无穷多组整数解.

证 设 $\sqrt{d} = [a_0, a_1, \ldots, a_k, \alpha_{k+1}]$, 由于 $a_0 + \sqrt{d} = [\overline{2a_0, a_1, \ldots, a_n}]$, 而有 $\alpha_{n+1} = a_0 + \sqrt{d}$. 这与 (5.4) 比较即得 $c_{n+1} = 1, b_n = a_0$, 再根据 (5.5) 即得所需.

定理 5.13 构造了 Pell 方程 $x^2 - dy^2 = \pm 1$ 的解. 例如: $\sqrt{21} = [4; \overline{1, 1, 2, 1, 1, 8}]$, 第 6 个渐近分数为 $[4, 1, 1, 2, 1, 1] = \dfrac{55}{12}$, 故 $x = 55$, $y = 12$ 为 $x^2 - 21y^2 = 1$ 的一组解. 又

$$\sqrt{29} = [5; \overline{2, 1, 1, 2, 10}] = [5; \overline{2, 1, 1, 2, 10, 2, 1, 1, 2, 10}],$$

计算知

$$[5, 2, 1, 1, 2] = \frac{70}{13}, \quad [5, 2, 1, 1, 2, 10, 2, 1, 1, 2] = \frac{9801}{1820},$$

故 $x = 70$, $y = 13$ 为 $x^2 - 29y^2 = -1$ 的一组解, $x = 9801$, $y = 1820$ 为 $x^2 - 29y^2 = 1$ 的一组解.

定理 5.14　设 $d \in \mathbb{Z}^+$, 但不是平方数, $\sqrt{d} = [a_0; \overline{a_1, \cdots, a_n, 2a_0}]$, $\dfrac{p_1}{q_1}, \dfrac{p_2}{q_2}, \cdots$ 为 $\sqrt{d}$ 的各渐近分数, 令 $p_0 = 1, q_0 = 0$,

$$b_k = (-1)^k \left(p_k p_{k+1} - dq_k q_{k+1} \right), \quad c_k = (-1)^k \left(p_k^2 - dq_k^2 \right) \quad (k \geqslant 0)$$

则

$$b_k = b_{n-k}, \quad c_k = c_{n+1-k} \quad (k = 0, 1, \cdots, n). \tag{5.7}$$

证　对 k 施行联立归纳法. 当 $k = 0$ 时由定理 5.13 (取 $s = 1$) 知结论正确. 现设 $k = r \leqslant n - 1$ 时 (5.7) 正确, 则 $k = r + 1$ 时应用 (5.6) 和 (5.1) 知

$$
\begin{aligned}
p_{r+1}^2 - dq_{r+1}^2 &= \frac{(p_r p_{r+1} - dq_r q_{r+1})^2 - d(p_r q_{r+1} - p_{r+1} q_r)^2}{p_r^2 - dq_r^2} \\
&= \frac{(p_{n-r} p_{n-r+1} - dq_{n-r} q_{n-r+1})^2 - d}{(-1)^{n+1}(p_{n+1-r}^2 - dq_{n+1-r}^2)} \\
&= \frac{(p_{n-r} p_{n-r+1} - dq_{n-r} q_{n-r+1})^2 - d(p_{n-r} q_{n-r+1} - p_{n-r+1} q_{n-r})^2}{(-1)^{n+1}(p_{n+1-r}^2 - dq_{n+1-r}^2)} \\
&= (-1)^{n+1}(p_{n-r}^2 - dq_{n-r}^2).
\end{aligned}
$$

因此 $c_{r+1} = c_{n-r}$. 由于 $a_1, \cdots, a_n$ 关于中间数对称, 我们有 $a_{r+1} = a_{n-r}$. 使用归纳假设、定理 5.2 及前述结论得

$$
\begin{aligned}
&p_{r+1} p_{r+2} - dq_{r+1} q_{r+2} \\
&= p_{r+1}(a_{r+1} p_{r+1} + p_r) - dq_{r+1}(a_{r+1} q_{r+1} + q_r) \\
&= a_{r+1}(p_{r+1}^2 - dq_{r+1}^2) + p_r p_{r+1} - dq_r q_{r+1} \\
&= (-1)^n (-a_{r+1}(p_{n-r}^2 - dq_{n-r}^2) + p_{n-r} p_{n-r+1} - dq_{n-r} q_{n-r+1}) \\
&= (-1)^n (p_{n-r}(p_{n-r+1} - a_{n-r} p_{n-r}) - dq_{n-r}(q_{n-r+1} - a_{n-r} q_{n-r})) \\
&= (-1)^n (p_{n-r-1} p_{n-r} - dq_{n-r-1} q_{n-r}).
\end{aligned}
$$

这表明 $b_{r+1} = b_{n-r-1}$. 因此由联立归纳法 (5.7) 得证.

推论 5.1　设 $d \in \mathbb{Z}^+$, 但不是平方数, $\sqrt{d} = [a_0; \overline{a_1, \cdots, a_n, 2a_0}]$, $\sqrt{d}$ 的各渐近分数为 $\dfrac{p_1}{q_1}, \dfrac{p_2}{q_2}, \cdots$, 则对 $s = 1, 2, 3, \cdots$ 有

$$p_{s(n+1)-1}^2 - dq_{s(n+1)-1}^2 = (-1)^{s(n+1)-1}(d - a_0^2).$$

证 在定理 5.14 中取 $k = 1$ 得 $c_n = c_1 = dq_1^2 - p_1^2 = d - a_0^2$. 再由 (5.5) 即得 $c_{s(n+1)-1} = c_{(s-1)(n+1)+n} = c_n = d - a_0^2$.

定理 5.15 设 d 是正奇数, 但不是平方数,

$$\sqrt{d} = [a_0; \overline{a_1, \cdots, a_{m-1}, a_m, a_m, a_{m-1}, \cdots, a_1, 2a_0}].$$

$\sqrt{d}$ 的各渐近分数为 $\dfrac{p_1}{q_1}, \dfrac{p_2}{q_2}, \cdots,$

$$x = (-1)^m(p_m^2 - dq_m^2), \quad y = (-1)^m(p_m p_{m+1} - dq_m q_{m+1}),$$

则 $x, y \in \mathbb{Z}^+$, x 为奇数, y 为偶数, 且 $d = x^2 + y^2$.

证 设

$$\sqrt{d} = [a_0, a_1, \cdots, a_m, \alpha_{m+1}],$$

则

$$\alpha_{m+1} = \overline{[a_m, \cdots, a_1, 2a_0, a_1, \cdots, a_m]}.$$

由 (5.4) 知

$$\alpha_{m+1} = \frac{(-1)^m(p_m p_{m+1} - dq_m q_{m+1}) + \sqrt{d}}{(-1)^{m+1}(p_{m+1}^2 - dq_{m+1}^2)}.$$

因为 α_{m+1} 的连分数是纯循环的, 根据定理 5.9 有

$$-\frac{1}{\alpha_{m+1}} - \frac{(-1)^m(p_m p_{m+1} - dq_m q_{m+1}) - \sqrt{d}}{(-1)^{m+1}(p_{m+1}^2 - dq_{m+1}^2)}.$$

因此

$$-1 = \alpha_{m+1}\left(-\frac{1}{\alpha_{m+1}}\right) = \frac{(p_m p_{m+1} - dq_m q_{m+1})^2 - d}{(p_{m+1}^2 - dq_{m+1}^2)^2},$$

从而有

$$d = (p_m p_{m+1} - dq_m q_{m+1})^2 + (p_{m+1}^2 - dq_{m+1}^2)^2.$$

根据 (5.6) 和 (5.1),

$$(p_m p_{m+1} - dq_m q_{m+1})^2 - (p_m^2 - dq_m^2)(p_{m+1}^2 - dq_{m+1}^2)$$

$$= d(p_{m+1}q_m - p_m q_{m+1})^2 = d(-1)^{2(m+1)} = d.$$

比较这两恒等式得

$$p_m^2 - dq_m^2 = -(p_{m+1}^2 - dq_{m+1}^2). \tag{5.8}$$

因此 $d = x^2 + y^2$. 由定理 5.7 知 $x, y \in \mathbb{Z}^+$. 若 $p_m^2 - dq_m^2$ 为偶数, 则由 d 为奇数及 p_m 与 q_m 互质 (根据 (5.1)) 知 p_m 和 q_m 都是奇数. 考虑到 (5.8), p_{m+1} 与 q_{m+1} 也都是奇数. 因此 $p_{m+1}q_m - p_mq_{m+1}$ 为偶数. 但这与 $p_{m+1}q_m - p_mq_{m+1} = (-1)^{m+1}$ 矛盾, 故假设不真, $p_m^2 - dq_m^2$ 为奇数, 从而 x 为奇数, y 为偶数. 这就证明了定理.

定理 5.16　设 d 是正整数, 但不是平方数, 则 $\sqrt{d}$ 连分数循环节长度为奇数的充分必要条件是 $x^2 - dy^2 = -1$ 有正整数解.

我们略去定理 5.16 的较复杂证明.

设 d 是正整数, 但不是平方数, Pell 方程 $x^2 - dy^2 = 1$ 的最小解是指 x 达到最小的正整数解 (x_1, y_1). 易见这时 $x_1 + y_1\sqrt{d}$ 也达到最小. 例如, $x^2 - 21y^2 = 1$ 的最小解是 $(55, 12)$, $x^2 - 29y^2 = 1$ 的最小解是 $(9801, 1820)$.

定理 5.17　设 d 是正整数, 但不是平方数, Pell 方程 $x^2 - dy^2 = 1$ 的最小解为 (x_1, y_1), 对正整数 n, 令 $(x_1 + y_1\sqrt{d})^n = x_n + y_n\sqrt{d}$, 其中 $x_n, y_n \in \mathbb{Z}^+$, 则 (x_n, y_n) $(n = 1, 2, 3, \cdots)$ 就是 $x^2 - dy^2 = 1$ 的所有正整数解.

证　因 $(x_1 + y_1\sqrt{d})^n = x_n + y_n\sqrt{d}$, 取共轭得 $(x_1 - y_1\sqrt{d})^n = x_n - y_n\sqrt{d}$. 因此

$$x_n^2 - dy_n^2 = (x_n + y_n\sqrt{d})(x_n - y_n\sqrt{d}) = (x_1 + y_1\sqrt{d})^n(x_1 - y_1\sqrt{d})^n$$
$$= (x_1^2 - dy_1^2)^n = 1.$$

这表明 $x = x_n$, $y = y_n$ 是 $x^2 - dy^2 = 1$ 的正整数解.

现在证明 (x_n, y_n) $(n = 1, 2, 3, \cdots)$ 就是 $x^2 - dy^2 = 1$ 的所有正整数解. 若不然, 存在 $x_0, y_0 \in \mathbb{Z}^+$ 使得 $x_0^2 - dy_0^2 = 1$, 且有正整数 n 满足

$$(x_1 + y_1\sqrt{d})^n < x_0 + y_0\sqrt{d} < (x_1 + y_1\sqrt{d})^{n+1},$$

即

$$1 < (x_0 + y_0\sqrt{d})(x_1 + y_1\sqrt{d})^{-n} < x_1 + y_1\sqrt{d}.$$

由于

$$(x_0 + y_0\sqrt{d})(x_1 + y_1\sqrt{d})^{-n}$$
$$= (x_0 + y_0\sqrt{d})(x_n + y_n\sqrt{d})^{-1} = (x_0 + y_0\sqrt{d})(x_n - y_n\sqrt{d})$$
$$= x_0x_n - dy_0y_n + (x_ny_0 - x_0y_n)\sqrt{d},$$

令 $X = x_0x_n - dy_0y_n$, $Y = x_ny_0 - x_0y_n$, 由 (5.6) 知

$$X^2 - dY^2 = (x_0^2 - dy_0^2)(x_n^2 - dy_n^2) = 1.$$

由上知 $1 < X + Y\sqrt{d} < x_1 + y_1\sqrt{d}$, 从而

$$0 < \frac{1}{x_1 + y_1\sqrt{d}} < \frac{1}{X + Y\sqrt{d}} = X - Y\sqrt{d} < 1 < X + Y\sqrt{d}.$$

这推出 $X > 0, Y > 0$. 于是 (X, Y) 也是 $x^2 - dy^2 = 1$ 的正整数解, 从而应有 $X + Y\sqrt{d} \geqslant x_1 + y_1\sqrt{d}$, 引出矛盾. 可见假设不真, $x = x_n,\ y = y_n(n = 1, 2, 3, \cdots)$ 是 $x^2 - dy^2 = 1$ 的所有正整数解.

参 考 读 物

[1] Davenport H. The Higher Arithmetic. 5th ed. London: Cambridge University Press, 1982.

[2] Olds C D. 连分数. 张顺燕, 译. 北京: 北京大学出版社, 1985.

[3] 华罗庚. 数论导引. 北京: 科学出版社, 1957.

第 6 讲 代数方程

Abel: 要想在数学上取得进展, 就应该去阅读数学大师而不是其门徒的著作.

代数方程求解有着悠久的历史, 对代数方程的研究极大地推动了数学的发展. 本讲介绍三、四次方程求根公式、代数基本定理以及代数方程根与系数的关系.

定义 6.1   多项式 $f(x) = a_n x^n + a_{n-1} x^{n-1} + \cdots + a_1 x + a_0$ 的一阶导数定义为

$$f'(x) = n a_n x^{n-1} + (n-1) a_{n-1} x^{n-2} + \cdots + a_1,$$

一般地, $f(x)$ 的 k 阶导数定义为

$$f^{(k)}(x) = n(n-1) \cdots (n-k+1) a_n x^{n-k} + (n-1) \cdots (n-k) a_{n-1} x^{n-k-1} + \cdots + k! a_k.$$

约定 $f^{(0)}(x) = f(x)$, $f^{(1)}(x) = f'(x)$, $f^{(2)}(x) = f''(x)$.

定义 6.2   对正整数 k, 如果 $f^{(k-1)}(x_0) = 0$, 但 $f^{(k)}(x_0) \neq 0$, 则称 x_0 为 $f(x)$ 的 k 重根, 1 重根也叫单根.

例如: $f(x) = x^3 - x^2 - x + 1$, $f'(x) = 3x^2 - 2x - 1$, $f''(x) = 6x - 2$. 由于 $f(1) = 0$, $f'(1) = 0$, $f''(1) = 4 \neq 0$, 故 $x = 1$ 是 $f(x)$ 的二重根. 因 $f(-1) = 0$, $f'(-1) = 4 \neq 0$, 故 $x = -1$ 是 $f(x)$ 的单根. 事实上, $f(x) = (x-1)^2 (x+1)$.

实系数 n 次代数方程的实根个数没有规律可循, 但复系数的 n 次代数方程根的个数有完美的规律, 由此可见引入复数的必要性和重要性.

定理 6.1 (代数基本定理)   设 $a_1, \cdots, a_n$ 为复数, 则 n 次代数方程 $x^n + a_1 x^{n-1} + \cdots + a_n = 0$ 在复数范围内恰有 n 个根 (重根计算重数).

代数基本定理首先由 Girard (吉拉尔) 在 1629 年明确提出, 尽管 Rothe (洛特) 在 1608 年就指出代数方程根的个数不超过方程次数. Decartes 和 Newton 也先后论述过, 1746 年 D'Alembert (达朗贝尔) 重新提出并给出有缺陷的证明. 1772 年 Lagrange 在长达 220 页的论文《关于代数方程解法的思考》中声称完成了 Euler 的证明, 但其证明也是不完全的. 1799 年 Gauss 在博士学位论文中用几何方法证明了代数基本定理, 但证明更不严格. Gauss 一生共给出代数基本定理的六个不同证明, 他的第四个证明容许系数为复数. 现在知道, D'Alembert 和 Lagrange 的证明稍加修补后也都是对的.

设 $x^n + a_1 x^{n-1} + \cdots + a_{n-1} x + a_n = 0$ 的 n 个根为 $x_1, x_2, \cdots, x_n$, 则必有

$$x^n + a_1 x^{n-1} + \cdots + a_{n-1} x + a_n = (x - x_1)(x - x_2) \cdots (x - x_n).$$

这是因为左右两边的差至多是 $n-1$ 次多项式, 但却有 n 个根, 故必为零.

定义 6.3 对 $k = 1, 2, \cdots, n$, 称

$$\sigma_k = \sum_{1 \leqslant i_1 < i_2 < \cdots < i_k \leqslant n} x_{i_1} x_{i_2} \cdots x_{i_k}$$

为初等对称多项式.

特别地, $\sigma_1 = x_1 + \cdots + x_n$, $\sigma_n = x_1 \cdots x_n$. 容易看出

$$(x - x_1)(x - x_2) \cdots (x - x_n) = x^n - \sigma_1 x^{n-1} + \cdots + (-1)^n \sigma_n.$$

由此

$$\sigma_1 = -a_1, \ \sigma_2 = a_2, \cdots, \sigma_n = (-1)^n a_n. \tag{6.1}$$

这就是 n 次方程的 Vieta (韦达) 定理.

古代巴比伦人就已经发现一元二次方程求根公式. 文艺复兴后数学上第一次超越希腊人成就的新发现是意大利数学家发现了三、四次方程的解法. 1515 年 Ferro (费罗) 宣称会解三次方程, 并将解法传给女婿 Fior (费奥), 1535 年 2 月 22 日 Fior 与 Tartaglia(塔塔里亚, 1499—1557) 在威尼斯进行解三次方程的公开竞赛, Tartaglia 解出了所有的 30 个三次方程, 因此名噪一时. 在 Cardano (卡尔达诺, 1501—1576) 的恳求下 Tartaglia 将解法传给他. 不久, Cardano 的仆人 Ferrari (费拉里) 又解出了四次方程. 1545 年 Cardano 出版《大术》(Ars Magna), 公布三、四次方程解法并给出证明.

一般的三次方程 $ay^3 + by^2 + cy + d = 0$ 在令 $y = x - \dfrac{b}{3a}$ 后转化为方程 $x^3 + px + q = 0$, 这里

$$p = \frac{3ac - b^2}{3a^2}, \quad q = \frac{2b^3 - 9abc + 27a^2d}{27a^3}.$$

我们介绍 Vieta 的解法, 令 $x = t - \dfrac{p}{3t}$, 则方程 $x^3 + px + q = 0$ 转化为 $t^3 - \dfrac{p^3}{27t^3} + q = 0$, 即 $(t^3)^2 + qt^3 - \dfrac{p^3}{27} = 0$. 解得 $t^3 = -\dfrac{q}{2} \pm \sqrt{\left(\dfrac{p}{3}\right)^3 + \left(\dfrac{q}{2}\right)^2}$. 开立方解出 t, 再代入 $x = t - \dfrac{p}{3t}$ 求出 x.

定义 6.4 设 n 次代数方程 $x^n + a_1 x^{n-1} + \cdots + a_{n-1} x + a_n = 0$ 的 n 个根为 $x_1, \cdots, x_n$, 称

$$D = \prod_{1 \leqslant i < j \leqslant n} (x_i - x_j)^2$$

为该方程的判别式.

1840 年 Sylvester (西尔维斯特) 证明 D 可用方程系数组成的一个 $2n-1$ 阶行列式表示. 特别地, 三次方程 $x^3 + a_1 x^2 + a_2 x + a_3 = 0$ 的判别式为

$$D = a_1^2 a_2^2 - 4a_2^3 - 4a_1^3 a_3 - 27a_3^2 + 18a_1 a_2 a_3.$$

由此三次方程 $x^3 + px + q = 0$ 的判别式为 $D = -(4p^3 + 27q^2)$.

Tartaglia 与 Cardano 关心的三次方程根只是实根, 按照代数基本定理, 三次方程在复数范围内有三个根. 1732 年 Euler 给出 $x^3 + px + q = 0$ 完整的三个根.

定理 6.2 设 $\omega = \dfrac{-1+\sqrt{3}\mathrm{i}}{2}$ 为三次单位根, $D = -(4p^3 + 27q^2)$, 则 $x^3 + px + q = 0$ 的三个根为

$$x_1 = \sqrt[3]{-\frac{q}{2} + \frac{1}{6}\sqrt{-\frac{D}{3}}} + \sqrt[3]{-\frac{q}{2} - \frac{1}{6}\sqrt{-\frac{D}{3}}},$$

$$x_2 = \omega\sqrt[3]{-\frac{q}{2} + \frac{1}{6}\sqrt{-\frac{D}{3}}} + \omega^2\sqrt[3]{-\frac{q}{2} - \frac{1}{6}\sqrt{-\frac{D}{3}}},$$

$$x_3 = \omega^2\sqrt[3]{-\frac{q}{2} + \frac{1}{6}\sqrt{-\frac{D}{3}}} + \omega\sqrt[3]{-\frac{q}{2} - \frac{1}{6}\sqrt{-\frac{D}{3}}},$$

并且当 $D > 0$ 时 $x^3 + px + q = 0$ 有三个不同实根, 当 $D = 0$ 时有重根, 当 $D < 0$ 时有一个实根和两个虚根.

例 6.1 解三次方程 $x^3 + 6x + 2 = 0$.

解 判别式 $D = -(4 \cdot 6^3 + 27 \cdot 2^2) = -972$, 故由三次方程求根公式知方程的三个根为

$$x_1 = \sqrt[3]{-1+3} + \sqrt[3]{-1-3} = \sqrt[3]{2} - \sqrt[3]{4},$$

$$x_2 = \omega\sqrt[3]{2} - \omega^2\sqrt[3]{4} = \frac{\sqrt[3]{4} - \sqrt[3]{2}}{2} + \frac{\sqrt[3]{4} + \sqrt[3]{2}}{2}\sqrt{3}\mathrm{i},$$

$$x_3 = \omega^2\sqrt[3]{2} - \omega\sqrt[3]{4} = \frac{\sqrt[3]{4} - \sqrt[3]{2}}{2} - \frac{\sqrt[3]{4} + \sqrt[3]{2}}{2}\sqrt{3}\mathrm{i},$$

其中 $\omega = (-1+\sqrt{3}\mathrm{i})/2$.

Cardano 在解三次方程时遇到负数开平方的情况, 这促进了复数的发展. 例如: 方程 $x^3 - 6x + 4 = 0$ 的判别式为 $D = -(4 \cdot (-6)^3 + 27 \cdot 4^2) = 432$, 三个根为 $x_1 = 2$, $x_2 = -1+\sqrt{3}$, $x_3 = -1-\sqrt{3}$. 若用求根公式, 则有

$$x_1 = \sqrt[3]{-2+\sqrt{-4}} + \sqrt[3]{-2-\sqrt{-4}} = \sqrt[3]{-2+2\mathrm{i}} + \sqrt[3]{-2-2\mathrm{i}}$$

$$= \sqrt[3]{\sqrt{8}}\left(\sqrt[3]{-\frac{1}{\sqrt{2}}+\frac{1}{\sqrt{2}}\mathrm{i}}+\sqrt[3]{-\frac{1}{\sqrt{2}}-\frac{1}{\sqrt{2}}\mathrm{i}}\right)$$

$$= \sqrt{2}\left(\sqrt[3]{\cos\frac{3\pi}{4}+\mathrm{i}\sin\frac{3\pi}{4}}+\sqrt[3]{\cos\frac{3\pi}{4}-\mathrm{i}\sin\frac{3\pi}{4}}\right)$$

$$= \sqrt{2}\left(\cos\frac{\pi}{4}+\mathrm{i}\sin\frac{\pi}{4}+\cos\frac{\pi}{4}-\mathrm{i}\sin\frac{\pi}{4}\right)$$

$$= \sqrt{2}\cdot 2\cos\frac{\pi}{4}=2.$$

下面介绍 Ferrari 的四次方程解法思想. 四次方程 $x^4+ax^3+bx^2+cx+d=0$ 等同于

$$\left(x^2+\frac{a}{2}x\right)^2=\left(\frac{a^2}{4}-b\right)x^2-cx-d,$$

两边同时加上 $\left(x^2+\dfrac{a}{2}x\right)y+\dfrac{y^2}{4}$ 得

$$\left(x^2+\frac{1}{2}ax+\frac{1}{2}y\right)^2=\left(y+\frac{1}{4}a^2-b\right)x^2+\left(\frac{1}{2}ay-c\right)x+\frac{1}{4}y^2-d.$$

希望右边为完全平方, 仅需其判别式为 0, 即

$$\left(\frac{1}{2}ay-c\right)^2-4\left(y+\frac{1}{4}a^2-b\right)\left(\frac{1}{4}y^2-d\right)=0.$$

这是关于 y 的二次方程, 解出 y 并代入前式有

$$\left(x^2+\frac{1}{2}ax+\frac{1}{2}y\right)^2=(Ax+B)^2.$$

两边开方得到两个关于 x 的二次方程, 分别解出即得原方程的四个根.

1707 年大科学家 Newton 出版《普遍的算术》, 系统研究代数方程. 特别他证明了 Cardano 关于虚根成对出现的猜想, 并提出了如下著名的 Newton 公式.

定理 6.3 (Newton 公式)　设 $x_1,x_2,\cdots,x_m$ 为复数,

$$s_k=x_1^k+x_2^k+\cdots+x_m^k\quad(k\geqslant 0),$$

$$\sigma_k=\sum_{1\leqslant i_1<i_2<\cdots<i_k\leqslant m}x_{i_1}x_{i_2}\cdots x_{i_k}\quad(1\leqslant k\leqslant m),$$

则当 $1\leqslant k\leqslant m$ 时

$$s_k-\sigma_1 s_{k-1}+\sigma_2 s_{k-2}-\cdots+(-1)^{k-1}\sigma_{k-1}s_1+(-1)^k k\sigma_k=0,$$

当 $k > m$ 时

$$s_k - \sigma_1 s_{k-1} + \sigma_2 s_{k-2} - \cdots + (-1)^m \sigma_m s_{k-m} = 0.$$

若 $x^m + a_1 x^{m-1} + \cdots + a_m = 0$ 的 m 个根为 $x_1, x_2, \cdots, x_m$, 并假定 $n > m$ 时 $a_n = 0$, 则利用 Vieta 定理知 Newton 公式等价于

$$s_k + a_1 s_{k-1} + \cdots + a_{k-1} s_1 = \begin{cases} -k a_k, & \text{若 } 1 \leqslant k \leqslant m, \\ 0, & \text{若 } k > m. \end{cases} \tag{6.2}$$

定理 6.3 的证明   设

$$x^m + a_1 x^{m-1} + \cdots + a_m = (x - x_1) \cdots (x - x_m),$$

把 x 换成 $1/x$ 后有

$$1 + a_1 x + \cdots + a_m x^m = (1 - x_1 x) \cdots (1 - x_m x).$$

由此

$$(1 + a_1 x + \cdots + a_m x^m) \left(\sum_{k=1}^{\infty} s_k x^k \right)$$

$$= (1 + a_1 x + \cdots + a_m x^m) \sum_{k=1}^{\infty} \sum_{i=1}^{m} x_i^k x^k$$

$$= (1 - x_1 x) \cdots (1 - x_m x) \sum_{i=1}^{m} \sum_{k=1}^{\infty} (x_i x)^k$$

$$= (1 - x_1 x) \cdots (1 - x_m x) \sum_{i=1}^{m} \frac{x_i x}{1 - x_i x} = \sum_{i=1}^{m} x_i x \prod_{\substack{j=1 \\ j \neq i}}^{m} (1 - x_j x)$$

$$= \sum_{i=1}^{m} \left(x_i x - \sum_{\substack{1 \leqslant j_1 \leqslant m \\ j_1 \neq i}} x_{j_1} x_i x^2 + \sum_{\substack{1 \leqslant j_1 < j_2 \leqslant m \\ j_1, j_2 \neq i}} x_{j_1} x_{j_2} x_i x^3 - \cdots \right.$$

$$\left. + (-1)^{m-1} x_1 \cdots x_m x^m \right)$$

$$= \sigma_1 x - 2\sigma_2 x^2 + \cdots + (-1)^{m-1} m \sigma_m x^m = -\sum_{k=1}^{m} k a_k x^k.$$

比较两边 x^k 项系数即得 Newton 公式.

定理 6.4 设 $x^m + a_1 x^{m-1} + \cdots + a_m = (x - x_1) \cdots (x - x_m)$, $s_n = x_1^n + x_2^n + \cdots + x_m^n$, 则有

(i) (Waring (华林) 公式) 当 n 为正整数时

$$s_n = n \sum_{k_1 + 2k_2 + \cdots + mk_m = n} \frac{(k_1 + \cdots + k_m - 1)!}{k_1! k_2! \cdots k_m!} (-1)^{k_1 + \cdots + k_m} a_1^{k_1} \cdots a_m^{k_m}.$$

(ii) (孙智宏 [5]) 当 n 为正整数且 $a_m \neq 0$ 时

$$s_{-n} = n \sum_{k_1 + 2k_2 + \cdots + mk_m = n} \frac{(k_1 + \cdots + k_m - 1)!}{k_1! k_2! \cdots k_m!} \left(-\frac{1}{a_m} \right)^{k_1 + \cdots + k_m} a_1^{k_{m-1}} \cdots a_{m-1}^{k_1}.$$

(iii) (孙智宏 [5]) 当 $n > m$ 时令 $a_n = 0$, 则对任何正整数 n 有

$$a_n = \sum_{k_1 + 2k_2 + \cdots + nk_n = n} (-1)^{k_1 + \cdots + k_n} \frac{s_1^{k_1} s_2^{k_2} \cdots s_n^{k_n}}{1^{k_1} \cdot k_1! \cdot 2^{k_2} \cdot k_2! \cdots n^{k_n} \cdot k_n!}.$$

设 $\mathrm{i} = \sqrt{-1}$, 根据 $\mathrm{e}^x, \sin x, \cos x$ 的 Taylor 级数展开式, 我们有

Euler 公式 $\qquad\qquad \mathrm{e}^{\mathrm{i}x} = \cos x + \mathrm{i} \sin x.$

由 Euler 公式立得

de Moivre(棣莫弗) 公式 $\quad (\cos\theta + \mathrm{i}\sin\theta)^n = \cos n\theta + \mathrm{i}\sin n\theta (n = 1, 2, \cdots).$

定义 6.5 设 n 为正整数, 方程 $x^n = 1$ 的根称为 n 次单位根.

例如: $x^4 = 1$ 的根为 $\pm 1, \pm \mathrm{i}$, $x^3 = 1$ 的根为 $1, \omega, \omega^2$, 其中 $\omega = \dfrac{-1 + \sqrt{3}\mathrm{i}}{2}$. 易知 $x^n = 1$ 的全部根为

$$\mathrm{e}^{2\pi\mathrm{i}\frac{k}{n}} = \cos\frac{2\pi k}{n} + \mathrm{i}\sin\frac{2\pi k}{n} \quad (k = 0, 1, \cdots, n-1).$$

因此

$$x^n - 1 = (x - 1)\left(x - \mathrm{e}^{2\pi\mathrm{i}\frac{1}{n}} \right)\left(x - \mathrm{e}^{2\pi\mathrm{i}\frac{2}{n}} \right) \cdots \left(x - \mathrm{e}^{2\pi\mathrm{i}\frac{n-1}{n}} \right).$$

若一个代数方程的所有根可通过系数用加、减、乘、除以及开方运算表达出来, 则称该方程可根式求解. 一、二、三、四次方程均可根式求解, 即存在求根公式. Lagrange 在一篇 220 页的论文中用统一的方法导出二、三、四次方程求根公式, 他发现解二、三、四次方程的关键是先解一个低一次的预解方程, 而五次方程的预解方程却是六次方程. Lagrange 感到困惑, 认为可能一般的五次方程没有求

根公式, 并断言人类恐怕无法证明. 他说: "这是上帝向人类的智慧挑战." Gauss 在 1801 年证明 p 为素数时二项方程 $x^p = a$ 可根式求解. Abel 在 1826 年证明: 一般的五次代数方程不可根式求解. 若代数方程的所有根都是其中某一个根的有理函数, 则称该方程为 Abel 方程. Abel 证明 Abel 方程可用根式求解.

任意给定一个代数方程, 既然不一定有求根公式, 那么我们是否还可能从方程系数得出一些关于方程根的信息呢? 比如说, 能否从方程系数得出方程实根个数、正根个数的一个估计. 17 世纪数学家 Descartes 提出了一个判别方程正根个数的著名法则.

定义 6.6 一个序列的变号数是指把零项删除、其余项保持不动后相邻项符号改变的次数.

例如: $1, 6, -7, 8, 5, -3$ 变号数为 3, $1, -7, -6, 8$ 变号数为 2.

定理 6.5 (Descartes 符号法则) 设 p 为实系数代数方程 $a_n x^n + a_{n-1} x^{n-1} + \cdots + a_1 x + a_0 = 0$ 的正根个数, m 为方程系数序列变号数, 则 $p \leqslant m$ 且 $m - p$ 为偶数.

例如: $x^3 - 6x + 4 = 0$ 有三个根 $x_1 = 2$, $x_2 = \sqrt{3} - 1$, $x_3 = -1 - \sqrt{3}$. 方程系数序列 $1, -6, 4$ 变号数为 $m = 2$, 正根个数 $p = 2$, $2 \leqslant 2$, $2 - 2$ 为偶数. 欲知负根个数, 考虑方程 $(-x)^3 - 6(-x) + 4 = 0$ 的正根个数, 因系数序列 $1, -6, -4$ 变号数为 1, 故 $x^3 - 6x + 4 = 0$ 有一个负根 ($x_3 = -1 - \sqrt{3}$).

Descartes 符号法则的证明是困难的. 在 Descartes 提出之后一百多年才由 Laguerre 等人给出证明.

引理 6.1 设 j, k 为正整数, $j < k, a_j, a_{j+1}, \cdots, a_k$ 为实数, $a_j a_k \neq 0$, 则 a_j 与 a_k 异号的充分必要条件是序列 $a_j, a_{j+1}, \cdots, a_{k-1}, a_k$ 的变号数为奇数.

证 按序列变号数定义, 不妨设 $a_j, a_{j+1}, \cdots, a_k$ 都是非零实数, 其变号数为 m, $a_{v_i} a_{v_i+1} < 0$ ($i = 1, 2, \cdots, m$), 则 a_{v_i+1} 与 $a_{v_{i+1}}$ 同号, 从而 a_{v_i} 与 $a_{v_{i+1}}$ 异号. 若 m 为奇数, 则 a_{v_1} 与 a_{v_m} 同号, 而 a_j 与 a_{v_1} 同号, a_k 与 a_{v_m+1} 同号、与 a_{v_m} 异号, 故 a_j, a_k 异号. 若 m 为偶数, 则 a_{v_1} 与 a_{v_m} 异号, 从而 a_j 与 a_{v_m+1} 同号, 进而 a_j, a_k 同号.

引理 6.2 若实数序列 $a_0, a_1, \cdots, a_n$ 变号数为 m, 则序列 $a_0, a_1 - a_0, a_2 - a_1, \cdots, a_n - a_{n-1}, -a_n$ 变号数至少是 $m + 1$.

证 按序列变号数定义, 不妨设 $a_0 a_1 \cdots a_n \neq 0, a_{v_i} a_{v_i+1} < 0, i = 1, 2, \cdots, m$, 则

$$a_0, a_1 - a_0, \cdots, a_{v_1+1} - a_{v_1},$$

$$a_{v_1+1} - a_{v_1}, a_{v_1+2} - a_{v_1+1}, \cdots, a_{v_2+1} - a_{v_2},$$

$$\cdots\cdots$$

$$a_{v_{m-1}+1} - a_{v_{m-1}}, a_{v_{m-1}+2} - a_{v_{m-1}+1}, \cdots, a_{v_m+1} - a_{v_m},$$

$$a_{v_m+1} - a_{v_m}, \cdots, a_n - a_{n-1}, -a_n$$

中每行首尾两数异号, 从而序列 $a_0, a_1 - a_0, a_2 - a_1, \cdots, a_n - a_{n-1}, -a_n$ 变号数至少为 $m+1$.

引理 6.3 设 $\alpha > 0$, $Q(x)$ 为实系数多项式, 则 $Q(x)(x-\alpha)$ 的系数变号数大于 $Q(x)$ 的系数变号数.

证 令 $Q(x) = b_n x^n + \cdots + b_1 x + b_0$, $P(x) = Q(x)(x - \alpha)$, 则

$$P(\alpha x) = \alpha Q(\alpha x)(x - 1)$$

$$= -\alpha(b_0 + b_1 \alpha x + \cdots + b_n \alpha^n x^n)(1 - x)$$

$$= -\alpha(b_0 + (b_1 \alpha - b_0)x + \cdots + (b_n \alpha^n - b_{n-1}\alpha^{n-1})x^n - b_n \alpha^n x^{n+1}).$$

由于 $b_0, b_1\alpha, \cdots, b_n\alpha^n$ 变号数与 $b_0, b_1, \cdots, b_n$ 变号数相同, 故由引理 6.2 知, $-\dfrac{1}{\alpha}P(\alpha x)$ 系数变号数大于 $Q(x)$ 系数变号数. 因 $P(\alpha x)$ 与 $P(x)$ 有相同系数变号数, $-\alpha Q(x)$ 与 $Q(x)$ 有相同的系数变号数, 故 $P(x) = Q(x)(x - \alpha)$ 系数变号数大于 $Q(x)$ 的系数变号数.

定理 6.5 的证明 设

$$P(x) - a_n x^n + \cdots + a_1 x + a_0$$

$$= a_n(x - \alpha_1)(x - \alpha_2)\cdots(x - \alpha_p)(x + \beta_1)(x + \beta_2)\cdots(x + \beta_s)$$

$$\times (x^2 - 2a_1 x + a_1^2 + b_1^2)\cdots(x^2 - 2a_r x + a_r^2 + b_r^2),$$

其中 $\alpha_1, \cdots, \alpha_p > 0$, $\beta_1, \cdots, \beta_s > 0$, $a_i, b_i \in \mathbb{R}$, $p + s + 2r = n$.

若 $R(x)$ 为实系数多项式, $\beta > 0$, 则由引理 6.1 知, $R(x)(x + \beta)$ 与 $R(x)$ 系数变号数奇偶性相同, 因为它们的最高次项系数相同且常数项同号. 同理, 若 $T(x)$ 为实系数多项式, $a, b \in \mathbb{R}$, 则 $T(x)(x^2 - 2ax + a^2 + b^2)$ 与 $T(x)$ 系数变号数奇偶性相同.

由 Vieta 定理知

$$a_n(x - \alpha_1)\cdots(x - \alpha_p) = a_n(x^p - (\alpha_1 + \cdots + \alpha_p)x^{p-1} + \cdots + (-1)^p \alpha_1 \cdots \alpha_p)$$

系数变号数为 p, 故由上推知 $P(x)$ 系数变号数 m 与 p 奇偶性相同, 即 $m - p$ 为偶数.

令 $P(x) = (x - \alpha_1)(x - \alpha_2) \cdots (x - \alpha_p)Q(x)$, 则 $Q(x)$ 系数变号数 $\geqslant 0$. 由引理 6.3 可知

$$Q(x)(x - \alpha_1) \quad \text{系数变号数} \geqslant 1,$$

$$Q(x)(x - \alpha_1)(x - \alpha_2) \quad \text{系数变号数} \geqslant 2,$$

$$\cdots \cdots$$

$$P(x) = Q(x)(x - \alpha_1)(x - \alpha_2) \cdots (x - \alpha_p) \quad \text{系数变号数} \geqslant p,$$

即 $m \geqslant p$. 又 m, p 同奇偶, 故 Descartes 符号法则得证.

受到 Descartes 符号法则的启发, Newton 在《普遍的算术》中研究方程虚根个数的判别法则, 指出方程 $x^n + a_1 x^{n-1} + \cdots + a_n = 0$ 的虚根个数就是使得 $S_k^2 < S_{k-1} S_{k+1}$ 成立的 $k \in \{1, 2, \cdots, n-1\}$ 的个数, 这里 $S_k = (-1)^k a_k \Big/ \binom{n}{k}$. Newton 还提出 Newton 法则以进一步确定方程正负根个数, Newton 法则的严格证明由 Sylvester 在 1865 年给出. 下面介绍判别方程在指定区间实根个数的判别法则.

定理 6.6 (Fourier-Jordan (傅里叶–若尔当) 判别法)　设 $f(x) = 0$ 为 n 次实系数代数方程, a, b 为两实数, $a < b$, $f(a)f(b) \neq 0$, $f(x)$ 的各阶导数为 $f(x), f'(x)$, $f''(x), \cdots, f^{(n)}(x)$, 若序列

$$f(a), f'(a), \cdots, f^{(n)}(a) \quad \text{与} \quad f(b), f'(b), \cdots, f^{(n)}(b)$$

的变号数分别为 p, q, 则 $p \geqslant q$, $f(x) = 0$ 在 (a, b) 中的实数根个数 $\leqslant p - q$ 且与 $p - q$ 奇偶性相同.

例如: 求 $x^3 - 6x + 4 = 0$ 在 $(-1, 1)$ 内的实根个数.

$$f(x) = x^3 - 6x + 4, \quad f'(x) = 3x^2 - 6, \quad f''(x) = 6x, \quad f'''(x) = 6$$

$$f(1) = -1, \quad f'(1) = -3, \quad f''(1) = 6, \quad f'''(1) = 6$$

$$f(-1) = 9, \quad f'(-1) = -3, \quad f''(-1) = -6, \quad f'''(-1) = 6,$$

故变号数 $p = 2$, $q = 1$, 从而方程 $x^3 - 6x + 4 = 0$ 在 $(-1, 1)$ 内有一个实数根 $(x = \sqrt{3} - 1)$.

定理 6.7 (Sturm (施图姆) 定理)　设 $f(x)$ 为区间 (a, b) 内无重根的实系数多项式, $f(a)f(b) \neq 0$, $f_0(x) = f(x)$, $f_1(x) = f'(x)$, 且

$$f_0(x) = q_1(x)f_1(x) - f_2(x),$$

$$f_1(x) = q_2(x)f_2(x) - f_3(x),$$

$$\cdots\cdots$$

$$f_{s-2}(x) = q_{s-1}(x)f_{s-1}(x) - f_s(x),$$

其中 $f_{i+1}(x)$ 次数低于 $f_i(x)$ 次数, $f_s(x)$ 为非零常数. 若序列

$$f_0(a), f_1(a), f_2(a), \cdots, f_s(a) \quad \text{与} \quad f_0(b), f_1(b), f_2(b), \cdots, f_s(b)$$

变号数分别为 p, q, 则 $q \leqslant p$ 且 $f(x) = 0$ 在 (a, b) 内实根个数为 $p - q$.

　　Sturm 定理由 Sturm 在 1829 年发表, 据说 Sturm 在给学生讲完 Sturm 定理证明后总会说 "这就是以我的名字命名的定理".

　　例如: 考虑方程 $x^3 - 6x + 4 = 0$, 则有

$$f_0(x) = x^3 - 6x + 4, \quad f_1(x) = 3x^2 - 6.$$

因

$$x^3 - 6x + 4 = \frac{x}{3}(3x^2 - 6) - (4x - 4),$$

$$3x^2 - 6 = \frac{3x+3}{4}(4x - 4) - 3,$$

故有 $f_2(x) = 4x - 4$, $f_3(x) = 3$. 由于

$$f_0(0), f_1(0), f_2(0), f_3(0) = 4, -6, -4, 3 \quad \text{变号数为 2,}$$

$$f_0(1), f_1(1), f_2(1), f_3(1) = -1, -3, 0, 3 \quad \text{变号数为 1,}$$

故 $f(x) = 0$ 在 $(0, 1)$ 内恰有一个实根 $(x = \sqrt{3} - 1)$.

　　类似地, 由于

$$f_0(-3), f_1(-3), f_2(-3), f_3(-3) = -5, 21, -16, 3 \quad \text{变号数为 3,}$$

$$f_0(3), f_1(3), f_2(3), f_3(3) = 13, 21, 8, 3 \quad \text{变号数为 0,}$$

故 $f(x) = 0$ 在 $(-3, 3)$ 内有 3 个实根 $(x_1 = 2,\ x_2 = -1 + \sqrt{3},\ x_3 = -1 - \sqrt{3})$.

　　最后介绍如下著名的插值公式:

　　定理 6.8 (Lagrange 插值公式)　设 n 为正整数, 给定 $2n + 2$ 个数 $x_i, y_i (i = 0, 1, \cdots, n)$, 其中 $x_0, x_1, \cdots, x_n$ 互不相同, 则存在唯一的次数不超过 n 的多项式 $p_n(x)$ 使得 $p_n(x_i) = y_i (i = 0, 1, \cdots, n)$, 且 $p_n(x)$ 由下式给出:

$$p_n(x) = \sum_{i=0}^{n} y_i \prod_{\substack{j=0 \\ j \neq i}}^{n} \frac{x - x_j}{x_i - x_j}.$$

参 考 读 物

[1] Kline M. 古今数学思想 (第一册). 张理京, 张锦炎, 江泽涵, 译. 上海: 上海科学技术出版社, 2002.

[2] 佩捷, 冯贝叶, 王鸿飞. 斯图姆定理: 从一道 "华约" 自主招生试题的解法谈起. 哈尔滨: 哈尔滨工业大学出版社, 2014.

[3] Pólya G, Szego G. 数学分析中的问题和定理 (第 2 卷). 张奠宙, 宋国栋, 魏国强, 译. 上海: 上海科学技术出版社, 1985.

[4] Stillwell J. 数学及其历史. 袁向东, 冯绪宁, 译. 北京: 高等教育出版社, 2011.

[5] Sun Z H. On the properties of Newton-Euler pairs. J. Number Theory, 2005, 114: 88-123.

第 7 讲　素数与同余方程

Gauss: 数学是科学的女皇, 数论是数学的女皇.

素数及模为素数的同余方程是数论的经典内容, 本讲主要介绍素数难题、同余概念、Fermat 小定理及同余方程的 Lagrange 定理.

7.1　素　　数

定义 7.1　设 $n > 1$ 为自然数, 若 n 的正因子只有 1 和 n, 则称 n 为素数, 否则称 n 为合数. 显然大于 2 的素数都是奇数, 称为奇素数.

200 以下所有素数为

2,　3,　5,　7,　11,　13,　17,　19,　23,　29,　31,　37,　41,　43,

47,　53,　59,　61,　67,　71,　73,　79,　83,　89,　97,　101,　103,

107,　109,　113,　127,　131,　137,　139,　149,　151,　157,　163,

167,　173,　179,　181,　191,　193,　197,　199.

定义 7.2　设 $n > 1$ 为自然数, p 为 n 的因了且为素数, 则称 p 为 n 的素因子. 易见 n 的大于 1 的最小因子必是 n 的素因子中最小者, 称为 n 的最小素因子.

例如: $2, 3, 5$ 为 30 的素因子, 2 为 30 的最小素因子; $7, 11, 13$ 为 1001 的素因子, 7 为 1001 的最小素因子.

定理 7.1　素数有无穷多个.

证　(Euclid) 设素数只有有限个, 全部素数为 $p_1, p_2, \cdots, p_n$, 令

$$N = p_1 p_2 \cdots p_n + 1,$$

p 为 N 的最小素因子, 则必 $p = p_i \ (1 \leqslant i \leqslant n)$. 于是 $1 = N - p_1 p_2 \cdots p_n$ 为 p 的倍数. 但这是不可能的, 故假设不真, 从而素数有无穷多个.

定理 7.2 (算术基本定理, 唯一分解定理)　设 n 是大于 1 的自然数, 则在不计次序情况下 n 可唯一地写成有限个素数的乘积, 即若

$$n = p_1 p_2 \cdots p_r = q_1 q_2 \cdots, q_s, \quad p_1 \leqslant p_2 \leqslant \cdots \leqslant p_r, \quad q_1 \leqslant q_2 \leqslant \cdots \leqslant q_s,$$

其中 $p_1, p_2, \cdots, p_r, q_1, q_2, \cdots, q_s$ 均为素数, 则 $r = s$ 且 $p_1 = q_1, \cdots, p_r = q_r$.

证　先证存在性, 即每个大于 1 的自然数 n 都可写成有限个素数乘积. 对 n 施行归纳法. 由于 2 为素数, 故 $n = 2$ 时断言正确. 现设 $n > 2$, 断言对一切小于 n 的自然数正确, 令 p 为 n 的大于 1 的最小因子, 则 p 必为 n 的最小素因子. 若 $p = n$, 则 n 为素数. 若 $p < n$, 则 $1 < \dfrac{n}{p} < n$. 由归纳假设, $\dfrac{n}{p}$ 是有限个素数之积, 故 n 也是有限个素数之积. 于是由归纳法知, 每个大于 1 的自然数 n 都是有限个素数乘积.

再证唯一性. 设有素数 $p_1, p_2, \cdots, p_r, q_1, q_2, \cdots, q_s$ 使得

$$n = p_1 p_2 \cdots p_r = q_1 q_2 \cdots, q_s, \quad p_1 \leqslant p_2 \leqslant \cdots \leqslant p_r, \quad q_1 \leqslant q_2 \leqslant \cdots \leqslant q_s,$$

则 $p_1 \mid q_1 q_2 \cdots q_s, q_1 \mid p_1 p_2 \cdots p_r$. 由此存在 $i \in \{1, 2, \cdots, r\}$ 及 $j \in \{1, 2, \cdots, s\}$ 使 $p_1 \mid q_j$ 和 $q_1 \mid p_i$. 由于 p_1, q_1, p_i, q_j 均为素数, 故必 $p_1 = q_j$ 和 $q_1 = p_i$. 若 $p_1 > q_1$, 则 $q_1 < p_1 \leqslant p_i = q_1$, 此为不可能. 因此 $p_1 \leqslant q_1$. 这时有 $p_1 \leqslant q_1 \leqslant q_j = p_1$, 故 $p_1 = q_1$, 从而 $p_2 \cdots p_r = q_2 \cdots q_s$. 按上述步骤, 依次有 $p_2 = q_2, \cdots, p_r = q_s$. 于是唯一性得证, 从而定理正确.

根据算术基本定理, 我们引入标准分解式概念.

定义 7.3　设 $n > 1$ 为自然数, n 表示成素数乘积的唯一表达式为 $p_1^{\alpha_1} \cdots p_r^{\alpha_r}$, 其中 $p_1, \cdots, p_r$ 为素数, 满足 $p_1 < p_2 < \cdots < p_r$, 则称 $n = p_1^{\alpha_1} \cdots p_r^{\alpha_r}$ 为 n 的标准分解式.

例如: $15, 100, 150, 420$ 的标准分解式为

$$15 = 3 \cdot 5, \quad 100 = 2^2 \cdot 5^2, \quad 150 = 2 \cdot 3 \cdot 5^2, \quad 420 = 2^2 \cdot 3 \cdot 5 \cdot 7.$$

1837 年德国数学家 Dirichlet 用分析方法证明了如下 Legendre (勒让德) 和 Euler 的猜想.

定理 7.3 (Dirichlet 定理)　设 $a, d \in \mathbb{Z}^+$, $(a, d) = 1$, 则等差数列 $\{a + nd\}$ $(n = 1, 2, 3, \cdots)$ 中含有无穷多个素数.

设 x 为正实数, $\pi(x)$ 表示不超过 x 的素数个数, 则

$$\pi(10) = 4, \quad \pi(100) = 25, \quad \pi(1000) = 168, \quad \pi(10000) = 1229.$$

1800 年左右 Legendre 与 Gauss 各自独立地猜想现今的素数定理.

定理 7.4 (素数定理)　设 $\pi(x)$ 表示不超过 x 的素数个数, 则

$$\lim_{x \to +\infty} \frac{\pi(x)}{\dfrac{x}{\ln x}} = 1.$$

设 p_n 表示第 n 个素数, 则可证素数定理等价于

$$\lim_{n\to+\infty}\frac{p_n}{n\ln n}=1.$$

1896 年 Hadamard (阿达马) 与 Poussin (普桑) 各自独立地沿着 Riemann 指明的方向证明素数定理, 1949 年 Selberg 和 Erdős 给出仅用微积分的素数定理初等证明, 但证明也不简单.

Euler 发现 x^2-x+41 在 $x=1,2,\cdots,40$ 时均为素数, Legendre 观察到 $2x^2+29$ 在 $x=0,1,\cdots,28$ 时均为素数. 利用代数数论人们已经证明如下结果.

定理 7.5　设 p 为奇素数, 则

(i) x^2-x+p 在 $x=1,2,\cdots,p-1$ 时均为素数的充分必要条件是 $p\in\{3,5,11,17,41\}$;

(ii) $2x^2+p$ 在 $x=0,1,2,\cdots,p-1$ 时均为素数的充分必要条件是 $p\in\{3,5,11,29\}$;

(iii) 当 p 为 $4k+1$ 形素数时, $2x^2-2x+\dfrac{p+1}{2}$ 在 $x=1,2,\cdots,\dfrac{p-1}{2}$ 时均为素数的充分必要条件是 $p\in\{5,13,37\}$.

人们一直致力于寻找恒表示素数的公式, 但这样的努力基本都失败了. 1947 年 Mills (米尔斯) 证明了如下令人惊奇的结果.

定理 7.6 (Mills 定理)　存在实数 θ 使得 $[\theta^{3^n}]$ 对一切自然数 n 均表示素数, 这里 $[x]$ 为不超过 x 的最大整数.

可惜的是人们无法知道 θ 的值!

定理 7.7　每个 $\geqslant 9$ 的奇数都是三个奇素数之和.

定理 7.7 由 Goldbach 在 1742 年提出, 1937 年 Vinogradov (维诺格拉多夫) 证明每个大于 $3^{3^{15}}$ 的奇数可表示为三个奇素数之和, 2013 年 Helfgott (赫尔夫戈特) 证明每个大于 9 且不超过 $3^{3^{15}}$ 的奇数可表示为三个奇素数之和.

Goldbach 在 1742 年写给 Euler 的信中还提出如下猜想:

Goldbach 猜想　每个 $\geqslant 6$ 的偶数均可表示为两个奇素数之和.

Goldbach 猜想迄今未解决, 但我们有如下结果.

定理 7.8 (陈景润定理, 1973)　每个充分大偶数都是两个奇素数之和或是一个素数与两个素数乘积之和.

1849 年 Polignac (波利尼亚克) 猜想: 对每个正偶数 d 都存在无穷多个素数 p 使得 $p+d$ 也是素数. $d=2$ 时就是如下著名猜想.

孪生素数猜想　存在无穷多个素数 p 使得 $p+2$ 也是素数.

基于张益唐 (2013) 和 Maynard (梅纳德) 的工作, 经众多数学家努力, 现在有

定理 7.9　存在不超过 246 的正偶数 d, 使得 p 和 $p+d$ 皆为素数的 p 有无穷多个.

7.2　同余概念与性质

定义 7.4　设 $a, b \in \mathbb{Z}$, $m \in \mathbb{Z}^+$, 若 $m \mid a - b$, 则称 a 与 b 关于模 m 同余, 记为 $a \equiv b \pmod{m}$, 并称 m 为模, $\equiv$ 为同余号, $a \equiv b \pmod{m}$ 为同余式. 若 $m \nmid a - b$, 则称 a 与 b 关于模 m 不同余, 记为 $a \not\equiv b \pmod{m}$.

例如:

$$100 \equiv 2 \pmod{7}, \quad 13 \equiv -1 \pmod{7}, \quad 91 \equiv 0 \pmod{7}, \quad 9 \not\equiv 3 \pmod{7}.$$

定义 7.5　设 $a \in \mathbb{Z}$, $m \in \mathbb{Z}^+$, 则由带余除法知, 存在唯一的 $a_1 \in \{0, 1, \cdots, m-1\}$, 使得 $a \equiv a_1 \pmod{m}$, 称 a_1 为 a 对模 m 的最小非负剩余. 若 m 为奇数, 则存在唯一的 $a_0 \in \left\{0, \pm 1, \pm 2, \cdots, \pm \dfrac{m-1}{2}\right\}$, 使得 $a \equiv a_0 \pmod{m}$, 称 a_0 为 a 对模 m 的绝对最小剩余.

例如: $9, 21, -8$ 对 7 的最小非负剩余分别为 $2, 0, 6$, 绝对最小剩余分别为 $2, 0, -1$.

设 m 为正整数, 则关于模 m 的同余关系是等价关系, 即当 $a, b, c \in \mathbb{Z}$ 时有

(i)(自反性) $a \equiv a \pmod{m}$;

(ii)(对称性) 若 $a \equiv b \pmod{m}$, 则 $b \equiv a \pmod{m}$;

(iii)(传递性) 若 $a \equiv b \pmod{m}$, $b \equiv c \pmod{m}$, 则 $a \equiv c \pmod{m}$.

定理 7.10　设 $m \in \mathbb{Z}^+$, $a, b, c, d \in \mathbb{Z}$, $a \equiv b \pmod{m}$, $c \equiv d \pmod{m}$, 则

$$a \pm c \equiv b \pm d \pmod{m}, \quad ac \equiv bd \pmod{m},$$

且对任何正整数 n 有 $a^n \equiv b^n \pmod{m}$.

证　由于 $m \mid a - b$, $m \mid c - d$, 故有 $m \mid a - b \pm (c - d)$, 即 $m \mid a \pm c - (b \pm d)$. 于是 $a \pm c \equiv b \pm d \pmod{m}$. 由 $ac - bd = (a - b)c + (c - d)b$ 知, $m \mid ac - bd$, 故 $ac \equiv bd \pmod{m}$. 由此 $a^2 = a \cdot a \equiv b \cdot b = b^2 \pmod{m}$, $a^3 = a^2 \cdot a \equiv b^2 \cdot b = b^3 \pmod{m}$, $\cdots$ 对 n 归纳即得 $a^n \equiv b^n \pmod{m}$. 于是定理得证.

设 $a, b, c \in \mathbb{Z}$, $m \in \mathbb{Z}^+$, 易证关于模 m 同余的如下性质.

若 $a \equiv b \pmod{m}$, d 为 m 的正因子, 则 $a \equiv b \pmod{d}$; $\qquad\qquad$ (7.1)

若 $ac \equiv bc \pmod{m}$, $(c, m) = 1$, 则 $a \equiv b \pmod{m}$; $\qquad\qquad$ (7.2)

若 $a \equiv b \pmod{m}$, 则 $(a, m) = (b, m)$. $\qquad\qquad$ (7.3)

同余的上述性质和定理虽然简单但很实用. 同余概念是由 Gauss 在其名著《算术研究》(1801) 中首先引进的, 虽然只是个简单记号, 但如同矩阵记号一样, 引起一场革命. 因为同余的引入和《算术研究》的出版, 数论作为一个系统的数学分支诞生了.

7.3　Fermat 小定理和 Wilson 定理

引理 7.1 (Lagrange)　设 $p > 1$ 为自然数,

$$(x+1)(x+2)\cdots(x+p-1) = x^{p-1} + a_1 x^{p-2} + \cdots + a_{p-1},$$

则

$$ma_m = \binom{p}{m+1} + \sum_{k=1}^{m-1} \binom{p-k}{m+1-k} a_k \quad (m = 1, 2, \cdots, p-1).$$

证　易见

$$(x+p)(x^{p-1} + a_1 x^{p-2} + \cdots + a_{p-1})$$
$$= (x+1)(x+2)\cdots(x+p)$$
$$= (x+1)^p + a_1(x+1)^{p-1} + \cdots + a_{p-1}(x+1).$$

对 $m = 1, 2, \cdots, p-1$, 比较上式两边 $x^{p-1\,m}$ 项系数得

$$a_{m+1} + pa_m = \binom{p}{p-1-m} + \sum_{k=1}^{m+1} \binom{p-k}{p-1-m} a_k$$
$$= \binom{p}{m+1} + a_{m+1} + (p-m)a_m + \sum_{k=1}^{m-1} \binom{p-k}{m+1-k} a_k.$$

由此立得所需.

定理 7.11　设 p 为素数, 则有

(i) (Wilson (威尔逊) 定理) $(p-1)! \equiv -1 \pmod{p}$;

(ii) (Fermat 小定理) 若 a 为整数, $p \nmid a$, 则

$$a^{p-1} \equiv 1 \pmod{p}.$$

证　(Lagrange) 当 $p = 2$ 且 a 为奇数时, 有 $a^{p-1} \equiv 1^{p-1} = 1 \pmod{2}$, 又 $1! = 1 \equiv -1 \pmod{2}$, 故 $p = 2$ 时结论成立. 现设 $p > 2$, 沿用引理 7.1 的记号, 当

$m \in \{0, 1, \cdots, p-2\}$ 时 $p \nmid (m+1)!$, 故有

$$\binom{p}{m+1} = \frac{p(p-1)\cdots(p-m)}{(m+1)!} \equiv 0 \pmod{p}.$$

于是由引理 7.1 得

$$ma_m \equiv \sum_{k=1}^{m-1} \binom{p-k}{m+1-k} a_k \quad (m = 1, 2, \cdots, p-2).$$

显然 $a_1 = 1 + 2 + \cdots + (p-1) = \dfrac{p(p-1)}{2} \equiv 0 \pmod{p}$. 假设 $1 \leqslant k < m \leqslant p-2$ 时有 $a_k \equiv 0 \pmod{p}$, 则由上式知, $a_m \equiv 0 \pmod{p}$. 因此由数学归纳法知 $a_1 \equiv a_2 \equiv \cdots \equiv a_{p-2} \equiv 0 \pmod{p}$. 于是根据引理 7.1 有

$$(p-1)a_{p-1} = 1 + \sum_{k=1}^{p-2} a_k \equiv 1 \pmod{p}.$$

从而 $(p-1)! = a_{p-1} \equiv -1 \pmod{p}$, 并有

$$(x+1)(x+2)\cdots(x+p-1) = x^{p-1} + a_1 x^{p-2} + \cdots + a_{p-1} \equiv x^{p-1} - 1 \pmod{p}.$$

若 a 为整数, $p \nmid a$, 则 $(a+1)(a+2)\cdots(a+p-1) \equiv 0 \pmod{p}$, 从而由上知 $a^{p-1} \equiv 1 \pmod{p}$. 于是定理得证.

推论 7.1　设 p 为奇素数, 则

(i) 当 $p \equiv 3 \pmod 4$ 时, $\dfrac{p-1}{2}! \equiv \pm 1 \pmod{p}$;

(ii) 当 $p \equiv 1 \pmod 4$ 时, $\left(\dfrac{p-1}{2}!\right)^2 \equiv -1 \pmod{p}$.

证　由于

$$(p-1)! = 1 \cdot 2 \cdots \frac{p-1}{2}(p-1)(p-2)\cdots\left(p - \frac{p-1}{2}\right)$$

$$\equiv 1 \cdot 2 \cdots \frac{p-1}{2}(-1)(-2)\cdots\left(-\frac{p-1}{2}\right)$$

$$= (-1)^{\frac{p-1}{2}} \left(\frac{p-1}{2}!\right)^2 \pmod{p},$$

应用 Wilson 定理知, 当 $p \equiv 3 \pmod 4$ 时 $\left(\dfrac{p-1}{2}!\right)^2 \equiv 1 \pmod{p}$, 从而 $\dfrac{p-1}{2}! \equiv \pm 1 \pmod{p}$; 当 $p \equiv 1 \pmod 4$ 时, 有 $\left(\dfrac{p-1}{2}!\right)^2 \equiv -1 \pmod{p}$.

7.4 同余方程

类比于代数方程, 我们引进同余方程的概念.

定义 7.6 设 $m \in \mathbb{Z}^+$, $a_0, a_1, \cdots, a_n \in \mathbb{Z}$, $m \nmid a_n$, 则称

$$a_n x^n + a_{n-1} x^{n-1} + \cdots + a_1 x + a_0 \equiv 0 \pmod{m}$$

为关于模 m 的 n 次同余方程, 同余方程的互不同余的整数解个数称为该同余方程的解数.

例如: $3x \equiv 1 \pmod 7$ 为一次同余方程, 有唯一解 $x \equiv 5 \pmod 7$; $x^2 \equiv -1 \pmod{13}$ 为二次同余方程, 有两个解 $x \equiv \pm 5 \pmod{13}$; $x^3 \equiv 2 \pmod 5$ 为三次同余方程, 有唯一解 $x \equiv 3 \pmod 5$; $x^3 \equiv -1 \pmod{13}$ 为三次同余方程, 有三个解 $x \equiv -1, -3, 4 \pmod{13}$.

定理 7.12 设 $m \in \mathbb{Z}^+$, $a, c \in \mathbb{Z}$, $(a, m) = 1$, 则 $ax \equiv c \pmod m$ 有唯一解.

证 由定理 5.3 知, 存在 $x_0, y_0 \in \mathbb{Z}$, 使得 $ax_0 - my_0 = 1$. 由此 $a(cx_0) \equiv c \pmod m$. 若存在 $x_1, x_2 \in \mathbb{Z}$, 使得 $ax_1 \equiv c \equiv ax_2 \pmod m$, 则 $m \mid a(x_1 - x_2)$. 因 $(a, m) = 1$, 故 $m \mid x_1 - x_2$. 于是 $ax \equiv c \pmod m$ 有唯一解.

根据定理 7.12, 若 $m \in \mathbb{Z}^+$, $a, c \in \mathbb{Z}$, $(a, m) = 1$, 则可引入分数同余 $\dfrac{c}{a} \equiv x_0 \pmod m$, 其中 $x_0 \in \mathbb{Z}$ 满足 $ax_0 \equiv c \pmod m$. 例如:

$$\frac{1}{3} \equiv 5 \pmod 7, \quad \frac{3}{5} \equiv 5 \pmod{11}, \quad \frac{2}{7} \equiv 9 \pmod{61},$$

$$1 - \frac{1}{2} + \frac{1}{3} - \frac{1}{4} \equiv 1 - 4 + 5 - 2 = 0 \pmod 7,$$

$$1 + \frac{1}{2} + \frac{1}{3} + \frac{1}{4} \equiv 1 + 13 - 8 - 6 = 0 \pmod{25}.$$

下面是一个有名的定理, 我们略去它的证明.

定理 7.13 设 $p > 3$ 为素数, $k \in \{1, 3, 5, \cdots, p - 4\}$, 则

$$\sum_{k=1}^{p-1} \frac{1}{x^k} \equiv 0 \pmod{p^2}.$$

代数基本定理断言 n 次代数方程至多有 n 个根, 现在我们建立同余方程中类似的结果.

定理 7.14 (Lagrange 定理) 设 p 为素数, $a_0, \cdots, a_n$ 为整数, $p \nmid a_n$, 则 n 次同余方程

$$a_n x^n + \cdots + a_1 x + a_0 \equiv 0 \pmod p$$

至多有 n 个解.

证　当 $n = 1$ 时由定理 7.12 知结论正确. 现设 $n = m$ 时结论成立, 用反证法证明 $n = m + 1$ 时定理结论成立. 若不然, 设 $x_1, x_2, \cdots, x_{m+2}$ 为 $m + 1$ 次同余方程

$$a_{m+1}x^{m+1} + \cdots + a_1 x + a_0 \equiv 0 \pmod{p} \quad (p \nmid a_{m+1})$$

的 $m + 2$ 个不同解, 则易见

$$(a_{m+1}x^{m+1} + \cdots + a_1 x + a_0) - (a_{m+1}x_1^{m+1} + \cdots + a_1 x_1 + a_0)$$

$$= a_{m+1}(x^{m+1} - x_1^{m+1}) + a_m(x^m - x_1^m) + \cdots + a_1(x - x_1)$$

$$= (x - x_1)(a_{m+1}x^m + b_m x^{m-1} + \cdots + b_1),$$

其中 $b_1, \cdots, b_m \in \mathbb{Z}$. 由此 $a_{m+1}x^m + b_m x^{m-1} + \cdots + b_1 \equiv 0 \pmod{p}$ 至少有 $m+1$ 个不同解 $x_2, \cdots, x_{m+2}$. 这与归纳假设矛盾, 从而 $n = m + 1$ 时断言正确. 于是由数学归纳法知定理获证.

当模为合数时 Lagrange 定理的结论不一定成立. 例如: $x^2 \equiv 1 \pmod{8}$ 有 4 个不同的解 $x \equiv 1, 3, 5, 7 \pmod{8}$.

参 考 读 物

[1]　Ribenboim P. 博大精深的素数. 孙淑玲, 冯克勤, 译. 北京: 科学出版社, 2007.

[2]　Rosen K H. 初等数论及其应用. 6 版. 夏鸿刚, 译. 北京: 机械工业出版社, 2015.

[3]　孙智宏. 数和数列. 北京: 科学出版社, 2016.

第 8 讲　同余覆盖系

Klein: 用新方法来解决老问题, 可以推动纯粹数学的发展. 当我们对老问题有了更好的理解, 自然就会提出新的问题.

同余覆盖系就是用有限个等差数列覆盖全体整数, 本讲综述同余覆盖系的研究成果, 其中包含作者没发表的一些结果.

设 $a \in \mathbb{Z}$, $n \in \mathbb{Z}^+$, 约定

$$a(n) = a + n\mathbb{Z} = \{a + kn \mid k \in \mathbb{Z}\} = \{x \mid x \equiv a \pmod{n}, \ x \in \mathbb{Z}\}.$$

定义 8.1　设 $n_1, \cdots, n_k \in \mathbb{Z}^+$, $a_1, \cdots, a_k \in \mathbb{Z}$,

$$A = \{a_s(n_s)\}_{s=1}^k = \{a_1(n_1), \ a_2(n_2), \cdots, a_k(n_k)\}.$$

若对每个 $x \in \mathbb{Z}$ 都存在 $s \in \{1, 2, \cdots, k\}$ 使 $x \equiv a_s \pmod{n_s}$, 即 $a_1(n_1) \cup a_2(n_2) \cup \cdots \cup a_k(n_k) = \mathbb{Z}$, 但对任何 $j \in \{1, 2, \cdots, k\}$ 有

$$A - a_j(n_j) = \bigcup_{\substack{s=1 \\ s \neq j}}^k a_s(n_s) \neq \mathbb{Z},$$

则称 $A = \{a_s(n_s)\}_{s=1}^k$ 为同余覆盖系 (congruence covering system, CS), 并称 $n_1, \cdots, n_k$ 为覆盖系 A 的模.

例如: $\{0(2), 0(3), 1(4), 5(6), 7(12)\}$ 是同余覆盖系, 因为

$$0(2) = \{x \in \mathbb{Z} \mid x \equiv 0, 2, 4, 6, 8, 10 \pmod{12}\},$$

$$0(3) = \{x \in \mathbb{Z} \mid x \equiv 0, 3, 6, 9 \pmod{12}\},$$

$$1(4) = \{x \in \mathbb{Z} \mid x \equiv 1, 5, 9 \pmod{12},$$

$$5(6) = \{x \in \mathbb{Z} \mid x \equiv 5, 11 \pmod{12}\},$$

$$7(12) = \{x \in \mathbb{Z} \mid x \equiv 7 \pmod{12}\}.$$

定义 8.2　设 $n_1, \cdots, n_k \in \mathbb{Z}^+$, $A = \{a_s(n_s)\}_{s=1}^k$. 若对每个 $x \in \mathbb{Z}$ 都存在唯一的 $s \in \{1, 2, \cdots, k\}$ 使 $x \equiv a_s \pmod{n_s}$, 则称 $A = \{a_s(n_s)\}_{s=1}^k$ 为不相交覆盖系 (disjoint covering system, DCS).

例如: $\{0(2),1(4),3(8),7(8)\}$ 为 DCS, 下面是同余覆盖系的更多例子:

(1) $\{0(2),0(3),1(4),3(8),7(12),23(24)\}$, $k=6$, $N=24$;

(2) $\{0(2),0(3),1(6),2(9),5(12),17(18),23(36)\}$, $k=7$, $N=36$;

(3) $\{0(2),0(3),1(4),7(8),2(9),5(18),19(24),35(36)\}$, $k=8$, $N=72$;

(4) $\{1(2),1(3),0(4),1(5),2(6),4(10),3(15),2(20),0(30)\}$, $k=9$, $N=60$;

(5) $\{1(2),2(4),1(5),4(8),2(10),8(16),4(20),8(40),0(80)\}$,

　　　$k=9$, $N=80$;

(6) $\{1(2),1(3),2(4),2(6),3(9),6(18),9(27),18(54),0(108)\}$,

　　　$k=9$, $N=108$;

(7) $\{1(2),2(3),2(4),4(8),7(9),8(16),10(18),4(36),0(48)\}$,

　　　$k=9$, $N=144$;

(8) $\{1(2),1(3),2(4),2(6),4(16),6(18),12(36),12(48),0(72)\}$,

　　　$k=9$, $N=144$;

(9) $\{1(2),1(3),2(4),2(6),8(16),12(24),16(32),32(64),0(192)\}$,

　　　$k=9$, $N=192$;

(10) $\{0(2),0(3),0(5),1(6),0(7),1(10),1(14),2(15),2(21),23(30),$

　　　$4(35),5(42),59(70),104(105)\}$, $k=14$, $N=210$;

(11) $\{1(3),2(4),5(6),4(8),0(9),0(12),0(16),3(18),3(24),$

　　　$33(36),8(48),15(72)\}$, $k=12$, $N=144$, $n_1=3$;

(12) $\{0(3),0(4),0(5),1(6),6(8),3(10),5(12),11(15),7(20),10(24),$

　　　$2(30),34(40),59(60),98(120)\}$, $k=14$, $N=120$, $n_1=3$;

(13) $\{0(4),0(5),3(6),2(8),1(9),1(10),5(12),8(15),13(18),7(20),$

　　　$6(24),14(30),\ 25(36),6(40),43(45),59(60),22(72),79(90),$

　　　$62(120),142(180),214(360)\}$, $\ \ k=21$, $N=360$, $n_1=4$;

(14) $\{0(5), 1(5), 2(10), 7(10), 3(15), 8(15), 4(20), 9(20), 13(30),$

$28(30), 14(40), 34(40), 19(60), 39(60), 59(120), 119(120)\},$

$$k = 16, \ N = 120, \ \text{DCS},$$

其中 k 为模的个数, n_1 为最小模, N 为各模的最小公倍数.

1950 年 Erdős 引进同余覆盖系概念, 利用同余覆盖系 Erdős 证明: 等差数列 $7629217(11184810)$ 中每个奇数都不能表为 $2^k + p$, 这里 k 为正整数, p 为奇素数.

同余覆盖系的主要问题是探讨其模的结构与性质. Erdős 证明了如下基本结果.

定理 8.1 (Erdős)　设 $A = \{a_s(n_s)\}_{s=1}^{k}$ 为同余覆盖系, 则 $\sum_{s=1}^{k} \dfrac{1}{n_s} \geqslant 1$, 并且当 A 为不相交覆盖系时有 $\sum_{s=1}^{k} \dfrac{1}{n_s} = 1$.

证　令 N 为 $n_1, n_2, \cdots, n_k$ 的最小公倍数, 则 $a_s(n_s)$ 恰覆盖 $\{0, 1, \cdots, N-1\}$ 中 $\dfrac{N}{n_s}$ 个数. 因 $\{a_s(n_s)\}_{s=1}^{k}$ 覆盖 $0, 1, \cdots, N - 1$, 故有 $\sum_{s=1}^{k} \dfrac{N}{n_s} \geqslant N$, 并且当 A 为 DCS 时等号成立.

定理 8.2　设 $A = \{a_1(n_1), \cdots, a_k(n_k)\}$ 为不相交覆盖系, $n_1 \leqslant n_2 \leqslant \cdots \leqslant n_{k-1} \leqslant n_k$, 则 $n_{k-1} = n_k$.

证　(Znám (兹纳姆)) 不妨设 $a_s \in \{0, 1, \cdots, n_s - 1\}$. 当 $|z| < 1$ 时

$$\sum_{s=1}^{k} \frac{z^{a_s}}{1 - z^{n_s}} = \sum_{s=1}^{k} \sum_{r=0}^{\infty} z^{a_s + r n_s} = \sum_{t=0}^{\infty} z^t = \frac{1}{1 - z}.$$

令 $z \to \mathrm{e}^{2\pi \mathrm{i} \frac{1}{n_k}}$, 则 $\left| \dfrac{z^{a_k}}{1 - z^{n_k}} \right| \to +\infty$, 故必有 $n_s (1 \leqslant s < k)$ 使 $\left| \dfrac{z^{a_s}}{1 - z^{n_s}} \right| \to +\infty$, 即 $n_s = n_k$.

注 8.1　Erdős 猜想不相交覆盖系 (DCS) 必有模相等, 后来 Davenport (达文波特)、Mirsky (米尔斯基)、Newman (纽曼) 和 Radó (拉多) 各自独立地证明了定理 8.2. 1969 年 Znám 猜想: 若 p 为 n_k 的最小素因子, 则 A 的最后 p 个模相等, 即有 $n_{k-p+1} = \cdots = n_{k-1} = n_k$. Znám 对此给出一个错误证明, 1971 年 Newman 证实了这一结果, 1991 年孙智伟把该结果推广为: 若 $A = \{a_s(n_s)\}_{s=1}^{k}$ 为 DCS, $n_1 \leqslant \cdots \leqslant n_{k-l} < n_{k-l+1} = \cdots = n_k$, 则

$$l \geqslant \min_{1 \leqslant s \leqslant k-l} \frac{n_k}{(n_s, n_k)} \geqslant \max \left\{ p, \frac{n_k}{n_{k-l}} \right\}.$$

1995 年陈永高与 Porubský 证明 $l = \sum_{s=1}^{k-l} \dfrac{n_s}{(n_s, n_k)} x_s$, 其中 $x_1, \cdots, x_{k-l}$ 为非负整数.

定理 8.3　设 $\{a_s(n_s)\}_{s=1}^k$ 为同余覆盖系, $n_1, \cdots, n_k$ 最小公倍数 $[n_1, \cdots, n_k]$ 的标准分解式为 $p_1^{\alpha_1} \cdots p_r^{\alpha_r}$, 这里 $p_1, \cdots, p_r$ 为不同素数, 则

$$k \geqslant 1 + \sum_{i=1}^r \alpha_i(p_i - 1).$$

注 8.2　1966 年 Mycielski (梅切尔斯基) 和 Sierpinski (谢尔平斯基) 提出猜想: 设 $\{a_1(n_1), \cdots, a_k(n_k)\}$ 为 DCS, n_s 的标准分解式为 $p_1^{\alpha_1} \cdots p_r^{\alpha_r}$, 则 $k \geqslant 1 + \sum_{i=1}^r \alpha_i(p_i - 1)$. 当年 Znám 证实了这一猜想. 1968 年 Znám 对 DCS 猜想定理 8.3 中不等式, 1975 年 Znám 对一般的同余覆盖系证明定理 8.3.

定理 8.4 (Hough[1], 2015)　模互不相同的同余覆盖系其最小模小于 10^{16}.

注 8.3　1971 年 Erdős 猜想模不同的同余覆盖系最小模可以任意大, 并悬赏 500 美元征求这个问题的解答. 对模不同的同余覆盖系最小模 n_1, Davenport, Erdős 与 Fried 发现可有 $n_1 = 3$, Swift 发现可有 $n_1 = 6$, Selfridge 发现可有 $n_1 = 8$, Churchhouse 发现可有 $n_1 = 10$, Selfridge 发现可有 $n_1 = 14$, Krukenberg 发现可有 $n_1 = 18$, Choi 发现可有 $n_1 = 20$. 2015 年 Hough 通过证明定理 8.4 否定 Erdős 猜想.

同余覆盖系中一个著名的未解决问题是奇覆盖问题, 即

Selfridge 猜想 (奇覆盖猜想)　不存在模皆为大于 1 不同奇数的同余覆盖系.

注 8.4　Erdős 悬赏 25 美元征求 Selfridge 猜想证明, Selfridge 悬赏 500 美元征求该猜想反例. Selfridge 证明: 若存在模互不整除的不同模覆盖系, 则存在模全是不同奇数的同余覆盖系. 1967 年 Schinzel 证明: 若 Selfridge 猜想成立, 则对任何满足 $f(0) \neq 0$ 与 $f(1) \neq -1$ 的不恒为 1 的整系数多项式 $f(x)$, 有无穷多个自然数 n, 使 $x^n + f(x)$ 在有理数域上不可约. 2021 年 Balister, Bollobás, Morris, Sahasrabudhe 与 Tiba 证明: 不存在模全是互不相同的无平方因子大于 1 奇数构成的同余覆盖系.

定义 8.3　若 $f(x, y)$ 是二元实函数, 满足 $y > 0$ 与

$$\sum_{r=0}^{n-1} f(x + ry, ny) = f(x, y) \quad (n = 1, 2, 3, \cdots),$$

则称 $f(x, y)$ 为不变函数.

例如:

$$\frac{1}{y}, \quad \frac{x}{y} - \frac{1}{2}, \quad \left[\frac{x}{y}\right], \quad \frac{a^x}{a^y - 1} \, (a > 0, a \neq 1),$$

$$\ln \left(1 - 2r^{\frac{1}{y}} \cos 2\pi \frac{x}{y} + r^{\frac{2}{y}}\right) \ (r > 0, r \neq 1),$$

$$f_1(x,y) = \begin{cases} \ln \left|2 \sin \pi \dfrac{x}{y}\right|, & \text{当 } \dfrac{x}{y} \notin \mathbb{Z} \text{ 时}, \\ -\ln y, & \text{当 } \dfrac{x}{y} \in \mathbb{Z} \text{ 时}, \end{cases}$$

$$f_2(x,y) = \begin{cases} \dfrac{1}{y} \cot \pi \dfrac{x}{y}, & \text{当 } \dfrac{x}{y} \notin \mathbb{Z} \text{ 时}, \\ 0, & \text{当 } \dfrac{x}{y} \in \mathbb{Z} \text{ 时} \end{cases}$$

均为不变函数. 关于不变函数的分析性质参见文献 [2]. 1989 年孙智伟揭示了不变函数与不相交覆盖系的关联. 下面我们对此给出一个直截了当的证明.

定理 8.5 (孙智伟 [3]) 设 $f(x,y)$ 为不变函数, $\{a_1(n_1), \cdots, a_k(n_k)\}$ 为 DCS, 其中 $a_s \in \{0,1,\cdots,n_s-1\}$, 则

$$\sum_{s=1}^{k} f(x + a_s y, n_s y) = f(x,y).$$

证 令 N 为 $n_1, \cdots, n_k$ 的最小公倍数, 对 $s = 1, 2, \cdots, k$, $a_s(n_s)$ 恰覆盖 $0, 1, \cdots, N-1$ 中 $\dfrac{N}{n_s}$ 个数 $a_s, a_s + n_s, \cdots, a_s + \left(\dfrac{N}{n_s} - 1\right)n_s$. 因此

$$\bigcup_{s=1}^{k} \left\{a_s, a_s + n_s, \cdots, a_s + \left(\frac{N}{n_s} - 1\right)n_s\right\} = \{0, 1, \cdots, N-1\}.$$

于是

$$\begin{aligned} \sum_{s=1}^{k} f(x + a_s y, n_s y) &= \sum_{s=1}^{k} \sum_{j=0}^{N/n_s - 1} f\left(x + a_s y + j(n_s y), \frac{N}{n_s} \cdot n_s y\right) \\ &= \sum_{s=1}^{k} \sum_{j=0}^{N/n_s - 1} f(x + (a_s + jn_s)y, Ny) \\ &= \sum_{r=0}^{N-1} f(x + ry, Ny) = f(x,y). \end{aligned}$$

推论 8.1 (孙智宏, 1985) 设 $\{a_1(n_1), \cdots, a_k(n_k)\}$ 为 DCS, 其中 $a_s \in \{0, 1, \cdots, n_s - 1\}$, 则

$$\sum_{s=1}^{k} \frac{a_s}{n_s} = \frac{k-1}{2}.$$

证   对正整数 n, 易见 $\sum_{r=0}^{n-1} \left(\dfrac{x+ry}{ny} - \dfrac{1}{2} \right) = \dfrac{x}{y} - \dfrac{1}{2}$, 故 $f(x,y) = \dfrac{x}{y} - \dfrac{1}{2}$ 为

不变函数. 于是, 由定理 8.5 得 $\sum_{s=1}^{k} \left(\dfrac{a_s}{n_s} - \dfrac{1}{2} \right) = \dfrac{0}{1} - \dfrac{1}{2}$, 从而推论得证.

设 x 为实数, 令 $\{x\} = x - [x]$, 则 $0 \leqslant \{x\} < 1$, 熟知 $\{x\}$ 为 x 的小数部分.

定理 8.6 (孙智伟 [4], 1995)   设 $A = \{a_1(n_1), \cdots, a_k(n_k)\}$, N 为 $n_1, \cdots, n_k$ 的最小公倍数,

$$S = \left\{ \dfrac{r}{N} : r \in \{0, 1, \cdots, N-1\}, \text{存在 } I \subseteq \{1, 2, \cdots, k\}, \text{使得 } \left\{ \sum_{s \in I} \dfrac{1}{n_s} \right\} = \dfrac{r}{N} \right\},$$

则

$$A \text{为同余覆盖系} \iff 0, 1, \cdots, |S|-1 \text{被 } A \text{ 覆盖}.$$

证   设 $c_0, c_1, \cdots, c_{n-1}$ 互不相同, 线性方程组

$$\sum_{j=0}^{n-1} c_j^r x_j = 0 \quad (r = 0, 1, \cdots, n-1)$$

的系数行列式为 Vandermonde 行列式, 其值为

$$\prod_{0 \leqslant j < s \leqslant n-1} (c_s - c_j) \neq 0,$$

故上述方程组只有零解. 于是

$$\sum_{j=0}^{n-1} c_j^r x_j = 0 \; (r = 0, 1, \cdots, n-1) \iff x_0 = x_1 = \cdots = x_{n-1} = 0.$$

由上知

$$A = \{a_1(n_1), \cdots, a_k(n_k)\} \text{为同余覆盖系}$$

$$\iff \text{对 } x = 0, 1, \cdots, N-1, \text{存在 } s \in \{1, 2, \cdots, k\}, \text{使得 } \dfrac{x - a_s}{n_s} \in \mathbb{Z}$$

$$\iff \prod_{s=1}^{k} \left(1 - e^{2\pi i \frac{x - a_s}{n_s}} \right) = 0 \quad (x = 0, 1, \cdots, N-1)$$

$$\iff \sum_{x=0}^{N-1} \prod_{s=1}^{k} \left(1 - e^{2\pi i \frac{x - a_s}{n_s}} \right) e^{-2\pi i \frac{rx}{N}} = 0 \quad (r = 0, 1, \cdots, N-1)$$

$$\iff \sum_{I \subseteq \{1, 2, \cdots, k\}} (-1)^{|I|} \sum_{x=0}^{N-1} e^{2\pi i \left(\sum_{s \in I} \frac{1}{n_s} - \frac{r}{N} \right) x} \cdot e^{-2\pi i \sum_{s \in I} \frac{a_s}{n_s}} = 0 \quad (r = 0, 1, \cdots, N-1),$$

从而利用 $\sum_{x=0}^{N-1} e^{2\pi i \frac{xt}{N}} = 0$ $(t = 1, 2, \cdots, N-1)$ 得

$$A = \{a_1(n_1), \cdots, a_k(n_k)\} \text{为同余覆盖系}$$

$$\iff \sum_{\substack{I \subseteq \{1,2,\cdots,k\} \\ \sum_{s \in I} \frac{1}{n_s} - \frac{r}{N} \in \mathbb{Z}}} (-1)^{|I|} e^{-2\pi i \sum_{s \in I} \frac{a_s}{n_s}} = 0 \ (r = 0, 1, \cdots, N-1)$$

$$\iff \text{对任给} \ \theta \in S \ \text{有} \sum_{\substack{I \subseteq \{1,2,\cdots,k\} \\ \left\{ \sum_{s \in I} \frac{1}{n_s} \right\} = \theta}} (-1)^{|I|} e^{-2\pi i \sum_{s \in I} \frac{a_s}{n_s}} = 0$$

$$\iff \text{对} \ x = 0, 1, \cdots, |S|-1 \ \text{有} \sum_{\theta \in S} \sum_{\substack{I \subseteq \{1,2,\cdots,k\} \\ \left\{ \sum_{s \in I} \frac{1}{n_s} \right\} = \theta}} (-1)^{|I|} e^{-2\pi i \sum_{s \in I} \frac{a_s}{n_s}} \cdot e^{2\pi i \theta x} = 0$$

$$\iff \text{对} \ x = 0, 1, \cdots, |S|-1 \ \text{有} \sum_{I \subseteq \{1,2,\cdots,k\}} (-1)^{|I|} e^{2\pi i \sum_{s \in I} \frac{x-a_s}{n_s}} = 0$$

$$\iff \text{对} \ x = 0, 1, \cdots, |S|-1 \ \text{有} \prod_{s=1}^{k} \left(1 - e^{2\pi i \frac{x-a_s}{n_s}}\right) = 0$$

$$\iff A \text{覆盖} \ 0, 1, \cdots, |S|-1.$$

推论 8.2　若 $A = \{a_s(n_s)\}_{s=1}^k$ 覆盖 $0, 1, \cdots, 2^k - 1$, 则 A 为同余覆盖系.

证　设 S 由定理 8.6 给出, 则 $|S| \leqslant \sum_{r=0}^{k} \binom{k}{r} = 2^k$. 于是由定理 8.6 立得推论.

注 8.5　1962 年 Erdős 猜想推论 8.2, 1969 年 Crittenden 与 Vanden Eynden 给出推论 8.2 的复杂证明.

定理 8.7 (孙智伟 [4], 1995)　设 $\{a_s(n_s)\}_{s=1}^k$ 为同余覆盖系, 则对任给 $J \subseteq \{1, 2, \cdots, k\}$ 存在 $I \subseteq \{1, 2, \cdots, k\}$ 使 $I \neq J$ 且

$$\sum_{s \in I} \frac{1}{n_s} - \sum_{s \in J} \frac{1}{n_s} \in \mathbb{Z}.$$

证　沿用定理 8.6 的记号, 根据定理 8.6 证明知

$$A = \{a_1(n_1), \cdots, a_k(n_k)\} \text{为同余覆盖系}$$

$$\Longleftrightarrow \text{对任给 } \theta \in S \text{ 有} \sum_{\substack{I \subseteq \{1,2,\cdots,k\} \\ \left\{\sum\limits_{s \in I} \frac{1}{n_s}\right\}=\theta}} (-1)^{|I|} e^{-2\pi i \sum\limits_{s \in I} \frac{a_s}{n_s}} = 0. \tag{8.1}$$

由此立得定理结论.

推论 8.3 (张明志, 1989)　设 $\{a_1(n_1),\cdots,a_k(n_k)\}$ 为同余覆盖系, 则存在非空子集 $I \subseteq \{1,2,\cdots,k\}$ 使 $\sum_{s \in I} \frac{1}{n_s} \in \mathbb{Z}$.

证　在定理 8.7 中取 $J = \varnothing$ 立得推论.

定理 8.8 (孙智宏, 1994)　设 $A = \{a_1(n_1),\cdots,a_k(n_k)\}$ 为同余覆盖系, N 为 $n_1,\cdots,n_k$ 的最小公倍数, $I \cup \bar{I} = \{1,2,\cdots,k\}$, $I \cap \bar{I} = \varnothing$, 令

$$S(I) = \left\{ \frac{r}{N} : r \in \{0,1,\cdots,N-1\}, \text{ 存在 } J \subseteq I \text{ 使得 } \left\{\sum_{s \in J} \frac{1}{n_s}\right\} = \frac{r}{N} \right\},$$

则

$$|S(I)| \left(\sum_{t \in \bar{I}} \frac{1}{n_t} \right) \geqslant 1.$$

证　显然

$$A = \bigcup_{s \in I} a_s(n_s) \bigcup_{t \in \bar{I}} a_t(n_t)$$

$$= \bigcup_{s \in I} a_s(n_s) \bigcup_{t \in \bar{I}} \left(a_t(N) \cup \{a_t + n_t(N)\} \cup \cdots \cup \left\{ a_t + \left(\frac{N}{n_t} - 1\right) n_t(N) \right\} \right).$$

对 $t \in \bar{I}$, 如果 $a_t + j n_t(N)$ 多余不必要, 可以将其删除, 按此步骤可得到无多余的同余覆盖系 A'. 由于 $a_t(n_t)$ 在 A 中不多余, 即从 A 中删去 $a_t(n_t)$ 就不构成同余覆盖系, 故对每个 $t \in \bar{I}$ 都存在 $j_t \in \left\{0,1,\cdots,\frac{N}{n_t}-1\right\}$ 使得 $a_t + j_t n_t(N)$ 保留在 A' 中. 设

$$A' = \bigcup_{s \in I} a_s(n_s) \bigcup_{t \in \bar{I}} \bigcup_{j \in J_t} \{a_t + j n_t(N)\},$$

其中 $J_t \subseteq \left\{0,1,\cdots,\frac{N}{n_t}-1\right\}$, 且 J_t 不是空集. 设 $r \in \bar{I}$, $a_r + j_r n_r(N) \in A'$, 令

$$A_1 = \bigcup_{s \in I} \{a_s - 1 - a_r - j_r n_r(n_s)\} \bigcup_{t \in \bar{I}, t \neq r} \bigcup_{j \in J_t} \{a_t + j n_t - 1 - a_r - j_r n_r(N)\}$$

$$\bigcup_{j \in J_r, j \neq j_r} \{a_r + j n_r - 1 - a_r - j_r n_r (N)\},$$

$$A_0 = A_1 \cup \{-1(N)\},$$

则由 A' 为同余覆盖系知 A_0 也是同余覆盖系, A_1 覆盖 $0, 1, \cdots, N-2$, 但 A_1 不覆盖 $N-1$. 于是由定理 8.6 知 $|S(A_1)| \geqslant N$, 这里 $S(A_1)$ 为 A_1 部分模倒数之和不同的小数部分全体. 因为若有 $|S(A_1)| \leqslant N-1$, 则由 A_1 覆盖 $0, 1, \cdots, N-2$ 推出 A_1 覆盖 $0, 1, \cdots, |S(A_1)|-1$, 从而 A_1 为同余覆盖系. 因为 $A_1 - \bigcup_{s \in I} \{a_s - 1 - a_r - j_r n_r (n_s)\}$ 中模为 N 的个数不超过 $\sum_{t \in \bar{I}} \dfrac{N}{n_t} - 1$, 故有

$$N \leqslant |S(A_1)| \leqslant |S(I)| \left(\sum_{t \in \bar{I}} \frac{N}{n_t} \right).$$

于是定理得证.

推论 8.4 设 $A = \{a_1(n_1), \cdots, a_k(n_k)\}$ 为同余覆盖系, $I \subseteq \{1, 2, \cdots, k\}$, $I \neq \varnothing$, 则

$$\sum_{s \in I} \frac{1}{n_s} \geqslant \frac{1}{2^{k-|I|}}, \quad 从而 \quad n_s \leqslant 2^{k-1} \quad (s = 1, 2, \cdots, k).$$

证 沿用定理 8.8 中记号, 由于

$$S(\bar{I}) \leqslant \binom{|\bar{I}|}{0} + \binom{|\bar{I}|}{1} + \cdots + \binom{|\bar{I}|}{|\bar{I}|} = 2^{|\bar{I}|} = 2^{k-|I|},$$

根据定理 8.8 得 $\sum_{s \in I} \dfrac{1}{n_s} \geqslant \dfrac{1}{|S(\bar{I})|} \geqslant \dfrac{1}{2^{k-|I|}}$. 取 $I = \{s\}$ 得 $\dfrac{1}{n_s} \geqslant \dfrac{1}{2^{k-1}}$, 即 $n_s \leqslant 2^{k-1}$.

由定理 8.8 立得

定理 8.9 (孙智宏, 1994) 设 $A = \{a_s(n_s)\}_{s=1}^{k}$ 为同余覆盖系, $n_1 \leqslant \cdots \leqslant n_k$, $N = [n_1, \cdots, n_k]$, 对任给 $i \in \{1, 2, \cdots, k\}$ 及 $I = \{1, 2, \cdots, k\} - \{i\}$ 有 $|S(I)| \geqslant n_i$, 其中 $S(I)$ 由定理 8.8 给出. 特别地, 若 $N = n_k$, 则对任给 $r \in \{0, 1, \cdots, N-1\}$ 均存在相应指标集 $I \subseteq \{1, 2, \cdots, k-1\}$ 使

$$\sum_{s \in I} \frac{N}{n_s} \equiv r \pmod{N}, \quad 即 \quad \left\{ \sum_{s \in I} \frac{1}{n_s} \right\} = \frac{r}{N}.$$

定理 8.10 (孙智宏,1994; 孙智伟 [4]) 设 $A = \{a_1(n_1), \cdots, a_k(n_k)\}$ 为 DCS, $n_1 \leqslant n_2 \leqslant \cdots \leqslant n_k$, 则 $\dfrac{1}{n_i} \leqslant \dfrac{1}{n_{i+1}} + \cdots + \dfrac{1}{n_k}$ $(i = 1, 2, \cdots, k-1)$.

证　令 $N = [n_1, \cdots, n_k]$,

$$A' = \left\{ a_1(n_1), \cdots, a_{k-1}(n_{k-1}), a_k(N), a_k + n_k(N), \cdots, a_k + \left(\frac{N}{n_k} - 1 \right) n_k(N) \right\},$$

则 A' 也是 DCS. 根据定理 8.9,

$$P = \left\{ \underbrace{1, 1, \cdots, 1}_{\frac{N}{n_k} - 1\, \uparrow}, \frac{N}{n_{k-1}}, \cdots, \frac{N}{n_{i+1}}, \frac{N}{n_i}, \cdots, \frac{N}{n_1} \right\}$$

中数之和覆盖 $1, 2, \cdots, N-1$. 由于 $\frac{1}{n_1} + \cdots + \frac{1}{n_k} = 1$, 对 $i = 1, 2, \cdots, k-1$ 显然 $\frac{N}{n_1} \geqslant \cdots \geqslant \frac{N}{n_i}$, 因而 $\frac{N}{n_1}, \cdots, \frac{N}{n_i}$ 中数之和不能覆盖 $\frac{N}{n_i} - 1$. 于是 $\frac{N}{n_i} - 1$ 被

$$\underbrace{1, 1, \cdots, 1}_{\frac{N}{n_k} - 1\, \uparrow}, \frac{N}{n_{k-1}}, \cdots, \frac{N}{n_{i+1}}$$

中数之和覆盖, 从而必有 $\frac{N}{n_k} - 1 + \frac{N}{n_{k-1}} + \cdots + \frac{N}{n_{i+1}} \geqslant \frac{N}{n_i} - 1$. 由此定理得证.

在定理 8.10 中取 $i = k-1$ 立即推出定理 8.2, 即 DCS 最大的两个模相等.
最后提个未解决问题:

猜想 8.1　设 $A = \{a_s(n_s)\}_{s=1}^k$ 为同余覆盖系, 则对任一模 n_t 及 $r \in \{0, 1, \cdots, n_t - 1\}$ 均存在 $I \subseteq \{1, 2, \cdots, k\} - \{t\}$ 使 $\sum_{s \in I} \frac{1}{n_s} - \frac{r}{n_t} \in \mathbb{Z}$.

参 考 读 物

[1]　Hough B. Solution of the minimum modulus problem for covering systems. Annals Math., 2015, 181: 361-382.

[2]　Sun Z H. On the properties of invariant functions. Bull. Sci. Math., 2023, 189: Art. 103347, 24pp.

[3]　孙智伟. 带乘子同余系. 南京大学学报数学半年刊, 1989, 6: 124-133.

[4]　Sun Z W. Covering the integers by arithmetic sequences. Acta Arith., 1995, 72: 109-129.

[5]　Sun Z W. Covering the integers by arithmetic sequences II. Trans. Amer. Math. Soc., 1996, 348: 4279-4320.

[6]　Sun Z W. Exact m-covers and the linear form $\sum_{s=1}^k \frac{x_s}{n_s}$. Acta Arith., 1997, 81: 175-198.

[7]　Sun Z W. On covering equivalence// Analytic Number Theory (Beijing/Kyoto,1999). Dev. Math. 6. Dordrecht: Kluwer Acad Publ., 2002: 277-302.

第 9 讲 二次互反律

Gauss: 给予我最大愉快的事不是知识本身, 而是学习过程; 不是所取得的成就, 而是得出成就的过程.

设 p 为奇素数, $a \in \mathbb{Z}$, $p \nmid a$, 考虑最简单的二次同余方程 $x^2 \equiv a \pmod{p}$. 一个基本问题是该同余式何时有解, 对该问题的研究引出 "算术中的宝石" 二次互反律.

定义 9.1 设 p 为奇素数, $a \in \mathbb{Z}$, $p \nmid a$, 若 $x^2 \equiv a \pmod{p}$ 有解, 则称 a 为 p 的平方剩余或二次剩余, Legendre 符号 $\left(\dfrac{a}{p}\right) = 1$, 否则称 a 为 p 的平方非剩余或二次非剩余, Legendre 符号 $\left(\dfrac{a}{p}\right) = -1$. 当 $p \mid a$ 时约定 Legendre 符号 $\left(\dfrac{a}{p}\right) = 0$.

例如: 因 $(\pm 1)^2 = 1$, $(\pm 2)^2 = 4$, $(\pm 3)^2 = 9 \equiv 2 \pmod 7$, 故知 $1, 2, 4$ 为 7 的平方剩余, $3, 5, 6$ 为 7 的平方非剩余, 即有

$$\left(\frac{1}{7}\right) = \left(\frac{2}{7}\right) = \left(\frac{4}{7}\right) = 1, \quad \left(\frac{3}{7}\right) = \left(\frac{5}{7}\right) = \left(\frac{6}{7}\right) = -1.$$

定理 9.1 设 p 为奇素数, 则 p 恰有 $\dfrac{p-1}{2}$ 个互不同余的平方剩余, 且由 $1^2, 2^2, \cdots, \left(\dfrac{p-1}{2}\right)^2 \pmod{p}$ 给出.

证 设 $a \in \mathbb{Z}$, $p \nmid a$, 则必存在 $a_0 \in \left\{ 1, 2, \cdots, \dfrac{p-1}{2}, -1, -2, \cdots, -\dfrac{p-1}{2} \right\}$ 使 $a \equiv a_0 \pmod{p}$. 于是 $1^2, 2^2, \cdots, \left(\dfrac{p-1}{2}\right)^2 \pmod{p}$ 产生所有平方剩余. 当 $i, j \in \left\{ 1, 2, \cdots, \dfrac{p-1}{2} \right\}$ 时, $2 \leqslant i + j \leqslant p - 1$, 故 $p \nmid i + j$. 于是

$$i^2 \equiv j^2 \pmod{p} \iff p \mid i - j \iff i = j,$$

从而 $1^2, 2^2, \cdots, \left(\dfrac{p-1}{2}\right)^2 \pmod{p}$ 给出不同的平方剩余. 因此定理得证.

给定奇素数 p 及整数 a, 如何判别 a 是否为 p 的平方剩余? 我们有

定理 9.2 (Euler 判别条件)　设 p 为奇素数, $a \in \mathbb{Z}$, 则

$$a^{\frac{p-1}{2}} \equiv \left(\frac{a}{p}\right) \pmod{p}.$$

证　若 $p \mid a$, 显然有 $a^{\frac{p-1}{2}} \equiv 0 = \left(\dfrac{0}{p}\right) \pmod{p}$, 故结论成立. 现设 $p \nmid a$. 若 a 为 p 的平方剩余, 则存在整数 b, 使得 $b^2 \equiv a \pmod{p}$. 因 $p \nmid a$, 故也有 $p \nmid b$, 从而由 Fermat 小定理得

$$a^{\frac{p-1}{2}} \equiv (b^2)^{\frac{p-1}{2}} = b^{p-1} \equiv 1 = \left(\frac{a}{p}\right) \pmod{p}.$$

由于 p 的互不同余的平方剩余恰有 $\dfrac{p-1}{2}$ 个, 故 $x^{\frac{p-1}{2}} \equiv 1 \pmod{p}$ 有 $\dfrac{p-1}{2}$ 个不同解. 又由 Lagrange 定理知, $x^{\frac{p-1}{2}} \equiv 1 \pmod{p}$ 至多有 $\dfrac{p-1}{2}$ 个解, 故 $x^{\frac{p-1}{2}} \equiv 1 \pmod{p}$ 恰有 $\dfrac{p-1}{2}$ 个解, 且由上知全部解由 p 的平方剩余给出. 由此 a 为 p 的平方非剩余时 $a^{\frac{p-1}{2}} \not\equiv 1 \pmod{p}$. 由 Fermat 小定理知, $p \mid (a^{\frac{p-1}{2}} - 1)(a^{\frac{p-1}{2}} + 1)$, 故 a 为 p 的平方非剩余时

$$a^{\frac{p-1}{2}} \equiv -1 = \left(\frac{a}{p}\right) \pmod{p}.$$

综上定理得证.

推论 9.1　-1 是 $4k+1$ 形素数的平方剩余, 是 $4k+3$ 形素数的平方非剩余.

证　设 p 为奇素数, 由 Euler 判别条件得

$$\left(\frac{-1}{p}\right) = 1 \Longleftrightarrow (-1)^{\frac{p-1}{2}} \equiv 1 \pmod{p} \Longleftrightarrow (-1)^{\frac{p-1}{2}} = 1$$

$$\Longleftrightarrow 2 \ \Big|\ \frac{p-1}{2} \Longleftrightarrow p \equiv 1 \pmod{4}.$$

于是推论得证.

注 9.1　设 p 为 $4k+1$ 形素数, 则 $x^2 \equiv -1 \pmod{p}$ 有解. 该同余式解有两种构造方法. 根据推论 7.1, $\dfrac{p-1}{2}!^2 \equiv -1 \pmod{p}$. 另一种构造方法是把 $\sqrt{p}$ 展成连分数, 设 $\sqrt{p} = [a_0; \overline{a_1, \cdots, a_m, a_m, \cdots, a_1, 2a_0}]$, 各渐近分数为 $\dfrac{p_1}{q_1}, \dfrac{p_2}{q_2}, \cdots$, 根据 (5.8), $p_m^2 + p_{m+1}^2 = p(q_m^2 + q_{m+1}^2)$. 因此 $\left(\dfrac{p_m}{p_{m+1}}\right)^2 \equiv -1 \pmod{p}$.

定理 9.3　设 p 为奇素数, $a, b \in \mathbb{Z}$, 则

$$\left(\frac{ab}{p}\right) = \left(\frac{a}{p}\right)\left(\frac{b}{p}\right).$$

证　当 $p \mid ab$ 时 $p \mid a$ 或 $p \mid b$, 故 $\left(\dfrac{a}{p}\right)\left(\dfrac{b}{p}\right) = 0 = \left(\dfrac{ab}{p}\right)$. 现设 $p \nmid ab$, 由 Euler 判别条件得

$$\left(\frac{ab}{p}\right) \equiv (ab)^{\frac{p-1}{2}} = a^{\frac{p-1}{2}} \cdot b^{\frac{p-1}{2}} \equiv \left(\frac{a}{p}\right)\left(\frac{b}{p}\right) \pmod{p}.$$

因 $\left(\dfrac{a}{p}\right), \left(\dfrac{b}{p}\right), \left(\dfrac{ab}{p}\right) \in \{1, -1\}$, $p > 2$, $1 \not\equiv -1 \pmod{p}$, 故有 $\left(\dfrac{ab}{p}\right) = \left(\dfrac{a}{p}\right)\left(\dfrac{b}{p}\right)$.

定理 9.4 (Gauss 引理)　设 p 为奇素数, $a \in \mathbb{Z}$, r_k 为 ka 模 p 的绝对最小剩余, 若 $r_1, r_2, \cdots, r_{\frac{p-1}{2}}$ 中恰有 m 个数小于 0, 则

$$\left(\frac{a}{p}\right) = (-1)^m.$$

证　若有 $i, j \in \left\{1, 2, \cdots, \dfrac{p-1}{2}\right\}$ 使得 $r_i = r_j$, 则 $ia \equiv r_i = r_j \equiv ja \pmod{p}$. 因 $p \nmid a$, 故有 $p \mid i - j$, 从而 $i = j$. 由此 $r_1, r_2, \cdots, r_{\frac{p-1}{2}}$ 各不相同. 令

$$\{r_1, r_2, \cdots, r_{\frac{p-1}{2}}\} = \{a_1, \cdots, a_t, b_1, \cdots, b_m\},$$

$$a_1, \cdots, a_t > 0, \quad b_1, \cdots, b_m < 0,$$

我们断言 $a_1, \cdots, a_t, -b_1, \cdots, -b_m$ 恰是 $1, 2, \cdots, \dfrac{p-1}{2}$ 的一个排列, 即有

$$\{a_1, \cdots, a_t, -b_1, \cdots, -b_m\} = \left\{1, 2, \cdots, \frac{p-1}{2}\right\}. \tag{9.1}$$

显然 $\dfrac{p-1}{2}$ 个数 $a_1, \cdots, a_t, -b_1, \cdots, -b_m \in \left\{1, 2, \cdots, \dfrac{p-1}{2}\right\}$. 由于 $r_1, r_2, \cdots,$ $r_{\frac{p-1}{2}}$ 各不相同, 故 $a_1, \cdots, a_t$ 各不相同, $-b_1, \cdots, -b_m$ 各不相同. 若有 $i \in \{1, 2, \cdots, t\}$ 及 $j \in \{1, 2, \cdots, m\}$ 使得 $a_i = -b_j$, 设 $a_i \equiv k_1 a \pmod{p}$, $b_j \equiv k_2 a \pmod{p}$, 其中 $k_1, k_2 \in \left\{1, 2, \cdots, \dfrac{p-1}{2}\right\}$, 则有 $k_1 a + k_2 a \equiv a_i + b_j = 0 \pmod{p}$,

故 $p \mid k_1 + k_2$. 但 $2 \leqslant k_1 + k_2 \leqslant p - 1$, 引出矛盾, 说明假设不真. 于是 $a_1, \cdots, a_t, -b_1, \cdots, -b_m$ 各不相同, 从而 (9.1) 成立.

根据 (9.1) 有

$$a^{\frac{p-1}{2}} \cdot \frac{p-1}{2}! = a \cdot 2a \cdots \frac{p-1}{2}a \equiv r_1 r_2 \cdots r_{\frac{p-1}{2}} = a_1 \cdots a_t \cdot b_1 \cdots b_m$$

$$= (-1)^m a_1 \cdots a_t (-b_1) \cdots (-b_m) = (-1)^m \cdot \frac{p-1}{2}! \pmod{p}.$$

因 p 为素数, 故 $p \nmid \dfrac{p-1}{2}!$, 从而由上得 $a^{\frac{p-1}{2}} \equiv (-1)^m \pmod{p}$. 应用 Euler 判别条件得 $\left(\dfrac{a}{p}\right) \equiv a^{\frac{p-1}{2}} \equiv (-1)^m \pmod{p}$. 因 $p > 2$, $1 \not\equiv -1 \pmod{p}$, 故有 $\left(\dfrac{a}{p}\right) = (-1)^m$.

推论 9.2　设 p 为奇素数, 则

$$\left(\frac{2}{p}\right) = (-1)^{\frac{p^2-1}{8}} = \begin{cases} 1, & \text{当 } p \equiv \pm 1 \pmod{8} \text{ 时}, \\ -1, & \text{当 } p \equiv \pm 3 \pmod{8} \text{ 时}. \end{cases}$$

证　当 $p \equiv 1 \pmod 4$ 时, $2, 4, \cdots, p-1$ 中超过 $\dfrac{p}{2}$ 的数为 $2 \cdot \dfrac{p+3}{4}, \cdots, 2 \cdot \dfrac{p-1}{2}$, 共 $\dfrac{p-1}{2} - \dfrac{p+3}{4} + 1 = \dfrac{p-1}{4}$ 个, 因此由 Gauss 引理得

$$\left(\frac{2}{p}\right) = (-1)^{\frac{p-1}{4}} = \begin{cases} 1, & \text{当 } p \equiv 1 \pmod{8} \text{ 时}, \\ -1, & \text{当 } p \equiv 5 \pmod{8} \text{ 时}. \end{cases}$$

当 $p \equiv 3 \pmod 4$ 时, $2, 4, \cdots, p-1$ 中超过 $\dfrac{p}{2}$ 的数为 $2 \cdot \dfrac{p+1}{4}, \cdots, 2 \cdot \dfrac{p-1}{2}$, 共 $\dfrac{p-1}{2} - \dfrac{p+1}{4} + 1 = \dfrac{p+1}{4}$ 个, 因此由 Gauss 引理得

$$\left(\frac{2}{p}\right) = (-1)^{\frac{p+1}{4}} = \begin{cases} -1, & \text{当 } p \equiv 3 \pmod{8} \text{ 时}, \\ 1, & \text{当 } p \equiv 7 \pmod{8} \text{ 时}. \end{cases}$$

设 $p = 8k + r$, 其中 r 为 p 模 8 的最小非负剩余, 易见

$$(-1)^{\frac{p^2-1}{8}} = (-1)^{\frac{(8k+r)^2-1}{8}} = (-1)^{\frac{r^2-1}{8}} = \begin{cases} 1, & \text{当 } p \equiv \pm 1 \pmod{8} \text{ 时}, \\ -1, & \text{当 } p \equiv \pm 3 \pmod{8} \text{ 时}. \end{cases}$$

综上推论得证.

现在我们叙述著名的二次互反律.

定理 9.5 (二次互反律) 设 p 与 q 是不同的奇素数, 则

$$\left(\frac{p}{q}\right) = (-1)^{\frac{p-1}{2} \cdot \frac{q-1}{2}} \left(\frac{q}{p}\right)$$

$$= \begin{cases} \left(\dfrac{q}{p}\right), & \text{当 } p, q \text{ 中至少有一个为 } 4k+1 \text{ 形数时,} \\ -\left(\dfrac{q}{p}\right), & \text{当 } p, q \text{ 均为 } 4k+3 \text{ 形数时.} \end{cases}$$

证 (Eisenstein (艾森斯坦)) 根据 Euler 公式知, $\sin x = \dfrac{\mathrm{e}^{\mathrm{i}x} - \mathrm{e}^{-\mathrm{i}x}}{2\mathrm{i}}$, 故对正奇数 n 有

$$\prod_{r=0}^{n-1} \sin 2\pi \left(x + \frac{r}{n}\right)$$

$$= \prod_{r=0}^{n-1} \frac{1}{2\mathrm{i}} \left(\mathrm{e}^{2\pi\mathrm{i}(x+\frac{r}{n})} - \mathrm{e}^{-2\pi\mathrm{i}(x+\frac{r}{n})}\right)$$

$$= \frac{1}{(2\mathrm{i})^n} \prod_{r=0}^{n-1} \mathrm{e}^{2\pi\mathrm{i}(\frac{r}{n}-x)} \left(\mathrm{e}^{2\pi\mathrm{i}\cdot 2x} - \mathrm{e}^{-2\pi\mathrm{i}\frac{2r}{n}}\right)$$

$$= \frac{1}{(2\mathrm{i})^n} \mathrm{e}^{2\pi\mathrm{i}\sum_{r=0}^{n-1}(\frac{r}{n}-x)} \prod_{k=0}^{n-1} \left(\mathrm{e}^{2\pi\mathrm{i}\cdot 2x} - \mathrm{e}^{2\pi\mathrm{i}\frac{k}{n}}\right)$$

$$= \frac{1}{(2\mathrm{i})^n} \mathrm{e}^{2\pi\mathrm{i}(\frac{n-1}{2}-nx)} \left((\mathrm{e}^{2\pi\mathrm{i}\cdot 2x})^n - 1\right)$$

$$= \frac{1}{(2\mathrm{i})^n} \left(\mathrm{e}^{2\pi\mathrm{i}nx} - \mathrm{e}^{-2\pi\mathrm{i}nx}\right)$$

$$= \frac{1}{(2\mathrm{i})^n} \cdot 2\mathrm{i} \cdot \sin 2\pi nx,$$

从而

$$2\sin 2\pi nx = (-1)^{\frac{n-1}{2}} \prod_{r=0}^{n-1} 2\sin 2\pi \left(x + \frac{r}{n}\right). \tag{9.2}$$

由此, 当 $2x \notin \mathbb{Z}$ 时

$$(-1)^{\frac{n-1}{2}} \frac{\sin 2\pi nx}{\sin 2\pi x} = \prod_{r=1}^{\frac{n-1}{2}} 2\sin 2\pi \left(x + \frac{r}{n}\right) \cdot 2\sin 2\pi \left(x + \frac{n-r}{n}\right)$$

$$= \prod_{r=1}^{\frac{n-1}{2}} 2\sin 2\pi \left(x + \frac{r}{n} \right) \cdot 2\sin 2\pi \left(x - \frac{r}{n} \right). \tag{9.3}$$

根据 (9.1) 和 Gauss 引理,

$$\prod_{k=1}^{\frac{p-1}{2}} \sin 2\pi \frac{kq}{p} = (-1)^m \prod_{r=1}^{\frac{p-1}{2}} \sin 2\pi \frac{r}{p} = \left(\frac{q}{p} \right) \prod_{k=1}^{\frac{p-1}{2}} \sin 2\pi \frac{k}{p}.$$

于是利用 (9.3) 得

$$\left(\frac{q}{p} \right) = \prod_{k=1}^{\frac{p-1}{2}} \frac{\sin 2\pi \dfrac{kq}{p}}{\sin 2\pi \dfrac{k}{p}} = \prod_{k=1}^{\frac{p-1}{2}} (-1)^{\frac{q-1}{2}} \prod_{r=1}^{\frac{q-1}{2}} 2\sin 2\pi \left(\frac{k}{p} + \frac{r}{q} \right) \cdot 2\sin 2\pi \left(\frac{k}{p} - \frac{r}{q} \right)$$

$$= \prod_{r=1}^{\frac{q-1}{2}} \prod_{k=1}^{\frac{p-1}{2}} 2\sin 2\pi \left(\frac{r}{q} + \frac{k}{p} \right) \cdot 2\sin 2\pi \left(\frac{r}{q} - \frac{k}{p} \right)$$

$$= \prod_{r=1}^{\frac{q-1}{2}} (-1)^{\frac{p-1}{2}} \frac{\sin 2\pi \dfrac{pr}{q}}{\sin 2\pi \dfrac{r}{q}} = (-1)^{\frac{p-1}{2} \cdot \frac{q-1}{2}} \left(\frac{p}{q} \right).$$

这就证明了二次互反律.

注 9.2　二次互反律由 Euler 在 1750 年提出, 1785 年 Legendre 重新发现并给出部分证明, 1796 年 19 岁的 Gauss 用数学归纳法首先给出严格证明. Gauss 一生共给出二次互反律八个不同的证明, 并称二次互反律为 "算术中的宝石".

推论 9.3　设 $p > 3$ 为素数, 则

$$\left(\frac{-3}{p} \right) = \begin{cases} 1, & \text{当 } 3 \mid p-1 \text{ 时}, \\ -1, & \text{当 } 3 \mid p-2 \text{ 时}, \end{cases} \qquad \left(\frac{3}{p} \right) = \begin{cases} 1, & \text{当 } p \equiv \pm 1 \ (\mathrm{mod}\ 12) \text{ 时}, \\ -1, & \text{当 } p \equiv \pm 5 \ (\mathrm{mod}\ 12) \text{ 时}. \end{cases}$$

证　由二次互反律有

$$\left(\frac{-3}{p} \right) = \left(\frac{-1}{p} \right) \left(\frac{3}{p} \right) = (-1)^{\frac{p-1}{2}} \cdot (-1)^{\frac{p-1}{2} \cdot \frac{3-1}{2}} \left(\frac{p}{3} \right)$$

$$= \left(\frac{p}{3} \right) = \begin{cases} 1, & \text{当 } p \equiv 1 \ (\mathrm{mod}\ 3) \text{ 时}, \\ -1, & \text{当 } p \equiv 2 \ (\mathrm{mod}\ 3) \text{ 时}, \end{cases}$$

又

$$\left(\frac{3}{p} \right) = (-1)^{\frac{p-1}{2} \cdot \frac{3-1}{2}} \left(\frac{p}{3} \right) = (-1)^{\frac{p-1}{2}} \left(\frac{p}{3} \right)$$

$$= \begin{cases} 1 \cdot 1 = 1, & \text{当 } p \equiv 1 \ (\mathrm{mod}\ 12) \text{ 时}, \\ 1 \cdot (-1) = -1, & \text{当 } p \equiv 5 \ (\mathrm{mod}\ 12) \text{ 时}, \\ (-1) \cdot 1 = -1, & \text{当 } p \equiv 7 \ (\mathrm{mod}\ 12) \text{ 时}, \\ (-1) \cdot (-1) = 1, & \text{当 } p \equiv 11 \ (\mathrm{mod}\ 12) \text{ 时}, \end{cases}$$

于是推论得证.

定义 9.2　设 $m > 1$ 为正奇数, m 的标准分解式为 $m = p_1^{\alpha_1} p_2^{\alpha_2} \cdots p_r^{\alpha_r}$, $a \in \mathbb{Z}$, 则 a 对 m 的 Jacobi (雅可比) 符号定义为

$$\left(\frac{a}{m}\right) = \left(\frac{a}{p_1}\right)^{\alpha_1} \left(\frac{a}{p_2}\right)^{\alpha_2} \cdots \left(\frac{a}{p_r}\right)^{\alpha_r}.$$

此外约定 $\left(\dfrac{a}{1}\right) = 1$.

例如:

$$\left(\frac{2}{15}\right) = \left(\frac{2}{3}\right)\left(\frac{2}{5}\right) = -1 \cdot (-1) = 1,$$

$$\left(\frac{11}{21}\right) = \left(\frac{11}{3}\right)\left(\frac{11}{7}\right) = \left(\frac{2}{3}\right)\left(\frac{4}{7}\right) = -1 \cdot 1 = -1.$$

Jacobi 符号有着与 Legendre 符号类似的性质, 特别有

$$\left(\frac{ab}{m}\right) - \left(\frac{a}{m}\right)\left(\frac{b}{m}\right), \quad \left(\frac{a}{mn}\right) = \left(\frac{a}{m}\right)\left(\frac{a}{n}\right).$$

定理 9.6 (广义二次互反律)　设 m, n 是两个互质的正奇数, 则

$$\left(\frac{-1}{m}\right) = (-1)^{\frac{m-1}{2}}, \quad \left(\frac{2}{m}\right) = (-1)^{\frac{m^2-1}{8}},$$

$$\left(\frac{m}{n}\right) = (-1)^{\frac{m-1}{2} \cdot \frac{n-1}{2}} \left(\frac{n}{m}\right).$$

证明详见 [3], 读者可自己尝试给出证明.

现在讨论模 m 为合数时同余方程 $x^2 \equiv a \ (\mathrm{mod}\ m)$ 的可解性.

定理 9.7　设 p 为奇素数, $a \in \mathbb{Z}$, $\left(\dfrac{a}{p}\right) = 1$, $n \in \mathbb{Z}^+$, 则 $x^2 \equiv a \ (\mathrm{mod}\ p^n)$ 恰有两个解.

证　先对 n 归纳证明 $x^2 \equiv a \ (\mathrm{mod}\ p^n)$ 可解. 按 Legendre 符号定义知, $n = 1$ 时断言成立. 现设 $n = k$ 时断言正确, 即有 $x_0 \in \mathbb{Z}$ 使得 $x_0^2 \equiv a \ (\mathrm{mod}\ p^k)$, 欲

证 $x^2 \equiv a \pmod{p^{k+1}}$ 可解. 由于 $p \nmid 2x_0$, 故由定理 7.12 知, 存在 $t \in \mathbb{Z}$ 使得 $2tx_0 \equiv \dfrac{a - x_0^2}{p^k} \pmod{p}$. 于是

$$(x_0 + tp^k)^2 = t^2 p^{2k} + 2tx_0 p^k + x_0^2 \equiv a - x_0^2 + x_0^2 = a \pmod{p^{k+1}},$$

即 $x^2 \equiv a \pmod{p^{k+1}}$ 可解. 于是由数学归纳法知, $x^2 \equiv a \pmod{p^n}$ 可解.

设 $x \equiv x_1, x_2 \pmod{p^n}$ 是 $x^2 \equiv a \pmod{p^n}$ 的两个不同解, 则 $x_1^2 \equiv a \equiv x_2^2 \pmod{p^n}$, 从而 $p^n \mid (x_1 - x_2)(x_1 + x_2)$. 由于 $p \nmid a$, 我们有 $p \nmid x_1 x_2$. 由此 p 不能同时整除 $x_1 - x_2$ 和 $x_1 + x_2$. 于是 $p^n \mid x_1 - x_2$ 或 $p^n \mid x_1 + x_2$. 但 x_1, x_2 为不同解, 表明 $p^n \nmid x_1 - x_2$, 故必 $x_1 \equiv -x_2 \pmod{p^n}$. 因 $x^2 \equiv a \pmod{p^n}$ 可解, 故该同余方程恰有两个解.

注 9.3 利用数学归纳法可证: 若 $n \in \{3, 4, 5, \cdots\}$, $a \in \mathbb{Z}$, $2 \nmid a$, 则当 $a \equiv 1 \pmod{8}$ 时 $x^2 \equiv a \pmod{2^n}$ 恰有 4 个解, 当 $a \not\equiv 1 \pmod{8}$ 时 $x^2 \equiv a \pmod{2^n}$ 无解.

定理 9.8 设 $m_1, m_2, \cdots, m_k$ 是两两互质的正整数, $a \in \mathbb{Z}$, 则

$$x^2 \equiv a \pmod{m_1 \cdots m_k} \text{ 有解}$$

$$\Longleftrightarrow x^2 \equiv a \pmod{m_1}, \cdots, x^2 \equiv a \pmod{m_k} \text{ 都有解}.$$

证 若 $x^2 \equiv a \pmod{m_1 \cdots m_k}$ 有解, 则显然 $x^2 \equiv a \pmod{m_i}$ 对 $i = 1, 2, \cdots, k$ 都有解. 现设 $x^2 \equiv a \pmod{m_i}$ 对 $i = 1, 2, \cdots, k$ 都有解, 欲证 $x^2 \equiv a \pmod{m_1 \cdots m_k}$ 有解. 对 k 归纳证明此断言. 当 $k = 1$ 时断言正确, 现设 $k = r$ 时断言正确, $x_i^2 \equiv a \pmod{m_i}$ $(i = 1, 2, \cdots, r+1)$, 由归纳假设, 存在 $x_0 \in \mathbb{Z}$ 使得 $x_0^2 \equiv a \pmod{m_1 \cdots m_r}$. 因 $(m_{r+1}, m_1 \cdots m_r) = 1$, 故由定理 7.12 知, 存在 $t \in \mathbb{Z}$ 使得 $tm_1 \cdots m_r \equiv x_{r+1} - x_0 \pmod{m_{r+1}}$. 于是 $(x_0 + tm_1 \cdots m_r)^2 \equiv x_{r+1}^2 \equiv a \pmod{m_{r+1}}$, 从而 $(x_0 + tm_1 \cdots m_r)^2 \equiv a \pmod{m_1 \cdots m_r}$. 这表明 $k = r + 1$ 时断言正确. 于是由数学归纳法定理得证.

参 考 读 物

[1] Ireland K, Rosen M. A Classical Introduction to Modern Number Theory. 2nd ed. New York: Springer, 1990.

[2] Lemmermeyer F. Reciprocity Laws: From Euler to Eisenstein. Berlin: Springer, 2000.

[3] 孙智宏. 数和数列. 北京: 科学出版社, 2016.

第 10 讲　Chebyshev 多项式

Sullivan (沙利文): 数学发现的过程是愉快的, 也是痛苦的. 你始终都有一种隐痛的感觉, 必须凝思苦虑, 力求甚解. 理解的水平不一: 皮毛的理解, 凭经验刚能说出一点东西; 进一步的理解, 开始发现关系; 最高水平的理解, 发现崭新的领域, 这是很难碰到的.

Chebyshev 多项式 $T_n(x)$ 首先由 Vieta 引入, 但 Chebyshev 发现了 $T_n(x)$ 的许多美妙性质, $T_n(x)$ 在数论、组合、分析与计算数学中都有重要应用. 本讲系统地介绍 $T_n(x)$ 的各种性质.

根据三角函数公式可知

$$\cos 2\theta = 2\cos^2\theta - 1,$$

$$\cos 3\theta = \cos(2\theta + \theta) = \cos 2\theta \cos\theta - \sin 2\theta \sin\theta$$

$$= (2\cos^2\theta - 1)\cos\theta - 2\cos\theta(1 - \cos^2\theta) = 4\cos^3\theta - 3\cos\theta,$$

$$\cos 4\theta = 2\cos^2 2\theta - 1 = 2(2\cos^2\theta - 1)^2 - 1 = 8\cos^4\theta - 8\cos^2\theta + 1.$$

由此可推测 $\cos n\theta$ 为 $\cos\theta$ 的 n 次多项式, 这样的多项式就是 Chebyshev 多项式.

定义 10.1　对 $|x| \leqslant 1$, Chebyshev 多项式 $T_n(x)$ 定义为 $T_n(x) = \cos(n\arccos x)$.

由此定义, $T_n(\cos\theta) = \cos n\theta$. 前几个 Chebyshev 多项式如下:

$$T_0(x) = 1, \quad T_1(x) = x, \quad T_2(x) = 2x^2 - 1, \ T_3(x) = 4x^3 - 3x,$$

$$T_4(x) = 8x^4 - 8x^2 + 1, \quad T_5(x) = 16x^5 - 20x^3 + 5x.$$

定理 10.1　$\{T_n(x)\}$ 满足如下递推关系:

$$T_{n+1}(x) = 2xT_n(x) - T_{n-1}(x) \quad (n = 1, 2, 3, \cdots).$$

证　设 $n \in \mathbb{Z}^+$, $x = \cos\theta$, 则

$$T_{n+1}(x) + T_{n-1}(x)$$

$$= \cos(n+1)\theta + \cos(n-1)\theta = 2\cos\theta\cos n\theta = 2xT_n(x).$$

定理 10.2   设 n 为正整数, 则

$$T_n(x) = \frac{n}{2} \sum_{k=0}^{[n/2]} \frac{(-1)^k}{n-k} \binom{n-k}{k} (2x)^{n-2k}.$$

证   令 $S_n(x) = \frac{n}{2} \sum_{k=0}^{[n/2]} \frac{(-1)^k}{n-k} \binom{n-k}{k} (2x)^{n-2k}$, 则 $S_1(x) = x = T_1(x)$, $S_2(x) = 2x^2 - 1 = T_2(x)$, 对 $n \geqslant 2$ 有

$$2xS_n(x) - S_{n+1}(x)$$

$$= n \sum_{k=0}^{[n/2]} \frac{(-1)^k}{n-k} \binom{n-k}{k} 2^{n-2k} x^{n+1-2k}$$

$$\quad - (n+1) \sum_{k=0}^{[(n+1)/2]} \frac{(-1)^k}{n+1-k} \binom{n+1-k}{k} 2^{n-2k} x^{n+1-2k}$$

$$= \sum_{k=1}^{[(n+1)/2]} \left(\frac{n}{n-k} \binom{n-k}{k} - \frac{n+1}{n+1-k} \binom{n+1-k}{k} \right) (-1)^k 2^{n-2k} x^{n+1-2k}$$

$$= \sum_{k=1}^{[(n+1)/2]} \frac{n-1}{n-k} \binom{n-k}{k-1} (-1)^{k-1} 2^{n-2k} x^{n+1-2k}$$

$$= \sum_{r=0}^{[(n-1)/2]} \frac{n-1}{n-1-r} \binom{n-1-r}{r} (-1)^r 2^{n-2-2r} x^{n-1-2r} = S_{n-1}(x),$$

故 $\{S_n(x)\}$ 与 $\{T_n(x)\}$ 满足相同的递推关系, 从而 $T_n(x) = S_n(x)$.

定理 10.3   设 n 为正整数, 则

$$T_n(x) = 2^{n-1} \prod_{k=1}^{n} \left(x - \cos \frac{2k-1}{2n} \pi \right).$$

证   易见

$$T_n \left(\cos \frac{2k-1}{2n} \pi \right) = \cos \frac{2k-1}{2} \pi = 0, \quad k = 1, 2, \cdots, n,$$

故有常数 c 使得

$$T_n(x) = c \prod_{k=1}^{n} \left(x - \cos \frac{2k-1}{2n} \pi \right).$$

由定理 10.2 知, $T_n(x)$ 中 x^n 项系数为 2^{n-1}, 故 $c = 2^{n-1}$.

定理 10.4 (通项公式)　设 n 为非负整数, 则

$$T_n(x) = \frac{1}{2}\Big\{(x + \sqrt{x^2 - 1})^n + (x - \sqrt{x^2 - 1})^n\Big\}.$$

证　令 $x = \cos\theta$, 则由 de Moivre 公式 $(\cos\theta + \mathrm{i}\sin\theta)^n = \cos n\theta + \mathrm{i}\sin n\theta$ 知

$$
\begin{aligned}
T_n(x) = \cos n\theta &= \frac{1}{2}\Big\{(\cos\theta + \mathrm{i}\sin\theta)^n + (\cos\theta - \mathrm{i}\sin\theta)^n\Big\} \\
&= \frac{1}{2}\Big\{(\cos\theta + \sqrt{\cos^2\theta - 1})^n + (\cos\theta - \sqrt{\cos^2\theta - 1})^n\Big\} \\
&= \frac{1}{2}\Big\{(x + \sqrt{x^2 - 1})^n + (x - \sqrt{x^2 - 1})^n\Big\}.
\end{aligned}
$$

定理 10.5 (母函数)　设 $|x| \leqslant 1$, $|t| < 1$, 则

$$\sum_{n=0}^{\infty} T_n(x)t^n = \frac{1 - xt}{1 - 2xt + t^2}.$$

证　易见

$$
\begin{aligned}
&(1 - 2xt + t^2)\left(\sum_{k=0}^{\infty} T_k(x)t^k\right) \\
&= 1 - xt + \sum_{n=2}^{\infty}(T_{n-2}(x) + T_n(x) - 2xT_{n-1}(x))t^n = 1 - xt.
\end{aligned}
$$

定理 10.6 (正交性)　设 m, n 为非负整数, 则

$$
\int_{-1}^{1} \frac{T_m(x)T_n(x)}{\sqrt{1 - x^2}}\, dx =
\begin{cases}
0, & \text{若 } m \neq n, \\
\pi, & \text{若 } m = n = 0, \\
\dfrac{\pi}{2}, & \text{若 } m = n \neq 0.
\end{cases}
$$

证　令 $x = \cos\theta\,(0 \leqslant \theta \leqslant \pi)$, 则 $\sqrt{1 - x^2} = \sin\theta$, $T_m(x) = \cos m\theta$, $T_n(x) = \cos n\theta$, $dx = -\sin\theta\, d\theta$, 故

$$
\begin{aligned}
&\int_{-1}^{1} \frac{T_m(x)T_n(x)}{\sqrt{1 - x^2}}\, dx \\
&= \int_{\pi}^{0} \frac{\cos m\theta\cos n\theta(-\sin\theta)\, d\theta}{\sin\theta} = \int_{0}^{\pi} \cos m\theta\cos n\theta\, d\theta
\end{aligned}
$$

$$= \frac{1}{2} \int_0^\pi (\cos(m+n)\theta + \cos(m-n)\theta)\, d\theta$$

$$= \begin{cases} \displaystyle\int_0^\pi d\theta = \pi, & \text{若 } m = n = 0, \\ \displaystyle\frac{1}{2}\left(\frac{\sin 2n\theta}{2n}\Big|_0^\pi + \theta\Big|_0^\pi\right) = \frac{\pi}{2}, & \text{若 } m = n \neq 0, \\ \displaystyle\frac{1}{2}\left(\frac{\sin(m+n)\theta}{(m+n)}\Big|_0^\pi + \frac{\sin(m-n)\theta}{(m-n)}\Big|_0^\pi\right) = 0, & \text{若 } m \neq n. \end{cases}$$

定理 10.7 ((Chebyshev) 极大中的极小性质)　设 $P_n(x)$ 是首项系数为 1 的 n 次多项式, 则

$$\max_{-1 \leqslant x \leqslant 1} |P_n(x)| \geqslant 2^{1-n},$$

当且仅当 $P_n(x) = 2^{1-n}T_n(x)$ 时等号成立.

证　根据定理 10.2 知, $2^{1-n}T_n(x)$ 是首一的 n 次多项式, 且

$$\max_{-1 \leqslant x \leqslant 1} |2^{1-n}T_n(x)| = 2^{1-n} \max_{-1 \leqslant x \leqslant 1} |T_n(x)| = 2^{1-n} \max_{0 \leqslant \theta \leqslant \pi} |\cos n\theta| = 2^{1-n}.$$

若 $P_n(x)$ 是首项系数为 1 的 n 次多项式且满足

$$\max_{-1 \leqslant x \leqslant 1} |P_n(x)| < 2^{1-n},$$

则对 $k = 0, 1, \cdots, n$, 有 $\left|P_n\left(\cos\dfrac{k\pi}{n}\right)\right| < 2^{1-n}$. 又 $T_n\left(\cos\dfrac{k\pi}{n}\right) = \cos k\pi = (-1)^k$, 故

$$(-1)^k \left(2^{1-n}T_n\left(\cos\frac{k\pi}{n}\right) - P_n\left(\cos\frac{k\pi}{n}\right)\right) > 0 \quad (k = 0, 1, \cdots, n).$$

由此 $2^{1-n}T_n(x) - P_n(x)$ 有 n 个不同根 $x_1, \cdots, x_n$, 它们满足 $\cos\dfrac{k\pi}{n} < x_k < \cos\dfrac{(k-1)\pi}{n}$ $(k = 1, 2, \cdots, n)$. 但 $2^{1-n}T_n(x) - P_n(x)$ 是 $n-1$ 次多项式, 此为不可能. 于是假设不真, 从而定理得证.

下面不加证明地叙述三个重要事实.

定理 10.8 (Rodrigues (罗德里格斯) 公式)　设 n 为正整数, 则

$$T_n(x) = (-1)^n \frac{\sqrt{1-x^2}}{1 \cdot 3 \cdots (2n-1)} \cdot \frac{d^n}{dx^n}(1-x^2)^{n-\frac{1}{2}}.$$

定理 10.9 设 n 为正整数, 则 $y = T_n(x)$ 满足微分方程

$$(1 - x^2)\frac{d^2y}{dx^2} - x\frac{dy}{dx} + n^2y = 0.$$

定理 10.10 设 $f(x)$ 在 $[-1, 1]$ 上连续可微, 则在 $[-1, 1]$ 上 $f(x)$ 可展成如下的 Fourier-Chebyshev 级数

$$f(x) = \frac{1}{2}a_0 + \sum_{n=1}^{\infty} a_n T_n(x), \quad \text{其中} \quad a_n = \frac{2}{\pi}\int_{-1}^{1} \frac{f(x)T_n(x)}{\sqrt{1-x^2}}\,dx.$$

类似地,

$$\sin 2\theta = 2\cos\theta\sin\theta,$$

$$\sin 3\theta = \sin 2\theta\cos\theta + \cos 2\theta\sin\theta = (4\cos^2\theta - 1)\sin\theta,$$

$$\sin 4\theta = 2\sin 2\theta\cos 2\theta = (8\cos^3\theta - 4\cos\theta)\sin\theta.$$

一般地, $\dfrac{\sin(n+1)\theta}{\sin\theta}$ 为 $\cos\theta$ 的 n 次多项式.

定义 10.2 对 $|x| \leqslant 1$, 第二类 Chebyshev 多项式 $U_n(x)$ 定义为

$$U_n(x) = \frac{\sin((n+1)\arccos x)}{\sqrt{1-x^2}}.$$

由此

$$U_n(\cos\theta) = \frac{\sin(n+1)\theta}{\sin\theta}.$$

$U_n(x)$ 的前几个分别为

$$U_0(x) = 1, \quad U_1(x) = 2x, \quad U_2(x) = 4x^2 - 1, \quad U_3(x) = 8x^3 - 4x,$$

$$U_4(x) = 16x^4 - 12x^2 + 1, \quad U_5(x) = 32x^5 - 32x^3 + 6x.$$

$U_n(x)$ 具有如下性质:

定理 10.11 设 n 为非负整数, 则

$$U_{n+1}(x) = 2xU_n(x) - U_{n-1}(x) \quad (n \geqslant 1),$$

$$U_n(x) = \frac{1}{n+1}T'_{n+1}(x),$$

$$U_n(x) = \sum_{k=0}^{[n/2]} (-1)^k \binom{n-k}{k} (2x)^{n-2k}.$$

定理 10.12　设 m, n 为非负整数, 则

$$\int_{-1}^{1} \sqrt{1-x^2}\, U_m(x) U_n(x)\, dx = \begin{cases} 0, & \text{若 } m \neq n, \\ \dfrac{\pi}{2}, & \text{若 } m = n. \end{cases}$$

定理 10.13 ($U_n(x)$ 的极值性质)　设 $P_n(x)$ 是首项系数为 1 的 n 次多项式, 则

$$\int_{-1}^{1} |P_n(x)|\, dx \geqslant 2^{1-n},$$

当且仅当 $P_n(x) = 2^{-n} U_n(x)$ 时等号成立.

参 考 读 物

[1]　Bateman H. Higher Transcendental Functions, Vol. 1. New York: McGraw-Hill, 1953.

[2]　柳重堪. 正交函数及其应用. 北京: 国防工业出版社, 1982.

[3]　佩捷, 吴雨宸, 李舒畅. 切比雪夫多项式——从一道清华大学金秋营试题谈起. 哈尔滨: 哈尔滨工业大学出版社, 2016.

[4]　孙智宏. 数学史和数学方法论. 苏州: 苏州大学出版社, 2016.

第 11 讲   Legendre 多项式

Goethe (哥德): 一个数学家, 只有当他渐趋完美并能领悟到真理之美的光辉的时候, 在他的工作逐步达到精确而明朗、纯粹而易于理解、优雅而具有吸引力的时候, 他才能算得上一个完美的数学家.

Legendre 多项式是历史上首个正交多项式, 虽来源于物理研究, 却在分析、组合、数论与计算数学中扮演重要角色. 本讲介绍 Legendre 多项式的主要性质.

定义 11.1   Legendre 多项式 $\{P_n(x)\}$ 由如下初值和递推关系给出:

$$P_0(x) = 1, \quad P_1(x) = x, \quad (n+1)P_{n+1}(x) = (2n+1)xP_n(x) - nP_{n-1}(x) \ (n \geqslant 1).$$

最初几个 $P_n(x)$ 如下:

$$P_0(x) = 1, \quad P_1(x) = x, \quad P_2(x) = \frac{1}{2}(3x^2 - 1), \quad P_3(x) = \frac{1}{2}(5x^3 - 3x),$$

$$P_4(x) = \frac{1}{8}(35x^4 - 30x^2 + 3), \quad P_5(x) = \frac{1}{8}(63x^5 - 70x^3 + 15x),$$

$$P_6(x) = \frac{1}{16}(231x^6 - 315x^4 + 105x^2 - 5).$$

Legendre 在 1785 年的论文《球状体吸引力的研究》中引入 $P_{2n}(x)$, 在 1787 年的论文中推导 $P_{2n}(x)$ 性质及正交性, 在 1790 年的论文中对奇数 n 引入 $P_n(x)$, 并证明正交性.

定理 11.1   设 n 为非负整数, 则

$$P_n(x) = \frac{1}{2^n} \sum_{k=0}^{[n/2]} \binom{n}{k} \binom{2n-2k}{n} (-1)^k x^{n-2k}.$$

证   令 $S_n(x) = \dfrac{1}{2^n} \sum_{k=0}^{[n/2]} \binom{n}{k} \binom{2n-2k}{n} (-1)^k x^{n-2k}$, 则 $S_0(x) = 1 = P_0(x)$, $S_1(x) = x = P_1(x)$, 且 $n \geqslant 1$ 时

$$(n+1)S_{n+1}(x) - (2n+1)xS_n(x)$$

$$= \frac{n+1}{2^{n+1}} \sum_{k=0}^{[(n+1)/2]} \binom{n+1}{k} \binom{2(n+1-k)}{n+1} (-1)^k x^{n+1-2k}$$

$$- \frac{2n+1}{2^n} \sum_{k=0}^{[n/2]} \binom{n}{k} \binom{2n-2k}{n} (-1)^k x^{n+1-2k}$$

$$= -\frac{1}{2^n} \sum_{k=1}^{[(n+1)/2]} \left(\frac{n+1}{2} \binom{n+1}{k} \binom{2(n+1-k)}{n+1} \right.$$

$$\left. - (2n+1) \binom{n}{k} \binom{2n-2k}{n} \right) (-1)^{k-1} x^{n+1-2k},$$

从而

$$(n+1)S_{n+1}(x) - (2n+1)xS_n(x)$$

$$= -\frac{1}{2^n} \sum_{r=0}^{[(n-1)/2]} \left(\frac{n+1}{2} \binom{n+1}{r+1} \binom{2(n-r)}{n+1} \right.$$

$$\left. - (2n+1) \binom{n}{r+1} \binom{2(n-1-r)}{n} \right) (-1)^r x^{n-1-2r}$$

$$= -\frac{n}{2^{n-1}} \sum_{r=0}^{(n-1)/2} \binom{n-1}{r} \binom{2(n-1-r)}{n-1} (-1)^r x^{n-1-2r}$$

$$= -nS_{n-1}(x).$$

这表明 $\{S_n(x)\}$ 与 $\{P_n(x)\}$ 满足相同的初值与递推关系, 从而 $P_n(x) = S_n(x)$.

推论 11.1　设 n 为非负整数, 则

(i) $P_n(-x) = (-1)^n P_n(x)$;

(ii)

$$P_n(0) = \begin{cases} 0, & \text{当 } n \text{ 为奇数时,} \\ \dfrac{(-1)^{n/2}}{2^n} \dbinom{n}{n/2}, & \text{当 } n \text{ 为偶数时.} \end{cases}$$

定理 11.2 (Murphy 表达式)　设 n 为非负整数, 则

$$P_n(x) = \sum_{k=0}^{n} \binom{n}{k} \binom{n+k}{k} \left(\frac{x-1}{2} \right)^k.$$

证　对 n 施行数学归纳法. 当 $n = 0, 1$ 时易见公式成立. 现设公式对 $n \leqslant m$ 成立, 注意到 $\dbinom{m}{k} \dbinom{m+k}{k} = \dbinom{2k}{k} \dbinom{m+k}{2k}$, 利用归纳假设有

$$(2m+1)xP_m(x) - mP_{m-1}(x)$$

$$= (2m+1) \sum_{k=0}^{m} \binom{2k}{k} \binom{m+k}{2k} x \left(\frac{x-1}{2} \right)^{k}$$

$$- m \sum_{k=0}^{m-1} \binom{2k}{k} \binom{m-1+k}{2k} \left(\frac{x-1}{2} \right)^{k}$$

$$= 2(2m+1) \sum_{k=0}^{m} \binom{2k}{k} \binom{m+k}{2k} \left(\frac{x-1}{2} \right)^{k+1}$$

$$+ (2m+1) \sum_{k=0}^{m} \binom{2k}{k} \binom{m+k}{2k} \left(\frac{x-1}{2} \right)^{k}$$

$$- m \sum_{k=0}^{m-1} \binom{2k}{k} \binom{m-1+k}{2k} \left(\frac{x-1}{2} \right)^{k}.$$

由于

$$\sum_{k=0}^{m} \binom{2k}{k} \binom{m+k}{2k} \left(\frac{x-1}{2} \right)^{k+1}$$

$$= \sum_{k=1}^{m+1} \binom{2k-2}{k-1} \binom{m+k-1}{2k-2} \left(\frac{x-1}{2} \right)^{k}$$

$$= \binom{2m}{m} \left(\frac{x-1}{2} \right)^{m+1} + \sum_{k=0}^{m} \frac{k^2}{(m+k)(m-k+1)} \binom{2k}{k} \binom{m+k}{2k} \left(\frac{x-1}{2} \right)^{k},$$

以及 $\binom{m-1+k}{2k} = \dfrac{m-k}{m+k} \binom{m+k}{2k}$, 由上及 $P_n(x)$ 递推关系有

$$(m+1)P_{m+1}(x) = (2m+1)xP_m(x) - mP_{m-1}(x)$$

$$= 2(2m+1) \binom{2m}{m} \left(\frac{x-1}{2} \right)^{m+1}$$

$$+ 2(2m+1) \sum_{k=0}^{m} \frac{k^2}{(m+k)(m-k+1)} \binom{2k}{k} \binom{m+k}{2k} \left(\frac{x-1}{2} \right)^{k}$$

$$+ (2m+1) \sum_{k=0}^{m} \binom{2k}{k} \binom{m+k}{2k} \left(\frac{x-1}{2} \right)^{k}$$

$$- m \sum_{k=0}^{m} \frac{m-k}{m+k} \binom{2k}{k} \binom{m+k}{2k} \left(\frac{x-1}{2} \right)^{k}$$

$$= 2(2m+1)\binom{2m}{m}\left(\frac{x-1}{2}\right)^{m+1}$$

$$+ (m+1)\sum_{k=0}^{m}\frac{m+1+k}{m+1-k}\binom{2k}{k}\binom{m+k}{2k}\left(\frac{x-1}{2}\right)^{k}$$

$$= (m+1)\binom{2m+2}{m+1}\left(\frac{x-1}{2}\right)^{m+1}$$

$$+ (m+1)\sum_{k=0}^{m}\binom{2k}{k}\binom{m+1+k}{2k}\left(\frac{x-1}{2}\right)^{k}$$

$$= (m+1)\sum_{k=0}^{m+1}\binom{2k}{k}\binom{m+1+k}{2k}\left(\frac{x-1}{2}\right)^{k},$$

故公式对 $n=m+1$ 成立. 于是根据数学归纳法定理得证.

推论 11.2 设 n 为非负整数, 则 $P_n(1)=1, P_n(-1)=(-1)^n$.

定理 11.3 (Rodrigues 公式, 1816) 设 n 为正整数, 则

$$P_n(x) = \frac{1}{2^n \cdot n!} \cdot \frac{d^n}{dx^n}(x^2-1)^n.$$

证 由定理 11.1 知

$$P_n(x) = \frac{1}{2^n}\sum_{k=0}^{[n/2]}\binom{n}{k}\binom{2n-2k}{n}(-1)^k x^{n-2k}$$

$$= \frac{1}{2^n \cdot n!} \cdot \frac{d^n}{dx^n}\sum_{k=0}^{n}\binom{n}{k}(-1)^k x^{2n-2k}$$

$$= \frac{1}{2^n \cdot n!} \cdot \frac{d^n}{dx^n}(x^2-1)^n.$$

定理 11.4 (母函数) 当 $|x|\leqslant 1$ 且 $|t|<1$ 时有

$$\sum_{n=0}^{\infty} P_n(x)t^n = \frac{1}{\sqrt{1-2xt+t^2}}.$$

证 由定义 11.1 知

$$xP_n(x) - P_{n-1}(x) = (n+1)P_{n+1}(x) - 2xnP_n(x) + (n-1)P_{n-1}(x) \quad (n\geqslant 1),$$

故

$$(x-t)\sum_{n=0}^{\infty}P_n(x)t^n = (1-2xt+t^2)\sum_{n=0}^{\infty}nP_n(x)t^{n-1}$$

$$= (1-2xt+t^2)\left(\sum_{n=0}^{\infty}P_n(x)t^n\right)'.$$

令 $f(t)=\sum_{n=0}^{\infty}P_n(x)t^n$, 则 $\dfrac{d\ln f(t)}{dt}=\dfrac{f'(t)}{f(t)}=\dfrac{x-t}{1-2xt+t^2}$, 从而

$$\ln f(t) = \int\frac{x-t}{1-2xt+t^2}dt = -\frac{1}{2}\int\frac{d(1-2xt+t^2)}{1-2xt+t^2}$$

$$= -\frac{1}{2}\ln(1-2xt+t^2)+C.$$

因 $f(0)=P_0(x)=1$, 故 $C=0$, 从而 $f(t)=\dfrac{1}{\sqrt{1-2xt+t^2}}$.

定理 11.5 设 $n\in\mathbb{Z}^+$, 则 $y=P_n(x)$ 满足微分方程

$$(1-x^2)y'' - 2xy' + n(n+1)y = 0.$$

证 把 $y=P_n(x)=\dfrac{1}{2^n}\sum_{k=0}^{[n/2]}\binom{n}{k}\binom{2n-2k}{n}(-1)^kx^{n-2k}$ 代入验证即知.

定理 11.6 (正交关系) 设 m,n 为非负整数, 则

$$\int_{-1}^{1}P_m(x)P_n(x)dx = \begin{cases} 0, & \text{当 } m\neq n \text{ 时,} \\ \dfrac{2}{2n+1}, & \text{当 } m=n \text{ 时.} \end{cases}$$

证 设 $k\leqslant n$, $f_k(x)$ 为 k 次多项式, 利用分部积分公式得

$$\int_{-1}^{1}f_k(x)P_n(x)dx = \frac{1}{2^n\cdot n!}\int_{-1}^{1}f_k(x)\frac{d^n}{dx^n}(x^2-1)^ndx$$

$$= \frac{1}{2^n\cdot n!}\left\{f_k(x)\frac{d^{n-1}}{dx^{n-1}}(x^2-1)^n\Big|_{-1}^{1} - \int_{-1}^{1}\frac{d^{n-1}}{dx^{n-1}}(x^2-1)^nf_k'(x)dx\right\}$$

$$= -\frac{1}{2^n\cdot n!}\int_{-1}^{1}f_k'(x)\frac{d}{dx}\left(\frac{d^{n-2}}{dx^{n-2}}(x^2-1)^n\right)dx$$

$$= -\frac{1}{2^n\cdot n!}\left\{f_k'(x)\frac{d^{n-2}}{dx^{n-2}}(x^2-1)^n\Big|_{-1}^{1} - \int_{-1}^{1}\frac{d^{n-2}}{dx^{n-2}}(x^2-1)^nf_k''(x)dx\right\}$$

$$= \frac{1}{2^n \cdot n!} \int_{-1}^{1} f_k''(x) \frac{d}{dx} \left(\frac{d^{n-3}}{dx^{n-3}} (x^2 - 1)^n \right) dx$$

$$= \cdots = \frac{(-1)^k}{2^n \cdot n!} f_k^{(k)}(x) \int_{-1}^{1} \frac{d^{n-k}}{dx^{n-k}} (x^2 - 1)^n dx$$

$$= \begin{cases} \dfrac{(-1)^n}{2^n \cdot n!} f_n^{(n)}(x) \displaystyle\int_{-1}^{1} (x^2 - 1)^n dx, & \text{当 } k = n \text{ 时,} \\[4mm] \dfrac{(-1)^k}{2^n \cdot n!} f_k^{(k)}(x) \dfrac{d^{n-k-1}}{dx^{n-k-1}} (x^2 - 1)^n \bigg|_{-1}^{1} = 0, & \text{当 } k < n \text{ 时.} \end{cases}$$

由此 $m \leqslant n$ 时

$$\int_{-1}^{1} P_m(x) P_n(x) dx = \begin{cases} 0, & \text{当 } m < n \text{ 时,} \\[4mm] \dfrac{(-1)^n}{2^n \cdot n!} P_n^{(n)}(x) \displaystyle\int_{-1}^{1} (x^2 - 1)^n dx, & \text{当 } m = n \text{ 时.} \end{cases}$$

由定理 11.1 知, $P_n^{(n)}(x) = \dfrac{1}{2^n} \dbinom{2n}{n} \cdot n! = \dfrac{(2n)!}{2^n \cdot n!}$. 又

$$\int_{-1}^{1} (x^2 - 1)^n dx$$

$$= \int_{-1}^{1} (x-1)^n (x+1)^n dx = \frac{1}{n+1} \int_{-1}^{1} (x-1)^n \frac{d}{dx} (x+1)^{n+1} dx$$

$$= \frac{1}{n+1} \left\{ (x-1)^n (x+1)^{n+1} \bigg|_{-1}^{1} - \int_{-1}^{1} (x+1)^{n+1} \cdot n(x-1)^{n-1} dx \right\}$$

$$= -\frac{n}{n+1} \int_{-1}^{1} (x+1)^{n+1} (x-1)^{n-1} dx$$

$$= -\frac{n}{n+1} \cdot \frac{1}{n+2} \int_{-1}^{1} (x-1)^{n-1} \frac{d}{dx} (x+1)^{n+2} dx$$

$$= -\frac{n}{n+1} \cdot \frac{1}{n+2} \left\{ (x-1)^{n-1} (x+1)^{n+2} \bigg|_{-1}^{1} \right.$$

$$\left. - \int_{-1}^{1} (x+1)^{n+2} (n-1)(x-1)^{n-2} dx \right\},$$

故

$$\int_{-1}^{1} (x^2 - 1)^n dx = \frac{n}{n+1} \cdot \frac{1}{n+2} \cdot (n-1) \int_{-1}^{1} (x-1)^{n-2} (x+1)^{n+2} dx$$

$$= \cdots = (-1)^n \frac{n(n-1)\cdots 2\cdot 1}{(n+1)(n+2)\cdots 2n} \int_{-1}^1 (x+1)^{2n} dx$$

$$= (-1)^n \frac{n!^2}{(2n)!} \cdot \frac{(x+1)^{2n+1}}{2n+1}\bigg|_{-1}^1 = (-1)^n \frac{n!^2}{(2n)!} \cdot \frac{2^{2n+1}}{2n+1},$$

从而

$$\int_{-1}^1 P_n^2(x) dx = \frac{(-1)^n}{2^n \cdot n!} P_n^{(n)}(x) \int_{-1}^1 (x^2-1)^n dx$$

$$= \frac{(-1)^n}{2^n \cdot n!} \cdot \frac{(2n)!}{2^n \cdot n!} \cdot (-1)^n \frac{n!^2}{(2n)!} \cdot \frac{2^{2n+1}}{2n+1} = \frac{2}{2n+1}.$$

作者发现 $P_n(x)$ 的如下极值性质.

定理 11.7 设 $Q_n(x)$ 是首一的 n 次多项式, 则

$$\int_0^1 Q_n(x)^2 dx \geqslant \frac{2^{2n}}{(2n+1)\binom{2n}{n}^2},$$

且等号成立当且仅当 $Q_n(x) = \dfrac{2^n}{\binom{2n}{n}} P_n(x)$.

证 令 $r_n(x) = \dfrac{2^n}{\binom{2n}{n}} P_n(x)$, 则 $r_n(x)$ 是首一的 n 次多项式. 根据定理 11.1,

$P_{k+2s+1}(x)$ 中的 x^k 项系数为 0, $P_{k+2s}(x)$ 中的 x^k 项系数为 $\dfrac{(-1)^s}{2^{k+2s}}\binom{k+2s}{s}$

$\binom{2k+2s}{k}$. 令

$$Q_n(x) - r_n(x) = a_{n-1}x^{n-1} + a_{n-2}x^{n-2} + \cdots + a_1 x + a_0,$$

$c_{n-1}, c_{n-2}, \cdots, c_1, c_0$ 由

$$\sum_{s=0}^{\left[\frac{n-1-k}{2}\right]} \frac{(-1)^s}{2^{k+2s}}\binom{k+2s}{s}\binom{2k+2s}{k} c_{k+2s} = a_k \quad (k=0,1,\cdots,n-1)$$

依次确定, 则 $\sum_{j=0}^{n-1} c_j P_j(x)$ 中 x^k 项系数等于 $\sum_{s=0}^{\left[\frac{n-1-k}{2}\right]} c_{k+2s}P_{k+2s}(x)$ 中 x^k 项系数, 即为 a_k, 故 $Q_n(x) - r_n(x) = c_0 P_0(x) + c_1 P_1(x) + \cdots + c_{n-1}P_{n-1}(x)$. 由

此利用定理 11.6 得

$$2\int_0^1 Q_n(x)^2 dx = \int_{-1}^1 Q_n(x)^2 dx$$

$$= \int_{-1}^1 (c_0 P_0(x) + c_1 P_1(x) + \cdots + c_{n-1}P_{n-1}(x) + r_n(x))^2 dx$$

$$= \sum_{k=0}^{n-1} \int_{-1}^1 c_k^2 P_k(x)^2 dx + \int_{-1}^1 r_n(x)^2 dx$$

$$= \sum_{k=0}^{n-1} c_k^2 \frac{2}{2k+1} + \int_{-1}^1 \frac{2^{2n}}{\binom{2n}{n}^2} P_n(x)^2 dx$$

$$= 2\sum_{k=0}^{n-1} \frac{c_k^2}{2k+1} + \frac{2^{2n+1}}{(2n+1)\binom{2n}{n}^2} \geqslant \frac{2^{2n+1}}{(2n+1)\binom{2n}{n}^2},$$

当且仅当 $c_0 = c_1 = \cdots = c_{n-1} = 0$, 即 $Q_n(x) = r_n(x)$ 时等号成立.

下面不加证明地叙述 Legendre 多项式的其他性质.

定理 11.8 设 n 为非负整数, 则

$$P_n(x) = \left(\frac{x+1}{2}\right)^n \sum_{k=0}^n \binom{n}{k}^2 \left(\frac{x-1}{x+1}\right)^k = x^n \sum_{k=0}^{[n/2]} \binom{n}{2k}\binom{2k}{k}\left(\frac{x^2-1}{4x^2}\right)^k,$$

(Kelisky) $\quad P_n\left(\frac{x+x^{-1}}{2}\right) = \frac{1}{2^{2n}x^n} \sum_{k=0}^n \binom{2k}{k}\binom{2n-2k}{n-k} x^{2k},$

$$P_n(x)^2 = \sum_{k=0}^n \binom{2k}{k}^2 \binom{n+k}{2k}\left(\frac{x^2-1}{4}\right)^k.$$

定理 11.9 设 n 为正整数, 则

$$(1-x^2)P_n'(x) = nP_{n-1}(x) - nxP_n(x),$$

$$P_{n+1}'(x) - P_{n-1}'(x) = (2n+1)P_n(x),$$

$$\int_a^b P_n(x)dx = \frac{xP_n(x) - P_{n-1}(x)}{n+1}\Big|_a^b.$$

定理 11.10 (Christoffel-Darboux 公式)   设 n 为非负整数, 则 $x \neq y$ 时

$$\sum_{k=0}^{n}(2k+1)P_k(x)P_k(y) = (n+1)\frac{P_{n+1}(x)P_n(y) - P_n(x)P_{n+1}(y)}{x-y}.$$

定理 11.11 (Turán 不等式)   当 n 为正整数且 $x \in [-1,1]$ 时

$$P_{n-1}(x)P_{n+1}(x) \leqslant P_n(x)^2.$$

定理 11.12 (Legendre-Fourier 级数)   设 $f(x)$ 在 $[-1,1]$ 连续可微, 则 $f(x)$ 按 Legendre 多项式有如下展开:

$$f(x) = \sum_{n=0}^{\infty} a_n P_n(x), \quad 其中 \quad a_n = \frac{2n+1}{2}\int_{-1}^{1} f(x)P_n(x)dx.$$

定理 11.13 (Gauss 求积公式, 1814)   设 $n \in \mathbb{Z}^+$, $x_1, \cdots, x_n$ 为 $P_n(x) = 0$ 的所有根, $f(x)$ 在 $[-1,1]$ 上可积, 且有直到 $2n$ 阶导数, 则

$$\int_{-1}^{1} f(x)dx = \sum_{i=1}^{n} \frac{2}{(1-x_i^2)P_n'(x_i)^2}f(x_i) + \frac{2^{2n+1}(n!)^4}{(2n+1)((2n)!)^3}f^{(2n)}(\theta),$$

其中 $\theta \in [-1,1]$.

参 考 读 物

[1] 柳重堪. 正交函数及其应用. 北京: 国防工业出版社, 1982.
[2] 王竹溪, 郭敦仁. 特殊函数概论. 北京: 科学出版社, 1979.
[3] Magnus W, Oberhettinger F, Soni R P. Formulas and Theorems for the Special Functions of Mathematical Physics. 3rd ed. New York: Springer, 1966.

第 12 讲 $\sin x$ 的无穷乘积公式

Laplace (拉普拉斯): 甚至在数学中, 发现真理的主要工具也是归纳和类比.

本讲介绍 Euler 关于 $\sin x$ 无穷乘积公式的发现过程与证明技巧.

设 $a_0, a_1, \cdots, a_n$ 为复数, $a_n \neq 0$,

$$a_n x^n + \cdots + a_1 x + a_0 = a_n (x - x_1) \cdots (x - x_n),$$

则取 $x = 0$, 知 $a_0 = (-1)^n x_1 x_2 \cdots x_n a_n$, 故 $a_0 \neq 0$ 时

$$a_0 + a_1 x + \cdots + a_n x^n = a_0 \left(1 - \frac{x}{x_1}\right)\left(1 - \frac{x}{x_2}\right) \cdots \left(1 - \frac{x}{x_n}\right).$$

今有

$$\sin x = x - \frac{x^3}{3!} + \frac{x^5}{5!} - \frac{x^7}{7!} + \cdots,$$

故 $x \neq 0$ 时

$$\frac{\sin x}{x} = 1 - \frac{x^2}{3!} + \frac{x^4}{5!} - \frac{x^6}{7!} + \cdots.$$

Euler 把此幂级数视为无穷次多项式, 其常数项 $a_0 = 1$. Euler 认为 $\dfrac{\sin x}{x} = 0$ 的所有根为 $\pm\pi, \pm 2\pi, \pm 3\pi, \cdots, \pm n\pi, \cdots$, 故类比于上述公式有

$$\begin{aligned}
\frac{\sin x}{x} &= 1 \cdot \left(1 - \frac{x}{\pi}\right)\left(1 + \frac{x}{\pi}\right)\left(1 - \frac{x}{2\pi}\right)\left(1 + \frac{x}{2\pi}\right) \cdots \\
&= \left(1 - \frac{x^2}{\pi^2}\right)\left(1 - \frac{x^2}{(2\pi)^2}\right)\left(1 - \frac{x^2}{(3\pi)^2}\right) \cdots,
\end{aligned}$$

即有

$$\sin x = x \prod_{n=1}^{\infty} \left(1 - \frac{x^2}{n^2 \pi^2}\right). \tag{12.1}$$

这就是 $\sin x$ 的无穷乘积公式. 比较两边 x^3 项系数得

$$-\frac{1}{6} = -\left(\frac{1}{\pi^2} + \frac{1}{4\pi^2} + \frac{1}{9\pi^2} + \cdots\right),$$

从而

$$1 + \frac{1}{2^2} + \frac{1}{3^2} + \cdots = \frac{\pi^2}{6}.$$

Jacob Bernoulli (雅各布·伯努利): 假如有人能够求出这个我们至今尚不知道的级数和 $\sum_{n=1}^{\infty} \frac{1}{n^2}$, 并把结果通知我们, 我们将会很感谢他.

Euler 的结果是大胆的论断, 但他的推理在逻辑上是荒谬的. Euler 说, 这种方法是新的, 并且还从来没有这样用过.

Daniel Bernoulli 质问 Euler:

(1) 无穷次多项式能分解为线性因子乘积吗?

(2) $\pm\pi, \pm2\pi, \pm3\pi, \cdots, \pm n\pi, \cdots$ 是否为 $\frac{\sin x}{x} = 0$ 的所有根?

Euler 又对 $1 - \sin x$ 应用上述方法, 他认为 $1 - \sin x = 0$ 的全部根为 $\frac{\pi}{2}, -\frac{3\pi}{2}$, $\frac{5\pi}{2}, -\frac{7\pi}{2}, \cdots$, 并且都是二重根. 因为在这些点处, 一阶导数为 0, 而二阶导数不为 0. 于是他得到

$$1 - \sin x = \left(1 - \frac{x}{\pi/2}\right)^2 \left(1 + \frac{x}{3\pi/2}\right)^2 \left(1 - \frac{x}{5\pi/2}\right)^2 \left(1 + \frac{x}{7\pi/2}\right)^2 \cdots.$$

比较两边 x 项系数得

$$-1 = -\frac{4}{\pi} + \frac{4}{3\pi} - \frac{4}{5\pi} + \frac{4}{7\pi} - \cdots,$$

这导出 Leibniz 级数

$$\frac{\pi}{4} = 1 - \frac{1}{3} + \frac{1}{5} - \frac{1}{7} + \cdots.$$

Euler 大胆的步骤导出了一个以前知道的结果. Euler 说: "这对我们那个被认为还有某些不够可靠之处的方法, 现在可充分予以肯定了. 因此我们对于同样方法导出的其他一切结果也不应怀疑." 但他继续怀疑验证, 十年后他给出了一个巧妙的严格证明, 这才使数学界信服. Euler 成功的决定因素是大胆, 尽管从逻辑上讲他的做法是荒谬的, 把一个代数方程的法则用到一个非代数方程的情况中.

现在看看 Euler 后来是怎么证明 $\sin x$ 无穷乘积公式的. 令

$$p_n(x) = \frac{1}{2\mathrm{i}} \left\{ \left(1 + \frac{\mathrm{i}x}{n}\right)^n - \left(1 - \frac{\mathrm{i}x}{n}\right)^n \right\},$$

则由 $\mathrm{e}^x = \lim\limits_{n \to +\infty} \left(1 + \dfrac{x}{n}\right)^n$ 及 Euler 公式 $\mathrm{e}^{\mathrm{i}x} = \cos x + \mathrm{i}\sin x$ 知

$$\lim_{n \to +\infty} p_n(x) = \frac{1}{2\mathrm{i}}(\mathrm{e}^{\mathrm{i}x} - \mathrm{e}^{-\mathrm{i}x}) = \sin x.$$

由于

$$a^{2n+1} - b^{2n+1} = (a-b)\prod_{r=1}^{2n}(a - b\mathrm{e}^{2\pi\mathrm{i}\frac{r}{2n+1}})$$

$$= (a-b)\prod_{r=1}^{n}(a - b\mathrm{e}^{2\pi\mathrm{i}\frac{r}{2n+1}})(a - b\mathrm{e}^{-2\pi\mathrm{i}\frac{r}{2n+1}})$$

$$= (a-b)\prod_{r=1}^{n}\left(a^2 + b^2 - 2ab\cos\frac{2\pi r}{2n+1}\right),$$

我们有

$$p_{2n+1}(x) = \frac{1}{2\mathrm{i}}\left(1 + \frac{\mathrm{i}x}{2n+1} - 1 + \frac{\mathrm{i}x}{2n+1}\right)\prod_{r=1}^{n}\left\{\left(1 + \frac{\mathrm{i}x}{2n+1}\right)^2\right.$$

$$\left. + \left(1 - \frac{\mathrm{i}x}{2n+1}\right)^2 - 2\left(1 + \frac{\mathrm{i}x}{2n+1}\right)\left(1 - \frac{\mathrm{i}x}{2n+1}\right)\cos\frac{2\pi r}{2n+1}\right\}$$

$$= \frac{x}{2n+1}\prod_{r=1}^{n}\left\{2\left(1 - \frac{x^2}{(2n+1)^2}\right) - 2\left(1 + \frac{x^2}{(2n+1)^2}\right)\cos\frac{2\pi r}{2n+1}\right\}$$

$$= \frac{x}{2n+1}\prod_{r=1}^{n}2\left(1 - \cos\frac{2\pi r}{2n+1}\right)\prod_{r=1}^{n}\left\{1 - \frac{x^2}{(2n+1)^2}\cdot\frac{1 + \cos\frac{2\pi r}{2n+1}}{1 - \cos\frac{2\pi r}{2n+1}}\right\}.$$

又

$$1 + x + \cdots + x^{2n} = \frac{x^{2n+1} - 1}{x - 1} = \prod_{r=1}^{2n}(x - \mathrm{e}^{2\pi\mathrm{i}\frac{r}{2n+1}})$$

$$= \prod_{r=1}^{n}(x - \mathrm{e}^{2\pi\mathrm{i}\frac{r}{2n+1}})\prod_{r=1}^{n}(x - \mathrm{e}^{-2\pi\mathrm{i}\frac{r}{2n+1}})$$

$$= \prod_{r=1}^{n}\left(x^2 - 2\cos\frac{2\pi r}{2n+1} + 1\right),$$

取 $x = 1$ 得

$$\prod_{r=1}^{n} \left(2 - 2\cos \frac{2\pi r}{2n+1} \right) = 2n+1.$$

因此,

$$p_{2n+1}(x) = x \prod_{r=1}^{n} \left\{ 1 - \frac{x^2}{(2n+1)^2} \cdot \frac{1 + \cos \dfrac{2\pi r}{2n+1}}{1 - \cos \dfrac{2\pi r}{2n+1}} \right\}$$

$$= x \prod_{r=1}^{n} \left\{ 1 - \frac{x^2}{(2n+1)^2} \cdot \frac{\cos^2 \dfrac{\pi r}{2n+1}}{\sin^2 \dfrac{\pi r}{2n+1}} \right\}$$

$$= x \prod_{r=1}^{n} \left\{ 1 - \frac{x^2}{r^2 \pi^2} \cdot \frac{\cos^2 \dfrac{\pi r}{2n+1}}{\sin^2 \dfrac{\pi r}{2n+1} \Big/ \left(\dfrac{\pi r}{2n+1} \right)^2} \right\}.$$

于是利用常用极限 $\lim\limits_{x \to 0} \dfrac{\sin x}{x} = 1$ 得

$$\sin x = \lim_{n \to +\infty} p_{2n+1}(x) = x \prod_{r=1}^{\infty} \left(1 - \frac{x^2}{r^2 \pi^2} \right).$$

Euler 用类似方法证明

$$\cos x = \prod_{n=1}^{\infty} \left(1 - \frac{4x^2}{(2n-1)^2 \pi^2} \right). \tag{12.2}$$

在 $\sin x$ 无穷乘积表达式中取 $x = \dfrac{\pi}{2}$ 即得 Wallis 关于 π 的无穷乘积表达式:

$$\frac{\pi}{2} = \prod_{n=1}^{\infty} \frac{2n \cdot 2n}{(2n-1)(2n+1)}.$$

因 $\sin x = x \prod_{n=1}^{\infty} \left(1 - \dfrac{x^2}{n^2 \pi^2} \right)$, 我们有

$$\ln \sin \pi x = \ln \pi x + \sum_{n=1}^{\infty} \left\{ \ln \left(1 - \frac{x}{n} \right) + \ln \left(1 + \frac{x}{n} \right) \right\}.$$

两边求导得

$$\pi\frac{\cos \pi x}{\sin \pi x} = \frac{1}{x} + \sum_{n=1}^{\infty}\left(\frac{-1/n}{1-x/n} + \frac{1/n}{1+x/n}\right).$$

这引出 $\cot \pi x$ 的分式展开:

$$\pi\cot \pi x = \sum_{n=-\infty}^{+\infty}\frac{1}{x+n} \quad (x \neq 0, \pm 1, \pm 2, \cdots). \tag{12.3}$$

参 考 读 物

[1]　Pólya G. 数学与猜想. 李心灿, 王日爽, 李志尧, 译. 北京: 科学出版社, 2011.

[2]　Weil A. 数论: 从汉穆拉比到勒让德的历史导引. 胥鸣伟, 译. 北京: 高等教育出版社, 2010.

第 13 讲 二元二次型

Atiyah (阿蒂亚): 不能引出理论的问题不是好问题, 不是来源于问题的理论不是好理论.

Fermat 发现每个 $4k+1$ 形素数都是两个整数的平方和, 对此类 Fermat 猜想的研究推动了 Lagrange 创立二元二次型理论, 研究自然数 n 表为二元二次型 $ax^2 + bxy + cy^2 (a, b, c, x, y \in \mathbb{Z})$ 的可能性与方法数问题. 本讲介绍二元二次型基础知识和优美结果, 其中包含孙智宏与 Williams 的一些相关成果.

定义 13.1 设 a, b, c 是不全为 0 的整数, 称 $(a, b, c) = ax^2 + bxy + cy^2$ 为二元二次型, 其中 x, y 为整数变量, 并称 $d = b^2 - 4ac$ 为 $ax^2 + bxy + cy^2$ 的判别式. 若 $a > 0$ 且 $b^2 - 4ac < 0$, 则称 (a, b, c) 为正定二次型.

当 (a, b, c) 为正定二次型时, 对 $x, y \in \mathbb{Z}$ 总有

$$ax^2 + bxy + cy^2 = \frac{(2ax + by)^2 - (b^2 - 4ac)y^2}{4a} \geqslant 0.$$

例如: $(1, 0, 1)$ 表示判别式为 -4 的正定二次型 $x^2 + y^2$, $(3, 2, 4)$ 表示判别式为 -44 的正定二次型 $3x^2 + 2xy + 4y^2$.

定义 13.2 给定自然数 n 及二次型 $ax^2 + bxy + cy^2$, 若存在 $x, y \in \mathbb{Z}$, 使得 $n = ax^2 + bxy + cy^2$, 则称 n 可由 $ax^2 + bxy + cy^2$ 表示, n 可表为 $ax^2 + bxy + cy^2$.

二元二次型的研究是由 Fermat 猜想推动的, Fermat 曾猜想如下经典结果:

(1) 每个 $4k+1$ 形素数 p 可表为 $x^2 + y^2$;

(2) 每个 $8k+1$ 或 $8k+3$ 形素数 p 可表为 $x^2 + 2y^2$;

(3) 每个 $3k+1$ 形素数 p 可表为 $x^2 + 3y^2$.

例如:

$$5 = 1^2 + 2^2, \quad 13 = 3^2 + 2^2, \quad 17 = 1^2 + 4^2,$$

$$29 = 5^2 + 2^2, \quad 41 = 5^2 + 4^2, \quad 3 = 1^2 + 2 \cdot 1^2,$$

$$11 = 3^2 + 2 \cdot 1^2, \quad 17 = 3^2 + 2 \cdot 2^2, \quad 41 = 3^2 + 2 \cdot 4^2,$$

$$7 = 2^2 + 3 \cdot 1^2, \quad 13 = 1^2 + 3 \cdot 2^2, \quad 19 = 4^2 + 3 \cdot 1^2,$$

$$31 = 2^2 + 3 \cdot 3^2.$$

在经过 7 年的努力之后, 1749 年 Euler 解决了上述 Fermat 猜想, 证明了:

定理 13.1　设 p 为奇素数,

(i) (两平方和定理) 若 $p \equiv 1 \pmod 4$, 则存在唯一的一对整数 x, y, 使得 $p = x^2 + y^2$, $x \equiv 1 \pmod 4$ 且 y 为正偶数;

(ii) 若 $p \equiv 1, 3 \pmod 8$, 则存在唯一的一对正整数 x, y, 使得 $p = x^2 + 2y^2$;

(iii) 若 $p \equiv 1 \pmod 3$, 则存在唯一的一对正整数 x, y, 使得 $p = x^2 + 3y^2$.

对 $4k + 1$ 形素数 $p = x^2 + y^2 (x, y \in \mathbb{Z})$, 定理 5.15 提供了用 $\sqrt{p}$ 连分数构造 x, y 的方法. 1825 年 Gauss 用二项式系数构造 x 和 y. 下面的定理是惊人的:

定理 13.2　设 p 为奇素数,

(i) (Gauss, 1825) 若 $p \equiv 1 \pmod 4$, $p = x^2 + y^2$, $x, y \in \mathbb{Z}$, $4 \mid x - 1$, 则

$$2x \equiv \binom{(p-1)/2}{(p-1)/4} \pmod p;$$

(ii) (Jacobi, 1827) 若 $p \equiv 1 \pmod 3$, $p = x^2 + 3y^2$, $x, y \in \mathbb{Z}$, $x \equiv 1 \pmod 3$, 则

$$2x \equiv \binom{(p-1)/2}{(p-1)/6} \pmod p;$$

(iii) (Stern, 1846) 若 $p \equiv 1 \pmod 8$, $p = x^2 + 2y^2$, $x, y \in \mathbb{Z}$, $x \equiv 1 \pmod 4$, 则

$$2x \equiv (-1)^{\frac{p-1}{8}} \binom{(p-1)/2}{(p-1)/8} \pmod p;$$

(iv) (Eisenstein, 1848) 若 $p \equiv 3 \pmod 8$, $p = x^2 + 2y^2$, $x, y \in \mathbb{Z}$, $x \equiv 1 \pmod 4$, 则

$$2x \equiv (-1)^{\frac{p+5}{8}} \binom{(p-1)/2}{(p-3)/8} \pmod p.$$

哪些自然数 n 可由给定的二元二次型 $ax^2 + bxy + cy^2$ 表示? 为了解决这个一般问题, 在 Euler 工作的鼓舞下, 1773 年 Lagrange 创立了二元二次型的一般理论, 1801 年 Gauss 又加以发展完善.

定义 13.3　设有二次型 $ax^2 + bxy + cy^2$ 与 $AX^2 + BXY + CY^2$, 若存在变换

$$x = \alpha X + \beta Y, \quad y = \gamma X + \delta Y,$$

其中 $\alpha, \beta, \gamma, \delta \in \mathbb{Z}$ 且 $\alpha\delta - \beta\gamma = 1$, 使得

$$ax^2 + bxy + cy^2 = AX^2 + BXY + CY^2,$$

则称二次型 (a, b, c) 与 (A, B, C) 等价, 记为 $(a, b, c) \sim (A, B, C)$.

定理 13.3　二元二次型的等价具有如下性质:

(i) (自反性) $(a, b, c) \sim (a, b, c)$;

(ii) (对称性) 若 $(a, b, c) \sim (A, B, C)$, 则 $(A, B, C) \sim (a, b, c)$;

(iii) (传递性) 若 $(a, b, c) \sim (A, B, C)$, $(A, B, C) \sim (a', b', c')$, 则 $(a, b, c) \sim (a', b', c')$;

(iv) $(a, b, c) \sim (c, -b, a)$;

(v) 设 $k \in \mathbb{Z}$, 则 $(a, b, c) \sim (a, 2ak + b, ak^2 + bk + c)$.

证　令 $x = X$, $y = Y$, 则 $ax^2 + bxy + cy^2 = aX^2 + bXY + cY^2$, 故 $(a, b, c) \sim (a, b, c)$. 若 $(a, b, c) \sim (A, B, C)$, 则存在变换

$$x = \alpha X + \beta Y, \quad y = \gamma X + \delta Y, \quad \alpha, \beta, \gamma, \delta \in \mathbb{Z}, \quad \alpha\delta - \beta\gamma = 1,$$

使得 $ax^2 + bxy + cy^2 = AX^2 + BXY + CY^2$. 由于 $X = \delta x - \beta y$, $Y = -\gamma x + \alpha y$, 故 $(A, B, C) \sim (a, b, c)$.

若 $(a, b, c) \sim (A, B, C)$ 且 $(A, B, C) \sim (a', b', c')$, 则存在变换 $X = \alpha' x' + \beta' y'$, $Y = \gamma' x' + \delta' y'$, 其中 $\alpha', \beta', \gamma', \delta' \in \mathbb{Z}$ 满足 $\alpha'\delta' - \beta'\gamma' = 1$, 使得 $AX^2 + BXY + CY^2 = a'x'^2 + b'x'y' + c'y'^2$, 从而

$$x = \alpha X + \beta Y = (\alpha\alpha' + \beta \gamma')x' + (\alpha\beta' + \beta\delta')y',$$

$$y = \gamma X + \delta Y = (\gamma\alpha' + \delta\gamma')x' + (\gamma\beta' + \delta\delta')y'.$$

因 $(\alpha\alpha' + \beta\gamma')(\beta'\gamma + \delta\delta') - (\alpha\beta' + \beta\delta')(\alpha'\gamma + \gamma'\delta) = (\alpha\delta - \beta\gamma)(\alpha'\delta' - \beta'\gamma') = 1 \cdot 1 = 1$, 故 $(a, b, c) \sim (a', b', c')$.

令 $x = Y$, $y = -X$, 则 $ax^2 + bxy + cy^2 = cX^2 - bXY + aY^2$, 故 $(a, b, c) \sim (c, -b, a)$. 令 $x = X + kY$, $y = Y$, 则

$$ax^2 + bxy + cy^2 = a(X + kY)^2 + b(X + kY)Y + cY^2$$

$$= aX^2 + (2ak + b)XY + (ak^2 + bk + c)Y^2,$$

故 $(a, b, c) \sim (a, 2ak + b, ak^2 + bk + c)$.

综上定理得证.

例如: $(2, 0, 3) \sim (3, 0, 2), (5, 4, 3) \sim (3, -4, 5), (3, -4, 5) \sim (3, 2, 4)(k = 1)$, $(4, 6, 3) \sim (4, -2, 1)(k = -1), (1, 6, 10) \sim (1, 0, 1)(k = -3)$.

定理 13.4 等价的二元二次型具有相同的判别式.

证 设 $(a,b,c) \sim (A,B,C)$, 则存在变换 $x = \alpha X + \beta Y$, $y = \gamma X + \delta Y$, 其中 $\alpha, \beta, \gamma, \delta \in \mathbb{Z}$ 满足 $\alpha\delta - \beta\gamma = 1$, 使得

$$
ax^2 + bxy + cy^2
$$
$$
= a(\alpha X + \beta Y)^2 + b(\alpha X + \beta Y)(\gamma X + \delta Y) + c(\gamma X + \delta Y)^2
$$
$$
= AX^2 + BXY + CY^2,
$$

易见

$$
A = a\alpha^2 + b\alpha\gamma + c\gamma^2, \quad B = 2a\alpha\beta + b(\beta\gamma + \alpha\delta) + 2c\gamma\delta,
$$
$$
C = a\beta^2 + b\beta\delta + c\delta^2 \tag{13.1}
$$

且 $B^2 - 4AC = (\alpha\delta - \beta\gamma)^2(b^2 - 4ac) = b^2 - 4ac$. 于是定理得证.

定理 13.5 若二元二次型 $(a,b,c) \sim (A,B,C)$, 则 $\gcd(a,b,c) = \gcd(A,B,C)$, 其中 $\gcd(a,b,c)$ 为 a,b,c 的最大公因子.

证 因 $(a,b,c) \sim (A,B,C)$, 故有 $\alpha, \beta, \gamma, \delta \in \mathbb{Z}$ 使得 $\alpha\delta - \beta\gamma = 1$ 且 (13.1) 成立. 由 (13.1) 可知

$$
\gcd(a,b,c) \mid A, \quad \gcd(a,b,c) \mid B, \quad \gcd(a,b,c) \mid C,
$$

故 $\gcd(a,b,c) \mid \gcd(A,B,C)$. 又 $(A,B,C) \sim (a,b,c)$, 故 $\gcd(A,B,C) \mid \gcd(a,b,c)$, 从而 $\gcd(a,b,c) = \gcd(A,B,C)$.

定理 13.6 等价的二元二次型表同一自然数的表示方法数相同.

证 设 n 为自然数, $(a,b,c) \sim (A,B,C)$, 则存在变换 $x = \alpha X + \beta Y$, $y = \gamma X + \delta Y$, 其中 $\alpha, \beta, \gamma, \delta \in \mathbb{Z}$, 满足 $\alpha\delta - \beta\gamma = 1$, 使得 $ax^2 + bxy + cy^2 = AX^2 + BXY + CY^2$. 易见 $X = \delta x - \beta y$, $Y = -\gamma x + \alpha y$, 由此整数对 $\{x,y\}$ 对应整数对 $\{X,Y\}$. 我们证明这是一一对应. 若 $\{x,y\}$ 和 $\{x_1,y_1\}$ 都对应整数对 $\{X,Y\}$, 则

$$
\delta x - \beta y = X = \delta x_1 - \beta y_1, \quad -\gamma x + \alpha y = Y = -\gamma x_1 + \alpha y_1,
$$

即有 $\delta(x-x_1) = \beta(y-y_1)$, $\gamma(x-x_1) = \alpha(y-y_1)$. 由此 $x-x_1 = (\alpha\delta-\beta\gamma)(x-x_1) = 0$, $y-y_1 = (\alpha\delta-\beta\gamma)(y-y_1) = 0$, 从而 $\{x,y\} = \{x_1,y_1\}$. 若 $\{X,Y\}$ 和 $\{X_1,Y_1\}$ 都对应整数对 $\{x,y\}$, 则

$$
\alpha X + \beta Y = x = \alpha X_1 + \beta Y_1, \quad \gamma X + \delta Y = y = \gamma X_1 + \delta Y_1,
$$

即有 $\alpha(X-X_1) = -\beta(Y-Y_1)$, $\gamma(X-X_1) = -\delta(Y-Y_1)$. 于是 $X-X_1 = (\alpha\delta-\beta\gamma)(X-X_1) = 0$, $Y-Y_1 = (\alpha\delta-\beta\gamma)(Y-Y_1) = 0$, 即有 $\{X,Y\} = \{X_1,Y_1\}$. 可见

在前述变换下, 整数对 $\{x, y\}$ 与整数对 $\{X, Y\}$ 一一对应. 因此 $n = ax^2 + bxy + cy^2$ 的整数解个数等于 $n = AX^2 + BXY + CY^2$ 的整数解个数. 于是定理得证.

定义 13.4　设 (a, b, c) 是判别式为 d 的正定二次型, 若 $-a < b \leqslant a < c$ 或 $0 \leqslant b \leqslant a = c$, 则称 (a, b, c) 是判别式为 d 的约化二次型.

若 (a, b, c) 为约化二次型, 则 $b^2 \leqslant a^2 \leqslant ac$, 从而 $3ac = b^2 - ac - d \leqslant -d$, 故 $a^2 \leqslant ac \leqslant \dfrac{-d}{3}$. 于是有

$$1 \leqslant a \leqslant \sqrt{\frac{-d}{3}}. \tag{13.2}$$

例 13.1　求判别式为 -4 的约化二次型.

解　设 (a, b, c) 是判别式为 -4 的约化二次型, 则 $1 \leqslant a \leqslant \sqrt{\dfrac{4}{3}}$, 故 $a = 1$, $b^2 = 4c - 4$, 从而 $2 \mid b$. 若 $c = 1$, 则得约化二次型 $(1, 0, 1)$. 若 $c > 1$, 由 $-1 < b \leqslant 1$ 得 $b = 0$, 此为不可能. 于是判别式为 -4 的约化二次型只有 $(1, 0, 1)$.

例 13.2　求判别式为 -28 的约化二次型.

解　设 (a, b, c) 是判别式为 -28 的约化二次型, 则 $1 \leqslant a \leqslant \sqrt{\dfrac{28}{3}}$, 故 $1 \leqslant a \leqslant 3$. 由 $b^2 - 4ac = -28$ 知 $2 \mid b$. 若 $a = 1$, 则 $c \neq 1$. 由 $-1 < b \leqslant 1 < c$ 知 $b = 0$, 从而 $c = 7$, 得约化二次型 $(1, 0, 7)$. 若 $a = 2$, 则 $b \neq 0, c \neq 2$. 由 $-2 < b \leqslant 2 < c$ 得 $b = 2, c = 4$, 从而有约化二次型 $(2, 2, 4)$. 若 $a = 3$, 则 $b^2 \equiv -28 \equiv -1 \pmod 3$, 此为不可能. 于是判别式为 -28 的全部约化二次型为 $(1, 0, 7)$ 与 $(2, 2, 4)$.

例 13.3　求判别式为 -44 的约化二次型.

解　设 (a, b, c) 是判别式为 -44 的约化二次型, 则 $1 \leqslant a \leqslant \sqrt{\dfrac{44}{3}}$, $b^2 - 4ac = -44$, $-a < b \leqslant a < c$ 或 $0 \leqslant b \leqslant a = c$. 由此 $a \in \{1, 2, 3\}$, $2 \mid b$. 若 $a = c$, 则 $b^2 = -44 + 4ac \leqslant -44 + 4 \cdot 3^2 < 0$, 此为不可能, 故 $a \neq c$, 从而 $-a < b \leqslant a < c$. 当 $a = 1$ 时, $-1 < b \leqslant 1 < c$, 由此得 $b = 0$, $c = 11$, 从而有约化型 $(1, 0, 11)$. 当 $a = 2$ 时, $-2 < b \leqslant 2 < c$, $b = 0$ 或 2. 因 $c \in \mathbb{Z}$, 故 $b \neq 0$, 从而 $b = 2, c = 6$, 得到约化型 $(2, 2, 6)$. 当 $a = 3$ 时, $-3 < b \leqslant 3 < c$, 故 $b \in \{-2, 0, 2\}$. 因 $c \in \mathbb{Z}$, $b^2 - 4ac = -44$, 故 $b \neq 0$. 当 $b = \pm 2$ 时, $c = 4$, 从而有约化型 $(3, 2, 4)$ 和 $(3, -2, 4)$. 于是判别式为 -44 的所有约化二次型为 $(1, 0, 11), (2, 2, 6), (3, 2, 4), (3, -2, 4)$.

定理 13.7　(Lagrange)　设 $d \in \mathbb{Z}$, $d < 0$, $d \equiv 0, 1 \pmod 4$, 则判别式为 d 的任一正定二次型都等价于某个约化二次型, 且不同的约化二次型互不等价.

证　设 (a, b, c) 是判别式为 d 的正定二次型, 则 $a > 0$, $b^2 - 4ac < 0$, 从而 $c > 0$. 我们可对 (a, b, c) 施行一系列等价变换, 使 (a, b, c) 等价于某个约化二次型 (A, B, C). 若 $c < a$, 则用等价的二次型 $(c, -b, a)$ 代替 (a, b, c). 若 $|b| > a$, 则选取

$k \in \mathbb{Z}$ 使 $|2ak + b| \leqslant a$, 并用等价的二次型 $(a, 2ak + b, ak^2 + bk + c)$ 代替 (a, b, c). 反复应用这两种运算, 有限步之后可得与 (a, b, c) 等价的二次型 (a', b', c'), 满足 $|b'| \leqslant a' \leqslant c'$. 若 $b' = -a'$ 或 $a' = c'$, 则由上述步骤知 $(a', b', c') \sim (a', -b', c')$. 由此, (a', b', c') 等价于二次型 (A, B, C), 其中 A, B, C 满足 $-A < B \leqslant A < C$ 或 $0 \leqslant B \leqslant A = C$, 从而 $(a, b, c) \sim (a', b', c') \sim (A, B, C)$, (A, B, C) 为约化二次型.

现证明约化二次型互不等价. 设 $(a, b, c), (a', b', c')$ 是两个等价的约化二次型. 不妨设 $a' \leqslant a$, 由 (13.1) 知, 存在 $\alpha, \beta, \gamma, \delta \in \mathbb{Z}$ 使得 $\alpha\delta - \beta\gamma = 1$, 且

$$\begin{cases} a' = a\alpha^2 + b\alpha\gamma + c\gamma^2, \\ b' = 2a\alpha\beta + b(\beta\gamma + \alpha\delta) + 2c\gamma\delta, \\ c' = a\beta^2 + b\beta\delta + c\delta^2. \end{cases}$$

于是 $a \geqslant a' \geqslant a\alpha^2 - |b| \cdot |\alpha\gamma| + c\gamma^2 \geqslant a\alpha^2 - a|\alpha\gamma| + a\gamma^2 \geqslant a|\alpha\gamma|$, 从而 $|\alpha\gamma| \leqslant 1$. 若 $\alpha\gamma = 0$, 则 $a \geqslant a' = a\alpha^2 + a\gamma^2 \geqslant a$, 故 $a = a'$. 若 $\alpha\gamma = \pm 1$, 则由上知也有 $a = a'$.

若 $c > a$, 则必有 $\alpha\gamma = 0$. 若不然, $a \geqslant a' > a\alpha^2 - a|\alpha\gamma| + a\gamma^2 \geqslant a|\alpha\gamma| \geqslant a$, 引出矛盾. 若 $\alpha = 0$, $\gamma \neq 0$, 则 $a \geqslant a' \geqslant c\gamma^2 > a\gamma^2 \geqslant a$, 引出矛盾. 因此 $c > a$ 时 $\gamma = 0$, 从而 $\alpha\delta = 1$. 于是 $a' = a$, $b' \equiv b(\beta\gamma + \alpha\delta) + 2c\gamma\delta = b\alpha\delta = b \pmod{2a}$. 因 $-a < b \leqslant a$, $-a < b' \leqslant a$, 故有 $b = b'$. 又 $b^2 - 4ac = b'^2 - 4a'c'$, 故 $c = c'$. 若 $c' > a'$, 则同样有 $a = a', b = b', c = c'$.

当 $a = a' = c = c'$ 时由于判别式相同, 必有 $b = \pm b'$. 因 $b, b' \geqslant 0$, 故 $b = b'$.

综上定理得证.

定义 13.5　设 $n \in \mathbb{Z}^+$, $a, b, c \in \mathbb{Z}$, $n = ax^2 + bxy + cy^2$, $x, y \in \mathbb{Z}$ 且 $(x, y) = 1$, 则称 n 可由二次型 (a, b, c) 本原表示.

定理 13.8 (Lagrange)　设正整数 n 可由二次型 $ax^2 + bxy + cy^2$ 本原表示, 则 n 的任一正因子 r 可由相同判别式的二次型本原表示.

证　设 $n = rs = ax^2 + bxy + cy^2$, $x, y \in \mathbb{Z}$, $(x, y) = 1$, 令 $u = \dfrac{s}{(s, y)}$, $Y = \dfrac{y}{(s, y)}$, 则 $(u, Y) = 1$, $(s, y) \mid ax^2$. 因 $(x, y) = 1$, 故 $(s, y) \mid a$. 于是 $ru = \dfrac{a}{(s, y)}x^2 + bxY + c(s, y)Y^2$. 因 $(u, Y) = 1$, 存在 $X, v \in \mathbb{Z}$ 使得 $x = uX + vY$, 代入前式得

$$ru = \frac{a}{(s, y)}u^2X^2 + \left(bu + 2\frac{a}{(s, y)}uv\right)XY + \left(\frac{a}{(s, y)}v^2 + bv + c(s, y)\right)Y^2.$$

由此, $\dfrac{a}{(s, y)}v^2 + bv + c(s, y) \equiv 0 \pmod{u}$. 令

$$A = \frac{a}{(s, y)}u, \quad B = b + 2\frac{a}{(s, y)}v, \quad C = \frac{\dfrac{a}{(s, y)}v^2 + bv + c(s, y)}{u},$$

则 $r = AX^2 + BXY + CY^2$ 且 $(X, Y) = (uX, Y) = (uX + vY, Y) = (x, Y) = \left(x, \dfrac{y}{(s, y)}\right) = 1$. 容易验证 $B^2 - 4AC = b^2 - 4ac$. 于是定理得证.

定理 13.9　正整数 n 可由判别式为 d 的二次型本原表示当且仅当 $x^2 \equiv d \pmod{4n}$ 有解.

证　设 n 可由 (a, b, c) 本原表示, $d = b^2 - 4ac$, 令 $n = ap^2 + bpr + cr^2$, 其中 $r, p \in \mathbb{Z}$ 且 $(r, p) = 1$, 则可找出 $q, s \in \mathbb{Z}$ 使得 $ps - qr = 1$. 根据定理 13.4 证明, 利用变换 $x = pX + qY$ 与 $y = rX + sY$ 可把 (a, b, c) 变为与之等价的 (n, h, l). 因 $h^2 - 4nl = d$, 故 $x^2 \equiv d \pmod{4n}$ 可解.

反之, 设 $h \in \mathbb{Z}$, 满足 $h^2 \equiv d \pmod{4n}$, 令 $l = \dfrac{h^2 - d}{4n}$, 则 $l \in \mathbb{Z}$, n 可由 (n, h, l) 本原表示, (n, h, l) 是判别式为 d 的二次型.

定理 13.10　设 $n \in \{2, 3, 4, \cdots\}$, 则 n 可由 $x^2 + y^2$ 本原表示的充分必要条件是 n 没有 $4k + 3$ 形素因子且 $4 \nmid n$.

证　由例 13.1 知, 判别式为 -4 的约化二次型只有 $(1, 0, 1)$, 故由定理 13.9 可知

$$n \text{ 由 } x^2 + y^2 \text{ 本原表示} \iff x^2 \equiv -4 \pmod{4n} \text{ 有解} \iff x^2 \equiv -1 \pmod{n} \text{ 有解}.$$

对奇素数 p, 由推论 9.1 知, $x^2 \equiv -1 \pmod{p}$ 有解当且仅当 $p \equiv 1 \pmod{4}$. 又 $1^2 \equiv -1 \pmod{2}$, $(2k + 1)^2 \equiv 1 \not\equiv -1 \pmod{4}$, 故由定理 9.7 和定理 9.8 知, $x^2 \equiv -1 \pmod{n}$ 有解当且仅当 n 没有 $4k + 3$ 形素因子且 $4 \nmid n$. 于是定理得证.

定理 13.11　设 $n \subset \{2, 3, 4, \cdots\}$, 则 n 可由 $x^2 + 2y^2$ 本原表示的充分必要条件是 n 没有 $8k + 5$ 与 $8k + 7$ 形素因子且 $4 \nmid n$.

证　计算知判别式为 -8 的约化二次型只有 $(1, 0, 2)$, 故由定理 13.9 知

$$n \text{ 由 } x^2 + 2y^2 \text{ 本原表示} \iff x^2 \equiv -8 \pmod{4n} \text{ 有解} \iff x^2 \equiv -2 \pmod{n} \text{ 有解}.$$

对奇素数 p, 由推论 9.1 和推论 9.2 知, $x^2 \equiv -2 \pmod{p}$ 有解当且仅当 $p \equiv 1, 3 \pmod{8}$. 又 $0^2 \equiv -2 \pmod{2}$, $(2k)^2 \equiv 0 \not\equiv -2 \pmod{4}$, 故由定理 9.7 和定理 9.8 知, $x^2 \equiv -2 \pmod{n}$ 有解当且仅当 n 没有 $8k + 5$ 与 $8k + 7$ 形素因子且 $4 \nmid n$. 于是定理得证.

定理 13.12　设 n 为正奇数, 则 n 可由 $x^2 + 3y^2$ 本原表示的充分必要条件是 n 没有 $3k + 2$ 形素因子且 $9 \nmid n$.

证　计算知判别式为 -12 的约化二次型只有 $(1, 0, 3)$ 和 $(2, 2, 2)$. 因 n 为奇数, n 不能由 $(2, 2, 2)$ 表示. 于是由定理 13.9 知

$$n \text{ 由 } x^2 + 3y^2 \text{ 本原表示} \iff x^2 \equiv -12 \pmod{4n} \text{ 有解}$$

$$\Longleftrightarrow x^2 \equiv -3 \pmod{n} \text{ 有解}.$$

对奇素数 p, 由推论 9.3 知, $x^2 \equiv -3 \pmod{p}$ 有解当且仅当 $p \not\equiv 2 \pmod 3$, 故由定理 9.7 和定理 9.8 知, $x^2 \equiv -3 \pmod{n}$ 有解当且仅当 n 没有 $3k+2$ 形素因子且 $9 \nmid n$. 于是定理得证.

类似地, 利用例 13.2 和定理 13.9 可证:

定理 13.13 设 n 为正奇数, 则 n 可由 $x^2 + 7y^2$ 本原表示的充分必要条件是 n 没有 $7k+3$, $7k+5$ 与 $7k+6$ 形素因子且 $49 \nmid n$.

定义 13.6 设 (a,b,c) 是判别式为 $d < 0$ 的二次型, 所有与 (a,b,c) 等价的二次型构成一个等价类, 记为 $[a,b,c]$. 若 $\gcd(a,b,c) = 1$, 则称 (a,b,c) 为本原二次型, $[a,b,c]$ 是本原等价类. 判别式为 d 的本原等价类全体称为型类群, 记为 $H(d)$. $H(d)$ 中元素个数称为判别式 d 的类数, 记为 $h(d)$. 对 $[a,b,c] \in H(d)$, 定义 $[a, b, c]$ 的逆元 $[a,b,c]^{-1} = [a,-b,c]$.

欲求判别式为 $d < 0$ 的本原等价类, 只要求出判别式为 d 的所有本原约化二次型即可. 判别式 $d \geqslant -44$ 的本原等价类与类数见表 13.1.

表 13.1 判别式 $d \in (-44, -3)$ 的本原等价类与类数

判别式	类数	本原等价类
-3	1	$[1,1,1]$
-4	1	$[1,0,1]$
-7	1	$[1,1,2]$
-8	1	$[1,0,2]$
-11	1	$[1,1,3]$
-12	1	$[1,0,4]$
-15	2	$[1,1,4], [2,1,2]$
-16	1	$[1,0,4]$
-19	1	$[1,1,5]$
-20	2	$[1,0,5], [2,2,3]$
-23	3	$[1,1,6], [2,1,3], [2,-1,3]$
-24	2	$[1,0,6], [2,0,3]$
-27	1	$[1,1,7]$
-28	1	$[1,0,7]$
-31	3	$[1,1,8], [2,1,4], [2,-1,4]$
-32	2	$[1,0,8], [3,2,2]$
-35	2	$[1,1,9], [3,1,3]$
-36	2	$[1,0,9], [2,2,5]$
-39	4	$[1,1,10], [2,1,5], [2,-1,5], [3,3,4]$
-40	2	$[1,0,10], [2,0,5]$
-43	1	$[1,1,11]$
-44	3	$[1,0,11], [3,2,4], [3,-2,4]$

定义 13.7 设 $d \in \mathbb{Z}$, $d < 0$, $d \equiv 0,1 \pmod 4$, $m \in \mathbb{Z}^+$, 则 d 对 m 的 Kronecker (克罗内克) 符号定义如下:

(i)
$$\left(\frac{d}{2}\right) = \begin{cases} 0, & \text{若 } d \equiv 0 \pmod 4, \\ 1, & \text{若 } d \equiv 1 \pmod 8, \\ -1, & \text{若 } d \equiv 5 \pmod 8; \end{cases}$$

(ii) 若 p 为奇素数, 则 $\left(\dfrac{d}{p}\right)$ 为 Legendre 符号;

(iii) 若 $m = p_1^{\alpha_1} \cdots p_r^{\alpha_r}$ 为标准分解式, 则 $\left(\dfrac{d}{m}\right) = \left(\dfrac{d}{p_1}\right)^{\alpha_1} \cdots \left(\dfrac{d}{p_r}\right)^{\alpha_r}$;

(iv) $\left(\dfrac{d}{1}\right) = 1$.

由此定义及二次互反律可知:

定理 13.14 设 $d \in \mathbb{Z}$, $d < 0$, $d \equiv 0,1 \pmod 4$, $m,n \in \{2,3,4,\cdots\}$, 则 Kronecker 符号具有如下性质:

(i) $\left(\dfrac{d}{mn}\right) = \left(\dfrac{d}{m}\right)\left(\dfrac{d}{n}\right)$.

(ii) 若 $(m,d) > 1$, 则 $\left(\dfrac{d}{m}\right) = 0$; 若 $(m,d) = 1$, 则

$$\left(\frac{d}{m}\right) = \begin{cases} \left(\dfrac{m}{|d|}\right), & \text{若 } 2 \nmid d, \\ \left(\dfrac{2}{m}\right)^{\alpha} (-1)^{\frac{d_0-1}{2} \cdot \frac{m-1}{2}} \left(\dfrac{m}{|d_0|}\right), & \text{若 } 2 \mid d, d = 2^{\alpha} d_0 (2 \nmid d_0). \end{cases}$$

(iii) 若 $m \equiv -n \pmod{|d|}$, 则 $\left(\dfrac{d}{m}\right) = -\left(\dfrac{d}{n}\right)$.

定义 13.8 设 $d \in \mathbb{Z}$, $d < 0$, $d \equiv 0,1 \pmod 4$, 规定

$$w(d) = \begin{cases} 2, & \text{若 } d < -4, \\ 4, & \text{若 } d = -4, \\ 6, & \text{若 } d = -3. \end{cases}$$

定理 13.15 (Dirichlet 类数公式) 设 $d < 0$, $d \equiv 1 \pmod 4$ 或 $d \equiv 8,12 \pmod{16}$, $d = 2^r d_0 (2 \nmid d_0)$, d_0 不含重因子, 则

$$h(d) = \frac{w(d)}{2\left(2 - \left(\dfrac{d}{2}\right)\right)} \sum_{k=1}^{\left[\frac{|d|}{2}\right]} \left(\frac{d}{k}\right) = \frac{w(d)}{2d} \sum_{k=1}^{|d|-1} k\left(\frac{d}{k}\right).$$

推论 13.1 (Jacobi, 1832)   设 $p > 3$ 为 $4k + 3$ 形素数, 则

$$h(-p) = -\frac{1}{p} \sum_{k=0}^{p-1} k\left(\frac{k}{p}\right).$$

定理 13.16   设 $d \in \mathbb{Z}$, $d < 0$, $d \equiv 0, 1 \pmod 4$, 则

$$h(d) = 1 \Longleftrightarrow d = -3, -4, -7, -8, -11, -12, -16,$$

$$-19, -27, -28, -43, -67, -163.$$

该定理由 Gauss 在 1801 年猜想, Heegner 在 1952 年, Baker 与 Stark 在 1967 年各自独立解决. 1912 年 Rabinowitsch 证明: 当 $n \geqslant 2$ 为自然数时, $x^2 - x + n$ 在 $x = 0, 1, \cdots, n-1$ 时均为素数的充分必要条件是 $h(1 - 4n) = 1$.

定理 13.17 ([3])   设 $d \in \mathbb{Z}$, $d < 0$, $d \equiv 0, 1 \pmod 4$, 则

$$h(d) = 2 \Longleftrightarrow d = -15, -20, -24, -32, -35, -36, -40, -48, -51, -52, -60,$$

$$-64, -72, -75, -88, -91, -99, -100, -112, -115, -123,$$

$$-147, -148, -187, -232, -235, -267, -403, -427.$$

定义 13.9   设 $d \equiv 0, 1 \pmod 4$, 若 f 为最大的正整数使得 $f^2 \mid d$ 且 $\dfrac{d}{f^2} \equiv 0, 1 \pmod 4$, 则称 f 为判别式 d 的导子.

例如: $d = -28 = -7 \times 2^2$, 导子 $f = 2$; $d = -100 = -4 \times 5^2$, 导子 $f = 5$.

定义 13.10   设 $d < 0$ 为判别式, $K \in H(d)$, 定义 $R(K, n)$ 为 n 由等价类 K 中某一二次型表示的方法数, $N(n, d)$ 为 $H(d)$ 中不同等价类表 n 的方法总数, 即

$$R(K, n) = |\{\{x, y\} : n = ax^2 + bxy + cy^2, \ x, y \in \mathbb{Z}\}|, \quad 其中 \ (a, b, c) \in K,$$

$$N(n, d) = \sum_{K \in H(d)} R(K, n).$$

根据定理 13.6, 等价的二次型表 n 的方法数相同, 因此上述定义合理、有效.

定理 13.18 (孙智宏, Williams[3])   设 $d < 0$ 为判别式, f 为 d 的导子, $n \in \mathbb{Z}^+$ 则

$$N(n, d)$$

$$= \begin{cases} 0, & 若 \ (n, f^2) \ 不是平方数, \\ w(d)m \displaystyle\prod_{p \mid m, p 为素数} \left(1 - \frac{1}{p}\left(\frac{d/m^2}{p}\right)\right) \sum_{k \mid \frac{n}{m^2}} \left(\frac{d_0}{k}\right), & 若 \ (n, f^2) = m^2 (m \in \mathbb{Z}^+). \end{cases}$$

特别当 $(n, f) = 1$ 时

$$N(n, d) = w(d) \sum_{k|n} \left(\frac{d_0}{k} \right). \tag{13.3}$$

历史上 Dirichlet 首先证明 $(n, d) = 1$ 时 (13.3) 成立, 1997 年 Kaplan 与 Williams 证明 (13.3) 在 $(n, f) = 1$ 时也成立, 1995 年 Huard, Kaplan 与 Williams 给出 $N(n, d)$ 的复杂公式. 2006 年孙智宏和 Williams 最终建立定理 13.18, 这包含难以处理的 $(n, f) > 1$ 情形.

由于 $h(-4) = h(-8) = h(-12) = h(-28) = 1$, 从定理 13.18 容易推导如下结果.

定理 13.19　设 $n \in \mathbb{Z}^+$, 则

(i) $n = x^2 + y^2$ 的整数解个数

$$R([1, 0, 1], n) = 4 \sum_{k|n} \left(\frac{-4}{k} \right);$$

(ii) $n = x^2 + 2y^2$ 的整数解个数

$$R([1, 0, 2], n) = 2 \sum_{k|n} \left(\frac{-8}{k} \right);$$

(iii) $n = x^2 + 3y^2$ 的整数解个数

$$R([1, 0, 3], n) = \begin{cases} 2 \sum_{k|n} \left(\dfrac{-3}{k} \right), & 若 \, 2 \nmid n, \\[3mm] 6 \sum_{k|\frac{n}{4}} \left(\dfrac{-3}{k} \right), & 若 \, 4 \mid n, \\[3mm] 0, & 若 \, 4 \mid n - 2; \end{cases}$$

(iv) $n = x^2 + 7y^2$ 的整数解个数

$$R([1, 0, 7], n) = \begin{cases} 2 \sum_{k|n} \left(\dfrac{-7}{k} \right), & 若 \, 2 \nmid n, \\[3mm] 2 \sum_{k|\frac{n}{4}} \left(\dfrac{-7}{k} \right), & 若 \, 4 \mid n, \\[3mm] 0, & 若 \, 4 \mid n - 2. \end{cases}$$

定理 13.20　设 $n \in \mathbb{Z}^+$, $d \in \{-7, -11, -19, -43, -67, -163\}$, 则 $4n = x^2 - dy^2$ 的整数解个数为 $2 \sum_{k|n} \left(\dfrac{d}{k} \right)$.

证　通过计算约化二次型或由定理 13.16 知 $h(d) = 1$, 判别式为 d 的本原约化二次型只有 $\left[1, 1, \dfrac{1-d}{4}\right]$, d 的导子 $f = 1$, 故由定理 13.18 知 $R\left(\left[1, 1, \dfrac{1-d}{4}\right], n\right)$ $= 2\sum_{k|n}\left(\dfrac{d}{k}\right)$. 注意到 $2 \nmid d$, $n = x^2 + xy + \dfrac{1-d}{4}y^2 \Longleftrightarrow 4n = (2x+y)^2 - dy^2$, 便有 $R\left(\left[1, 1, \dfrac{1-d}{4}\right], n\right) = R([1, 0, -d], 4n)$. 于是定理得证.

定理 13.21　设 $n \in \mathbb{Z}^+$, 则 $4n = x^2 + 27y^2$ 的整数解个数为

$$
R([1, 0, 27], 4n) = \begin{cases} 2\displaystyle\sum_{k|n}\left(\dfrac{-3}{k}\right), & \text{若 } 3 \nmid n, \\[4mm] 6\displaystyle\sum_{k|\frac{n}{9}}\left(\dfrac{-3}{k}\right), & \text{若 } 9 \mid n, \\[4mm] 0, & \text{若 } n \equiv \pm 3 \ (\mathrm{mod}\ 9). \end{cases}
$$

证　由于 -27 导子为 3, $h(-27) = 1$, 故由定理 13.18 知

$$
R([1, 1, 7], n) = \begin{cases} 2\displaystyle\sum_{k|n}\left(\dfrac{-3}{k}\right), & \text{若 } 3 \nmid n, \\[4mm] 6\displaystyle\sum_{k|\frac{n}{9}}\left(\dfrac{-3}{k}\right), & \text{若 } 9 \mid n, \\[4mm] 0, & \text{若 } n \equiv \pm 3 \ (\mathrm{mod}\ 9). \end{cases}
$$

又 $n = x^2 + xy + 7y^2 \Longleftrightarrow 4n = (2x+y)^2 + 27y^2$, 故有 $R([1, 0, 27], 4n) = R([1, 1, 7], n)$. 于是定理得证.

定义 13.11　设 $n \in \mathbb{Z}^+$, p 为素数, 若 $p^\alpha \mid n$, 但 $p^{\alpha+1} \nmid n$, 则称 p 在 n 中指数为 α, 记为 $\mathrm{ord}_p n = \alpha$, $p^\alpha \parallel n$.

现在讨论自然数 n 由类数为 2 的型类群中二次型表示的方法数, 完整的解答出现在孙智宏与 Williams 在 2006 年出版的论文 [3] 中, 即有如下结果:

定理 13.22 (孙智宏, Williams[3])　设 $n \in \mathbb{Z}^+$, $d < 0$ 是类数为 2 的判别式, f 为 d 的导子, $d_0 = \dfrac{d}{f^2}$, $H(d)$ 中两个二次型等价类 I, A 及 $\chi(n, d)$ 由表 13.2 给出, 则

(i) 若存在素数 p 使得 $2 \nmid \mathrm{ord}_p n$ 且 $\left(\dfrac{d_0}{p}\right) = -1$, 则 $R(I, n) = R(A, n) = 0$.

(ii) 若 $d \neq -60$ 且对满足 $2 \nmid \mathrm{ord}_p n$ 的素数 p 都有 $\left(\dfrac{d_0}{p}\right) \in \{0,1\}$, 则

$$
R(I, n) = \begin{cases}
\left(1 + \chi(n, d)\right) \displaystyle\prod_{\left(\frac{d_0}{p}\right)=1} \left(1 + \mathrm{ord}_p n\right), & \text{若 } (n, f) = 1, \\[3mm]
w\left(\dfrac{d}{m^2}\right) \displaystyle\prod_{\left(\frac{d_0}{p}\right)=1} \left(1 + \mathrm{ord}_p \dfrac{n}{m^2}\right), & \text{若 } (n, f^2) = m^2,\ m \geqslant 2,\ m \in \mathbb{Z}^+, \\[3mm]
0, & \text{若 } (n, f^2) \text{ 不是平方数,}
\end{cases}
$$

$$
R(A, n) = \begin{cases}
\left(1 - \chi(n, d)\right) \displaystyle\prod_{\left(\frac{d_0}{p}\right)=1} \left(1 + \mathrm{ord}_p n\right), & \text{若 } (n, f) = 1, \\[3mm]
w\left(\dfrac{d}{m^2}\right) \displaystyle\prod_{\left(\frac{d_0}{p}\right)=1} \left(1 + \mathrm{ord}_p \dfrac{n}{m^2}\right), & \text{若 } (n, f^2) = m^2,\ m \geqslant 2,\ m \in \mathbb{Z}^+, \\[3mm]
0, & \text{若 } (n, f^2) \text{ 不是平方数,}
\end{cases}
$$

其中求积通过所有满足 $\left(\dfrac{d_0}{p}\right) = 1$ 的 n 的不同素因子 p.

(iii) 若对满足 $2 \nmid \mathrm{ord}_p n$ 的素数 p 都有 $\left(\dfrac{-15}{p}\right) \in \{0,1\}$, 则

$$
R([1,0,15], n) = \begin{cases}
\left(1 + \chi(n, -60)\right) \displaystyle\prod_{\left(\frac{-15}{p}\right)=1} \left(1 + \mathrm{ord}_p n\right), & \text{若 } 2 \nmid n, \\[3mm]
\left(1 + \chi(n, -60)\right) \displaystyle\prod_{\left(\frac{-15}{p}\right)=1} \left(1 + \mathrm{ord}_p \dfrac{n}{4}\right), & \text{若 } 4 \mid n, \\[3mm]
0, & \text{若 } 2 \parallel n,
\end{cases}
$$

$$
R([3,0,5], n) = \begin{cases}
\left(1 - \chi(n, -60)\right) \displaystyle\prod_{\left(\frac{-15}{p}\right)=1} \left(1 + \mathrm{ord}_p n\right), & \text{若 } 2 \nmid n, \\[3mm]
\left(1 - \chi(n, -60)\right) \displaystyle\prod_{\left(\frac{-15}{p}\right)=1} \left(1 + \mathrm{ord}_p \dfrac{n}{4}\right), & \text{若 } 4 \mid n, \\[3mm]
0, & \text{若 } 2 \parallel n,
\end{cases}
$$

其中求积通过所有满足 $\left(\dfrac{-15}{p}\right) = 1$ 的 n 的不同素因子 p.

表 13.2　类数为 2 的判别式及本原等价类

d	f	$\chi(n, d)$	I	A
-15	1	$(-1)^\alpha \left(\dfrac{n_0}{3}\right)(n = 3^\alpha n_0, 3 \nmid n_0)$	$[1, 1, 4]$	$[2, 1, 2]$
-20	1	$\left(\dfrac{n_0}{5}\right)(n = 5^\alpha n_0, 5 \nmid n_0)$	$[1, 0, 5]$	$[2, 2, 3]$
-24	1	$(-1)^\alpha \left(\dfrac{n_0}{3}\right)(n = 3^\alpha n_0, 3 \nmid n_0)$	$[1, 0, 6]$	$[2, 0, 3]$
-32	2	$\left(\dfrac{-1}{n}\right)$	$[1, 0, 8]$	$[3, 2, 3]$
-35	1	$(-1)^\alpha \left(\dfrac{n_0}{5}\right)(n = 5^\alpha n_0, 5 \nmid n_0)$	$[1, 1, 9]$	$[3, 1, 3]$
-36	3	$\left(\dfrac{n}{3}\right)$	$[1, 0, 9]$	$[2, 2, 5]$
-40	1	$(-1)^\alpha \left(\dfrac{n_0}{5}\right)(n = 5^\alpha n_0, 5 \nmid n_0)$	$[1, 0, 10]$	$[2, 0, 5]$
-48	4	$\left(\dfrac{-1}{n}\right)$	$[1, 0, 12]$	$[3, 0, 4]$
-51	1	$(-1)^\alpha \left(\dfrac{n_0}{3}\right)(n = 3^\alpha n_0, 3 \nmid n_0)$	$[1, 1, 13]$	$[3, 3, 5]$
-52	1	$\left(\dfrac{n_0}{13}\right)(n = 13^\alpha n_0, 13 \nmid n_0)$	$[1, 0, 13]$	$[2, 2, 7]$
-60	2	$(-1)^\alpha \left(\dfrac{n_0}{3}\right)(n = 3^\alpha n_0, 3 \nmid n_0)$	$[1, 0, 15]$	$[3, 0, 5]$
-64	4	$\left(\dfrac{n}{2}\right)$	$[1, 0, 16]$	$[4, 4, 5]$
-72	3	$\left(\dfrac{n}{3}\right)$	$[1, 0, 18]$	$[2, 0, 9]$
-75	5	$\left(\dfrac{n}{5}\right)$	$[1, 1, 19]$	$[3, 3, 7]$
-88	1	$(-1)^\alpha \left(\dfrac{2}{n_0}\right)(n = 2^\alpha n_0, 2 \nmid n_0)$	$[1, 0, 22]$	$[2, 0, 11]$
-91	1	$(-1)^\alpha \left(\dfrac{n_0}{7}\right)(n = 7^\alpha n_0, 7 \nmid n_0)$	$[1, 1, 23]$	$[5, 3, 5]$
-99	3	$\left(\dfrac{n}{3}\right)$	$[1, 1, 25]$	$[5, 1, 5]$
-100	5	$\left(\dfrac{n}{5}\right)$	$[1, 0, 25]$	$[2, 2, 13]$
-112	4	$\left(\dfrac{-1}{n}\right)$	$[1, 0, 28]$	$[4, 0, 7]$
-115	1	$(-1)^\alpha \left(\dfrac{n_0}{5}\right)(n = 5^\alpha n_0, 5 \nmid n_0)$	$[1, 1, 29]$	$[5, 5, 7]$
-123	1	$(-1)^\alpha \left(\dfrac{n_0}{3}\right)(n = 3^\alpha n_0, 3 \nmid n_0)$	$[1, 1, 31]$	$[3, 3, 11]$

续表

d	f	$\chi(n,d)$	I	A
-147	7	$\left(\dfrac{n}{7}\right)$	$[1,1,37]$	$[3,3,13]$
-148	1	$(-1)^{\alpha+\frac{n_0-1}{2}}\,(n=2^{\alpha}n_0,2\nmid n_0)$	$[1,0,37]$	$[2,2,19]$
-187	1	$(-1)^{\alpha}\left(\dfrac{n_0}{11}\right)(n=11^{\alpha}n_0,11\nmid n_0)$	$[1,1,47]$	$[7,3,7]$
-232	1	$(-1)^{\alpha}\left(\dfrac{-2}{n_0}\right)(n=2^{\alpha}n_0,2\nmid n_0)$	$[1,0,58]$	$[2,0,29]$
-235	1	$(-1)^{\alpha}\left(\dfrac{n_0}{5}\right)(n=5^{\alpha}n_0,5\nmid n_0)$	$[1,1,59]$	$[5,5,13]$
-267	1	$(-1)^{\alpha}\left(\dfrac{n_0}{3}\right)(n=3^{\alpha}n_0,3\nmid n_0)$	$[1,1,67]$	$[3,3,23]$
-403	1	$(-1)^{\alpha}\left(\dfrac{n_0}{13}\right)(n=13^{\alpha}n_0,13\nmid n_0)$	$[1,1,101]$	$[11,9,11]$
-427	1	$(-1)^{\alpha}\left(\dfrac{n_0}{7}\right)(n=7^{\alpha}n_0,7\nmid n_0)$	$[1,1,107]$	$[7,7,17]$

定义 13.12 设 $f(n)$ 对正整数 n 有定义, 且对任何互质的两个正整数 n_1 和 n_2 有 $f(n_1n_2)=f(n_1)f(n_2)$, 则称 $f(n)$ 为可乘函数.

定理 13.23 (孙智宏, Williams[3]) 设 $d<0$ 为判别式, 则

(i) $f(n)=\dfrac{N(n,d)}{w(d)}$ 为可乘函数;

(ii) 若 $h(d)=2$, $H(d)=\{I,A\}$, 其中 d,I,A 由表 13.2 给出, 则 $F(n)=\dfrac{1}{2}(R(I,n)-R(A,n))$ 为可乘函数.

定理 13.24 (孙智宏 [4]) 设 $a,b\in\mathbb{Z}^{+}$, $|q|<1$, 则

$$\prod_{k=1}^{\infty}(1-q^{ak})(1-q^{bk})$$

$$=1+\sum_{n=1}^{\infty}\frac{1}{2}\big(R([a+b,12(a-b),36(a+b)],24n+a+b)$$

$$-R([4(a+b),12(a-b),9(a+b)],24n+a+b)\big)q^n.$$

最后我们叙述关于平方和问题的著名定理.

定理 13.25 (三平方和定理 (Legendre, Gauss)) 自然数 n 可表成三个整数平方和的充分必要条件是 n 不是 $4^{\alpha}(8k+7)$ 形数, 其中 α 与 k 为非负整数.

例如: 7, 15, 28 不能表成三个整数的平方和.

定理 13.26 (四平方和定理 (Euler, Lagrange))   每个正整数都是四个整数的平方和.

例如: $7 = 1^2 + 1^2 + 1^2 + 2^2$, $15 = 1^2 + 1^2 + 2^2 + 3^2$, $28 = 1^2 + 1^2 + 1^2 + 5^2$.

定理 13.27 (Jacobi, 1828)   设 $r_k(n)$ 为正整数 n 表成 k 个整数平方和的方法数, 则

$$r_4(n) = 8\sum_{\substack{d|n \\ 4\nmid d}} d, \quad r_8(n) = 16(-1)^n \sum_{d|n}(-1)^d d^3,$$

$$r_6(n) = 16\sum_{\substack{d|n \\ 2\nmid d}}(-1)^{\frac{d-1}{2}}\frac{n^2}{d^2} - 4\sum_{\substack{d|n \\ 2\nmid d}}(-1)^{\frac{d-1}{2}}d^2.$$

定理 13.28 (15 定理 (Conway-Schneeberger))   设 $a_1, \cdots, a_k \in \mathbb{Z}^+$, 若对 $n \in \{1, 2, \cdots, 15\}$, $n = a_1x_1^2 + \cdots + a_kx_k^2$ 都有整数解, 则对每个正整数 n, $n = a_1x_1^2 + \cdots + a_kx_k^2$ 都有整数解.

参 考 读 物

[1] Buell D A. Binary Quadratic Forms: Classical Theory and Modern Computations. New York: Springer, 1989.

[2] 华罗庚. 数论导引. 北京: 科学出版社, 1957.

[3] Sun Z H, Williams K S. On the number of representations of n by $ax^2 + bxy + cy^2$. Acta Arith., 2006, 122: 101-171.

[4] Sun Z H. The expansion of $\prod_{k=1}^{\infty}(1 - q^{ak})(1 - q^{bk})$. Acta Arith., 2008, 134: 11-29.

第 14 讲　分拆数与因子和

Gauss: 学习 Euler 的著作乃是认识数学的最好途径.

本讲主要介绍 Euler 关于分拆数 $p(n)$ 与因子和 $\sigma(n)$ 的奇妙发现.

定义 14.1　设 n 为正整数, 分拆数 $p(n)$ 为不计次序情况下 n 拆分成正整数之和的方法数, 并约定 $p(0) = 1$.

例如: 4 拆分成正整数之和有如下 5 种方法: $4, 1+3, 2+2, 2+1+1, 1+1+1+1$, 故 $p(4) = 5$.

$p(n)$ 的前面一些数值如下:

n	1	2	3	4	5	6	7	8	9	10	11	12	13	14	15
$p(n)$	1	2	3	5	7	11	15	22	30	42	56	77	101	135	176

分拆数 $p(n)$ 最先由 Leibniz 引入, Leibniz 问关于 $p(n)$ 是否有方便计算的公式, 即 $p(n)$ 是否有递推公式.

定理 14.1 (Euler)　设 $|x| < 1$, 则

$$\sum_{n=0}^{\infty} p(n)x^n = \frac{1}{\prod_{n=1}^{\infty}(1-x^n)}.$$

证　若 n 拆分成 k_1 个 1, k_2 个 2, $\cdots$, k_n 个 n 之和, 则 $k_1, \cdots, k_n$ 为非负整数, 且 $k_1 + 2k_2 + \cdots + nk_n = n$. 反之, 若 $(k_1, \cdots, k_n)$ 为 $x_1 + 2x_2 + \cdots + nx_n = n$ 的一组非负整数解, 则有一相应分拆, 即 n 拆分成 k_1 个 1, k_2 个 2, $\cdots$, k_n 个 n 之和. 由此 $p(n)$ 就是不定方程 $x_1 + 2x_2 + \cdots + nx_n = n$ 的非负整数解个数, 故 $|x| < 1$ 时

$$\frac{1}{\prod_{n=1}^{\infty}(1-x^n)} = \prod_{n=1}^{\infty}\frac{1}{1-x^n}$$

$$= (1 + x + x^2 + \cdots)(1 + x^2 + x^4 + \cdots)(1 + x^3 + x^6 + \cdots)\cdots$$

$$= 1 + \sum_{n=1}^{\infty}\left(\sum_{k_1+2k_2+\cdots+nk_n=n} 1\right)x^n = \sum_{n=0}^{\infty}p(n)x^n.$$

为了知道 $\prod_{n=1}^{\infty}(1-x^n)$ 展成的幂级数, Euler 实际乘出了许多项, 得到

$$\prod_{n=1}^{\infty}(1-x^n) = 1 - x - x^2 + x^5 + x^7 - x^{12} - x^{15} + x^{22} + x^{26} - x^{35} - x^{40} + x^{51} + x^{57} + \cdots,$$

Euler 发现 x^n 项系数总是 $0, 1$ 或 -1, 欲完全确定右边的幂级数, 需考察数列 $1, 2, 5, 7, 12, 15, 22, 26, 35, 40, 51, 57, \cdots$ 的规律. Euler 注意到上述数列是两个有规则数列

$$\frac{3n^2 - n}{2} : 1, 5, 12, 22, 35, 51, \cdots,$$

$$\frac{3n^2 + n}{2} : 2, 7, 15, 26, 40, 57, \cdots$$

的混合物. 发现这样的规律对普通人是困难的, 但对 Euler 那样训练有素的数学家是不难的. 由此 Euler 猜想如下的恒等式:

定理 14.2 (Euler 恒等式)　设 $|x| < 1$, 则

$$\prod_{n=1}^{\infty}(1-x^n) = 1 + \sum_{n=1}^{\infty}(-1)^n \left(x^{\frac{3n^2-n}{2}} + x^{\frac{3n^2+n}{2}} \right).$$

Euler 恒等式是历史上无穷乘积转换成无穷级数的第一个例子. Euler 在他的研究报告中写道: "为了考察数的分拆, 很久以前我考察过上述无穷乘积, 为了想知道它会产生什么样的级数, 我实际乘出了好多项因子. 长期以来, 我一直在探索上述级数与无穷乘积之间等式的严格证明, 但始终是白费力气, 而且我曾经把同样的问题提交给我的某些在这方面有才能的朋友, 他们都同我一样, 认为上面把一个乘积转化为级数的做法是正确的, 但是都没有能够找出证明的任何线索. 这样我们将有一个确知的然而尚未证明的事实. 我想每个人都能够相信这个公式是正确的, 只要他尽量运用乘法即可. 于是我们就这样发现了这两个无穷表达式是相等的, 即使还未能证明它们相等, 因此所有从这个等式得出的结论也将有相同的性质, 假如这些结论中的一个可以被证明, 则我们就能够反过来得到证明这个等式的一个线索. 由于我有了这个想法, 我就用很多不同的方式来处理这两个表达式, 这样我就有了新的发现, 我的做法是这样的 ……" Euler 在十年后通过构造一系列幂级数并利用数学归纳法严格证明了他的恒等式.

Euler 恒等式的 Euler 证明　首先用数学归纳法证明如下断言:

$$1 - \sum_{n=1}^{N}(1-q)\cdots(1-q^{n-1})q^n = \prod_{n=1}^{N}(1-q^n) \quad (|q| < 1). \tag{14.1}$$

$N = 1$ 时显然成立, 假设 $N = m$ 时断言正确, 则 $|q| < 1$ 时

$$\prod_{n=1}^{m+1}(1 - q^n)$$

$$= (1 - q^{m+1})\left(1 - \sum_{n=1}^{m}(1-q)\cdots(1-q^{n-1})q^n\right)$$

$$= 1 - q^{m+1} - \sum_{n=1}^{m}(1-q)\cdots(1-q^{n-1})q^n + q^{m+1}\sum_{n=1}^{m}(1-q)\cdots(1-q^{n-1})q^n$$

$$= 1 - q^{m+1} - \sum_{n=1}^{m}(1-q)\cdots(1-q^{n-1})q^n + q^{m+1}(1 - (1-q)\cdots(1-q^m))$$

$$= 1 - \sum_{n=1}^{m+1}(1-q)\cdots(1-q^{n-1})q^n.$$

这表明 $N = m+1$ 时断言正确. 于是由数学归纳法 (14.1) 得证.

在 (14.1) 中令 $N \to +\infty$ 得到

$$1 - \sum_{n=1}^{\infty}(1-q)\cdots(1-q^{n-1})q^n = \prod_{n=1}^{\infty}(1-q^n) \quad (|q| < 1). \tag{14.2}$$

令

$$f(x,q) = 1 - \sum_{n=1}^{\infty}(1-xq)(1-xq^2)\cdots(1-xq^{n-1})x^{n+1}q^n \quad (|q| < 1, |qx| < 1),$$

则由 (14.2) 知, $f(1,q) = \prod_{n=1}^{\infty}(1-q^n)$. Euler 发现

$$f(x,q) = 1 - x^2 q - x^3 q^2 f(xq, q). \tag{14.3}$$

这是因为

$$f(x,q) = 1 - x^2 q - \sum_{n=2}^{\infty}(1-xq)(1-xq^2)\cdots(1-xq^{n-1})x^{n+1}q^n$$

$$= 1 - x^2 q - \sum_{n=1}^{\infty}(1-xq^2)\cdots(1-xq^n)x^{n+2}q^{n+1}(1-xq)$$

$$= 1 - x^2 q - x^3 q^2 - \sum_{n=2}^{\infty}(1-xq^2)\cdots(1-xq^n)x^{n+2}q^{n+1}$$

$$+ \sum_{n=1}^{\infty}(1-xq^2)\cdots(1-xq^n)x^{n+3}q^{n+2},$$

从而

$$f(x,q)$$

$$= 1 - x^2 q - x^3 q^2 - \sum_{n=1}^{\infty}(1-xq^2)\cdots(1-xq^n)x^{n+3}q^{n+2}((1-xq^{n+1})-1)$$

$$= 1 - x^2 q - x^3 q^2 \left(1 - \sum_{n=1}^{\infty}(1-xq^2)\cdots(1-xq^n)x^{n+1}q^{2n+1}\right)$$

$$= 1 - x^2 q - x^3 q^2 f(xq, q).$$

于是

$$\prod_{n=1}^{\infty}(1-q^n)$$

$$= f(1,q) = 1 - q - q^2 f(q,q) = 1 - q - q^2(1 - q^3 - q^5 f(q^2, q))$$

$$= 1 - q - q^2 + q^5 + q^7(1 - q^5 - q^8 f(q^3, q)) = \cdots$$

$$= 1 + \sum_{n=1}^{m-1}(-1)^n\left(q^{\frac{3n^2-n}{2}} + q^{\frac{3n^2+n}{2}}\right) + (-1)^m q^{\frac{3m^2-m}{2}} + (-1)^m q^{\frac{3m^2+m}{2}} f(q^m, q)$$

$$= \cdots = 1 + \sum_{n=1}^{\infty}(-1)^n\left(q^{\frac{3n^2-n}{2}} + q^{\frac{3n^2+n}{2}}\right).$$

定理 14.3 (Euler)　设 n 为正整数, 则 $p(n)$ 有如下递推公式:

$$p(n) = p(n-1) + p(n-2) - p(n-5) - p(n-7) + \cdots$$

$$+ (-1)^{k-1}p\left(n - \frac{3k^2 - k}{2}\right) + (-1)^{k-1}p\left(n - \frac{3k^2 + k}{2}\right) + \cdots,$$

其中负整数的分拆数约定为 0.

例如:

$$p(6) = p(5) + p(4) - p(1) = 7 + 5 - 1 = 11,$$

$$p(7) = p(6) + p(5) - p(2) - p(0) = 11 + 7 - 2 - 1 = 15.$$

定理 14.3 的证明　令

$$a_0 = 1, \quad a_n = \begin{cases} (-1)^{k-1}, & \text{当 } n = \dfrac{3k^2 \pm k}{2} \text{ 时,} \\[2mm] 0, & \text{当 } n \neq \dfrac{3k^2 \pm k}{2} \text{ 时,} \end{cases} \tag{14.4}$$

则由 Euler 恒等式知

$$\prod_{n=1}^{\infty} (1 - x^n) = 1 - \sum_{n=1}^{\infty} a_n x^n. \tag{14.5}$$

由此应用定理 14.1 得

$$\left(1 - \sum_{n=1}^{\infty} a_n x^n \right) \left(\sum_{n=0}^{\infty} p(n) x^n \right) = 1.$$

比较两边 x^n 系数得

$$p(n) - a_1 p(n-1) - a_2 p(n-2) - \cdots - a_n p(0) = 0.$$

由此定理得证.

定义 14.2　设 $n \in \mathbb{Z}^+$, 定义 $\sigma(n)$ 为 n 所有正因子的和, 即 $\sigma(n) = \sum_{d|n} d$.
例如: (1) 9 的正因子为 $1, 3, 9$, 故 $\sigma(9) = 1 + 3 + 9 = 13$;
(2) 10 的正因子为 $1, 2, 5, 10$, 故 $\sigma(10) = 1 + 2 + 5 + 10 = 18$;
(3) 当且仅当 p 为素数时 $\sigma(p) = p + 1$.

定理 14.4　设 $|x| < 1$, $k \neq 0$,

$$\prod_{n=1}^{\infty} (1 - x^n)^k = 1 - \sum_{n=1}^{\infty} a_n x^n,$$

则

$$\sigma(n) = \sum_{m=1}^{n-1} a_m \sigma(n-m) + \frac{n a_n}{k} \quad (n \geqslant 1).$$

证　对定理 14.4 中第一个等式取对数得

$$\sum_{n=1}^{\infty} k \ln(1 - x^n) = \ln \left(1 - \sum_{n=1}^{\infty} a_n x^n \right),$$

再两边对 x 求导得

$$\sum_{n=1}^{\infty} \frac{-k n x^{n-1}}{1 - x^n} = \frac{-\sum_{n=1}^{\infty} n a_n x^{n-1}}{1 - \sum_{n=1}^{\infty} a_n x^n}.$$

两边同乘以 $-x/k$ 得

$$\left(\sum_{n=1}^{\infty}\frac{nx^n}{1-x^n}\right)\left(1-\sum_{n=1}^{\infty}a_nx^n\right)=\sum_{n=1}^{\infty}\frac{na_n}{k}x^n.$$

注意到

$$\sum_{n=1}^{\infty}\frac{nx^n}{1-x^n}=\sum_{n=1}^{\infty}\sum_{k=1}^{\infty}nx^{kn}=\sum_{n=1}^{\infty}\sigma(n)x^n,$$

由上有

$$\left(\sum_{n=1}^{\infty}\sigma(n)x^n\right)\left(1-\sum_{n=1}^{\infty}a_nx^n\right)=\sum_{n=1}^{\infty}\frac{na_n}{k}x^n. \tag{14.6}$$

比较两边 x^n 项系数即得所需.

定理 14.5　设 n 为正整数, 则

$$\sum_{m=0}^{n-1}p(m)\sigma(n-m)=np(n).$$

证　在定理 14.4 中取 $k=-1$ 并利用定理 14.1 即得.

定理 14.6 (Euler)　设 n 为正整数, 则

$$\sigma(n)=\sigma(n-1)+\sigma(n-2)-\sigma(n-5)-\sigma(n-7)+\cdots$$
$$+(-1)^{k-1}\sigma\left(n-\frac{3k^2-k}{2}\right)+(-1)^{k-1}\sigma\left(n-\frac{3k^2+k}{2}\right)+\cdots,$$

其中出现 $\sigma(0)$ 时以 n 代之, m 为负整数时 $\sigma(m)=0$.

例如:

$$\sigma(7)=\sigma(6)+\sigma(5)-\sigma(2)-\sigma(0)=12+6-3-7=8,$$
$$\sigma(8)=\sigma(7)+\sigma(6)-\sigma(3)-\sigma(1)=8+12-4-1=15.$$

定理 14.6 的证明　设 $\{a_n\}$ 由 (14.4) 给出, 在定理 14.4 中取 $k=1$ 并利用定理 14.2 即得

$$\sigma(n)=\sum_{m=1}^{n-1}a_m\sigma(n-m)+na_n \quad (n\geqslant 1).$$

由此定理得证.

Euler 在论文《关于整数因子和的一个非常奇特规律的发现》中讲述了上述 $\sigma(n)$ 递推公式发现过程. 他写道: "整数因子和这个序列, 初看也像素数一样无规律, 甚至从某种意义上讲这序列中包含了素数, 但是我碰巧发现这序列有一种非常奇特的规律, 这种规律虽未经严格证明却可信以为真. 我先提出几乎相当于严格证明的证据 …… 数列 $1, 2, 5, 7, 12, 15, \cdots$ 同因子和看不出有什么关系, 而且这些数的规律是间隔的, 并且是两个有规则数列 $1, 5, 12, 22, 35, 51, \cdots$ 同 $2, 7, 15, 26, 40, 57, \cdots$ 的混合物, 真想不到分析里会出现这种不规则的东西, 缺乏证明必然使我们更加吃惊, 因为如果没有某种可靠的方法引导来代替一个严格的证明, 要发现上述性质似乎是完全不可能的. 我承认自己发现它不是偶然的, 而是别的一个命题打开了通向这个漂亮性质的思路——这另一个命题 (指 Euler 恒等式) 也具有同样的性质, 即我们必须承认它是正确的, 虽然我还没法证明, 并且虽然无穷小分析似乎不适用于我们所考虑的整数性质, 然而我还是通过微分法和别的方法得出了这个结果."

定理 14.7 (孙智宏 [4])　设 n 为正整数, 则有

$$\sigma(n) = p(n-1) + 2p(n-2) - 5p(n-5) - 7p(n-7) + \cdots$$
$$+ (-1)^{k-1} \frac{3k^2 - k}{2} p\left(n - \frac{3k^2 - k}{2}\right)$$
$$+ (-1)^{k-1} \frac{3k^2 + k}{2} p\left(n - \frac{3k^2 + k}{2}\right) + \cdots.$$

证　设 $\{a_n\}$ 由 (14.4) 给出, 在 (14.6) 中取 $k = 1$, 并利用定理 14.1 和定理 14.2 得

$$\sum_{n=1}^{\infty} \sigma(n) x^n = \left(\sum_{m=1}^{\infty} m a_m x^m\right) \left(1 - \sum_{n=1}^{\infty} a_n x^n\right)^{-1}$$
$$= \left(\sum_{m=1}^{\infty} m a_m x^m\right) \left(\sum_{k=0}^{\infty} p(k) x^k\right)$$
$$= \sum_{n=1}^{\infty} \left(\sum_{m=1}^{n} m a_m p(n-m)\right) x^n.$$

比较两边 x^n 项系数即得

$$\sigma(n) = \sum_{m=1}^{n} m a_m p(n-m).$$

由此定理得证.

定义 14.3　设 $m, n, r \in \mathbb{Z}^+$, $r < \dfrac{m}{2}$, 令

$$\sigma(r, m; n) = \sum_{\substack{d \mid n \\ d \equiv 0, \pm r \,(\mathrm{mod}\ m)}} d,$$

并定义 $p(r, m; n)$ 为在不计次序情况下 n 表为模 m 同余于 0 或 $\pm r$ 的那些正整数之和的方法数.

易见 $\sigma(n) = \sigma(1, 3; n)$, $p(n) = p(1, 3; n)$. 因此 $\sigma(r, m; n)$ 是 $\sigma(n)$ 的推广, $p(r, m; n)$ 是 $p(n)$ 的推广. 2005 年孙智宏在 [4] 中给出 $p(r, m; n)$ 的如下递推公式:

$$p(r, m; n) = \sum_{k \geqslant 1} (-1)^{k-1} \left\{ p\left(r, m; n - \frac{mk^2 - (m-2r)k}{2}\right) \right.$$
$$\left. + p\left(r, m; n - \frac{mk^2 + (m-2r)k}{2}\right) \right\}, \tag{14.7}$$

其中 $p(r, m; 0) = 1$, s 为负整数时 $p(r, m; s) = 0$. 这可视为定理 14.3 的推广. 孙智宏还证明了

$$\sigma(r, m; n)$$
$$= \sum_{k \geqslant 1} (-1)^{k-1} \left\{ \frac{mk^2 - (m-2r)k}{2} p\left(r, m; n - \frac{mk^2 - (m-2r)k}{2}\right) \right.$$
$$\left. + \frac{mk^2 + (m-2r)k}{2} p\left(r, m; n - \frac{mk^2 + (m-2r)k}{2}\right) \right\}. \tag{14.8}$$

这是定理 14.7 的推广. 此外 $p(r, m; n)$ 可用 $\sigma(r, m; n)$ 的行列式表示, 即有

$$p(r, m; n) \cdot n!$$
$$= \begin{vmatrix} \sigma(r, m; 1) & \sigma(r, m; 2) & \sigma(r, m; 3) & \cdots & \sigma(r, m; n) \\ -1 & \sigma(r, m; 1) & \sigma(r, m; 2) & \cdots & \sigma(r, m; n-1) \\ & -2 & \sigma(r, m; 1) & \cdots & \sigma(r, m; n-2) \\ & & \ddots & \ddots & \vdots \\ & & & -(n-1) & \sigma(r, m; 1) \end{vmatrix}.$$

定理 14.8　设 n 为正整数,

$$r_n = \begin{cases} (-1)^{k+1} \dfrac{k(k+1)(2k+1)}{6}, & \text{若 } n = \dfrac{k(k+1)}{2}(k \in \mathbb{Z}), \\ 0, & \text{其他}, \end{cases}$$

则有 $\sigma(n)$ 的如下递推关系式

$$\sigma(n) = \sum_{0 \leqslant k \leqslant \frac{\sqrt{8n-7}-1}{2}} (-1)^{k+1}(2k+1)\sigma\left(n - \frac{k(k+1)}{2}\right) + r_n.$$

证　我们有如下著名的 Jacobi 恒等式

$$\prod_{n=1}^{\infty} (1 - x^n)^3 = \sum_{m=0}^{\infty} (-1)^m (2m+1) x^{\frac{m(m+1)}{2}} \quad (|x| < 1).$$

由此在定理 14.4 中取 $k = 3$ 即得所需.

定理 14.9 (孙智宏 [4])　设

$$c_1 = 1, \quad c_n + 2 \sum_{k=1}^{[\sqrt{n-1}]} c_{n-k^2} = \begin{cases} n, & \text{若 } n \text{ 为平方数}, \\ 0, & \text{若 } n \text{ 不是平方数} \end{cases} \quad (n \geqslant 2),$$

则

$$c(n) = \begin{cases} \sigma(n), & \text{若 } 2 \nmid n, \\ -2^\alpha \sigma(n_0), & \text{若 } 2 \mid n, \, n = 2^\alpha n_0 (2 \nmid n_0). \end{cases}$$

下面介绍分拆数 $p(n)$ 的同余式.

定理 14.10 (Ramanujan, 1919)　设 n 为非负整数, 则

$$p(5n+4) \equiv 0 \pmod 5, \quad p(7n+5) \equiv 0 \pmod 7, \quad p(11n+6) \equiv 0 \pmod{11}.$$

定理 14.11 (Ono, Ahlgren)　设 m 为正整数, $m \equiv \pm 1 \pmod 6$, 则存在正整数 a 和 b 使得

$$p(an+b) \equiv 0 \pmod m \quad (n = 0, 1, 2, \cdots).$$

例如:

$$p(17303n + 237) \equiv 0 \pmod{13},$$

$$p(48037937n + 1122838) \equiv 0 \pmod{17},$$

$$p(1977147619n + 815655) \equiv 0 \pmod{19},$$

$$p(14375n + 3474) \equiv 0 \pmod{23},$$

$$p(348104768909n + 43819835) \equiv 0 \pmod{29}.$$

关于 $p(n)$ 的估计有如下著名结果:

定理 14.12 (Hardy-Ramanujan, 1918)

$$\lim_{n \to +\infty} \frac{p(n)}{\dfrac{1}{4\sqrt{3}\,n}\mathrm{e}^{\sqrt{\frac{2n}{3}}\,\pi}} = 1.$$

参 考 读 物

[1] Andrews G E. Euler's pentagonal number theorem. Math. Magazine, 1983, 56: 279-284.

[2] Pólya G. 数学与猜想. 李心灿, 王日爽, 李志尧, 译. 北京: 科学出版社, 2011.

[3] 孙智宏. 排列组合与容斥原理. 苏州: 苏州大学出版社, 2016.

[4] Sun Z H. On the properties of Newton-Euler pairs. J. Number Theory, 2005, 114: 88-123.

第 15 讲　Stirling 数

Hadamard: 逻辑仅仅是核准直觉的胜利.

本讲介绍两类 Stirling (斯特林) 数的美妙性质, 其中包含孙智宏的一些相关成果.

定义 15.1　设 $n \in \mathbb{Z}^+$, $k \in \{0, 1, \cdots, \}$, 当 $k \leqslant n$ 时第一类 Stirling 数 $s(n, k)$ 由下式给出:

$$x(x+1)\cdots(x+n-1) = \sum_{k=0}^{n} s(n,k)x^k,$$

当 $k > n$ 时约定 $s(n, k) = 0$. 此外, 约定 $s(0, 0) = 1$.

由此定义立知

$$s(n, 1) = (n-1)!, \quad s(n, n) = 1,$$

$$s(n, n-1) = 1 + 2 + \cdots + (n-1) = \frac{n(n-1)}{2}.$$

例如: $x(x+1)(x+2)(x+3) = x^4 + 6x^3 + 11x^2 + 6x$, 故

$$s(4, 4) = 1, \quad s(4, 3) = 6, \quad s(4, 2) = 11, \quad s(4, 1) = 6, \quad s(4, 0) = 0.$$

定理 15.1　设 $k, n \in \mathbb{Z}^+$, $k \leqslant n$, 则

$$s(n, k) = (n-1)s(n-1, k) + s(n-1, k-1).$$

证　由于

$$x(x+1)\cdots(x+n-1)$$

$$= x(x+1)\cdots(x+(n-1)-1)(x+(n-1))$$

$$= \left(\sum_{r=0}^{n-1} s(n-1, r)x^r \right)(x + (n-1))$$

$$= \sum_{k=0}^{n} ((n-1)s(n-1, k) + s(n-1, k-1))x^k,$$

故有 $s(n, k) = (n-1)s(n-1, k) + s(n-1, k-1)$.

定理 15.2   设 k 为非负整数, $|x| < 1$, 则

$$\sum_{n=0}^{\infty} s(n,k)\frac{x^n}{n!} = \frac{(-\ln(1-x))^k}{k!}.$$

证   根据 e^x 幂级数展开式及 Newton 二项式定理有

$$\sum_{k=0}^{\infty}\left(\sum_{n=0}^{\infty} s(n,k)\frac{x^n}{n!}\right)t^k$$

$$=\sum_{n=0}^{\infty}\sum_{k=0}^{n} s(n,k)t^k \cdot \frac{x^n}{n!}$$

$$=1+\sum_{n=1}^{\infty} t(t+1)\cdots(t+n-1)\frac{x^n}{n!}$$

$$=\sum_{n=0}^{\infty}\binom{-t}{n}(-x)^n = (1-x)^{-t}$$

$$=\mathrm{e}^{-t\cdot\ln(1-x)} = \sum_{k=0}^{\infty}\frac{(-\ln(1-x))^k}{k!}\cdot t^k.$$

比较两边 t^k 项系数即得所需.

定理 15.3   设 $m,n \in \mathbb{Z}^+$, $m \leqslant n$, 则

$$s(n,m) = \sum_{\substack{k_1+k_2+\cdots+k_n=m \\ k_1+2k_2+\cdots+nk_n=n}} \frac{n!}{1^{k_1}k_1!\cdots n^{k_n}k_n!},$$

其中求和通过满足 $k_1+k_2+\cdots+k_n=m$ 和 $k_1+2k_2+\cdots+nk_n=n$ 的所有非负整数解 $(k_1,\cdots,k_n)$.

证   熟知

$$-\ln(1-x) = \sum_{r=1}^{\infty}\frac{x^r}{r} \quad (|x|<1).$$

由多项式定理知

$$\left(\sum_{r=1}^{n}\frac{x^r}{r}\right)^m = \sum_{k_1+\cdots+k_n=m}\frac{m!}{k_1!\cdots k_n!}\prod_{r=1}^{n}\left(\frac{x^r}{r}\right)^{k_r}$$

$$=\sum_{k_1+\cdots+k_n=m}\frac{m!}{1^{k_1}k_1!2^{k_2}k_2!\cdots n^{k_n}k_n!}x^{k_1+2k_2+\cdots+nk_n},$$

故 $\left(\sum_{r=1}^{n}\dfrac{x^r}{r}\right)^m$ 中 x^n 项系数为

$$\sum_{\substack{k_1+k_2+\cdots+k_n=m \\ k_1+2k_2+\cdots+nk_n=n}} \frac{m!}{1^{k_1}k_1!2^{k_2}k_2!\cdots n^{k_n}k_n!}.$$

于是 $(-\ln(1-x))^m = \left(\sum_{r=1}^{\infty}\dfrac{x^r}{r}\right)^m$ 中 x^n 项系数也由上式给出. 这同定理 15.2 相结合即知

$$s(n,m) = \frac{n!}{m!}\sum_{\substack{k_1+k_2+\cdots+k_n=m \\ k_1+2k_2+\cdots+nk_n=n}} \frac{m!}{1^{k_1}k_1!2^{k_2}k_2!\cdots n^{k_n}k_n!}$$

$$= \sum_{\substack{k_1+k_2+\cdots+k_n=m \\ k_1+2k_2+\cdots+nk_n=n}} \frac{n!}{1^{k_1}k_1!2^{k_2}k_2!\cdots n^{k_n}k_n!}.$$

于是定理得证.

值得指出, 第一类 Stirling 数 $s(n,k)$ 有如下双重和表达式, 我们略去其证明.

定理 15.4 (Schlömilch, 1852)　设 $k,n \in \mathbb{Z}^+$, $k \leqslant n$, 则

$$s(n,k)$$

$$= (-1)^{n-k}\sum_{r=0}^{n-k}\sum_{s=0}^{r}(-1)^{r+s}\binom{r}{s}\binom{n-1+r}{k-1}\binom{2n-k}{n-k-r}\frac{(r-s)^{n-k+r}}{r!}.$$

定义 15.2　设 $n \in \mathbb{Z}^+$, 对 $k \in \{0,1,\cdots,n\}$, 第二类 Stirling 数 $S(n,k)$ 由

$$x^n = \sum_{k=0}^{n} S(n,k)x(x-1)\cdots(x-k+1)$$

给出, 对 $k \in \{n+1,n+2,\cdots\}$, 规定 $S(n,k)=0$. 此外, 规定 $S(0,0)=1$.

例如:

$$x^4 = x(x-1)(x-2)(x-3) + 6x(x-1)(x-2) + 7x(x-1) + x,$$

故

$$S(4,4)=1, \quad S(4,3)=6, \quad S(4,2)=7, \quad S(4,1)=1.$$

定理 15.5　设 k,n 为非负整数, 则

$$S(n,k) = \frac{1}{k!}\sum_{r=0}^{k}\binom{k}{r}(-1)^{k-r}r^n.$$

证　由 $S(n,r)$ 定义知

$$k^n = \sum_{r=0}^{n} S(n,r)k(k-1)\cdots(k-r+1) = \sum_{r=0}^{n} \binom{k}{r} S(n,r)r!.$$

当 $r > k$ 时 $\binom{k}{r} = 0$, 当 $r > n$ 时 $S(n,r) = 0$, 故

$$k^n = \sum_{r=0}^{n} \binom{k}{r} S(n,r)r! = \sum_{r=0}^{k} \binom{k}{r}(-1)^r \cdot (-1)^r S(n,r)r!.$$

于是由二项式反演公式得

$$\sum_{r=0}^{k} \binom{k}{r}(-1)^r r^n = (-1)^k S(n,k)k!.$$

由此立得定理结论.

推论 15.1 (Euler 恒等式)　设 k,n 为非负整数, $n \leqslant k$, 则

$$\sum_{r=0}^{k} \binom{k}{r}(-1)^{k-r} r^n = \begin{cases} 0, & \text{若 } n < k, \\ k!, & \text{若 } n = k. \end{cases}$$

证　由定义 15.2 知 $S(k,k) = 1$, 当 $n < k$ 时 $S(n,k) = 0$, 故由定理 15.5 立得 Euler 恒等式.

定理 15.6　设 $k,n \in \mathbb{Z}^+$, $k \leqslant n$, 则

$$S(n,k) = kS(n-1,k) + S(n-1,k-1).$$

证　由于 $\binom{k}{r} - \binom{k-1}{r} = \frac{r}{k}\binom{k}{r}$, 根据定理 15.5 有

$$kS(n-1,k) + S(n-1,k-1)$$

$$= \frac{k}{k!}\sum_{r=0}^{k} \binom{k}{r}(-1)^{k-r}r^{n-1} + \frac{1}{(k-1)!}\sum_{r=0}^{k-1} \binom{k-1}{r}(-1)^{k-1-r}r^{n-1}$$

$$= \frac{1}{(k-1)!}\sum_{r=0}^{k}(-1)^{k-r}\left(\binom{k}{r} - \binom{k-1}{r}\right)r^{n-1}$$

$$= \frac{1}{k!}\sum_{r=0}^{k} \binom{k}{r}(-1)^{k-r}r^n = S(n,k).$$

于是定理得证.

定理 15.7 设 k, n 为正整数, 则将 n 个物件划分成 k 个部分的方法数为 $S(n, k)$.

证 当 $k > n$ 时 $S(n, k) = 0$, 故结论正确. 现设 $k \leqslant n$, $S = \{a_1, \cdots, a_n\}$ 为 n 个物件的集合, 将 S 划分成 k 个不相交非空子集的方法数为 $S'(n, k)$, 欲证 $S'(n, k) = S(n, k)$. 若 $\{a_n\}$ 为分划中的一个子集, 则 $\{a_1, \cdots, a_{n-1}\}$ 被划分成 $k - 1$ 个非空子集, 故含有子集 $\{a_n\}$ 的 k-划分个数为 $S'(n - 1, k - 1)$. 若 S 的 k-划分中不含子集 $\{a_n\}$, 则 a_n 必与 $a_1, \cdots, a_{n-1}$ 中某个元素在同一个子集中, 今将 $a_1, \cdots, a_{n-1}$ 划分成 k 个子集, 共有 $S'(n - 1, k)$ 种方法, 然后将 a_n 放入其中的一个子集, 即得 S 的一个 k-划分, 按乘法原理知不含 $\{a_n\}$ 的 k-划分个数为 $kS'(n-1, k)$. 由此按加法原理知 S 的 k-划分个数为 $kS'(n-1, k) + S'(n-1, k-1)$. 于是 $S'(n, k) = kS'(n - 1, k) + S'(n - 1, k - 1)$. 又 $S'(n, 0) = 0$, $S'(n, 1) = 1$, 故 $S'(n, k)$ 与 $S(n, k)$ 具有相同初值和递推关系, 从而 $S'(n, k) = S(n, k)$.

例如: 将 $S = \{a, b, c, d\}$ 划分成三部分的方法数为 $S(4, 3) = 6$, 具体方案如下: ① $\{a\}, \{b, c\}, \{d\}$; ② $\{a\}, \{b\}, \{c, d\}$; ③ $\{a\}, \{c\}, \{b, d\}$; ④ $\{b\}, \{c\}, \{a, d\}$; ⑤ $\{b\}, \{d\}, \{a, c\}$; ⑥ $\{c\}, \{d\}, \{a, b\}$.

定理 15.8 设 k 为正整数, 则 $|x| < \dfrac{1}{k}$ 时

$$\sum_{n=0}^{\infty} S(n, k) x^n = \frac{x^k}{(1 - x)(1 - 2x) \cdots (1 - kx)}.$$

证 对正整数 r 令 $f_r(x) = \sum_{n=1}^{\infty} S(n, r) x^n$, 由定理 15.6 知

$$f_r(x) = \sum_{n=1}^{\infty} (rS(n - 1, r) + S(n - 1, r - 1)) x^n$$

$$= rx \sum_{n=1}^{\infty} S(n - 1, r) x^{n-1} + x \sum_{n=1}^{\infty} S(n - 1, r - 1) x^{n-1}$$

$$= rx f_r(x) + x f_{r-1}(x),$$

故 $\dfrac{f_r(x)}{f_{r-1}(x)} = \dfrac{x}{1 - rx}$, 从而

$$\frac{f_k(x)}{f_1(x)} = \frac{f_k(x)}{f_{k-1}(x)} \cdot \frac{f_{k-1}(x)}{f_{k-2}(x)} \cdots \frac{f_2(x)}{f_1(x)} = \frac{x}{1 - kx} \cdot \frac{x}{1 - (k-1)x} \cdots \frac{x}{1 - 2x}.$$

因

$$f_1(x) = \sum_{n=1}^{\infty} S(n,1)x^n = \sum_{n=1}^{\infty} x^n = \frac{x}{1-x},$$

故有

$$f_k(x) = \prod_{r=1}^{k} \frac{x}{1-rx} = \frac{x^k}{(1-x)(1-2x)\cdots(1-kx)}.$$

于是定理得证.

推论 15.2 设 $k \in \mathbb{Z}^+$, $x \notin \left\{1, \dfrac{1}{2}, \cdots, \dfrac{1}{k}\right\}$, 则

$$\sum_{r=0}^{k} \binom{k}{r}(-1)^{k-r}\frac{1}{1-rx} = \frac{k! \cdot x^k}{(1-x)(1-2x)\cdots(1-kx)}.$$

证 根据定理 15.5, 当 $|x| < \dfrac{1}{k}$ 时

$$\begin{aligned}
\sum_{n=0}^{\infty} S(n,k)x^n &= \sum_{n=0}^{\infty} \frac{1}{k!} \sum_{r=0}^{k} \binom{k}{r}(-1)^{k-r} r^n x^n \\
&= \frac{1}{k!} \sum_{r=0}^{k} \binom{k}{r}(-1)^{k-r} \sum_{n=0}^{\infty}(rx)^n \\
&= \frac{1}{k!} \sum_{r=0}^{k} \binom{k}{r}(-1)^{k-r} \frac{1}{1-rx}.
\end{aligned}$$

这同定理 15.8 比较即得推论.

推论 15.3 设 k, n 为正整数, $k \leqslant n$, 则

$$S(n,k) = \sum_{a_1+\cdots+a_k=n-k} 1^{a_1} 2^{a_2} \cdots k^{a_k},$$

其中求和通过所有满足 $a_1 + \cdots + a_k = n - k$ 的非负整数 $a_1, \cdots, a_k$.

证 根据定理 15.8,

$$\begin{aligned}
\sum_{n=0}^{\infty} S(n,k)x^n &= \frac{x^k}{(1-x)(1-2x)\cdots(1-kx)} \\
&= x^k \left(\sum_{a_1=0}^{\infty} x^{a_1}\right)\left(\sum_{a_2=0}^{\infty} 2^{a_2}x^{a_2}\right)\cdots\left(\sum_{a_k=0}^{\infty} k^{a_k}x^{a_k}\right)
\end{aligned}$$

$$= x^k \sum_{m=0}^{\infty} \left(\sum_{a_1+\cdots+a_k=m} 1^{a_1} 2^{a_2} \cdots k^{a_k} \right) x^m.$$

比较两边 x^n 项系数即得所需.

定理 15.9　设 $k \in \mathbb{Z}^+$, 则

$$\sum_{n=0}^{\infty} S(n,k) \frac{x^n}{n!} = \frac{(\mathrm{e}^x - 1)^k}{k!}.$$

证　根据定理 15.5 和 e^x 的幂级数展开式有

$$\sum_{n=0}^{\infty} S(n,k) \frac{x^n}{n!} = \sum_{n=0}^{\infty} \frac{1}{k!} \sum_{r=0}^{k} \binom{k}{r} (-1)^{k-r} r^n \cdot \frac{x^n}{n!}$$

$$= \frac{1}{k!} \sum_{r=0}^{k} \binom{k}{r} (-1)^{k-r} \sum_{n=0}^{\infty} \frac{(rx)^n}{n!}$$

$$= \frac{1}{k!} \sum_{r=0}^{k} \binom{k}{r} (-1)^{k-r} \mathrm{e}^{rx} = \frac{(\mathrm{e}^x - 1)^k}{k!}.$$

定理 15.10　设 $m, n \in \mathbb{Z}^+$, $m \leqslant n$, 则

$$S(n,m) = \sum_{\substack{k_1+k_2+\cdots+k_n=m \\ k_1+2k_2+\cdots+nk_n=n}} \frac{n!}{1!^{k_1} k_1! \cdots n!^{k_n} k_n!},$$

其中求和通过满足 $k_1 + k_2 + \cdots + k_n = m$ 和 $k_1 + 2k_2 + \cdots + nk_n = n$ 的所有非负整数解 $(k_1, \cdots, k_n)$.

证　熟知 $\mathrm{e}^x - 1 = \sum_{r=1}^{\infty} \frac{x^r}{r!}$. 由多项式定理知

$$\left(\sum_{r=1}^{n} \frac{x^r}{r!} \right)^m = \sum_{k_1+\cdots+k_n=m} \frac{m!}{k_1! \cdots k_n!} \prod_{r=1}^{n} \left(\frac{x^r}{r!} \right)^{k_r}$$

$$= \sum_{k_1+\cdots+k_n=m} \frac{m!}{1!^{k_1} k_1! 2!^{k_2} k_2! \cdots n!^{k_n} k_n!} x^{k_1+2k_2+\cdots+nk_n},$$

故 $\left(\sum_{r=1}^{n} \frac{x^r}{r!} \right)^m$ 中 x^n 项系数为

$$\sum_{\substack{k_1+k_2+\cdots+k_n=m \\ k_1+2k_2+\cdots+nk_n=n}} \frac{m!}{1!^{k_1} k_1! 2!^{k_2} k_2! \cdots n!^{k_n} k_n!}.$$

于是 $(e^x - 1)^m = \left(\sum_{r=1}^{\infty} \dfrac{x^r}{r!}\right)^m$ 中 x^n 项系数也由上式给出. 这同定理 15.9 相结合即知

$$S(n,m) = \frac{n!}{m!} \sum_{\substack{k_1+k_2+\cdots+k_n=m \\ k_1+2k_2+\cdots+nk_n=n}} \frac{m!}{1!^{k_1}k_1!2!^{k_2}k_2!\cdots n!^{k_n}k_n!}$$

$$= \sum_{\substack{k_1+k_2+\cdots+k_n=m \\ k_1+2k_2+\cdots+nk_n=n}} \frac{n!}{1!^{k_1}k_1!2!^{k_2}k_2!\cdots n!^{k_n}k_n!}.$$

于是定理得证.

若 $f(x) = a_0 + a_1 x + a_2 x^2 + \cdots + a_k x^k + \cdots$, 我们用 $[x^k]f(x)$ 表示 $f(x)$ 的幂级数展开式中 x^k 项系数, 即 $[x^k]f(x) = a_k$.

引理 15.1 设 $m \in \mathbb{Z}^+$, 则

$$[x^m](1 + a_1 x + a_2 x^2 + \cdots + a_m x^m + \cdots)^t$$

$$= \sum_{k_1+2k_2+\cdots+mk_m=m} \frac{t(t-1)\cdots(t-(k_1+\cdots+k_m)+1)}{k_1!\cdots k_m!} a_1^{k_1}\cdots a_m^{k_m}.$$

证 根据二项式定理和多项式定理有

$$[x^m](1 + a_1 x + a_2 x^2 + \cdots + a_m x^m + \cdots)^t$$

$$= [x^m](1 + a_1 x + a_2 x^2 + \cdots + a_m x^m)^t$$

$$= [x^m] \sum_{n=0}^{\infty} \binom{t}{n}(a_1 x + a_2 x^2 + \cdots + a_m x^m)^n$$

$$= \sum_{n=0}^{m} \binom{t}{n}[x^m](a_1 x + a_2 x^2 + \cdots + a_m x^m)^n$$

$$= \sum_{n=0}^{m} \binom{t}{n}[x^m] \sum_{k_1+k_2+\cdots+k_m=n} \frac{n!}{k_1!\cdots k_m!}(a_1 x)^{k_1}\cdots(a_m x^m)^{k_m}$$

$$= \sum_{n=0}^{m} \binom{t}{n} \sum_{\substack{k_1+\cdots+k_m=n \\ k_1+2k_2+\cdots+mk_m=m}} \frac{n!}{k_1!\cdots k_m!} a_1^{k_1}\cdots a_m^{k_m}$$

$$= \sum_{k_1+2k_2+\cdots+mk_m=m} \frac{t(t-1)\cdots(t-(k_1+\cdots+k_m)+1)}{k_1!\cdots k_m!} a_1^{k_1}\cdots a_m^{k_m}.$$

于是引理得证.

引理 15.2　设 $m \in \mathbb{Z}^+$, $f(x) = 1 + a_1 x + a_2 x^2 + \cdots$, 则

$$[x^m] f(x)^t = \sum_{r=1}^{m} \binom{m-t}{m-r} \binom{t}{r} [x^m] f(x)^r.$$

证　由引理 15.1 知 $[x^m] f(x)^t$ 是 t 的至多 m 次多项式, 因此

$$P_m(t) = [x^m] f(x)^t - \sum_{r=1}^{m} \binom{m-t}{m-r} \binom{t}{r} [x^m] f(x)^r$$

也是 t 的至多 m 次多项式. 若 $r \in \{1, 2, \cdots, m\}$, $t \in \{0, 1, \cdots, m\}$ 且 $t \neq r$, 则 $t < r$ 或 $m - t < m - r$. 因此 $\binom{m-t}{m-r} \binom{t}{r} = 0$. 于是 $t = 0, 1, \cdots, m$ 时 $P_m(t) = 0$. 根据代数基本定理, $P_m(t) = 0$ 对所有 t 成立. 这就导出引理结果.

定理 15.11 (孙智宏 [4])　设 $a(x) = x + a_2 x^2 + a_3 x^3 + \cdots$, 对 $m \in \mathbb{Z}^+$, 令

$$\frac{a(x)^m}{m!} = \sum_{n=m}^{\infty} a(n, m) \frac{x^n}{n!},$$

则 $k, n \in \mathbb{Z}^+$ 时有

$$a(n+k, n) = \sum_{r=1}^{k} \binom{k-n}{k-r} \binom{k+n}{k+r} a(k+r, r).$$

证　令 $f(x) = a(x)/x$, 则 $m \in \mathbb{Z}^+$ 时

$$f(x)^m = \frac{a(x)^m}{x^m} = \sum_{k=0}^{\infty} a(m+k, m) \cdot \frac{m!}{(m+k)!} x^k.$$

因此,

$$[x^k] f(x)^n = a(n+k, n) \frac{n!}{(n+k)!}, \quad [x^k] f(x)^r = a(k+r, r) \frac{r!}{(k+r)!}.$$

由于 $f(0) = 1$, 根据引理 15.2 有

$$[x^k] f(x)^n = \sum_{r=1}^{k} \binom{k-n}{k-r} \binom{n}{r} [x^k] f(x)^r,$$

故

$$a(n+k,n)\frac{n!}{(n+k)!} = \sum_{r=1}^{k} \binom{k-n}{k-r}\binom{n}{r}\frac{r!}{(k+r)!}a(k+r,r),$$

从而

$$a(n+k,n) = \sum_{r=1}^{k} \binom{k-n}{k-r}\frac{(n+k)!}{(n-r)!(k+r)!}a(k+r,r).$$

于是定理得证.

定理 15.12 (孙智宏 [4])　设 $k,n \in \mathbb{Z}^+$, 则

$$S(n+k,n) = \sum_{r=1}^{k} \binom{k-n}{k-r}\binom{k+n}{k+r}S(k+r,r),$$

$$s(n+k,n) = \sum_{r=1}^{k} \binom{k-n}{k-r}\binom{k+n}{k+r}s(k+r,r).$$

证　根据定理 15.2 和定理 15.9,

$$\frac{(e^x-1)^m}{m!} = \sum_{n=m}^{\infty} S(n,m)\frac{x^n}{n!}, \quad \frac{(-\ln(1-x))^m}{m!} = \sum_{n=m}^{\infty} s(n,m)\frac{x^n}{n!}.$$

由此应用定理 15.11 立得所需.

引理 15.3 (Lagrange 反演公式)　设 $\alpha(x) = a_1 x + a_2 x^2 + \cdots$, $a_1 \neq 0$, $\beta(x)$ 为 $\alpha(x)$ 的反函数, $k,n \in \mathbb{Z}^+$, $k \leqslant n$, 则

$$[x^n](\beta(x))^k = \frac{k}{n}[x^{n-k}]\left(\frac{\alpha(x)}{x}\right)^{-n}.$$

定理 15.13 (孙智宏 [4])　设 $\beta(x) = x\sum_{n=0}^{\infty} b_n x^n$, $b_0 \neq 0$, $\alpha(x)$ 为 $\beta(x)$ 的反函数, $m,n \in \mathbb{Z}^+$, 则

$$[x^{m+n}]\alpha(x)^m = \frac{m}{(m+n)!} \sum_{k_1+2k_2+\cdots+nk_n=n} \frac{(m+n-1+k_1+\cdots+k_n)!}{k_1!\cdots k_n!}$$

$$\times (-1)^{k_1+k_2+\cdots+k_n} b_0^{-n-m-k_1-\cdots-k_n} b_1^{k_1} b_2^{k_2} \cdots b_n^{k_n}.$$

证　根据多项式定理有

$$\left(\sum_{k=1}^{n} \frac{b_k}{b_0}x^k\right)^s = \sum_{k_1+\cdots+k_n=s} \frac{s!}{k_1!\cdots k_n!}\prod_{i=1}^{n}\left(\frac{b_i}{b_0}x^i\right)^{k_i}.$$

因此

$$[x^n]\left(\sum_{k=1}^{\infty}\frac{b_k}{b_0}x^k\right)^s = [x^n]\left(\sum_{k=1}^{n}\frac{b_k}{b_0}x^k\right)^s = \sum_{\substack{k_1+\cdots+k_n=s\\k_1+2k_2+\cdots+nk_n=n}}\frac{s!}{k_1!\cdots k_n!}\prod_{i=1}^{n}\left(\frac{b_i}{b_0}\right)^{k_i}.$$

由于

$$b_0^{m+n}\left(\frac{x}{\beta(x)}\right)^{m+n}-1$$

$$=b_0^{m+n}\left(b_0+\sum_{k=1}^{\infty}b_kx^k\right)^{-n-m}-1=\left(1+\sum_{k=1}^{\infty}\frac{b_k}{b_0}x^k\right)^{-n-m}-1$$

$$=\sum_{s=1}^{\infty}\frac{(-n-m)(-n-m-1)\cdots(-n-m-s+1)}{s!}\left(\sum_{k=1}^{\infty}\frac{b_k}{b_0}x^k\right)^s,$$

我们有

$$[x^n]b_0^{m+n}\left(\frac{x}{\beta(x)}\right)^{m+n}$$

$$=\sum_{s=1}^{\infty}\frac{(-n-m)(-n-m-1)\cdots(-n-m-s+1)}{s!}$$

$$\times\sum_{\substack{k_1+\cdots+k_n=s\\k_1+2k_2+\cdots+nk_n=n}}\frac{s!}{k_1!\cdots k_n!}\prod_{i=1}^{n}\left(\frac{b_i}{b_0}\right)^{k_i}$$

$$=\sum_{k_1+2k_2+\cdots+nk_n=n}\frac{(m+n)(m+n+1)\cdots(m+n+k_1+\cdots+k_n-1)}{k_1!\cdots k_n!}$$

$$\times\left(-\frac{1}{b_0}\right)^{k_1+\cdots+k_n}b_1^{k_1}\cdots b_n^{k_n}.$$

因此应用 Lagrange 反演公式得

$$[x^{m+n}]\alpha(x)^m = \frac{m}{m+n}[x^n]\left(\frac{x}{\beta(x)}\right)^{m+n}$$

$$=\frac{m}{m+n}b_0^{-m-n}\sum_{k_1+2k_2+\cdots+nk_n=n}\frac{(k_1+\cdots+k_n+m+n-1)!}{k_1!\cdots k_n!(m+n-1)!}$$

$$\times(-1)^{k_1+\cdots+k_n}b_0^{-(k_1+\cdots+k_n)}b_1^{k_1}\cdots b_n^{k_n}.$$

于是定理得证.

定理 15.14 (孙智宏 [4])   设 m, n 为正整数, 则

$$
S(m+n, m)
$$

$$
= \frac{1}{(m-1)!} \sum_{k_1+2k_2+\cdots+nk_n=n} (-1)^{k_1+\cdots+k_n+n} \frac{(k_1+\cdots+k_n+m+n-1)!}{2^{k_1} k_1! \cdot 3^{k_2} k_2! \cdots (n+1)^{k_n} k_n!},
$$

$$
s(m+n, m)
$$

$$
= \frac{1}{(m-1)!} \sum_{k_1+2k_2+\cdots+nk_n=n} (-1)^{k_1+\cdots+k_n+n} \frac{(k_1+\cdots+k_n+m+n-1)!}{2!^{k_1} k_1! \cdot 3!^{k_2} k_2! \cdots (n+1)!^{k_n} k_n!}.
$$

证   设 $|x| < 1$, 显然 $\mathrm{e}^x - 1$ 与 $\ln(1+x)$ 互为反函数. 由于

$$
\frac{(\mathrm{e}^x - 1)^m}{m!} = \sum_{n=0}^{\infty} S(m+n, m) \frac{x^{m+n}}{(m+n)!}, \quad \ln(1+x) = \sum_{i=0}^{\infty} \frac{(-1)^i}{i+1} x^{i+1},
$$

在定理 15.13 中令 $\alpha(x) = \mathrm{e}^x - 1$, $\beta(x) = \ln(1+x)$, $b_i = \dfrac{(-1)^i}{i+1}$, 得

$$
\frac{m! S(m+n, m)}{(m+n)!} = [x^{m+n}](\mathrm{e}^x - 1)^m
$$

$$
= \frac{m}{(m+n)!} \sum_{k_1+2k_2+\cdots+nk_n=n} \frac{(k_1+\cdots+k_n+m+n-1)!}{k_1! \cdots k_n!}
$$

$$
\times (-1)^{k_1+k_2+\cdots+k_n} \cdot (-1)^{k_1+2k_2+\cdots+nk_n} \frac{1}{2^{k_1} \cdot 3^{k_2} \cdots (n+1)^{k_n}}.
$$

又

$$
\frac{(\ln(1+x))^m}{m!} = \sum_{n=0}^{\infty} (-1)^n s(m+n, m) \frac{x^{m+n}}{(m+n)!}, \quad \mathrm{e}^x - 1 = \sum_{i=0}^{\infty} \frac{x^{i+1}}{(i+1)!},
$$

在定理 15.13 中令 $\alpha(x) = \ln(1+x)$, $\beta(x) = \mathrm{e}^x - 1$, $b_i = \dfrac{1}{(i+1)!}$, 得

$$
\frac{(-1)^n m! s(m+n, m)}{(m+n)!} = [x^{m+n}](\ln(1+x))^m
$$

$$
= \frac{m}{(m+n)!} \sum_{k_1+2k_2+\cdots+nk_n=n} \frac{(k_1+\cdots+k_n+m+n-1)!}{k_1! \cdots k_n!}
$$

$$\times \frac{(-1)^{k_1+\cdots+k_n}}{2!^{k_1} \cdot 3!^{k_2} \cdots (n+1)!^{k_n}}.$$

于是定理得证.

推论 15.4　设 m 为正整数, 则

$$s(m+3,m) = \binom{m+3}{2}\binom{m+3}{4}, \quad S(m+3,m) = \binom{m+1}{2}\binom{m+3}{4}.$$

证　在定理 15.14 中取 $n=3$ 即得.

定理 15.15 (孙智宏 [3])　设 m,n 为正整数, i 为非负整数, 则

$$\sum_{r=0}^{n} \binom{n}{r}(-1)^{n-r}\binom{rx}{m}r^i = \frac{n!}{m!}\sum_{k=0}^{m}(-1)^{m-k}s(m,k)S(i+k,n)x^k.$$

特别地, 当 $m \leqslant n$ 时有

$$\sum_{r=0}^{n} \binom{n}{r}(-1)^{n-r}\binom{rx}{m}r^{n-m} = \frac{n!}{m!}x^m.$$

证　由于

$$m!\binom{rx}{m} = (rx)(rx-1)\cdots(rx-m+1) = \sum_{k=0}^{m}(-1)^{m-k}s(m,k)(rx)^k,$$

应用定理 15.5 有

$$\sum_{r=0}^{n} \binom{n}{r}(-1)^{n-r}\binom{rx}{m}r^i = \sum_{r=0}^{n}\binom{n}{r}(-1)^{n-r}r^i \cdot \frac{1}{m!}\sum_{k=0}^{m}(-1)^{m-k}s(m,k)(rx)^k$$

$$= \frac{1}{m!}\sum_{k=0}^{m}(-1)^{m-k}s(m,k)x^k\sum_{r=0}^{n}\binom{n}{r}(-1)^{n-r}r^{i+k}$$

$$= \frac{n!}{m!}\sum_{k=0}^{m}(-1)^{m-k}s(m,k)S(i+k,n)x^k.$$

若 $m \leqslant n$, 在上式中取 $i = n-m$ 即得

$$\sum_{r=0}^{n} \binom{n}{r}(-1)^{n-r}\binom{rx}{m}r^{n-m} = \frac{n!}{m!}\sum_{k=0}^{m}(-1)^{m-k}s(m,k)S(n+k-m,n)x^k$$

$$= \frac{n!}{m!}s(m,m)S(n,n)x^m = \frac{n!}{m!}x^m.$$

于是定理得证.

定理 15.16 设 p 为奇素数, $m \in \mathbb{Z}$, 则 $m^p \equiv m \pmod p$, 且

$$\frac{m^p - m}{p} \equiv \sum_{k=1}^{p-1} \frac{1}{k}\left[\frac{km}{p}\right] \pmod p.$$

证 根据定理 15.15, $m^p = \binom{mp}{p} + \sum_{k=1}^{p-1}\binom{p}{k}(-1)^{p-k}\binom{km}{p}$. 因 $\sum_{k=1}^{p-1}\frac{1}{k} \equiv$ $0 \pmod p$, 我们有

$$\binom{mp}{p} = m \cdot \frac{((m-1)p+1)\cdots((m-1)p+p-1)}{(p-1)!}$$

$$\equiv m\left(1 + (m-1)p\sum_{k=1}^{p-1}\frac{1}{k}\right) \equiv m \pmod{p^2}.$$

令 r_k 为 km 模 p 的最小非负剩余, 对 $k \in \{1, 2, \cdots, p-1\}$ 显然有

$$\binom{p}{k} = \frac{p(p-1)\cdots(p-k+1)}{k!} \equiv \frac{(-1)^{k-1}}{k}p \pmod{p^2}.$$

因此,

$$\sum_{k=1}^{p-1}\binom{p}{k}(-1)^{p-k}\binom{km}{p} \equiv \sum_{k=1}^{p-1}\frac{p}{k} \cdot \frac{(km)(km-1)\cdots(km-p+1)}{p!}$$

$$= p\sum_{k=1}^{p-1}\frac{1}{k} \cdot \frac{km-r_k}{p} \cdot \frac{1}{(p-1)!}\prod_{\substack{i=0 \\ i \neq r_k}}^{p-1}(km-i)$$

$$\equiv p\sum_{k=1}^{p-1}\frac{1}{k} \cdot \frac{km-r_k}{p} = p\sum_{k=1}^{p-1}\frac{1}{k}\left[\frac{km}{p}\right] \pmod{p^2}.$$

于是

$$m^p = \binom{mp}{p} + \sum_{k=1}^{p-1}\binom{p}{k}(-1)^{p-k}\binom{km}{p} \equiv m + p\sum_{k=1}^{p-1}\frac{1}{k}\left[\frac{km}{p}\right] \pmod{p^2}.$$

由此即得定理结论.

设 p 为素数, 有理 p-整数是指分母与 p 互质的有理数, 令 $\mathbb{Z}_p$ 为全体有理 p-整数构成的集合. 根据定理 7.12, 有理 p-整数模 p^n 有意义, 这里 n 为正整数.

定理 15.17 (孙智宏 [3])　设 $m, n \in \mathbb{Z}^+$, $m < n$, 则当 p 为奇素数时

$$\frac{m!s(n,m)}{n!}p^{n-1-m} \in \mathbb{Z}_p, \quad \frac{m!S(n,m)}{n!}p^{n-1-m} \in \mathbb{Z}_p.$$

此外,

$$\frac{m!s(n,m)}{n!}2^{n-m} \equiv \binom{m}{n-m} \pmod{2}, \quad \frac{m!S(n,m)}{n!}2^{n-m} \in \mathbb{Z}_2.$$

证　根据定理 15.3 和定理 15.10,

$$\frac{s(n,m)m!}{n!}p^{n-m} = \sum_{\substack{k_1+k_2+\cdots+k_n=m \\ k_1+2k_2+\cdots+nk_n=n}} \frac{(k_1+k_2+\cdots+k_n)!}{k_1!k_2!\cdots k_n!} \prod_{r=1}^{n} \left(\frac{p^{r-1}}{r}\right)^{k_r},$$

$$\frac{S(n,m)m!}{n!}p^{n-m} = \sum_{\substack{k_1+k_2+\cdots+k_n=m \\ k_1+2k_2+\cdots+nk_n=n}} \frac{(k_1+k_2+\cdots+k_n)!}{k_1!k_2!\cdots k_n!} \prod_{r=1}^{n} \left(\frac{p^{r-1}}{r!}\right)^{k_r}.$$

显然有

$$\frac{(k_1+k_2+\cdots+k_n)!}{k_1!k_2!\cdots k_n!}$$
$$= \binom{k_1+k_2+\cdots+k_n}{k_1}\binom{k_2+\cdots+k_n}{k_2}\cdots\binom{k_{n-1}+k_n}{k_{n-1}}\binom{k_n}{k_n} \in \mathbb{Z},$$

对素数 p 和正整数 r, 若 α 为最大的非负整数使得 $p^\alpha \mid r!$, 则熟知 $\alpha = \sum_{i=1}^{\infty}\left[\frac{r}{p^i}\right] \leqslant$ $\left[\frac{r}{p}\right] \leqslant \left[\frac{r}{2}\right] \leqslant r - 1$. 因此 $\frac{p^{r-1}}{r}, \frac{p^{r-1}}{r!} \in \mathbb{Z}_p$. 于是 $\frac{m!s(n,m)}{n!}p^{n-m} \in \mathbb{Z}_p$ 和 $\frac{m!S(n,m)}{n!}p^{n-m} \in \mathbb{Z}_p$.

当 $p > 2$ 且 $r > 1$ 时 $\alpha \leqslant \left[\frac{r}{p}\right] \leqslant \left[\frac{r}{3}\right] \leqslant r - 2$, 故 $\frac{p^{r-1}}{r} \equiv \frac{p^{r-1}}{r!} \equiv 0 \pmod{p}$. 若 $k_1, \cdots, k_n$ 为非负整数, 满足 $k_1 + k_2 + \cdots + k_n = m$ 和 $k_1 + 2k_2 + \cdots + nk_n = n$, 则因 $m < n$ 有 $k_1 \neq m$. 于是存在 $r \in \{2, 3, \cdots, n\}$ 使得 $k_r \in \mathbb{Z}^+$, 从而 $\left(\frac{p^{r-1}}{r}\right)^{k_r} \equiv \left(\frac{p^{r-1}}{r!}\right)^{k_r} \equiv 0 \pmod{p}$. 因此 $p > 2$ 时 $\frac{m!s(n,m)}{n!}p^{n-1-m} \in \mathbb{Z}_p$ 和 $\frac{m!S(n,m)}{n!}p^{n-1-m} \in \mathbb{Z}_p$.

当 $r \in \{3, 4, \cdots\}$ 时易见 $2^{r-1}/r \equiv 0 \pmod 2$. 因此

$$\frac{m!s(n,m)}{n!}2^{n-m} = \sum_{\substack{k_1+k_2+\cdots+k_n=m \\ k_1+2k_2+\cdots+nk_n=n}} \frac{(k_1+k_2+\cdots+k_n)!}{k_1!k_2!\cdots k_n!} \prod_{r=1}^{n}\left(\frac{2^{r-1}}{r}\right)^{k_r}$$

$$\equiv \sum_{\substack{k_1+k_2=m \\ k_1+2k_2=n}} \frac{(k_1+k_2)!}{k_1!k_2!} = \binom{m}{n-m} \pmod 2.$$

综上, 定理得证.

参 考 读 物

[1] Comtet L. 高等组合学——有限和无限展开的艺术. 谭明术, 等译. 大连: 大连理工大学出版社, 1991.

[2] 孙智宏. 排列组合与容斥原理. 苏州: 苏州大学出版社, 2016.

[3] Sun Z H. Congruences involving Bernoulli polynomials. Discrete Math., 2008, 308: 71-112.

[4] Sun Z H. Some inversion formulas and formulas for Stirling numbers. Graphs and Combinatorics, 2013, 29: 1087-1100.

第 16 讲 p-正则函数

Chasles (沙勒): 应当把特殊的定理推广成最普遍的同时还应是最简单而自然的结果. 总有一个主要的真理, 人们会认出它来, 因为别的定理都将通过简单的变换或作为容易的推论而从它得出. 作为知识基础的伟大的真理总具有简单和直观的特色.

出于研究 Bernoulli 数同余式的需要, 孙智宏在 2000 年发表的论文 [1] 中引入 p-正则函数概念, 并使用组合方法探讨 p-正则函数性质. 在 2008 年发表的论文 [2] 中, 孙智宏更深入地研究了 p-正则函数. 本讲系统讲解 p-正则函数性质.

设 p 为素数, 有理 p-整数是指分母与 p 互质的有理数, 令 $\mathbb{Z}_p$ 为全体有理 p-整数构成的集合.

定义 16.1 设 p 为素数, $f(0), f(1), \cdots$ 都是有理 p-整数, 并且

$$\sum_{k=0}^{n} \binom{n}{k} (-1)^k f(k) \equiv 0 \pmod{p^n} \quad (n = 1, 2, 3, \cdots),$$

则称 f 为 p-正则函数.

例 16.1 设 p 为素数, $a \in \mathbb{Z}^+$, $p \nmid a$, b 为非负整数, 则 $f(k) = a^{k(p-1)+b}$ 为 p-正则函数.

证 根据 Fermat 小定理, 对正整数 n 有

$$\sum_{k=0}^{n} \binom{n}{k} (-1)^k f(k)$$
$$= \sum_{k=0}^{n} \binom{n}{k} (-a^{p-1})^k a^b = (1 - a^{p-1})^n a^b \equiv 0 \pmod{p^n},$$

故 $f(k)$ 为 p-正则函数.

定理 16.1 设 p 为素数, 则 f 为 p-正则函数当且仅当对每个正整数 n 存在 $a_0, a_1, \cdots, a_{n-1} \in \mathbb{Z}_p$ 使得

$$f(k) \equiv a_{n-1} k^{n-1} + \cdots + a_1 k + a_0 \pmod{p^n} \quad (k = 0, 1, 2, \cdots),$$

并且当 f 为 p-正则函数时, 可以选择 a_i 使得 $a_i \cdot i!/p^i \in \mathbb{Z}_p$ $(i = 0, 1, \cdots, n-1)$, 当 f 为 p-正则函数且 $p \geqslant n$ 时, $a_0, \cdots, a_{n-1}$ 模 p^n 唯一确定.

证 先设 f 为 p-正则函数, 对非负整数 r 令 $A_r = \dfrac{1}{p^r} \sum_{i=0}^{r} \binom{r}{i}(-1)^i f(i)$,
则 $A_r \in \mathbb{Z}_p$. 应用二项式反演公式, 对非负整数 k 有

$$f(k) = \sum_{r=0}^{k} \binom{k}{r}(-1)^r p^r A_r \equiv \sum_{r=0}^{n-1} \binom{k}{r}(-1)^r p^r A_r$$

$$= A_0 + \sum_{r=1}^{n-1} \left(\sum_{i=1}^{r} (-1)^{r-i} s(r,i) k^i \right) \frac{(-p)^r}{r!} A_r$$

$$= A_0 + \sum_{i=1}^{n-1} \left(\sum_{r=i}^{n-1} s(r,i) \frac{p^r}{r!} A_r \right)(-k)^i = \sum_{i=0}^{n-1} a_i k^i \pmod{p^n},$$

其中

$$a_0 = A_0, \quad a_i = (-1)^i \sum_{r=i}^{n-1} s(r,i)\frac{p^r}{r!}A_r \quad (i = 1, 2, \cdots, n-1).$$

因 $p^r/r! \in \mathbb{Z}_p$, $A_r \in \mathbb{Z}_p$, 我们有 $a_0, a_1, \cdots, a_{n-1} \in \mathbb{Z}_p$. 根据定理 15.17,

$$\frac{a_i \cdot i!}{p^i} = (-1)^i \sum_{r=i}^{n-1} \frac{s(r,i) \cdot i!}{r!} p^{r-i} A_r \in \mathbb{Z}_p \quad (i = 0, 1, \cdots, n-1).$$

现设 $p \geqslant n$, $a_r, b_r \in \mathbb{Z}_p$ $(r = 0, 1, \cdots, n-1)$, 且

$$f(k) \equiv \sum_{r=0}^{n-1} a_r k^r \equiv \sum_{r=0}^{n-1} b_r k^r \pmod{p^n} \quad (k = 0, 1, 2, \cdots),$$

根据推论 15.1(Euler 恒等式) 知, 当 $r \in \{0, 1, \cdots, m\}$ 时有

$$\sum_{k=0}^{m} \binom{m}{k}(-1)^{m-k} k^r = \begin{cases} m!, & \text{若 } r = m, \\ 0, & \text{若 } r < m. \end{cases} \tag{16.1}$$

因此, 对 $m = 0, 1, \cdots, n-1$ 有

$$(a_m - b_m)m! = \sum_{k=0}^{m} \binom{m}{k}(-1)^{m-k} \left(\sum_{r=0}^{m} (a_r - b_r)k^r \right).$$

由于 $m \leqslant n-1 \leqslant p-1$, 故有 $p \nmid m!$. 由上可见

$$\sum_{r=0}^{m} (a_r - b_r)k^r \equiv 0 \pmod{p^n} \quad (k = 0, 1, 2, \cdots),$$

蕴含 $a_m \equiv b_m \pmod{p^n}$, 从而有

$$\sum_{r=0}^{m-1} (a_r - b_r) k^r \equiv 0 \pmod{p^n} \quad (k = 0, 1, 2, \cdots).$$

因为 $\sum_{r=0}^{n-1}(a_r - b_r)k^r \equiv 0 \pmod{p^n}$ $(k = 0, 1, 2 \cdots)$, 由上有 $a_{n-1} - b_{n-1} \equiv \cdots \equiv$ $a_0 - b_0 \equiv 0 \pmod{p^n}$. 于是当 $p \geqslant n$ 时 $a_0, a_1, \cdots, a_{n-1}$ 模 p^n 唯一确定.

最后, 如果对每个 $n \in \mathbb{Z}^+$, 存在 $a_0, a_1, \cdots, a_{n-1} \in \mathbb{Z}_p$, 使得

$$f(k) \equiv \sum_{r=0}^{n-1} a_r k^r \pmod{p^n} \quad (k = 0, 1, \cdots, n),$$

则由 Euler 恒等式 (16.1) 知

$$\sum_{k=0}^{n} \binom{n}{k}(-1)^k f(k) \equiv \sum_{r=0}^{n-1} \left(\sum_{k=0}^{n} \binom{n}{k}(-1)^k k^r \right) a_r = 0 \pmod{p^n},$$

故 f 为 p-正则函数.

综上, 定理得证.

引理 16.1 设 n 为非负整数, 对任给函数 f 和 g 有

$$\sum_{k=0}^{n} \binom{n}{k}(-1)^k f(k)g(k)$$

$$= \sum_{s=0}^{n} \binom{n}{s} \left(\sum_{r=0}^{s} \binom{s}{r}(-1)^r F(n-s+r) \right) G(s),$$

其中

$$F(m) = \sum_{k=0}^{m} \binom{m}{k}(-1)^k f(k), \quad G(m) = \sum_{k=0}^{m} \binom{m}{k}(-1)^k g(k).$$

证 先用归纳法证明对非负整数 m 有

$$\sum_{r=0}^{n} \binom{n}{r}(-1)^r f(r+m) = \sum_{r=0}^{m} \binom{m}{r}(-1)^r F(r+n). \tag{16.2}$$

显然 $m = 0$ 时公式正确, 假设公式在 $m = k$ 时成立, 则有

$$\sum_{r=0}^{n} \binom{n}{r}(-1)^r f(r+k+1)$$

$$= \sum_{s=0}^{n} \binom{n}{s} (-1)^s f(k+s) - \sum_{s=0}^{n+1} \binom{n+1}{s} (-1)^s f(k+s)$$

$$= \sum_{s=0}^{k} \binom{k}{s} (-1)^s F(n+s) - \sum_{s=0}^{k} \binom{k}{s} (-1)^s F(n+1+s)$$

$$= \sum_{s=0}^{k+1} \binom{k+1}{s} (-1)^s F(n+s).$$

由此及数学归纳法知 (16.2) 成立.

根据二项式反演公式, $g(k) = \sum_{s=0}^{k} \binom{k}{s} (-1)^s G(s)$. 因此利用 (16.2) 得

$$\sum_{k=0}^{n} \binom{n}{k} (-1)^k f(k) g(k) = \sum_{k=0}^{n} \binom{n}{k} (-1)^k f(k) \sum_{s=0}^{k} \binom{k}{s} (-1)^s G(s)$$

$$= \sum_{s=0}^{n} \left(\sum_{k=s}^{n} \binom{n}{k} \binom{k}{s} (-1)^{k-s} f(k) \right) G(s)$$

$$= \sum_{s=0}^{n} \binom{n}{s} \left(\sum_{k=s}^{n} \binom{n-s}{k-s} (-1)^{k-s} f(k) \right) G(s)$$

$$= \sum_{s=0}^{n} \binom{n}{s} \left(\sum_{r=0}^{n-s} \binom{n-s}{r} (-1)^{r} f(r+s) \right) G(s)$$

$$= \sum_{s=0}^{n} \binom{n}{s} \left(\sum_{r=0}^{s} \binom{s}{r} (-1)^{r} F(n-s+r) \right) G(s).$$

这就证明了引理.

定理 16.2 (乘积定理) 设 p 为素数, f 与 g 为 p-正则函数, 则 $f \cdot g$ 也是 p-正则函数.

证 令

$$F(m) = \sum_{k=0}^{m} \binom{m}{k} (-1)^k f(k), \quad G(m) = \sum_{k=0}^{m} \binom{m}{k} (-1)^k g(k),$$

则由 f 与 g 为 p-正则函数知, 对 $0 \leqslant r \leqslant s \leqslant n$ 有

$$F(n-s+r) \equiv 0 \pmod{p^{n-s+r}}, \quad G(s) \equiv 0 \pmod{p^s},$$

从而 $F(n-s+r)G(s) \equiv 0 \pmod{p^{n+r}}$. 于是由引理 16.1 知, 对正整数 n 有

$$\sum_{k=0}^{n} \binom{n}{k}(-1)^k f(k)g(k)$$

$$= \sum_{s=0}^{n} \binom{n}{s}\left(\sum_{r=0}^{s}\binom{s}{r}(-1)^r F(n-s+r)\right)G(s) \equiv 0 \pmod{p^n}.$$

因此 $f \cdot g$ 是 p-正则函数.

定理 16.3   设 p 为素数, f 为 p-正则函数, m,n 为正整数, t 为非负整数, 则

$$\sum_{r=0}^{n} \binom{n}{r}(-1)^r f(p^{m-1}rt) \equiv 0 \pmod{p^{mn}},$$

并且

$$\sum_{r=0}^{n} \binom{n}{r}(-1)^r f(p^{m-1}rt)$$

$$\equiv \begin{cases} p^{mn}t^n A_n \pmod{p^{mn+1}}, & \text{若 } p>2 \text{ 或 } m=1, \\ 2^{mn}t^n \sum_{r=0}^{n}\binom{n}{r}A_{r+n} \pmod{2^{mn+1}}, & \text{若 } p=2 \text{ 且 } m \geqslant 2, \end{cases}$$

其中 $A_k = p^{-k}\sum_{r=0}^{k}\binom{k}{r}(-1)^r f(r)$.

证   因 f 为 p-正则函数, 我们有 $A_k \in \mathbb{Z}_p$ $(k=0,1,2,\cdots)$. 令

$$a_0 = A_0, \quad a_i = (-1)^i \sum_{r=i}^{n} s(r,i)\frac{p^r}{r!}A_r \quad (i=1,2,\cdots,n).$$

由 $p^r/r! \in \mathbb{Z}_p$ 和 $A_r \in \mathbb{Z}_p$ 知, $a_0,\cdots,a_n \in \mathbb{Z}_p$. 根据定理 16.1 证明有

$$f(k) \equiv \sum_{i=0}^{n} a_i k^i \pmod{p^{n+1}} \quad (k=0,1,2,\cdots).$$

于是由推论 15.1 (Euler 恒等式) 知

$$\sum_{r=0}^{n} \binom{n}{r}(-1)^r f(rt) \equiv \sum_{r=0}^{n}\binom{n}{r}(-1)^r \sum_{i=0}^{n} a_i(rt)^i$$

$$= \sum_{r=0}^{n}\binom{n}{r}(-1)^r \cdot a_n r^n t^n = a_n(-t)^n n!$$

$$= (-1)^n s(n,n)\frac{p^n}{n!}A_n \cdot (-t)^n n! = p^n t^n A_n \pmod{p^{n+1}}.$$

因此 $m=1$ 时结论成立.

现设 $m \geqslant 2$. 根据二项式反演公式, $f(k) = \sum_{s=0}^{k}\binom{k}{s}(-p)^s A_s$. 因此, 利用定理 15.15 有

$$\sum_{r=0}^{n}\binom{n}{r}(-1)^r f(p^{m-1}rt)$$

$$= \sum_{r=0}^{n}\binom{n}{r}(-1)^r \sum_{k=0}^{p^{m-1}rt}\binom{p^{m-1}rt}{k}(-p)^k A_k$$

$$= \sum_{k=0}^{p^{m-1}nt}(-p)^k A_k \sum_{r=0}^{n}\binom{n}{r}(-1)^r\binom{p^{m-1}rt}{k}$$

$$= \sum_{k=n}^{p^{m-1}nt}(-p)^k A_k \cdot (-1)^n \frac{n!}{k!}\sum_{j=n}^{k}(-1)^{k-j}s(k,j)S(j,n)\left(p^{m-1}t\right)^j$$

$$= \sum_{k=n}^{p^{m-1}nt}(-p)^n(-1)^k A_k \sum_{j=n}^{k}(-1)^{k-j}\frac{s(k,j)j!}{k!}p^{k-j}\cdot\frac{S(j,n)n!}{j!}p^{j-n}\cdot\left(p^{m-1}t\right)^j$$

$$= A_n t^n p^{mn} + \sum_{k=n+1}^{p^{m-1}nt}(-p)^n(-1)^k A_k\left(\frac{(-1)^{k-n}s(k,n)n!}{k!}p^{k-n}\cdot p^{(m-1)n}t^n\right.$$

$$\left.+ \sum_{j=n+1}^{k}\frac{(-1)^{k-j}s(k,j)j!}{k!}p^{k-j}\cdot\frac{S(j,n)n!}{j!}p^{j-n}\cdot(p^{m-1}t)^j\right).$$

根据定理 15.17, 对 $j,k,n \in \mathbb{Z}^+$ 有

$$\frac{s(k,j)j!}{k!}p^{k-j}\in\mathbb{Z}_p,\qquad \frac{S(j,n)n!}{j!}p^{j-n}\in\mathbb{Z}_p.$$

注意到 $(m-1)(n+1)+n \geqslant mn+1$, 由上及定理 15.17 得到

$$\sum_{r=0}^{n}\binom{n}{r}(-1)^r f(p^{m-1}rt)$$

$$\equiv p^{mn}t^n\left(A_n + \sum_{k=n+1}^{p^{m-1}nt}\frac{s(k,n)n!}{k!}p^{k-n}A_k\right)$$

$$\equiv \begin{cases} p^{mn}t^n A_n \pmod{p^{mn+1}}, & \text{若 } p > 2, \\ 2^{mn}t^n \sum_{k=n}^{2^{m-1}nt} \binom{n}{k-n} A_k = 2^{mn}t^n \sum_{r=0}^{n} \binom{n}{r} A_{r+n} \pmod{2^{mn+1}}, & \text{若 } p = 2. \end{cases}$$

于是定理得证.

引理 16.2 设 n 为正整数, k 为非负整数, 对任何函数 f 有

$$f(k) = \sum_{r=0}^{n-1} (-1)^{n-1-r} \binom{k-1-r}{n-1-r} \binom{k}{r} f(r)$$

$$+ \sum_{r=n}^{k} \binom{k}{r} (-1)^r \sum_{s=0}^{r} \binom{r}{s} (-1)^s f(s).$$

证 由 (4.8) 知, $\sum_{j=0}^{m} (-1)^j \binom{x}{j} = (-1)^m \binom{x-1}{m}$, 因此

$$\sum_{r=0}^{n-1} \binom{k}{r} (-1)^r \sum_{s=0}^{r} \binom{r}{s} (-1)^s f(s)$$

$$= \sum_{s=0}^{n-1} \sum_{r=s}^{n-1} \binom{k}{r} \binom{r}{s} (-1)^{r-s} f(s)$$

$$= \sum_{s=0}^{n-1} \binom{k}{s} \sum_{r=s}^{n-1} \binom{k-s}{r-s} (-1)^{r-s} f(s)$$

$$= \sum_{s=0}^{n-1} \binom{k}{s} f(s) \sum_{j=0}^{n-1-s} \binom{k-s}{j} (-1)^j$$

$$= \sum_{r=0}^{n-1} (-1)^{n-1-r} \binom{k-1-r}{n-1-r} \binom{k}{r} f(r).$$

于是根据二项式反演公式有

$$f(k)$$

$$= \sum_{r=0}^{k} \binom{k}{r} (-1)^r \sum_{s=0}^{r} \binom{r}{s} (-1)^s f(s)$$

$$= \sum_{r=0}^{n-1} \binom{k}{r} (-1)^r \sum_{s=0}^{r} \binom{r}{s} (-1)^s f(s) + \sum_{r=n}^{k} \binom{k}{r} (-1)^r \sum_{s=0}^{r} \binom{r}{s} (-1)^s f(s)$$

$$= \sum_{r=0}^{n-1}(-1)^{n-1-r}\binom{k-1-r}{n-1-r}\binom{k}{r}f(r) + \sum_{r=n}^{k}\binom{k}{r}(-1)^r\sum_{s=0}^{r}\binom{r}{s}(-1)^s f(s).$$

定理 16.4　设 p 为素数, $k,m,n,t \in \mathbb{Z}^+$, f 为 p-正则函数, 则

$$f(ktp^{m-1}) \equiv \sum_{r=0}^{n-1}(-1)^{n-1-r}\binom{k-1-r}{n-1-r}\binom{k}{r}f(rtp^{m-1}) \pmod{p^{mn}},$$

并且

$$f(ktp^{m-1}) - \sum_{r=0}^{n-1}(-1)^{n-1-r}\binom{k-1-r}{n-1-r}\binom{k}{r}f(rtp^{m-1})$$

$$\equiv \begin{cases} p^{mn}\dbinom{k}{n}(-t)^n A_n \pmod{p^{mn+1}}, & \text{若 } p > 2 \text{ 或 } m = 1, \\ 2^{mn}\dbinom{k}{n}(-t)^n \displaystyle\sum_{r=0}^{n}\binom{n}{r}A_{r+n} \pmod{2^{mn+1}}, & \text{若 } p = 2 \text{ 且 } m \geqslant 2, \end{cases}$$

其中 $A_s = p^{-s}\sum_{r=0}^{s}\binom{s}{r}(-1)^r f(r)$.

证　根据引理 16.2,

$$f(ktp^{m-1}) = \sum_{r=0}^{n-1}(-1)^{n-1-r}\binom{k-1-r}{n-1-r}\binom{k}{r}f(rtp^{m-1})$$

$$+ \sum_{r=n}^{k}\binom{k}{r}(-1)^r\sum_{s=0}^{r}\binom{r}{s}(-1)^s f(stp^{m-1}),$$

其中第二个和式在 $n > k$ 时为 0. 由定理 16.3 知

$$\sum_{r=n}^{k}\binom{k}{r}(-1)^r\sum_{s=0}^{r}\binom{r}{s}(-1)^s f(stp^{m-1})$$

$$\equiv (-1)^n\binom{k}{n}\sum_{s=0}^{n}\binom{n}{s}(-1)^s f(stp^{m-1})$$

$$\equiv \begin{cases} \dbinom{k}{n}p^{mn}(-t)^n A_n \pmod{p^{mn+1}}, & \text{若 } p > 2 \text{ 或 } m = 1, \\ \dbinom{k}{n}2^{mn}(-t)^n \displaystyle\sum_{r=0}^{n}\binom{n}{r}A_{r+n} \pmod{2^{mn+1}}, & \text{若 } p = 2 \text{ 且 } m \geqslant 2. \end{cases}$$

综上定理得证.

在定理 16.4 中取 $n = 1, 2, 3$ 可得如下结果:

推论 16.1 设 p 为素数, f 为 p-正则函数, $k, m, t \in \mathbb{Z}^+$, 则

$$f(kp^{m-1}) \equiv f(0) \pmod{p^m},$$

$$f(ktp^{m-1}) \equiv kf(tp^{m-1}) - (k-1)f(0) \pmod{p^{2m}},$$

$$f(ktp^{m-1}) \equiv \frac{k(k-1)}{2}f(2tp^{m-1}) - k(k-2)f(tp^{m-1})$$
$$+ \frac{(k-1)(k-2)}{2}f(0) \pmod{p^{3m}},$$

$$f(kp^{m-1}) \equiv \begin{cases} f(0) - k(f(0) - f(1))p^{m-1} \pmod{p^{m+1}}, \\ \qquad\qquad 若\, p > 2 \,或\, m = 1, \\ f(0) - 2^{m-2}k(f(2) - 4f(1) + 3f(0)) \pmod{2^{m+1}}, \\ \qquad\qquad 若\, p = 2 \,且\, m \geqslant 2. \end{cases}$$

参 考 读 物

[1] Sun Z H. Congruences concerning Bernoulli numbers and Bernoulli polynomials. Discrete Appl. Math., 2000, 105: 193-223.

[2] Sun Z H. Congruences involving Bernoulli polynomials. Discrete Math., 2008, 308: 71-112.

第 17 讲 Bernoulli 数与 Euler 数

Banach (巴拿赫): 一个人是数学家, 那是因为他善于发现判断之间的类似; 如果他能判明论证之间的类似, 他就是个优秀的数学家; 要是他竟识破理论之间的类似, 那么他就成了杰出的数学家. 可是, 我认为还应当有这样的数学家, 他能够洞察类似之间的类似.

Jacob Bernoulli (雅各布·伯努利) 在研究 $1^m + 2^m + \cdots + (n-1)^m$ 求和问题时引入 Bernoulli 数 B_n, Bernoulli 数是最神奇的数列之一, 在分析、组合、数论及计算数学中有许多漂亮的应用, 本讲展示 Bernoulli 数和类似的 Euler 数优美性质, 其中包含孙智宏的许多相关成果.

17.1 Bernoulli 数与 Bernoulli 多项式

定义 17.1 Bernoulli 数 $\{B_n\}$ 由如下初值和递推关系给出:

$$B_0 = 1, \quad \sum_{k=0}^{n-1} \binom{n}{k} B_k = 0 \quad (n = 2, 3, 4, \cdots).$$

Bernoulli 数的最初一些数值如下:

$$B_0 = 1, \quad B_1 = -\frac{1}{2}, \quad B_2 = \frac{1}{6}, \quad B_4 = -\frac{1}{30}, \quad B_6 = \frac{1}{42}, \quad B_8 = -\frac{1}{30},$$

$$B_{10} = \frac{5}{66}, \quad B_{12} = -\frac{691}{2730}, \quad B_{14} = \frac{7}{6}, \quad B_{16} = -\frac{3617}{510}, \quad B_{18} = \frac{43867}{798},$$

$$B_{20} = -\frac{174611}{330}, \quad B_{22} = \frac{854513}{138},$$

$$B_3 = B_5 = B_7 = \cdots = B_{21} = 0.$$

定理 17.1 (Euler)

$$\sum_{n=0}^{\infty} \frac{B_n}{n!} x^n = \frac{x}{\mathrm{e}^x - 1} \quad (|x| < 2\pi).$$

证 易见

$$(\mathrm{e}^x - 1)\left(\sum_{n=0}^{\infty} \frac{B_n x^n}{n!}\right) = \left(\sum_{m=1}^{\infty} \frac{1}{m!} x^m\right)\left(\sum_{k=0}^{\infty} \frac{B_k}{k!} x^k\right)$$

$$= \sum_{n=1}^{\infty} \left(\sum_{k=0}^{n-1} \frac{B_k}{k!} \cdot \frac{1}{(n-k)!} \right) x^n$$

$$= x + \sum_{n=2}^{\infty} \frac{1}{n!} \sum_{k=0}^{n-1} \binom{n}{k} B_k x^n = x.$$

于是定理得证.

定理 17.2　当 n 为正整数时, $B_{2n+1} = 0$.

证　因

$$\sum_{m=0}^{\infty} \frac{B_m}{m!} (-x)^m = \frac{-x}{e^{-x}-1} = \frac{-x e^x}{1-e^x} = \frac{x(e^x-1+1)}{e^x-1}$$

$$= x + \frac{x}{e^x-1} = x + \sum_{m=0}^{\infty} \frac{B_m}{m!} x^m,$$

当 $m > 1$ 时, 比较两边 x^m 项系数得 $\dfrac{B_m}{m!}(-1)^m = \dfrac{B_m}{m!}$. 由此立得 $B_{2n+1} = 0$.

定理 17.3 (Bernoulli 幂和公式)　设 m, n 为正整数, 则

$$1^m + 2^m + \cdots + (n-1)^m = \frac{1}{m+1} \sum_{k=0}^{m} \binom{m+1}{k} B_k n^{m+1-k}.$$

证　由于

$$\sum_{m=0}^{\infty} \left(1^m + 2^m + \cdots + (n-1)^m \right) \frac{x^m}{m!}$$

$$= \sum_{m=0}^{\infty} \sum_{k=0}^{n-1} \frac{(kx)^m}{m!} = \sum_{k=0}^{n-1} \sum_{m=0}^{\infty} \frac{(kx)^m}{m!}$$

$$= \sum_{k=0}^{n-1} e^{kx} = \frac{e^{nx}-1}{e^x-1} = \frac{e^{nx}-1}{x} \cdot \frac{x}{e^x-1}$$

$$= \left(\sum_{r=1}^{\infty} \frac{n^r x^{r-1}}{r!} \right) \left(\sum_{k=0}^{\infty} \frac{B_k}{k!} x^k \right) = \sum_{m=0}^{\infty} \left(\sum_{k=0}^{m} \frac{B_k}{k!} \cdot \frac{n^{m+1-k}}{(m+1-k)!} \right) x^m$$

$$= \sum_{m=0}^{\infty} \frac{1}{m+1} \left(\sum_{k=0}^{m} \binom{m+1}{k} B_k n^{m+1-k} \right) \frac{x^m}{m!},$$

比较两边 x^m 项系数即得定理结论.

推论 17.1　设 n 为正整数, 则

$$1^3 + 2^3 + \cdots + (n-1)^3 = \left(\frac{n(n-1)}{2}\right)^2 = (1 + 2 + \cdots + (n-1))^2,$$

$$1^4 + 2^4 + \cdots + (n-1)^4 = \frac{1}{5}\left(n^5 - \frac{5}{2}n^4 + \frac{5}{3}n^3 - \frac{1}{6}n\right).$$

定理 17.4 (Euler)

$$x \cot x = \sum_{n=0}^{\infty} \frac{(-1)^n 2^{2n} B_{2n}}{(2n)!} x^{2n} \quad (0 < |x| < \pi), \tag{17.1}$$

$$\tan x = \sum_{n=1}^{\infty} \frac{(-1)^{n-1} 2^{2n}(2^{2n}-1)B_{2n}}{(2n)!} x^{2n-1} \quad \left(|x| < \frac{\pi}{2}\right), \tag{17.2}$$

$$x \csc x = \sum_{n=0}^{\infty}(2^{2n}-2)(-1)^{n-1}B_{2n}\frac{x^{2n}}{(2n)!} \quad (|x| < \pi). \tag{17.3}$$

证　由 Euler 公式 $\mathrm{e}^{\mathrm{i}x} = \cos x + \mathrm{i}\sin x$ 知

$$x \cot x = x\frac{\cos x}{\sin x} = x\frac{(\mathrm{e}^{\mathrm{i}x} + \mathrm{e}^{-\mathrm{i}x})/2}{(\mathrm{e}^{\mathrm{i}x} - \mathrm{e}^{-\mathrm{i}x})/2\mathrm{i}} = \mathrm{i}x \cdot \frac{\mathrm{e}^{2\mathrm{i}x} + 1}{\mathrm{e}^{2\mathrm{i}x} - 1}$$

$$= \mathrm{i}x + \frac{2\mathrm{i}x}{\mathrm{e}^{2\mathrm{i}x} - 1} = 1 + \sum_{n=2}^{\infty} \frac{B_n}{n!}(2\mathrm{i}x)^n = \sum_{n=0}^{\infty} \frac{B_{2n}}{(2n)!} 2^{2n}(-1)^n x^{2n}.$$

利用 (17.1) 及

$$\tan x = \cot x - 2\cot 2x, \quad \csc x = \cot\frac{x}{2} - \cot x$$

即得 (17.2) 和 (17.3).

定理 17.5 (Euler, 1739)　设 m 为正整数, 则

$$\sum_{n=1}^{\infty} \frac{1}{n^{2m}} = \frac{(-1)^{m-1}B_{2m}(2\pi)^{2m}}{2 \cdot (2m)!}.$$

证　对 $s > 1$, 记 $\zeta(s) = \sum_{n=1}^{\infty} \frac{1}{n^s}$. 由 (12.3) 知 $x \notin \mathbb{Z}$ 时, $\cot \pi x = \frac{1}{\pi}\sum_{n=-\infty}^{+\infty} \frac{1}{x+n}$, 故

$$x \cot x = 1 + \sum_{n=1}^{\infty}\left(\frac{x}{x+n\pi} + \frac{x}{x-n\pi}\right) = 1 - 2\sum_{n=1}^{\infty} \frac{x^2/(n^2\pi^2)}{1 - x^2/(n^2\pi^2)}$$

$$= 1 - 2 \sum_{n=1}^{\infty} \left(\frac{x^2}{n^2 \pi^2} + \frac{x^4}{n^4 \pi^4} + \frac{x^6}{n^6 \pi^6} + \cdots \right)$$

$$= 1 - 2 \left(\frac{x^2}{\pi^2} \zeta(2) + \frac{x^4}{\pi^4} \zeta(4) + \frac{x^6}{\pi^6} \zeta(6) + \cdots \right)$$

$$= 1 - 2 \sum_{m=1}^{\infty} \zeta(2m) \frac{x^{2m}}{\pi^{2m}}.$$

这同 (17.1) 比较即得所需.

注 17.1 在定理 17.5 中取 $m = 1, 2, 3$ 得

$$\sum_{n=1}^{\infty} \frac{1}{n^2} = \frac{\pi^2}{6}, \quad \sum_{n=1}^{\infty} \frac{1}{n^4} = \frac{\pi^4}{90}, \quad \sum_{n=1}^{\infty} \frac{1}{n^6} = \frac{\pi^6}{945},$$

其中第一个等式在第 12 讲中讨论过.

推论 17.2 设 m 为正整数, 则 $(-1)^{m-1} B_{2m} > 0$.

推论 17.3 当 $m \to +\infty$ 时, $\left| \dfrac{B_{2m}}{2m} \right| \to +\infty$.

证 由定理 17.5 及 $\zeta(2m) > 1$ 知 $|B_{2m}| > \dfrac{2 \cdot (2m)!}{(2\pi)^{2m}}$. 又因 $\mathrm{e}^n > \dfrac{n^n}{n!}$, 故有

$|B_{2m}| > 2 \left(\dfrac{m}{\pi \mathrm{e}} \right)^{2m}$, 从而 $m \to +\infty$ 时 $\left| \dfrac{B_{2m}}{2m} \right| \to +\infty$.

定义 17.2 Bernoulli 多项式 $\{B_n(x)\}$ 由下式给出

$$B_n(x) = \sum_{k=0}^{n} \binom{n}{k} B_k x^{n-k} \quad (n = 0, 1, 2, \cdots).$$

前几个 Bernoulli 多项式如下:

$$B_0(x) = 1, \quad B_1(x) = x - \frac{1}{2}, \quad B_2(x) = x^2 - x + \frac{1}{6},$$

$$B_3(x) = x^3 - \frac{3}{2} x^2 + \frac{1}{2} x, \quad B_4(x) = x^4 - 2x^3 + x^2 - \frac{1}{30},$$

$$B_5(x) = x^5 - \frac{5}{2} x^4 + \frac{5}{3} x^3 - \frac{1}{6} x, \quad B_6(x) = x^6 - 3x^5 + \frac{5}{2} x^4 - \frac{1}{2} x^2 + \frac{1}{42}.$$

定理 17.6 设 $|t| < 2\pi$, 则

$$\sum_{n=0}^{\infty} B_n(x) \frac{t^n}{n!} = \frac{t \mathrm{e}^{tx}}{\mathrm{e}^t - 1}.$$

证　根据定理 17.1, 当 $|t| < 2\pi$ 时有

$$\frac{t}{\mathrm{e}^t - 1} \cdot \mathrm{e}^{tx} = \left(\sum_{k=0}^{\infty} B_k \frac{t^k}{k!} \right) \left(\sum_{m=0}^{\infty} \frac{x^m t^m}{m!} \right)$$

$$= \sum_{n=0}^{\infty} \left(\sum_{k=0}^{n} \frac{B_k}{k!} \cdot \frac{x^{n-k}}{(n-k)!} \right) t^n = \sum_{n=0}^{\infty} B_n(x) \frac{t^n}{n!}.$$

定理 17.7　设 n 为正整数, 则

(i) $B_n(1-x) = (-1)^n B_n(x)$;

(ii) $B_n(x+1) = B_n(x) + nx^{n-1}$;

(iii) $B_n(x+y) = \sum_{k=0}^{n} \binom{n}{k} B_k(x) y^{n-k}$;

(iv) (Raabe 加法定理) 对正整数 m 有

$$\sum_{r=0}^{m-1} B_n\left(x + \frac{r}{m} \right) = m^{1-n} B_n(mx).$$

证　由定理 17.6,

$$\sum_{n=0}^{\infty} B_n(1-x) \frac{t^n}{n!} = \frac{t \mathrm{e}^{t(1-x)}}{\mathrm{e}^t - 1} = \frac{-t \mathrm{e}^{-tx}}{\mathrm{e}^{-t} - 1} = \sum_{n=0}^{\infty} B_n(x) \frac{(-t)^n}{n!},$$

比较两边 t^n 系数得 $B_n(1-x) = (-1)^n B_n(x)$. 又

$$\sum_{n=0}^{\infty} (B_n(x+1) - B_n(x)) \frac{t^n}{n!} = \frac{t \mathrm{e}^{t(x+1)} - t \mathrm{e}^{tx}}{\mathrm{e}^t - 1} = t \mathrm{e}^{tx} = \sum_{n=1}^{\infty} \frac{nx^{n-1} t^n}{n!},$$

故 $B_n(x+1) - B_n(x) = nx^{n-1}$.

根据定理 17.6,

$$\sum_{n=0}^{\infty} B_n(x+y) \frac{t^n}{n!}$$

$$= \frac{t \mathrm{e}^{t(x+y)}}{\mathrm{e}^t - 1} = \frac{t \mathrm{e}^{xt}}{\mathrm{e}^t - 1} \cdot \mathrm{e}^{ty} = \left(\sum_{k=0}^{\infty} B_k(x) \frac{t^k}{k!} \right) \left(\sum_{m=0}^{\infty} \frac{y^m t^m}{m!} \right)$$

$$= \sum_{n=0}^{\infty} \left(\sum_{k=0}^{n} \frac{B_k(x)}{k!} \cdot \frac{y^{n-k}}{(n-k)!} \right) t^n = \sum_{n=0}^{\infty} \left(\sum_{k=0}^{n} \binom{n}{k} B_k(x) y^{n-k} \right) \frac{t^n}{n!},$$

比较两边 t^n 项系数知 (iii) 成立.

最后证 (iv). 设 m 为正整数, 由定理 17.6 知

$$\sum_{n=0}^{\infty}\sum_{r=0}^{m-1} B_n\left(x+\frac{r}{m}\right)\frac{t^n}{n!}$$

$$=\sum_{r=0}^{m-1}\frac{te^{t\left(x+\frac{r}{m}\right)}}{e^t-1}=\frac{te^{xt}}{e^t-1}\sum_{r=0}^{m-1}e^{\frac{rt}{m}}=\frac{te^{xt}}{e^t-1}\cdot\frac{1-e^t}{1-e^{\frac{t}{m}}}=\frac{m\cdot\frac{t}{m}e^{\frac{t}{m}\cdot mx}}{e^{\frac{t}{m}}-1}$$

$$=m\sum_{n=0}^{\infty}B_n(mx)\frac{(t/m)^n}{n!}=\sum_{n=0}^{\infty}m^{1-n}B_n(mx)\frac{t^n}{n!},$$

比较两边 t^n 系数即得 (iv).

综上, 定理得证.

推论 17.4 设 n 为正整数, 则

$$B_{2n}\left(\frac{1}{2}\right)=\left(2^{1-2n}-1\right)B_{2n},$$

$$B_{2n}\left(\frac{1}{3}\right)=B_{2n}\left(\frac{2}{3}\right)=\frac{3^{1-2n}-1}{2}B_{2n},$$

$$B_{2n}\left(\frac{1}{4}\right)=B_{2n}\left(\frac{3}{4}\right)=\left(2^{1-4n}-2^{-2n}\right)B_{2n},$$

$$B_{2n}\left(\frac{1}{6}\right)=B_{2n}\left(\frac{5}{6}\right)=\frac{1-2^{1-2n}-3^{1-2n}+6^{1-2n}}{2}B_{2n}.$$

证 根据 Raabe 加法定理, $B_{2n}(0)+B_{2n}\left(\frac{1}{2}\right)=2^{1-2n}B_{2n}(0)$, 故 $B_{2n}\left(\frac{1}{2}\right)=$ $(2^{1-2n}-1)B_{2n}$. 又由定理 17.7,

$$B_{2n}+2B_{2n}\left(\frac{1}{3}\right)=B_{2n}(0)+B_{2n}\left(\frac{1}{3}\right)+B_{2n}\left(\frac{2}{3}\right)=3^{1-2n}B_{2n},$$

故 $B_{2n}\left(\frac{1}{3}\right)=B_{2n}\left(\frac{2}{3}\right)=\dfrac{3^{1-2n}-1}{2}B_{2n}$. 根据定理 17.7,

$$B_{2n}+B_{2n}\left(\frac{1}{2}\right)+2B_{2n}\left(\frac{1}{4}\right)=\sum_{r=0}^{3}B_{2n}\left(\frac{r}{4}\right)=4^{1-2n}B_{2n},$$

故有

$$2B_{2n}\left(\frac{1}{4}\right)=2B_{2n}\left(\frac{3}{4}\right)=\left(4^{1-2n}-1\right)B_{2n}-B_{2n}\left(\frac{1}{2}\right)=\left(4^{1-2n}-2^{1-2n}\right)B_{2n}.$$

在 Raabe 加法定理中, 取 $m = 6$ 得

$$B_{2n} + 2B_{2n}\left(\frac{1}{6}\right) + 2B_{2n}\left(\frac{1}{3}\right) + B_{2n}\left(\frac{1}{2}\right) = \sum_{r=0}^{5} B_{2n}\left(\frac{r}{6}\right) = 6^{1-2n}B_{2n},$$

故

$$2B_{2n}\left(\frac{5}{6}\right) = 2B_{2n}\left(\frac{1}{6}\right) = \left(6^{1-2n} - 1\right)B_{2n} - B_{2n}\left(\frac{1}{2}\right) - 2B_{2n}\left(\frac{1}{3}\right)$$

$$= \left(6^{1-2n} - 1\right)B_{2n} - \left(2^{1-2n} - 1\right)B_{2n} - \left(3^{1-2n} - 1\right)B_{2n}$$

$$= \left(1 - 2^{1-2n} - 3^{1-2n} + 6^{1-2n}\right)B_{2n}.$$

于是推论得证.

对实数 a, 令 $\{a\} = a - [a]$ 为 a 的小数部分, 则有 $0 \leqslant a < 1$. 下面的定理推广了 Bernoulli 幂和公式.

定理 17.8 (孙智宏 [8])　设 $p, m \in \mathbb{Z}^+$, $k \in \{0, 1, 2, \cdots\}$, $r \in \mathbb{Z}$, 则

$$\sum_{\substack{x=0 \\ x \equiv r (\bmod\ m)}}^{p-1} x^k = \frac{m^k}{k+1}\left(B_{k+1}\left(\frac{p}{m} + \left\{\frac{r-p}{m}\right\}\right) - B_{k+1}\left(\left\{\frac{r}{m}\right\}\right)\right).$$

证　设 $x \in \mathbb{Z}$, 由定理 17.7(ii) 知

$$B_{k+1}\left(\frac{x+1}{m} + \left\{\frac{r-x-1}{m}\right\}\right) - B_{k+1}\left(\frac{x}{m} + \left\{\frac{r-x}{m}\right\}\right)$$

$$= \begin{cases} B_{k+1}\left(\dfrac{x+1}{m} + \left\{\dfrac{r-x}{m}\right\} - \dfrac{1}{m}\right) - B_{k+1}\left(\dfrac{x}{m} + \left\{\dfrac{r-x}{m}\right\}\right) = 0, & \text{若 } m \nmid x - r, \\[3mm] B_{k+1}\left(\dfrac{x+1}{m} + \dfrac{m-1}{m}\right) - B_{k+1}\left(\dfrac{x}{m}\right) = (k+1)\left(\dfrac{x}{m}\right)^k, & \text{若 } m \mid x - r. \end{cases}$$

因此

$$B_{k+1}\left(\frac{p}{m} + \left\{\frac{r-p}{m}\right\}\right) - B_{k+1}\left(\left\{\frac{r}{m}\right\}\right)$$

$$= \sum_{x=0}^{p-1}\left(B_{k+1}\left(\frac{x+1}{m} + \left\{\frac{r-x-1}{m}\right\}\right) - B_{k+1}\left(\frac{x}{m} + \left\{\frac{r-x}{m}\right\}\right)\right)$$

$$= \frac{k+1}{m^k} \sum_{\substack{x=0 \\ x \equiv r(\bmod\ m)}}^{p-1} x^k.$$

由此定理得证.

定理 17.9 设 p 为素数, $n \in \mathbb{Z}^+$, $x, x_0 \in \mathbb{Z}_p$, $x \equiv x_0 \pmod{p}$, 则

$$pB_n, pB_n(x), \frac{B_n(x) - B_n}{n}, \frac{B_n(x) - B_n(x_0)}{n} \in \mathbb{Z}_p.$$

证 先对 n 归纳证明 $pB_n \in \mathbb{Z}_p$. 显然 $pB_1 = -\frac{p}{2} \in \mathbb{Z}_p$, 现设 $n < m$ 时结论成立, 根据定理 17.3 有

$$pB_m = 1^m + 2^m + \cdots + (p-1)^m - \sum_{k=1}^{m} \binom{m}{k} pB_{m-k} \frac{p^k}{k+1}.$$

又 $\frac{p^k}{k+1} \in \mathbb{Z}_p$ $(k = 0, 1, 2, \cdots)$, 由归纳假设知 $pB_{m-k} \in \mathbb{Z}_p$ $(k = 1, 2, \cdots, m)$, 故由上得 $pB_m \in \mathbb{Z}_p$. 于是, 由数学归纳法知对一切正整数 n, 有 $pB_n \in \mathbb{Z}_p$. 由此及 $x \in \mathbb{Z}_p$ 得

$$pB_n(x) = \sum_{k=0}^{n} \binom{n}{k} pB_k x^{n-k} \in \mathbb{Z}_p.$$

根据定理 17.7(iii),

$$B_n(x) = \sum_{k=0}^{n} \binom{n}{k} B_{n-k}(x_0)(x - x_0)^k = B_n(x_0) + \sum_{k=1}^{n} \frac{n}{k} \binom{n-1}{k-1} B_{n-k}(x_0)(x - x_0)^k.$$

因 $\frac{p^{k-1}}{k} \in \mathbb{Z}_p$ $(k \geqslant 1)$, $pB_{n-k}(x_0) \in \mathbb{Z}_p$ $(k \leqslant n)$, 由上知

$$\frac{B_n(x) - B_n(x_0)}{n} = \sum_{k=1}^{n} \binom{n-1}{k-1} B_{n-k}(x_0) \frac{(x - x_0)^k}{k}$$

$$= \sum_{k=1}^{n} \binom{n-1}{k-1} pB_{n-k}(x_0) \left(\frac{x - x_0}{p} \right)^k \frac{p^{k-1}}{k} \in \mathbb{Z}_p.$$

设 m 为正整数, 使得 $x \equiv m \pmod{p}$, 则由 Bernoulli 幂和公式知 $\frac{B_n(m) - B_n}{n}$ $= \sum_{k=1}^{m-1} k^{n-1} \in \mathbb{Z}_p$, 从而有

$$\frac{B_n(x) - B_n}{n} = \frac{B_n(x) - B_n(m)}{n} + \frac{B_n(m) - B_n}{n} \in \mathbb{Z}_p.$$

于是定理得证.

下面不加证明地介绍 Bernoulli 数和 Bernoulli 多项式的其他结果.

定理 17.10 设 n 为正整数, 则

$$B_n = \sum_{k=0}^{n} \frac{(-1)^k k! S(n,k)}{k+1} = \sum_{k=0}^{n} \frac{1}{k+1} \sum_{r=0}^{k} \binom{k}{r} (-1)^r r^n,$$

其中 $S(n,k)$ 为第二类 Stirling 数.

定理 17.11 (von Staudt-Clausen 定理, 1844) 设 m 为正偶数, 则

$$B_m + \sum_{\substack{p-1|m \\ p \text{ 为素数}}} \frac{1}{p} \in \mathbb{Z}.$$

例如:

$$B_6 + \frac{1}{2} + \frac{1}{3} + \frac{1}{7} = \frac{1}{42} + \frac{1}{2} + \frac{1}{3} + \frac{1}{7} = 1,$$

$$B_8 + \frac{1}{2} + \frac{1}{3} + \frac{1}{5} = -\frac{1}{30} + \frac{1}{2} + \frac{1}{3} + \frac{1}{5} = 1,$$

$$B_{14} + \frac{1}{2} + \frac{1}{3} = \frac{7}{6} + \frac{1}{2} + \frac{1}{3} = 2.$$

推论 17.5 设 m 为正偶数, 则 B_m 分母为 $\prod_{p-1|m} p$, 其中求积通过所有满足 $p-1 \mid m$ 的素数 p.

例如: $B_{10} = \dfrac{5}{66}$, 10 的因子为 $1,2,5,10$, $1+1,2+1,5+1,10+1$ 中素数为 $2,3,11$, 故 B_{10} 的分母为 $2 \cdot 3 \cdot 11 = 66$.

推论 17.6 设 p 为素数, m 为正偶数, 则

$$pB_m \equiv \begin{cases} 0 \ (\mathrm{mod}\ p), & \text{当 } p-1 \nmid m \text{ 时}, \\ -1 \ (\mathrm{mod}\ p), & \text{当 } p-1 \mid m \text{ 时}. \end{cases}$$

例如:

$$5B_8 = 5 \cdot \left(-\frac{1}{30} \right) = -\frac{1}{6} \equiv -1 \ (\mathrm{mod}\ 5),$$

$$7B_6 = 7 \cdot \frac{1}{42} = \frac{1}{6} \equiv -1 \ (\mathrm{mod}\ 7).$$

定理 17.12 (孙智宏 [7]) 设 n 为正整数, 则

$$B_{2n} = \frac{n \cdot (2n)!}{2^{2n-1}} \sum_{k_1 + 2k_2 + \cdots + nk_n = n} (-1)^{k_1 + \cdots + k_n - 1} \frac{(k_1 + \cdots + k_n - 1)!}{\prod_{r=1}^{n} (2r+1)!^{k_r} k_r!}.$$

定理 17.13 (孙智宏[4])   我们有如下两个反演公式:

$$F(n) = \sum_{k=0}^{n} \binom{n}{k} f(k) - f(n) \ (n = 0, 1, 2, \cdots)$$

$$\Longleftrightarrow f(n) = \frac{1}{n+1} \sum_{k=0}^{n+1} \binom{n+1}{k} B_{n+1-k} F(k) \ (n = 0, 1, 2, \cdots),$$

$$F(n) = \sum_{k=0}^{n} \binom{n}{k} f(k) + f(n) \ (n = 0, 1, 2, \cdots)$$

$$\Longleftrightarrow f(n) = \frac{1}{n+1} \sum_{k=0}^{n+1} \binom{n+1}{k} \left(1 - 2^{n+1-k}\right) B_{n+1-k} F(k) \ (n = 0, 1, 2, \cdots).$$

设 p 为素数, Wilson 定理指出 $(p-1)! \equiv -1 \pmod{p}$. 1900 年 Glaisher 证明 $(p-1)! \equiv pB_{p-1} - p \pmod{p^2}$. 下面是作者获得的 $(p-1)!$ 模 p^3 的同余式.

定理 17.14 (孙智宏[6])   设 $p > 3$ 为素数, 则

$$(p-1)! \equiv \frac{pB_{2p-2}}{2p-2} - \frac{pB_{p-1}}{p-1} - \frac{1}{2} \left(\frac{pB_{p-1}}{p-1} \right)^2 \pmod{p^3}.$$

定理 17.15   设 $p > 3$ 为素数, $k \in \{1, 2, \cdots, p-4\}$, 则

(i) (Lehmer, 1938) 当 k 为奇数时有

$$\sum_{x=1}^{p-1} \frac{1}{x^k} \equiv \frac{k(k+1)}{2} p^2 \frac{B_{p-2-k}}{p-2-k} \pmod{p^3},$$

(ii) (孙智宏[6], 2000) 当 k 为偶数时有

$$\sum_{x=1}^{p-1} \frac{1}{x^k} \equiv kp \left(\frac{B_{2p-2-k}}{2p-2-k} - 2\frac{B_{p-1-k}}{p-1-k} \right) \pmod{p^3}.$$

定理 17.16 (孙智宏[6])   设 $p > 3$ 为素数, 则

(i) 当 $k \in \{2, 4, \cdots, p-5\}$ 时

$$\sum_{x=1}^{(p-1)/2} \frac{1}{x^k} \equiv \frac{k(2^{k+1}-1)}{2} p \left(\frac{B_{2p-2-k}}{2p-2-k} - 2\frac{B_{p-1-k}}{p-1-k} \right) \pmod{p^3};$$

(ii) 当 $k \in \{3, 5, \cdots, p-4\}$ 时

$$\sum_{x=1}^{(p-1)/2} \frac{1}{x^k} \equiv -(2^k - 2) \left(\frac{B_{2p-1-k}}{2p-1-k} - 2\frac{B_{p-k}}{p-k} \right) \pmod{p^2};$$

(iii)

$$\sum_{x=1}^{(p-1)/2} \frac{1}{x} \equiv -2q_p(2) + pq_p(2)^2 - \frac{2}{3}p^2 q_p(2)^3 - \frac{7}{12}p^2 B_{p-3} \pmod{p^3},$$

其中 $q_p(2) = \dfrac{2^{p-1} - 1}{p}$.

下面的定理是推论 17.6 的巨大推广, 更一般的关于 $pB_{kp^{m-1}(p-1)+b}(x)$ 模 p^{mn} 的同余式参见 [8, Theorem 5.1].

定理 17.17 (孙智宏 [8])　设 p 为奇素数, $k, m, n \in \mathbb{Z}^+$, 则

$$\left(1 - p^{kp^{m-1}(p-1)-1}\right) pB_{kp^{m-1}(p-1)}$$

$$\equiv \sum_{r=0}^{n-1} (-1)^{n-1-r} \binom{k-1-r}{n-1-r} \binom{k}{r} \left(1 - p^{rp^{m-1}(p-1)-1}\right) pB_{rp^{m-1}(p-1)}$$

$$+ \delta \binom{k}{n} (-1)^n p^{mn-1} \pmod{p^{mn}},$$

其中

$$\delta = \begin{cases} 1, & \text{若 } p-1 \mid n, \\ 0, & \text{若 } p-1 \nmid n. \end{cases}$$

推论 17.7 (Carlitz)　设 p 为奇素数, $k, m \in \mathbb{Z}^+$, 则

$$pB_{kp^{m-1}(p-1)} \equiv p - 1 \pmod{p^m}.$$

证　在定理 17.17 中取 $n = 1$ 即得.

推论 17.8　设 $p > 3$ 为素数, $k \in \mathbb{Z}^+$, 则

$$pB_{k(p-1)} \equiv kpB_{p-1} - (k-1)(p-1) \pmod{p^2},$$

$$pB_{k(p-1)} \equiv \binom{k}{2} pB_{2p-2} - k(k-2)pB_{p-1} + \binom{k-1}{2}(p-1) \pmod{p^3}.$$

证　在定理 17.17 中取 $m = 1$ 和 $n = 2, 3$ 即得.

设 p 为素数, $a \in \mathbb{Z}_p$, 令 $\langle a \rangle_p$ 为 a 模 p 的最小非负剩余.

定理 17.18 (孙智宏 [6])　设 p 为素数, b 为非负整数.

(i) 若 $p - 1 \nmid b$, $x \in \mathbb{Z}_p$ 且 $x' = (x + \langle -x \rangle_p)/p$, 则

$$f(k) = \frac{B_{k(p-1)+b}(x) - p^{k(p-1)+b-1} B_{k(p-1)+b}(x')}{k(p-1)+b}$$

为 p-正则函数.

(ii) 若 $a, b \in \mathbb{Z}^+$ 且 $p \nmid a$, 则

$$f(k) = (1 - p^{k(p-1)+b-1})(a^{k(p-1)+b} - 1)\frac{B_{k(p-1)+b}}{k(p-1)+b}$$

为 p-正则函数.

根据定理 17.18 及定理 16.4, 有

定理 17.19　设 p 为素数, $k, m, n, t \in \mathbb{Z}^+$, $b \in \{0, 1, 2, \cdots\}$.

(i) 若 $p - 1 \nmid b$, $x \in \mathbb{Z}_p$, $x' = (x + \langle -x \rangle_p)/p$, 则

$$\frac{B_{ktp^{m-1}(p-1)+b}(x) - p^{ktp^{m-1}(p-1)+b-1}B_{ktp^{m-1}(p-1)+b}(x')}{ktp^{m-1}(p-1)+b}$$

$$\equiv \sum_{r=0}^{n-1}(-1)^{n-1-r}\binom{k-1-r}{n-1-r}\binom{k}{r}$$

$$\times \frac{B_{rtp^{m-1}(p-1)+b}(x) - p^{rtp^{m-1}(p-1)+b-1}B_{rtp^{m-1}(p-1)+b}(x')}{rtp^{m-1}(p-1)+b} \pmod{p^{mn}}.$$

(ii) 若 $a, b \in \mathbb{Z}^+$, $p \nmid a$, 则

$$\left(1 - p^{ktp^{m-1}(p-1)+b-1}\right)\left(a^{ktp^{m-1}(p-1)+b} - 1\right)\frac{B_{ktp^{m-1}(p-1)+b}}{ktp^{m-1}(p-1)+b}$$

$$\equiv \sum_{r=0}^{n-1}(-1)^{n-1-r}\binom{k-1-r}{n-1-r}\binom{k}{r}\left(1 - p^{rtp^{m-1}(p\ 1)+b-1}\right)$$

$$\times \left(a^{rtp^{m-1}(p-1)+b} - 1\right)\frac{B_{rtp^{m-1}(p-1)+b}}{rtp^{m-1}(p-1)+b} \pmod{p^{mn}}.$$

设 p 为奇素数, $b, k \in \mathbb{Z}^+$, $p - 1 \nmid b$, 则有 Kummer (库默尔) 同余式:

$$\frac{B_{k(p-1)+b}}{k(p-1)+b} \equiv \frac{B_b}{b} \pmod{p}.$$

定理 17.19(i) 可视为 Kummer 同余式的巨大推广.

根据定理 17.18(i) (取 $x = 0$) 和定理 16.1, 可得

定理 17.20　设 p 为奇素数, $n, b \in \mathbb{Z}^+$, $p - 1 \nmid b$, 则存在 $a_0, \cdots, a_{n-1} \in \mathbb{Z}_p$ 使得 $a_s \cdot s!/p^s \in \mathbb{Z}_p$ $(s = 0, 1, \cdots, n-1)$ 且

$$(1 - p^{k(p-1)+b-1})\frac{B_{k(p-1)+b}}{k(p-1)+b}$$

$$\equiv a_{n-1}k^{n-1} + \cdots + a_1 k + a_0 \pmod{p^n} \quad (k = 0, 1, 2, \cdots),$$

并且 $p \geqslant n$ 时, $a_0, \cdots, a_{n-1}$ 模 p^n 唯一确定.

例如: k 为非负整数时有

$$(1 - 5^{4k+1}) \frac{B_{4k+2}}{4k+2} \equiv 625k^4 + 875k^3 - 700k^2 + 180k - 1042 \pmod{5^5}.$$

17.2   Euler 数与 Euler 多项式

受到 Bernoulli 数性质的鼓舞, Euler 引入类似 Bernoulli 数的整数序列 Euler 数.

定义 17.3   Euler 数 $\{E_n\}$ 定义如下:

$$E_0 = 1, \ E_{2n-1} = 0, \ \sum_{r=0}^{n} \binom{2n}{2r} E_{2r} = 0 \quad (n = 1, 2, 3, \cdots).$$

前几个 Euler 数数值如下:

$$E_0 = 1, \quad E_2 = -1, \quad E_4 = 5, \quad E_6 = -61, \quad E_8 = 1385, \quad E_{10} = -50521,$$

$$E_{12} = 2702765, \quad E_{14} = -199360981, \quad E_{16} = 19391512145.$$

定理 17.21   我们有

(i) $\sum_{n=0}^{\infty} E_n \dfrac{t^n}{n!} = \dfrac{2}{\mathrm{e}^t + \mathrm{e}^{-t}} \left(|t| < \dfrac{\pi}{2} \right)$;

(ii) $\sum_{n=0}^{\infty} (-1)^n E_{2n} \dfrac{t^{2n}}{(2n)!} = \sec t \left(|t| < \dfrac{\pi}{2} \right)$;

(iii) $E_{2n} = -4^{2n+1} \dfrac{B_{2n+1} \left(\dfrac{1}{4} \right)}{2n+1} (n = 0, 1, 2, \cdots)$.

证   设 $|t| < \dfrac{\pi}{2}$, 根据 Euler 数定义有

$$\left(\sum_{n=0}^{\infty} E_n \frac{t^n}{n!} \right) \frac{\mathrm{e}^t + \mathrm{e}^{-t}}{2}$$

$$= \left(\sum_{k=0}^{\infty} E_{2k} \frac{t^{2k}}{(2k)!} \right) \left(\sum_{m=0}^{\infty} \frac{t^{2m}}{(2m)!} \right) = \sum_{n=0}^{\infty} \left(\sum_{k=0}^{n} \frac{E_{2k}}{(2k)!} \cdot \frac{1}{(2n-2k)!} \right) t^{2n}$$

$$= \sum_{n=0}^{\infty} \left(\sum_{k=0}^{n} \binom{2n}{2k} E_{2k} \right) \frac{t^{2n}}{(2n)!} = 1,$$

故 (i) 得证.

根据 Euler 公式知, $e^{it} = \cos t + i \sin t$, $e^{-it} = \cos t - i \sin t$, 故 $e^{it} + e^{-it} = 2 \cos t$. 于是当 $|t| < \dfrac{\pi}{2}$ 时

$$\sum_{n=0}^{\infty} (-1)^n E_{2n} \frac{t^{2n}}{(2n)!} = \sum_{m=0}^{\infty} E_m \frac{(it)^m}{m!} = \frac{2}{e^{it} + e^{-it}} = \frac{1}{\cos t} = \sec t.$$

这就证明了 (ii).

根据定理 17.6 和 (i) 知

$$\sum_{m=0}^{\infty} \left(B_m \left(\frac{3}{4} \right) - B_m \left(\frac{1}{4} \right) \right) \frac{t^m}{m!}$$

$$= \frac{t(e^{\frac{3}{4}t} - e^{\frac{t}{4}})}{e^t - 1} = \frac{te^{\frac{t}{4}}}{e^{\frac{t}{2}} + 1} = \frac{t}{2} \cdot \frac{2}{e^{\frac{t}{4}} + e^{-\frac{t}{4}}}$$

$$= \frac{t}{2} \sum_{n=0}^{\infty} E_n \frac{\left(\frac{t}{4} \right)^n}{n!} = \sum_{m=1}^{\infty} \frac{E_{m-1}}{2 \cdot 4^{m-1}} \cdot \frac{t^m}{(m-1)!}.$$

比较两边 t^{2n+1} 项系数得

$$\frac{B_{2n+1} \left(\frac{3}{4} \right) - B_{2n+1} \left(\frac{1}{4} \right)}{2n+1} = \frac{E_{2n}}{2 \cdot 4^{2n}}.$$

由定理 17.7(i) 知, $B_{2n+1} \left(\dfrac{3}{4} \right) = -B_{2n+1} \left(\dfrac{1}{4} \right)$. 因此有

$$E_{2n} = 2 \cdot 4^{2n} \cdot \frac{B_{2n+1} \left(\frac{3}{4} \right) - B_{2n+1} \left(\frac{1}{4} \right)}{2n+1} = -4^{2n+1} \frac{B_{2n+1} \left(\frac{1}{4} \right)}{2n+1}.$$

这就证明了 (iii). 于是定理得证.

定理 17.22 (孙智宏 [8]) 设 p 为奇素数, $b \in \{0, 2, 4, \cdots\}$, 则

$$f(k) = (1 - (-1)^{\frac{p-1}{2}} p^{k(p-1)+b}) E_{k(p-1)+b}$$

为 p-正则函数.

证 对 $a \in \mathbb{Z}_p$, 令 $\langle a \rangle_p$ 为 a 模 p 的最小非负剩余, 则

$$\frac{\frac{1}{4} + \left\langle -\frac{1}{4} \right\rangle_p}{p} = \begin{cases} \frac{1}{p} \left(\frac{1}{4} + \frac{p-1}{4} \right) = \frac{1}{4}, & \text{若 } p \equiv 1 \pmod 4, \\ \frac{1}{p} \left(\frac{1}{4} + \frac{3p-1}{4} \right) = \frac{3}{4}, & \text{若 } p \equiv 3 \pmod 4 \end{cases} = \left\{ \frac{p}{4} \right\}.$$

由此及定理 17.18(i)、定理 17.7(i)、定理 17.21(iii) 知

$$F(k) = \frac{B_{k(p-1)+b+1}\left(\dfrac{1}{4}\right) - p^{k(p-1)+b}B_{p(k-1)+b+1}\left(\left\{\dfrac{p}{4}\right\}\right)}{k(p-1)+b+1}$$

$$= \left(1 - (-1)^{\frac{p-1}{2}}p^{k(p-1)+b}\right)\frac{B_{k(p-1)+b+1}\left(\dfrac{1}{4}\right)}{k(p-1)+b+1}$$

$$= -4^{-(k(p-1)+b+1)}\left(1 - (-1)^{\frac{p-1}{2}}p^{k(p-1)+b}\right)E_{k(p-1)+b}$$

为 p-正则函数. 由于

$$\sum_{k=0}^{n}\binom{n}{k}(-1)^k\left(-4^{k(p-1)+b+1}\right) = -4^{b+1}(1-4^{p-1})^n \equiv 0 \pmod{p^n},$$

故 $-4^{k(p-1)+b+1}$ 为 p-正则函数. 于是由定理 16.2 知, $f(k) = -4^{k(p-1)+b+1}F(k)$ 为 p-正则函数.

推论 17.9　设 p 为奇素数, $k,m \in \mathbb{Z}^+$, $b \in \{0,2,4,\cdots\}$, 则

(i) (Chen, 2004) $E_{kp^{m-1}(p-1)+b} \equiv \left(1 - (-1)^{\frac{p-1}{2}}p^b\right)E_b \pmod{p^m}$;

(ii)　$E_{kp^{m-1}(p-1)+b}$

$$\equiv (1-kp^{m-1})(1-(-1)^{\frac{p-1}{2}}p^b)E_b + kp^{m-1}E_{p-1+b} \pmod{p^{m+1}};$$

(iii) $E_{kp^{m-1}(p-1)+b} \equiv kE_{p^{m-1}(p-1)+b} - (k-1)\left(1-(-1)^{\frac{p-1}{2}}p^b\right)E_b \pmod{p^{2m}}$.

证　由定理 17.22 和推论 16.1 立得推论.

由定理 17.22 和定理 16.4 立得如下同余式:

定理 17.23 (孙智宏 [8])　设 p 为奇素数, $k,m,n,t \in \mathbb{Z}^+$, $b \in \{0,2,4,\cdots\}$, 则

$$\left(1-(-1)^{\frac{p-1}{2}}p^{ktp^{m-1}(p-1)+b}\right)E_{ktp^{m-1}(p-1)+b}$$

$$\equiv \sum_{r=0}^{n-1}(-1)^{n-1-r}\binom{k-1-r}{n-1-r}\binom{k}{r}$$

$$\times \left(1-(-1)^{\frac{p-1}{2}}p^{rtp^{m-1}(p-1)+b}\right)E_{rtp^{m-1}(p-1)+b} \pmod{p^{mn}}.$$

由定理 17.22 和定理 16.1 立得如下结果:

定理 17.24　设 p 为奇素数, $n \in \mathbb{Z}^+$, $b \in \{0,2,4,\cdots\}$, 则存在 $a_0, a_1, \cdots, a_{n-1} \in \mathbb{Z}$ 使得

$$\left(1-(-1)^{\frac{p-1}{2}}p^{k(p-1)+b}\right)E_{k(p-1)+b}$$

$$\equiv a_{n-1}k^{n-1} + \cdots + a_1 k + a_0 \pmod{p^n} \quad (k = 0, 1, 2, \cdots),$$

并且 $p \geqslant n$ 时 $a_0, a_1, \cdots, a_{n-1}$ 模 p^n 唯一确定.

例如:

$$(1 + 3^{2k})E_{2k} \equiv -12k + 2 \pmod{3^3},$$

$$(1 - 5^{4k})E_{4k} \equiv -750k^3 + 1375k^2 - 620k \pmod{5^5},$$

$$(1 - 5^{4k+2})E_{4k+2} \equiv 1000k^3 + 1500k^2 + 540k + 24 \pmod{5^5}.$$

现在转而讨论 Euler 数模 2^m 的同余式.

定理 17.25 (孙智宏 [8, Theorem 7.4, Corollary 7.3]) 设 $b \in \{0, 2, 4, \cdots\}$, $n, \alpha_n \in \mathbb{Z}^+$, $2^{\alpha_n - 1} \leqslant n < 2^{\alpha_n}$, 则

$$\sum_{k=0}^{n} \binom{n}{k}(-1)^k E_{2k+b} \equiv 0 \pmod{2^{2n-\alpha_n}},$$

从而 $f(k) = E_{2k+b}$ 是 2-正则函数.

定理 17.26 (孙智宏 [8, Theorem 7.5, Corollary 7.4]) 设 $k, m, n, t \in \mathbb{Z}^+$, $b \in \{0, 2, 4, \cdots\}$, 对 $s \in \mathbb{Z}^+$, 令 $\alpha_s \in \mathbb{Z}^+$, 由 $2^{\alpha_s - 1} \leqslant s < 2^{\alpha_s}$ 确定, 则

$$E_{2^m kt+b} \equiv \sum_{r=0}^{n-1}(-1)^{n-1-r}\binom{k-1-r}{n-1-r}\binom{k}{r}E_{2^m rt+b}$$

$$+ 2^{(m-1)n}\binom{k}{n}(-t)^n \sum_{r=0}^{n}\binom{n}{r}(-1)^r E_{2r} \pmod{2^{mn+n+1-\alpha_{n+1}}},$$

从而

$$E_{2^m kt+b} \equiv \sum_{r=0}^{n-1}(-1)^{n-1-r}\binom{k-1-r}{n-1-r}\binom{k}{r}E_{2^m rt+b} \pmod{2^{mn+n-\alpha_n}}.$$

设 $k, m \in \mathbb{Z}^+$, $b \in \{0, 2, 4, \cdots\}$, 1875 年 Stern 指出如下 Stern 同余式:

$$E_{2^m k+b} \equiv E_b + 2^m k \pmod{2^{m+1}},$$

并给出证明梗概. 1910 年 Frobenius 进一步解释了 Stern 的证明. Stern 同余式的现代证明归功于 Ernvall(1979), Wagstaff(2002), 孙智伟 (2005) 与孙智宏 (2008). 下面的定理是 Stern 同余式的加强版本.

定理 17.27 (孙智宏, 王林林 [12])　设 $b \in \{0, 2, 4, \cdots\}$, $k, m \in \mathbb{Z}^+$, 则有

$$E_{2^m k + b} - E_b$$

$$\equiv \begin{cases} 2k(-(b-7)^2 + 38 + 2k(3b - 1 + 2k)) \ (\mathrm{mod}\ 2^{m+7}), & \text{若 } m = 1 \text{ 且 } 2 \mid k, \\ 2k(-(b+1)^2 + 6 + 2k(3b - 1 + 2k)) \\ \qquad -16(b + (-1)^{\frac{b}{2}}) \ (\mathrm{mod}\ 2^{m+7}), & \text{若 } m = 1 \text{ 且 } 2 \nmid k, \\ 4k(7(b+1)^2 - 18 \\ \qquad +12k(b + 1 + 4((-1)^{\frac{b}{2}} - k))) \ (\mathrm{mod}\ 2^{m+7}), & \text{若 } m = 2, \\ 2^m k(7(b+1)^2 - 18 + 2^m k(7 - b)) \ (\mathrm{mod}\ 2^{m+7}), & \text{若 } m \geqslant 3. \end{cases}$$

特别地, 当 $m \geqslant 7$ 时有

$$E_{2^m k + b} \equiv E_b + 2^m k (7(b+1)^2 - 18) \ (\mathrm{mod}\ 2^{m+7}).$$

2012 年孙智宏引入 Euler 数的下述推广.

定义 17.4　设 $a \neq 0$, $\{E_n^{(a)}\}$ 由下式给出:

$$\sum_{k=0}^{[n/2]} \binom{n}{2k} a^{2k} E_{n-2k}^{(a)} = (1-a)^n \quad (n = 0, 1, 2, \cdots).$$

根据 [11], 我们有

$$E_n^{(a)} = \sum_{k=0}^{[n/2]} \binom{n}{2k} (1-a)^{n-2k} a^{2k} E_{2k} = \sum_{k=0}^{n} \binom{n}{k} 2^{k+1} (1 - 2^{k+1}) \frac{B_{k+1}}{k+1} a^k.$$

因此 $E_n^{(1)} = E_n$, $E_n^{(a)}$ 是 Euler 数的推广.

下面关于 $E_{2^m k + b}^{(a)}$ 模 2^{m+4} 的同余式是 Stern 同余式的巨大推广.

定理 17.28 (孙智宏 [11])　设 a 是非零整数, $k, m \in \mathbb{Z}^+$, $m \geqslant 2$, $b \in \{0, 1, 2, \cdots\}$, 则

$$E_{2^m k + b}^{(a)} - E_b^{(a)}$$

$$\equiv \begin{cases} 2^m k(a^3((b-1)^2 + 5) - a + 2^m k a^3(b-1)) \ (\mathrm{mod}\ 2^{m+4+3\alpha}), \\ \qquad\qquad\qquad \text{若 } 2^\alpha \mid a \text{ 且 } \alpha \geqslant 1, \\ 2^m k a((b+1)^2 + 4 - 2^m k(b+1)) \ (\mathrm{mod}\ 2^{m+4}), \\ \qquad\qquad\qquad \text{若 } 2 \nmid a \text{ 且 } 2 \mid b, \\ 2^m k(a^2 - 1) \ (\mathrm{mod}\ 2^{m+4}), \quad \text{若 } 2 \nmid ab. \end{cases}$$

定义 17.5 对非负整数 n, Euler 多项式 $E_n(x)$ 由下式给出:

$$E_n(x) = \frac{1}{2^n} \sum_{k=0}^{n} \binom{n}{k} (2x-1)^{n-k} E_k.$$

定理 17.29 我们有

(i) $\sum_{n=0}^{\infty} E_n(x) \dfrac{t^n}{n!} = \dfrac{2e^{xt}}{e^t + 1} (|t| < \pi)$;

(ii) $E_n(1-x) = (-1)^n E_n(x) \ (n \geqslant 0)$;

(iii) $E_n(x) + E_n(x+1) = 2x^n \ (n \geqslant 0)$;

(iv) $E_n(x+y) = \sum_{k=0}^{n} \binom{n}{k} E_k(x) y^{n-k} \ (n \geqslant 0)$;

(v) 当 n 为非负整数时,

$$E_n(x) = \frac{2}{n+1} \left(B_{n+1}(x) - 2^{n+1} B_{n+1}\left(\frac{x}{2}\right) \right)$$

$$= \frac{2^{n+1}}{n+1} \left(B_{n+1}\left(\frac{x+1}{2}\right) - B_{n+1}\left(\frac{x}{2}\right) \right).$$

证 设 $|t| < \pi$, 根据定理 17.21(i) 及幂级数乘法有

$$\frac{2e^{xt}}{e^t + 1} = \frac{2e^{(x-\frac{1}{2})t}}{e^{\frac{t}{2}} + e^{-\frac{t}{2}}} = \left(\sum_{k=0}^{\infty} E_k \frac{\left(\frac{t}{2}\right)^k}{k!} \right) \left(\sum_{m=0}^{\infty} \frac{\left(x - \frac{1}{2}\right)^m t^m}{m!} \right)$$

$$= \sum_{n=0}^{\infty} \left(\sum_{k=0}^{n} \frac{E_k}{2^k \cdot k!} \cdot \frac{\left(x - \frac{1}{2}\right)^{n-k}}{(n-k)!} \right) t^n$$

$$= \sum_{n=0}^{\infty} \frac{1}{2^n} \left(\sum_{k=0}^{n} \binom{n}{k} E_k (2x-1)^{n-k} \right) \frac{t^n}{n!} = \sum_{n=0}^{\infty} E_n(x) \frac{t^n}{n!}.$$

这就证明了 (i).

由 (i) 知

$$\sum_{n=0}^{\infty} E_n(1-x) \frac{t^n}{n!} = \frac{2e^{(1-x)t}}{e^t + 1} = \frac{2e^{-xt}}{1 + e^{-t}} = \sum_{n=0}^{\infty} E_n(x) \frac{(-t)^n}{n!}.$$

比较两边 t^n 项系数得 (ii). 又由 (i) 知

$$\sum_{n=0}^{\infty}(E_n(x)+E_n(x+1))\frac{t^n}{n!} = \frac{2\mathrm{e}^{xt}+2\mathrm{e}^{(x+1)t}}{\mathrm{e}^t+1} = 2\mathrm{e}^{xt} = \sum_{n=0}^{\infty}\frac{2x^n t^n}{n!}.$$

比较两边 t^n 项系数得 (iii).

根据 (i) 有

$$\sum_{n=0}^{\infty}E_n(x+y)\frac{t^n}{n!} = \frac{2\mathrm{e}^{xt}}{\mathrm{e}^t+1}\cdot\mathrm{e}^{yt} = \left(\sum_{k=0}^{\infty}E_k(x)\frac{t^k}{k!}\right)\left(\sum_{m=0}^{\infty}\frac{y^m t^m}{m!}\right)$$

$$= \sum_{n=0}^{\infty}\left(\sum_{k=0}^{n}\frac{E_k(x)}{k!}\cdot\frac{y^{n-k}}{(n-k)!}\right)t^n$$

$$= \sum_{n=0}^{\infty}\left(\sum_{k=0}^{n}\binom{n}{k}E_k(x)y^{n-k}\right)\frac{t^n}{n!}.$$

比较两边 t^n 项系数得 (iv).

根据定理 17.6 及 (i) 知, 当 $0<|t|<\pi$ 时

$$\sum_{n=0}^{\infty}\frac{B_{n+1}(x)-2^{n+1}B_{n+1}\left(\dfrac{x}{2}\right)}{n+1}\cdot\frac{t^n}{n!}$$

$$= \frac{1}{t}\left(\sum_{n=0}^{\infty}B_{n+1}(x)\frac{t^{n+1}}{(n+1)!} - \sum_{n=0}^{\infty}B_{n+1}\left(\frac{x}{2}\right)\frac{(2t)^{n+1}}{(n+1)!}\right)$$

$$= \frac{1}{t}\left(\frac{t\mathrm{e}^{xt}}{\mathrm{e}^t-1} - 1 - \left(\frac{2t\cdot\mathrm{e}^{\frac{x}{2}\cdot 2t}}{\mathrm{e}^{2t}-1} - 1\right)\right)$$

$$= \mathrm{e}^{xt}\left(\frac{1}{\mathrm{e}^t-1} - \frac{2}{\mathrm{e}^{2t}-1}\right) = \frac{\mathrm{e}^{xt}}{\mathrm{e}^t+1} = \sum_{n=0}^{\infty}\frac{1}{2}E_n(x)\frac{t^n}{n!}.$$

比较两边 t^n 项系数得 $E_n(x) = \dfrac{2}{n+1}\left(B_{n+1}(x)-2^{n+1}B_{n+1}\left(\dfrac{x}{2}\right)\right)$. 由 Raabe 加

法定理知, $B_{n+1}(x) = 2^n\left(B_{n+1}\left(\dfrac{x}{2}\right)+B_{n+1}\left(\dfrac{x+1}{2}\right)\right)$, 故又有

$$E_n(x) = \frac{2}{n+1}\left(2^n B_{n+1}\left(\frac{x}{2}\right)+2^n B_{n+1}\left(\frac{x+1}{2}\right)-2^{n+1}B_{n+1}\left(\frac{x}{2}\right)\right)$$

$$= \frac{2^{n+1}}{n+1}\left(B_{n+1}\left(\frac{x+1}{2}\right)-B_{n+1}\left(\frac{x}{2}\right)\right).$$

这就证明了 (v). 于是定理得证.

类似于定理 17.8, 我们有

定理 17.30 (孙智宏[8]) 设 $p, m \in \mathbb{Z}^+$, $k, r \in \mathbb{Z}$, $k \geqslant 0$, 则

$$\sum_{\substack{x=0 \\ x \equiv r (\bmod\ m)}}^{p-1} (-1)^{\frac{x-r}{m}} x^k$$

$$= -\frac{m^k}{2} \left((-1)^{[\frac{r-p}{m}]} E_k \left(\frac{p}{m} + \left\{ \frac{r-p}{m} \right\} \right) - (-1)^{[\frac{r}{m}]} E_k \left(\left\{ \frac{r}{m} \right\} \right) \right).$$

证 设 $x \in \mathbb{Z}$, 由定理 17.29(iii) 知

$$(-1)^{[\frac{r-x-1}{m}]} E_k \left(\frac{x+1}{m} + \left\{ \frac{r-x-1}{m} \right\} \right) - (-1)^{[\frac{r-x}{m}]} E_k \left(\frac{x}{m} + \left\{ \frac{r-x}{m} \right\} \right)$$

$$= \begin{cases} (-1)^{[\frac{r-x}{m}]} \left(E_k \left(\frac{x+1}{m} + \left\{ \frac{r-x}{m} \right\} - \frac{1}{m} \right) - E_k \left(\frac{x}{m} + \left\{ \frac{r-x}{m} \right\} \right) \right) = 0, \\ \qquad\qquad\qquad\qquad\qquad\qquad\qquad\qquad 若\ m \nmid x - r, \\ (-1)^{\frac{r-x}{m}-1} E_k \left(\frac{x+1}{m} + \frac{m-1}{m} \right) - (-1)^{\frac{r-x}{m}} E_k \left(\frac{x}{m} \right) = -(-1)^{\frac{r-x}{m}} \cdot 2 \left(\frac{x}{m} \right)^k, \\ \qquad\qquad\qquad\qquad\qquad\qquad\qquad\qquad 若\ m \mid x - r. \end{cases}$$

因此

$$(-1)^{[\frac{r-p}{m}]} E_k \left(\frac{p}{m} + \left\{ \frac{r-p}{m} \right\} \right) - (-1)^{[\frac{r}{m}]} E_k \left(\left\{ \frac{r}{m} \right\} \right)$$

$$= \sum_{x=0}^{p-1} \left\{ (-1)^{[\frac{r-x-1}{m}]} E_k \left(\frac{x+1}{m} + \left\{ \frac{r-x-1}{m} \right\} \right) \right.$$

$$\left. - (-1)^{[\frac{r-x}{m}]} E_k \left(\frac{x}{m} + \left\{ \frac{r-x}{m} \right\} \right) \right\}$$

$$= -\frac{2}{m^k} \sum_{\substack{x=0 \\ x \equiv r (\bmod\ m)}}^{p-1} (-1)^{\frac{x-r}{m}} x^k.$$

由此定理得证.

参 考 读 物

[1] Ireland K, Rosen M. A Classical Introduction to Modern Number Theory. 2nd ed. New York: Springer, 1990.

[2]   Lehmer E. On congruences involving Bernoulli numbers and the quotients of Fermat and Wilson. Ann. Math., 1938, 39: 350-360.

[3]   Magnus W, Oberhettinger F, Soni R P. Formulas and Theorems for the Special Functions of Mathematical Physics. 3rd ed. New York: Springer, 1966: 25-36.

[4]   孙智宏. 关于二项反演公式的补充. 南京大学学报数学半年刊, 1995, 12: 264-271.

[5]   Sun Z H. Congruences for Bernoulli numbers and Bernoulli polynomials. Discrete Math., 1997, 163: 153-163.

[6]   Sun Z H. Congruences concerning Bernoulli numbers and Bernoulli polynomials. Discrete Appl. Math., 2000, 105: 193-223.

[7]   Sun Z H. On the properties of Newton-Euler pairs. J. Number Theory, 2005, 114: 88-123.

[8]   Sun Z H. Congruences involving Bernoulli polynomials. Discrete Math., 2008, 308: 71-112.

[9]   Sun Z H. Congruences involving Bernoulli and Euler numbers. J. Number Theory, 2008, 128: 280-312.

[10] Sun Z H. Euler numbers modulo 2^n. Bull. Austral. Math. Soc., 2010, 82: 221-231.

[11] Sun Z H. Congruences for sequences similar to Euler numbers. J. Number Theory, 2012, 132: 675-700.

[12] Sun Z H, Wang L L. An extension of Stern's congruence. Int J. Number Theory, 2013, 9: 413-419.

第 18 讲　线性递推序列与三、四次同余式

Segre (塞格雷): 一般来讲, 我们可以把具有下述性质的所有研究工作都称作重要的: 同本身就很重要的事物有关; 具有很大的一般性; 把表面上不同的学科统一在单一的观点之下, 使之简化并得到阐明; 其结果有可能产生许许多多的推论.

本讲介绍线性递推序列及其对三、四次同余式的应用, 主要结果来源于孙智宏的相关论文.

18.1　高阶递推序列

定义 18.1　设 $m \in \mathbb{Z}^+$, $a_1, \cdots, a_m$ 为复数, $a_m \neq 0$, 若数列 $\{b_n\}$ 满足递推关系

$$b_n + a_1 b_{n-1} + \cdots + a_m b_{n-m} = 0 \quad (n = m, m+1, \cdots),$$

则称 $\{b_n\}$ 为 m 阶递推序列.

定义 18.2　设 $a_1, \cdots, a_m$ 为复数, $x^m + a_1 x^{m-1} + \cdots + a_m = 0$ 的全部根为 $\lambda_1, \cdots, \lambda_m$, 定义

$$s_n(a_1, \cdots, a_m) = \lambda_1^n + \cdots + \lambda_m^n \quad (n = 0, 1, 2, \cdots).$$

易见

$$s_n(a_1, \cdots, a_m) + a_1 s_{n-1}(a_1, \cdots, a_m) + \cdots + a_m s_{n-m}(a_1, \cdots, a_m)$$

$$= \sum_{i=1}^{m} (\lambda_i^n + a_1 \lambda_i^{n-1} + \cdots + a_m \lambda_i^{n-m})$$

$$= \sum_{i=1}^{m} \lambda_i^{n-m} (\lambda_i^m + a_1 \lambda_i^{m-1} + \cdots + a_m) = 0 \quad (n \geqslant m),$$

故 $a_m \neq 0$ 时 $s_n(a_1, \cdots, a_m)$ 为 m 阶递推序列. 利用 Vieta 定理可知

$$s_0(a_1, \cdots, a_m) = m, \quad s_1(a_1, \cdots, a_m) = \lambda_1 + \cdots + \lambda_m = -a_1,$$

$$s_2(a_1, \cdots, a_m) = (\lambda_1 + \cdots + \lambda_m)^2 - 2 \sum_{1 \leqslant i < j \leqslant m} \lambda_i \lambda_j = a_1^2 - 2a_2.$$

现在引入另一类重要的 m 阶递推序列 $\{u_n(a_1, \cdots, a_m)\}$.

定义 18.3　设 $a_1, \cdots, a_m$ 为复数, 数列 $\{u_n(a_1, \cdots, a_m)\}$ 由下式给出:

$$u_{1-m}(a_1, \cdots, a_m) = \cdots = u_{-1}(a_1, \cdots, a_m) = 0, \quad u_0(a_1, \cdots, a_m) = 1,$$

$$u_n(a_1, \cdots, a_m) + a_1 u_{n-1}(a_1, \cdots, a_m) + \cdots + a_m u_{n-m}(a_1, \cdots, a_m) = 0$$

$$(n = 1, 2, 3, \cdots).$$

由此定义知

$$u_1(a_1, \cdots, a_m) = -a_1, \quad u_2(a_1, \cdots, a_m) = a_1^2 - a_2,$$

$$u_3(a_1, \cdots, a_m) = -a_1^3 + 2a_1 a_2 - a_3.$$

下面关于 $u_n(a_1, \cdots, a_m)$ 与 $s_n(a_1, \cdots, a_m)$ 的定理取自孙智宏在 2001 年发表的论文 [2].

定理 18.1　设 $a_1, \cdots, a_m$ 为复数, $a_m \neq 0$, $\lambda_1, \cdots, \lambda_m$ 为 $x^m + a_1 x^{m-1} + \cdots + a_m = 0$ 的所有根, 则当 $|x| < \min\left\{\dfrac{1}{|\lambda_1|}, \cdots, \dfrac{1}{|\lambda_m|}\right\}$ 时有

$$\sum_{n=0}^{\infty} u_n(a_1, \cdots, a_m) x^n = \frac{1}{1 + a_1 x + \cdots + a_m x^m}.$$

证　令 $u_n = u_n(a_1, \cdots, a_m)$, $a_0 = 1$, $a_{m+1} = a_{m+2} = \cdots = 0$, 则

$$\left(\sum_{n=0}^{\infty} u_n x^n\right)\left(\sum_{k=0}^{m} a_k x^k\right) = \sum_{n=0}^{\infty}\left(\sum_{k=0}^{n} a_k u_{n-k}\right) x^n$$

$$= a_0 u_0 + \sum_{n=1}^{\infty}\left(\sum_{k=0}^{m} a_k u_{n-k}\right) x^n = a_0 u_0 = 1.$$

于是定理得证.

推论 18.1　设 $a_0 = b_0 = 1$, $\left(\sum_{n=0}^{\infty} a_n x^n\right)\left(\sum_{n=0}^{\infty} b_n x^n\right) = 1$, 则 m 为正整数时 $b_m = u_m(a_1, \cdots, a_m)$.

证　因为 $(1 + a_1 x + \cdots + a_m x^m + \cdots)^{-1}$ 中 x^m 项系数与 $(1 + a_1 x + \cdots + a_m x^m)^{-1}$ 中 x^m 项系数相同, 故由定理 18.1 立得推论.

定理 18.2　设 $a_1, \cdots, a_m$ 为复数, $a_m \neq 0$, $\lambda_1, \cdots, \lambda_m$ 为 $x^m + a_1 x^{m-1} + \cdots + a_{m-1} x + a_m = 0$ 的所有根, 则对非负整数 n 有

$$u_n(a_1, \cdots, a_m) = \sum_{k_1 + k_2 + \cdots + k_m = n} \lambda_1^{k_1} \lambda_2^{k_2} \cdots \lambda_m^{k_m}$$

$$= \sum_{k_1+2k_2+\cdots+mk_m=n} \frac{(k_1+\cdots+k_m)!}{k_1!\cdots k_m!}(-a_1)^{k_1}\cdots(-a_m)^{k_m}.$$

证 因 $x^m + a_1 x^{m-1} + \cdots + a_m = (x-\lambda_1)\cdots(x-\lambda_m)$, 将 x 换成 $\frac{1}{x}$ 得

$$1 + a_1 x + \cdots + a_m x^m = (1-\lambda_1 x)\cdots(1-\lambda_m x). \tag{18.1}$$

由此利用定理 18.1 知, 当 $|x| < \min\left\{\dfrac{1}{|\lambda_1|}, \cdots, \dfrac{1}{|\lambda_m|}\right\}$ 时有

$$\sum_{n=0}^{\infty} u_n(a_1,\cdots,a_m)x^n = \frac{1}{1+a_1 x+\cdots+a_m x^m} = \prod_{i=1}^{m} \frac{1}{1-\lambda_i x}$$

$$= \prod_{i=1}^{m}\left(\sum_{k=0}^{\infty}\lambda_i^k x^k\right) = \sum_{n=0}^{\infty}\left(\sum_{k_1+\cdots+k_m=n}\lambda_1^{k_1}\cdots\lambda_m^{k_m}\right)x^n.$$

比较两边 x^n 项系数得

$$u_n(a_1,\cdots,a_m) = \sum_{k_1+k_2+\cdots+k_m=n}\lambda_1^{k_1}\lambda_2^{k_2}\cdots\lambda_m^{k_m}.$$

根据定理 18.1 及多项式定理可知

$$\sum_{n=0}^{\infty} u_n(a_1,\cdots,a_m)x^n$$

$$= \frac{1}{1+a_1 x+\cdots+a_m x^m} = \sum_{r=0}^{\infty}(-1)^r(a_1 x+\cdots+a_m x^m)^r$$

$$= \sum_{r=0}^{\infty}(-1)^r \sum_{n=0}^{\infty}\left(\sum_{\substack{k_1+2k_2+\cdots+mk_m=n \\ k_1+\cdots+k_m=r}}\frac{r!}{k_1!\cdots k_m!}a_1^{k_1}\cdots a_m^{k_m}\right)x^n$$

$$= \sum_{n=0}^{\infty}\left(\sum_{k_1+2k_2+\cdots+mk_m=n}\frac{(k_1+\cdots+k_m)!}{k_1!\cdots k_m!}(-1)^{k_1+\cdots+k_m}a_1^{k_1}\cdots a_m^{k_m}\right)x^n.$$

因此,

$$u_n(a_1,\cdots,a_m) = \sum_{k_1+2k_2+\cdots+mk_m=n}\frac{(k_1+\cdots+k_m)!}{k_1!\cdots k_m!}(-1)^{k_1+\cdots+k_m}a_1^{k_1}\cdots a_m^{k_m}.$$

于是定理得证.

定理 18.3 设 $a_1, \cdots, a_m$ 为复数, $u_n = u_n(a_1, \cdots, a_m)$, $s_n = s_n(a_1, \cdots, a_m)$, 则 n 为正整数时有

$$s_n = -\sum_{k=1}^{m} k a_k u_{n-k}, \quad \sum_{k=1}^{n} s_k u_{n-k} = n u_n.$$

证 根据定理 6.3 的证明有

$$(1 + a_1 x + \cdots + a_m x^m)\left(\sum_{k=1}^{\infty} s_k x^k\right) = -\sum_{k=1}^{m} k a_k x^k.$$

由此利用定理 18.1 知

$$\sum_{n=1}^{\infty} s_n x^n = -\left(\sum_{k=1}^{m} k a_k x^k\right)\left(\sum_{r=0}^{\infty} u_r x^r\right) = -\sum_{n=1}^{\infty}\left(\sum_{k=1}^{m} k a_k u_{n-k}\right) x^n.$$

比较两边 x^n 项系数即得 $s_n = -\sum_{k=1}^{m} k a_k u_{n-k}$.

另外, 设 $x^m + a_1 x^{m-1} + \cdots + a_m = 0$ 的所有根为 $\lambda_1, \cdots, \lambda_m$, 则由 (18.1) 知

$$\sum_{n=0}^{\infty} u_n x^n = \frac{1}{1 + a_1 x + \cdots + a_m x^m} = (1 - \lambda_1 x)^{-1}(1 - \lambda_2 x)^{-1} \cdots (1 - \lambda_m x)^{-1},$$

取对数得

$$\ln \sum_{n=0}^{\infty} u_n x^n = -\sum_{i=1}^{m} \ln(1 - \lambda_i x) = \sum_{i=1}^{m} \sum_{n=1}^{\infty} \frac{\lambda_i^n x^n}{n} = \sum_{n=1}^{\infty} \frac{s_n x^n}{n}.$$

两边求导得

$$\frac{\sum_{n=1}^{\infty} n u_n x^{n-1}}{\sum_{n=0}^{\infty} u_n x^n} = \sum_{n=1}^{\infty} s_n x^{n-1},$$

即

$$\left(\sum_{n=1}^{\infty} s_n x^n\right)\left(\sum_{n=0}^{\infty} u_n x^n\right) = \sum_{n=1}^{\infty} n u_n x^n.$$

比较两边 x^n 项系数即得 $\sum_{k=1}^{n} s_k u_{n-k} = n u_n$. 于是定理得证.

定理 18.4 设 $a_1, \cdots, a_m$ 为复数, $\lambda_1, \cdots, \lambda_m$ 为 $x^m + a_1 x^{m-1} + \cdots + a_m = 0$ 的所有根且互不相同, 则 $n \geqslant 1 - m$ 时

$$u_n(a_1, \cdots, a_m) = \sum_{i=1}^{m} \frac{\lambda_i^{n+m-1}}{\prod_{\substack{j=1 \\ j \neq i}}^{m} (\lambda_i - \lambda_j)}.$$

证 考虑 m 个未知量 $x_1, x_2, \cdots, x_m$ 构成的线性方程组:

$$
\begin{cases}
x_1 + x_2 + \cdots + x_m = 0, \\
\lambda_1 x_1 + \lambda_2 x_2 + \cdots + \lambda_m x_m = 0, \\
\qquad \cdots\cdots \\
\lambda_1^{m-2} x_1 + \lambda_2^{m-2} x_2 + \cdots + \lambda_m^{m-2} x_m = 0, \\
\lambda_1^{m-1} x_1 + \lambda_2^{m-1} x_2 + \cdots + \lambda_m^{m-1} x_m = 1,
\end{cases}
$$

这等价于

$$
\begin{pmatrix}
1 & 1 & \cdots & 1 \\
\lambda_1 & \lambda_2 & \cdots & \lambda_m \\
\vdots & \vdots & & \vdots \\
\lambda_1^{m-2} & \lambda_2^{m-2} & \cdots & \lambda_m^{m-2} \\
\lambda_1^{m-1} & \lambda_2^{m-1} & \cdots & \lambda_m^{m-1}
\end{pmatrix}
\begin{pmatrix}
x_1 \\ x_2 \\ \vdots \\ x_{m-1} \\ x_m
\end{pmatrix}
=
\begin{pmatrix}
0 \\ 0 \\ \vdots \\ 0 \\ 1
\end{pmatrix}.
$$

应用 Vandermonde 行列式和 Cramer (克拉默) 法则得到

$$
x_i = \frac{1}{\prod_{1 \leqslant s < r \leqslant m}(\lambda_r - \lambda_s)}
\begin{vmatrix}
1 & \cdots & 1 & 0 & 1 & \cdots & 1 \\
\lambda_1 & \cdots & \lambda_{i-1} & 0 & \lambda_{i+1} & \cdots & \lambda_m \\
\vdots & & \vdots & \vdots & \vdots & & \vdots \\
\lambda_1^{m-1} & \cdots & \lambda_{i-1}^{m-1} & 1 & \lambda_{i+1}^{m-1} & \cdots & \lambda_m^{m-1}
\end{vmatrix}
$$

$$
= \frac{(-1)^{m+i}}{\prod_{1 \leqslant s < r \leqslant m}(\lambda_r - \lambda_s)}
\begin{vmatrix}
1 & \cdots & 1 & 1 & \cdots & 1 \\
\lambda_1 & \cdots & \lambda_{i-1} & \lambda_{i+1} & \cdots & \lambda_m \\
\vdots & & \vdots & \vdots & & \vdots \\
\lambda_1^{m-2} & \cdots & \lambda_{i-1}^{m-2} & \lambda_{i+1}^{m-2} & \cdots & \lambda_m^{m-2}
\end{vmatrix}
$$

$$
= \frac{(-1)^{m+i}}{\prod_{1 \leqslant s < r \leqslant m}(\lambda_r - \lambda_s)} \prod_{\substack{1 \leqslant s < r \leqslant m \\ r, s \neq i}}(\lambda_r - \lambda_s) = \frac{1}{\prod_{\substack{1 \leqslant j \leqslant m \\ j \neq i}}(\lambda_i - \lambda_j)} \quad (i = 1, 2, \cdots, m).
$$

令

$$
u_n = \sum_{i=1}^{m} \frac{\lambda_i^{n+m-1}}{\prod_{\substack{1 \leqslant j \leqslant m \\ j \neq i}}(\lambda_i - \lambda_j)}.
$$

由上知 $u_{1-m} = \cdots = u_{-1} = 0$, $u_0 = 1$. 又

$$
u_n + a_1 u_{n-1} + \cdots + a_m u_{n-m}
$$

$$
= \sum_{i=1}^{m} \frac{\lambda_i^{n-1}}{\prod_{\substack{1 \leqslant j \leqslant m \\ j \neq i}}(\lambda_i - \lambda_j)}(\lambda_i^m + a_1 \lambda_i^{m-1} + \cdots + a_m) = 0 \quad (n \geqslant 1),
$$

故 $u_n = u_n(a_1, \cdots, a_m)$ $(n \geqslant 1 - m)$. 于是定理得证.

根据定理 18.1 和 Cramer 法则还可证明如下结果.

定理 18.5　设 $a_1, \cdots, a_m$ 为复数, $a_0 = 1$, 对 $k \notin \{0, 1, \cdots, m\}$ 规定 $a_k = 0$, 则 n 为正整数时

$$u_n(a_1, \cdots, a_m) = (-1)^n \begin{vmatrix} a_1 & a_2 & \cdots & a_n \\ a_0 & a_1 & \cdots & a_{n-1} \\ \vdots & \vdots & \ddots & \vdots \\ a_{2-n} & a_{3-n} & \cdots & a_1 \end{vmatrix}.$$

定理 18.6　设 m, n 为正整数, $s(n, k)$ 与 $S(n, k)$ 分别为第一类与第二类 Stirling 数, 则

$$S(m+n, m) = u_n(-s(m+1, m), s(m+1, m-1), \cdots, (-1)^m s(m+1, 1))$$

且有

$$1^n + 2^n + \cdots + m^n = \sum_{k=1}^{m} (-1)^{k-1} k s(m+1, m+1-k) S(m+n-k, m).$$

证　根据定理 15.8 知 $|x| < \dfrac{1}{m}$ 时

$$\sum_{n=0}^{\infty} S(m+n, m) x^n = \frac{1}{(1-x)(1-2x) \cdots (1-mx)}.$$

由第一类 Stirling 数定义知

$$(1-x)(2-x) \cdots (m-x) = \sum_{k=1}^{m+1} s(m+1, k)(-x)^{k-1} = \sum_{r=0}^{m} s(m+1, r+1)(-x)^r.$$

将 x 换成 $\dfrac{1}{x}$ 再乘以 $(-x)^m$ 得

$$(-x)^m \left(1 - \frac{1}{x}\right)\left(2 - \frac{1}{x}\right) \cdots \left(m - \frac{1}{x}\right) = \sum_{r=0}^{m} s(m+1, r+1)(-x)^{m-r},$$

即有

$$(1-x)(1-2x) \cdots (1-mx) = \sum_{k=0}^{m} (-1)^k s(m+1, m+1-k) x^k.$$

令 $a_k = (-1)^k s(m+1, m+1-k)$ $(k = 1, 2, \cdots, m)$, 则

$$\sum_{n=0}^{\infty} S(m+n, m) x^n = \frac{1}{(1-x)(1-2x)\cdots(1-mx)} = \frac{1}{1 + a_1 x + \cdots + a_m x^m}.$$

这同定理 18.1 比较知 $S(m+n, m) = u_n(a_1, \cdots, a_m)$. 由此及定理 18.3 有

$$1^n + 2^n + \cdots + m^n = -\sum_{k=1}^{m} k a_k u_{n-k}(a_1, \cdots, a_m)$$

$$= \sum_{k=1}^{m} (-1)^{k-1} k s(m+1, m+1-k) S(m+n-k, m).$$

于是定理得证.

下面不加证明地介绍孙智宏论文 [2] 中的如下结果.

定理 18.7 设 $a_1, \cdots, a_m$ 为复数, $a_m \neq 0$, $n \in \{0, 1, 2, \cdots\}$, $u_n = u_n(a_1, \cdots, a_m)$, 则

$$\begin{vmatrix} u_n & u_{n+1} & \cdots & u_{n+m-1} \\ u_{n-1} & u_n & \cdots & u_{n+m-2} \\ \vdots & \vdots & \ddots & \vdots \\ u_{n-m+1} & u_{n-m+2} & \cdots & u_n \end{vmatrix} = (-1)^{mn} a_m^n.$$

定理 18.8 设 $a_1, \cdots, a_m$ 为复数, $a_m \neq 0$, $a_0 = 1$, $u_n = u_n(a_1, \cdots, a_m)$, 则 k, n 为非负整数时有

$$u_{n+k} = \sum_{r=0}^{m-1} \left(\sum_{s=r}^{m-1} a_{s-r} u_{n-s} \right) u_{r+k}.$$

定理 18.9 (孙智宏 [4]) 设 $m \geq 2$, $a_1, \cdots, a_m \in \mathbb{Z}$, $u_n = u_n(a_1, \cdots, a_m)$, $p > m$ 为素数, 且 $p \nmid a_m$, 则同余方程 $x^m + a_1 x^{m-1} + \cdots + a_m \equiv 0 \pmod{p}$ 恰有 m 个不同解的充分必要条件是

$$u_{p-m} \equiv \cdots \equiv u_{p-2} \equiv 0 \pmod{p} \quad \text{且} \quad u_{p-1} \equiv 1 \pmod{p}.$$

18.2 Lucas 序列

定义 18.4 设 b, c 为复数, $c \neq 0$, $n \in \mathbb{Z}$,

$$U_0 = 0, \quad U_1 = 1, \quad U_{n+1} = b U_n - c U_{n-1} \quad (n = 0, \pm 1, \pm 2, \cdots),$$

$$V_0 = 2, \quad V_1 = b, \quad V_{n+1} = bV_n - cV_{n-1} \quad (n = 0, \pm 1, \pm 2, \cdots),$$

则称 $U_n = U_n(b,c)$ 与 $V_n = V_n(b,c)$ 为 Lucas 数列.

由定义 18.1 和定义 18.2 知

$$U_n(b,c) = u_{n-1}(-b,c), \quad V_n(b,c) = s_n(-b,c) \quad (n = 0, 1, 2, \cdots). \tag{18.2}$$

定理 18.10　设 b, c 为复数, $c \neq 0$, $n \in \mathbb{Z}^+$, 则

$$U_n(b,c) = \begin{cases} \dfrac{1}{\sqrt{b^2-4c}}\left(\left(\dfrac{b+\sqrt{b^2-4c}}{2} \right)^n - \left(\dfrac{b-\sqrt{b^2-4c}}{2} \right)^n \right), \\ \qquad\qquad\qquad \text{当 } b^2 - 4c \neq 0 \text{ 时}, \\ n\left(\dfrac{b}{2} \right)^{n-1}, \quad \text{当 } b^2 - 4c = 0 \text{ 时}, \end{cases}$$

$$V_n(b,c) = \left(\frac{b+\sqrt{b^2-4c}}{2} \right)^n + \left(\frac{b-\sqrt{b^2-4c}}{2} \right)^n.$$

证　显然 $x^2 - bx + c = 0$ 的两个根为

$$x_1 = \frac{b+\sqrt{b^2-4c}}{2}, \quad x_2 = \frac{b-\sqrt{b^2-4c}}{2}.$$

由于 $s_0(-b,c) = 2$, $s_1(-b,c) = x_1 + x_2 = b$, $s_{n+1}(-b,c) = bs_n(-b,c) - cs_{n-1}(-b,c)$ $(n \geqslant 1)$, 故 $V_n(b,c) = s_n(-b,c) = x_1^n + x_2^n$.

当 $b^2 - 4c \neq 0$ 时, 由定理 18.2 知

$$U_n(b,c) = u_{n-1}(-b,c) = \sum_{k_1+k_2=n-1} x_1^{k_1} x_2^{k_2} = \sum_{k=0}^{n-1} x_1^k x_2^{n-1-k}$$

$$= \frac{x_1^n - x_2^n}{x_1 - x_2} = \frac{1}{\sqrt{b^2-4c}}(x_1^n - x_2^n).$$

当 $b^2 - 4c = 0$ 时, 令 $U_n' = n\left(\dfrac{b}{2} \right)^{n-1}$, 则 $U_0' = 0$, $U_1' = 1$, 当 $n \geqslant 1$ 时

$$U_{n+1}' = (n+1)\left(\frac{b}{2} \right)^n = b \cdot n\left(\frac{b}{2} \right)^{n-1} - \frac{b^2}{4}(n-1)\left(\frac{b}{2} \right)^{n-2} = bU_n' - cU_{n-1}',$$

故 $U_n(b,c) = U_n' = n\left(\dfrac{b}{2} \right)^{n-1}$.

综上定理得证.

由 Lucas 数列定义和定理 18.10 知

$$n = U_n(2,1), \quad 2^n - 1 = U_n(3,2), \quad F_n = U_n(1,-1), \quad P_n = U_n(2,-1),$$

其中 F_n 与 P_n 分别是如下定义的 Fibonacci 数列与 Pell 序列:

$$F_0 = 0, \quad F_1 = 1, \quad F_{n+1} = F_n + F_{n-1} \quad (n \geqslant 1),$$

$$P_0 = 0, \quad P_1 = 1, \quad P_{n+1} = 2P_n + P_{n-1} \quad (n \geqslant 1).$$

通过对比递推关系可知, 第 10 讲中 Chebyshev 多项式与 Lucas 序列有如下关系:

$$T_n(x) = \frac{1}{2}V_n(2x,1), \quad U_n(x) = U_{n+1}(2x,1). \tag{18.3}$$

根据定理 18.10 和二项式定理容易证明如下关于 $U_n(b,c)$ 和 $V_n(b,c)$ 的基本恒等式, 具体证明详见 [5, 9].

定理 18.11 设 b,c 为复数, $c \neq 0$, $U_n = U_n(b,c)$, $V_n = V_n(b,c)$, 则 $k,n \in \mathbb{Z}^+$ 时有

$$V_n = bU_n - 2cU_{n-1} = U_{n+1} - cU_{n-1} = 2U_{n+1} - bU_n, \tag{18.4}$$

$$(b^2 - 4c)U_n = 2V_{n+1} - bV_n = V_{n+1} - cV_{n-1} = bV_n - 2cV_{n-1}, \tag{18.5}$$

$$U_{n-1}U_{n+1} - U_n^2 = -c^{n-1}, \tag{18.6}$$

$$U_{2n} = U_n V_n, \quad U_{2n-1} = U_n^2 - cU_{n-1}^2, \tag{18.7}$$

$$V_{2n} = V_n^2 \quad 2c^n, \tag{18.8}$$

$$V_n^2 - (b^2 - 4c)U_n^2 = 4c^n, \tag{18.9}$$

$$U_{k+n} = U_k U_{n+1} - cU_{k-1}U_n, \tag{18.10}$$

$$U_{kn} = U_k \cdot U_n(V_k, c^k). \tag{18.11}$$

利用定理 18.10 和二项式定理也容易证明如下变换公式.

定理 18.12 设 a,b,c 为复数, $ac \neq 0$, $U_n = U_n(b,c)$, $V_n = V_n(b,c)$, 则 n 为非负整数时有

$$U_n(ab, a^2c) = a^{n-1}U_n(b,c), \quad V_n(ab, a^2c) = a^n V_n(b,c), \tag{18.12}$$

$$\sqrt{b^2 - 4c}\, U_{2n}(b,c) = b\, U_{2n}(\sqrt{b^2 - 4c}, -c), \tag{18.13}$$

$$V_{2n}(b,c) = V_{2n}(\sqrt{b^2 - 4c}, -c), \tag{18.14}$$

$$\sqrt{b^2 - 4c}\, U_{2n+1}(b,c) = V_{2n+1}(\sqrt{b^2 - 4c}, -c), \tag{18.15}$$

$$V_{2n+1}(b,c) = b\, U_{2n+1}(\sqrt{b^2 - 4c}, -c). \tag{18.16}$$

关于 Lucas 序列 $U_n(b,c)$ 的最大公因子, Lucas 证明了如下优美结果.

定理 18.13 (Lucas 定理)　设 $b,c \in \mathbb{Z}$, $c \neq 0$, $(b,c)=1$, $U_n = U_n(b,c)$, 则 $m,n \in \mathbb{Z}^+$ 时有 $(U_m, U_n) = |U_{(m,n)}|$.

证　由 (18.6) 知 $U_{n-1}U_{n+1} - U_n^2 = -c^{n-1}$, 故 $(U_{n+1}, U_n) \mid c^{n-1}$. 但 $(U_n, c) = (bU_{n-1} - cU_{n-2}, c) = (U_{n-1}, c) = \cdots = (U_1, c) = 1$, 故必 $(U_{n+1}, U_n) = 1$. 根据 (18.10), 对正整数 k 及非负整数 r 有

$$U_{kn+r} = U_{(k-1)n+r+n} = U_{(k-1)n+r}U_{n+1} - cU_{(k-1)n+r-1}U_n,$$

故

$$(U_{kn+r}, U_n) = (U_{(k-1)n+r}U_{n+1}, U_n) = (U_{(k-1)n+r}, U_n)$$

$$= (U_{(k-2)n+r}, U_n) = \cdots = (U_r, U_n).$$

不妨设 $m \geqslant n$, 由 Euclid 辗转相除法有

$$m = kn + r \ (0 < r < n),$$

$$n = k_1 r + r_1 \ (0 < r_1 < r),$$

$$r = k_2 r_1 + r_2 \ (0 < r_2 < r_1),$$

$$\cdots\cdots$$

$$r_{s-1} = k_{s+1}r_s + r_{s+1} \ (0 < r_{s+1} < r_s),$$

$$r_s = k_{s+2}r_{s+1}.$$

因 $r_{s+1} = (m,n)$, 由上知

$$(U_m, U_n) = (U_n, U_r) = (U_r, U_{r_1}) = \cdots = (U_{r_s}, U_{r_{s+1}})$$

$$= (U_{r_{s+1}}, U_0) = |U_{r_{s+1}}| = |U_{(m,n)}|.$$

于是定理得证.

定理 18.14　设 b,c 为复数, $c \neq 0$, $n \in \mathbb{Z}^+$, 则

$$U_n(b,c) = \sum_{k=0}^{[(n-1)/2]} \binom{n-1-k}{k} b^{n-1-2k}(-c)^k.$$

证　根据定理 18.2 有

$$U_n(b,c) = u_{n-1}(-b,c) = \sum_{k_1+2k_2=n-1} \frac{(k_1+k_2)!}{k_1!k_2!} b^{k_1}(-c)^{k_2}$$

$$= \sum_{k=0}^{[(n-1)/2]} \binom{n-1-k}{k} b^{n-1-2k}(-c)^k.$$

于是定理得证.

定理 18.14 也可对 n 归纳证明.

定理 18.15 (Legendre, Lagrange) 设 p 为奇素数, $b, c \in \mathbb{Z}$, $p \nmid c$, $\lambda = \left(\dfrac{b^2 - 4c}{p} \right)$, 则

$$U_{p-1}(b,c) \equiv -\frac{(1-\lambda)b}{2c} \pmod{p}, \quad U_p(b,c) \equiv \lambda \pmod{p},$$

$$U_{p+1}(b,c) \equiv \frac{(1+\lambda)b}{2} \pmod{p}.$$

证 当 $b^2 - 4c = 0$ 时, 由定理 18.10 知 $U_p(b,c) = p\left(\dfrac{b}{2}\right)^{p-1} \equiv 0 \pmod{p}$, 故此时定理正确. 现设 $b^2 - 4c \neq 0$, 由定理 18.10 和二项式定理知, $n \in \mathbb{Z}^+$ 时有

$$U_n(b,c) = \frac{1}{\sqrt{b^2-4c}} \left(\left(\frac{b + \sqrt{b^2-4c}}{2} \right)^n - \left(\frac{b - \sqrt{b^2-4c}}{2} \right)^n \right)$$

$$= \frac{1}{2^n \sqrt{b^2-4c}} \sum_{k=0}^{n} \binom{n}{k} b^{n-k} \left((\sqrt{b^2-4c})^k - (-\sqrt{b^2-4c})^k \right)$$

$$= \frac{2}{2^n \sqrt{b^2-4c}} \sum_{\substack{k=0 \\ 2\nmid k}}^{n} \binom{n}{k} b^{n-k} (\sqrt{b^2-4c})^k$$

$$= \frac{1}{2^{n-1}} \sum_{\substack{k=0 \\ 2\nmid k}}^{n} \binom{n}{k} b^{n-k} (b^2-4c)^{\frac{k-1}{2}}.$$

当 $k \in \{1, 2, \cdots, p-1\}$ 时, $\binom{p}{k} = \dfrac{p}{k}\binom{p-1}{k-1} \equiv 0 \pmod{p}$, 故由上得

$$U_p(b,c) = \frac{1}{2^{p-1}} \sum_{r=0}^{(p-1)/2} \binom{p}{2r+1} b^{p-1-2r} (b^2-4c)^r$$

$$\equiv \frac{1}{2^{p-1}} (b^2-4c)^{\frac{p-1}{2}} \equiv \left(\frac{b^2-4c}{p} \right) = \lambda \pmod{p},$$

其中使用了 Fermat 小定理与 Euler 判别条件.

另一方面, 当 $1 \leqslant r \leqslant \dfrac{p-3}{2}$ 时, $\dbinom{p+1}{2r+1} = \dfrac{(p+1)p}{(2r+1)(2r)}\dbinom{p-1}{2r-1} \equiv$ $0 \pmod{p}$, 故由前述 $U_n(b,c)$ 表达式及 Fermat 小定理与 Euler 判别条件知

$$
\begin{aligned}
U_{p+1}(b,c) &= \frac{1}{2^p}\sum_{r=0}^{(p-1)/2}\binom{p+1}{2r+1}b^{p-2r}(b^2-4c)^r \\
&\equiv \frac{1}{2^p}\left(\binom{p+1}{1}b^p + \binom{p+1}{p}b(b^2-4c)^{\frac{p-1}{2}}\right) \\
&\equiv \frac{1}{2}\left(b+b\left(\frac{b^2-4c}{p}\right)\right) = \frac{(1+\lambda)b}{2} \pmod{p}.
\end{aligned}
$$

于是

$$
U_{p-1}(b,c) = \frac{U_{p+1}(b,c)-bU_p(b,c)}{-c} \equiv \frac{\dfrac{1+\lambda}{2}b-b\lambda}{-c} = -\frac{(1-\lambda)b}{2c} \pmod{p}.
$$

综上定理得证.

推论 18.2　设 $p \neq 2,5$ 为素数, 则当 $p \equiv \pm 1 \pmod{5}$ 时

$$
F_{p-1} \equiv 0 \pmod{p}, \quad F_p \equiv 1 \pmod{p}, \quad F_{p+1} \equiv 1 \pmod{p};
$$

当 $p \equiv \pm 2 \pmod{5}$ 时

$$
F_{p-1} \equiv 1 \pmod{p}, \quad F_p \equiv -1 \pmod{p}, \quad F_{p+1} \equiv 0 \pmod{p}.
$$

证　注意到

$$
\left(\frac{5}{p}\right) = \left(\frac{p}{5}\right) = \begin{cases} 1, & \text{若 } p \equiv \pm 1 \pmod{5}, \\ -1, & \text{若 } p \equiv \pm 2 \pmod{5}, \end{cases}
$$

在定理 18.15 中取 $b = 1, c = -1$ 立得推论.

关于 Lucas 序列更多的恒等式和同余式, 读者可参看文献 [9].

18.3　三、四次同余式

设 $p > 3$ 为素数, $a_1, a_2, a_3 \in \mathbb{Z}_p$, 记三次同余式 $x^3 + a_1 x^2 + a_2 x + a_3 \equiv 0 \pmod{p}$ 的解数为 $N_p(x^3 + a_1 x^2 + a_2 x + a_3)$, 显然 $N_p(x^3 + a_1 x^2 + a_2 x + a_3) \in \{0, 1, 3\}$. 令

$$
a = (a_1^2 - 3a_2)^3, \quad b = -2a_1^3 + 9a_1 a_2 - 27a_3,
$$

$$D = -\frac{1}{27}(b^2 - 4a) = a_1^2 a_2^2 - 4a_2^3 - 4a_1^3 a_3 - 27a_3^2 + 18a_1 a_2 a_3, \quad (18.17)$$

则 D 为三次方程 $x^3 + a_1 x^2 + a_2 x + a_3 = 0$ 的判别式.

历史上第一个对三次同余式研究取得重要成果的人是大数学家 Cauchy, 他证明了如下结果:

定理 18.16 (Cauchy, 1829) 设 $p > 3$ 为素数,

$$A, B \in \mathbb{Z}, \quad p \nmid AB, \quad \left(\frac{-4A^3 - 27B^2}{p}\right) = 1,$$

则

$$N_p(x^3 + Ax - B) = \begin{cases} 3, & 若 V_{\frac{p-\left(\frac{p}{3}\right)}{3}}\left(B, -\frac{A^3}{27}\right) \equiv 2\left(\frac{p}{3}\right)\left(\frac{A}{3}\right)^{\frac{1-\left(\frac{p}{3}\right)}{2}} \pmod{p}, \\ 0, & 若 V_{\frac{p-\left(\frac{p}{3}\right)}{3}}\left(B, -\frac{A^3}{27}\right) \equiv -\left(\frac{p}{3}\right)\left(\frac{A}{3}\right)^{\frac{1-\left(\frac{p}{3}\right)}{2}} \pmod{p}. \end{cases}$$

下面的定理可能为 Cauchy 所知, 它也是 Stickelberger 更一般定理的推论.

定理 18.17 设 $p > 3$ 为素数, $a_1, a_2, a_3 \in \mathbb{Z}$, $p \nmid D$, 则

$$N_p(x^3 + a_1 x^2 + a_2 x + a_3) = \begin{cases} 0 \text{ 或 } 3, & 若 \left(\frac{D}{p}\right) = 1, \\ 1, & 若 \left(\frac{D}{p}\right) = 1, \end{cases}$$

其中 D 由 (18.17) 给出.

根据孙智宏 2003 年发表的论文 [3], 模为素数的三、四次同余式解数判定及解的构造可用三阶递推序列给出完美结果.

定理 18.18 ([3, Lemma 4.1]) 设 $p > 3$ 为素数, $a_1, a_2, a_3 \in \mathbb{Z}$, $p \mid D$, 则 $x^3 + a_1 x^2 + a_2 x + a_3 \equiv 0 \pmod{p}$ 有 3 个解, 且解为

$$x \equiv \begin{cases} -\dfrac{a_1}{3}, \quad -\dfrac{a_1}{3}, \quad -\dfrac{a_1}{3} \pmod{p}, & 若 p \mid a_1^2 - 3a_2, \\ -a_1 + \dfrac{a_1 a_2 - 9a_3}{a_1^2 - 3a_2}, \quad -\dfrac{a_1 a_2 - 9a_3}{2(a_1^2 - 3a_2)}, \quad -\dfrac{a_1 a_2 - 9a_3}{2(a_1^2 - 3a_2)} \pmod{p}, \\ \qquad\qquad\qquad\qquad\qquad\qquad 若 p \nmid a_1^2 - 3a_2. \end{cases}$$

由 18.1 知, 三阶递推序列 $s_n = s_n(a_1, a_2, a_3)$ 可由下式给出:

$$s_0 = 3, \quad s_1 = -a_1, \quad s_2 = a_1^2 - 2a_2,$$

$$s_{n+3} + a_1 s_{n+2} + a_2 s_{n+1} + a_3 s_n = 0 \quad (n \geqslant 0).$$

定理 18.19 (孙智宏 [3])　设 $p > 3$ 为素数, $a_1, a_2, a_3 \in \mathbb{Z}$, $p \nmid a_1^2 - 3a_2$, $s_n = s_n(a_1, a_2, a_3)$, D 由 (18.17) 给出, 则

(i)

$$N_p(x^3 + a_1 x^2 + a_2 x + a_3) = \begin{cases} 3, & \text{若 } s_{p+1} \equiv a_1^2 - 2a_2 \pmod{p}, \\ 0, & \text{若 } s_{p+1} \equiv a_2 \pmod{p}, \\ 1, & \text{若 } s_{p+1} \not\equiv a_2, a_1^2 - 2a_2 \pmod{p}; \end{cases}$$

(ii) 若 $N_p(x^3 + a_1 x^2 + a_2 x + a_3) = 1$, 则 $x^3 + a_1 x^2 + a_2 x + a_3 \equiv 0 \pmod{p}$ 的唯一解为

$$x \equiv \frac{2a_1 a_2 - 9a_3 - a_1 s_{p+1}}{-2a_1^2 + 3a_2 + 3s_{p+1}} \pmod{p};$$

(iii) 若 $N_p(x^3 + a_1 x^2 + a_2 x + a_3) = 0$, 则

$$(2s_{p+2} + a_1 a_2 - 3a_3)^2 \equiv D \pmod{p};$$

(iv) 若 $N_p(x^3 + a_1 x^2 + a_2 x + a_3) = 3, p \nmid D, x_0 = \frac{1}{2}\left(\left(\frac{-a_3}{p}\right)s_{\frac{p+1}{2}} - a_1\right)$, 且 $x_0 \not\equiv -a_1 \pmod{p}$, 则

$$x \equiv x_0, \quad \frac{1}{2}\left(-a_1 - x_0 \pm \frac{d}{3x_0^2 + 2a_1 x_0 + a_2}\right) \pmod{p}$$

为 $x^3 + a_1 x^2 + a_2 x + a_3 \equiv 0 \pmod{p}$ 的三个解, 其中 $d \in \mathbb{Z}$ 满足 $d^2 \equiv D \pmod{p}$.

根据定义 18.2, $u_n = u_n(a_1, a_2, a_3)$ 定义如下:

$$u_{-2} = u_{-1} = 0, \quad u_0 = 1,$$

$$u_{n+3} + a_1 u_{n+2} + a_2 u_{n+1} + a_3 u_n = 0 \quad (n \geqslant -2).$$

定理 18.20 (孙智宏 [3])　设 $p > 3$ 为素数, $a_1, a_2, a_3 \in \mathbb{Z}$, a, b, D 由 (18.17) 给出, $p \nmid ab$, $u_n = u_n(a_1, a_2, a_3)$, 则

$$N_p(x^3 + a_1 x^2 + a_2 x + a_3) = \begin{cases} 3, & \text{若 } Du_{p-2}^2 \equiv 0 \pmod{p}, \\ 0, & \text{若 } Du_{p-2}^2 \equiv (a_1^2 - 3a_2)^2 \pmod{p}, \\ 1, & \text{若 } Du_{p-2}^2 \not\equiv 0, (a_1^2 - 3a_2)^2 \pmod{p}, \end{cases}$$

并且 $x^3 + a_1x^2 + a_2x + a_3 \equiv 0 \pmod{p}$ 有唯一解时, 其解为

$$x \equiv \frac{(-a_1^2 a_2 + 6a_2^2 - 9a_1 a_3)u_{p-2} + a_1^3 - 6a_1 a_2 + 27a_3}{-bu_{p-2} + 3(a_1^2 - 3a_2)} \pmod{p}.$$

定理 18.21 设 $p > 3$ 为素数, $a_1, a_2, a_3 \in \mathbb{Z}$, $f = x^3 + a_1x^2 + a_2x + a_3$,

$$a = (a_1^2 - 3a_2)^3, \quad b = -2a_1^3 + 9a_1 a_2 - 27a_3, \quad p \nmid ab(b^2 - 4a),$$

$$v = (a_1^2 - 3a_2)^{1 - \left(\frac{p}{3}\right)} V_{\frac{p + 2\left(\frac{p}{3}\right)}{3}}(b, a),$$

则

(i) $N_p(f) = 3 \Longleftrightarrow p \mid U_{\frac{p - \left(\frac{p}{3}\right)}{3}}(b, a) \Longleftrightarrow \begin{cases} v \equiv b \pmod{p}, & \text{若 } p \nmid a - b^2, \\ p \equiv \pm 1 \pmod{9}, & \text{若 } p \mid a - b^2; \end{cases}$

(ii) $N_p(f) = 0 \Longleftrightarrow \begin{cases} (b + 2v)^2 \equiv -3(b^2 - 4a) \pmod{p}, & \text{若 } a \not\equiv b^2 \pmod{p}, \\ p \not\equiv \pm 1 \pmod{9}, & \text{若 } a \equiv b^2 \pmod{p}; \end{cases}$

(iii) $N_p(f) = 1 \Longleftrightarrow v^3 - 3av - ab \equiv 0 \pmod{p}$

$$\Longleftrightarrow x \equiv \frac{1}{3}\left(\frac{v}{a_1^2 - 3a_2} - a_1\right) \pmod{p} \text{ 为 } f \equiv 0 \pmod{p} \text{ 的解}.$$

证 由 [3, Theorem 3.2(i)] 知

$$u_{p-2}(a_1, a_2, a_3) \equiv 3(3a_2 - a_1^2)^{\frac{1 + \left(\frac{p}{3}\right)}{2}} U_{\frac{p - \left(\frac{p}{3}\right)}{3}}(b, a) \pmod{p}. \tag{18.18}$$

这同定理 18.20 相结合, 即得 $N_p(f) = 3 \Longleftrightarrow p \mid U_{\frac{p - \left(\frac{p}{3}\right)}{3}}(b, a)$.

根据 [3, Lemma 3.1],

$$(a_1^2 - 3a_2)^{\frac{1 + \left(\frac{p}{3}\right)}{2}} V_{\frac{p - \left(\frac{p}{3}\right)}{3}}(b, a) \equiv 3s_{p+1} - a_1^2 \pmod{p}. \tag{18.19}$$

由 (18.19) 及定理 18.19 知

$$N_p(f) = 3 \Longleftrightarrow s_{p+1} \equiv a_1^2 - 2a_2 \pmod{p}$$

$$\Longleftrightarrow (a_1^2 - 3a_2)^{\frac{1 + \left(\frac{p}{3}\right)}{2}} V_{\frac{p - \left(\frac{p}{3}\right)}{3}}(b, a) \equiv 3(a_1^2 - 2a_2) - a_1^2 \pmod{p}$$

$$\Longleftrightarrow V_{\frac{p-\left(\frac{p}{3}\right)}{3}}(b,a) \equiv 2(a_1^2 - 3a_2)^{\frac{1-\left(\frac{p}{3}\right)}{2}} \pmod{p}.$$

若 $N_p(f) = 3$ 且 $p \equiv 1 \pmod 3$, 则由上及 (18.5) 知 $2V_{\frac{p+2}{3}}(b,a) = bV_{\frac{p-1}{3}}(b,a) + (b^2 - 4a)U_{\frac{p-1}{3}}(b,a) \equiv 2b \pmod{p}$. 若 $N_p(f) = 3$ 且 $p \equiv 2 \pmod 3$, 则由上及 (18.5) 知

$$2aV_{\frac{p-2}{3}}(b,a) = bV_{\frac{p+1}{3}}(b,a) - (b^2 - 4a)U_{\frac{p+1}{3}}(b,a) \equiv 2(a_1^2 - 3a_2)b \pmod{p}.$$

因此 $N_p(f) = 3$ 时总有 $v = (a_1^2 - 3a_2)^{1-\left(\frac{p}{3}\right)}V_{\frac{p+2\left(\frac{p}{3}\right)}{3}}(b,a) \equiv b \pmod{p}$.

记 $f = 0$ 的判别式为 D, 则 $D = -\dfrac{b^2 - 4a}{27}$. 若 $a \equiv b^2 \pmod{p}$, 则 $\left(\dfrac{b}{3}\right)^2 \equiv -\dfrac{b^2 - 4a}{27} = D \pmod{p}$, 故由定理 18.17 知 $N_p(f) = 0$ 或 3. 根据 (18.12) 及定理 18.10 有

$$U_{\frac{p-\left(\frac{p}{3}\right)}{3}}(b,a) \equiv U_{\frac{p-\left(\frac{p}{3}\right)}{3}}(b,b^2) = b^{\frac{p-\left(\frac{p}{3}\right)}{3}-1}U_{\frac{p-\left(\frac{p}{3}\right)}{3}}(1,1)$$

$$= \frac{b^{\frac{p-\left(\frac{p}{3}\right)}{3}-1}}{\sqrt{-3}}\left(\left(\frac{1+\sqrt{-3}}{2}\right)^{\frac{p-\left(\frac{p}{3}\right)}{3}} - \left(\frac{1-\sqrt{-3}}{2}\right)^{\frac{p-\left(\frac{p}{3}\right)}{3}}\right) \pmod{p}.$$

因此

$$N_p(f) = 3 \Longleftrightarrow p \mid U_{\frac{p-\left(\frac{p}{3}\right)}{3}}(b,a) \Longleftrightarrow 3 \mid \frac{p-\left(\frac{p}{3}\right)}{3} \Longleftrightarrow p \equiv \pm 1 \pmod 9,$$

$$N_p(f) = 0 \Longleftrightarrow p \not\equiv \pm 1 \pmod 9.$$

由 [3, Lemma 3.1] 知

$$6a_1 s_{p+1} + 9s_{p+2} \equiv -a_1^3 + 6a_1 a_2 + v \pmod{p}. \tag{18.20}$$

若 $N_p(f) = 0$, 由定理 18.19 知 $s_{p+1} \equiv a_2 \pmod{p}$, 从而 $9s_{p+2} \equiv -a_1^3 + v \pmod{p}$. 于是

$$9(2s_{p+2} + a_1 a_2 - 3a_3) \equiv 2(-a_1^3 + v) + 9(a_1 a_2 - 3a_3) = b + 2v \pmod{p}.$$

因此由 [3, Corollary 4.1] 知 $(b + 2v)^2 \equiv 81D = -3(b^2 - 4a) \pmod{p}$.

若 $(b+2v)^2 \equiv -3(b^2-4a) \pmod p$, 则 $\left(\dfrac{D}{p}\right) = 1$. 由定理 18.17 知 $N_p(f) \in$ $\{0,3\}$. 若 $N_p(f) = 3$, 则由前述论证知 $v \equiv b \pmod p$, 从而 $9b^2 \equiv (b+2v)^2 \equiv$ $-3(b^2-4a) \pmod p$. 这导出 $a \equiv b^2 \pmod p$. 因此 $(b+2v)^2 \equiv -3(b^2-4a) \pmod p$ 且 $a \not\equiv b^2 \pmod p$ 时必有 $N_p(f) = 0$. 这就证明了 (ii).

令 $X = (a_1^2 - 3a_2)(3x + a_1)$, 易见

$$27a(x^3 + a_1 x^2 + a_2 x + a_3) = X^3 - 3aX - ab,$$

从而 $N_p(f) = N_p(x^3 - 3ax - ab)$. 由此, 根据 [3, Theorem 2.3] 有

$$N_p(f) = 1 \iff x \equiv \frac{1}{3}\left(\frac{v}{a_1^2 - 3a_2} - a_1\right) \pmod p \text{ 为 } f \equiv 0 \pmod p \text{ 的解}$$

$$\iff x \equiv v \pmod p \text{ 为 } x^3 - 3ax - ab \equiv 0 \pmod p \text{ 的解}$$

$$\iff v^3 - 3av - ab \equiv 0 \pmod p.$$

这就证明了 (iii).

现在证明 (i) 余下的部分. 设 $a \not\equiv b^2 \pmod p$, $v \equiv b \pmod p$, 欲证 $N_p(f) = 3$. 因 $p \nmid b(b^2-4a)$, 我们有 $v^3 - 3av - ab \not\equiv 0 \pmod p$, 从而由 (iii) 知 $N_p(f) \neq 1$. 又由 $p \nmid a - b^2$ 知, $(b+2v)^2 \equiv 9b^2 \not\equiv -3(b^2-4a) \pmod p$, 故 $N_p(f) \neq 0$. 于是必有 $N_p(f) = 3$.

综上定理得证.

定理 18.22 (孙智宏 [1,7]) 设 $p > 5$ 为素数, 则

(i) 当 $p \equiv 1 \pmod 3$ 时

$$p \mid F_{\frac{p-1}{3}} \iff p = x^2 + 135y^2 \ (x, y \in \mathbb{Z}),$$

$$p \mid P_{\frac{p-1}{3}} \iff p = x^2 + 54y^2 \ (x, y \in \mathbb{Z}),$$

$$p \mid U_{\frac{p-1}{3}}(3, -1) \iff p = x^2 + 351y^2 \text{ 或 } 13x^2 + 27y^2 \ (x, y \in \mathbb{Z}),$$

$$p \mid U_{\frac{p-1}{3}}(2, -2) \iff p = x^2 + 81y^2 \ (x, y \in \mathbb{Z});$$

(ii) 当 $p \equiv 2 \pmod 3$ 时

$$p \mid F_{\frac{p+1}{3}} \iff p = 5x^2 + 27y^2 \ (x, y \in \mathbb{Z}),$$

$$p \mid P_{\frac{p+1}{3}} \iff p = 2x^2 + 27y^2 \ (x, y \in \mathbb{Z}),$$

$$p \mid U_{\frac{p+1}{3}}(3, -1) \iff p = 11x^2 + 2xy + 32y^2 \ (x, y \in \mathbb{Z}),$$

$$p \mid U_{\frac{p+1}{3}}(2,-2) \iff p = 2x^2 + 2xy + 41y^2 \ (x,y \in \mathbb{Z}).$$

根据定理 18.21 和定理 18.22, 我们有

定理 18.23　设 $p > 5$ 为素数, 则

(i) 当 $p \equiv 1 \ (\mathrm{mod}\ 3)$ 时

$$N_p(x^3 + 3x + 1) = 3 \iff p = x^2 + 135y^2 \ (x,y \in \mathbb{Z}),$$

$$N_p(x^3 + 3x + 2) = 3 \iff p = x^2 + 54y^2 \ (x,y \in \mathbb{Z}),$$

$$N_p(x^3 + 3x + 3) = 3 \iff p = x^2 + 351y^2 \ \text{或}\ 13x^2 + 27y^2 \ (x,y \in \mathbb{Z}),$$

$$N_p(x^3 + 6x + 4) = 3 \iff p = x^2 + 81y^2 \ (x,y \in \mathbb{Z});$$

(ii) 当 $p \equiv 2 \ (\mathrm{mod}\ 3)$ 时

$$N_p(x^3 + 3x + 1) = 3 \iff p = 5x^2 + 27y^2 \ (x,y \in \mathbb{Z}),$$

$$N_p(x^3 + 3x + 2) = 3 \iff p = 2x^2 + 27y^2 \ (x,y \in \mathbb{Z}),$$

$$N_p(x^3 + 3x + 3) = 3 \iff p = 11x^2 + 2xy + 32y^2 \ (x,y \in \mathbb{Z}),$$

$$N_p(x^3 + 6x + 4) = 3 \iff p = 2x^2 + 2xy + 41y^2 \ (x,y \in \mathbb{Z}).$$

定理 18.24 (孙智宏[8])　设 $p > 3$ 为素数, $a \in \mathbb{Z}_p$, $a \not\equiv 0, \dfrac{1}{9}, \dfrac{1}{27}, \dfrac{4}{27} \ (\mathrm{mod}\ p)$, 则

$$\sum_{k=1}^{[p/3]} \binom{3k}{k} a^k \equiv 0 \ (\mathrm{mod}\ p) \iff ax^3 - x - 1 \equiv 0 \ (\mathrm{mod}\ p) \ \text{有三个解}.$$

现在转而讨论四次同余式解数. 给定三个数 a, b, c, 定义 $S_n = S_n(a,b,c)$ 如下:

$$S_0 = 3, \quad S_1 = -2a, \quad S_2 = 2a^2 + 8c,$$

$$S_{n+3} = -2aS_{n+2} + (4c - a^2)S_{n+1} + b^2 S_n \quad (n = 0, 1, 2, \cdots). \tag{18.21}$$

容易验证: $S_n = s_n(2a, a^2 - 4c, -b^2)$.

设 $p > 3$ 为素数, $a, b, c \in \mathbb{Z}$, 我们用 $N_p(x^4 + ax^2 + bx + c)$ 表示 $x^4 + ax^2 + bx + c \equiv 0 \ (\mathrm{mod}\ p)$ 的解数. 令 $x = y - \dfrac{A}{4}$, 则 $x^4 + Ax^3 + Bx^2 + Cx + D$ 可转化为 $y^4 + B'y^2 + C'y + D'$ 之形式. 由此我们只需讨论同余方程 $x^4 + ax^2 + bx + c \equiv 0 \ (\mathrm{mod}\ p)$.

定理 18.25 (孙智宏 [3])   设 $p > 3$ 为素数, $a, b, c \in \mathbb{Z}$, 则

$$N_p(x^4 + ax^2 + bx + c) = 1$$

$$\iff \begin{cases} S_{p+1} \equiv a^2 - 4c \pmod{p}, & \text{若 } p \nmid a^2 + 12c, \\ 3 \mid p - 1 \text{ 且 } (8a^3 + 27b^2)^{\frac{p-1}{3}} \not\equiv 1 \pmod{p}, & \text{若 } p \mid a^2 + 12c, \end{cases}$$

并且 $x^4 + ax^2 + bx + c \equiv 0 \pmod{p}$ 有唯一解时, 其解为 $x \equiv (a^2 - 4c - S_{\frac{p+1}{2}}^2)/(4b) \pmod{p}$.

定理 18.26 (孙智宏 [3])   设 $p > 3$ 为素数, $a, b, c \in \mathbb{Z}$,

$$D = -(4a^3 + 27b^2)b^2 + 16c(a^4 + 9ab^2 - 8a^2c + 16c^2), \quad p \nmid (a^2 + 12c)bD,$$

则

$$N_p(x^4 + ax^2 + bx + c) = 4 \iff S_{p+1} \equiv 2a^2 + 8c \pmod{p} \text{ 且 } S_{\frac{p-1}{2}} \equiv 3 \pmod{p}.$$

定理 18.27 (孙智宏 [3])   设 $p > 3$ 为素数, $a, b, c \in \mathbb{Z}$, $p \nmid bD$, 其中 D 由定理 18.26 给出, 则 $x^4 + ax^2 + bx + c \equiv 0 \pmod{p}$ 恰有两个解的充分必要条件是 $S_{p+1} \not\equiv a^2 - 4c, 2a^2 + 8c \pmod{p}$ 且 $\dfrac{4a^3 - 16ac + 9b^2 - 2aS_{p+1}}{-5a^2 - 12c + 3S_{p+1}}$ 是 p 的平方剩余.

对正整数 m 及整系数多项式 $f(x)$, 令 $V_m(f(x))$ 为 $f(x)$ 模 m 的不同取值个数, 即

$$V_m(f(x)) = |\{c \in \{0, 1, \cdots, m-1\} : f(x) \equiv c \pmod{m} \text{可解}\}|.$$

例如: p 为奇素数时 $V_p(x^2) = \dfrac{p+1}{2}$.

定理 18.28 (von Sterneck, 1908)   设 $p > 3$ 为素数, $a_1, a_2, a_3 \in \mathbb{Z}$, 则

$$V_p(x^3 + a_1 x^2 + a_2 x + a_3) = \begin{cases} \dfrac{p+2}{3}, & \text{若 } 3 \mid p - 1 \text{ 且 } p \mid a_1^2 - 3a_2, \\ p, & \text{若 } 3 \mid p - 2 \text{ 且 } p \mid a_1^2 - 3a_2, \\ \left[\dfrac{2p+1}{3}\right], & \text{若 } p \nmid a_1^2 - 3a_2. \end{cases}$$

定理 18.29 (孙智宏 [6])   设 $p > 3$ 为素数, $b \in \mathbb{Z}$, $p \nmid b$, 则

(i) 当 $p \equiv 2 \pmod{3}$ 时, $V_p(x^4 + bx) = \left[\dfrac{5p+7}{8}\right]$;

(ii) 当 $p \equiv 1 \pmod{12}$, 从而 $p = A^2 + 3B^2 (A, B \in \mathbb{Z})$ 且 $A \equiv 1 \pmod 3$ 时, 有

$$V_p(x^4 + bx) = \begin{cases} \dfrac{1}{8}\left(5p + 9 - 6(-1)^{\frac{p-1}{12}}\right), & \text{当 } (2b)^{\frac{p-1}{3}} \equiv 1 \pmod p \text{ 时,} \\[2mm] \dfrac{1}{8}(5p + 3 \pm 6B), & \text{当 } (2b)^{\frac{p-1}{3}} \equiv \dfrac{-1 \mp A/B}{2} \pmod p \text{ 时;} \end{cases}$$

(iii) 当 $p \equiv 7 \pmod{12}$, 从而 $p = A^2 + 3B^2 (A, B \in \mathbb{Z})$ 且 $A \equiv 1 \pmod 3$ 时, 有

$$V_p(x^4 + bx) = \begin{cases} \dfrac{1}{8}\left(5p + 7 + 6(-1)^{\frac{p-7}{12}} - 4A\right), & \text{当 } (2b)^{\frac{p-1}{3}} \equiv 1 \pmod p \text{ 时,} \\[2mm] \dfrac{1}{8}(5p + 1 + 2A), & \text{当 } (2b)^{\frac{p-1}{3}} \not\equiv 1 \pmod p \text{ 时.} \end{cases}$$

定理 18.30 (孙智宏 [6])　设 $p > 3$ 为素数, 则

(i) 当 $p = A^2 + 3B^2 = c^2 + d^2 \equiv 1 \pmod{12}$, $A, B, c, d \in \mathbb{Z}$, $2 \mid d$, $c + d \equiv 1 \pmod 4$ 且 $A \equiv 1 \pmod 3$ 时, 有

$$V_p(x^4 - 3x^2 + 2x) = \begin{cases} \dfrac{1}{8}(5p + 3 + 4\delta(p) - 2A - 2c), & \text{若 } 3 \mid c, \\[2mm] \dfrac{1}{8}(5p + 3 + 4\delta(p) - 2A + 2c), & \text{若 } 3 \mid d, \end{cases}$$

其中

$$\delta(p) = \begin{cases} 1, & \text{若 } p \equiv 13 \pmod{24}, \\ 0, & \text{若 } 24 \mid p - 1 \text{ 且 } 8 \mid B - d, \\ 2, & \text{若 } 24 \mid p - 1 \text{ 且 } 8 \nmid B - d; \end{cases}$$

(ii) 当 $p \equiv 5 \pmod{12}$, $p = c^2 + d^2$, $c, d \in \mathbb{Z}$, $2 \mid d$, $c + d \equiv 1 \pmod 4$ 且 $c \equiv d \pmod 3$ 时, 有

$$V_p(x^4 - 3x^2 + 2x) = \dfrac{1}{8}(5p + 3 - 2d);$$

(iii) 当 $p \equiv 7 \pmod{12}$, $p = A^2 + 3B^2$, $A, B \in \mathbb{Z}$ 且 $A \equiv 1 \pmod 3$ 时, 有

$$V_p(x^4 - 3x^2 + 2x) = \dfrac{1}{8}(5p + 1 - 2A);$$

(iv) 当 $p \equiv 11 \pmod{12}$ 时, 有

$$V_p(x^4 - 3x^2 + 2x) = \begin{cases} \dfrac{5p+1}{8} + \dfrac{1}{2}\left(1 - \left(\dfrac{3^{\frac{p+1}{4}} + 1}{p}\right)\right), & \text{若 } 24 \mid p - 11, \\[3mm] \dfrac{5}{8}(p + 1), & \text{若 } 24 \mid p - 23. \end{cases}$$

定理 18.31 (孙智宏 [6]) 设 $p>3$ 为素数, $a,b\in\mathbb{Z}$, $p\nmid ab$, $8a^3\equiv -27b^2\pmod p$ (如 $a=-6,b=8$), 则 $V_p(x^4+ax^2+bx)=\left[\dfrac{5p+7}{8}\right]$.

定理 18.32 设 $p>5$ 为素数,

(i) (孙智宏 [6]) 当 $p\equiv 1\pmod 4$ 时, 令

$$\delta_1(p)=\begin{cases} 0, & \text{若 } p\equiv 17,33\pmod{40}, \\ 1, & \text{若 } p\equiv 13,37\pmod{40}, \\ 1-(-1)^t, & \text{若 } p=s^2+5t^2\equiv 1,9\pmod{40}\ (s,t\in\mathbb{Z}), \\ 2+(-1)^t, & \text{若 } p=s^2+5t^2\equiv 21,29\pmod{40}\ (s,t\in\mathbb{Z}), \end{cases}$$

则

$$V_p(x^4-4x^2+4x)=\frac{1}{8}(5p+3+4\delta_1(p));$$

(ii) (孙智宏, 叶东曦 [10]) 当 $p\equiv 3\pmod 4$ 时, 令

$$\delta_2(p)=\begin{cases} 0, & \text{若 } p\equiv 7,23\pmod{40}, \\ 1, & \text{若 } p\equiv 3,27,31,39\pmod{40}, \\ 2, & \text{若 } p\equiv 11,19\pmod{40}, \end{cases}$$

$$q\prod_{k=1}^{\infty}(1-q^{2k})^2(1-q^{10k})^2=\sum_{n=1}^{\infty}a_{20}(n)q^n\quad(|q|<1),$$

则

$$V_p(x^4-4x^2+4x)=\frac{1}{4}\left(\frac{5p+1}{2}+2\delta_2(p)-a_{20}(p)\right).$$

定理 18.33 (孙智宏 [6]) 设 $p>3$ 为素数, $a,b\in\mathbb{Z}$, $p\nmid b$, 则

$$\left|V_p(x^4+ax^2+bx)-\frac{5p}{8}\right|\leqslant \frac{1}{2}\sqrt{p}+\frac{15}{8}.$$

参 考 读 物

[1] Sun Z H. On the theory of cubic residues and nonresidues. Acta Arith., 1998, 84: 291-335.

[2] Sun Z H. Linear recursive sequences and powers of matrices. Fibonacci Quart., 2001, 39: 339-351.

[3] Sun Z H. Cubic and quartic congruences modulo a prime. J. Number Theory, 2003, 102: 41-89.

[4] Sun Z H. A criterion for polynomials to be congruent to the product of linear polynomials (mod p). Fibonacci Quart., 2006, 44: 326-329.

[5] Sun Z H. Expansions and identities concerning Lucas sequences. Fibonacci Quart., 2006, 44: 145-153.

[6] Sun Z H. On the number of incongruent residues of $x^4 + ax^2 + bx$ modulo p. J. Number Theory, 2006, 119: 210-241.

[7] Sun Z H. Cubic residues and binary quadratic forms. J. Number Theory, 2007, 124: 62-104.

[8] Sun Z H. Cubic congruences and sums involving $\binom{3k}{k}$. Int. J. Number Theory, 2016, 12: 143-164.

[9] 孙智宏. 数和数列. 北京: 科学出版社, 2016: 185-207.

[10] Sun Z H, Ye D X. Quartic congruences and eta products. Bull. Iran. Math. Soc., 2023, 49: Art.67, 25pp.

第 19 讲　组合数等距求和公式及其应用

Poincaré: 没有解决完了的问题, 它们仅仅是或多或少地解决了的问题. 数学只能达到人的正确程度, 而人是容易犯错误的.

本讲讨论组合和 $T_{r(m)}^n = \sum_{k \equiv r \pmod{m}} \binom{n}{k}$ 满足的递推关系以及 $m = 3, 4,$ $5, 6, 8, 9, 10, 12$ 时 $T_{r(m)}^n$ 的求和公式.

19.1　$T_{r(3)}^n$ 与 $T_{r(4)}^n$ 公式及其应用

定义 19.1　设 $m, n, r \in \mathbb{Z}, m \geqslant 1, n \geqslant 0$, 令

$$T_{r(m)}^n = \sum_{\substack{k=0 \\ k \equiv r \pmod{m}}}^{n} \binom{n}{k}.$$

设 n 为正整数, 根据二项式定理和 (4.7), 我们有

$$\sum_{k=0}^{n} \binom{n}{k} = 2^n, \quad \sum_{\substack{k=0 \\ 2|k}}^{n} \binom{n}{k} = \sum_{\substack{k=0 \\ 2|k-1}}^{n} \binom{n}{k} = 2^{n-1}.$$

因此,

$$T_{0(1)}^n = 2^n, \quad T_{0(2)}^n = T_{1(2)}^n = 2^{n-1}. \tag{19.1}$$

当 $m > 2$ 时, 我们能确定 $T_{r(m)}^n$ 的值吗? 本讲关于 $T_{r(m)}^n$ 在 $m = 3, 4, 5, 6$ 时的公式及 $T_{r(m)}^n$ 与 $\left[\dfrac{m-1}{2}\right]$ 阶递推序列关系的讨论来源于孙智宏论文 [1], $T_{r(8)}^n$ 与 $T_{r(9)}^n$ 的公式出自孙智宏论文 [2], $T_{r(10)}^n$ 的公式源于孙智宏与孙智伟的合作论文 [11], $T_{r(12)}^n$ 的公式由孙智伟在 [13] 中出版.

定理 19.1　设 $m, n, r \in \mathbb{Z}, m \geqslant 1, n \geqslant 0$, 则

$$T_{r(m)}^n = T_{n-r(m)}^n, \quad T_{r(m)}^{n+1} = T_{r(m)}^n + T_{r-1(m)}^n.$$

证　易见

$$T_{r(m)}^n = \sum_{\substack{s=0 \\ n-s\equiv r \ (\mathrm{mod}\ m)}}^n \binom{n}{n-s} = \sum_{\substack{s=0 \\ s\equiv n-r \ (\mathrm{mod}\ m)}}^n \binom{n}{s} = T_{n-r(m)}^n.$$

由于 $\binom{n+1}{k} = \binom{n}{k} + \binom{n}{k-1}$, 故有

$$T_{r(m)}^{n+1} = \sum_{\substack{k=0 \\ k\equiv r \ (\mathrm{mod}\ m)}}^{n+1} \binom{n+1}{k} = \sum_{\substack{k=0 \\ k\equiv r \ (\mathrm{mod}\ m)}}^{n+1} \binom{n}{k} + \sum_{\substack{k=1 \\ k\equiv r \ (\mathrm{mod}\ m)}}^{n+1} \binom{n}{k-1}$$

$$= \sum_{\substack{k=0 \\ k\equiv r \ (\mathrm{mod}\ m)}}^{n} \binom{n}{k} + \sum_{\substack{s=0 \\ s\equiv r-1 \ (\mathrm{mod}\ m)}}^{n} \binom{n}{s} = T_{r(m)}^n + T_{r-1(m)}^n.$$

定理 19.2　设 p 为素数, $m \in \mathbb{Z}^+$, $p > m$,

(i) 若 $r \in \mathbb{Z}$, $\varepsilon_r = |\{x \in \{0,p\}: x \equiv r \ (\mathrm{mod}\ m)\}|$, 则

$$\sum_{\substack{k=1 \\ k\equiv r \ (\mathrm{mod}\ m)}}^{p-1} \frac{(-1)^{k-1}}{k} \equiv \frac{T_{r(m)}^p - \varepsilon_r}{p} \ (\mathrm{mod}\ p).$$

(ii) 设 $m > 1$, $s \in \{1, 2, \cdots, m\}$,

$$\delta_s = \begin{cases} 1, & \text{当 } s = 1 \text{ 或 } m \text{ 时,} \\ 0, & \text{当 } 1 < s < m \text{ 时,} \end{cases}$$

则

$$\sum_{\frac{(s-1)p}{m} < k < \frac{sp}{m}} \frac{(-1)^{km}}{k} \equiv \frac{(-1)^s m (T_{sp(m)}^p - \delta_s)}{p} = \frac{(-1)^s m (T_{(1-s)p(m)}^p - \delta_s)}{p} \ (\mathrm{mod}\ p),$$

其中和式通过所有满足下标条件的正整数 k.

证　显然有

$$\frac{T_{r(m)}^p - \varepsilon_r}{p}$$

$$= \frac{1}{p} \sum_{\substack{k=1 \\ k\equiv r \ (\mathrm{mod}\ m)}}^{p-1} \binom{p}{k} = \sum_{\substack{k=1 \\ k\equiv r \ (\mathrm{mod}\ m)}}^{p-1} \frac{(p-1)(p-2)\cdots(p-k+1)}{k!}$$

$$\equiv \sum_{\substack{k=1 \\ k\equiv r \ (\mathrm{mod}\ m)}}^{p-1} \frac{(-1)(-2)\cdots(-(k-1))}{k!} = \sum_{\substack{k=1 \\ k\equiv r \ (\mathrm{mod}\ m)}}^{p-1} \frac{(-1)^{k-1}}{k} \ (\mathrm{mod}\ p),$$

故 (i) 得证.

设 $m > 1$, $s \in \{1, 2, \cdots, m\}$, 若 $k, r \in \mathbb{Z}$ 满足 $k = sp - rm$, 则易见

$$0 < k < p \Longleftrightarrow 0 < \frac{sp}{m} - r < \frac{p}{m} \Longleftrightarrow \frac{(s-1)p}{m} < r < \frac{sp}{m},$$

故

$$m \sum_{\substack{k=1 \\ k \equiv sp \,(\mathrm{mod}\, m)}}^{p-1} \frac{(-1)^{k-1}}{k} = m \sum_{\frac{(s-1)p}{m} < r < \frac{sp}{m}} \frac{(-1)^{sp-rm-1}}{sp - rm}$$

$$\equiv (-1)^s \sum_{\frac{(s-1)p}{m} < r < \frac{sp}{m}} \frac{(-1)^{rm}}{r} \,(\mathrm{mod}\, p).$$

于是应用 (i) 与定理 19.1 立得 (ii).

综上定理得证.

推论 19.1 (Eisenstein) 设 p 为奇素数, 则

$$\sum_{k=1}^{p-1} \frac{(-1)^{k-1}}{k} \equiv \frac{2^p - 2}{p} \,(\mathrm{mod}\, p),$$

$$\sum_{k=1}^{(p-1)/2} \frac{1}{k} \equiv -2 \sum_{k=1}^{(p-1)/2} \frac{1}{2k-1} \equiv -\frac{2^p - 2}{p} \,(\mathrm{mod}\, p).$$

证 由于 $T^p_{0(1)} = 2^p$, $T^p_{0(2)} = T^p_{1(2)} = 2^{p-1}$, 在定理 19.2 中取 $m = 1, 2$ 和 $s = 1$ 立得推论.

定理 19.3 设 $n \in \mathbb{Z}^+$, 则

$$T^n_{2n(3)} = \frac{2^n + 2(-1)^n}{3}, \quad T^n_{2n-1(3)} = T^n_{2n+1(3)} = \frac{2^n - (-1)^n}{3}.$$

证 令 $\omega = \frac{-1 + \sqrt{3}\mathrm{i}}{2}$, 则 $1 + \omega + \omega^2 = 0$, $\omega^3 = 1$. 由二项式定理知

$$(1 + \omega)^n = T^n_{0(3)} + T^n_{1(3)}\omega + T^n_{2(3)}\omega^2 = T^n_{0(3)} - T^n_{2(3)} + (T^n_{1(3)} - T^n_{2(3)})\omega.$$

因此

$$T^n_{0(3)} - T^n_{2(3)} + (T^n_{1(3)} - T^n_{2(3)})\omega$$

$$= (-\omega^2)^n = \begin{cases} (-1)^n, & \text{若 } 3 \mid n, \\ (-1)^n\omega^2 = -(-1)^n(1+\omega), & \text{若 } 3 \mid n-1, \\ (-1)^n\omega, & \text{若 } 3 \mid n-2. \end{cases}$$

若 a, b, c, d 为实数使得 $a + b\omega = c + d\omega$, 则 $a - c + (b-d)\frac{-1+\sqrt{3}\mathrm{i}}{2} = 0$, 从而 $b = d$, $a = c$.

若 $3 \mid n$, 由上有 $T_{0(3)}^n - T_{2(3)}^n = (-1)^n$, $T_{1(3)}^n = T_{2(3)}^n$. 又 $T_{0(3)}^n + 2T_{2(3)}^n = T_{0(3)}^n + T_{1(3)}^n + T_{2(3)}^n = 2^n$, 故解得

$$T_{0(3)}^n = \frac{2^n + 2(-1)^n}{3}, \quad T_{1(3)}^n = T_{2(3)}^n = \frac{2^n - (-1)^n}{3}.$$

若 $3 \mid n-1$, 由上有 $T_{0(3)}^n - T_{2(3)}^n = T_{1(3)}^n - T_{2(3)}^n = -(-1)^n$, 从而 $T_{0(3)}^n + 2T_{2(3)}^n = T_{0(3)}^n + T_{1(3)}^n + T_{2(3)}^n + (-1)^n = 2^n + (-1)^n$. 由此解得

$$T_{0(3)}^n = T_{1(3)}^n = \frac{2^n - (-1)^n}{3}, \quad T_{2(3)}^n = \frac{2^n + 2(-1)^n}{3}.$$

若 $3 \mid n-2$, 由上有 $T_{0(3)}^n - T_{2(3)}^n = 0$, $T_{1(3)}^n - T_{2(3)}^n = (-1)^n$. 于是 $T_{1(3)}^n + 2T_{2(3)}^n = T_{0(3)}^n + T_{1(3)}^n + T_{2(3)}^n = 2^n$, 解得

$$T_{0(3)}^n = T_{2(3)}^n = \frac{2^n - (-1)^n}{3}, \quad T_{1(3)}^n = \frac{2^n + 2(-1)^n}{3}.$$

综上定理得证.

推论 19.2 设 $p > 3$ 为素数, 则

$$\sum_{k=1}^{[\frac{p}{3}]} \frac{(-1)^{k-1}}{k} \equiv 3\sum_{k=1}^{[\frac{p}{3}]} \frac{(-1)^k}{3k-1} \equiv 3\sum_{k=1}^{[\frac{p+1}{3}]} \frac{(-1)^{k-1}}{3k-2} \equiv \frac{2^p - 2}{p} \pmod{p}.$$

证 在定理 19.3 中取 $n = p$, 并应用定理 19.2($m = 3$) 计算可得.

推论 19.3 设 $p > 3$ 为素数, 则

$$\sum_{k=1}^{[2p/3]} \frac{(-1)^{k-1}}{k} \equiv 0 \pmod{p}.$$

证 由推论 19.1 和推论 19.2 知

$$\sum_{k=1}^{[2p/3]} \frac{(-1)^{k-1}}{k} = \sum_{k=1}^{p-1} \frac{(-1)^{k-1}}{k} - \sum_{s=1}^{[p/3]} \frac{(-1)^{p-1-s}}{p-s}$$

$$\equiv \sum_{k=1}^{p-1} \frac{(-1)^{k-1}}{k} - \sum_{s=1}^{[p/3]} \frac{(-1)^{s-1}}{s}$$

$$\equiv \frac{2^p - 2}{p} - \frac{2^p - 2}{p} = 0 \pmod{p}.$$

定理 19.4 设 $n \in \mathbb{Z}^+$,

$$A_n = 2^{n-2} + (-1)^{[\frac{n}{4}]} 2^{[\frac{n-2}{2}]}, \quad B_n = 2^{n-2} - (-1)^{[\frac{n}{4}]} 2^{[\frac{n-2}{2}]},$$

则

(i) 当 $4 \mid n$ 时, $T_{0(4)}^n = A_n$, $T_{2(4)}^n = B_n$, $T_{1(4)}^n = T_{3(4)}^n = 2^{n-2}$;

(ii) 当 $4 \mid n-1$ 时, $T_{0(4)}^n = T_{1(4)}^n = A_n$, $T_{2(4)}^n = T_{3(4)}^n = B_n$;

(iii) 当 $4 \mid n-2$ 时, $T_{1(4)}^n = A_n$, $T_{3(4)}^n = B_n$, $T_{0(4)}^n = T_{2(4)}^n = 2^{n-2}$;

(iv) 当 $4 \mid n-3$ 时, $T_{1(4)}^n = T_{2(4)}^n = A_n$, $T_{0(4)}^n = T_{3(4)}^n = B_n$.

证　根据二项式定理,

$$(1+\mathrm{i})^n = \sum_{k=0}^n \binom{n}{k} \mathrm{i}^k = T_{0(4)}^n + T_{1(4)}^n \mathrm{i} + T_{2(4)}^n \mathrm{i}^2 + T_{3(4)}^n \mathrm{i}^3$$

$$= T_{0(4)}^n - T_{2(4)}^n + (T_{1(4)}^n - T_{3(4)}^n)\mathrm{i}.$$

由于 $(1+\mathrm{i})^4 = (2\mathrm{i})^2 = -4$, 故有

$$(1+\mathrm{i})^n = \begin{cases} (-4)^{\frac{n}{4}} = (-1)^{\frac{n}{4}} 2^{\frac{n}{2}}, & \text{若 } 4 \mid n, \\ (1+\mathrm{i})(-4)^{\frac{n-1}{4}} = (-1)^{[\frac{n}{4}]} 2^{\frac{n-1}{2}}(1+\mathrm{i}), & \text{若 } 4 \mid n-1, \\ (1+\mathrm{i})^2(-4)^{\frac{n-2}{4}} = (-1)^{[\frac{n}{4}]} 2^{\frac{n}{2}}\mathrm{i}, & \text{若 } 4 \mid n-2, \\ (1+\mathrm{i})^3(-4)^{\frac{n-3}{4}} = (-1)^{[\frac{n}{4}]} 2^{\frac{n-1}{2}}(-1+\mathrm{i}), & \text{若 } 4 \mid n-3. \end{cases}$$

比较 $(1+\mathrm{i})^n$ 的两个表达式的实部和虚部得到

$$T_{0(4)}^n - T_{2(4)}^n = \begin{cases} (-1)^{\frac{n}{4}} 2^{\frac{n}{2}}, & \text{若 } 4 \mid n, \\ (-1)^{[\frac{n}{4}]} 2^{\frac{n-1}{2}}, & \text{若 } 4 \mid n-1, \\ 0, & \text{若 } 4 \mid n-2, \\ -(-1)^{[\frac{n}{4}]} 2^{\frac{n-1}{2}}, & \text{若 } 4 \mid n-3 \end{cases}$$

和

$$T_{1(4)}^n - T_{3(4)}^n = \begin{cases} 0, & \text{若 } 4 \mid n, \\ (-1)^{[\frac{n}{4}]} 2^{\frac{n-1}{2}}, & \text{若 } 4 \mid n-1, \\ (-1)^{[\frac{n}{4}]} 2^{\frac{n}{2}}, & \text{若 } 4 \mid n-2, \\ (-1)^{[\frac{n}{4}]} 2^{\frac{n-1}{2}}, & \text{若 } 4 \mid n-3. \end{cases}$$

由于

$$T_{0(4)}^n + T_{2(4)}^n = T_{0(2)}^n = 2^{n-1}, \quad T_{1(4)}^n + T_{3(4)}^n = T_{1(2)}^n = 2^{n-1},$$

故由上可求得 $T_{r(4)}^n$ 的公式, 从而定理得证.

推论 19.4 (Lerch)　设 $p > 3$ 为素数, 则

$$\sum_{k=1}^{[p/4]} \frac{1}{k} \equiv -3 \cdot \frac{2^{p-1}-1}{p} \pmod{p}.$$

证　根据定理 19.2(ii) 和定理 19.4 有

$$\sum_{k=1}^{[p/4]} \frac{1}{k} \equiv -4 \cdot \frac{T_{0(4)}^p - 1}{p} = -4 \cdot \frac{2^{p-2} + (-1)^{\frac{p-1}{2}} \cdot (-1)^{[\frac{p}{4}]} 2^{[\frac{p-2}{2}]} - 1}{p}$$

$$= -2 \cdot \frac{2^{p-1} - 1 + (-1)^{\frac{p-1}{2} + [\frac{p}{4}]} 2^{\frac{p-1}{2}} - 1}{p} \pmod{p}.$$

由此 $2^{\frac{p-1}{2}} \equiv (-1)^{\frac{p-1}{2} + [\frac{p}{4}]} \pmod{p}$, 令 $(-1)^{\frac{p-1}{2} + [\frac{p}{4}]} 2^{\frac{p-1}{2}} - 1 = pt$, 则

$$2^{p-1} = \left((-1)^{\frac{p-1}{2} + [\frac{p}{4}]} 2^{\frac{p-1}{2}}\right)^2 = (1 + pt)^2 \equiv 1 + 2pt \pmod{p^2},$$

从而 $t \equiv \dfrac{1}{2} \cdot \dfrac{2^{p-1} - 1}{p} \pmod{p}$. 于是 $\sum_{k=1}^{[p/4]} \dfrac{1}{k} \equiv -\dfrac{2\left(1 + \dfrac{1}{2}\right)(2^{p-1} - 1)}{p} \pmod{p}$.
由此推论得证.

19.2　$T_{r(5)}^n$ 与 $T_{r(6)}^n$ 公式

定理 19.5　设 $k, m, n \in \mathbb{Z}$, $m \geqslant 1$, $n \geqslant 0$, 则
(i) 当 m 为奇数时,

$$m T_{\frac{n}{2} + k(m)}^n - 2^n = 2 \sum_{s=1}^{(m-1)/2} \cos \frac{2k(2s-1)\pi}{m} \left(-2\cos \frac{(2s-1)\pi}{m}\right)^n ;$$

(ii) 当 $m = 2m_1$ 为偶数时,

$$m T_{[\frac{n}{2}] + k(m)}^n - 2^n$$

$$= 2 \sum_{s=1}^{m_1 - 1} \left(\cos \frac{ks\pi}{m_1} + \frac{1 - (-1)^n}{2} \cos \frac{(k-1)s\pi}{m_1}\right) \left(2 + 2\cos \frac{s\pi}{m_1}\right)^{[\frac{n}{2}]}.$$

证　设 $r \in \mathbb{Z}$, 则

$$\sum_{s=0}^{m-1} e^{2\pi i \frac{k-r}{m} s} = \begin{cases} m, & \text{若 } m \mid k - r, \\ \dfrac{1 - e^{2\pi i (k-r)}}{1 - e^{2\pi i \frac{k-r}{m}}} = 0, & \text{若 } m \nmid k - r, \end{cases}$$

故有

$$T_{r(m)}^n = \sum_{k=0}^{n} \binom{n}{k} \frac{1}{m} \sum_{s=0}^{m-1} e^{2\pi i \frac{k-r}{m} s} = \frac{1}{m} \sum_{s=0}^{m-1} e^{-2\pi i \frac{rs}{m}} \sum_{k=0}^{n} \binom{n}{k} e^{2\pi i \frac{ks}{m}}$$

$$= \frac{1}{m} \sum_{s=0}^{m-1} \mathrm{e}^{-2\pi\mathrm{i}\frac{rs}{m}} \left(1 + \mathrm{e}^{2\pi\mathrm{i}\frac{s}{m}}\right)^n = \frac{1}{m} \sum_{s=0}^{m-1} \mathrm{e}^{-2\pi\mathrm{i}\frac{rs}{m}} \mathrm{e}^{\pi\mathrm{i}\frac{sn}{m}} \left(\mathrm{e}^{-\pi\mathrm{i}\frac{s}{m}} + \mathrm{e}^{\pi\mathrm{i}\frac{s}{m}}\right)^n.$$

根据 Euler 公式, $\mathrm{e}^{\mathrm{i}x} = \cos x + \mathrm{i}\sin x$, $\mathrm{e}^{\mathrm{i}x} + \mathrm{e}^{-\mathrm{i}x} = 2\cos x$, 故由上有

$$T_{r(m)}^n = \frac{1}{m} \sum_{s=0}^{m-1} \mathrm{e}^{\pi\mathrm{i}\frac{(n-2r)s}{m}} \left(2\cos\frac{s\pi}{m}\right)^n$$

$$= \frac{2^n}{m} \sum_{s=0}^{m-1} \left(\cos\frac{(n-2r)s\pi}{m} + \mathrm{i}\sin\frac{(n-2r)s\pi}{m}\right) \left(\cos\frac{s\pi}{m}\right)^n.$$

因 $T_{r(m)}^n \in \mathbb{Z}$, 比较上式两边实部得

$$T_{r(m)}^n = \frac{2^n}{m} \sum_{s=0}^{m-1} \cos\frac{(n-2r)s\pi}{m} \cos^n\frac{s\pi}{m}. \tag{19.2}$$

设 m 为奇数, $r \in \mathbb{Z}$, $r \equiv \frac{n}{2} \pmod{m}$, $jm = n - 2r$, 则 $j \equiv n \pmod{2}$. 由 (19.2) 得

$$T_{\frac{n}{2}+k(m)}^n = T_{r+k(m)}^n = \frac{2^n}{m} \sum_{s=0}^{m-1} \cos\frac{(n-2r-2k)s\pi}{m} \cos^n\frac{s\pi}{m}$$

$$= \frac{2^n}{m} \sum_{s=0}^{m-1} \cos\left(js\pi - \frac{2ks\pi}{m}\right) \cos^n\frac{s\pi}{m}$$

$$= \frac{2^n}{m} \sum_{s=0}^{m-1} (-1)^{js} \cos\frac{2ks\pi}{m} \cos^n\frac{s\pi}{m}$$

$$= \frac{1}{m} \sum_{s=0}^{m-1} \cos\frac{2ks\pi}{m} \left(2(-1)^s \cos\frac{s\pi}{m}\right)^n.$$

因此

$$mT_{\frac{n}{2}+k(m)}^n - 2^n$$

$$= \sum_{s=1}^{m-1} \cos\frac{2ks\pi}{m} \left(2(-1)^s \cos\frac{s\pi}{m}\right)^n$$

$$= \sum_{\substack{s=1 \\ 2\nmid s}}^{m-1} \cos\frac{2ks\pi}{m} \left(2(-1)^s \cos\frac{s\pi}{m}\right)^n$$

$$+ \sum_{\substack{s=1 \\ 2 \nmid s}}^{m-1} \cos \frac{2k(m-s)\pi}{m} \left(2(-1)^{m-s} \cos \frac{(m-s)\pi}{m} \right)^n$$

$$= 2 \sum_{\substack{s=1 \\ 2 \nmid s}}^{m-1} \cos \frac{2ks\pi}{m} \left(-2 \cos \frac{s\pi}{m} \right)^n$$

$$= 2 \sum_{j=1}^{\frac{m-1}{2}} \cos \frac{2k(2j-1)\pi}{m} \left(-2 \cos \frac{(2j-1)\pi}{m} \right)^n.$$

这就证明了 (i).

设 $m = 2m_1$ 为偶数, $\delta_n = (1 - (-1)^n)/2$, 由 (19.2) 知

$$mT_{\left[\frac{n}{2}\right]+k(m)}^n - 2^n$$

$$= \sum_{s=1}^{m-1} \cos \frac{\left(n - 2\left(\left[\frac{n}{2}\right] + k \right) \right) s\pi}{m} \left(2 \cos \frac{s\pi}{m} \right)^n$$

$$= \sum_{s=1}^{m-1} \cos \frac{(2k - \delta_n)s\pi}{m} \left(2 \cos \frac{s\pi}{m} \right)^n$$

$$= \sum_{s=1}^{m_1-1} \cos \frac{(2k-\delta_n)s\pi}{m} \left(2 \cos \frac{s\pi}{m} \right)^n + \cos \frac{(2k-\delta_n)\pi}{2} \left(2 \cos \frac{\pi}{2} \right)^n$$

$$+ \sum_{s=1}^{m_1-1} \cos \frac{(2k-\delta_n)(m-s)\pi}{m} \left(2 \cos \frac{(m-s)\pi}{m} \right)^n.$$

因此

$$mT_{\left[\frac{n}{2}\right]+k(m)}^n - 2^n = 2 \sum_{s=1}^{m_1-1} \cos \frac{(2k-\delta_n)s\pi}{m} \left(2 \cos \frac{s\pi}{m} \right)^n. \tag{19.3}$$

于是, 当 n 为偶数时

$$mT_{\left[\frac{n}{2}\right]+k(m)}^n - 2^n$$

$$= 2 \sum_{s=1}^{m_1-1} \cos \frac{2ks\pi}{m} \left(4 \cos^2 \frac{s\pi}{m} \right)^{\frac{n}{2}} = 2 \sum_{s=1}^{m_1-1} \cos \frac{ks\pi}{m_1} \left(2 + 2 \cos \frac{s\pi}{m_1} \right)^{\frac{n}{2}},$$

当 n 为奇数时

$$mT_{\left[\frac{n}{2}\right]+k(m)}^n - 2^n = 2 \sum_{s=1}^{m_1-1} \cos \frac{(2k-1)s\pi}{m} \cdot 2 \cos \frac{s\pi}{m} \left(4 \cos^2 \frac{s\pi}{m} \right)^{\frac{n-1}{2}}$$

$$= 2 \sum_{s=1}^{m_1-1} \left(\cos \frac{ks\pi}{m_1} + \cos \frac{(k-1)s\pi}{m_1} \right) \left(2 + 2\cos \frac{s\pi}{m_1} \right)^{\left[\frac{n}{2}\right]}.$$

综上定理得证.

定理 19.6 设 n 为非负整数, 则

(i) 当 $2 \nmid n$ 时

$$T_{\frac{n-1}{2}(6)}^n = T_{\frac{n-1}{2}+1(6)}^n = \frac{2^n + 3^{\frac{n+1}{2}} + 1}{6},$$

$$T_{\frac{n-1}{2}+2(6)}^n = T_{\frac{n-1}{2}+5(6)}^n = \frac{2^n - 2}{6},$$

$$T_{\frac{n-1}{2}+3(6)}^n = T_{\frac{n-1}{2}+4(6)}^n = \frac{2^n - 3^{\frac{n+1}{2}} + 1}{6};$$

(ii) 当 $2 \mid n$ 时

$$T_{\frac{n}{2}(6)}^n = \frac{2^n + 2 \cdot 3^{\frac{n}{2}} + 2}{6}, \quad T_{\frac{n}{2}+1(6)}^n = T_{\frac{n}{2}-1(6)}^n = \frac{2^n + 3^{\frac{n}{2}} - 1}{6},$$

$$T_{\frac{n}{2}+2(6)}^n = T_{\frac{n}{2}-2(6)}^n = \frac{2^n - 3^{\frac{n}{2}} - 1}{6}, \quad T_{\frac{n}{2}+3(6)}^n = \frac{2^n - 2 \cdot 3^{\frac{n}{2}} + 2}{6}.$$

证 根据定理 19.5,

$$6T_{\left[\frac{n}{2}\right]+k(6)}^n - 2^n$$

$$= 2 \sum_{s=1}^{2} \left(\cos \frac{ks\pi}{3} + \frac{1-(-1)^n}{2} \cos \frac{(k-1)s\pi}{3} \right) \left(2 + 2\cos \frac{s\pi}{3} \right)^{\left[\frac{n}{2}\right]}.$$

熟知 $\cos \frac{\pi}{3} = \frac{1}{2}$, $\cos \frac{2\pi}{3} = -\frac{1}{2}$. 由上根据 k 的取值计算即得定理结论.

推论 19.5 设 $p > 5$ 为素数, 则

$$\sum_{k=1}^{[p/6]} \frac{1}{k} \equiv -\frac{2^p - 2}{p} - \frac{1}{2} \cdot \frac{3^p - 3}{p} \pmod{p}.$$

证 根据定理 19.2(ii) 和定理 19.6(i),

$$\sum_{k=1}^{\left[\frac{p}{6}\right]} \frac{1}{k} \equiv \frac{6 - 6T_{0(6)}^p}{p}$$

$$\equiv \begin{cases} \dfrac{6 - (2^p + 3^{\frac{p+1}{2}} + 1)}{p} \pmod{p}, & \text{若 } p \equiv \pm 1 \pmod{12}, \\[4mm] \dfrac{6 - (2^p - 3^{\frac{p+1}{2}} + 1)}{p} \pmod{p}, & \text{若 } p \equiv \pm 5 \pmod{12}. \end{cases}$$

设 $\left(\dfrac{3}{p}\right) 3^{\frac{p-1}{2}} - 1 = tp$, 则 $3^{p-1} = (1+tp)^2 \equiv 1+2tp \pmod{p^2}$. 因此 $\left(\dfrac{3}{p}\right) 3^{\frac{p-1}{2}} - 1 \equiv$

$\dfrac{1}{2}(3^{p-1} - 1) \pmod{p^2}$. 综上, 利用 Fermat 小定理计算即得推论.

定理 19.7　设 n 为非负整数, 则

$$T^n_{3n(5)} = \frac{2^n + 2(-1)^n L_n}{5}, \quad T^n_{3n+1(5)} = T^n_{3n-1(5)} = \frac{2^n + (-1)^n L_{n-1}}{5},$$

$$T^n_{3n+2(5)} = T^n_{3n-2(5)} = \frac{2^n + (-1)^{n+1} L_{n+1}}{5},$$

其中 $L_n = V_n(1, -1) = 2F_{n+1} - F_n$.

证　熟知 $\cos 3\theta = 4\cos^3 \theta - 3\cos \theta$, 因此

$$2\sin \frac{\pi}{10} \cos \frac{\pi}{10} = \cos \frac{3\pi}{10} = 4\cos^3 \frac{\pi}{10} - 3\cos \frac{\pi}{10} = \left(1 - 4\sin^2 \frac{\pi}{10}\right) \cos \frac{\pi}{10}.$$

由此解得

$$\sin \frac{\pi}{10} = \frac{\sqrt{5} - 1}{4}, \quad \cos \frac{\pi}{5} = 1 - 2\sin^2 \frac{\pi}{10} = \frac{\sqrt{5} + 1}{4}. \tag{19.4}$$

根据定理 19.5(i),

$$5T^n_{3n+k(5)} - 2^n$$

$$= 5T^n_{\frac{n}{2}+k(5)} - 2^n = 2\cos \frac{2k\pi}{5} \left(-2\cos \frac{\pi}{5}\right)^n + 2\cos \frac{6k\pi}{5} \left(-2\cos \frac{3\pi}{5}\right)^n$$

$$= 2\cos \frac{2k\pi}{5} \left(-2\cos \frac{\pi}{5}\right)^n + 2(-1)^k \cos \frac{k\pi}{5} \left(2\sin \frac{\pi}{10}\right)^n.$$

因此

$$5T^n_{3n(5)} - 2^n = 2\left(-2\cos \frac{\pi}{5}\right)^n + 2\left(2\sin \frac{\pi}{10}\right)^n$$

$$= 2\left(-\frac{\sqrt{5} + 1}{2}\right)^n + 2\left(\frac{\sqrt{5} - 1}{2}\right)^n = 2(-1)^n L_n,$$

$$5T^n_{3n\pm1(5)} - 2^n = 2\cos \frac{2\pi}{5} \left(-2\cos \frac{\pi}{5}\right)^n - 2\cos \frac{\pi}{5} \left(2\sin \frac{\pi}{10}\right)^n$$

$$= \frac{\sqrt{5} - 1}{2} \left(-\frac{\sqrt{5} + 1}{2}\right)^n - \frac{\sqrt{5} + 1}{2} \left(\frac{\sqrt{5} - 1}{2}\right)^n$$

$$= (-1)^n \left(\left(\frac{1 + \sqrt{5}}{2}\right)^{n-1} + \left(\frac{1 - \sqrt{5}}{2}\right)^{n-1}\right) = (-1)^n L_{n-1},$$

$$5T_{3n\pm2(5)}^n - 2^n = 2\cos\frac{4\pi}{5}\Big(-2\cos\frac{\pi}{5}\Big)^n + 2\cos\frac{2\pi}{5}\Big(2\sin\frac{\pi}{10}\Big)^n$$

$$= \Big(-2\cos\frac{\pi}{5}\Big)^{n+1} + \Big(2\sin\frac{\pi}{10}\Big)^{n+1}$$

$$= \Big(-\frac{\sqrt{5}+1}{2}\Big)^{n+1} + \Big(\frac{\sqrt{5}-1}{2}\Big)^{n+1} = (-1)^{n+1}L_{n+1}.$$

于是定理得证.

19.3 $S_r(n)$ 递推关系与 $T_{r(9)}^n$ 公式

定义 19.2　多项式 $\{G_n(x)\}$ 由如下初值和递推关系给出

$$G_0(x) = 1, \quad G_1(x) = x+1, \quad G_{n+1}(x) = xG_n(x) - G_{n-1}(x) \ (n \geqslant 1).$$

最初几个 $G_n(x)$ 如下:

$$G_0(x) = 1, \quad G_1(x) = x+1, \quad G_2(x) = x^2 + x - 1,$$

$$G_3(x) = x^3 + x^2 - 2x - 1, \quad G_4(x) = x^4 + x^3 - 3x^2 - 2x + 1,$$

$$G_5(x) = x^5 + x^4 - 4x^3 - 3x^2 + 3x + 1.$$

定理 19.8　设 n 为非负整数, 则

$$G_n(x) = U_n(x,1) + U_{n+1}(x,1) = U_{2n+1}(\sqrt{x+2},1)$$

$$= \sum_{k=0}^{n} (-1)^{[\frac{n-k}{2}]} \binom{[(n+k)/2]}{k} x^k = \prod_{j=1}^{n} \Big(x + 2\cos\frac{2j-1}{2n+1}\pi\Big).$$

证　由于 $G_0(x) = 1$, 易见 $n = 0$ 时定理成立. 现设 $n \geqslant 1$. 令 $G_n'(x) = U_n(x,1) + U_{n+1}(x,1)$, 则 $G_0'(x) = U_0(x,1) + U_1(x,1) = 0 + 1 = 1$, $G_1'(x) = U_1(x,1) + U_2(x,1) = 1 + x$. 又

$$G_{n+1}'(x) = U_{n+1}(x,1) + U_{n+2}(x,1)$$

$$= xU_n(x,1) - U_{n-1}(x,1) + xU_{n+1}(x,1) - U_n(x,1)$$

$$= xG_n'(x) - G_{n-1}'(x),$$

故 $G_n(x) = G_n'(x) = U_n(x,1) + U_{n+1}(x,1)$.

由于 $U_1(\sqrt{x+2},1)=1$, $U_3(\sqrt{x+2},1)=x+1$,

$U_{2n+3}(\sqrt{x+2},1)$

$=\sqrt{x+2}U_{2n+2}(\sqrt{x+2},1)-U_{2n+1}(\sqrt{x+2},1)$

$=\sqrt{x+2}(\sqrt{x+2}U_{2n+1}(\sqrt{x+2},1)-U_{2n}(\sqrt{x+2},1))-U_{2n+1}(\sqrt{x+2},1)$

$=(x+1)U_{2n+1}(\sqrt{x+2},1)-(U_{2n+1}(\sqrt{x+2},1)+U_{2n-1}(\sqrt{x+2},1))$

$=xU_{2n+1}(\sqrt{x+2},1)-U_{2n-1}(\sqrt{x+2},1),$

因此 $U_{2n+1}(\sqrt{x+2},1)$ 与 $G_n(x)$ 具有同样的初值与递推关系, 从而 $G_n(x)=U_{2n+1}(\sqrt{x+2},1)$.

根据定理 18.14,

$$U_n(x,1)=\sum_{r=0}^{[(n-1)/2]}\binom{n-1-r}{r}(-1)^r x^{n-1-2r},$$

$$U_{n+1}(x,1)=\sum_{r=0}^{[n/2]}\binom{n-r}{r}(-1)^r x^{n-2r}.$$

记 $[x^k]U_n(x,1)$ 为 $U_n(x,1)$ 展开式中 x^k 项系数, 则有

$[x^k]U_n(x,1)$

$$=\begin{cases}(-1)^{\frac{n-1-k}{2}}\binom{n-1-(n-1-k)/2}{(n-1-k)/2}=(-1)^{\frac{n-1-k}{2}}\binom{(n-1+k)/2}{k}, & 若\ 2\nmid n-k,\\ 0, & 若\ 2\mid n-k,\end{cases}$$

将 n 替换为 $n+1$ 得到

$$[x^k]U_{n+1}(x,1)=\begin{cases}0, & 若\ 2\nmid n-k,\\ (-1)^{\frac{n-k}{2}}\binom{(n+k)/2}{k}, & 若\ 2\mid n-k.\end{cases}$$

因此

$$[x^k]G_n(x)=[x^k]U_n(x,1)+[x^k]U_{n+1}(x,1)=(-1)^{[\frac{n-k}{2}]}\binom{[(n+k)/2]}{k},$$

即有 $G_n(x) = \sum_{k=0}^n (-1)^{[\frac{n-k}{2}]} \binom{[(n+k)/2]}{k} x^k$.

当 $0 < \theta < \pi$ 时, 有 $\sqrt{(-2\cos\theta)^2 - 4} = 2\mathrm{i}\sin\theta \neq 0$, 故由定理 18.10 和 De Moivre 公式知

$$U_n(-2\cos\theta, 1) = \frac{1}{2\mathrm{i}\sin\theta}\left(\left(\frac{-2\cos\theta + 2\mathrm{i}\sin\theta}{2}\right)^n - \left(\frac{-2\cos\theta - 2\mathrm{i}\sin\theta}{2}\right)^n\right)$$

$$= \frac{(-1)^n}{2\mathrm{i}\sin\theta}\left((\cos n\theta - \mathrm{i}\sin n\theta) - (\cos n\theta + \mathrm{i}\sin n\theta)\right),$$

即有

$$U_n(-2\cos\theta, 1) = (-1)^{n-1}\frac{\sin n\theta}{\sin\theta} \quad (0 < \theta < \pi). \tag{19.5}$$

由此对 $j = 1, 2, \cdots, n$ 有

$$G_n\left(-2\cos\frac{2j-1}{2n+1}\pi\right) = U_n\left(-2\cos\frac{2j-1}{2n+1}\pi, 1\right) + U_{n+1}\left(-2\cos\frac{2j-1}{2n+1}\pi, 1\right)$$

$$= (-1)^{n-1}\frac{\sin\dfrac{n(2j-1)\pi}{2n+1}}{\sin\dfrac{(2j-1)\pi}{2n+1}} + (-1)^n\frac{\sin\dfrac{(n+1)(2j-1)\pi}{2n+1}}{\sin\dfrac{(2j-1)\pi}{2n+1}} = 0.$$

注意到 $-2\cos\dfrac{2j-1}{2n+1}\pi$ 在 $j = 1, 2, \cdots, n$ 时给出互不相同的 n 个数, $G_n(x)$ 最高次项系数为 1, 故有 $G_n(x) = \prod_{j=1}^n\left(x + 2\cos\dfrac{2j-1}{2n+1}\pi\right)$.

综上定理得证.

定理 19.9 设 $m, n, r \in \mathbb{Z}$, $m \geqslant 1$, $2 \nmid m$, $n \geqslant 0$, $S_r(n) = mT_{\frac{n}{2}+r(m)}^n - 2^n$, 则

$$\sum_{k=0}^{(m-1)/2} (-1)^{[\frac{m-1-2k}{4}]}\binom{[(m-1+2k)/4]}{k} S_r(n+k) = 0,$$

因此 $S_r(n)$ 是 $\dfrac{m-1}{2}$ 阶递推序列.

证 根据定理 19.5(i),

$$S_r(n) = 2\sum_{s=1}^{(m-1)/2}\cos\frac{2r(2s-1)\pi}{m}\left(-2\cos\frac{(2s-1)\pi}{m}\right)^n,$$

故由定理 19.8 得

$$\sum_{k=0}^{\frac{m-1}{2}} (-1)^{\left[\frac{m-1-2k}{4}\right]} \binom{[(m-1+2k)/4]}{k} S_r(n+k)$$

$$= \sum_{k=0}^{\frac{m-1}{2}} (-1)^{\left[\frac{m-1-2k}{4}\right]} \binom{[(m-1+2k)/4]}{k}$$

$$\times 2 \sum_{s=1}^{\frac{m-1}{2}} \cos \frac{2r(2s-1)\pi}{m} \left(-2\cos \frac{(2s-1)\pi}{m}\right)^{n+k}$$

$$= 2 \sum_{s=1}^{\frac{m-1}{2}} \cos \frac{2r(2s-1)\pi}{m}$$

$$\times \sum_{k=0}^{\frac{m-1}{2}} (-1)^{\left[\frac{m-1-2k}{4}\right]} \binom{[(m-1+2k)/4]}{k} \left(-2\cos \frac{(2s-1)\pi}{m}\right)^{n+k}$$

$$= 2 \sum_{s=1}^{\frac{m-1}{2}} \cos \frac{2r(2s-1)\pi}{m} \left(-2\cos \frac{(2s-1)\pi}{m}\right)^{n} G_{\frac{m-1}{2}}\left(-2\cos \frac{(2s-1)\pi}{m}\right) = 0.$$

于是定理得证.

定理 19.10　设

$$s_0 = 3, \quad s_1 = 0, \quad s_2 = 6, \quad s_{n+3} = 3s_{n+1} - s_n \quad (n = 0, 1, 2, \cdots),$$

则对非负整数 n 有

$$T_{5n(9)}^n = \frac{2^n + 2(-1)^n + 2s_n}{9}, \quad T_{5n\pm1(9)}^n = \frac{2^n - (-1)^n + s_{n+2} - 2s_n}{9},$$

$$T_{5n\pm2(9)}^n = \frac{2^n - (-1)^n + 2s_n - s_{n+1} - s_{n+2}}{9},$$

$$T_{5n\pm3(9)}^n = \frac{2^n + 2(-1)^n - s_n}{9}, \quad T_{5n\pm4(9)}^n = \frac{2^n - (-1)^n + s_{n+1}}{9}.$$

证　对 $r \in \mathbb{Z}$, 令 $S_r(n) = 9T_{5n+r(9)}^n - 2^n = 9T_{\frac{n}{2}+r(9)}^n - 2^n$, 在定理 19.9 中取 $m = 9$ 知

$$S_r(n+4) + S_r(n+3) - 3S_r(n+2) - 2S_r(n+1) + S_r(n) = 0 \quad (n \geqslant 0).$$

易见

$$(s_{n+4} + (-1)^{n+4}) + (s_{n+3} + (-1)^{n+3}) - 3(s_{n+2} + (-1)^{n+2})$$

$$- 2(s_{n+1} + (-1)^{n+1}) + (s_n + (-1)^n)$$

$$= s_{n+4} + s_{n+3} - 3s_{n+2} - 2s_{n+1} + s_n$$

$$= 3s_{n+2} - s_{n+1} + s_{n+3} - 3s_{n+2} - 2s_{n+1} + s_n = 0.$$

又

$$2(s_0 + 1) = 8 = S_0(0), \quad 2(s_1 - 1) = -2 = S_0(1), \quad 2(s_2 + 1) = 14 = S_0(2),$$

故 $S_0(n) = 2(s_n + (-1)^n)$, 从而 $T^n_{5n(9)} = \dfrac{2^n + 2(-1)^n + 2s_n}{9}$.

根据定理 19.1, 当 m 为正奇数时

$$T^{n+1}_{\frac{n+1}{2}(m)} = T^n_{\frac{n+1}{2}(m)} + T^n_{\frac{n-1}{2}(m)} = 2T^n_{\frac{n-1}{2}(m)} = 2T^n_{\frac{n}{2}+\frac{m-1}{2}(m)}. \tag{19.6}$$

由此有

$$T^n_{5n-4(9)} = T^n_{5n+4(9)} = T^n_{\frac{n}{2}+\frac{9-1}{2}(9)} = \frac{1}{2}T^{n+1}_{\frac{n+1}{2}(9)} = \frac{1}{2}T^{n+1}_{5(n+1)(9)}$$

$$= \frac{1}{2} \cdot \frac{2^{n+1} + 2(-1)^{n+1} + 2s_{n+1}}{9} = \frac{2^n - (-1)^n + s_{n+1}}{9}.$$

因

$$(2(-1)^{n+4} - s_{n+4}) + (2(-1)^{n+3} - s_{n+3}) - 3(2(-1)^{n+2} - s_{n+2})$$

$$- 2(2(-1)^{n+1} - s_{n+1}) + (2(-1)^n - s_n)$$

$$= -(s_{n+4} + s_{n+3} - 3s_{n+2} - 2s_{n+1} + s_n)$$

$$= -(3s_{n+2} - s_{n+1} + s_{n+3} - 3s_{n+2} - 2s_{n+1} + s_n) = 0,$$

$$2 - s_0 = -1 = S_3(0), \quad -2 - s_1 = -2 = S_3(1), \quad 2 - s_2 = -4 = S_3(2),$$

故 $S_3(n) = 2(-1)^n - s_n$, 从而 $T^n_{5n\pm3(9)} = \dfrac{2^n + 2(-1)^n - s_n}{9}$.

由于

$$(-(-1)^{n+4} + s_{n+6} - 2s_{n+4}) + (-(-1)^{n+3} + s_{n+5} - 2s_{n+3})$$

$$- 3(-(-1)^{n+2} + s_{n+4} - 2s_{n+2}) - 2(-(-1)^{n+1} + s_{n+3} - 2s_{n+1})$$

$$+ (-(-1)^n + s_{n+2} - 2s_n)$$

$$= (s_{n+6} + s_{n+5} - 3s_{n+4} - 2s_{n+3} + s_{n+2})$$

$$- 2(s_{n+4} + s_{n+3} - 3s_{n+2} - 2s_{n+1} + s_n)$$

$$= (3s_{n+4} - s_{n+3} + s_{n+5} - 3s_{n+4} - 2s_{n+3} + s_{n+2})$$

$$- 2(3s_{n+2} - s_{n+1} + s_{n+3} - 3s_{n+2} - 2s_{n+1} + s_n) = 0 - 0 = 0,$$

$$-1 + s_2 - 2s_0 = -1 = S_1(0), \quad 1 + s_3 - 2s_1 = 1 + s_1 - s_0 = -2 = S_1(1),$$

$$-1 + s_4 - 2s_2 = -1 + s_2 - s_1 = 5 = S_1(2),$$

故 $S_1(n) = -(-1)^n + s_{n+2} - 2s_n$, 从而 $T_{5n\pm 1(9)}^n = \dfrac{2^n - (-1)^n + s_{n+2} - 2s_n}{9}$.

因 $T_{5n+r(9)}^n = T_{5n-r(9)}^n$, 故有

$$2(T_{5n+2(9)}^n + T_{5n+1(9)}^n + T_{5n+3(9)}^n + T_{5n+4(9)}^n) + T_{5n(9)}^n = T_{0(1)}^n = 2^n.$$

于是, 由上得

$$T_{5n\pm 2(9)}^n = 2^{n-1} - \frac{2^{n-1} + (-1)^n + s_n}{9} - \frac{2^n - (-1)^n + s_{n+2} - 2s_n}{9}$$

$$- \frac{2^n + 2(-1)^n - s_n}{9} - \frac{2^n - (-1)^n + s_{n+1}}{9}$$

$$= \frac{2^n - (-1)^n + 2s_n - s_{n+1} - s_{n+2}}{9}.$$

综上定理得证.

定理 19.11　设 n 为非负整数, 则

$$U_{n+1}(x-2,1) = x^n U_{2n+2}\left(1, \frac{1}{x}\right) = \sum_{k=0}^{n} (-1)^{n-k} \binom{n+1+k}{2k+1} x^k$$

$$= \prod_{j=1}^{n} \left(x - 4\cos^2 \frac{j\pi}{2(n+1)} \right).$$

证　由 (19.5) 知, 对 $j = 1, 2, \cdots, n$ 有

$$U_{n+1}\left(2 + 2\cos \frac{j\pi}{n+1} - 2, 1 \right) = U_{n+1}\left(-2\cos \frac{(n+1-j)\pi}{n+1}, 1 \right)$$

$$= (-1)^n \frac{\sin(n+1-j)\pi}{\sin \dfrac{(n+1-j)\pi}{n+1}} = 0.$$

由定理 18.14 知, $U_{n+1}(x-2,1)$ 是首一的 n 次多项式, 故有

$$U_{n+1}(x-2,1) = \prod_{j=1}^{n}\left(x-2-2\cos\frac{j\pi}{n+1}\right) = \prod_{j=1}^{n}\left(x-4\cos^2\frac{j\pi}{2(n+1)}\right).$$

因

$$x^n U_{2n+2}(1,x^{-1})$$
$$= x^n(U_{2n+1}(1,x^{-1}) - x^{-1}U_{2n}(1,x^{-1}))$$
$$= x^n\big(U_{2n}(1,x^{-1}) - x^{-1}U_{2n-1}(1,x^{-1}) - x^{-1}U_{2n}(1,x^{-1})\big)$$
$$= (x^n - x^{n-1})U_{2n}(1,x^{-1}) - x^{n-1}(U_{2n}(1,x^{-1}) + x^{-1}U_{2n-2}(1,x^{-1}))$$
$$= (x-2)x^{n-1}U_{2n}(1,x^{-1}) - x^{n-2}U_{2n-2}(1,x^{-1}),$$

故 $x^n U_{2n+2}(1,x^{-1})$ 与 $U_{n+1}(x-2,1)$ 满足相同递推关系. 当 $n = 0,1$ 时, 它们初值相同, 故有 $U_{n+1}(x-2,1) = x^n U_{2n+2}(1,x^{-1})$.

根据定理 18.14,

$$x^n U_{2n+2}(1,x^{-1})$$
$$= x^n \sum_{r=0}^{n}\binom{2n+1-r}{r}(-x^{-1})^r$$
$$= x^n \sum_{k=0}^{n}\binom{n+k+1}{n-k}(-x^{-1})^{n-k}$$
$$= \sum_{k=0}^{n}(-1)^{n-k}\binom{n+1+k}{2k+1}x^k.$$

综上定理得证.

定理 19.12 设 m 为正偶数, n 为非负整数, $r \in \mathbb{Z}$, $S_r(n) = mT^n_{[\frac{n}{2}]+r(m)} - 2^n$, 则

$$\sum_{k=0}^{m/2-1}(-1)^{\frac{m}{2}-1-k}\binom{m/2+k}{2k+1}S_r(n+2k) = 0.$$

证 令 $\delta_n = (1-(-1)^n)/2$, 由 (19.3) 知

$$S_r(n) = 2\sum_{s=1}^{m/2-1}\cos\frac{(2r-\delta_n)s\pi}{m}\left(2\cos\frac{s\pi}{m}\right)^n.$$

因此应用定理 19.11 得

$$
\sum_{k=0}^{\frac{m}{2}-1} (-1)^{\frac{m}{2}-1-k} \binom{m/2+k}{2k+1} S_r(n+2k)
$$

$$
= \sum_{k=0}^{\frac{m}{2}-1} (-1)^{\frac{m}{2}-1-k} \binom{m/2+k}{2k+1} \cdot 2 \sum_{s=1}^{\frac{m}{2}-1} \cos \frac{(2r-\delta_{n+2k})s\pi}{m} \left(2\cos\frac{s\pi}{m}\right)^{n+2k}
$$

$$
= 2 \sum_{s=1}^{\frac{m}{2}-1} \cos \frac{(2r-\delta_n)s\pi}{m} \left(2\cos\frac{s\pi}{m}\right)^{n} \sum_{k=0}^{\frac{m}{2}-1} (-1)^{\frac{m}{2}-1-k} \binom{m/2+k}{2k+1} \left(4\cos^2\frac{s\pi}{m}\right)^{k}
$$

$$
= 0.
$$

于是定理得证.

19.4　$T_{r(8)}^n$ 公式与 Pell 数同余式

Pell 序列 $\{P_n\}$ 和其伴随序列 $\{Q_n\}$ 定义如下:

$$
P_0 = 0, \quad P_1 = 1, \quad P_{n+1} = 2P_n + P_{n-1} \quad (n \geqslant 1);
$$

$$
Q_0 = 2, \quad Q_1 = 2, \quad Q_{n+1} = 2Q_n + Q_{n-1} \quad (n \geqslant 1).
$$

显然 $P_n = U_n(2,-1)$, $Q_n = V_n(2,-1)$, 由定理 18.10 和定理 18.11 知

$$
P_n = \frac{1}{8}(Q_{n+1} + Q_{n-1}) = \frac{1}{2\sqrt{2}}\{(1+\sqrt{2})^n - (1-\sqrt{2})^n\}, \tag{19.7}
$$

$$
Q_n = P_{n+1} + P_{n-1} = (1+\sqrt{2})^n + (1-\sqrt{2})^n. \tag{19.8}
$$

定理 19.13　设 $n \in \mathbb{Z}^+$, $r \in \mathbb{Z}$, 则

(i) 当 $n \equiv 0 \pmod 4$ 时

$$
T_{\frac{n}{2}(8)}^n = 2^{n-3} + 2^{\frac{n}{2}-2} + 2^{\frac{n}{4}-2}Q_{\frac{n}{2}}, \quad T_{\frac{n}{2}\pm1(8)}^n = 2^{n-3} + 2^{\frac{n}{4}-1}P_{\frac{n}{2}},
$$

$$
T_{\frac{n}{2}\pm2(8)}^n = 2^{n-3} - 2^{\frac{n}{2}-2}, \quad T_{\frac{n}{2}\pm3(8)}^n = 2^{n-3} - 2^{\frac{n}{4}-1}P_{\frac{n}{2}},
$$

$$
T_{\frac{n}{2}+4(8)}^n = 2^{n-3} + 2^{\frac{n}{2}-2} - 2^{\frac{n}{4}-2}Q_{\frac{n}{2}};
$$

(ii) 当 $n \equiv 2 \pmod 4$ 时

$$
T_{\frac{n}{2}(8)}^n = 2^{n-3} + 2^{\frac{n}{2}-2} + 2^{\frac{n-2}{4}}P_{\frac{n}{2}}, \quad T_{\frac{n}{2}\pm1(8)}^n = 2^{n-3} + 2^{\frac{n-2}{4}-2}Q_{\frac{n}{2}},
$$

$$
T_{\frac{n}{2}\pm2(8)}^n = 2^{n-3} - 2^{\frac{n}{2}-2}, \quad T_{\frac{n}{2}\pm3(8)}^n = 2^{n-3} - 2^{\frac{n-2}{4}-2}Q_{\frac{n}{2}},
$$

$$
T_{\frac{n}{2}+4(8)}^n = 2^{n-3} + 2^{\frac{n}{2}-2} - 2^{\frac{n-2}{4}}P_{\frac{n}{2}};
$$

(iii) 当 $n \equiv 1 \pmod{4}$ 时

$$T^n_{\frac{n-1}{2}(8)} = T^n_{\frac{n-1}{2}+1(8)} = 2^{n-3} + 2^{\frac{n-1}{2}-2} + 2^{\frac{n-1}{4}-1} P_{\frac{n+1}{2}},$$

$$T^n_{\frac{n-1}{2}+2(8)} = T^n_{\frac{n-1}{2}+7(8)} = 2^{n-3} - 2^{\frac{n-1}{2}-2} + 2^{\frac{n-1}{4}-1} P_{\frac{n-1}{2}},$$

$$T^n_{\frac{n-1}{2}+3(8)} = T^n_{\frac{n-1}{2}+6(8)} = 2^{n-3} - 2^{\frac{n-1}{2}-2} - 2^{\frac{n-1}{4}-1} P_{\frac{n-1}{2}},$$

$$T^n_{\frac{n-1}{2}+4(8)} = T^n_{\frac{n-1}{2}+5(8)} = 2^{n-3} + 2^{\frac{n-1}{2}-2} - 2^{\frac{n-1}{4}-1} P_{\frac{n+1}{2}};$$

(iv) 当 $n \equiv 3 \pmod{4}$ 时

$$T^n_{\frac{n-1}{2}(8)} = T^n_{\frac{n-1}{2}+1(8)} = 2^{n-3} + 2^{\frac{n-1}{2}-2} + 2^{\frac{n-3}{4}-2} Q_{\frac{n+1}{2}},$$

$$T^n_{\frac{n-1}{2}+2(8)} = T^n_{\frac{n-1}{2}+7(8)} = 2^{n-3} - 2^{\frac{n-1}{2}-2} + 2^{\frac{n-3}{4}-2} Q_{\frac{n-1}{2}},$$

$$T^n_{\frac{n-1}{2}+3(8)} = T^n_{\frac{n-1}{2}+6(8)} = 2^{n-3} - 2^{\frac{n-1}{2}-2} - 2^{\frac{n-3}{4}-2} Q_{\frac{n-1}{2}},$$

$$T^n_{\frac{n-1}{2}+4(8)} = T^n_{\frac{n-1}{2}+5(8)} = 2^{n-3} + 2^{\frac{n-1}{2}-2} - 2^{\frac{n-3}{4}-2} Q_{\frac{n+1}{2}}.$$

证 令 $\delta_n = (1 - (-1)^n)/2$. 由于 $\cos\dfrac{3k\pi}{4} = \cos\left(k\pi - \dfrac{k\pi}{4}\right) = (-1)^k \cos\dfrac{k\pi}{4}$,

$\cos\dfrac{\pi}{4} = \dfrac{\sqrt{2}}{2}$, 根据定理 19.5(ii) 有

$$\frac{8T^n_{[\frac{n}{2}]+k(8)} - 2^n}{2} = \sum_{s=1}^{3} \left(\cos\frac{ks\pi}{4} + \delta_n \cos\frac{(k-1)s\pi}{4} \right) \left(2 + 2\cos\frac{s\pi}{4} \right)^{[\frac{n}{2}]}$$

$$= \left(\cos\frac{k\pi}{4} + \delta_n \cos\frac{(k-1)\pi}{4} \right) (2 + \sqrt{2})^{[\frac{n}{2}]}$$

$$+ \left((-1)^k \cos\frac{k\pi}{4} + \delta_n (-1)^{k-1} \cos\frac{(k-1)\pi}{4} \right) (2 - \sqrt{2})^{[\frac{n}{2}]}$$

$$+ \left(\cos\frac{k\pi}{2} + \delta_n \cos\frac{(k-1)\pi}{2} \right) 2^{[\frac{n}{2}]},$$

从而

$$4T^n_{[\frac{n}{2}]+k(8)} - 2^{n-1}$$

$$= \left((2 + \sqrt{2})^{[\frac{n}{2}]} + (-1)^k (2 - \sqrt{2})^{[\frac{n}{2}]} \right) \cos\frac{k\pi}{4} + 2^{[\frac{n}{2}]} \cos\frac{k\pi}{2}$$

$$+ \delta_n \left(\left((2 + \sqrt{2})^{[\frac{n}{2}]} - (-1)^k (2 - \sqrt{2})^{[\frac{n}{2}]} \right) \cos\frac{(k-1)\pi}{4} + 2^{[\frac{n}{2}]} \sin\frac{k\pi}{2} \right)$$

$$= (\sqrt{2})^{[\frac{n}{2}]}\left((1+\sqrt{2})^{[\frac{n}{2}]} + (-1)^{[\frac{n}{2}]+k}(1-\sqrt{2})^{[\frac{n}{2}]}\right)\cos\frac{k\pi}{4} + 2^{[\frac{n}{2}]}\cos\frac{k\pi}{2}$$

$$+ \delta_n\left((\sqrt{2})^{[\frac{n}{2}]}\left((1+\sqrt{2})^{[\frac{n}{2}]} - (-1)^{[\frac{n}{2}]+k}(1-\sqrt{2})^{[\frac{n}{2}]}\right)\cos\frac{(k-1)\pi}{4}\right.$$

$$\left.+ 2^{[\frac{n}{2}]}\sin\frac{k\pi}{2}\right).$$

由此应用 (19.7) 和 (19.8) 知, 当 $\left[\dfrac{n}{2}\right] + k \equiv 0 \ (\text{mod } 2)$ 时, 有

$$4T^n_{[\frac{n}{2}]+k(8)} - 2^{n-1} = 2^{[\frac{n}{2}]}\cos\frac{k\pi}{2} + (\sqrt{2})^{[\frac{n}{2}]}Q_{[\frac{n}{2}]}\cos\frac{k\pi}{4}$$

$$+ \delta_n\left(2^{[\frac{n}{2}]}\sin\frac{k\pi}{2} + (\sqrt{2})^{[\frac{n}{2}]}\cdot 2\sqrt{2}P_{[\frac{n}{2}]}\cos\frac{(k-1)\pi}{4}\right),$$

当 $\left[\dfrac{n}{2}\right] + k \equiv 1 \ (\text{mod } 2)$ 时

$$4T^n_{[\frac{n}{2}]+k(8)} - 2^{n-1} = 2^{[\frac{n}{2}]}\cos\frac{k\pi}{2} + (\sqrt{2})^{[\frac{n}{2}]}\cdot 2\sqrt{2}P_{[\frac{n}{2}]}\cos\frac{k\pi}{4}$$

$$+ \delta_n\left(2^{[\frac{n}{2}]}\sin\frac{k\pi}{2} + (\sqrt{2})^{[\frac{n}{2}]}Q_{[\frac{n}{2}]}\cos\frac{(k-1)\pi}{4}\right).$$

于是, 当 $n \equiv 0 \ (\text{mod } 4)$ 时

$$4T^n_{\frac{n}{2}(8)} - 2^{n-1} = 2^{\frac{n}{2}} + 2^{\frac{n}{4}}Q_{\frac{n}{2}}, \quad 4T^n_{\frac{n}{2}\pm1(8)} - 2^{n-1} = 2^{\frac{n}{4}+1}P_{\frac{n}{2}},$$

$$4T^n_{\frac{n}{2}\pm2(8)} - 2^{n-1} = -2^{\frac{n}{2}}, \quad 4T^n_{\frac{n}{2}\pm3(8)} - 2^{n-1} = -2^{\frac{n}{4}+1}P_{\frac{n}{2}},$$

$$4T^n_{\frac{n}{2}+4(8)} - 2^{n-1} = 2^{\frac{n}{2}} - 2^{\frac{n}{4}}Q_{\frac{n}{2}},$$

当 $n \equiv 1 \ (\text{mod } 4)$ 时

$$4T^n_{\frac{n-1}{2}(8)} - 2^{n-1} = 4T^n_{\frac{n-1}{2}+1(8)} - 2^{n-1} = 2^{\frac{n-1}{2}} + 2^{\frac{n-1}{4}}\left(Q_{\frac{n-1}{2}} + 2P_{\frac{n-1}{2}}\right)$$

$$= 2^{\frac{n-1}{2}} + 2^{\frac{n-1}{4}+1}P_{\frac{n+1}{2}},$$

$$4T^n_{\frac{n-1}{2}+2(8)} - 2^{n-1} = 4T^n_{\frac{n-1}{2}+7(8)} - 2^{n-1} = -2^{\frac{n-1}{2}} + 2^{\frac{n-1}{4}+1}P_{\frac{n-1}{2}},$$

$$4T^n_{\frac{n-1}{2}+3(8)} - 2^{n-1} = 4T^n_{\frac{n-1}{2}+6(8)} - 2^{n-1} = -2^{\frac{n-1}{2}} - 2^{\frac{n-1}{4}+1}P_{\frac{n-1}{2}},$$

$$4T^n_{\frac{n-1}{2}(8)+4} - 2^{n-1} = 4T^n_{\frac{n-1}{2}+5(8)} - 2^{n-1} = 2^{\frac{n-1}{2}} - 2^{\frac{n-1}{4}}\left(Q_{\frac{n-1}{2}} + 2P_{\frac{n-1}{2}}\right)$$

$$= 2^{\frac{n-1}{2}} - 2^{\frac{n-1}{4}+1}P_{\frac{n+1}{2}},$$

当 $n \equiv 2 \pmod 4$ 时

$$4T_{\frac{n}{2}(8)}^n - 2^{n-1} = 2^{\frac{n}{2}} + 2^{\frac{n+6}{4}}P_{\frac{n}{2}}, \quad 4T_{\frac{n}{2}\pm 1(8)}^n - 2^{n-1} = 2^{\frac{n-2}{4}}Q_{\frac{n}{2}},$$

$$4T_{\frac{n}{2}\pm 2(8)}^n - 2^{n-1} = -2^{\frac{n}{2}}, \quad 4T_{\frac{n}{2}\pm 3(8)}^n - 2^{n-1} = -2^{\frac{n-2}{4}}Q_{\frac{n}{2}},$$

$$4T_{\frac{n}{2}+4(8)}^n - 2^{n-1} = 2^{\frac{n}{2}} - 2^{\frac{n+6}{4}}P_{\frac{n}{2}},$$

当 $n \equiv 3 \pmod 4$ 时

$$4T_{\frac{n-1}{2}(8)}^n - 2^{n-1} = 4T_{\frac{n-1}{2}+1(8)}^n - 2^{n-1} = 2^{\frac{n-1}{2}} + 2^{\frac{n-3}{4}}(Q_{\frac{n-1}{2}} + 4P_{\frac{n-1}{2}})$$

$$= 2^{\frac{n-1}{2}} + 2^{\frac{n-3}{4}}Q_{\frac{n+1}{2}},$$

$$4T_{\frac{n-1}{2}+2(8)}^n - 2^{n-1} = 4T_{\frac{n-1}{2}+7(8)}^n - 2^{n-1} = -2^{\frac{n-1}{2}} + 2^{\frac{n-3}{4}}Q_{\frac{n-1}{2}},$$

$$4T_{\frac{n-1}{2}+3(8)}^n - 2^{n-1} = 4T_{\frac{n-1}{2}+6(8)}^n - 2^{n-1} = -2^{\frac{n-1}{2}} - 2^{\frac{n-3}{4}}Q_{\frac{n-1}{2}},$$

$$4T_{\frac{n-1}{2}(8)+4}^n - 2^{n-1} = 4T_{\frac{n-1}{2}+5(8)}^n - 2^{n-1} = 2^{\frac{n-1}{2}} - 2^{\frac{n-3}{4}}(Q_{\frac{n-1}{2}} + 4P_{\frac{n-1}{2}})$$

$$= 2^{\frac{n-1}{2}} - 2^{\frac{n-3}{4}}Q_{\frac{n+1}{2}}.$$

由此立得定理结论.

定理 19.14 设 p 为奇素数, 则

$$P_{\frac{p-1}{2}} \equiv \begin{cases} 0 \pmod p, & \text{若 } 8 \mid p-1, \\ (-1)^{\frac{p-3}{8}}2^{\frac{p-3}{4}} \pmod p, & \text{若 } 8 \mid p-3, \\ (-1)^{\frac{p-5}{8}}2^{\frac{p-1}{4}} \pmod p, & \text{若 } 8 \mid p-5, \\ (-1)^{\frac{p+1}{8}}2^{\frac{p-3}{4}} \pmod p, & \text{若 } 8 \mid p-7 \end{cases}$$

且

$$P_{\frac{p+1}{2}} \equiv \begin{cases} (-1)^{\frac{p-1}{8}}2^{\frac{p-1}{4}} \pmod p, & \text{若 } 8 \mid p-1, \\ (-1)^{\frac{p+5}{8}}2^{\frac{p-3}{4}} \pmod p, & \text{若 } 8 \mid p-3, \\ 0 \pmod p, & \text{若 } 8 \mid p-5, \\ (-1)^{\frac{p+1}{8}}2^{\frac{p-3}{4}} \pmod p, & \text{若 } 8 \mid p-7. \end{cases}$$

证 易见 $1 \leqslant k \leqslant p-1$ 时 $p \mid \binom{p}{k}$. 设 $p \equiv 1 \pmod 4$, 则由定理 19.13 知

$$2^{p-1} + 2^{\frac{p-1}{2}} + 2^{\frac{p-1}{4}+1}P_{\frac{p+1}{2}}$$

$$= 4T_{\frac{p-1}{2}(8)}^p \equiv \begin{cases} 2(1 + (-1)^{\frac{p-1}{8}}) \pmod p, & \text{若 } 8 \mid p-1, \\ 0 \pmod p, & \text{若 } 8 \mid p-5, \end{cases}$$

$$2^{p-1} - 2^{\frac{p-1}{2}} + 2^{\frac{p-1}{4}+1} P_{\frac{p-1}{2}}$$

$$= 4T^p_{\frac{p-1}{2}+2(8)} \equiv \begin{cases} 0 \ (\mathrm{mod}\ p), & \text{若}\ 8\mid p-1, \\ 2(1+(-1)^{\frac{p+3}{8}})\ (\mathrm{mod}\ p), & \text{若}\ 8\mid p-5. \end{cases}$$

注意到 $2^{p-1} \equiv 1 \ (\mathrm{mod}\ p)$, $2^{\frac{p-1}{2}} \equiv \left(\dfrac{2}{p}\right) = (-1)^{\frac{p-1}{4}} \ (\mathrm{mod}\ p)$, 由上易得欲证的 $P_{\frac{p-1}{2}}$ 与 $P_{\frac{p+1}{2}}$ 模 p 的同余式.

　　设 $p \equiv 3 \ (\mathrm{mod}\ 4)$, 则由定理 19.13 知

$$2^{p-1} + 2^{\frac{p-1}{2}} + 2^{\frac{p-3}{4}} Q_{p+12}$$

$$= 4T^p_{\frac{p-1}{2}(8)} \equiv \begin{cases} 0 \ (\mathrm{mod}\ p), & \text{若}\ 8\mid p-3, \\ 2(1+(-1)^{\frac{p+1}{8}})\ (\mathrm{mod}\ p), & \text{若}\ 8\mid p-7, \end{cases}$$

$$2^{p-1} - 2^{\frac{p-1}{2}} + 2^{\frac{p-3}{4}} Q_{\frac{p-1}{2}}$$

$$= 4T^p_{\frac{p-1}{2}+2(8)} \equiv \begin{cases} 2(1+(-1)^{\frac{p-3}{8}})\ (\mathrm{mod}\ p), & \text{若}\ 8\mid p-3, \\ 0 \ (\mathrm{mod}\ p), & \text{若}\ 8\mid p-7. \end{cases}$$

注意到 $2^{p-1} \equiv 1 \ (\mathrm{mod}\ p)$, $2^{\frac{p-1}{2}} \equiv \left(\dfrac{2}{p}\right) = (-1)^{\frac{p+1}{4}} \ (\mathrm{mod}\ p)$, 由上计算得

$$Q_{\frac{p+1}{2}} \equiv \begin{cases} 0 \ (\mathrm{mod}\ p), & \text{若}\ 8\mid p-3, \\ (-1)^{\frac{p+1}{8}} 2^{\frac{p+1}{4}+1}\ (\mathrm{mod}\ p), & \text{若}\ 8\mid p-7, \end{cases}$$

$$Q_{\frac{p-1}{2}} \equiv \begin{cases} (-1)^{\frac{p+5}{8}} 2^{\frac{p+1}{4}+1}\ (\mathrm{mod}\ p), & \text{若}\ 8\mid p-3, \\ 0 \ (\mathrm{mod}\ p), & \text{若}\ 8\mid p-7. \end{cases}$$

由 (19.7) 知

$$P_{\frac{p-1}{2}} = \frac{1}{8}\left(Q_{\frac{p+1}{2}} + Q_{\frac{p-3}{2}}\right) = \frac{1}{4}\left(Q_{\frac{p+1}{2}} - Q_{\frac{p-1}{2}}\right),$$

$$P_{\frac{p+1}{2}} = \frac{1}{8}\left(Q_{\frac{p+3}{2}} + Q_{\frac{p-1}{2}}\right) = \frac{1}{4}\left(Q_{\frac{p+1}{2}} + Q_{\frac{p-1}{2}}\right),$$

由上计算得欲证的 $P_{\frac{p-1}{2}}$ 与 $P_{\frac{p+1}{2}}$ 模 p 的同余式.

　　综上定理得证.

　　根据定理 19.2 及定理 19.13 可证如下结果.

　　定理 19.15 (孙智宏[2,3])　设 p 为奇素数, 则

$$\frac{P_{p-\left(\frac{2}{p}\right)}}{p} \equiv (-1)^{\frac{p-1}{2}} \sum_{k=1}^{\left[\frac{p+1}{4}\right]} \frac{(-1)^k}{2k-1} \equiv \frac{1}{4} \sum_{\frac{p}{8} < k < \frac{3p}{8}} \frac{1}{k} \ (\mathrm{mod}\ p).$$

根据定理 19.14 和二次互反律可证下面定理的第一部分结果.

定理 19.16 设 p 为 $8k+1$ 或 $8k+3$ 形素数, 从而 p 可唯一表为 $x^2 + 2y^2$ $(x, y \in \mathbb{Z}^+)$, 则

(i) (Aigner, Reichardt(1942); Barrucand, Cohn(1969); Lehmer(1974); 孙智宏 [2]) 当 $p \equiv 1 \pmod 8$ 时, $p \mid P_{\frac{p-1}{4}} \iff 4 \mid y$.

(ii) (孙智宏 [10], Beli[4], 2009) 当 $p \equiv 3 \pmod 8$ 时,

$$P_{\frac{p+1}{4}} \equiv \frac{1}{2}\left(p - (-1)^{\frac{y^2-1}{8}}\right) \pmod p.$$

19.5 $T^n_{r(10)}$ 公式与 Fibonacci 数同余式

对非负整数 m 令 $L_m = V_m(1, -1) = 2F_{m+1} - F_m$, 则熟知

$$\sqrt{5}F_m = \left(\frac{1+\sqrt{5}}{2}\right)^m - \left(\frac{1-\sqrt{5}}{2}\right)^m, \quad L_m = \left(\frac{1+\sqrt{5}}{2}\right)^m + \left(\frac{1-\sqrt{5}}{2}\right)^m. \tag{19.9}$$

由此

$$2\left(\frac{1+\sqrt{5}}{2}\right)^m = L_m + \sqrt{5}F_m, \quad 2\left(\frac{1-\sqrt{5}}{2}\right)^m = L_m - \sqrt{5}F_m. \tag{19.10}$$

定理 19.17 (孙智宏, 孙智伟 [11]) 设 n 为正整数, 对 $k \in \mathbb{Z}$, 令 $S_k(n) = 10T^n_{[\frac{n}{2}]+k(10)} - 2^n$, 则

(i) 当 $n \equiv 0 \pmod 4$ 时

$$S_k(n) = S_{-k}(n) = \begin{cases} 2L_n + 2 \cdot 5^{\frac{n}{4}}L_{\frac{n}{2}}, & \text{当 } k = 0 \text{ 时,} \\ L_{n-1} + 5^{\frac{n}{4}}L_{\frac{n}{2}+1}, & \text{当 } k = 1 \text{ 时,} \\ -L_{n+1} + 5^{\frac{n}{4}}L_{\frac{n}{2}-1}, & \text{当 } k = 2 \text{ 时,} \\ -L_{n+1} - 5^{\frac{n}{4}}L_{\frac{n}{2}-1}, & \text{当 } k = 3 \text{ 时,} \\ L_{n-1} - 5^{\frac{n}{4}}L_{\frac{n}{2}+1}, & \text{当 } k = 4 \text{ 时,} \\ 2(L_n - 5^{\frac{n}{4}}L_{\frac{n}{2}}), & \text{当 } k = 5 \text{ 时;} \end{cases}$$

(ii) 当 $n \equiv 2 \pmod 4$ 时

$$S_k(n) = S_{-k}(n) = \begin{cases} 2L_n + 2 \cdot 5^{\frac{n+2}{4}} F_{\frac{n}{2}}, & \text{当 } k = 0 \text{ 时}, \\ L_{n-1} + 5^{\frac{n+2}{4}} F_{\frac{n}{2}+1}, & \text{当 } k = 1 \text{ 时}, \\ -L_{n+1} + 5^{\frac{n+2}{4}} F_{\frac{n}{2}-1}, & \text{当 } k = 2 \text{ 时}, \\ -L_{n+1} - 5^{\frac{n+2}{4}} F_{\frac{n}{2}-1}, & \text{当 } k = 3 \text{ 时}, \\ L_{n-1} - 5^{\frac{n+2}{4}} F_{\frac{n}{2}+1}, & \text{当 } k = 4 \text{ 时}, \\ 2(L_n - 5^{\frac{n+2}{4}} F_{\frac{n}{2}}), & \text{当 } k = 5 \text{ 时}; \end{cases}$$

(iii) 当 $n \equiv 1 \pmod 4$ 时

$$S_k(n) = S_{1-k}(n) = \begin{cases} L_{n+1} + 5^{\frac{n+3}{4}} F_{\frac{n+1}{2}}, & \text{当 } k = 0 \text{ 时}, \\ -L_{n-1} + 5^{\frac{n+3}{4}} F_{\frac{n-1}{2}}, & \text{当 } k = 2 \text{ 时}, \\ -L_{n-1} - 5^{\frac{n+3}{4}} F_{\frac{n-1}{2}}, & \text{当 } k = 4 \text{ 时}, \\ L_{n+1} - 5^{\frac{n+3}{4}} F_{\frac{n+1}{2}}, & \text{当 } k = 6 \text{ 时}, \\ -2L_n, & \text{当 } k = 8 \text{ 时}; \end{cases}$$

(iv) 当 $n \equiv 3 \pmod 4$ 时

$$S_k(n) = S_{1-k}(n) = \begin{cases} L_{n+1} + 5^{\frac{n+1}{4}} L_{\frac{n+1}{2}}, & \text{当 } k = 0 \text{ 时}, \\ -L_{n-1} + 5^{\frac{n+1}{4}} L_{\frac{n-1}{2}}, & \text{当 } k = 2 \text{ 时}, \\ -L_{n-1} - 5^{\frac{n+1}{4}} L_{\frac{n-1}{2}}, & \text{当 } k = 4 \text{ 时}, \\ L_{n+1} - 5^{\frac{n+1}{4}} L_{\frac{n+1}{2}}, & \text{当 } k = 6 \text{ 时}, \\ -2L_n, & \text{当 } k = 8 \text{ 时}. \end{cases}$$

证　令 $\delta_n = (1 - (-1)^n)/2$. 由于 $\cos \dfrac{(5-s)k\pi}{5} = \cos\left(k\pi - \dfrac{sk\pi}{5}\right) = (-1)^k \cos \dfrac{sk\pi}{5}$, $\cos \dfrac{\pi}{5} = \dfrac{\sqrt{5}+1}{4}$, $\cos \dfrac{2\pi}{5} = \sin \dfrac{\pi}{10} = \dfrac{\sqrt{5}-1}{4}$, 根据定理 19.5(ii), 有

$$\frac{1}{2} S_k(n) = \sum_{s=1}^{4} \left(\cos \frac{ks\pi}{5} + \delta_n \cos \frac{(k-1)s\pi}{5} \right) \left(2 + 2\cos \frac{s\pi}{5} \right)^{\left[\frac{n}{2}\right]}$$

$$= \left(\cos \frac{k\pi}{5} + \delta_n \cos \frac{(k-1)\pi}{5} \right) \left(2 + \frac{\sqrt{5}+1}{2} \right)^{\left[\frac{n}{2}\right]}$$

$$+ \left((-1)^k \cos \frac{k\pi}{5} - \delta_n (-1)^k \cos \frac{(k-1)\pi}{5} \right) \left(2 - \frac{\sqrt{5}+1}{2} \right)^{\left[\frac{n}{2}\right]}$$

$$+ \left(\cos \frac{2k\pi}{5} + \delta_n \cos \frac{2(k-1)\pi}{5} \right) \left(2 + \frac{\sqrt{5}-1}{2} \right)^{\left[\frac{n}{2} \right]}$$

$$+ \left((-1)^k \cos \frac{2k\pi}{5} - \delta_n (-1)^k \cos \frac{2(k-1)\pi}{5} \right) \left(2 - \frac{\sqrt{5}-1}{2} \right)^{\left[\frac{n}{2} \right]}$$

$$= \left(\left(\frac{5+\sqrt{5}}{2} \right)^{\left[\frac{n}{2} \right]} + (-1)^k \left(\frac{3-\sqrt{5}}{2} \right)^{\left[\frac{n}{2} \right]} \right) \cos \frac{k\pi}{5}$$

$$+ \left(\left(\frac{3+\sqrt{5}}{2} \right)^{\left[\frac{n}{2} \right]} + (-1)^k \left(\frac{5-\sqrt{5}}{2} \right)^{\left[\frac{n}{2} \right]} \right) \cos \frac{2k\pi}{5}$$

$$+ \delta_n \left(\left(\frac{5+\sqrt{5}}{2} \right)^{\left[\frac{n}{2} \right]} - (-1)^k \left(\frac{3-\sqrt{5}}{2} \right)^{\left[\frac{n}{2} \right]} \right) \cos \frac{(k-1)\pi}{5}$$

$$+ \delta_n \left(\left(\frac{3+\sqrt{5}}{2} \right)^{\left[\frac{n}{2} \right]} - (-1)^k \left(\frac{5-\sqrt{5}}{2} \right)^{\left[\frac{n}{2} \right]} \right) \cos \frac{2(k-1)\pi}{5},$$

即有

$$\frac{1}{2} S_k(n) = \left((\sqrt{5})^{\left[\frac{n}{2} \right]} \left(\frac{1+\sqrt{5}}{2} \right)^{\left[\frac{n}{2} \right]} + (-1)^k \left(\frac{1-\sqrt{5}}{2} \right)^{2\left[\frac{n}{2} \right]} \right) \cos \frac{k\pi}{5}$$

$$+ \left(\left(\frac{1+\sqrt{5}}{2} \right)^{2\left[\frac{n}{2} \right]} + (-1)^k (-\sqrt{5})^{\left[\frac{n}{2} \right]} \left(\frac{1-\sqrt{5}}{2} \right)^{\left[\frac{n}{2} \right]} \right) \cos \frac{2k\pi}{5}$$

$$+ \delta_n \left((\sqrt{5})^{\left[\frac{n}{2} \right]} \left(\frac{1+\sqrt{5}}{2} \right)^{\left[\frac{n}{2} \right]} - (-1)^k \left(\frac{1-\sqrt{5}}{2} \right)^{2\left[\frac{n}{2} \right]} \right) \cos \frac{(k-1)\pi}{5}$$

$$+ \delta_n \left(\left(\frac{1+\sqrt{5}}{2} \right)^{2\left[\frac{n}{2} \right]} - (-1)^k (-\sqrt{5})^{\left[\frac{n}{2} \right]} \left(\frac{1-\sqrt{5}}{2} \right)^{\left[\frac{n}{2} \right]} \right) \cos \frac{2(k-1)\pi}{5}.$$

于是应用 (19.10) 得

$$S_k(n) = \left(L_{2\left[\frac{n}{2} \right]} + \sqrt{5} F_{2\left[\frac{n}{2} \right]} \right) \left(\cos \frac{2k\pi}{5} + \delta_n \cos \frac{2(k-1)\pi}{5} \right)$$

$$+ (-1)^k \left(L_{2\left[\frac{n}{2} \right]} - \sqrt{5} F_{2\left[\frac{n}{2} \right]} \right) \left(\cos \frac{k\pi}{5} - \delta_n \cos \frac{(k-1)\pi}{5} \right)$$

$$+ (\sqrt{5})^{\left[\frac{n}{2} \right]} \left(L_{\left[\frac{n}{2} \right]} + \sqrt{5} F_{\left[\frac{n}{2} \right]} \right) \left(\cos \frac{k\pi}{5} + \delta_n \cos \frac{(k-1)\pi}{5} \right)$$

$$+ (-1)^k (-\sqrt{5})^{\left[\frac{n}{2} \right]} \left(L_{\left[\frac{n}{2} \right]} - \sqrt{5} F_{\left[\frac{n}{2} \right]} \right) \left(\cos \frac{2k\pi}{5} - \delta_n \cos \frac{2(k-1)\pi}{5} \right),$$

从而有

$$
S_k(n) = L_{2[\frac{n}{2}]}\left(\cos\frac{2k\pi}{5} + (-1)^k \cos\frac{k\pi}{5} \right.
$$

$$
+ \delta_n \cos\frac{2(k-1)\pi}{5} - \delta_n(-1)^k \cos\frac{(k-1)\pi}{5} \bigg)
$$

$$
+ \sqrt{5}F_{2[\frac{n}{2}]}\left(\cos\frac{2k\pi}{5} - (-1)^k \cos\frac{k\pi}{5} \right.
$$

$$
+ \delta_n \cos\frac{2(k-1)\pi}{5} + \delta_n(-1)^k \cos\frac{(k-1)\pi}{5} \bigg)
$$

$$
+ (\sqrt{5})^{[\frac{n}{2}]}L_{[\frac{n}{2}]}\left(\cos\frac{k\pi}{5} + (-1)^{[\frac{n}{2}]+k} \cos\frac{2k\pi}{5} \right.
$$

$$
+ \delta_n \cos\frac{(k-1)\pi}{5} - \delta_n(-1)^{[\frac{n}{2}]+k} \cos\frac{2(k-1)\pi}{5} \bigg)
$$

$$
+ (\sqrt{5})^{[\frac{n}{2}]+1}F_{[\frac{n}{2}]}\left(\cos\frac{k\pi}{5} - (-1)^{[\frac{n}{2}]+k} \cos\frac{2k\pi}{5} \right.
$$

$$
+ \delta_n \cos\frac{(k-1)\pi}{5} + \delta_n(-1)^{[\frac{n}{2}]+k} \cos\frac{2(k-1)\pi}{5} \bigg). \tag{19.11}
$$

容易验证:

$$
L_n = 2F_{n+1} - F_n = F_{n+1} + F_{n-1}, \quad 5F_n = 2L_{n+1} - L_n = L_{n+1} + L_{n-1}. \tag{19.12}
$$

在 (19.11) 中取 $k = 0$ 得

$$
S_0(n) = \left(2 - \frac{1}{2}\delta_n\right)L_{2[\frac{n}{2}]} + \frac{5}{2}\delta_n F_{2[\frac{n}{2}]}
$$

$$
+ (\sqrt{5})^{[\frac{n}{2}]}L_{[\frac{n}{2}]}\left(1 + (-1)^{[\frac{n}{2}]} + \delta_n\left(\frac{\sqrt{5}+1}{4} - (-1)^{[\frac{n}{2}]}\frac{\sqrt{5}-1}{4}\right)\right)
$$

$$
+ (\sqrt{5})^{[\frac{n}{2}]+1}F_{[\frac{n}{2}]}\left(1 - (-1)^{[\frac{n}{2}]} + \delta_n\left(\frac{\sqrt{5}+1}{4} + (-1)^{[\frac{n}{2}]}\frac{\sqrt{5}-1}{4}\right)\right),
$$

从而有

$$S_0(n) = \begin{cases} 2L_n + 2 \cdot 5^{\frac{n}{4}} L_{\frac{n}{2}}, & \text{若 } 4 \mid n, \\[2mm] 2L_n + 2 \cdot 5^{\frac{n+2}{4}} F_{\frac{n}{2}}, & \text{若 } 4 \mid n-2, \\[2mm] \dfrac{3}{2}L_{n-1} + \dfrac{5}{2}F_{n-1} + \dfrac{1}{2} \cdot 5^{\frac{n+3}{4}}(L_{\frac{n-1}{2}} + F_{\frac{n-1}{2}}) \\[2mm] \quad = L_{n+1} + 5^{\frac{n+3}{4}} F_{\frac{n+1}{2}}, & \text{若 } 4 \mid n-1, \\[2mm] \dfrac{3}{2}L_{n-1} + \dfrac{5}{2}F_{n-1} + \dfrac{1}{2} \cdot 5^{\frac{n+1}{4}}(L_{\frac{n-1}{2}} + 5F_{\frac{n-1}{2}}) \\[2mm] \quad = L_{n+1} + 5^{\frac{n+1}{4}} L_{\frac{n+1}{2}}, & \text{若 } 4 \mid n-3. \end{cases}$$

在 (19.11) 中取 $k=2$, 计算得

$$S_2(n) = -\frac{1}{2}(1+\delta_n)L_{2[\frac{n}{2}]} - \frac{5}{2}(1-\delta_n)F_{2[\frac{n}{2}]}$$

$$+ \left(\delta_n - (-1)^{[\frac{n}{2}]}\right)\left(\frac{\sqrt{5}+1}{4} - (-1)^{[\frac{n}{2}]}\frac{\sqrt{5}-1}{4}\right)(\sqrt{5})^{[\frac{n}{2}]}L_{[\frac{n}{2}]}$$

$$+ \left(\delta_n + (-1)^{[\frac{n}{2}]}\right)\left(\frac{\sqrt{5}+1}{4} + (-1)^{[\frac{n}{2}]}\frac{\sqrt{5}-1}{4}\right)(\sqrt{5})^{[\frac{n}{2}]+1}F_{[\frac{n}{2}]}$$

$$= \begin{cases} -\dfrac{1}{2}(L_n + 5F_n) - \dfrac{1}{2} \cdot 5^{\frac{n}{4}}(L_{\frac{n}{2}} - 5F_{\frac{n}{2}}) \\[2mm] \quad = -L_{n+1} + 5^{\frac{n}{4}} L_{\frac{n}{2}-1}, & \text{若 } 4 \mid n, \\[2mm] -\dfrac{1}{2}(L_n + 5F_n) + \dfrac{1}{2} \cdot 5^{\frac{n+2}{4}}(L_{\frac{n}{2}} - F_{\frac{n}{2}}) \\[2mm] \quad = -L_{n+1} + 5^{\frac{n+2}{4}} F_{\frac{n}{2}-1}, & \text{若 } 4 \mid n-2, \\[2mm] -L_{n-1} + 5^{\frac{n+3}{4}} F_{\frac{n-1}{2}}, & \text{若 } 4 \mid n-1, \\[2mm] -L_{n-1} + 5^{\frac{n+1}{4}} L_{\frac{n-1}{2}}, & \text{若 } 4 \mid n-3. \end{cases}$$

根据 (19.11) 作类似计算, 可证其余情形.

定理 19.18 (孙智宏, 孙智伟 [11]) 设 $p \neq 2,5$ 为素数, 则

(i) 当 $p \equiv 1 \pmod 4$ 时

$$F_{\frac{p-1}{2}} \equiv \begin{cases} 0 \pmod p, & \text{当 } p \equiv 1,9 \pmod{20} \text{ 时}, \\[2mm] 5^{\frac{p-1}{4}} \pmod p, & \text{当 } p \equiv 13 \pmod{20} \text{ 时}, \\[2mm] -5^{\frac{p-1}{4}} \pmod p, & \text{当 } p \equiv 17 \pmod{20} \text{ 时}, \end{cases}$$

$$F_{\frac{p+1}{2}} \equiv \begin{cases} 5^{\frac{p-1}{4}} \ (\mathrm{mod}\ p), & \text{当 } p \equiv 1 \ (\mathrm{mod}\ 20) \text{ 时,} \\ -5^{\frac{p-1}{4}} \ (\mathrm{mod}\ p), & \text{当 } p \equiv 9 \ (\mathrm{mod}\ 20) \text{ 时,} \\ 0 \ (\mathrm{mod}\ p), & \text{当 } p \equiv 13, 17 \ (\mathrm{mod}\ 20) \text{ 时;} \end{cases}$$

(ii) 当 $p \equiv 3 \ (\mathrm{mod}\ 4)$ 时

$$F_{\frac{p-1}{2}} \equiv \begin{cases} 5^{\frac{p-3}{4}} \ (\mathrm{mod}\ p), & \text{当 } p \equiv 3 \ (\mathrm{mod}\ 20) \text{ 时,} \\ -5^{\frac{p-3}{4}} \ (\mathrm{mod}\ p), & \text{当 } p \equiv 7 \ (\mathrm{mod}\ 20) \text{ 时,} \\ -2 \cdot 5^{\frac{p-3}{4}} \ (\mathrm{mod}\ p), & \text{当 } p \equiv 11 \ (\mathrm{mod}\ 20) \text{ 时,} \\ 2 \cdot 5^{\frac{p-3}{4}} \ (\mathrm{mod}\ p), & \text{当 } p \equiv 19 \ (\mathrm{mod}\ 20) \text{ 时,} \end{cases}$$

$$F_{\frac{p+1}{2}} \equiv \begin{cases} -2 \cdot 5^{\frac{p-3}{4}} \ (\mathrm{mod}\ p), & \text{当 } p \equiv 3 \ (\mathrm{mod}\ 20) \text{ 时,} \\ 2 \cdot 5^{\frac{p-3}{4}} \ (\mathrm{mod}\ p), & \text{当 } p \equiv 7 \ (\mathrm{mod}\ 20) \text{ 时,} \\ -5^{\frac{p-3}{4}} \ (\mathrm{mod}\ p), & \text{当 } p \equiv 11 \ (\mathrm{mod}\ 20) \text{ 时,} \\ 5^{\frac{p-3}{4}} \ (\mathrm{mod}\ p), & \text{当 } p \equiv 19 \ (\mathrm{mod}\ 20) \text{ 时.} \end{cases}$$

证　由定理 18.15 知

$$L_{p-1} = 2F_p - F_{p-1} \equiv 2\left(\frac{p}{5}\right) - \frac{1 - \left(\frac{p}{5}\right)}{2}$$

$$= \begin{cases} 2 \ (\mathrm{mod}\ p), & \text{若 } p \equiv 1, 9 \ (\mathrm{mod}\ 10), \\ -3 \ (\mathrm{mod}\ p), & \text{若 } p \equiv 3, 7 \ (\mathrm{mod}\ 10), \end{cases}$$

$$L_{p+1} = F_{p+1} + 2F_p \equiv \frac{1 + \left(\frac{p}{5}\right)}{2} + 2\left(\frac{p}{5}\right)$$

$$= \begin{cases} 3 \ (\mathrm{mod}\ p), & \text{若 } p \equiv 1, 9 \ (\mathrm{mod}\ 10), \\ -2 \ (\mathrm{mod}\ p), & \text{若 } p \equiv 3, 7 \ (\mathrm{mod}\ 10). \end{cases}$$

由定理 19.2 易见

$$T^p_{\frac{p-1}{2}+2(10)} \equiv \begin{cases} 1 \ (\mathrm{mod}\ p), & \text{若 } p \equiv \pm 3 \ (\mathrm{mod}\ 20), \\ 0 \ (\mathrm{mod}\ p), & \text{若 } p \not\equiv \pm 3 \ (\mathrm{mod}\ 20), \end{cases}$$

$$T^p_{\frac{p-1}{2}(10)} \equiv \begin{cases} 1 \ (\mathrm{mod}\ p), & \text{若 } p \equiv \pm 1 \ (\mathrm{mod}\ 20), \\ 0 \ (\mathrm{mod}\ p), & \text{若 } p \not\equiv \pm 1 \ (\mathrm{mod}\ 20). \end{cases}$$

令 $S_k(p) = 10T_{\frac{p-1}{2}+k(10)}^p - 2^p$, 当 $p \equiv 1 \pmod 4$ 时, 由上及定理 19.17 知

$$-L_{p-1} + 5^{\frac{p+3}{4}}F_{\frac{p-1}{2}} = S_2(p) \equiv \begin{cases} 10 \cdot 1 - 2 = 8 \pmod p, & \text{若 } 20 \mid p-17, \\ 10 \cdot 0 - 2 = -2 \pmod p, & \text{若 } 20 \nmid p-17, \end{cases}$$

$$L_{p+1} + 5^{\frac{p+3}{4}}F_{\frac{p+1}{2}} = S_0(p) \equiv \begin{cases} 10 \cdot 1 - 2 = 8 \pmod p, & \text{若 } 20 \mid p-1, \\ 10 \cdot 0 - 2 = -2 \pmod p, & \text{若 } 20 \nmid p-1. \end{cases}$$

因此

$$5^{\frac{p+3}{4}}F_{\frac{p-1}{2}} = L_{p-1} + S_2(p) \equiv \begin{cases} 2 - 2 = 0 \pmod p, & \text{若 } p \equiv 1, 9 \pmod{20}, \\ -3 - 2 = -5 \pmod p, & \text{若 } p \equiv 13 \pmod{20}, \\ -3 + 8 = 5 \pmod p, & \text{若 } p \equiv 17 \pmod{20}, \end{cases}$$

$$5^{\frac{p+3}{4}}F_{\frac{p+1}{2}} = S_0(p) - L_{p+1} \equiv \begin{cases} 8 - 3 = 5 \pmod p, & \text{若 } p \equiv 1 \pmod{20}, \\ -2 - 3 = -5 \pmod p, & \text{若 } p \equiv 9 \pmod{20}, \\ -2 + 2 = 0 \pmod p, & \text{若 } p \equiv 13, 17 \pmod{20}. \end{cases}$$

两边同乘以 $5^{\frac{p-1}{4}}$ 并注意到 $5^{\frac{p-1}{2}} \equiv \left(\dfrac{5}{p}\right) = \left(\dfrac{p}{5}\right) \pmod p$ 立知 (i) 成立.

现设 $p \equiv 3 \pmod 4$, 由定理 19.17 知

$$5^{\frac{p+1}{4}}L_{\frac{p-1}{2}} = S_2(p) + L_{p-1}$$

$$\equiv \begin{cases} 10 \cdot 1 - 2 - 3 = 5 \pmod p, & \text{若 } p \equiv 3 \pmod{20}, \\ 10 \cdot 0 - 2 - 3 = -5 \pmod p, & \text{若 } p \equiv 7 \pmod{20}, \\ 10 \cdot 0 - 2 + 2 = 0 \pmod p, & \text{若 } p \equiv 11, 19 \pmod{20}, \end{cases}$$

$$5^{\frac{p+1}{4}}L_{\frac{p+1}{2}} = S_0(p) - L_{p+1}$$

$$\equiv \begin{cases} 10 \cdot 0 - 2 - (-2) = 0 \pmod p, & \text{若 } p \equiv 3, 7 \pmod{20}, \\ 10 \cdot 0 - 2 - 3 = -5 \pmod p, & \text{若 } p \equiv 11 \pmod{20}, \\ 10 \cdot 1 - 2 - 3 = 5 \pmod p, & \text{若 } p \equiv 19 \pmod{20}. \end{cases}$$

两边同乘以 $5^{\frac{p-3}{4}}$ 并注意到 $5^{\frac{p-1}{2}} \equiv \left(\dfrac{5}{p}\right) = \left(\dfrac{p}{5}\right) \pmod p$ 即得

$$L_{\frac{p-1}{2}} \equiv \begin{cases} -5^{\frac{p+1}{4}} \pmod p, & \text{若 } p \equiv 3 \pmod{20}, \\ 5^{\frac{p+1}{4}} \pmod p, & \text{若 } p \equiv 7 \pmod{20}, \\ 0 \pmod p, & \text{若 } p \equiv 11, 19 \pmod{20}, \end{cases}$$

$$L_{\frac{p+1}{2}} \equiv \begin{cases} 0 \ (\mathrm{mod}\ p), & \text{若 } p \equiv 3, 7 \ (\mathrm{mod}\ 20), \\ -5^{\frac{p+1}{4}} \ (\mathrm{mod}\ p), & \text{若 } p \equiv 11 \ (\mathrm{mod}\ 20), \\ 5^{\frac{p+1}{4}} \ (\mathrm{mod}\ p), & \text{若 } p \equiv 19 \ (\mathrm{mod}\ 20). \end{cases}$$

因 $F_{\frac{p-1}{2}} = \frac{1}{5}(2L_{\frac{p+1}{2}} - L_{\frac{p-1}{2}})$, $F_{\frac{p+1}{2}} = \frac{1}{5}(L_{\frac{p+1}{2}} + 2L_{\frac{p-1}{2}})$, 由上推出 (ii).

综上定理得证.

根据定理 13.22, 若 p 为 $20k+1$ 或 $20k+9$ 形素数, 则 p 可唯一表为 $x^2 + 5y^2$ ($x, y \in \mathbb{Z}^+$). 由此利用定理 19.18 和二次互反律可证如下优美结果:

定理 19.19 (孙智宏, 孙智伟 [11])   设 $p > 5$ 为 $4k + 1$ 形素数, 则

$$p \mid F_{\frac{p-1}{4}} \iff p = x^2 + 5y^2 (x, y \in \mathbb{Z}) \text{ 且 } 4 \mid xy.$$

为增强读者兴趣, 顺便介绍关于 Fibonacci 数同余式的其他精彩结果.

定理 19.20 (Lehmer, 1966)   设 p 为素数, $p \equiv 1, 9 \pmod{20}$, $p = a^2 + b^2$, $a, b \in \mathbb{Z}$, $2 \mid b$, 则

$$p \mid F_{\frac{p-1}{4}} \iff \begin{cases} 5 \mid a, & \text{当 } p \equiv 9, 21 \ (\mathrm{mod}\ 40) \text{ 时}, \\ 5 \mid b, & \text{当 } p \equiv 1, 29 \ (\mathrm{mod}\ 40) \text{ 时}. \end{cases}$$

定理 19.21 (孙智宏猜想 [8], Beli 证明 [4])   设 p 为素数, $p \equiv 3, 7 \pmod{20}$, 从而 $2p = x^2 + 5y^2 (x, y \in \mathbb{Z})$, 则

$$F_{\frac{p+1}{4}} \equiv \begin{cases} 2(-1)^{[\frac{p-5}{10}]} \cdot 10^{\frac{p-3}{4}} \ (\mathrm{mod}\ p), & \text{若 } y \equiv \pm\frac{p-1}{2} \ (\mathrm{mod}\ 8), \\ -2(-1)^{[\frac{p-5}{10}]} \cdot 10^{\frac{p-3}{4}} \ (\mathrm{mod}\ p), & \text{若 } y \not\equiv \pm\frac{p-1}{2} \ (\mathrm{mod}\ 8). \end{cases}$$

根据定理 19.2 和定理 19.17 可证关于 Fibonacci 商的如下结果.

定理 19.22 (孙智宏 [3])   设 $p > 5$ 为素数, 则

$$\frac{F_{p-\left(\frac{p}{5}\right)}}{p} \equiv \frac{2}{5} \sum_{\frac{p}{5} < k < \frac{p}{3}} \frac{(-1)^k}{k} \equiv \frac{2}{5} \sum_{\frac{p}{5} < k < \frac{2p}{5}} \frac{1}{k} \equiv \frac{2}{15} \sum_{\frac{p}{10} < k < \frac{3p}{10}} \frac{1}{k} \ (\mathrm{mod}\ p).$$

关于 Fibonacci 商的其他结果, 参看 Williams 的工作 [14, 15]. 潘颢和孙智伟证明了如下有趣结果:

定理 19.23 (潘颢, 孙智伟 [6])   设 $p > 5$ 为素数, 则

$$2F_{p-\left(\frac{p}{5}\right)} \equiv 1 - \left(\frac{p}{5}\right) \sum_{k=0}^{p-1} \binom{2k}{k} (-1)^k \ (\mathrm{mod}\ p^3).$$

作为定理 19.17 的应用, 在 Wiles 解决 Fermat 大定理之前, 我们证明了如下结果:

定理 19.24 (孙智宏, 孙智伟 [11]) 设 $p > 5$ 为素数, $p^2 \nmid F_{p-\left(\frac{p}{5}\right)}$, 则 $x^p + y^p = z^p$ 没有满足 $p \nmid xyz$ 的整数解.

由此定理引出如下命名:

定义 19.3 若 p 为奇素数, 满足 $p^2 \mid F_{p-\left(\frac{p}{5}\right)}$, 则称 p 为 Wall-Sun-Sun 素数.

从直观上看, Wall-Sun-Sun 素数应该有无穷多个, 但到现在一个没找到. 通过编程计算, 目前已知 $1.84 \cdot 10^{19}$ 以下没有 Wall-Sun-Sun 素数.

19.6 $T^n_{r(12)}$ 公式

引理 19.1 设 $m \in \mathbb{Z}^+$, 对整数 k 及非负整数 n, 令 $S_k(n) = mT^n_{[\frac{n}{2}]+k(m)} - 2^n$, 则 $n \in \mathbb{Z}^+$ 时有

$$S_k(n) = \begin{cases} S_k(n-1) + S_{k+1}(n-1), & \text{当 } 2 \mid n \text{ 时,} \\ S_k(n-1) + S_{k-1}(n-1), & \text{当 } 2 \nmid n \text{ 时.} \end{cases}$$

证 当 $2 \mid n$ 时, 由定理 19.1 知

$$S_k(n) = mT^n_{\frac{n}{2}+k(m)} - 2^n = m\left(T^{n-1}_{\frac{n}{2}+k(m)} + T^{n-1}_{\frac{n}{2}+k-1(m)}\right) - 2^n$$
$$= m\left(T^{n-1}_{\frac{n-2}{2}+k+1(m)} + T^{n-1}_{\frac{n-2}{2}+k(m)}\right) - 2^n = S_{k+1}(n-1) + S_k(n-1),$$

当 $2 \nmid n$ 时由定理 19.1 知

$$S_k(n) = mT^n_{\frac{n-1}{2}+k(m)} - 2^n = m\left(T^{n-1}_{\frac{n-1}{2}+k(m)} + T^{n-1}_{\frac{n-1}{2}+k-1(m)}\right) - 2^n$$
$$= S_k(n-1) + S_{k-1}(n-1).$$

于是引理得证.

前面已经给出 $T^n_{r(m)}$ 在 $m = 3, 4, 5, 6, 8, 9, 10$ 时的公式, 这些公式也可应用引理 19.1 直接证明. 在定理 19.5(ii) 中取 $m = 12$ 计算可得 $T^n_{r(12)}$ 的公式. $T^n_{r(12)}$ 的公式是孙智伟首先给出的, 我们利用引理 19.1 给出简单的归纳证明.

定理 19.25 (孙智伟 [13]) 设 $n \in \mathbb{Z}^+$, $V_m = V_m(4,1)(m \geqslant 0)$, 对 $k \in \mathbb{Z}$ 令 $S_k(n) = 12T^n_{[\frac{n}{2}]+k(12)} - 2^n$, 则当 n 为偶数时

$$S_k(n) = S_{-k}(n) = \begin{cases} 2\left(1 + 3^{\frac{n}{2}} + 2^{\frac{n}{2}} + V_{\frac{n}{2}}\right), & \text{若 } k = 0, \\ -1 + 3^{\frac{n}{2}} + 2V_{\frac{n}{2}} - V_{\frac{n}{2}-1}, & \text{若 } k = 1, \\ -1 - 3^{\frac{n}{2}} - 2^{\frac{n}{2}+1} + V_{\frac{n}{2}}, & \text{若 } k = 2, \\ 2\left(1 - 3^{\frac{n}{2}}\right), & \text{若 } k = 3, \\ -1 - 3^{\frac{n}{2}} + 2^{\frac{n}{2}+1} - V_{\frac{n}{2}}, & \text{若 } k = 4, \\ -1 + 3^{\frac{n}{2}} - 2V_{\frac{n}{2}} + V_{\frac{n}{2}-1}, & \text{若 } k = 5, \\ 2\left(1 + 3^{\frac{n}{2}} - 2^{\frac{n}{2}} - V_{\frac{n}{2}}\right), & \text{若 } k = 6, \end{cases}$$

当 n 为奇数时

$$S_k(n) = S_{1-k}(n) = \begin{cases} 1 + 3^{\frac{n+1}{2}} + 2^{\frac{n+1}{2}} + V_{\frac{n+1}{2}}, & \text{若 } k = 0, \\ -2 - 2^{\frac{n+1}{2}} + V_{\frac{n+1}{2}} - V_{\frac{n-1}{2}}, & \text{若 } k = 2, \\ 1 - 3^{\frac{n+1}{2}} + 2^{\frac{n+1}{2}} - V_{\frac{n-1}{2}}, & \text{若 } k = 4, \\ 1 + 3^{\frac{n+1}{2}} - 2^{\frac{n+1}{2}} - V_{\frac{n+1}{2}}, & \text{若 } k = 6, \\ -2 + 2^{\frac{n+1}{2}} - V_{\frac{n+1}{2}} + V_{\frac{n-1}{2}}, & \text{若 } k = 8, \\ 1 - 3^{\frac{n+1}{2}} - 2^{\frac{n+1}{2}} + V_{\frac{n-1}{2}}, & \text{若 } k = 10. \end{cases}$$

证　由定理 19.1 知, n 为偶数时 $S_k(n) = S_{-k}(n)$, n 为奇数时 $S_k(n) = S_{1-k}(n)$. 容易验证 $n = 1, 2$ 时公式成立. 现设公式对小于 n 的自然数正确, 则由归纳假设及引理 19.1 知, 当 n 为偶数时,

$$S_0(n) = S_0(n-1) + S_1(n-1) = 2\left(1 + 3^{\frac{n}{2}} + 2^{\frac{n}{2}} + V_{\frac{n}{2}}\right),$$

$$S_1(n) = S_1(n-1) + S_2(n-1)$$
$$= 1 + 3^{\frac{n}{2}} + 2^{\frac{n}{2}} + V_{\frac{n}{2}} - 2 - 2^{\frac{n}{2}} + V_{\frac{n}{2}} - V_{\frac{n}{2}-1} = -1 + 3^{\frac{n}{2}} + 2V_{\frac{n}{2}} - V_{\frac{n}{2}-1},$$

$$S_2(n) = S_2(n-1) + S_3(n-1)$$
$$= -2 - 2^{\frac{n}{2}} + V_{\frac{n}{2}} - V_{\frac{n}{2}-1} + 1 - 3^{\frac{n}{2}} - 2^{\frac{n}{2}} + V_{\frac{n}{2}-1}$$
$$= -1 - 3^{\frac{n}{2}} - 2^{\frac{n}{2}+1} + V_{\frac{n}{2}},$$

$$S_3(n) = S_3(n-1) + S_4(n-1)$$
$$= 1 - 3^{\frac{n}{2}} - 2^{\frac{n}{2}} + V_{\frac{n}{2}-1} + 1 - 3^{\frac{n}{2}} + 2^{\frac{n}{2}} - V_{\frac{n}{2}-1} = 2\left(1 - 3^{\frac{n}{2}}\right),$$

$$S_4(n) = S_4(n-1) + S_5(n-1)$$
$$= 1 - 3^{\frac{n}{2}} + 2^{\frac{n}{2}} - V_{\frac{n}{2}-1} - 2 + 2^{\frac{n}{2}} - V_{\frac{n}{2}} + V_{\frac{n}{2}-1} = -1 - 3^{\frac{n}{2}} + 2^{\frac{n}{2}+1} - V_{\frac{n}{2}},$$

$$S_5(n) = S_5(n-1) + S_6(n-1)$$

$$= -2 + 2^{\frac{n}{2}} - V_{\frac{n}{2}} + V_{\frac{n}{2}-1} + 1 + 3^{\frac{n}{2}} - 2^{\frac{n}{2}} - V_{\frac{n}{2}} = -1 + 3^{\frac{n}{2}} - 2V_{\frac{n}{2}} + V_{\frac{n}{2}-1},$$

$$S_6(n) = S_6(n-1) + S_7(n-1) = 2\big(1 + 3^{\frac{n}{2}} - 2^{\frac{n}{2}} - V_{\frac{n}{2}}\big);$$

当 n 为奇数时,

$$S_0(n) = S_1(n) = S_1(n-1) + S_0(n-1)$$

$$= -1 + 3^{\frac{n-1}{2}} + 2V_{\frac{n-1}{2}} - V_{\frac{n-1}{2}-1} + 2\big(1 + 3^{\frac{n-1}{2}} + 2^{\frac{n-1}{2}} + V_{\frac{n-1}{2}}\big)$$

$$= 1 + 3^{\frac{n+1}{2}} + 2^{\frac{n+1}{2}} + V_{\frac{n+1}{2}},$$

$$S_2(n) = S_{11}(n) = S_2(n-1) + S_1(n-1)$$

$$= -1 - 3^{\frac{n-1}{2}} - 2^{\frac{n-1}{2}+1} + V_{\frac{n-1}{2}} - 1 + 3^{\frac{n-1}{2}} + 2V_{\frac{n-1}{2}} - V_{\frac{n-1}{2}-1}$$

$$= -2 - 2^{\frac{n+1}{2}} + V_{\frac{n+1}{2}} - V_{\frac{n-1}{2}},$$

$$S_3(n) = S_{10}(n) = S_3(n-1) + S_2(n-1)$$

$$= 2\big(1 - 3^{\frac{n-1}{2}}\big) - 1 - 3^{\frac{n-1}{2}} - 2^{\frac{n-1}{2}+1} + V_{\frac{n-1}{2}}$$

$$= 1 - 3^{\frac{n+1}{2}} - 2^{\frac{n+1}{2}} + V_{\frac{n-1}{2}},$$

$$S_4(n) = S_9(n) = S_4(n-1) + S_3(n-1)$$

$$= -1 - 3^{\frac{n-1}{2}} + 2^{\frac{n-1}{2}+1} - V_{\frac{n-1}{2}} + 2\big(1 - 3^{\frac{n-1}{2}}\big)$$

$$= 1 - 3^{\frac{n+1}{2}} + 2^{\frac{n+1}{2}} - V_{\frac{n-1}{2}},$$

$$S_5(n) = S_8(n) = S_5(n-1) + S_4(n-1)$$

$$= -1 + 3^{\frac{n-1}{2}} - 2V_{\frac{n-1}{2}} + V_{\frac{n-1}{2}-1} - 1 - 3^{\frac{n-1}{2}} + 2^{\frac{n-1}{2}+1} - V_{\frac{n-1}{2}}$$

$$= -2 + 2^{\frac{n+1}{2}} - V_{\frac{n+1}{2}} + V_{\frac{n-1}{2}},$$

$$S_6(n) = S_7(n) = S_6(n-1) + S_5(n-1)$$

$$= 2\big(1 + 3^{\frac{n-1}{2}} - 2^{\frac{n-1}{2}} - V_{\frac{n-1}{2}}\big) - 1 + 3^{\frac{n-1}{2}} - 2V_{\frac{n-1}{2}} + V_{\frac{n-1}{2}-1}$$

$$= 1 + 3^{\frac{n+1}{2}} - 2^{\frac{n+1}{2}} - V_{\frac{n+1}{2}}.$$

这表明公式对 n 正确. 于是由数学归纳法定理得证.

19.7　与 $T_{r(m)}^n$ 有关的同余式

当 p 为奇素数时组合和 $T_{r(m)}^p$ 与 Bernoulli 多项式及 Euler 多项式模 p 有关联. 以 $\{x\}$ 表示 x 的小数部分, 即 $\{x\} = x - [x]$, 则有

定理 19.26 (孙智宏 [9])　设 $m, n \in \mathbb{Z}^+$, p 为奇素数, $p \nmid m$, 则

(i) 当 $2 \mid m$ 时

$$B_{p-1}\left(\left\{\frac{np}{m}\right\}\right) - B_{p-1} \equiv \frac{m}{p} \sum_{s=1}^{n} (-1)^{s-1} \sum_{\substack{k=1 \\ k \equiv sp \,(\mathrm{mod}\ m)}}^{p-1} \binom{p}{k} \pmod{p};$$

(ii) 当 $2 \nmid m$ 时

$$(-1)^{\left[\frac{np}{m}\right]} E_{p-2}\left(\left\{\frac{np}{m}\right\}\right) + \frac{2^p - 2}{p} \equiv \frac{2m}{p} \sum_{s=1}^{n} (-1)^{s-1} \sum_{\substack{k=1 \\ k \equiv sp \,(\mathrm{mod}\ m)}}^{p-1} \binom{p}{k} \pmod{p}.$$

对奇素数 p, 关于 $B_{p-1}\left(\dfrac{n}{m}\right) - B_{p-1}$ 模 p 同余式, 读者可参考 Granville 和孙智伟的论文 [5].

设 p 为奇素数, $m \in \mathbb{Z}$, $p \nmid m(m-1)$, 根据定理 18.15 知 $p \mid U_{p-\left(\frac{m}{p}\right)}(2, 1-m)$.

定理 19.27 (孙智宏 [7])　设 p 为奇素数, $m \in \mathbb{Z}$, $p \nmid m(m-1)$, $q_p(a) = (a^{p-1}-1)/p$, 则

$$\frac{U_{p-\left(\frac{m}{p}\right)}(2, 1-m)}{p}$$

$$\equiv \frac{(m-2)\left(\dfrac{m}{p}\right) - m}{4m} \left(\sum_{k=1}^{(p-1)/2} \frac{m^k}{k} + q_p(m-1) \right)$$

$$\equiv \frac{(m-2)\left(\dfrac{m}{p}\right) - m}{4} \left(\sum_{k=1}^{(p-1)/2} \frac{1}{k \cdot m^k} + q_p(m-1) - q_p(m) \right) \pmod{p}.$$

在定理 19.27 中取 $m = 2, 3, 5$ 可得如下推论:

推论 19.6　设 $p > 5$ 为素数, 则

$$\sum_{k=1}^{\frac{p-1}{2}} \frac{2^k}{k} \equiv -4 \frac{P_{p-\left(\frac{2}{p}\right)}}{p} \pmod{p}, \quad \sum_{k=1}^{\frac{p-1}{2}} \frac{1}{k \cdot 2^k} \equiv -2 \frac{P_{p-\left(\frac{2}{p}\right)}}{p} + q_p(2) \pmod{p},$$

$$\sum_{k=1}^{\frac{p-1}{2}} \frac{3^k}{k} \equiv -3\left(\frac{3}{p}\right) \frac{U_{p-\left(\frac{3}{p}\right)}(4,1)}{p} - q_p(2) \pmod{p},$$

$$\sum_{k=1}^{(p-1)/2} \frac{1}{k \cdot 3^k} \equiv -\left(\frac{3}{p}\right) \frac{U_{p-\left(\frac{3}{p}\right)}(4,1)}{p} - q_p(2) + q_p(3) \pmod{p},$$

$$\sum_{k=1}^{(p-1)/2} \frac{5^k}{k} \equiv -5 \frac{F_{p-\left(\frac{5}{p}\right)}}{p} - 2q_p(2) \pmod{p},$$

$$\sum_{k=1}^{(p-1)/2} \frac{1}{k \cdot 5^k} \equiv -\frac{F_{p-\left(\frac{5}{p}\right)}}{p} + q_p(5) - 2q_p(2) \pmod{p}.$$

利用推论 19.6 与 $T^p_{r(m)}$ 在 $m = 8, 10, 12$ 时公式, 可以证明下面一些有趣同余式.

定理 19.28 设 $p > 5$ 为素数, 则

$$\sum_{1 \leqslant k < \frac{p}{2}} \frac{2^k}{k} \equiv 4(-1)^{\frac{p-1}{2}} \sum_{1 \leqslant k \leqslant \frac{p+1}{4}} \frac{(-1)^{k-1}}{2k-1} \pmod{p}, \tag{19.13}$$

$$\sum_{1 \leqslant k < \frac{p}{2}} \frac{2^k}{k} \equiv 2 \sum_{\frac{p}{4} < k < \frac{p}{2}} \frac{(-1)^{k-1}}{k} \equiv -\sum_{\frac{p}{8} < k < \frac{3p}{8}} \frac{1}{k} \pmod{p}, \tag{19.14}$$

$$\sum_{1 \leqslant k < \frac{p}{2}} \frac{1}{k \cdot 2^k} \equiv -4 \sum_{\frac{1}{2}(1+(-1)^{\frac{p-1}{2}}) \leqslant k < \frac{p}{8}} \frac{1}{4k - (-1)^{\frac{p-1}{2}}} \pmod{p}, \tag{19.15}$$

$$\sum_{1 \leqslant k < \frac{p}{2}} \frac{1}{k \cdot 2^k} \equiv \sum_{1 \leqslant k < \frac{3p}{4}} \frac{(-1)^{k-1}}{k} \pmod{p}, \tag{19.16}$$

$$\sum_{1 \leqslant k < \frac{p}{2}} \frac{1}{k \cdot 2^k} \equiv -\sum_{\frac{p}{4} < k < \frac{3p}{8}} \frac{1}{k} \pmod{p}, \tag{19.17}$$

$$\sum_{1 \leqslant k < \frac{p}{2}} \frac{3^k}{k} \equiv \sum_{1 \leqslant k < \frac{p}{6}} \frac{(-1)^k}{k} \pmod{p}, \tag{19.18}$$

$$\sum_{1 \leqslant k < \frac{p}{2}} \frac{3^k}{k} \equiv -\sum_{\frac{p}{12} < k < \frac{p}{6}} \frac{1}{k} \pmod{p}, \tag{19.19}$$

$$\sum_{1 \leqslant k < \frac{p}{2}} \frac{5^k}{k} \equiv 2 \sum_{\frac{p}{5} < k < \frac{p}{2}} \frac{(-1)^{k-1}}{k} \pmod{p}. \tag{19.20}$$

(19.13) 和 (19.15) 见 [2], (19.14), (19.17), (19.19) 和 (19.20) 见 [7], (19.16) 见 [12], (19.18) 见 [13]. 值得指出的是, (19.16) 是推动 $T^n_{r(m)}$ 研究的主要动力, 它

由作者在 1988 年 7 月 2 日猜想. 为了解决此猜想, 1988 年 7 月 22 日作者猜出 $T^n_{r(8)}$ 公式, 而后证明 $T^n_{r(8)}$ 公式和 (19.16) 对 $p \equiv 1 \pmod 8$ 成立. 接着孙智伟在作者工作基础上彻底解决 (19.16).

参 考 读 物

[1] 孙智宏. 组合和 $\displaystyle\sum_{\substack{k=0\\k\equiv r\ (\mathrm{mod}\ m)}}^{n}\binom{n}{k}$ 及其数论应用 (I). 南京大学学报数学半年刊, 1992, 9: 227-240.

[2] 孙智宏, 组合和 $\displaystyle\sum_{\substack{k=0\\k\equiv r\ (\mathrm{mod}\ m)}}^{n}\binom{n}{k}$ 及其数论应用 (II). 南京大学学报数学半年刊, 1993, 10: 105-118.

[3] 孙智宏, 组合和 $\displaystyle\sum_{k\equiv r\ (\mathrm{mod}\ m)}\binom{n}{k}$ 及其数论应用 (III). 南京大学学报数学半年刊, 1995, 12: 90-102.

[4] Beli C N. Two conjectures by Zhi-Hong Sun. Acta Arith., 2009, 137: 99-131.

[5] Granville A, Sun Z W. Values of Bernoulli polynomials. Pacific J. Math., 1996, 172: 117-137.

[6] Pan H, Sun Z W. Proof of three conjectures on congruences. Sci. China Math., 2014, 57: 2091-2102.

[7] Sun Z H. Five congruences for primes. Fibonacci Quart., 2002, 40: 345-351.

[8] Sun Z H. Values of Lucas sequences modulo primes. Rocky Mountain J. Math., 2003, 33: 1123-1145.

[9] Sun Z H. Congruences involving Bernoulli polynomials. Discrete Math., 2008, 308: 71-112.

[10] Sun Z H. Quartic, octic residues and Lucas sequences. J. Number Theory, 2009, 129: 499-550.

[11] Sun Z H, Sun Z W. Fibonacci numbers and Fermat's last theorem. Acta Arith., 1992, 60: 371-388.

[12] Sun Z W. A congruence for primes. Proc. Amer. Math. Soc., 1995, 123: 1341-1346.

[13] Sun Z W. On the sum $\displaystyle\sum_{k\equiv r\ (\mathrm{mod}\ m)}\binom{n}{k}$ and related congruences. Israel J. Math., 2002, 128: 135-156.

[14] Williams H C. A note on the Fibonacci quotient $F_{p-\varepsilon}/p$. Canad. Math. Bull., 1982, 25: 366-370.

[15] Williams H C. Some formulas concerning the fundamental unit of a real quadratic field. Discrete Math., 1991, 92: 431-440.

第 20 讲　不变序列与反不变序列

Hilbert(希尔伯特): 在解决一个数学问题时, 如果我们没有获得成功, 原因常常在于我们没有认识到更一般的观点, 即眼下要解决的问题不过是一连串有关问题中的一个环节. 采取这样的观点后, 不仅所研究的问题会容易解决, 同时还会获得一种能应用于有关问题的普遍方法.

本讲介绍在推广的二项式反演变换下变到自身或其相反数的所谓不变序列与反不变序列性质, 其结果基于孙智宏发表的两篇相关论文以及没有发表的相关工作.

20.1　不变序列例子与转换关系

在第 4 讲中我们证明了如下二项式反演公式:

$$a_n = \sum_{k=0}^{n} \binom{n}{k} (-1)^k b_k \quad (n = 0, 1, 2, \cdots),$$

$$\Longleftrightarrow b_n = \sum_{k=0}^{n} \binom{n}{k} (-1)^k a_k \quad (n = 0, 1, 2, \cdots).$$

设 x, y 为实数, n 为非负整数, 则有如下 Chu-Vandermonde 恒等式 (定理 4.7):

$$\sum_{k=0}^{n} \binom{x}{k} \binom{y}{n-k} = \binom{x+y}{n}. \tag{20.1}$$

现在给出二项式反演公式的如下推广:

定理 20.1　设 m 为实数, 则

$$a_n = \sum_{k=0}^{n} \binom{n-m}{k} (-1)^{n-k} b_{n-k} \quad (n = 0, 1, 2, \cdots)$$

$$\Longleftrightarrow b_n = \sum_{k=0}^{n} \binom{n-m}{k} (-1)^{n-k} a_{n-k} \quad (n = 0, 1, 2, \cdots).$$

证　设 $\alpha_n = \sum_{k=0}^{n} \binom{n-m}{k} (-1)^{n-k} \beta_{n-k} (n = 0, 1, 2, \cdots)$, 则由 (20.1) 知

$$\sum_{k=0}^{n}\binom{n-m}{k}(-1)^{n-k}\alpha_{n-k}$$

$$=\sum_{k=0}^{n}\binom{n-m}{k}(-1)^{n-k}\sum_{j=0}^{n-k}\binom{n-k-m}{j}(-1)^{n-k-j}\beta_{n-k-j}$$

$$=\sum_{s=0}^{n}\binom{n-m}{n-s}(-1)^{s}\sum_{j=0}^{s}\binom{s-m}{j}(-1)^{s-j}\beta_{s-j}$$

$$=\sum_{s=0}^{n}\binom{n-m}{n-s}\sum_{r=0}^{s}\binom{m-r-1}{s-r}\beta_{r}$$

$$=\sum_{r=0}^{n}\sum_{s=r}^{n}\binom{n-m}{n-s}\binom{m-r-1}{s-r}\beta_{r}=\sum_{r=0}^{n}\binom{n-r-1}{n-r}\beta_{r}$$

$$=\beta_{n}\quad(n=0,1,2,\cdots).$$

于是定理得证.

定义 20.1 设 m 为非负整数, 若数列 $\{a_n\}$ 满足

$$\sum_{k=0}^{n}\binom{n-m}{k}(-1)^{n-k}a_{n-k}=a_n\quad(n=0,1,2,\cdots),$$

则称 $\{a_n\}$ 是 m 阶不变序列, 记为 $a_n\in I_m$; 若 $\{a_n\}$ 满足

$$\sum_{k=0}^{n}\binom{n-m}{k}(-1)^{n-k}a_{n-k}=-a_n\quad(n=0,1,2,\cdots),$$

则称 $\{a_n\}$ 是 m 阶反不变序列, 记为 $a_n\in I'_m$. 0 阶不变序列简称为不变序列, 0 阶反不变序列简称为反不变序列.

本讲关于不变序列与反不变序列的结果, 源于孙智宏的论文 [2,4]; 关于 m 阶不变序列与 m 阶反不变序列的结果, 源于作者没有发表的工作.

由定义 20.1 知

$$a_n\in I_0\iff\sum_{k=0}^{n}\binom{n}{k}(-1)^{k}a_k=a_n\quad(n=0,1,2,\cdots),$$

$$a_n\in I'_0\iff\sum_{k=0}^{n}\binom{n}{k}(-1)^{k}a_k=-a_n\quad(n=0,1,2,\cdots).$$

例 20.1 $(-1)^{n+1}\dbinom{m}{n+1}\in I_m.$

证 由 (20.1) 知

$$\sum_{k=0}^{n} \binom{n-m}{k} (-1)^{n-k} \cdot (-1)^{n-k+1} \binom{m}{n-k+1}$$

$$= \binom{n-m}{n+1} - \sum_{k=0}^{n+1} \binom{n-m}{k} \binom{m}{n+1-k}$$

$$= \binom{n-m}{n+1} - \binom{n}{n+1} = (-1)^{n+1} \binom{m}{n+1}.$$

例 20.2 当 x 为实数时, $(-1)^n \left(\binom{x}{n} + \binom{m-1-x}{n} \right) \in I_m$, 从而取 $x = 0, -1, \dfrac{m-1}{2}$ 知

$$\binom{0}{n} + (-1)^n \binom{m-1}{n}, \ 1 + (-1)^n \binom{m}{n}, \ (-1)^n \binom{(m-1)/2}{n} \in I_m.$$

证 根据 (20.1) 有

$$\sum_{k=0}^{n} \binom{n-m}{k} (-1)^{n-k} \cdot (-1)^{n-k} \left(\binom{x}{n-k} + \binom{m-1-x}{n-k} \right)$$

$$= \binom{n-m+x}{n} + \binom{n-1-x}{n} = (-1)^n \binom{m-1-x}{n} + (-1)^n \binom{x}{n}.$$

例 20.3 若 $a_n = (-1)^n \displaystyle\int_0^{m-1} \binom{x}{n} dx$, 则 $a_n \in I_m$.

证 注意到

$$2a_n = (-1)^n \int_0^{m-1} \left(\binom{x}{n} + \binom{m-1-x}{n} \right) dx,$$

应用例 20.2 即得.

例 20.4 $\dfrac{1}{2^n} \in I_0$.

例 20.5 设 $A_0 = A_1 = 0$, $A_n = n$ $(n \geqslant 2)$, 则 $A_n \in I_0$.

证 当 $n \geqslant 2$ 时有

$$\sum_{k=0}^{n} \binom{n}{k} (-1)^k A_k = \sum_{k=2}^{n} \frac{n}{k} \binom{n-1}{k-1} (-1)^k k$$

$$= n\left(1 - \sum_{r=0}^{n-1}\binom{n-1}{r}(-1)^r\right) = n = A_n.$$

这对 $n = 0,1$ 也成立, 故 $A_n \in I_0$.

例 20.6　设 x 不是非负整数, 则 $\binom{x/2}{n}\Big/\binom{x}{n} \in I_0$, 从而 $\binom{2n}{n}\Big/4^n \in I_0$.

证　由 (20.1) 有

$$\sum_{k=0}^{n}\binom{n}{k}(-1)^k\frac{\binom{x/2}{k}}{\binom{x}{k}} = \frac{1}{\binom{x}{n}}\sum_{k=0}^{n}\binom{x}{n}\binom{n}{k}(-1)^k\frac{\binom{x/2}{k}}{\binom{x}{k}}$$

$$= \frac{1}{\binom{x}{n}}\sum_{k=0}^{n}\binom{x}{k}\binom{x-k}{n-k}(-1)^k\frac{\binom{x/2}{k}}{\binom{x}{k}} = \frac{(-1)^n}{\binom{x}{n}}\sum_{k=0}^{n}\binom{n-1-x}{n-k}\binom{x/2}{k}$$

$$= \frac{(-1)^n}{\binom{x}{n}}\binom{n-1-x/2}{n} = \frac{\binom{x/2}{n}}{\binom{x}{n}},$$

故 $\binom{x/2}{n}\Big/\binom{x}{n} \in I_0$. 取 $x = -1$ 并应用 (4.5) 即知 $\binom{2n}{n}\Big/4^n \in I_0$.

例 20.7　设 $m \in \mathbb{Z}^+$, 则 $\dfrac{1}{\binom{n+2m-1}{m}} \in I_0$.

证　由于

$$\frac{\binom{-m}{n}}{\binom{-2m}{n}} = \frac{(m+n-1)!}{(m-1)!}\cdot\frac{(2m-1)!}{(2m+n-1)!} = \frac{\binom{2m-1}{m}}{\binom{n+2m-1}{m}},$$

在例 20.6 中取 $x = -2m$ 即得.

例 20.8　设 $b \neq 0$, $U_n(b,c), V_n(b,c)$ 为 Lucas 序列, 则

$$\frac{U_n(b,c)}{b^n} \in I_0',\quad \frac{V_n(b,c)}{b^n} \in I_0,\quad \text{从而}\quad \frac{T_n(x)}{(2x)^n} \in I_0,\quad \frac{U_{n-1}(x)}{(2x)^n} \in I_0',$$

其中 $T_n(x)$ 与 $U_n(x)$ 分别为第一类与第二类 Chebyshev 多项式.

证 由定理 18.10, (18.3) 和二项式定理验证可知.

例 20.9 设 $\{B_n\}$ 为 Bernoulli 数, 即 $B_0 = 1$, $\sum_{k=0}^{n-1} \binom{n}{k} B_k = 0$ $(n \geqslant 2)$, 则 $(-1)^n B_n \in I_0$, $(-1)^n(2^n - 1)B_n \in I_0'$.

证 因 $B_1 = -\dfrac{1}{2}$, $m \in \mathbb{Z}^+$ 时 $B_{2m+1} = 0$, 故

$$\sum_{k=0}^{n} \binom{n}{k} (-1)^k \cdot (-1)^k B_k = B_n + \sum_{k=0}^{n-1} \binom{n}{k} B_k = (-1)^n B_n,$$

$$\sum_{k=0}^{n} \binom{n}{k} (-1)^k \cdot (-1)^k (2^k - 1)B_k$$

$$= 2^n \sum_{k=0}^{n} \binom{n}{k} \left(\frac{1}{2}\right)^{n-k} B_k - \sum_{k=0}^{n} \binom{n}{k} B_k = 2^n B_n \left(\frac{1}{2}\right) - (-1)^n B_n.$$

由定理 17.7(i) 知, n 为奇数时 $B_n\left(\dfrac{1}{2}\right) = 0$. 根据推论 17.4, n 为偶数时 $B_n\left(\dfrac{1}{2}\right) = (2^{1-n} - 1)B_n$. 于是由上推出 $(-1)^n B_n \in I_0$, $(-1)^n(2^n - 1)B_n \in I_0'$.

例 20.10 设 $\{E_n\}$ 与 $\{E_n(x)\}$ 分别为 Euler 数与 Euler 多项式, 则 $\dfrac{1}{2}(1 + (-1)^n)E_n(x) - x^n \in I_0'$, 从而 $\dfrac{E_n - 1}{2^n} \in I_0'$.

证 由定理 17.29 知

$$\frac{1 + (-1)^n}{2} E_n(x) - x^n = \frac{(-1)^n E_n(x) - E_n(x+1)}{2}$$

$$= \frac{(-1)^n E_n(x) - \sum_{k=0}^{n} \binom{n}{k} (-1)^k \cdot (-1)^k E_k(x)}{2},$$

故由二项式反演公式知 $\dfrac{1}{2}(1 + (-1)^n)E_n(x) - x^n \in I_0'$. 取 $x = \dfrac{1}{2}$, 注意到 $E_n\left(\dfrac{1}{2}\right) = \dfrac{E_n}{2^n}$ 及 n 为奇数时 $E_n = 0$ 即得 $\dfrac{E_n - 1}{2^n} \in I_0'$.

例 20.11 对给定数列 $\{c_n\}$, 令

$$a_n = c_n + \sum_{k=0}^{n} \binom{n}{k} (-1)^k c_k, \quad b_n = c_n - \sum_{k=0}^{n} \binom{n}{k} (-1)^k c_k \quad (n \geqslant 0),$$

则 $a_n \in I_0$, $b_n \in I_0'$.

证 由二项式反演公式立知.

例 20.12 设 H_n 为调和数, 即 $H_{-1} = H_0 = 0$, $H_n = 1 + \dfrac{1}{2} + \cdots + \dfrac{1}{n}$ $(n \geqslant 1)$, 则 $H_{n-1} \in I_0$, $\dfrac{H_n}{n+1} \in I_0'$.

证 对正整数 n 有 $H_{n-1} = H_n - \dfrac{1}{n}$ 及

$$\sum_{k=0}^{n} \binom{n}{k} (-1)^k H_k$$

$$= \sum_{k=0}^{n-1} \binom{n-1}{k} (-1)^k H_k + \sum_{k=1}^{n} \binom{n-1}{k-1} (-1)^k H_k$$

$$= \sum_{r=0}^{n-1} \binom{n-1}{r} (-1)^r H_r - \sum_{r=0}^{n-1} \binom{n-1}{r} (-1)^r H_{r+1}$$

$$= \sum_{r=0}^{n-1} \binom{n-1}{r} (-1)^r H_r - \sum_{r=0}^{n-1} \binom{n-1}{r} (-1)^r \left(H_r + \frac{1}{r+1} \right)$$

$$= \sum_{r=0}^{n-1} \binom{n-1}{r} (-1)^{r+1} \frac{1}{r+1} = \frac{1}{n} \sum_{r=0}^{n-1} \binom{n}{r+1} (-1)^{r+1}$$

$$= \frac{1}{n} \left((1-1)^n - 1 \right) = -\frac{1}{n},$$

故由二项式反演公式知 $H_{n-1} \in I_0$. 又 $n \in \mathbb{Z}^+$ 时

$$\sum_{k=0}^{n} \binom{n}{k} (-1)^k \frac{H_k}{k+1} = \frac{1}{n+1} \sum_{k=0}^{n} \binom{n+1}{k+1} (-1)^k H_k$$

$$= -\frac{1}{n+1} \sum_{r=0}^{n+1} \binom{n+1}{r} (-1)^r H_{r-1} = -\frac{1}{n+1} H_n,$$

故 $\dfrac{H_n}{n+1} \in I_0'$.

例 20.13 对给定数列 $\{c_n\}$, 令

$$a_n = \frac{1}{2^n} \sum_{k=0}^{[n/2]} \binom{n}{2k} c_k, \quad b_n = \frac{1}{2^n} \sum_{k=0}^{[(n-1)/2]} \binom{n}{2k+1} c_k \quad (n \geqslant 0),$$

则 $a_n \in I_0$, $b_n \in I_0'$.

证 当 $0 \leqslant s \leqslant k \leqslant n$ 时 $\binom{n}{k} \binom{k}{s} = \binom{n}{s} \binom{n-s}{k-s}$, 故

$$\sum_{k=0}^{n} \binom{n}{k}(-1)^k a_k$$

$$= \sum_{k=0}^{n} \binom{n}{k}\left(-\frac{1}{2}\right)^k \sum_{r=0}^{[k/2]} \binom{k}{2r} c_r$$

$$= \sum_{k=0}^{n} \left(-\frac{1}{2}\right)^k \sum_{r=0}^{[k/2]} \binom{n}{2r}\binom{n-2r}{k-2r} c_r$$

$$= \sum_{r=0}^{[n/2]} \binom{n}{2r} c_r \left(\frac{1}{2}\right)^{2r} \sum_{k=2r}^{n} \binom{n-2r}{k-2r}\left(-\frac{1}{2}\right)^{k-2r}$$

$$= \sum_{r=0}^{[n/2]} \binom{n}{2r} c_r \left(\frac{1}{2}\right)^{2r}\left(1-\frac{1}{2}\right)^{n-2r} = a_n \quad (n \geqslant 0),$$

$$\sum_{k=0}^{n} \binom{n}{k}(-1)^k b_k$$

$$= \sum_{k=0}^{n} \binom{n}{k}\left(-\frac{1}{2}\right)^k \sum_{r=0}^{[(k-1)/2]} \binom{k}{2r+1} c_r$$

$$= \sum_{k=0}^{n} \left(-\frac{1}{2}\right)^k \sum_{r=0}^{[(k-1)/2]} \binom{n}{2r+1}\binom{n-2r-1}{k-2r-1} c_r$$

$$= \sum_{r=0}^{[(n-1)/2]} \binom{n}{2r+1} c_r \left(-\frac{1}{2}\right)^{2r+1} \sum_{k=2r+1}^{n} \binom{n-2r-1}{k-2r-1}\left(-\frac{1}{2}\right)^{k-2r-1}$$

$$= -\sum_{r=0}^{[(n-1)/2]} \binom{n}{2r+1} c_r \left(\frac{1}{2}\right)^{2r+1}\left(1-\frac{1}{2}\right)^{n-2r-1} = -b_n \quad (n \geqslant 0).$$

定理 20.2 设 $m \in \{0,1,2,\cdots\}$, $b_0 = 0$, $b_n = (n-m)a_{n-1}(n \geqslant 1)$. 若 $a_n \in I_m$, 则 $b_n \in I'_m$; 若 $a_n \in I'_m$, 则 $b_n \in I_m$.

证 设 $a_n^* = \sum_{k=0}^{n} \binom{n-m}{k}(-1)^{n-k} a_{n-k}$, $b_n^* = \sum_{k=0}^{n} \binom{n-m}{k}(-1)^{n-k} b_{n-k}$, 则

$$b_{n+1}^* - (-1)^{n+1} b_{n+1} = \sum_{k=1}^{n} \binom{n+1-m}{k}(-1)^{n+1-k} b_{n+1-k}$$

$$= \sum_{k=1}^{n} \binom{n+1-m}{k}(-1)^{n+1-k}(n+1-k-m)a_{n-k}$$

$$= -(n+1-m) \sum_{k=1}^{n} \binom{n-m}{k} (-1)^{n-k} a_{n-k}$$

$$= -(n+1-m)(a_n^* - (-1)^n a_n) \quad (n = 0, 1, \cdots),$$

故 $b_{n+1}^* = -(n+1-m)a_n^*$ $(n \geqslant 0)$. 由此若 $a_n^* = \pm a_n$, 则有 $b_{n+1}^* = \mp b_{n+1}$. 又 $b_0^* = b_0 = 0$, 故有定理结论.

推论 20.1　设 m 为非负整数, 对给定数列 $\{a_n\}$ 及正整数 r 令

$$a_n^* = \begin{cases} \binom{n-m}{2r} a_{n-2r}, & \text{若 } n \geqslant 2r, \\ 0, & \text{若 } n < 2r. \end{cases}$$

若 $a_n \in I_m$, 则 $a_n^* \in I_m$; 若 $a_n \in I_m'$, 则 $a_n^* \in I_m'$.

证　对非负整数 n 和 $k \in \{1, 2, \cdots, r\}$, 令 $a_n^{(0)} = a_n$,

$$a_n^{(k)} = \begin{cases} (n-m)(n-m-1) \cdots (n-m+1-2k) a_{n-2k}, & \text{若 } n \geqslant 2k, \\ 0, & \text{若 } n < 2k, \end{cases}$$

$$b_0^{(k)} = 0, \quad b_n^{(k)} = (n-m) a_{n-1}^{(k-1)} \quad (n \geqslant 1),$$

则

$$a_n^{(k)} = (n-m) b_{n-1}^{(k)} = (n-m)(n-m) a_{n-2}^{(k-1)} \quad (k = 1, 2, \cdots, r).$$

根据定理 20.2,

$$a_n^{(k-1)} \in I_m \ (I_m') \Longrightarrow b_n^{(k)} \in I_m' \ (I_m) \Longrightarrow a_n^{(k)} \in I_m \ (I_m'),$$

因此,

$$a_n \in I_m \ (I_m') \Longrightarrow a_n^{(r)} \in I_m \ (I_m') \Longrightarrow a_n^* \in I_m \ (I_m').$$

这就证明了推论.

定理 20.3　设 m 为非负整数, $\{a_n\}$ 为给定数列,

(i) 若 $a_n \in I_m'$, 则 $2a_{n+1} - a_n \in I_m$;

(ii) 若 $a_n \in I_m$, 则 $2a_{n+1} - a_n + (-1)^n \binom{m}{n+1} a_0 \in I_m'$;

(iii) 若 $a_n \in I_m'$, 则 $a_{n+2} - a_{n+1} + \dfrac{a_1}{2} (-1)^n \binom{m}{n+1} \in I_m'$;

(iv) 若 $a_n \in I_m$, 则 $a_{n+2} - a_{n+1} - \dfrac{a_0}{2} (-1)^n \binom{m}{n+2} \in I_m$.

证　设 $b_n = 2a_{n+1} - a_n + (-1)^n \binom{m}{n+1} a_0$,

$$a_n^* = \sum_{k=0}^{n} \binom{n-m}{k}(-1)^{n-k}a_{n-k}, \quad b_n^* = \sum_{k=0}^{n} \binom{n-m}{k}(-1)^{n-k}b_{n-k},$$

易见

$$a_n^* - a_{n+1}^* = \sum_{r=0}^{n}\left(\binom{n-m}{r} - \binom{n-m+1}{r+1}\right)(-1)^{n-r}a_{n-r} - (-1)^{n+1}a_{n+1}$$

$$= -\sum_{r=0}^{n}\binom{n-m}{r+1}(-1)^{n-r}a_{n-r} + (-1)^n a_{n+1}$$

$$= \sum_{k=0}^{n}\binom{n-m}{k}(-1)^{n-k}a_{n-k+1} - \binom{n-m}{n+1}a_0.$$

因此, 利用 (20.1) 有

$$b_n^* = \sum_{k=0}^{n}\binom{n-m}{k}(-1)^{n-k}\left(2a_{n-k+1} - a_{n-k} + (-1)^{n-k}\binom{m}{n-k+1}a_0\right)$$

$$= 2\left(a_n^* - a_{n+1}^* + \binom{n-m}{n+1}a_0\right) - a_n^* + a_0\sum_{k=0}^{n}\binom{n-m}{k}\binom{m}{n+1-k}$$

$$= a_n^* - 2a_{n+1}^* + \binom{n-m}{n+1}a_0 = a_n^* - 2a_{n+1}^* - (-1)^n\binom{m}{n+1}a_0.$$

若 $a_n^* = a_n (n \geqslant 0)$, 则必有 $b_n^* = -b_n (n \geqslant 0)$. 若 $a_n^* = -a_n (n \geqslant 0)$, 则必有 $a_0 = 0$, 从而 $b_n^* = b_n (n \geqslant 0)$. 于是 (i) 和 (ii) 得证.

令 $c_n = 2a_{n+1} - a_n (n \geqslant 0)$, 若 $a_n \in I'_m$, 由 (i) 知 $c_n \in I_m$, 从而由 (ii) 知

$$2c_{n+1} - c_n + (-1)^n\binom{m}{n+1}c_0 = 4(a_{n+2} - a_{n+1}) + a_n + 2a_1(-1)^n\binom{m}{n+1} \in I'_m.$$

因 $a_n \in I'_m$, 故 $a_{n+2} - a_{n+1} + \dfrac{a_1}{2}(-1)^n\binom{m}{n+1} \in I'_m$. 这就证得 (iii).

最后证 (iv). 设 $a_n \in I_m$, 由 (ii) 知 $b_n \in I'_m$. 再由 (i) 知, $2b_{n+1} - b_n \in I_m$. 由于

$$2b_{n+1} - b_n = 4(a_{n+2} - a_{n+1}) + a_n - 2(-1)^n\binom{m}{n+2}a_0 - (-1)^n\binom{m}{n+1}a_0,$$

$a_n \in I_m$, $(-1)^n\binom{m}{n+1} \in I_m$ (见例 20.1), 故 $4(a_{n+2}-a_{n+1})-2(-1)^n\binom{m}{n+2}a_0 \in I_m$, 从而 (iv) 正确.

综上定理得证.

定理 20.4　设 m 为非负整数, $a_n = (-1)^n \binom{m-1}{n} A_n$ $(n \geqslant 0)$. 若 $A_n \in I_0$, 则 $a_n \in I_m$; 若 $A_n \in I_0'$, 则 $a_n \in I_m'$.

证　易见, 当 $k \in \{0, 1, \cdots, n\}$ 时有

$$\binom{n-m}{k}\binom{m-1}{n-k} = (-1)^k \binom{n}{k}\binom{m-1}{n}.$$

因此,

$$\sum_{k=0}^{n} \binom{n-m}{k}(-1)^{n-k} a_{n-k} = \binom{m-1}{n} \sum_{k=0}^{n} \binom{n}{k}(-1)^k A_{n-k}$$

$$= (-1)^n \binom{m-1}{n} \sum_{k=0}^{n} \binom{n}{k}(-1)^k A_k. \quad (20.2)$$

由此定理得证.

定理 20.5　设 $\{a_n\}$ 为给定数列,

(i) 若 $a_n \in I_0$, 则 $\dfrac{a_{n+1} - a_0/2}{n+1} \in I_0'$;

(ii) 若 $a_n \in I_0'$, 则 $\dfrac{a_{n+1}}{n+1} \in I_0$.

证　设 $\sum_{k=0}^{n} \binom{n}{k}(-1)^k a_k = \pm a_n$ $(n = 0, 1, 2, \cdots)$, 则

$$\sum_{k=0}^{n} \binom{n}{k}(-1)^k \frac{a_{k+1} - a_0/2}{k+1}$$

$$= -\frac{1}{n+1} \sum_{k=0}^{n} \binom{n+1}{k+1}(-1)^{k+1}(a_{k+1} - a_0/2)$$

$$= -\frac{1}{n+1} \left(\sum_{r=0}^{n+1} \binom{n+1}{r}(-1)^r (a_r - a_0/2) - (a_0 - a_0/2) \right)$$

$$= -\frac{1}{n+1} \left(\pm a_{n+1} - a_0/2 \right) = \mp \frac{a_{n+1} \mp a_0/2}{n+1} \quad (n = 0, 1, 2, \cdots).$$

因此 $a_n \in I_0$ 时, $\dfrac{a_{n+1} - a_0/2}{n+1} \in I_0'$. 若 $a_n \in I_0'$, 则 $a_0 = -a_0$, 从而 $a_0 = 0$. 由上知 $\dfrac{a_{n+1}}{n+1} \in I_0$. 于是定理得证.

定理 20.6　设 m 为非负整数, 则

$$\sum_{k=0}^{n}\binom{n-m}{k}(-1)^{n-k}a_{n-k} = \pm a_n \quad (n = 0, 1, 2, \cdots)$$

当且仅当

$$\sum_{k=0}^{n}\binom{n}{k}\frac{a_k}{\binom{m-1}{k}} = \pm(-1)^n\frac{a_n}{\binom{m-1}{n}} \quad (n = 0, 1, \cdots, m-1)$$

且

$$\sum_{k=0}^{n}\binom{n}{k}(-1)^k a_{k+m} = \pm(-1)^m a_{n+m} \quad (n = 0, 1, 2, \cdots).$$

证 当 $n = 0, 1, \cdots, m-1$ 时, $\binom{m-1}{n} \neq 0$, 令 $A_n = (-1)^n\dfrac{a_n}{\binom{m-1}{n}}$, 由 (20.2) 可知

$$\sum_{k=0}^{n}\binom{n-m}{k}(-1)^{n-k}a_{n-k} = \pm a_n \Longleftrightarrow \sum_{k=0}^{n}\binom{n}{k}(-1)^k A_k = \pm A_n.$$

此外

$$\sum_{k=0}^{n+m}\binom{n+m-m}{k}(-1)^{n+m-k}a_{n+m-k}$$

$$= \sum_{k=0}^{n}\binom{n}{k}(-1)^{n-k+m}a_{n-k+m}$$

$$= (-1)^m\sum_{r=0}^{n}\binom{n}{r}(-1)^r a_{r+m} \quad (n = 0, 1, 2, \cdots).$$

由此推出定理.

定理 20.7 设 m 为非负整数, $\{a_n\}$ 为给定数列, $a(x) = \sum_{n=0}^{\infty} a_n x^n$, 则

$$a_n \in I_m \iff (1-x)^{m-1}a\Big(\frac{x}{x-1}\Big) = a(x) \quad (|x| < 1),$$

$$a_n \in I_m' \iff (1-x)^{m-1}a\Big(\frac{x}{x-1}\Big) = -a(x) \quad (|x| < 1).$$

证 当 $|x| < 1$ 时有

$$(1-x)^{m-1}a\Big(\frac{x}{x-1}\Big) = \sum_{r=0}^{\infty}(-1)^r a_r x^r (1-x)^{m-1-r}$$

$$= \sum_{r=0}^{\infty} (-1)^r a_r x^r \sum_{k=0}^{\infty} \binom{m-1-r}{k} (-x)^k$$

$$= \sum_{n=0}^{\infty} \left(\sum_{k=0}^{n} (-1)^{n-k} a_{n-k} \binom{m-1-(n-k)}{k} (-1)^k \right) x^n$$

$$= \sum_{n=0}^{\infty} \left(\sum_{k=0}^{n} \binom{n-m}{k} (-1)^{n-k} a_{n-k} \right) x^n.$$

由此定理得证.

定理 20.8　设 m 为非负整数, $\{a_n\}$ 为给定数列,

$$b_0 = b_1 = 0, \ b_n = \sum_{k=0}^{n-2} a_k \ (n \geqslant 2), \quad c_n = \frac{1}{(n+1)(n+2)} \sum_{k=0}^{n} a_k \ (n \geqslant 0),$$

则 $b_n \in I_m$ 当且仅当 $a_n \in I_m$, $b_n \in I'_m$ 当且仅当 $a_n \in I'_m$. 此外, $a_n \in I_0$ 时, $c_n \in I_0$; $a_n \in I'_0$ 时 $c_n \in I'_0$.

证　设 $a(x) = \sum_{n=0}^{\infty} a_n x^n$, $b(x) = \sum_{n=0}^{\infty} b_n x^n$, 则

$$b(x) = \sum_{n=2}^{\infty} \left(\sum_{k=0}^{n-2} a_k \right) x^n = x^2 \sum_{n=0}^{\infty} \left(\sum_{k=0}^{n} a_k \right) x^n$$

$$= \frac{x^2}{1-x} \sum_{n=0}^{\infty} a_n x^n = \frac{x^2}{1-x} a(x).$$

由此可见

$$a(x) = \pm(1-x)^{m-1} a\left(\frac{x}{x-1} \right) \Longleftrightarrow b(x) = \pm(1-x)^{m-1} b\left(\frac{x}{x-1} \right).$$

于是应用定理 20.7 知: $b_n \in I_m \Longleftrightarrow a_n \in I_m$, $b_n \in I'_m \Longleftrightarrow a_n \in I'_m$.

若 $a_n \in I_0$, 由上知 $b_n \in I_0$. 根据定理 20.5, $\frac{b_{n+1}}{n+1} \in I'_0$, 从而 $c_n = \frac{b_{n+2}}{(n+1)(n+2)} \in I_0$. 若 $a_n \in I'_0$, 由上知 $b_n \in I'_0$. 根据定理 20.5, $\frac{b_{n+1}}{n+1} \in I_0$, 从而 $c_n = \frac{b_{n+2}}{(n+1)(n+2)} \in I'_0$.

综上定理得证.

20.2 不变序列的递推关系

定理 20.9 设 m 为非负整数,

$$P_m(x) = \sum_{k=0}^{m} a_k x^{m-k}, \quad P_m^*(x) = \sum_{k=0}^{m} a_k x^k,$$

则以下陈述互相等价:

(i) $(1-x)^m P_m^* \left(\dfrac{x}{x-1} \right) = \pm P_m^*(x)$.

(ii) $P_m(1-x) = \pm(-1)^m P_m(x)$.

(iii) 对 $n = 0, 1, \cdots, m$ 有 $\sum_{k=0}^{n} \dbinom{n-m-1}{k} (-1)^{n-k} a_{n-k} = \pm a_n$.

(iv) 当 $n > m$ 时令 $a_n = 0$, 则 $\sum_{k=0}^{n} \dbinom{n-m-1}{k} (-1)^{n-k} a_{n-k} = \pm a_n$ ($n = 0, 1, 2, \cdots$).

(v) 对 $n = 0, 1, \cdots, m$, 有

$$\sum_{k=0}^{n} \binom{n}{k} \frac{a_k}{\dbinom{m}{k}} = \pm(-1)^n \frac{a_n}{\dbinom{m}{n}}.$$

证 因 $P_m^*(x) = x^m P_m \left(\dfrac{1}{x} \right)$, 我们有

$$(1-x)^m P_m^* \left(\frac{x}{x-1} \right) = \pm P_m^*(x) \Longleftrightarrow (-x)^m P_m \left(1 - \frac{1}{x} \right) = \pm x^m P_m \left(\frac{1}{x} \right)$$

$$\Longleftrightarrow (-1)^m P_m \left(1 - \frac{1}{x} \right) = \pm P_m \left(\frac{1}{x} \right)$$

$$\Longleftrightarrow P_m(1-x) = \pm(-1)^m P_m(x).$$

由此 (i) 和 (ii) 等价. 由定理 20.7 知, (i) 与 (iv) 等价. 令 $a_{n+m+1} = 0$ ($n \geqslant 0$), 则

$$\pm a_{n+m+1} = 0 = \sum_{k=0}^{n} \binom{n}{k} (-1)^{n-k+m+1} a_{m+1+n-k}$$

$$= \sum_{k=0}^{m+n+1} \binom{m+n+1-m-1}{k} (-1)^{m+n+1-k} a_{m+n+1-k},$$

故 (iii) 与 (iv) 等价. 又根据定理 20.6, (iv) 与 (v) 等价. 于是定理得证.

推论 20.2 设 m 为实数, 则

$$\sum_{k=0}^{n}\binom{n-m}{k}(-1)^{n-k}a_{n-k}=\pm a_n \quad (n=0,1,\cdots)$$

当且仅当对任给非负整数 n 及 $p \in \{0,1,\cdots,n\}$ 有

$$\sum_{k=0}^{p}\binom{p}{k}(-1)^{k}\frac{\binom{n-m}{n-k}}{\binom{n}{k}}a_k=\pm\frac{\binom{n-m}{n-p}}{\binom{n}{p}}a_p. \tag{20.3}$$

证　若 (20.3) 成立, 在其中取 $p=n$ 得 $\sum_{k=0}^{n}\binom{n-m}{n-k}(-1)^{k}a_k=\pm a_n$ $(n=0,1,\cdots)$. 因此,

$$\sum_{k=0}^{n}\binom{n-m}{k}(-1)^{n-k}a_{n-k}=\pm a_n \quad (n=0,1,\cdots). \tag{20.4}$$

反之, 若 (20.4) 成立, $P_n(x)=\sum_{k=0}^{n}\binom{n-m}{n-k}(-1)^{k}a_k x^{n-k}$, 则

$$P_n(1-x)=\sum_{k=0}^{n}\binom{n-m}{k}(-1)^{n-k}a_{n-k}\sum_{r=0}^{k}\binom{k}{r}(-x)^{r}$$

$$=\sum_{r=0}^{n}\binom{n-m}{r}(-1)^{r}\sum_{k=r}^{n}\binom{n-m-r}{k-r}(-1)^{n-k}a_{n-k}x^{r}$$

$$=(-1)^{n}\sum_{r=0}^{n}\binom{n-m}{r}(-1)^{n-r}\left(\sum_{s=0}^{n-r}\binom{n-r-m}{s}(-1)^{n-r-s}a_{n-r-s}\right)x^{r}$$

$$=\pm(-1)^{n}\sum_{r=0}^{n}\binom{n-m}{r}(-1)^{n-r}a_{n-r}x^{r}=\pm(-1)^{n}P_n(x).$$

再应用定理 20.9 得到 (20.3). 于是推论得证.

定理 20.10　设 m,p 为非负整数,

$$T_n=\sum_{k=0}^{n}\frac{\binom{n-m}{k}\binom{n-p}{n-k}}{\binom{n}{k}}(-1)^{k}a_{n-k}b_k \quad (n=0,1,2,\cdots).$$

(i) 若 $a_n \in I_m$, $b_n \in I_p$, 则 $T_n=0$ $(n=1,3,5,\cdots)$;

(ii) 若 $a_n \in I_m$, $b_n \in I_p'$, 则 $T_n=0$ $(n=2,4,6,\cdots)$;

(iii) 若 $a_n \in I_m'$, $b_n \in I_p'$, 则 $T_n=0$ $(n=1,3,5,\cdots)$;

(iv) 若 $a_n \in I'_m$, $b_n \in I_p$, 则 $T_n = 0$ $(n = 2, 4, 6, \cdots)$.

证   设数列 $\{a_n\}, \{b_n\}$ 满足

$$\sum_{k=0}^{n} \binom{n-m}{k} (-1)^{n-k} a_{n-k} = (-1)^{\alpha} a_n,$$

$$\sum_{k=0}^{n} \binom{n-p}{k} (-1)^{n-k} b_{n-k} = (-1)^{\beta} b_n \quad (n = 0, 1, 2, \cdots).$$

根据推论 20.2 知, 对非负整数 n 及 $k \in \{0, 1, \cdots, n\}$ 有

$$\sum_{r=0}^{k} \binom{k}{r} (-1)^r \frac{\binom{n-p}{n-r}}{\binom{n}{r}} b_r = (-1)^{\beta} \frac{\binom{n-p}{n-k}}{\binom{n}{k}} b_k.$$

因此

$$T_n = \sum_{k=0}^{n} \binom{n-m}{k} (-1)^k a_{n-k} \cdot (-1)^{\beta} \sum_{r=0}^{k} \binom{k}{r} (-1)^r \frac{\binom{n-p}{n-r}}{\binom{n}{r}} b_r$$

$$= (-1)^{\beta} \sum_{r=0}^{n} \frac{\binom{n-p}{n-r}}{\binom{n}{r}} b_r \sum_{k=r}^{n} \binom{n-m}{k} \binom{k}{r} (-1)^{k-r} a_{n-k}$$

$$= (-1)^{\beta} \sum_{r=0}^{n} \frac{\binom{n-p}{n-r}}{\binom{n}{r}} b_r \binom{n-m}{r} \sum_{k=r}^{n} \binom{n-m-r}{k-r} (-1)^{k-r} a_{n-k}$$

$$= (-1)^{\beta} \sum_{r=0}^{n} \frac{\binom{n-m}{r}\binom{n-p}{n-r}}{\binom{n}{r}} b_r \sum_{s=0}^{n-r} \binom{n-r-m}{s} (-1)^s a_{n-r-s}$$

$$= (-1)^{\alpha+\beta+n} \sum_{r=0}^{n} \frac{\binom{n-m}{r}\binom{n-p}{n-r}}{\binom{n}{r}} (-1)^r a_{n-r} b_r$$

$$= (-1)^{\alpha+\beta+n} T_n \quad (n = 0, 1, 2, \cdots).$$

于是 $\alpha + \beta + n$ 为奇数时 $T_n = 0$. 由此导出定理结论.

定理 20.11　设 m 为非负整数, f 为任一函数,

(i) 若 $a_n \in I_m$, 则

$$\sum_{k=0}^{n} \binom{n-m}{k} \left(f(k) - (-1)^{n-k} \sum_{s=0}^{k} \binom{k}{s} f(s) \right) a_{n-k} = 0 \quad (n = 0, 1, 2, \cdots).$$

(ii) 若 $a_n \in I'_m$, 则

$$\sum_{k=0}^{n} \binom{n-m}{k} \left(f(k) + (-1)^{n-k} \sum_{s=0}^{k} \binom{k}{s} f(s) \right) a_{n-k} = 0 \quad (n = 0, 1, 2, \cdots).$$

证　令

$$b_n = (-1)^n f(n) + \sum_{s=0}^{n} \binom{n}{s} f(s), \quad b'_n = (-1)^n f(n) - \sum_{s=0}^{n} \binom{n}{s} f(s),$$

根据二项式反演公式知 $b_n \in I_0$, $b'_n \in I'_0$, 在定理 20.10 中, 取 $p = 0$ 即得定理结论.

注 20.1　定理 20.11 表明 m 阶不变序列与反不变序列满足无穷多个递推关系, 这是看起来令人惊讶的事实. 定理 20.11 在 $m = 0$ 情形首先由孙智宏在 [2] 中用母函数方法给出, 而后王毅在 [7] 中给出一个直接的简单证明.

设 B_n, F_n 分别为 Bernoulli 数与 Fibonacci 数, 由例 20.8 和例 20.9 可知, $(-1)^n B_n \in I_0, F_n \in I'_0$. 因此在定理 20.11 中取 $m = 0$ 即得

推论 20.3　设 f 为任一函数, B_n, F_n 分别为 Bernoulli 数与 Fibonacci 数, 则

$$\sum_{k=0}^{n} \binom{n}{k} \left((-1)^{n-k} f(k) - \sum_{s=0}^{k} \binom{k}{s} f(s) \right) B_{n-k} = 0 \quad (n = 0, 1, 2, \cdots),$$

$$\sum_{k=0}^{n} \binom{n}{k} \left(f(k) + (-1)^{n-k} \sum_{s=0}^{k} \binom{k}{s} f(s) \right) F_{n-k} = 0 \quad (n = 0, 1, 2, \cdots).$$

定理 20.12　设 m 为非负整数, $A_n \in I_0, A_0 \neq 0$, 则

$$a_n \in I_m \Longleftrightarrow \sum_{k=0}^{n} \binom{n-m}{k} (-1)^k a_{n-k} A_k = 0 \quad (n = 1, 3, 5, \cdots),$$

$$a_n \in I'_m \Longleftrightarrow \sum_{k=0}^{n} \binom{n-m}{k} (-1)^k a_{n-k} A_k = 0 \quad (n = 0, 2, 4, \cdots).$$

证　若 $a_n \in I_m$ 或 $a_n \in I'_m$, 由定理 20.10 知定理中右边相应恒等式成立. 令 $a_k^* = \sum_{s=0}^{k} \binom{k-m}{s} (-1)^{k-s} a_{k-s}$ $(k \geqslant 0)$, 则 $a_k = (a_k + a_k^*)/2 + (a_k - a_k^*)/2$. 根据定理 20.1 知 $(a_k + a_k^*)/2 \in I_m$, $(a_k - a_k^*)/2 \in I'_m$. 因此应用定理 20.10 得

$$\sum_{k=0}^{n}\binom{n-m}{k}(-1)^k\frac{a_{n-k}+a_{n-k}^*}{2}A_k=0 \quad (n=1,3,5,\cdots),$$

$$\sum_{k=0}^{n}\binom{n-m}{k}(-1)^k\frac{a_{n-k}-a_{n-k}^*}{2}A_k=0 \quad (n=0,2,4,\cdots).$$

设 $\{c_n\}$ 满足 $\sum_{k=0}^{n}\binom{n-m}{k}(-1)^k c_{n-k}A_k=0$ $(n=0,1,2,\cdots)$, 则 $c_0A_0=0$, 从而 $c_0=0$. 若 $c_0=c_1=\cdots=c_{n-1}=0$, 则

$$c_nA_0=\sum_{k=0}^{n}\binom{n-m}{k}(-1)^k c_{n-k}A_k=0, \quad \text{从而} \quad c_n=0.$$

由此利用数学归纳法知 $c_n=0$ $(n=0,1,2,\cdots)$.

若 $\sum_{k=0}^{n}\binom{n-m}{k}(-1)^k a_{n-k}A_k=0$ $(n=1,3,5,\cdots)$, 由上得

$$\sum_{k=0}^{n}\binom{n-m}{k}(-1)^k\frac{a_{n-k}-a_{n-k}^*}{2}A_k$$

$$=\sum_{k=0}^{n}\binom{n-m}{k}(-1)^k a_{n-k}A_k-\sum_{k=0}^{n}\binom{n-m}{k}(-1)^k\frac{a_{n-k}+a_{n-k}^*}{2}A_k$$

$$=0-0=0 \quad (n=1,3,5,\cdots).$$

结合前述论证有

$$\sum_{k=0}^{n}\binom{n-m}{k}(-1)^k\frac{a_{n-k}-a_{n-k}^*}{2}A_k=0 \quad (n=0,1,2,\cdots).$$

这就导出 $a_n=a_n^*$ $(n\geqslant 0)$, 即 $a_n\in I_m$.

若 $\sum_{k=0}^{n}\binom{n-m}{k}(-1)^k a_{n-k}A_k=0$ $(n=0,2,4,\cdots)$, 由上有

$$\sum_{k=0}^{n}\binom{n-m}{k}(-1)^k\frac{a_{n-k}+a_{n-k}^*}{2}A_k$$

$$=\sum_{k=0}^{n}\binom{n-m}{k}(-1)^k a_{n-k}A_k-\sum_{k=0}^{n}\binom{n-m}{k}(-1)^k\frac{a_{n-k}-a_{n-k}^*}{2}A_k$$

$$=0-0=0 \quad (n=0,2,4,\cdots).$$

结合前述论证得

$$\sum_{k=0}^{n}\binom{n-m}{k}(-1)^k\frac{a_{n-k}+a_{n-k}^*}{2}A_k=0\quad(n=0,1,2,\cdots).$$

由此 $(a_n+a_n^*)/2=0\ (n=0,1,2,\cdots)$, 从而 $a_n\in I_m'$.

综上定理得证.

注 20.2　在定理 20.12 中, 令 $m=0$, $A_n=\dfrac{1}{2^n}$, 可得

$$a_n\in I_0\Longleftrightarrow\sum_{k=0}^{n}\binom{n}{k}\left(-\frac{1}{2}\right)^k a_{n-k}=0\quad(n=1,3,5,\cdots).$$

这由王毅在 [7] 中指出.

引理 20.1　设 m,p 为实数, 数列 $\{a_n\}$ 满足 $\sum_{k=0}^{n}\binom{n-m}{k}(-1)^{n-k}a_{n-k}=(-1)^s a_n\ (n=0,1,2,\cdots)$, 则

$$\sum_{k=0}^{n}\binom{n-p-m}{k}(-1)^{n-k}a_{n-k}=(-1)^s\sum_{k=0}^{n}\binom{p}{k}(-1)^k a_{n-k}\quad(n=0,1,2,\cdots).$$

证　根据 Chu-Vandermonde 恒等式有

$$\sum_{k=0}^{n}\binom{n-p-m}{k}(-1)^{n-k}a_{n-k}$$

$$=\sum_{k=0}^{n}\binom{n-p-m}{n-k}(-1)^k a_k$$

$$=(-1)^s\sum_{k=0}^{n}\binom{n-p-m}{n-k}(-1)^k\sum_{r=0}^{k}\binom{k-m}{k-r}(-1)^r a_r$$

$$=(-1)^s\sum_{r=0}^{n}\left\{\sum_{k=r}^{n}\binom{n-p-m}{n-k}(-1)^{k-r}\binom{k-m}{k-r}\right\}a_r$$

$$=(-1)^s\sum_{r=0}^{n}\left\{\sum_{k=r}^{n}\binom{n-p-m}{n-k}\binom{m-1-r}{k-r}\right\}a_r$$

$$=(-1)^s\sum_{r=0}^{n}\left\{\sum_{s=0}^{n-r}\binom{n-p-m}{n-r-s}\binom{m-1-r}{s}\right\}a_r$$

$$=(-1)^s\sum_{r=0}^{n}\binom{n-p-r-1}{n-r}a_r=(-1)^s\sum_{r=0}^{n}\binom{p}{n-r}(-1)^{n-r}a_r$$

$$= (-1)^s \sum_{k=0}^{n} \binom{p}{k} (-1)^k a_{n-k}.$$

这就证明了引理.

定理 20.13　设 m 为非负整数, 若 $a_n \in I_m$, 则

$$\sum_{k=0}^{n} \binom{(n-m)/2}{k} (-1)^k a_{n-k} = 0 \quad (n = 1, 3, 5, \cdots);$$

若 $a_n \in I'_m$, 则

$$\sum_{k=0}^{n} \binom{(n-m)/2}{k} (-1)^k a_{n-k} = 0 \quad (n = 2, 4, 6, \cdots).$$

证　在引理 20.1 中取 $p = \dfrac{n-m}{2}$ 即得.

定理 20.14 ([4])　设 $\{A_n\}$ 为给定数列.

(i) 若 $A_n \in I_0$, 则

$$\sum_{\substack{k=0 \\ 3|k}}^{n} \binom{n}{k} A_{n-k} = \sum_{\substack{k=0 \\ 3|n-k}}^{n} \binom{n}{k} A_k = \frac{1}{3} \sum_{k=0}^{n} \binom{n}{k} A_k \quad (n = 1, 3, 5, \cdots);$$

(ii) 若 $A_n \in I'_0$, 则

$$\sum_{\substack{k=0 \\ 3|k}}^{n} \binom{n}{k} A_{n-k} = \sum_{\substack{k=0 \\ 3|n-k}}^{n} \binom{n}{k} A_k = \frac{1}{3} \sum_{k=0}^{n} \binom{n}{k} A_k \quad (n = 2, 4, 6, \cdots).$$

证　令 $\omega = (-1 + \sqrt{-3})/2$ 为三次单位根, 则 $1 + \omega + \omega^2 = 0$, $\omega^3 = 1$. 若 $A_n \in I_0$ 且 n 为奇, 或者 $A_n \in I'_0$ 且 n 为偶, 在定理 20.11 中取 $m = 0$, $f(k) = \omega^k$ 得

$$\sum_{k=0}^{n} \binom{n}{k} (\omega^k + (-1)^k (1+\omega)^k) A_{n-k} = 0.$$

因 $1 + \omega = -\omega^2$, 故有 $\sum_{k=0}^{n} \binom{n}{k} (\omega^k + \omega^{2k}) A_{n-k} = 0$. 于是

$$3 \sum_{\substack{k=0 \\ 3|k}}^{n} \binom{n}{k} A_{n-k} - \sum_{k=0}^{n} \binom{n}{k} A_k$$

$$= \sum_{k=0}^{n} \binom{n}{k} (1 + \omega^k + \omega^{2k}) A_{n-k} - \sum_{k=0}^{n} \binom{n}{k} A_{n-k}$$

$$= \sum_{k=0}^{n} \binom{n}{k}(\omega^k + \omega^{2k})A_{n-k} = 0.$$

定理得证.

推论 20.4 (Ramanujan)   设 $n > 1$ 为奇数, 则

$$\sum_{\substack{k=0 \\ 6|k-3}}^{n} \binom{n}{k} B_{n-k} = \begin{cases} -\dfrac{n}{6}, & \text{若 } n \equiv 1 \ (\mathrm{mod}\ 6), \\[2mm] \dfrac{n}{3}, & \text{若 } n \equiv 3, 5 \ (\mathrm{mod}\ 6). \end{cases}$$

证   由于 $(-1)^n B_n \in I_0$, $B_1 = -\dfrac{1}{2}$ 及 $B_{2m+1} = 0 \ (m \geqslant 1)$, 在定理 20.14 中取 $A_n = (-1)^n B_n$ 得

$$\sum_{\substack{k=0 \\ 3|k}}^{n} \binom{n}{k}(-1)^{n-k} B_{n-k} = \frac{1}{3}\sum_{k=0}^{n}\binom{n}{k}(-1)^k B_k = \frac{1}{3}\left(\sum_{k=0}^{n}\binom{n}{k}B_k + n\right)$$

$$= \frac{1}{3}(n + B_n) = \frac{n}{3}.$$

注意到

$$\sum_{\substack{k=0 \\ 3|k}}^{n} \binom{n}{k}(-1)^{n-k} B_{n-k} - \sum_{\substack{k=0 \\ 6|k-3}}^{n} \binom{n}{k} B_{n-k} = \begin{cases} -nB_1 = \dfrac{n}{2}, & \text{若 } n \equiv 1 \ (\mathrm{mod}\ 6), \\[2mm] 0, & \text{若 } n \equiv 3, 5 \ (\mathrm{mod}\ 6), \end{cases}$$

由上立得推论.

推论 20.5 (Lehmer)   设 $n > 1$ 为偶数, 则

$$E_n + 3\sum_{k=1}^{[n/6]} \binom{n}{6k} 2^{6k-2} E_{n-6k} = \frac{1 + (-3)^{n/2}}{2}.$$

证   由例 20.10 知 $\dfrac{E_n - 1}{2^n} \in I_0'$, 又 $E_{2k+1} = 0$, 由定理 20.14 知, 对正偶数 n 有

$$\sum_{\substack{k=0 \\ 6|k}}^{n} \binom{n}{k}\frac{E_{n-k}}{2^{n-k}} - \sum_{\substack{k=0 \\ 3|k}}^{n} \binom{n}{k}\frac{1}{2^{n-k}}$$

$$= \sum_{\substack{k=0 \\ 3|k}}^{n} \binom{n}{k}\frac{E_{n-k} - 1}{2^{n-k}} = \frac{1}{3}\sum_{k=0}^{n}\binom{n}{k}\frac{E_k - 1}{2^k}$$

$$=\frac{1}{3}\left\{\sum_{k=0}^{n}\binom{n}{k}(-1)^k\frac{E_k-1}{2^k}+\left(1-\frac{1}{2}\right)^n-\left(1+\frac{1}{2}\right)^n\right\}$$

$$=\frac{1}{3}\left\{-\frac{E_n-1}{2^n}+\frac{1-3^n}{2^n}\right\}=\frac{2-3^n-E_n}{3\cdot 2^n}.$$

又

$$\sum_{\substack{k=0\\3\mid k}}^{n}\binom{n}{k}2^k=\sum_{k=0}^{n}\binom{n}{k}2^k\cdot\frac{1}{3}(1+\omega^k+\omega^{2k})$$

$$=\frac{1}{3}\big((1+2)^n+(1+2\omega)^n+(1+2\omega^2)^n\big)$$

$$=\frac{1}{3}\big(3^n+(\sqrt{-3})^n+(-\sqrt{-3})^n\big)=\frac{1}{3}\big(3^n+2\cdot(-3)^{\frac{n}{2}}\big),$$

因此

$$\frac{1}{3}E_n+\sum_{\substack{k=0\\6\mid k}}^{n}\binom{n}{k}2^k E_{n-k}=\frac{2-3^n}{3}+\frac{3^n+2\cdot(-3)^{\frac{n}{2}}}{3}=\frac{2}{3}\big(1+(-3)^{\frac{n}{2}}\big).$$

这导出所需结果.

定理 20.15 设 F 为任一函数,

(i) 若 $A_n\in I_0$, 则

$$\sum_{k=0}^{n}\binom{n}{k}(-1)^k A_k\left(\sum_{s=0}^{k}\binom{k}{s}(-1)^s(F(s)-F(n-s))\right)=0\quad(n=0,1,2,\cdots);$$

(ii) 若 $A_n\in I_0'$, 则

$$\sum_{k=0}^{n}\binom{n}{k}(-1)^k A_k\left(\sum_{s=0}^{k}\binom{k}{s}(-1)^s(F(s)+F(n-s))\right)=0\quad(n=0,1,2,\cdots).$$

证 设 $\sum_{k=0}^{n}\binom{n}{k}(-1)^k A_k=\pm A_n\ (n=0,1,2,\cdots)$. 根据引理 16.1,

$$\sum_{k=0}^{n}\binom{n}{k}(-1)^k f(k)A_k=\pm\sum_{k=0}^{n}\binom{n}{k}\left(\sum_{r=0}^{k}\binom{k}{r}(-1)^r F(n-k+r)\right)A_k,$$

其中 $f(k)=\sum_{s=0}^{k}\binom{k}{s}(-1)^s F(s)$. 因此

$$\sum_{k=0}^{n} \binom{n}{k} (-1)^k A_k \left(f(k) \mp \sum_{s=0}^{k} \binom{k}{s} (-1)^s F(n-s) \right) = 0.$$

由此定理得证.

推论 20.6   若 $A_n \in I_0$, 则

$$\sum_{k=0}^{n} \binom{n}{k} (-1)^k A_k (1+x)^k (1-(-1)^n x^{n-k}) = 0 \quad (n = 0, 1, 2, \cdots).$$

若 $A_n \in I_0'$, 则

$$\sum_{k=0}^{n} \binom{n}{k} (-1)^k A_k (1+x)^k (1+(-1)^n x^{n-k}) = 0 \quad (n = 0, 1, 2, \cdots).$$

证   在定理 20.15 中取 $F(s) = (-x)^s$ 并应用二项式定理即得.

定理 20.16   设 m 为非负整数, 若 $A_n \in I_0$, 则

$$\sum_{k=0}^{n} \binom{n}{k} (-1)^k A_{k+m} = \sum_{k=0}^{m} \binom{m}{k} (-1)^k A_{k+n} \quad (n = 0, 1, 2, \cdots).$$

若 $A_n \in I_0'$, 则

$$\sum_{k=0}^{n} \binom{n}{k} (-1)^k A_{k+m} = -\sum_{k=0}^{m} \binom{m}{k} (-1)^k A_{k+n} \quad (n = 0, 1, 2, \cdots).$$

证   根据 (16.2) 立得.

定理 20.17   若 $A_n \in I_0$, 则

$$\sum_{k=0}^{n} \binom{n}{k} \binom{n+k}{k} (-1)^k A_k = 0 \quad (n = 1, 3, 5, \cdots).$$

若 $A_n \in I_0'$, 则

$$\sum_{k=0}^{n} \binom{n}{k} \binom{n+k}{k} (-1)^k A_k = 0 \quad (n = 2, 4, 6, \cdots).$$

证   由于 $\binom{-x}{k} = (-1)^k \binom{x+k-1}{k}$, 根据 Chu-Vandermonde 恒等式知, 对 $m \in \{0, 1, \cdots, n\}$, 有

$$\sum_{k=m}^{n} \binom{n-m}{k-m} (-1)^{n-k} \binom{n+k}{k}$$

$$= \sum_{k=0}^{n} \binom{n-m}{n-k} (-1)^n \binom{-n-1}{k} = (-1)^n \binom{-m-1}{n} = \binom{m+n}{n}.$$

注意到 $\binom{n}{k}\binom{k}{m} = \binom{n}{m}\binom{n-m}{k-m}$, 由上知对任一数列 $\{a_n\}$ 有

$$\sum_{k=0}^{n} \binom{n}{k}\binom{n+k}{k} \left(a_k - (-1)^{n-k} \sum_{s=0}^{k} \binom{k}{s} a_s \right)$$

$$= \sum_{m=0}^{n} a_m \left(\binom{n}{m}\binom{n+m}{m} - \sum_{k=m}^{n} \binom{n}{k}\binom{n+k}{k} (-1)^{n-k} \binom{k}{m} \right)$$

$$= \sum_{m=0}^{n} a_m \left(\binom{n}{m}\binom{n+m}{m} - \binom{n}{m} \sum_{k=m}^{n} \binom{n-m}{k-m} (-1)^{n-k} \binom{n+k}{k} \right)$$

$$= \sum_{m=0}^{n} a_m \cdot 0 = 0.$$

取 $a_k = (-1)^k A_k$ 即得定理结论.

20.3 不变序列的变换公式

定理 20.18 设 $m, p \in \mathbb{Z}$, $m \geqslant 0$, $p \geqslant 1$, 数列 $\{a_n\}, \{b_n\}, \{c_n\}$ 满足 $c_n = \sum_{k=0}^{n} a_k b_{n-k}$ $(n = 0, 1, 2, \cdots)$.

(i) 若 $a_n \in I_m$, 则 $b_n \in I_p$ 当且仅当 $c_n \in I_{m+p-1}$;

(ii) 若 $a_n \in I'_m$, 则 $b_n \in I'_p$ 当且仅当 $c_n \in I_{m+p-1}$;

(iii) 若 $a_n \in I_m$, 则 $b_n \in I'_p$ 当且仅当 $c_n \in I'_{m+p-1}$.

证 设

$$a(x) = \sum_{n=0}^{\infty} a_n x^n, \quad b(x) = \sum_{n=0}^{\infty} b_n x^n, \quad c(x) = \sum_{n=0}^{\infty} c_n x^n \quad (|x| < 1),$$

则按幂级数乘法有 $a(x)b(x) = c(x)$, 故由定理 20.7 知, 当 $a(x) = \pm(1-x)^{m-1} \times a\left(\dfrac{x}{x-1}\right)$ 时有

$$\frac{c(x)}{c\left(\dfrac{x}{x-1}\right)} = \frac{a(x)b(x)}{a\left(\dfrac{x}{x-1}\right) b\left(\dfrac{x}{x-1}\right)} = \pm(1-x)^{m-1} \frac{b(x)}{b\left(\dfrac{x}{x-1}\right)}.$$

由此推出定理结论.

推论 20.7　设 m 为非负整数, 数列 $\{a_n\}, \{b_n\}$ 满足 $\sum_{k=0}^{n} a_k b_{n-k} = (-1)^n$ $\times \dbinom{m-1}{n}$ $(n = 0, 1, 2, \cdots)$, 则 $a_n \in I_m$ 当且仅当 $b_n \in I_m$, $a_n \in I_m'$ 当且仅当 $b_n \in I_m'$.

证　由例 20.2 知 $(-1)^n \dbinom{m-1}{n} \in I_{2m-1}$, 故由定理 20.18 立得.

定理 20.19　设 m 为非负整数, $A_n \in I_0$ 或 $A_n \in I_0'$, l 是最小的非负整数使得 $A_l \neq 0$. 若 $\{a_n\}$ 由下式给出:

$$\sum_{k=0}^{n} \binom{m+k+l}{m} A_{k+l} a_{n-k} = \begin{cases} 1, & \text{若 } n = 0, \\ 0, & \text{若 } n \geqslant 1, \end{cases}$$

则 $a_n \in I_{m+l+2}$, 从而

$$\sum_{k=0}^{n} \binom{n}{k} \frac{a_k}{\dbinom{m+l+1}{k}} = (-1)^n \frac{a_n}{\dbinom{m+l+1}{n}} \quad (n = 0, 1, \cdots, m+l+1),$$

$$\sum_{k=0}^{n} \binom{n}{k} (-1)^k a_{k+m+l+2} = (-1)^{m+l} a_{n+m+l+2} \quad (n = 0, 1, 2, \cdots),$$

$$\sum_{k=0}^{m+l+1} a_k (1-x)^{m+l+1-k} = (-1)^{m+l+1} \sum_{k=0}^{m+l+1} a_k x^{m+l+1-k}.$$

证　设 $\sum_{k=0}^{n} \binom{n}{k} (-1)^k A_k = (-1)^r A_n$　$(n = 0, 1, 2, \cdots)$,

$$A_n' = \binom{m+n}{m} A_n = (-1)^n \binom{-m-1}{n} A_n, \quad A_m(x) = \sum_{n=0}^{\infty} A_n' x^n,$$

则由 (20.2) 知

$$\sum_{k=0}^{n} \binom{n+m}{k} (-1)^{n-k} A_{n-k}' = (-1)^n \binom{-m-1}{n} \sum_{k=0}^{n} \binom{n}{k} (-1)^k A_k$$

$$= (-1)^{r+n} \binom{-m-1}{n} A_n = (-1)^r A_n' \quad (n \geqslant 0).$$

因此由定理 20.7 证明知 $A_m(x) = (-1)^r (1-x)^{-m-1} A_m \left(\dfrac{x}{x-1} \right)$. 令 $a(x) = \sum_{k=0}^{\infty} a_k x^k$, 则当 $|x| < 1$ 时

$$a(x)A_m(x) = a(x)\left(\sum_{k=0}^{\infty} A'_{k+l} x^{k+l}\right) = a(x)\left(\sum_{k=0}^{\infty} \binom{m+k+l}{m} A_{k+l} x^k\right) x^l = x^l,$$

故有

$$\frac{a(x)}{a\left(\dfrac{x}{x-1}\right)} = \frac{x^l/A_m(x)}{\left(\dfrac{x}{x-1}\right)^l \Big/ A_m\left(\dfrac{x}{x-1}\right)} = (x-1)^l \frac{A_m\left(\dfrac{x}{x-1}\right)}{A_m(x)}$$

$$= (-1)^r (x-1)^l (1-x)^{m+1} = (-1)^{r+l}(1-x)^{m+l+2-1}.$$

因 $A_0 = \cdots = A_{l-1} = 0$, $A_l \neq 0$, 由 $\sum_{k=0}^{l}\binom{l}{k}(-1)^k A_k = (-1)^r A_l$ 得 $(-1)^l A_l = (-1)^r A_l$, 从而 $(-1)^{r+l} = 1$. 于是由上得 $a(x) = (1-x)^{m+l+2-1} a\left(\dfrac{x}{x-1}\right)$, 从而由定理 20.7 知 $a_n \in I_{m+l+2}$. 于是应用定理 20.6 与定理 20.9 推出余下结论.

类似可证:

定理 20.20 设 m 为非负整数, $A_n \in I_0$ 或 $A_n \in I'_0$, l 是最小的非负整数使得 $A_l \neq 0$, $m + l \geqslant 1$. 若 $\{a_n\}$ 由下式给出:

$$\sum_{k=0}^{n} \binom{m+k+l}{m} A_{k+l} a_{n-k} = 1 \quad (n = 0, 1, 2, \cdots),$$

则 $a_n \in I_{m+l}$, 从而

$$\sum_{k=0}^{n} \binom{n}{k} \frac{a_k}{\binom{m+l-1}{k}} = (-1)^n \frac{a_n}{\binom{m+l-1}{n}} \quad (n = 0, 1, \cdots, m+l-1),$$

$$\sum_{k=0}^{n} \binom{n}{k} (-1)^k a_{k+m+l} = (-1)^{m+l} a_{n+m+l} \quad (n = 0, 1, 2, \cdots),$$

$$\sum_{k=0}^{m+l-1} a_k (1-x)^{m+l-1-k} = (-1)^{m+l-1} \sum_{k=0}^{m+l-1} a_k x^{m+l-1-k}.$$

定理 20.21 设 $a_n \in I_0$, $\{b_n\}$, $\{c_n\}$ 为两个非零序列, 满足

$$c_n = \frac{1}{n+1} \sum_{k=0}^{n} a_k b_{n-k} \quad (n = 0, 1, 2, \cdots),$$

则 $b_n \in I_0 \Longleftrightarrow c_n \in I_0$, 且 $b_n \in I'_0 \Longleftrightarrow c_n \in I'_0$.

证　设 $d_0 = 0, d_{n+1} = (n+1)c_n \ (n \geqslant 0)$. 易见

$$\sum_{k=0}^{n} \binom{n}{k}(-1)^k c_k = \frac{1}{n+1} \sum_{k=0}^{n} \binom{n+1}{k+1}(-1)^k d_{k+1} = -\frac{1}{n+1} \sum_{r=0}^{n+1} \binom{n+1}{r}(-1)^r d_r,$$

故 $c_n \in I_0 \iff d_n \in I_0'$, $c_n \in I_0' \iff d_n \in I_0$. 设 $a(x), b(x), d(x)$ 分别是 $\{a_n\}, \{b_n\}, \{d_n\}$ 的母函数 (对应幂级数), 则 $d(x) = \sum_{n=0}^{\infty}(n+1)c_n x^{n+1} = xa(x)b(x)$. 已知 $a_n \in I_0$, 由定理 20.7 有 $a\left(\dfrac{x}{x-1}\right) = (1-x)a(x)$. 因此

$$c_n \in I_0 \iff d_n \in I_0' \iff d\left(\frac{x}{x-1}\right) = -(1-x)d(x)$$

$$\iff a\left(\frac{x}{x-1}\right)b\left(\frac{x}{x-1}\right) = (1-x)^2 a(x)b(x)$$

$$\iff b\left(\frac{x}{x-1}\right) = (1-x)b(x) \iff b_n \in I_0,$$

$$c_n \in I_0' \iff d_n \in I_0 \iff d\left(\frac{x}{x-1}\right) = (1-x)d(x)$$

$$\iff a\left(\frac{x}{x-1}\right)b\left(\frac{x}{x-1}\right) = -(1-x)^2 a(x)b(x)$$

$$\iff b\left(\frac{x}{x-1}\right) = -(1-x)b(x) \iff b_n \in I_0'.$$

这就证明了定理.

定理 20.22　设 $A^*(x) = \sum_{n=0}^{\infty} A_n \dfrac{x^n}{n!}$, 则

(i) (孙智伟) $A_n \in I_0$ 当且仅当 $A^*(x)\mathrm{e}^{-\frac{x}{2}}$ 为偶函数;

(ii) $A_n \in I_0'$ 当且仅当 $A^*(x)\mathrm{e}^{-\frac{x}{2}}$ 为奇函数.

证　显然

$$A^*(-x)\mathrm{e}^x = \sum_{k=0}^{\infty}(-1)^k A_k \frac{x^k}{k!} \sum_{m=0}^{\infty} \frac{x^m}{m!} = \sum_{n=0}^{\infty}\left(\sum_{k=0}^{n}\binom{n}{k}(-1)^k A_k\right)\frac{x^n}{n!},$$

故

$$\sum_{k=0}^{n}\binom{n}{k}(-1)^k A_k = \pm A_n \quad (n = 0, 1, 2, \cdots)$$

$$\iff A^*(-x)\mathrm{e}^x = \pm A^*(x) \iff A^*(-x)\mathrm{e}^{\frac{x}{2}} = \pm A^*(x)\mathrm{e}^{-\frac{x}{2}}.$$

于是定理得证.

定理 20.23 设 $a_n \in I_0$, $\{b_n\}$, $\{c_n\}$ 为两个非零序列, 满足

$$c_n = \frac{1}{2^n} \sum_{k=0}^{n} \binom{n}{k} a_k b_{n-k} \quad (n = 0, 1, 2, \cdots),$$

则 $b_n \in I_0 \Longleftrightarrow c_n \in I_0$, 且 $b_n \in I_0' \Longleftrightarrow c_n \in I_0'$.

证 设

$$a^*(x) = \sum_{n=0}^{\infty} a_n \frac{x^n}{n!}, \quad b^*(x) = \sum_{n=0}^{\infty} b_n \frac{x^n}{n!}, \quad c^*(x) = \sum_{n=0}^{\infty} c_n \frac{x^n}{n!},$$

则有 $a^*(x)b^*(x) = c^*(2x)$. 因此 $c^*(2x)\mathrm{e}^{-x} = a^*(x)\mathrm{e}^{-\frac{x}{2}} \cdot b^*(x)\mathrm{e}^{-\frac{x}{2}}$. 因 $a_n \in I_0$, 故由定理 20.22 知 $a^*(x)\mathrm{e}^{-\frac{x}{2}}$ 为偶函数. 于是 $c^*(2x)\mathrm{e}^{-x}$ 为偶 (奇) 函数当且仅当 $b^*(x)\mathrm{e}^{-\frac{x}{2}}$ 为偶 (奇) 函数. 再应用定理 20.22 即得定理结论.

推论 20.8 设数列 a_n 与 b_n 满足

$$\sum_{k=0}^{n} \binom{n}{k} a_k b_{n-k} = 1 \quad (n = 0, 1, 2, \cdots),$$

则 $a_n \in I_0$ 当且仅当 $b_n \in I_0$.

证 在定理 20.23 中取 $c_n = 1/2^n$ 即知.

20.4 不变序列的同余式

引理 20.2 设 p 为奇素数, $k \in \left\{1, 2, \cdots, \dfrac{p-1}{2}\right\}$, 则

$$\binom{(p-1)/2 + k}{2k} \equiv \frac{\binom{2k}{k}}{(-16)^k} \left(1 - p^2 \sum_{i=1}^{k} \frac{1}{(2i-1)^2}\right) \pmod{p^4}.$$

证 显然有

$$\binom{(p-1)/2 + k}{2k} = \frac{\left(\frac{p-1}{2} + k\right)\left(\frac{p-1}{2} + k - 1\right) \cdots \left(\frac{p-1}{2} - k + 1\right)}{(2k)!}$$

$$= \frac{(p + 2k - 1)(p + 2k - 3) \cdots (p - (2k-3))(p - (2k-1))}{2^{2k} \cdot (2k)!}$$

$$= \frac{(p^2 - 1^2)(p^2 - 3^2) \cdots (p^2 - (2k-1)^2)}{2^{2k} \cdot (2k)!}$$

$$\equiv \frac{(-1)^k \cdot 1^2 \cdot 3^2 \cdots (2k-1)^2}{2^{2k} \cdot (2k)!} \left(1 - p^2 \sum_{i=1}^{k} \frac{1}{(2i-1)^2}\right) \pmod{p^4}.$$

又

$$\frac{1^2 \cdot 3^2 \cdots (2k-1)^2}{2^{2k} \cdot (2k)!} = \frac{(2k)!^2}{(2 \cdot 4 \cdots (2k))^2 \cdot 2^{2k} \cdot (2k)!} = \frac{(2k)!}{2^{4k} \cdot k!^2} = \frac{\binom{2k}{k}}{16^k},$$

故定理得证.

回顾一下, 对素数 p, $\mathbb{Z}_p$ 是所有分母不被 p 整除的有理数构成的集合.

定理 20.24 设 p 为奇素数, $A_k \in \mathbb{Z}_p$ $(k = 0, 1, \cdots, (p-1)/2)$, 若 $A_n \in I_0$ 且 $p \equiv 3 \pmod 4$, 或者 $A_n \in I_0'$ 且 $p \equiv 1 \pmod 4$, 则有

$$\sum_{k=0}^{(p-1)/2} \frac{\binom{2k}{k}^2}{16^k} A_k \equiv 0 \pmod{p^2}.$$

证 根据定理 20.17 有 $\sum_{k=0}^{(p-1)/2} \binom{(p-1)/2}{k} \binom{(p-1)/2+k}{k} (-1)^k A_k = 0$. 利用引理 20.2 知

$$\binom{(p-1)/2}{k} \binom{(p-1)/2+k}{k} = \binom{2k}{k} \binom{(p-1)/2+k}{2k} \equiv \frac{\binom{2k}{k}^2}{(-16)^k} \pmod{p^2},$$

故定理得证.

定理 20.25 (孙智宏 [3]) 设 p 为奇素数, $a \in \mathbb{Z}_p$, $A_k \in \mathbb{Z}_p$ $(k = 0, 1, \cdots, p-1)$, 若 $A_n \in I_0$ 且 $\langle a \rangle_p$ 为奇, 或者 $A_n \in I_0'$ 且 $\langle a \rangle_p$ 为偶, 则有

$$\sum_{k=0}^{p-1} \binom{a}{k} \binom{-1-a}{k} A_k \equiv 0 \pmod{p^2}.$$

证 由 [3, Theorem 2.4] 和 [2, Remark 3.2] 立得.

注 20.3 在定理 20.25 中取 $a = -\frac{1}{2}$ 即得定理 20.24, 定理 20.25 在 $a = -\frac{1}{3}, -\frac{1}{4}, -\frac{1}{6}$ 情形由孙智伟在 [6] 中首先获得.

定理 20.26 (孙智宏 [4]) 设 p 为奇素数, $A_n \in I_0'$, $A_1, A_2, \cdots, A_{p-1} \in \mathbb{Z}_p$, 则

$$\sum_{k=1}^{p-1} \frac{A_k}{k} \equiv p \sum_{k=1}^{p-1} \frac{A_k}{k^2} \pmod{p^2}.$$

证 因 $A_n \in I_0'$, 在定理 20.17 中取 $n = p-1$, 得 $\sum_{k=0}^{p-1} \binom{p-1}{k}\binom{p-1+k}{k}$ $\times (-1)^k A_k = 0$. 对 $k = 1, 2, \cdots, p-1$, 有

$$\binom{p-1}{k}\binom{p-1+k}{k}$$
$$= \frac{(p-1)(p-2)\cdots(p-k)}{k!} \cdot \frac{p(p+1)\cdots(p+k-1)}{k!}$$
$$= \frac{p}{p+k} \cdot \frac{(p^2-1^2)(p^2-2^2)\cdots(p^2-k^2)}{k!^2} \equiv (-1)^k \frac{p}{p+k} \pmod{p^3}.$$

因 $A_0 = -A_0$, 故 $A_0 = 0$. 于是由上推出 $\sum_{k=1}^{p-1} \frac{A_k}{p+k} \equiv 0 \pmod{p^2}$. 对 $k = 1, 2, \cdots, p-1$ 有 $\frac{1}{k+p} = \frac{k-p}{k^2-p^2} \equiv \frac{k-p}{k^2} = \frac{1}{k} - \frac{p}{k^2} \pmod{p^2}$. 因此定理得证.

定理 20.27 ([4]) 设 $p > 3$ 为素数, $A_n \in I_0$, $A_0, A_1, \cdots, A_{p-2}, A_p, pA_{p-1} \in \mathbb{Z}_p$, 则

$$\sum_{k=1}^{p-2} \frac{A_k}{k} \equiv -p \sum_{k=1}^{p-2} \frac{A_k}{k^2} + \frac{A_0 + pA_{p-1} - 2A_p}{p} \pmod{p^2}.$$

证 因 $A_n \in I_0$, 在定理 20.17 中取 $n = p$, 得 $\sum_{k=0}^{p} \binom{p}{k}\binom{p+k}{k}(-1)^k A_k = 0$. 对 $k = 1, 2, \cdots, p-1$, 有

$$\binom{p}{k}\binom{p+k}{k} = \frac{p(p-1)\cdots(p-k+1)}{k!} \cdot \frac{(p+1)\cdots(p+k)}{k!}$$
$$= \frac{p}{p-k} \cdot \frac{(p^2-1^2)(p^2-2^2)\cdots(p^2-k^2)}{k!^2}$$
$$\equiv (-1)^k \frac{p}{p-k} \pmod{p^3}.$$

因此,

$$A_0 - \binom{2p}{p}A_p + \binom{p}{p-1}\binom{2p-1}{p-1}A_{p-1} + \sum_{k=1}^{p-2} \frac{p}{p-k}A_k$$
$$\equiv \sum_{k=0}^{p} \binom{p}{k}\binom{p+k}{k}(-1)^k A_k = 0 \pmod{p^3},$$

从而

$$\sum_{k=1}^{p-2}\frac{A_k}{p-k}\equiv\frac{2\dbinom{2p-1}{p-1}A_p-p\dbinom{2p-1}{p-1}A_{p-1}-A_0}{p}\ (\mathrm{mod}\ p^2).$$

著名的 Wolstenholme 同余式指出: $\dbinom{2p-1}{p-1}\equiv 1\ (\mathrm{mod}\ p^3).$ 因此

$$\sum_{k=1}^{p-2}\frac{A_k}{p-k}\equiv\frac{2A_p-A_0-pA_{p-1}}{p}\ (\mathrm{mod}\ p^2).$$

当 $1\leqslant k\leqslant p-2$ 时有 $\dfrac{1}{k-p}=\dfrac{k+p}{k^2-p^2}\equiv\dfrac{k+p}{k^2}=\dfrac{1}{k}+\dfrac{p}{k^2}\ (\mathrm{mod}\ p^2).$ 于是定理得证.

定理 20.28 ([4])　设 p 为奇素数, $A_k\in\mathbb{Z}_p\ (k=0,1,\cdots,(p-1)/2)$, 若 $A_n\in I_0$ 且 $p\equiv 3\ (\mathrm{mod}\ 4)$, 或者 $A_n\in I_0'$ 且 $p\equiv 1\ (\mathrm{mod}\ 4)$, 则有

$$\sum_{k=0}^{(p-1)/2}\binom{2k}{k}\frac{A_k}{2^k}\equiv 0\ (\mathrm{mod}\ p).$$

证　因 $\dfrac{1}{2^n}\in I_0$, 根据定理 20.11 有

$$\sum_{k=0}^{(p-1)/2}\binom{(p-1)/2}{k}(-1)^k A_k\frac{2}{2^{\frac{p-1}{2}-k}}$$

$$=\sum_{k=0}^{(p-1)/2}\binom{(p-1)/2}{k}\left((-1)^k A_k-(-1)^{\frac{p-1}{2}-k}\sum_{s=0}^{k}\binom{k}{s}(-1)^s A_s\right)\frac{1}{2^{\frac{p-1}{2}-k}}=0.$$

由 (4.5) 知 $\dbinom{(p-1)/2}{k}\equiv\dbinom{-1/2}{k}=\dfrac{1}{(-4)^k}\dbinom{2k}{k}\ (\mathrm{mod}\ p).$ 综上定理得证.

定理 20.29 ([4])　设 p 为奇素数,

(i) 若 $A_n\in I_0$ 且 $A_0,A_1,\cdots,A_{p-2}\in\mathbb{Z}_p$, 则

$$\sum_{k=0}^{p-2}A_k\equiv p\sum_{k=0}^{p-2}\frac{A_k}{k+1}\ (\mathrm{mod}\ p^2).$$

(ii) 若 $A_n\in I_0'$ 且 $A_1,\cdots,A_{p-1}\in\mathbb{Z}_p$, 则

$$\sum_{k=1}^{p-2}A_k\equiv -2A_{p-1}-p\sum_{k=1}^{p-2}\frac{A_k}{k+1}\ (\mathrm{mod}\ p^2).$$

证 当 $k \in \{0, 1, \cdots, p-2\}$ 时

$$\binom{p}{k+1} = \frac{p}{k+1} \cdot \frac{(p-1)\cdots(p-k)}{k!} \equiv (-1)^k \frac{p}{k+1} \pmod{p^2}.$$

又

$$\sum_{k=0}^{p-1} \binom{p-1-p}{k} (-1)^{p-1-k} A_{p-1-k} = \sum_{k=0}^{p-1} A_{p-1-k} = \sum_{k=0}^{p-1} A_k,$$

$$\sum_{k=0}^{p-1} \binom{p}{k} (-1)^k A_{p-1-k} = A_{p-1} + \sum_{k=0}^{p-2} \binom{p}{k+1} (-1)^k A_k,$$

于是在引理 20.1 中取 $m = 0, n = p-1$ 可知: 若 $A_n \in I_0$ 且 $A_0, A_1, \cdots, A_{p-2} \in \mathbb{Z}_p$, 则

$$\sum_{k=0}^{p-2} A_k = \sum_{k=0}^{p-2} \binom{p}{k+1} (-1)^k A_k \equiv p \sum_{k=0}^{p-2} \frac{A_k}{k+1} \pmod{p^2};$$

若 $A_n \in I_0'$ 且 $A_1, A_2, \cdots, A_{p-1} \in \mathbb{Z}_p$, 则 $A_0 = 0$ 且

$$\sum_{k=0}^{p-1} A_k = -A_{p-1} - \sum_{k=0}^{p-2} \binom{p}{k+1} (-1)^k A_k \equiv -A_{p-1} - p \sum_{k=0}^{p-2} \frac{A_k}{k+1} \pmod{p^2}.$$

于是定理得证.

参 考 读 物

[1] Mattarei S, Tauraso R. Congruences of multiple sums involving sequences invariant under the binomial transform. J. Integer Seq., 2010, 13: Art.10.5.1, 12pp.

[2] Sun Z H. Invariant sequences under binomial transformation. Fibonacci Quart., 2001, 39: 324-333.

[3] Sun Z H. Generalized Legendre polynomials and related supercongruences. J. Number Theory, 2014, 143: 293-319.

[4] Sun Z H. Some further properties of even and odd sequences. Int. J. Number Theory, 2017, 13: 1419-1442.

[5] Sun Z W. Combinatorial identities in dual sequences. European J. Combin., 2003, 24: 709-718.

[6] Sun Z W. Supercongruences involving products of two binomial coefficients. Finite Fields Appl., 2013, 22: 24-44.

[7] Wang Y. Self-inverse sequences related to a binomial inverse pair. Fibonacci Quart., 2005, 43: 46-52.

第 21 讲　二项式系数的同余式

Butter(巴尔特): 世上所有的发明, 一开始不是凭借理性, 亦不是由于智慧, 而是那些交了好运的人, 在误解或失察中偶然碰到的.

本讲介绍包含中心组合数 $\binom{2k}{k}$ 的和式模素数平方或立方的同余式, 综述孙智伟、孙智宏、Taraso 和毛国帅的许多相关工作, 还包括作者的一些未发表成果.

本讲中 H_n 表示调和数. 设 p 为奇素数, $a \in \mathbb{Z}_p$, 本讲中用 $\langle a \rangle_p$ 表示 a 模 p 的最小非负剩余, 即 $\langle a \rangle_p$ 为 $0, 1, \cdots, p-1$ 中与 a 模 p 同余的数. 如 $\left\langle \dfrac{1}{3} \right\rangle_5 = 2$.

21.1　单个二项式系数和的同余式

根据 (4.5),

$$\binom{-1/2}{k} = \frac{\binom{2k}{k}}{(-4)^k} \quad (k = 0, 1, 2, \cdots). \tag{21.1}$$

设 p 为奇素数, $k \in \{1, 2, \cdots, p-1\}$, 则显然有

$$\binom{p-1}{k} \equiv (-1)^k \pmod{p}, \quad \binom{p}{k} = \frac{p}{k}\binom{p-1}{k-1} \equiv (-1)^{k-1}\frac{p}{k} \pmod{p^2}. \tag{21.2}$$

当 $k \in \left\{ \dfrac{p+1}{2}, \ldots, p-1 \right\}$ 时易见 $p \left| \binom{2k}{k} \right.$.

定理 21.1 (孙智宏 [30]) 设 p 为奇素数, $n \in \{1, 2, \cdots, p-1\}$, $a, x \in \mathbb{Z}_p$, $1 \leqslant \langle a \rangle_p \leqslant n$, $x \not\equiv -1 \pmod{p}$, $t = (a - \langle a \rangle_p)/p$, 则

$$\sum_{k=0}^{n} \binom{a}{k} x^k$$

$$\equiv (1+x)^{\langle a \rangle_p} \left\{ 1 - pt \left(\sum_{k=1}^{n} \frac{(-x)^k}{k} - (-x)^{n+1} \sum_{k=1}^{\langle a \rangle_p} \frac{1}{k \binom{n}{k} (-1-x)^k} \right) \right\}$$

$$\equiv (1+x)^{\langle a\rangle_p}\left\{1 + t\sum_{k=1}^{n}\binom{p}{k}x^k - t(-x)^{n+1}\sum_{k=1}^{\langle a\rangle_p}\frac{\binom{p}{k}}{\binom{n}{k}(1+x)^k}\right\} \pmod{p^2}.$$

证 令 $S_n(a,x)=\sum_{k=0}^{n}\binom{a}{k}x^k$, 因 $\binom{a}{k}=\binom{a-1}{k}+\binom{a-1}{k-1}$ $(k\geqslant 1)$ 有

$$S_n(a,x) = 1 + \sum_{k=1}^{n}\binom{a-1}{k}x^k + \sum_{k=1}^{n}\binom{a-1}{k-1}x^k$$

$$= S_n(a-1,x) + x\left(S_n(a-1,x) - \binom{a-1}{n}x^n\right),$$

即

$$S_n(a,x) - (1+x)S_n(a-1,x) = -\binom{a-1}{n}x^{n+1} = \binom{n-a}{n}(-x)^{n+1}.$$

于是, 对 $m\in\mathbb{Z}^+$ 有

$$S_n(a,x) - (1+x)^m S_n(a-m,x)$$

$$= \sum_{k=1}^{m}(1+x)^{k-1}(S_n(a-k+1,x) - (1+x)S_n(a-k,x))$$

$$= (-x)^{n+1}\sum_{k=1}^{m}(1+x)^{k-1}\binom{n-a+k-1}{n}.$$

当 $1\leqslant k\leqslant\langle a\rangle_p\leqslant n\leqslant p-1$ 时, 有

$$\binom{n-a+k-1}{n}$$

$$= \frac{(n-\langle a\rangle_p+k-1-pt)\cdots(1-pt)(-pt)(-1-pt)\cdots(-(\langle a\rangle_p-k)-pt)}{n!}$$

$$\equiv \frac{(n-\langle a\rangle_p+k-1)!(-pt)(-1)^{\langle a\rangle_p-k}(\langle a\rangle_p-k)!}{n!}$$

$$= -pt\cdot\frac{(-1)^{\langle a\rangle_p-k}}{(\langle a\rangle_p-k+1)\binom{n}{\langle a\rangle_p-k+1}} \pmod{p^2}.$$

因此,

$$S_n(a,x) - (1+x)^{\langle a \rangle_p} S_n(pt, x)$$

$$\equiv - pt(-x)^{n+1} \sum_{k=1}^{\langle a \rangle_p} (1+x)^{k-1} \frac{(-1)^{\langle a \rangle_p - k}}{(\langle a \rangle_p - k + 1)\binom{n}{\langle a \rangle_p - k + 1}}$$

$$= - pt(-x)^{n+1} \sum_{r=1}^{\langle a \rangle_p} (1+x)^{\langle a \rangle_p - r} \frac{(-1)^{r-1}}{r\binom{n}{r}} \pmod{p^2}.$$

注意到

$$S_n(pt, x) = 1 + \sum_{k=1}^{n} \frac{pt}{k} \binom{pt-1}{k-1} x^k \equiv 1 - pt \sum_{k=1}^{n} \frac{(-x)^k}{k} \pmod{p^2},$$

便有

$$S_n(a,x)$$

$$\equiv (1+x)^{\langle a \rangle_p} \left\{ 1 - pt \left(\sum_{k=1}^{n} \frac{(-x)^k}{k} - (-x)^{n+1} \sum_{k=1}^{\langle a \rangle_p} \frac{1}{k\binom{n}{k}(-1-x)^k} \right) \right\} \pmod{p^2}.$$

由于 $1 \leqslant k \leqslant p-1$ 时 $\binom{p}{k} \equiv (-1)^{k-1} \frac{p}{k} \pmod{p^2}$, 故得余下结论.

推论 21.1　设 p 为奇素数, $a, x \in \mathbb{Z}_p$, $a \not\equiv 0 \pmod{p}$, $x \not\equiv -1 \pmod{p}$, $t = (a - \langle a \rangle_p)/p$, 则

$$\sum_{k=0}^{p-1} \binom{a}{k} x^k$$

$$\equiv (1+x)^{\langle a \rangle_p} \left\{ 1 + t((1+x)^p - 1 - x^p) + tx \sum_{k=1}^{\langle a \rangle_p} \binom{p}{k} \left(-\frac{1}{1+x} \right)^k \right\} \pmod{p^2}.$$

证　在定理 21.1 中取 $n = p-1$, 利用二项式定理, Fermat 小定理及 $\binom{p-1}{k} \equiv (-1)^k \pmod{p}$ 即得.

引理 21.1 ([30, Lemma 2.2])　设 p 为奇素数, $a \in \mathbb{Z}_p$, $a \not\equiv 0 \pmod{p}$, $k \in \{1, 2, \cdots, p-2\}$, 则

$$\sum_{r=1}^{\langle a \rangle_p} \frac{(-1)^r}{r^k} \equiv -\frac{(2^{p-k}-1)B_{p-k}}{p-k} + \frac{1}{2}(-1)^{\langle a \rangle_p + k} E_{p-1-k}(-a) \pmod{p}.$$

证 根据定理 17.30, 对 $m, n \in \mathbb{Z}^+$ 有 $\sum_{r=0}^{m-1} (-1)^r r^n = \frac{E_n(0) - (-1)^m E_n(m)}{2}$. 因此,

$$\sum_{r=1}^{\langle a \rangle_p} \frac{(-1)^r}{r^k} \equiv \sum_{r=0}^{\langle a \rangle_p} (-1)^r r^{p-1-k}$$

$$= \frac{E_{p-1-k}(0) - (-1)^{\langle a \rangle_p + 1} E_{p-1-k}(\langle a \rangle_p + 1)}{2} \pmod{p}.$$

由定理 17.29 知, $E_n(0) = \frac{2(1 - 2^{n+1})B_{n+1}}{n+1}, E_n(1-x) = (-1)^n E_n(x)$, 故有

$$\sum_{r=1}^{\langle a \rangle_p} \frac{(-1)^r}{r^k} \equiv -\frac{(2^{p-k}-1)B_{p-k}}{p-k} + \frac{1}{2}(-1)^{\langle a \rangle_p + k} E_{p-1-k}(-\langle a \rangle_p) \pmod{p}.$$

由于 $E_n(x+y) = \sum_{s=0}^{n} \binom{n}{s} x^s E_{n-s}(y)$ (见定理 17.29), 令 $a = \langle a \rangle_p + pt$, 则有

$$E_{p-1-k}(-\langle a \rangle_p) = E_{p-1-k}(pt - a) = \sum_{s=0}^{p-1-k} \binom{p-1-k}{s} (pt)^s E_{p-1-k-s}(-a)$$

$$\equiv E_{p-1-k}(-a) \pmod{p}.$$

于是引理得证.

定理 21.2 (孙智宏[30]) 设 p 为奇素数, $a \in \mathbb{Z}_p$, $a \not\equiv 0 \pmod{p}$, 则

$$\sum_{k=0}^{p-1} \binom{a}{k} (-2)^k \equiv (-1)^{\langle a \rangle_p} - (a - \langle a \rangle_p) E_{p-2}(-a) \pmod{p^2}.$$

证 令 $q_p(2) = (2^{p-1} - 1)/p$, $t = (a - \langle a \rangle_p)/p$. 由于 $\binom{p}{k} \equiv (-1)^{k-1} \frac{p}{k} \pmod{p^2}$, 在推论 21.1 中取 $x = -2$ 得

$$\sum_{k=0}^{p-1} \binom{a}{k} (-2)^k$$

$$\equiv (-1)^{\langle a \rangle_p} (1 + t((1-2)^p - 1 - (-2)^p)) + (-1)^{\langle a \rangle_p} 2pt \sum_{r=1}^{\langle a \rangle_p} \frac{(-1)^r}{r} \pmod{p^2}$$

根据 von Staudt-Clausen 定理, $pB_{p-1} \equiv p - 1 \pmod{p}$. 因此在引理 21.1 中取 $k = 1$ 得

$$
\sum_{r=1}^{\langle a \rangle_p} \frac{(-1)^r}{r} \equiv -\frac{q_p(2)pB_{p-1}}{p-1} + \frac{1}{2}(-1)^{\langle a \rangle_p + 1} E_{p-2}(-a)
$$

$$
\equiv -q_p(2) - \frac{1}{2}(-1)^{\langle a \rangle_p} E_{p-2}(-a) \pmod{p}. \tag{21.3}
$$

由此

$$
\sum_{k=0}^{p-1} \binom{a}{k}(-2)^k
$$

$$
\equiv (-1)^{\langle a \rangle_p}(1 + 2pt q_p(2)) + 2pt(-1)^{\langle a \rangle_p} \left(-q_p(2) - \frac{1}{2}(-1)^{\langle a \rangle_p} E_{p-2}(-a) \right)
$$

$$
= (-1)^{\langle a \rangle_p} - pt E_{p-2}(-a) \pmod{p^2}.
$$

定理得证.

推论 21.2 设 p 为奇素数, 则

$$
\sum_{k=0}^{p-1} \binom{2k}{k} \frac{1}{2^k} \equiv (-1)^{\frac{p-1}{2}} \pmod{p^2}.
$$

证 在定理 21.2 中取 $a = -\frac{1}{2}$, $\langle a \rangle_p = \frac{p-1}{2}$, 并根据 (21.1) 和定理 17.29(ii) 知

$$
\sum_{k=0}^{p-1} \frac{\binom{2k}{k}}{2^k} = \sum_{k=0}^{p-1} \binom{-1/2}{k}(-2)^k \equiv (-1)^{\frac{p-1}{2}} + \frac{p}{2} E_{p-2}\left(\frac{1}{2}\right) = (-1)^{\frac{p-1}{2}} \pmod{p^2}.
$$

注 21.1 设 p 为奇素数, 孙智伟 [39] 证明如下更强结果

$$
\sum_{k=0}^{p-1} \binom{2k}{k} \frac{1}{2^k} \equiv (-1)^{\frac{p-1}{2}} - p^2 E_{p-3} \pmod{p^3}.
$$

定理 21.3 设 p 为奇素数, $c \in \mathbb{Z}_p$, $c \not\equiv 0, 1 \pmod{p}$, 则

$$
\sum_{k=0}^{p-1} \binom{2k}{k}\left(\frac{c}{4}\right)^k
$$

$$\equiv \left(\frac{1-c}{p} \right) \left\{ 1 + \frac{c}{2} \left((1-c)^{p-1} - c^{p-1} \right) - \frac{cp}{2} \sum_{k=1}^{(p-1)/2} \frac{1}{k(1-c)^k} \right\}$$

$$\equiv \left(\frac{1-c}{p} \right) - \frac{1}{2} \left(-c - 1 + (1-c) \left(\frac{1-c}{p} \right) \right) U_{p-\left(\frac{1-c}{p} \right)}(2,c) \pmod{p^2}.$$

证　在推论 21.1 中取 $a = -\dfrac{1}{2}$, $\langle a \rangle_p = \dfrac{p-1}{2}$, $t = -\dfrac{1}{2}$, $x = -c$, 并根据 (21.1) 和 (21.2) 得

$$\sum_{k=0}^{p-1} \binom{2k}{k} \left(\frac{c}{4} \right)^k$$

$$\equiv (1-c)^{\frac{p-1}{2}} \left\{ 1 - \frac{1}{2} ((1-c)^p - 1 - (-c)^p) - \frac{c}{2} \sum_{k=1}^{(p-1)/2} \frac{p}{k(1-c)^k} \right\} \pmod{p^2}.$$

由于

$$\left(\frac{1-c}{p} \right) (1-c)^{\frac{p-1}{2}} \left\{ 1 - \frac{1}{2} ((1-c)^p - 1 + c^p) \right\}$$

$$\equiv \left(1 + \frac{1}{2} ((1-c)^{p-1} - 1) \right) \left(1 - \frac{1}{2} ((1-c)((1-c)^{p-1} - 1) + c(c^{p-1} - 1)) \right)$$

$$\equiv 1 + \frac{c}{2} ((1-c)^{p-1} - c^{p-1}) \pmod{p^2},$$

故由上得

$$\sum_{k=0}^{p-1} \binom{2k}{k} \left(\frac{c}{4} \right)^k$$

$$\equiv \left(\frac{1-c}{p} \right) \left\{ 1 + \frac{c}{2} ((1-c)^{p-1} - c^{p-1}) - \frac{cp}{2} \sum_{k=1}^{(p-1)/2} \frac{1}{k(1-c)^k} \right\} \pmod{p^2}.$$

由定理 19.27 知

$$\sum_{k=1}^{(p-1)/2} \frac{p}{k(1-c)^k} \equiv \frac{4}{(-c-1) \left(\dfrac{1-c}{p} \right) - (1-c)} U_{p-\left(\frac{1-c}{p} \right)}(2,c) - c^{p-1} + (1-c)^{p-1}$$

$$= \frac{1 - c - (1+c) \left(\dfrac{1-c}{p} \right)}{c} U_{p-\left(\frac{1-c}{p} \right)}(2,c) - c^{p-1} + (1-c)^{p-1} \pmod{p^2}.$$

代入前式计算即得余下结论.

注 21.2　孙智伟在 [38] 中用较复杂的方法证明: 设 p 为奇素数, $m \in \mathbb{Z}$, $p \nmid m$, 则

$$\sum_{k=0}^{p-1} \frac{\binom{2k}{k}}{m^k} \equiv \left(\frac{m(m-4)}{p}\right) + U_{p-\left(\frac{m(m-4)}{p}\right)}(m-2, 1) \pmod{p^2}.$$

若 p 为奇素数, $a, x \in \mathbb{Z}_p$, $a(x+1) \not\equiv 0 \pmod{p}$, $t = (a - \langle a \rangle_p)/p$, $H_n = 1 + \frac{1}{2} + \cdots + \frac{1}{n}$, 孙智宏在 [30] 中证明

$$\sum_{k=0}^{p-1} \binom{a}{k} x^k$$

$$\equiv (x+1)^{\langle a \rangle_p} \left(1 + t((1+x)^p - 1 - x^p) + p^2 t(t-1) \sum_{k=1}^{p-1} \frac{(-x)^k}{k} H_{k-1}\right)$$

$$+ ptx^p (x+1)^{\langle a \rangle_p} \left(-\sum_{r=1}^{\langle a \rangle_p} \frac{1}{r(x+1)^r} + pt \sum_{r=1}^{\langle a \rangle_p} \frac{1}{r^2(x+1)^r} - p \sum_{r=1}^{\langle a \rangle_p} \frac{H_r}{r(x+1)^r}\right)$$

$$\pmod{p^3}.$$

推论 21.3 (孙智伟, Tauraso[46])　设 $p > 3$ 为素数, 则

$$\sum_{k=0}^{p-1} \binom{2k}{k} \equiv \left(\frac{p}{3}\right) \pmod{p^2}.$$

证　由于

$$U_{3n}(2, 4) = \frac{2^{3n}}{2\sqrt{-3}} \left\{\left(\frac{1 + \sqrt{-3}}{2}\right)^{3n} - \left(\frac{1 - \sqrt{-3}}{2}\right)^{3n}\right\} = 0,$$

故在定理 21.3 中, 取 $c = 4$, 并注意到 $\left(\frac{-3}{p}\right) = \left(\frac{p}{3}\right)$ 和 $3 \big| p - \left(\frac{p}{3}\right)$ 即得.

注 21.3　设 $p > 3$ 为素数, Mattarei 与 Tauraso 在 [8] 中证明了如下更强结果:

$$\sum_{k=0}^{p-1} \binom{2k}{k} \equiv \left(\frac{p}{3}\right) - \frac{p^2}{3} B_{p-2}\left(\frac{1}{3}\right) \pmod{p^3},$$

$$\sum_{k=0}^{p-1} \frac{\binom{2k}{k}}{3^k} \equiv \left(\frac{p}{3}\right) - \frac{2}{9}p^2 B_{p-2}\left(\frac{1}{3}\right) \pmod{p^3},$$

$$\sum_{k=1}^{p-1} \binom{2k}{k}(-2)^k \equiv -\frac{4}{3}\left(2^{p-1} - 1\right) \pmod{p^3}.$$

引理 21.2 ([21, 引理 2.4]) 设 p 为奇素数, $m \in \mathbb{Z}_p$, $m \not\equiv 0 \pmod{p}$, 则

$$\sum_{k=1}^{(p-1)/2} \frac{m^k}{k} - m \sum_{k=1}^{(p-1)/2} \frac{1}{k \cdot m^k} \equiv \frac{(m-1)^p - (m-1)}{p} - \frac{m^p - m}{p} \pmod{p}.$$

证 由于 $\dfrac{1}{p}\dbinom{p}{k} \equiv \dfrac{(-1)^{k-1}}{k} \pmod{p}$ $(1 \leqslant k \leqslant p-1)$, 故由二项式定理知

$$-\frac{(1-m)^p - 1 + m^p}{p} = -\frac{1}{p}\sum_{k=1}^{p-1}\binom{p}{k}(-m)^k \equiv \sum_{k=1}^{p-1}\frac{m^k}{k} \pmod{p}.$$

另一方面,

$$\sum_{k=1}^{p-1}\frac{m^k}{k} = \sum_{k=1}^{(p-1)/2}\left(\frac{m^k}{k} + \frac{m^{p-k}}{p-k}\right) \equiv \sum_{k=1}^{(p-1)/2}\frac{m^k}{k} - m\sum_{k=1}^{(p-1)/2}\frac{1}{k \cdot m^k} \pmod{p}.$$

综上引理得证.

定理 21.4 设 p 为奇素数, $c \in \mathbb{Z}_p$, $c \not\equiv 0, 1 \pmod{p}$, 则

$$\sum_{k=0}^{p-1}\binom{2k}{k}\left(\frac{c}{4}\right)^k + \sum_{k=0}^{p-1}\binom{2k}{k}\left(\frac{c}{4(c-1)}\right)^k \equiv 2\left(\frac{1-c}{p}\right) \pmod{p^2}.$$

证 根据定理 21.3,

$$\sum_{k=0}^{p-1}\binom{2k}{k}\left(\frac{c}{4}\right)^k$$

$$\equiv \left(\frac{1-c}{p}\right)\left\{1 + \frac{c}{2}\left((1-c)^{p-1} - c^{p-1}\right) - \frac{cp}{2}\sum_{k=1}^{(p-1)/2}\frac{1}{k(1-c)^k}\right\} \pmod{p^2}.$$

把 c 换成 $\dfrac{c}{c-1}$ 可得

$$\sum_{k=0}^{p-1}\binom{2k}{k}\left(\frac{c}{4(c-1)}\right)^k$$

$$\equiv \left(\frac{1-c}{p}\right)\left\{1+\frac{c}{2(c-1)}\cdot\frac{1-c^{p-1}}{(1-c)^{p-1}}-\frac{cp}{2(c-1)}\sum_{k=1}^{(p-1)/2}\frac{(1-c)^k}{k}\right\}\ (\mathrm{mod}\ p^2).$$

两式相加得

$$\sum_{k=0}^{p-1}\binom{2k}{k}\left(\frac{c}{4}\right)^k+\sum_{k=0}^{p-1}\binom{2k}{k}\left(\frac{c}{4(c-1)}\right)^k$$

$$\equiv\left(\frac{1-c}{p}\right)\left\{1+\frac{c}{2}\big((1-c)^{p-1}-c^{p-1}\big)+1+\frac{c}{2(c-1)}(1-c^{p-1})\right\}$$

$$-\left(\frac{1-c}{p}\right)\frac{cp}{2(c-1)}\left\{\sum_{k=1}^{(p-1)/2}\frac{(1-c)^k}{k}-(1-c)\sum_{k=1}^{(p-1)/2}\frac{1}{k(1-c)^k}\right\}\ (\mathrm{mod}\ p^2).$$

应用引理 21.2 得

$$\sum_{k=0}^{p-1}\binom{2k}{k}\left(\frac{c}{4}\right)^k+\sum_{k=0}^{p-1}\binom{2k}{k}\left(\frac{c}{4(c-1)}\right)^k$$

$$\equiv\left(\frac{1-c}{p}\right)\left\{2+\frac{c}{2}\big((1-c)^{p-1}-c^{p-1}\big)+\frac{c}{2(c-1)}(1-c^{p-1})\right\}$$

$$-\left(\frac{1-c}{p}\right)\frac{c}{2(c-1)}(1-c^p-(1-c)^p)=2\left(\frac{1-c}{p}\right)\ (\mathrm{mod}\ p^2).$$

定理得证.

定理 21.5　设 p 为奇素数, $a\in\mathbb{Z}_p$, $a\not\equiv 0,\pm1\ (\mathrm{mod}\ p)$, 则

$$\sum_{k=1}^{p-1}\binom{2k}{k}\left(\frac{a}{(a+1)^2}\right)^k\equiv\frac{2a}{a^2-1}(a^{p-1}-1)\ (\mathrm{mod}\ p^2).$$

证　由定理 18.10 和 (18.12) 知

$$\frac{a^n-1}{a-1}=U_n(a+1,a)=U_n\left(2\cdot\frac{a+1}{2},\frac{4a}{(a+1)^2}\left(\frac{a+1}{2}\right)^2\right)$$

$$=\left(\frac{a+1}{2}\right)^{n-1}U_n\left(2,\frac{4a}{(a+1)^2}\right),$$

故

$$U_{p-1}\left(2,\frac{4a}{(a+1)^2}\right)=\left(\frac{a+1}{2}\right)^{1-(p-1)}\frac{a^{p-1}-1}{a-1}$$

$$\equiv \frac{a+1}{2(a-1)}(a^{p-1}-1) \pmod{p^2}.$$

由此在定理 21.3 中取 $c = \dfrac{4a}{(a+1)^2}$ 计算即得所需.

定理 21.6 设 p 为奇素数, $c \in \mathbb{Z}_p$, $c \not\equiv 0, 1 \pmod{p}$, 则

$$\sum_{k=0}^{(p-1)/2} \frac{\dbinom{2k}{k}}{(4c)^k} \equiv (-c)^{-\frac{p-1}{2}} U_p(2,c)$$

$$\equiv \frac{1}{2}\left(\frac{c(c-1)}{p}\right)\left\{ (c-1)^{p-1} - c^{p-1} + 2 - p\sum_{k=1}^{(p-1)/2} \frac{1}{k(1-c)^k} \right\} \pmod{p^2}.$$

证 由定理 18.14 和引理 20.2 知

$$U_p(2,c) = \sum_{r=0}^{(p-1)/2} \binom{p-1-r}{r} 2^{p-1-2r}(-c)^r$$

$$= \sum_{k=0}^{(p-1)/2} \binom{p-1-((p-1)/2-k)}{(p-1)/2-k} 2^{2k}(-c)^{\frac{p-1}{2}-k}$$

$$= \sum_{k=0}^{(p-1)/2} \binom{(p-1)/2+k}{2k} 2^{2k}(-c)^{\frac{p-1}{2}-k}$$

$$\equiv \sum_{k=0}^{\frac{p-1}{2}} \frac{\dbinom{2k}{k}}{(-16)^k} 2^{2k}(-c)^{\frac{p-1}{2}-k} = (-c)^{\frac{p-1}{2}} \sum_{k=0}^{\frac{p-1}{2}} \frac{\dbinom{2k}{k}}{(4c)^k} \pmod{p^2}.$$

由 [21, 引理 2.4] 知

$$p\sum_{k=1}^{(p-1)/2} \frac{1}{k(1-c)^k} \equiv (1-c)^{p-1} + 1 - 2\left(\frac{1-c}{p}\right)U_p(2,c) \pmod{p^2},$$

因此

$$\sum_{k=0}^{(p-1)/2} \frac{\dbinom{2k}{k}}{(4c)^k} \equiv (-c)^{-\frac{p-1}{2}} U_p(2,c)$$

$$\equiv \frac{1}{2}(-c)^{-\frac{p-1}{2}}\left(\frac{1-c}{p}\right) \times \left\{ (1-c)^{p-1} + 1 - p\sum_{k=1}^{(p-1)/2} \frac{1}{k(1-c)^k} \right\} \pmod{p^2}.$$

由于 $\left(\dfrac{-c}{p}\right)(-c)^{\frac{p-1}{2}} \equiv 1 + \dfrac{1}{2}(c^{p-1}-1) \pmod{p^2}$, 故有 $\left(\dfrac{-c}{p}\right)(-c)^{-\frac{p-1}{2}} \equiv 1 - \dfrac{1}{2}(c^{p-1}-1) \pmod{p^2}$. 于是

$$\left(\frac{-c}{p}\right)(-c)^{-\frac{p-1}{2}}\left((1-c)^{p-1}+1\right) \equiv \left(1 - \frac{1}{2}(c^{p-1}-1)\right)\left((1-c)^{p-1}-1+2\right)$$

$$\equiv 2 + (c-1)^{p-1} - c^{p-1} \pmod{p^2}.$$

综上定理得证.

注 21.4   孙智伟在 [43] 中证明了: 若 p 为奇素数, $m \in \mathbb{Z}$, $p \nmid m$, 则

$$\sum_{k=0}^{(p-1)/2} \frac{\dbinom{2k}{k}}{m^k} \equiv \left(\frac{m(m-4)}{p}\right) + \left(\frac{-m}{p}\right) m' U_{p-\left(\frac{4-m}{p}\right)}(4, m) \pmod{p^2},$$

其中

$$m' = \begin{cases} 1 + \left(\dfrac{4-m}{p}\right), & \text{若 } \left(\dfrac{4-m}{p}\right) = 0, 1, \\[3mm] \dfrac{2}{m}, & \text{若 } \left(\dfrac{4-m}{p}\right) = -1. \end{cases}$$

定理 21.7   设 p 为奇素数, $c \in \mathbb{Z}_p$, $c \not\equiv 0, 1 \pmod{p}$, 则

$$\sum_{k=0}^{p-1}\binom{2k}{k}\left(\frac{c}{4}\right)^k - c\left(\frac{-c}{p}\right)\sum_{k=0}^{(p-1)/2}\frac{\dbinom{2k}{k}}{(4c)^k} \equiv (1-c)\left(\frac{1-c}{p}\right) \pmod{p^2}.$$

证   根据定理 21.3 与定理 21.6 有

$$\sum_{k=0}^{p-1}\binom{2k}{k}\left(\frac{c}{4}\right)^k$$

$$\equiv \left(\frac{1-c}{p}\right)\left\{1 + \frac{c}{2}\left((1-c)^{p-1}-c^{p-1}\right) - \frac{c}{2}\sum_{k=1}^{\frac{p-1}{2}}\frac{p}{k(1-c)^k}\right\}$$

$$\equiv \left(\frac{1-c}{p}\right)\left\{1 + \frac{c}{2}\left((1-c)^{p-1}-c^{p-1}\right)\right\} + c\left(\frac{-c}{p}\right)\sum_{k=0}^{\frac{p-1}{2}}\frac{\dbinom{2k}{k}}{(4c)^k}$$

$$- \frac{c}{2}\left(\frac{1-c}{p}\right)\left((c-1)^{p-1}-c^{p-1}+2\right)$$

$$= c \left(\frac{-c}{p} \right) \sum_{k=0}^{(p-1)/2} \frac{\binom{2k}{k}}{(4c)^k} + \left(\frac{1-c}{p} \right) (1-c) \pmod{p^2}.$$

于是定理得证.

推论 21.4 (孙智伟 [43]) 设 p 为奇素数, 则

$$\sum_{k=0}^{(p-1)/2} \frac{\binom{2k}{k}}{8^k} \equiv \left(\frac{2}{p} \right) \pmod{p^2}, \qquad \sum_{k=0}^{(p-1)/2} \frac{\binom{2k}{k}}{16^k} \equiv \left(\frac{3}{p} \right) \pmod{p^2}.$$

证 在定理 21.7 中取 $c = 2, 4$ 并利用推论 21.2 和推论 21.3 可得.

定理 21.8 设 p 为奇素数, $c \in \mathbb{Z}_p$, $c \not\equiv 0, 1 \pmod{p}$, 则

$$\sum_{k=0}^{(p-1)/2} \binom{2k}{k} \left(\frac{c-1}{4c} \right)^k \equiv (1-c) \left(\frac{c-1}{p} \right) \sum_{k=0}^{(p-1)/2} \frac{\binom{2k}{k}}{(4c)^k} + c \left(\frac{c}{p} \right) \pmod{p^2}.$$

证 在定理 21.6 中将 c 换成 $\dfrac{c}{c-1}$ 得

$$\sum_{k=0}^{(p-1)/2} \binom{2k}{k} \left(\frac{c-1}{4c} \right)^k \equiv \frac{1}{2} \left(\frac{c}{p} \right) \left\{ 1 - c^{p-1} + 2 - p \sum_{k=1}^{(p-1)/2} \frac{(1-c)^k}{k} \right\} \pmod{p^2}.$$

由此利用引理 21.2 和定理 21.6 得

$$\sum_{k=0}^{(p-1)/2} \binom{2k}{k} \left(\frac{c-1}{4c} \right)^k$$

$$\equiv \frac{1}{2} \left(\frac{c}{p} \right) \left\{ 3 - c^{p-1} - \left((1-c)p \sum_{k=1}^{(p-1)/2} \frac{1}{k(1-c)^k} + 1 - c^p - (1-c)^p \right) \right\}$$

$$\equiv \frac{1}{2} \left(\frac{c}{p} \right) \left(3 - c^{p-1} - 1 + c^p + (1-c)^p \right) + (1-c) \left(\frac{c-1}{p} \right)$$

$$\times \left(\sum_{k=0}^{(p-1)/2} \frac{\binom{2k}{k}}{(4c)^k} - \frac{1}{2} \left(\frac{c(c-1)}{p} \right) \left((c-1)^{p-1} - c^{p-1} + 2 \right) \right) \pmod{p^2}.$$

由此推出定理结论.

定理 21.9　设 p 为奇素数, $a \in \mathbb{Z}_p$, $a \not\equiv 0,1 \pmod{p}$, 则

$$\left(\frac{-a}{p}\right) \sum_{k=0}^{(p-1)/2} \binom{2k}{k} \left(\frac{(a+1)^2}{16a}\right)^k \equiv 1 + \frac{a+1}{2(a-1)}(a^{p-1}-1) \pmod{p^2}.$$

证　显然当 $a \equiv -1 \pmod{p}$ 时定理正确, 现设 $a \not\equiv -1 \pmod{p}$, 在定理 21.7 中令 $c = \dfrac{4a}{(a+1)^2}$ 得

$$\sum_{k=0}^{p-1} \binom{2k}{k} \left(\frac{a}{(a+1)^2}\right)^k - \frac{4a}{(a+1)^2} \left(\frac{-a}{p}\right) \sum_{k=0}^{(p-1)/2} \binom{2k}{k} \left(\frac{(a+1)^2}{16a}\right)^k$$

$$\equiv \frac{(a-1)^2}{(a+1)^2} \pmod{p^2}.$$

由此利用定理 21.5 计算即得.

推论 21.5　设 $p > 5$ 为素数, 则

$$\left(\frac{p}{3}\right) \sum_{k=0}^{(p-1)/2} \frac{\binom{2k}{k}}{3^k} \equiv 3^{p-1} \pmod{p^2},$$

$$\left(\frac{5}{p}\right) \sum_{k=0}^{(p-1)/2} \frac{\binom{2k}{k}}{(-5)^k} \equiv 1 + \frac{1}{3}(5^{p-1}-1) \pmod{p^2}.$$

证　在定理 21.9 中取 $a = 3, -5$ 即得.

下面不加证明地介绍包含 $\binom{2k}{k}$ 的其他有趣而深刻的同余式, 其证明难度大, 所用工具和复杂性超出本书范畴.

定理 21.10 (Adamchuk 猜想, 毛国帅 [10] 证明)　设 p 为 $3k+1$ 形素数, 则

$$\sum_{k=1}^{2(p-1)/3} \binom{2k}{k} \equiv 0 \pmod{p^2}.$$

定理 21.11 (潘颢, 孙智伟 [18])　设 p 为 $4k+1$ 形素数, 则

$$\sum_{k=0}^{3(p-1)/4} \frac{\binom{2k}{k}}{(-4)^k} \equiv \left(\frac{2}{p}\right) \pmod{p^2}.$$

定理 21.12 (孙智伟猜想, 毛国帅证明 [9])　设 p 为 $3k+1$ 形素数, 则

$$\sum_{k=0}^{5(p-1)/6} \frac{\binom{2k}{k}}{16^k} \equiv \left(\frac{3}{p}\right) \pmod{p^2}.$$

定理 21.13 (毛国帅, Tauraso[13]) 设 p 为 $3k+1$ 形素数, 则

$$\sum_{k=1}^{2(p-1)/3} \binom{2k}{k}(-2)^k \equiv 0 \pmod{p^2}, \qquad \sum_{k=0}^{5(p-1)/6} \frac{\binom{2k}{k}}{(-32)^k} \equiv \left(\frac{2}{p}\right) \pmod{p^2}.$$

定理 21.14 (孙智伟猜想 [43], 毛国帅, Tauraso 证明 [13]) 设 p 为 $5k+1$ 形素数, 则

$$\sum_{k=1}^{3(p-1)/5} \binom{2k}{k}(-1)^k \equiv \sum_{k=1}^{4(p-1)/5} \binom{2k}{k}(-1)^k \equiv 0 \pmod{p^2},$$

$$\sum_{k=0}^{7(p-1)/10} \frac{\binom{2k}{k}}{(-16)^k} \equiv \sum_{k=0}^{9(p-1)/10} \frac{\binom{2k}{k}}{(-16)^k} \equiv 0 \pmod{p^2}.$$

目前没有解决的还有如下猜想.

猜想 21.1 (孙智伟 [43]) 设 p 为 $5k+2$ 形素数, 则

$$\sum_{k=0}^{[4p/5]} \binom{2k}{k}(-1)^k \equiv \sum_{k=0}^{[7p/10]} \frac{\binom{2k}{k}}{(-16)^k} = -1 \pmod{p^2}.$$

若 p 为 $5k+3$ 形素数, 则

$$\sum_{k=0}^{[3p/5]} \binom{2k}{k}(-1)^k \equiv \sum_{k=0}^{[9p/10]} \frac{\binom{2k}{k}}{(-16)^k} \equiv -1 \pmod{p^2}.$$

21.2 两个二项式系数乘积之和的同余式

设 $p > 3$ 为素数, 2003 年 Rodriguez-Villegas 提出 22 个同余式猜想, 包含如下四个猜想:

$$\sum_{k=0}^{p-1} \frac{\binom{2k}{k}^2}{16^k} \equiv \left(\frac{-1}{p}\right) \pmod{p^2}, \quad \sum_{k=0}^{p-1} \frac{\binom{2k}{k}\binom{3k}{k}}{27^k} \equiv \left(\frac{-3}{p}\right) \pmod{p^2},$$

$$\sum_{k=0}^{p-1} \frac{\binom{2k}{k}\binom{4k}{2k}}{64^k} \equiv \left(\frac{-2}{p}\right) \pmod{p^2}, \quad \sum_{k=0}^{p-1} \frac{\binom{3k}{k}\binom{6k}{3k}}{432^k} \equiv \left(\frac{-1}{p}\right) \pmod{p^2}.$$

这些猜想被 Mortenson[14] 证明. 孙智伟 [39] 证明

$$\sum_{k=0}^{p-1} \frac{\binom{2k}{k}^2}{16^k} \equiv \left(\frac{-1}{p}\right) - p^2 E_{p-3} \pmod{p^3},$$

并猜想如下结果:

$$\sum_{k=0}^{p-1} \frac{\binom{6k}{3k}\binom{3k}{k}}{432^k} \equiv \left(\frac{-1}{p}\right) - \frac{25}{9}p^2 E_{p-3} \pmod{p^3},$$

$$\sum_{k=0}^{p-1} \frac{\binom{2k}{k}\binom{4k}{2k}}{64^k} \equiv \left(\frac{-2}{p}\right) - \frac{3}{16}p^2 E_{p-3}\left(\frac{1}{4}\right) \pmod{p^3},$$

$$\sum_{k=0}^{p-1} \frac{\binom{2k}{k}\binom{3k}{k}}{27^k} \equiv \left(\frac{-3}{p}\right) - \frac{p^2}{3}B_{p-2}\left(\frac{1}{3}\right) \pmod{p^3}.$$

下面我们证明比孙智伟猜想更强的一般结果, 为此先介绍几个引理.

引理 21.3　设 k 为正整数, 则

$$\binom{-1/2}{k}^2 = \frac{\binom{2k}{k}^2}{16^k}, \quad \binom{-1/3}{k}\binom{-2/3}{k} = \frac{\binom{2k}{k}\binom{3k}{k}}{27^k},$$

$$\binom{-1/4}{k}\binom{-3/4}{k} = \frac{\binom{2k}{k}\binom{4k}{2k}}{64^k}, \quad \binom{-1/6}{k}\binom{-5/6}{k} = \frac{\binom{3k}{k}\binom{6k}{3k}}{432^k}.$$

证　根据 (4.5), $\binom{-1/2}{k} = \binom{2k}{k}/(-4)^k$, 故 $\binom{-1/2}{k}^2 = \frac{\binom{2k}{k}^2}{16^k}$. 此外,

$$\binom{-1/3}{k}\binom{-2/3}{k} = \frac{-\frac{1}{3}\left(-\frac{4}{3}\right)\cdots\left(-\frac{3k-2}{3}\right)}{k!} \cdot \frac{-\frac{2}{3}\left(-\frac{5}{3}\right)\cdots\left(-\frac{3k-1}{3}\right)}{k!}$$

$$
= \frac{1 \cdot 2 \cdot 4 \cdot 5 \cdots (3k-2)(3k-1)}{(-3)^{2k} \cdot k!^2}
$$

$$
= \frac{(3k)!}{3^k \cdot k! \cdot 3^{2k} \cdot k!^2} = \frac{\binom{2k}{k}\binom{3k}{k}}{27^k},
$$

$$
\binom{-1/4}{k}\binom{-3/4}{k} = \frac{-\frac{1}{4}\left(-\frac{5}{4}\right)\cdots\left(-\frac{4k-3}{4}\right)}{k!} \cdot \frac{-\frac{3}{4}\left(-\frac{7}{4}\right)\cdots\left(-\frac{4k-1}{4}\right)}{k!}
$$

$$
= \frac{1 \cdot 3 \cdot 5 \cdot 7 \cdots (4k-3)(4k-1)}{(-4)^{2k} \cdot k!^2}
$$

$$
= \frac{(4k)!}{2^{2k} \cdot (2k)! \cdot 4^{2k} \cdot k!^2} = \frac{\binom{2k}{k}\binom{4k}{2k}}{64^k},
$$

$$
\binom{-1/6}{k}\binom{-5/6}{k} = \frac{-\frac{1}{6}\left(-\frac{7}{6}\right)\cdots\left(-\frac{6k-5}{6}\right)}{k!} \cdot \frac{-\frac{5}{6}\left(-\frac{11}{6}\right)\cdots\left(-\frac{6k-1}{6}\right)}{k!}
$$

$$
= \frac{1 \cdot 5 \cdot 7 \cdot 11 \cdots (6k-5)(6k-1)}{(-6)^{2k} \cdot k!^2}
$$

$$
= \frac{(6k)!}{2 \cdot 4 \cdots 6k \cdot 3 \cdot 9 \cdots (6k-3) \cdot 6^{2k} \cdot k!^2}
$$

$$
= \frac{(6k)!}{2^{3k} \cdot (3k)! \cdot 3^k \cdot \frac{(2k)!}{2^k \cdot k!} \cdot 6^{2k} \cdot k!^2} = \frac{\binom{3k}{k}\binom{6k}{3k}}{432^k}.
$$

引理 21.4 设 $p > 3$ 为素数，$t \in \mathbb{Z}_p$，则

$$
\sum_{k=0}^{p-1} \binom{pt}{k}\binom{-1-pt}{k} \equiv 1 \pmod{p^3}.
$$

证 对 $k \in \{1, 2, \cdots, p-1\}$ 有

$$
\binom{pt}{k}\binom{-1-pt}{k} = \frac{pt(pt-1)\cdots(pt-k+1)(-1-pt)(-2-pt)\cdots(-k-pt)}{k!^2}
$$

$$
= \frac{(-1)^k pt(pt+k)}{k!^2}(p^2t^2 - 1^2)\cdots(p^2t^2 - (k-1)^2)
$$

$$
\equiv -\frac{pt(pt+k)}{k^2} = -\frac{p^2t^2}{k^2} - \frac{pt}{k} \pmod{p^3}.
$$

由定理 17.15 知, $\sum_{k=1}^{p-1} \frac{1}{k^2} \equiv 0 \pmod{p}$, $\sum_{k=1}^{p-1} \frac{1}{k} \equiv 0 \pmod{p^2}$. 因此,

$$\sum_{k=0}^{p-1} \binom{pt}{k}\binom{-1-pt}{k} \equiv 1 - p^2t^2 \sum_{k=1}^{p-1} \frac{1}{k^2} - pt \sum_{k=1}^{p-1} \frac{1}{k} \equiv 1 \pmod{p^3}.$$

于是引理得证.

引理 21.5 (孙智宏 [28])　设 p 为奇素数, $m \in \{1, 2, \cdots, p-1\}$, $t \in \mathbb{Z}_p$, 则

$$\binom{m+pt-1}{p-1} \equiv \frac{pt}{m} - \frac{p^2t^2}{m^2} + \frac{p^2t}{m} H_m \pmod{p^3}.$$

证　对 $m < \frac{p}{2}$ 可见

$$\binom{m+pt-1}{p-1}$$

$$= \frac{(m-1+pt)(m-2+pt)\cdots(1+pt) \cdot pt(pt-1)\cdots(pt-(p-1-m))}{(p-1)!}$$

$$= \frac{pt(p^2t^2-1^2)\cdots(p^2t^2-(m-1)^2)(pt-m)\cdots(pt-(p-1-m))}{(p-1)!}$$

$$\equiv pt\frac{(m-1)!(-1)(-2)\cdots\cdots(-(p-1-m))}{(p-1)!}\left(1 - pt\sum_{k=m}^{p-1-m}\frac{1}{k}\right)$$

$$= pt \cdot \frac{(-1)^{p-1-m} \cdot (m-1)!}{(p-m)\cdots(p-1)}\left(1 - pt\left(H_{p-1-m} - H_m + \frac{1}{m}\right)\right) \pmod{p^3}.$$

当 $m > \frac{p}{2}$ 时有

$$\binom{m+pt-1}{p-1}$$

$$= \frac{(m-1+pt)(m-2+pt)\cdots(1+pt) \cdot pt(pt-1)\cdots(pt-(p-1-m))}{(p-1)!}$$

$$= \frac{pt(p^2t^2-1^2)\cdots(p^2t^2-(p-1-m)^2)(pt+p-m)\cdots(pt+m-1)}{(p-1)!}$$

$$\equiv pt\frac{(-1)^{p-1-m}(p-1-m)!(m-1)!}{(p-1)!}\left(1 + pt\sum_{k=p-m}^{m-1}\frac{1}{k}\right)$$

$$= pt \cdot \frac{(-1)^{p-1-m} \cdot (m-1)!}{(p-m)\cdots(p-1)}\left(1 - pt\left(H_{p-1-m} - H_m + \frac{1}{m}\right)\right) \pmod{p^3}.$$

因 $(p-m)\cdots(p-1) \equiv (-1)^m m!(1-pH_m) \pmod{p^2}$, 由上得

$$\binom{m+pt-1}{p-1} \equiv pt \cdot \frac{(-1)^m \cdot (m-1)!}{(-1)^m \cdot m!(1-pH_m)}\Big(1-\frac{pt}{m}-pt(H_{p-1-m}-H_m)\Big)$$

$$\equiv \frac{pt}{m}(1+pH_m)\Big(1-\frac{pt}{m}-pt(H_{p-1-m}-H_m)\Big)$$

$$\equiv \frac{pt}{m} - \frac{p^2 t}{m}\Big(\frac{t}{m}+t(H_{p-1-m}-H_m)-H_m\Big) \pmod{p^3}.$$

注意到

$$H_{p-1-m}-H_m = H_{p-1} - \sum_{k=1}^{m}\Big(\frac{1}{k}+\frac{1}{p-k}\Big) \equiv 0 \pmod{p}, \qquad (21.4)$$

便有引理结论.

定理 21.15 (孙智宏 [30]) 设 $p > 3$ 为素数, $a \in \mathbb{Z}_p$, $t = (a - \langle a \rangle_p)/p$, 则

$$\sum_{k=0}^{p-1}\binom{a}{k}\binom{-1-a}{k} \equiv (-1)^{\langle a \rangle_p} + p^2 t(t+1)E_{p-3}(-a) \pmod{p^3},$$

当 $a \not\equiv 0 \pmod{p}$ 时也有

$$\sum_{k=0}^{p-1}\binom{a}{k}\binom{-1-a}{k} \equiv (-1)^{\langle a \rangle_p} + p^2 t(t+1)\Big(\frac{2}{a^2}-E_{p-3}(a)\Big) \pmod{p^3}.$$

证 对 $n \in \mathbb{Z}^+$, 令 $S_n(x) = \sum_{k=0}^{n}\binom{x}{k}\binom{-1-x}{k}$. 由于 $k \in \mathbb{Z}^+$ 时

$$\binom{x}{k}\binom{-1-x}{k} + \binom{x+1}{k}\binom{-2-x}{k}$$

$$= 2\binom{x}{k}\binom{-2-x}{k} - 2\binom{x}{k-1}\binom{-2-x}{k-1},$$

我们有

$$S_n(x) + S_n(x+1) = 2 + 2\sum_{k=1}^{n}\Big(\binom{x}{k}\binom{-2-x}{k}-\binom{x}{k-1}\binom{-2-x}{k-1}\Big)$$

$$= 2\binom{x}{n}\binom{-2-x}{n} = 2(-1)^n\binom{x}{n}\binom{x+1+n}{n}.$$

当 $a = pt \equiv 0 \pmod{p}$ 时, 根据定理 17.29 的证明知, $E_{p-3}(-pt) \equiv E_{p-3}(0) = 2(1-2^{p-2})B_{p-2}/(p-2) \equiv 0 \pmod{p}$. 因此这时由引理 21.4 知定理成立.

现设 $a = \langle a \rangle_p + pt \not\equiv 0 \pmod{p}$, 则 $t \in \mathbb{Z}_p$, $a - k = \langle a \rangle_p - k + pt$. 由前述恒等式得

$$S_n(a) - (-1)^{\langle a \rangle_p} S_n(pt) = \sum_{k=0}^{\langle a \rangle_p - 1} (-1)^k (S_n(a-k-1) + S_n(a-k))$$

$$= 2 \sum_{k=0}^{\langle a \rangle_p - 1} (-1)^{n+k} \binom{a-k-1}{n} \binom{a-k+n}{n}.$$

取 $n = p - 1$ 并应用引理 21.5 有

$$S_{p-1}(a) - (-1)^{\langle a \rangle_p} S_{p-1}(pt)$$

$$= 2 \sum_{k=0}^{\langle a \rangle_p - 1} (-1)^{p-1+k} \binom{\langle a \rangle_p - k + pt - 1}{p-1} \binom{\langle a \rangle_p - k + p(t+1) - 1}{p-1}$$

$$\equiv 2 \sum_{k=0}^{\langle a \rangle_p - 1} (-1)^k \left(\frac{pt}{\langle a \rangle_p - k} - \frac{p^2 t^2}{(\langle a \rangle_p - k)^2} + \frac{p^2 t}{\langle a \rangle_p - k} H_{\langle a \rangle_p - k} \right)$$

$$\times \left(\frac{p(t+1)}{\langle a \rangle_p - k} - \frac{p^2 (t+1)^2}{(\langle a \rangle_p - k)^2} + \frac{p^2 (t+1)}{\langle a \rangle_p - k} H_{\langle a \rangle_p - k} \right)$$

$$\equiv 2 \sum_{k=0}^{\langle a \rangle_p - 1} (-1)^k \frac{p^2 t(t+1)}{(\langle a \rangle_p - k)^2} = 2 \sum_{r=1}^{\langle a \rangle_p} (-1)^{\langle a \rangle_p - r} \frac{p^2 t(t+1)}{r^2} \pmod{p^3}.$$

由于 $m \in \mathbb{Z}^+$ 时 $B_{2m+1} = 0$, 故 $B_{p-2} = 0$. 因此由引理 21.1 得

$$\sum_{r=1}^{\langle a \rangle_p} \frac{(-1)^r}{r^2} \equiv \frac{1}{2} (-1)^{\langle a \rangle_p} E_{p-3}(-a) \pmod{p}. \tag{21.5}$$

由上和引理 21.4 得到

$$S_{p-1}(a) \equiv (-1)^{\langle a \rangle_p} S_{p-1}(pt) + (-1)^{\langle a \rangle_p} 2 p^2 t(t+1) \sum_{r=1}^{\langle a \rangle_p} \frac{(-1)^r}{r^2}$$

$$\equiv (-1)^{\langle a \rangle_p} + p^2 t(t+1) E_{p-3}(-a) \pmod{p^3}.$$

又由定理 17.29 知, $E_n(1-x) = (-1)^n E_n(x)$, $E_n(x) + E_n(x+1) = 2x^n$, 故

$$E_{p-3}(-a) = E_{p-3}(1+a) = 2a^{p-3} - E_{p-3}(a) \equiv \frac{2}{a^2} - E_{p-3}(a) \pmod{p}.$$

综上定理得证.

定义 21.1 序列 $\{U_n\}$ 由下式给出:

$$U_{2n-1} = 0, \quad U_0 = 1, \quad U_{2n} = -2\sum_{k=1}^{n}\binom{2n}{2k}U_{2n-2k} \quad (n \geqslant 1).$$

序列 U_n 的最初一些数值如下:

$$U_2 = -2, \quad U_4 = 22, \quad U_6 = -602, \quad U_8 = 30742, \quad U_{10} = -2523002,$$

$$U_{12} = 303692662, \quad U_{14} = -50402079002, \quad U_{16} = 11030684333782.$$

由于

$$(\mathrm{e}^t + \mathrm{e}^{-t} - 1)\left(\sum_{n=0}^{\infty}U_n\frac{t^n}{n!}\right) = \left(1 + 2\sum_{m=1}^{\infty}\frac{t^{2m}}{(2m)!}\right)\left(\sum_{k=0}^{\infty}U_{2k}\frac{t^{2k}}{(2k)!}\right)$$

$$= 1 + \sum_{n=1}^{\infty}\left(U_{2n} + 2\sum_{k=0}^{n-1}\binom{2n}{2k}U_{2k}\right)\frac{t^{2n}}{(2n)!} = 1,$$

故当 $|t| < \dfrac{\pi}{3}$ 时有

$$\sum_{n=0}^{\infty}U_n\frac{t^n}{n!} = \frac{1}{\mathrm{e}^t + \mathrm{e}^{-t} - 1}.$$

序列 U_n 有着与 Euler 数 E_n 相似的性质, 详见孙智宏的论文 [23].

引理 21.6 设 $n \in \mathbb{Z}^+$, 则

$$6^{2n}E_{2n}\left(\frac{1}{6}\right) = \frac{3^{2n}+1}{2}E_{2n},$$

$$U_{2n} = 3^{2n}E_{2n}\left(\frac{1}{3}\right) = -2(2^{2n+1}+1)3^{2n}\frac{B_{2n+1}\left(\frac{1}{3}\right)}{2n+1}$$

$$= -\frac{2(2^{2n+1}+1)6^{2n}}{2^{2n}+1} \cdot \frac{B_{2n+1}\left(\frac{1}{6}\right)}{2n+1}.$$

证 根据定理 17.29 和定理 17.21, 当 $|t| < \dfrac{\pi}{6}$ 时

$$2\sum_{n=0}^{\infty}6^{2n}E_{2n}\left(\frac{1}{6}\right)\frac{t^{2n}}{(2n)!} = \sum_{n=0}^{\infty}6^nE_n\left(\frac{1}{6}\right)\frac{t^n + (-t)^n}{n!} = \frac{2\mathrm{e}^t}{\mathrm{e}^{6t}+1} + \frac{2\mathrm{e}^{-t}}{\mathrm{e}^{-6t}+1}$$

$$= \frac{2\mathrm{e}^t + 2\mathrm{e}^{5t}}{\mathrm{e}^{6t}+1} = \frac{2\mathrm{e}^t}{\mathrm{e}^{2t}+1} + \frac{2\mathrm{e}^{3t}}{\mathrm{e}^{6t}+1}$$

$$= \sum_{n=0}^{\infty}(1+3^n)E_n\frac{t^n}{n!} = \sum_{n=0}^{\infty}(1+3^{2n})E_{2n}\frac{t^{2n}}{(2n)!},$$

故 $6^{2n}E_{2n}\left(\dfrac{1}{6}\right) = \dfrac{3^{2n}+1}{2}E_{2n}$. 又 $|t| < \dfrac{\pi}{3}$ 时

$$2\sum_{n=0}^{\infty}E_{2n}\left(\frac{1}{3}\right)\frac{(3t)^{2n}}{(2n)!} = \sum_{n=0}^{\infty}E_n\left(\frac{1}{3}\right)\frac{(3t)^n}{n!} + \sum_{n=0}^{\infty}E_n\left(\frac{1}{3}\right)\frac{(-3t)^n}{n!}$$

$$= \frac{2e^t}{e^{3t}+1} + \frac{2e^{-t}}{e^{-3t}+1} = \frac{2e^t + 2e^{2t}}{e^{3t}+1} = \frac{2e^t}{e^{2t}-e^t+1}$$

$$= \frac{2}{e^t+e^{-t}-1} = 2\sum_{n=0}^{\infty}U_n\frac{t^n}{n!} = 2\sum_{n=0}^{\infty}U_{2n}\frac{t^{2n}}{(2n)!},$$

故 $3^{2n}E_{2n}\left(\dfrac{1}{3}\right) = U_{2n}$.

根据定理 17.29, $E_n\left(\dfrac{1}{3}\right) = \dfrac{2}{n+1}\left(B_{n+1}\left(\dfrac{1}{3}\right) - 2^{n+1}B_{n+1}\left(\dfrac{1}{6}\right)\right)$. 由 Raabe 加法定理知 (见定理 17.7), $B_{n+1}\left(\dfrac{1}{6}\right) + B_{n+1}\left(\dfrac{1}{6}+\dfrac{1}{2}\right) = 2^{-n}B_{n+1}\left(\dfrac{1}{3}\right)$. 由于 $B_{n+1}\left(\dfrac{1}{6}+\dfrac{1}{2}\right) = B_{n+1}\left(\dfrac{2}{3}\right) = (-1)^{n+1}B_{n+1}\left(\dfrac{1}{3}\right)$, 我们有 $B_{n+1}\left(\dfrac{1}{6}\right) = (2^{-n} - (-1)^{n+1})B_{n+1}\left(\dfrac{1}{3}\right)$. 因此,

$$E_n\left(\frac{1}{3}\right) = \frac{2}{n+1}\left(B_{n+1}\left(\frac{1}{3}\right) - 2^{n+1}B_{n+1}\left(\frac{1}{6}\right)\right)$$

$$= \frac{2}{n+1}\left(1 - 2^{n+1}(2^{-n} - (-1)^{n+1})\right)B_{n+1}\left(\frac{1}{3}\right)$$

$$= \frac{2}{n+1}\cdot\frac{(-2)^{n+1}-1}{2^{-n}+(-1)^n}B_{n+1}\left(\frac{1}{6}\right).$$

由此及 $U_{2n} = 3^{2n}E_{2n}\left(\dfrac{1}{3}\right)$ 推出 U_{2n} 的表达式. 于是引理得证.

定理 21.16　设 $p > 3$ 为素数, 则

$$\sum_{k=0}^{p-1}\frac{\binom{2k}{k}^2}{16^k} \equiv (-1)^{\frac{p-1}{2}} - p^2 E_{p-3} \pmod{p^3},$$

$$\sum_{k=0}^{p-1} \frac{\binom{6k}{3k}\binom{3k}{k}}{432^k} \equiv (-1)^{\frac{p-1}{2}} - \frac{25}{9}p^2 E_{p-3} \pmod{p^3},$$

$$\sum_{k=0}^{p-1} \frac{\binom{2k}{k}\binom{3k}{k}}{27^k} \equiv \left(\frac{p}{3}\right) - 2p^2 U_{p-3} \pmod{p^3}.$$

证 在定理 21.15 中, 取 $a = -\dfrac{1}{2}$ 得

$$\sum_{k=0}^{p-1} \frac{\binom{2k}{k}^2}{16^k} = \sum_{k=0}^{p-1} \binom{-1/2}{k}^2 \equiv (-1)^{\frac{p-1}{2}} - \frac{p^2}{4}E_{p-3}\left(\frac{1}{2}\right)$$

$$= (-1)^{\frac{p-1}{2}} - p^2 \frac{1}{2^{p-1}}E_{p-3} \equiv (-1)^{\frac{p-1}{2}} - p^2 E_{p-3} \pmod{p^3}.$$

在定理 21.15 中, 取 $a = -\dfrac{1}{6}$ 并应用引理 21.3 及引理 21.6 得

$$\sum_{k=0}^{p-1} \frac{\binom{6k}{3k}\binom{3k}{k}}{432^k} = \sum_{k=0}^{p-1} \binom{-1/6}{k}\binom{-5/6}{k} \equiv (-1)^{\langle -\frac{1}{6}\rangle_p} - \frac{5}{36}p^2 E_{p-3}\left(\frac{1}{6}\right)$$

$$= (-1)^{\frac{p-1}{2}} - \frac{5}{36} \cdot \frac{3^{p-3}+1}{2 \cdot 6^{p-3}}p^2 E_{p-3}$$

$$- (-1)^{\frac{p-1}{2}} - \frac{25}{9}p^2 E_{p-3} \pmod{p^3}.$$

在定理 21.15 中, 取 $a = -\dfrac{1}{3}$ 并应用引理 21.3 及引理 21.6 得

$$\sum_{k=0}^{p-1} \frac{\binom{2k}{k}\binom{3k}{k}}{27^k} = \sum_{k=0}^{p-1} \binom{-1/3}{k}\binom{-2/3}{k} \equiv (-1)^{\langle -\frac{1}{3}\rangle_p} - \frac{2}{9}p^2 E_{p-3}\left(\frac{1}{3}\right)$$

$$= \left(\frac{p}{3}\right) - \frac{2}{9}p^2 \frac{1}{3^{p-3}}U_{p-3} \equiv \left(\frac{p}{3}\right) - 2p^2 U_{p-3} \pmod{p^3}.$$

于是定理得证.

引理 21.7 设 n 为非负整数, 则有

$$\sum_{k=0}^{n}(k - a(a+1))\binom{a}{k}\binom{-1-a}{k} = -a(a+1)\binom{a-1}{n}\binom{-2-a}{n}.$$

证 由于

$$- a(a+1)\left\{\binom{a-1}{n+1}\binom{-2-a}{n+1} - \binom{a-1}{n}\binom{-2-a}{n}\right\}$$

$$= \binom{a}{n+1}\binom{-1-a}{n+1}((a-n-1)(-2-a-n)-(n+1)^2)$$

$$= (n+1-a(a+1))\binom{a}{n+1}\binom{-1-a}{n+1},$$

对 n 归纳即得引理中恒等式.

定理 21.17 (孙智宏[30])　设 $p > 3$ 为素数, $a \in \mathbb{Z}_p$, $a \not\equiv 0, -1 \pmod{p}$, $t = (a - \langle a \rangle_p)/p$, 则

$$\sum_{k=0}^{p-1} k \binom{a}{k}\binom{-1-a}{k}$$

$$\equiv (-1)^{\langle a \rangle_p} a(a+1) + p^2 t(t+1)\big(a(a+1)E_{p-3}(-a) - 1\big) \pmod{p^3}.$$

证　根据引理 21.5, $\binom{a-1}{p-1} = \binom{\langle a \rangle_p + pt - 1}{p-1} \equiv \frac{pt}{\langle a \rangle_p} \pmod{p^2}$, 且

$$\binom{-2-a}{p-1} = \binom{p-1-\langle a \rangle_p - p(t+1) - 1}{p-1} \equiv \frac{p(-t-1)}{p-1-\langle a \rangle_p} \equiv \frac{p(t+1)}{\langle a \rangle_p + 1} \pmod{p^2}.$$

因此,

$$\binom{a-1}{p-1}\binom{-2-a}{p-1} \equiv \frac{t(t+1)}{\langle a \rangle_p(\langle a \rangle_p + 1)}p^2 \equiv \frac{t(t+1)}{a(a+1)}p^2 \pmod{p^3}.$$

应用引理 21.7 可知

$$\sum_{k=0}^{p-1} k \binom{a}{k}\binom{-1-a}{k} - a(a+1)\sum_{k=0}^{p-1}\binom{a}{k}\binom{-1-a}{k}$$

$$= -a(a+1)\binom{a-1}{p-1}\binom{-2-a}{p-1} \equiv -p^2 t(t+1) \pmod{p^3}. \qquad (21.6)$$

这同定理 21.15 相结合即得定理结论.

推论 21.6　设 $p > 3$ 为素数, 则

$$\sum_{k=0}^{p-1} \frac{k\binom{2k}{k}^2}{16^k} \equiv \frac{1}{4}(-1)^{\frac{p+1}{2}} + \frac{p^2}{4}(1 + E_{p-3}) \pmod{p^3},$$

$$\sum_{k=0}^{p-1} \frac{k \binom{6k}{3k} \binom{3k}{k}}{432^k} \equiv -\frac{5}{36} \left(\frac{-1}{p} \right) + \frac{5}{324} p^2 (9 + 25 E_{p-3}) \pmod{p^3},$$

$$\sum_{k=0}^{p-1} \frac{k \binom{2k}{k} \binom{3k}{k}}{27^k} \equiv -\frac{2}{9} \left(\frac{-3}{p} \right) + \frac{2}{9} p^2 (1 + 2 U_{p-3}) \pmod{p^3}.$$

证 在 (21.6) 中取 $a = -\frac{1}{2}, -\frac{1}{6}, -\frac{1}{3}$, 并应用定理 21.16 即得.

注 21.5 推论 21.6 中第一个同余式由孙智伟[39]证明, 其模 p^2 之情形由孙智宏首先获得. 第二与第三个同余式源于孙智宏的论文 [30], 其模 p^2 之情形由孙智伟首先获得.

下面不加证明地介绍类似结果:

定理 21.18 (孙智宏[29,31]) 设 $p > 3$ 为素数, $a \in \mathbb{Z}_p$, $a \not\equiv 0 \pmod{p}$, $t = (a - \langle a \rangle_p)/p$, 则

$$\sum_{k=0}^{p-1} \binom{a}{k} \binom{-1-a}{k} \frac{1}{2k-1}$$

$$\equiv - (2a+1)(2t+1) - p^2 t(t+1)(4 + (2a+1)B_{p-2}(-a)) \pmod{p^3},$$

$$\sum_{k=0}^{p-1} \binom{a}{k} \binom{-1-a}{k} \frac{2a+1}{2k+1}$$

$$\equiv 1 + 2t + p^2 t(t+1) B_{p-2}(-a) \pmod{p^3},$$

$$\sum_{k=1}^{p-1} \frac{\binom{a}{k} \binom{-1-a}{k}}{k}$$

$$\equiv - \frac{2}{3} p^2 t(t+1) B_{p-3}(-a) - 2 \frac{B_{p^2(p-1)}(-a) - B_{p^2(p-1)}}{p^2(p-1)} \pmod{p^3}.$$

在定理 21.18 中取 $a = -\frac{1}{3}, -\frac{1}{4}, -\frac{1}{6}$, 可推出如下同余式:

定理 21.19 (孙智宏[29,31]) 设 $p > 3$ 为素数, $q_p(a) = (a^{p-1} - 1)/p$, 则

$$\sum_{k=0}^{p-1} \frac{1}{64^k (2k+1)} \binom{2k}{k} \binom{4k}{2k} \equiv (-1)^{\frac{p-1}{2}} - 3p^2 E_{p-3} \pmod{p^3},$$

$$\sum_{k=0}^{p-1} \frac{1}{64^k(2k-1)} \binom{2k}{k}\binom{4k}{2k} \equiv -\frac{1}{4}\left(\frac{-1}{p}\right) + \frac{3}{4}p^2(1+E_{p-3}) \pmod{p^3},$$

$$\sum_{k=0}^{p-1} \frac{1}{27^k(2k+1)} \binom{2k}{k}\binom{3k}{k} \equiv \left(\frac{p}{3}\right) - 4p^2 U_{p-3} \pmod{p^3},$$

$$\sum_{k=0}^{p-1} \frac{1}{27^k(2k-1)} \binom{2k}{k}\binom{3k}{k} \equiv -\frac{1}{9}\left(\frac{-3}{p}\right) + \frac{4}{9}p^2(2+U_{p-3}) \pmod{p^3},$$

$$\sum_{k=0}^{p-1} \frac{1}{432^k(2k+1)} \binom{6k}{3k}\binom{3k}{k} \equiv \left(\frac{p}{3}\right) - \frac{25}{4}p^2 U_{p-3} \pmod{p^3},$$

$$\sum_{k=0}^{p-1} \frac{1}{432^k(2k-1)} \binom{6k}{3k}\binom{3k}{k} \equiv -\frac{4}{9}\left(\frac{-3}{p}\right) + \frac{5}{9}p^2(1+5U_{p-3}) \pmod{p^3},$$

$$\sum_{k=1}^{p-1} \frac{\binom{2k}{k}\binom{3k}{k}}{27^k k} \equiv 3q_p(3) - \frac{3}{2}pq_p(3)^2 + p^2\left(q_p(3)^3 + \frac{52}{27}B_{p-3}\right) \pmod{p^3},$$

$$\sum_{k=1}^{p-1} \frac{\binom{2k}{k}\binom{4k}{2k}}{64^k k} \equiv 6q_p(2) - 3pq_p(2)^2 + p^2\left(2q_p(2)^3 + \frac{7}{2}B_{p-3}\right) \pmod{p^3},$$

$$\sum_{k=1}^{p-1} \frac{\binom{6k}{3k}\binom{3k}{k}}{432^k k} \equiv 4q_p(2) + 3q_p(3) - p\left(2q_p(2)^2 + \frac{3}{2}q_p(3)^2\right)$$

$$+ p^2\left(\frac{4}{3}q_p(2)^3 + q_p(3)^3 + \frac{455}{54}B_{p-3}\right) \pmod{p^3}.$$

定理 21.19 中第 1, 3, 8 个同余式等价于孙智伟的相应猜想.

设 $p > 3$ 为素数, $a \in \mathbb{Z}_p$, $a \not\equiv 0 \pmod{p}$, 在 [12] 中毛国帅与孙智伟讨论了 $\sum_{k=0}^{(p-1)/2} \binom{a}{k}\binom{-1-a}{k}$ 与 $\sum_{k=0}^{(p-1)/2} \frac{1}{2k+1}\binom{a}{k}\binom{-1-a}{k}$ 模 p^2 的同余式. 他们证明了

$$\sum_{k=0}^{(p-1)/2} \binom{a}{k}\binom{-1-a}{k}\frac{2a+1}{2k+1}$$

$$\equiv 1 + 2t + 4ptq_p(2) + 2pt\sum_{r=1}^{\langle a \rangle_p} \frac{1}{r} + 2p\sum_{\substack{1 \leqslant r \leqslant \langle a \rangle_p \\ r > \frac{p}{2}}} \frac{1}{r} \pmod{p^2},$$

其中 $t = (a - \langle a \rangle_p)/p$, $q_p(2) = (2^{p-1} - 1)/p$.

定理 21.20 (孙智宏 [33]) 设 $p > 3$ 为素数, $a \in \mathbb{Z}_p$, $a \not\equiv 0 \pmod{p}$, $t = (a - \langle a \rangle_p)/p$, $q_p(2) = (2^{p-1} - 1)/p$, 则

$$\sum_{k=0}^{(p-1)/2} \binom{a}{k} \binom{-1-a}{k} \frac{2a+1}{2k+1}$$

$$\equiv \begin{cases} 1 + 2t + 4ptq_p(2) - 2pt(B_{p-1}(-a) - B_{p-1}) \pmod{p^2}, & \text{若 } \langle a \rangle_p < \dfrac{p}{2}, \\ 1 + 2t + 4p(t+1)q_p(2) - 2p(t+1)(B_{p-1}(-a) - B_{p-1}) \pmod{p^2}, \\ & \text{若 } \langle a \rangle_p > \dfrac{p}{2}, \end{cases}$$

$$\sum_{k=0}^{(p-1)/2} \binom{a}{k} \binom{-1-a}{k} \frac{1}{2k-1}$$

$$\equiv \begin{cases} -(2a+1) + 2pt(1 + (2a+1)E_{p-2}(-2a)) \pmod{p^2}, & \text{若 } \langle a \rangle_p < \dfrac{p}{2}, \\ 2a+1 + 2p(t+1)(1 + (2a+1)E_{p-2}(-2a)) \pmod{p^2}, & \text{若 } \langle a \rangle_p > \dfrac{p}{2}, \end{cases}$$

$$\sum_{k=1}^{\frac{p-1}{2}} \frac{\binom{a}{k}\binom{-1-a}{k}}{k} + 2\sum_{k=1}^{p-1} \frac{(-1)^{k-1}}{k}\binom{a}{k}$$

$$\equiv \begin{cases} 0 \pmod{p^2}, & \text{若 } \langle a \rangle_p < \dfrac{p}{2}, \\ pB_{p-2}(-a) \pmod{p^2}, & \text{若 } \langle a \rangle_p > \dfrac{p}{2} \end{cases}$$

且

$$\sum_{k=1}^{p-1} \frac{(-1)^{k-1}}{k}\binom{a}{k}$$

$$\equiv 2\frac{B_{p-1}(-a) - B_{p-1}}{p-1} - \frac{B_{2p-2}(-a) - B_{2p-2}}{2p-2} - \frac{pt}{2}B_{p-2}(-a) \pmod{p^2}.$$

通过取 $a = -\dfrac{1}{3}, -\dfrac{1}{4}, -\dfrac{1}{6}$, 计算可得如下同余式.

定理 21.21 (毛国帅, 孙智伟 [12]) 设 $p > 3$ 为素数, 则

$$\sum_{k=0}^{(p-1)/2} \frac{\binom{2k}{k}\binom{3k}{k}}{27^k} \equiv \frac{2^p+1}{3}\left(\frac{p}{3}\right) \pmod{p^2},$$

$$\sum_{k=0}^{(p-1)/2} \frac{\binom{2k}{k}\binom{4k}{2k}}{(2k+1)64^k} \equiv (-1)^{\frac{p-1}{2}} 2^{p-1} \pmod{p^2},$$

$$\sum_{k=0}^{(p-1)/2} \frac{\binom{3k}{k}\binom{6k}{3k}}{(2k+1)432^k} \equiv \frac{3^p+1}{4}\left(\frac{p}{3}\right) \pmod{p^2}.$$

定理 21.22 (孙智宏[33])　设 $p > 3$ 为素数, $q_p(a) = (a^{p-1}-1)/p$, 则

$$\sum_{k=0}^{(p-1)/2} \frac{\binom{2k}{k}\binom{3k}{k}}{(2k+1)27^k} \equiv \left(\frac{p}{3}\right)\left(2 - 2^{p+1} + 3^p\right) \pmod{p^2},$$

$$\sum_{k=0}^{(p-1)/2} \frac{\binom{2k}{k}\binom{4k}{2k}}{(2k-1)64^k} \equiv (-1)^{\frac{p+1}{2}} \frac{p+1}{2} \pmod{p^2},$$

$$\sum_{k=0}^{(p-1)/2} \frac{\binom{2k}{k}\binom{3k}{k}}{(2k-1)27^k} \equiv \frac{1}{9}\left(\frac{p}{3}\right)\left(2^{p+1} - 7 - 6p\right) \pmod{p^2},$$

$$\sum_{k=0}^{(p-1)/2} \frac{\binom{3k}{k}\binom{6k}{3k}}{(2k-1)432^k} \equiv -\frac{1}{9}\left(\frac{p}{3}\right)\left(2^{p+1} + 2 + 3p\right) \pmod{p^2},$$

并且

$$\sum_{k=1}^{(p-1)/2} \frac{\binom{2k}{k}\binom{4k}{2k}}{k \cdot 64^k} \equiv 6q_p(2) - p\left(3q_p(2)^2 + 2(-1)^{\frac{p-1}{2}} E_{p-3}\right) \pmod{p^2},$$

$$\sum_{k=1}^{(p-1)/2} \frac{\binom{2k}{k}\binom{3k}{k}}{k \cdot 27^k} \equiv 3q_p(3) - p\left(\frac{3}{2}q_p(3)^2 + 2\left(\frac{p}{3}\right) U_{p-3}\right) \pmod{p^2},$$

$$\sum_{k=1}^{\frac{p-1}{2}} \frac{\binom{3k}{k}\binom{6k}{3k}}{k \cdot 432^k} \equiv 4q_p(2) + 3q_p(3) - p\left(2q_p(2)^2 + \frac{3}{2}q_p(3)^2 + 5\left(\frac{p}{3}\right) U_{p-3}\right) \pmod{p^2}.$$

现在转而讨论 $\sum_{k=0}^{p-1} \binom{a}{k}^2 (-1)^k$ 模 p^2 的同余式, 其中 p 为奇素数, $a \in \mathbb{Z}_p$. 令

$$f_n(a) = \sum_{k=0}^{n-1} \binom{a}{k}^2 (-1)^k \quad (n = 1, 2, 3, \cdots),$$

$$G(a, k) = \frac{(-1)^{k-1}}{a+1}(2k^2 - (6(a+2)-2)k + (a+2)(5a+7))\binom{a+1}{k-1}^2 (k \geqslant 0),$$

容易验证:

$$(a+2)\binom{a+2}{k}^2(-1)^k + 4(a+1)\binom{a}{k}^2(-1)^k = G(a, k+1) - G(a, k).$$

因此,

$$(a+2)f_n(a+2) + 4(a+1)f_n(a)$$

$$= \sum_{k=0}^{n-1}\left((a+2)\binom{a+2}{k}^2(-1)^k + 4(a+1)\binom{a}{k}^2(-1)^k\right)$$

$$= \sum_{k=0}^{n-1}(G(a, k+1) - G(a, k)) = G(a, n) - G(a, 0) = G(a, n).$$

引理 21.8 设 p 为奇素数, $a \in \mathbb{Z}_p$, $a + 1 \not\equiv 0 \pmod{p}$, $f_p(a) = \sum_{k=0}^{p-1}\binom{a}{k}^2$ $\times (-1)^k$, 则

$$f_p(a) \equiv \begin{cases} -\dfrac{a+2}{4(a+1)}f_p(a+2) \pmod{p^2}, & \text{若 } a+2 \not\equiv 0 \pmod{p}, \\[3mm] \dfrac{p-(a+2)}{2} \pmod{p^2}, & \text{若 } a+2 \equiv 0 \pmod{p}. \end{cases}$$

证 当 $\langle a \rangle_p < p-2$ 时 $\binom{a+1}{p-1} \equiv \binom{\langle a \rangle_p + 1}{p-1} = 0 \pmod{p}$, 从而 $G(a, p) \equiv$ $0 \pmod{p^2}$. 因此 $(a+2)f_p(a+2) + 4(a+1)f_p(a) = G(a, p) \equiv 0 \pmod{p^2}$, 故结果正确. 若 $\langle a \rangle_p = p-2$, 则有

$$\binom{a+1}{p-1} = \frac{((a+2)-1)((a+2)-2)\cdots((a+2)-(p-1))}{(p-1)!}$$

$$\equiv (-1)^{p-1}(1-(a+2)H_{p-1}) \equiv 1 \pmod{p^2},$$

从而

$$G(a, p) = \frac{1}{a+1}(2p^2 - (6(a+2)-2)p + (a+2)(5a+7))\binom{a+1}{p-1}^2$$

$$\equiv \frac{1}{a+1}(2p - 3(a+2)) \equiv 3(a+2) - 2p \pmod{p^2}.$$

又 $f_p(a+2) = 1 + \sum_{k=1}^{p-1} \frac{(a+2)^2}{k^2} \binom{a+1}{k-1}^2 (-1)^k \equiv 1 \pmod{p^2}$, 因此

$$f_p(a) = \frac{G(a,p) - (a+2)f_p(a+2)}{4(a+1)}$$

$$\equiv \frac{3(a+2) - 2p - (a+2)}{-4} = \frac{p - (a+2)}{2} \pmod{p^2}.$$

这就证明了引理.

定理 21.23　设 p 为奇素数, $a \in \mathbb{Z}_p$, 则

(i) (孙智伟 [41]) 当 $2 \mid \langle a \rangle_p$ 时

$$\sum_{k=0}^{p-1} \binom{a}{k}^2 (-1)^k \equiv (-1)^{\frac{\langle a \rangle_p}{2}} \binom{a}{\langle a \rangle_p / 2} \pmod{p^2}.$$

(ii) 当 $2 \nmid \langle a \rangle_p$ 时

$$\sum_{k=0}^{p-1} \binom{a}{k}^2 (-1)^k \equiv (-1)^{\frac{p - \langle a \rangle_p}{2} - 1} \frac{2(a - \langle a \rangle_p)}{a \binom{p - \langle a \rangle_p}{(p - \langle a \rangle_p)/2}} \pmod{p^2}.$$

证　设 $f_p(a) = \sum_{k=0}^{p-1} \binom{a}{k}^2 (-1)^k$, 当 $2 \mid \langle a \rangle_p$ 时由引理 21.8 和 $f_p(a - \langle a \rangle_p) \equiv 1 \pmod{p^2}$ 知

$$f_p(a) \equiv \frac{4(1-a)}{a} f_p(a-2) \equiv \frac{4(1-a)}{a} \cdot \frac{4(3-a)}{a-2} f_p(a-4)$$

$$\equiv \cdots \equiv \frac{4(1-a) \cdot 4(3-a) \cdots (4(\langle a \rangle_p - 1 - a))}{a(a-2) \cdots (a - \langle a \rangle_p + 2)} f_p(a - \langle a \rangle_p)$$

$$\equiv (-4)^{\frac{\langle a \rangle_p}{2}} \frac{a(a-1) \cdots (a - \langle a \rangle_p + 1)}{a^2(a-2)^2 \cdots (a - (\langle a \rangle_p - 2))^2}$$

$$= (-1)^{\frac{\langle a \rangle_p}{2}} \frac{\binom{a}{\langle a \rangle_p} \binom{\langle a \rangle_p}{\langle a \rangle_p / 2}}{\binom{a/2}{\langle a \rangle_p / 2}^2} = (-1)^{\frac{\langle a \rangle_p}{2}} \binom{a}{\langle a \rangle_p / 2} \frac{\binom{a - \langle a \rangle_p / 2}{\langle a \rangle_p / 2}}{\binom{a/2}{\langle a \rangle_p / 2}^2} \pmod{p^2}.$$

令 $a = \langle a \rangle_p + pt$, 则

$$
\begin{aligned}
\binom{a/2}{\langle a \rangle_p/2}^2 &= \binom{\langle a \rangle_p/2 + pt/2}{\langle a \rangle_p/2}^2 \equiv \left(1 + \frac{1}{2}pt H_{\frac{\langle a \rangle_p}{2}}\right)^2 \equiv 1 + pt H_{\frac{\langle a \rangle_p}{2}} \\
&\equiv \binom{\langle a \rangle_p/2 + pt}{\langle a \rangle_p/2} = \binom{a - \langle a \rangle_p/2}{\langle a \rangle_p/2} \pmod{p^2}.
\end{aligned}
$$

于是 (i) 得证.

现设 $2 \nmid \langle a \rangle_p$. 由引理 21.8 可得

$$
\begin{aligned}
f_p(a) &\equiv -\frac{a+2}{4(a+1)} f_p(a+2) \equiv \left(-\frac{a+2}{4(a+1)}\right)\left(-\frac{a+4}{4(a+3)}\right) f_p(a+4) \equiv \cdots \\
&\equiv \left(-\frac{a+2}{4(a+1)}\right)\left(-\frac{a+4}{4(a+3)}\right) \times \cdots \\
&\quad \times \left(-\frac{a + 2\left(\dfrac{p - \langle a \rangle_p}{2} - 1\right)}{4\left(a + 2\left(\dfrac{p - \langle a \rangle_p}{2} - 1\right) - 1\right)}\right) f_p(a + p - \langle a \rangle_p - 2) \\
&\equiv \frac{(a+1)(a+2)\cdots(a + p - \langle a \rangle_p - 2)}{(-16)^{\frac{p - \langle a \rangle_p}{2} - 1}\left(\dfrac{a+1}{2}\right)^2\left(\dfrac{a+1}{2} + 1\right)^2\cdots\left(\dfrac{a+1}{2} + \left(\dfrac{p - \langle a \rangle_p}{2} - 1\right) - 1\right)^2} \\
&\quad \times \left(-\frac{a - \langle a \rangle_p}{2}\right) \\
&\equiv \frac{(-1)^{\frac{p - \langle a \rangle_p}{2}}}{4^{p - \langle a \rangle_p - 2}} \cdot \frac{(\langle a \rangle_p + 1)(\langle a \rangle_p + 2)\cdots(p-2)}{\left(-\dfrac{3}{2}\right)^2\left(-\dfrac{3}{2} - 1\right)^2\cdots\left(-\dfrac{3}{2} - \dfrac{p - \langle a \rangle_p}{2} + 2\right)^2} \cdot \frac{a - \langle a \rangle_p}{2} \\
&\equiv (-1)^{\frac{p - \langle a \rangle_p}{2}} 4^{\langle a \rangle_p} \frac{(p-2)!/\langle a \rangle_p!}{\binom{-1/2}{(p - \langle a \rangle_p)/2}^2 \cdot \left(\dfrac{p - \langle a \rangle_p}{2}\right)!^2} \cdot \frac{a - \langle a \rangle_p}{2} \\
&= (-1)^{\frac{p - \langle a \rangle_p}{2}} 4^{\langle a \rangle_p} \cdot \frac{4^{p - \langle a \rangle_p}\binom{p-1}{\langle a \rangle_p - 1}\binom{p - \langle a \rangle_p}{(p - \langle a \rangle_p)/2}}{(p-1) \cdot \langle a \rangle_p \cdot \binom{p - \langle a \rangle_p}{(p - \langle a \rangle_p)/2}^2} \cdot \frac{a - \langle a \rangle_p}{2} \\
&\equiv -\frac{2}{a}(-1)^{\frac{p - \langle a \rangle_p}{2}} \frac{a - \langle a \rangle_p}{\binom{p - \langle a \rangle_p}{(p - \langle a \rangle_p)/2}} \pmod{p^2}.
\end{aligned}
$$

于是 (ii) 得证.

定理 21.24 (孙智宏[28])　设 p 为奇素数, $a, b \in \mathbb{Z}_p$, 则

$$\sum_{k=0}^{p-1} \binom{a}{k}\binom{b-a}{k} \equiv \begin{cases} \dfrac{(-1)^{\langle a \rangle_p - \langle b \rangle_p - 1}}{(\langle a \rangle_p - \langle b \rangle_p)\dbinom{\langle a \rangle_p}{\langle b \rangle_p}} (b - \langle b \rangle_p) \pmod{p^2}, & \text{若 } \langle a \rangle_p > \langle b \rangle_p, \\[4mm] \dbinom{\langle b \rangle_p}{\langle a \rangle_p} (1 + (b - \langle b \rangle_p) H_{\langle b \rangle_p} - (a - \langle a \rangle_p) H_{\langle a \rangle_p} \\[2mm] \quad - (b - a - \langle b - a \rangle_p) H_{\langle b-a \rangle_p}) \pmod{p^2}, & \text{若 } \langle a \rangle_p \leqslant \langle b \rangle_p. \end{cases}$$

推论 21.7 (孙智伟[41])　设 p 为奇素数, $a \in \mathbb{Z}_p$, 则

$$\sum_{k=0}^{p-1} \binom{a}{k}^2 \equiv \binom{2a}{\langle a \rangle_p} \pmod{p^2}.$$

定理 21.25 (孙智宏[34])　设 p 为奇素数, $a, b \in \mathbb{Z}_p$, $t = (a - \langle a \rangle_p)/p$, $s = (b - \langle b \rangle_p)/p \not\equiv -1 \pmod p$, $1 \leqslant \langle b \rangle_p \leqslant p - 1 - \langle a \rangle_p < p - 1$,

(i) 若 $\langle b \rangle_p \leqslant \langle a \rangle_p$, 则

$$\sum_{k=0}^{p-1} \binom{a}{k}\binom{-1-a}{k} \frac{1}{k+b} \equiv \frac{p(s+t+1)(s-t)}{b^2(s+1)\dbinom{\langle a \rangle_p}{\langle b \rangle_p}\dbinom{p-1-\langle a \rangle_p}{\langle b \rangle_p}} \pmod{p^2}.$$

(ii) 若 $\langle b \rangle_p > \langle a \rangle_p$, 则

$$\sum_{k=0}^{p-1} \binom{a}{k}\binom{-1-a}{k} \frac{1}{k+b}$$

$$\equiv \frac{s+1+t}{b(s+1)} \cdot \frac{\dbinom{\langle b \rangle_p - 1}{\langle a \rangle_p}}{\dbinom{p-1-\langle b \rangle_p}{\langle a \rangle_p}} \left(1 + p\frac{s+1}{b} + p(2s+1)H_{\langle b \rangle_p - 1} \right.$$

$$\left. - p(s-t)H_{\langle b \rangle_p - \langle a \rangle_p - 1} - p(s+t+1)H_{\langle a \rangle_p + \langle b \rangle_p} \right) \pmod{p^2}.$$

推论 21.8 (孙智宏[34])　设 $p > 3$ 为素数, $b \in \mathbb{Z}_p$, $\langle b \rangle_p \neq 0$, $s = (b - \langle b \rangle_p)/p \not\equiv -1 \pmod p$, 则

(i) 当 $\langle b \rangle_p < \dfrac{p}{2}$ 时

$$\sum_{k=0}^{p-1} \frac{\dbinom{2k}{k}^2}{16^k(k+b)} \equiv \frac{\left(s + \dfrac{1}{2}\right)^2 p}{b^2(s+1)\dbinom{(p-1)/2}{\langle b \rangle_p}^2} \pmod{p^2},$$

$$\sum_{k=0}^{(p-1)/2} \frac{\binom{2k}{k}^2}{16^k(k+b)} \equiv \frac{b - \langle b \rangle_p}{b^2 \binom{(p-1)/2}{\langle b \rangle_p}^2} \pmod{p^2};$$

(ii) 当 $\langle b \rangle_p < \dfrac{p}{3}$ 时

$$\sum_{k=0}^{p-1} \frac{\binom{2k}{k}\binom{3k}{k}}{27^k(k+b)} \equiv \frac{(-1)^{\langle b \rangle_p} \left(s + \frac{1}{3}\right)\left(s + \frac{2}{3}\right) p}{b^2(s+1) \binom{2\langle b \rangle_p}{\langle b \rangle_p} \binom{[p/3] + \langle b \rangle_p}{[p/3] - \langle b \rangle_p}} \pmod{p^2};$$

(iii) 当 $\langle b \rangle_p < \dfrac{p}{4}$ 时

$$\sum_{k=0}^{p-1} \frac{\binom{2k}{k}\binom{4k}{2k}}{64^k(k+b)} \equiv \frac{(-1)^{\langle b \rangle_p} \left(s + \frac{1}{4}\right)\left(s + \frac{3}{4}\right) p}{b^2(s+1) \binom{2\langle b \rangle_p}{\langle b \rangle_p} \binom{[p/4] + \langle b \rangle_p}{[p/4] - \langle b \rangle_p}} \pmod{p^2};$$

(iv) 当 $\langle b \rangle_p < \dfrac{p}{6}$ 时

$$\sum_{k=0}^{p-1} \frac{\binom{3k}{k}\binom{6k}{3k}}{432^k(k+b)} \equiv \frac{(-1)^{\langle b \rangle_p} \left(s + \frac{1}{6}\right)\left(s + \frac{5}{6}\right) p}{b^2(s+1) \binom{2\langle b \rangle_p}{\langle b \rangle_p} \binom{[p/6] + \langle b \rangle_p}{[p/6] - \langle b \rangle_p}} \pmod{p^2}.$$

在第 11 讲中我们讨论了 Legendre 多项式 $P_n(x)$, 特别由定理 11.1 有

$$P_n(x) = \frac{1}{2^n} \sum_{k=0}^{[n/2]} \binom{n}{k}\binom{2n-2k}{n}(-1)^k x^{n-2k}. \tag{21.7}$$

由于 $\binom{n}{k}\binom{n+k}{k} = \binom{2k}{k}\binom{n+k}{2k}$, 故由 Murphy 表达式 (定理 11.2) 有

$$P_n(x) = \sum_{k=0}^{n} \binom{n}{k}\binom{n+k}{k}\left(\frac{x-1}{2}\right)^k = \sum_{k=0}^{n} \binom{2k}{k}\binom{n+k}{2k}\left(\frac{x-1}{2}\right)^k. \tag{21.8}$$

设 $p > 3$ 为素数, 下面讨论 $P_{\frac{p-1}{2}}(x)$ 模 p^2 及 $P_{[\frac{p}{m}]}(x)(m = 3, 4, 6)$ 模 p 的同余式.

定理 21.26 (孙智宏 [22,24,26]) 设 $p > 3$ 为素数, 则

$$P_{\frac{p-1}{2}}(x) \equiv \sum_{k=0}^{(p-1)/2} \binom{2k}{k}^2 \left(\frac{1-x}{32}\right)^k$$

$$\equiv (-1)^{\frac{p-1}{2}} \sum_{k=0}^{(p-1)/2} \binom{2k}{k}^2 \left(\frac{1+x}{32}\right)^k \pmod{p^2},$$

$$P_{[\frac{p}{3}]}(x) \equiv \sum_{k=0}^{p-1} \binom{2k}{k}\binom{3k}{k} \left(\frac{1-x}{54}\right)^k$$

$$\equiv (-1)^{[\frac{p}{3}]} \sum_{k=0}^{p-1} \binom{2k}{k}\binom{3k}{k} \left(\frac{1+x}{54}\right)^k \pmod{p},$$

$$P_{[\frac{p}{4}]}(x) \equiv \sum_{k=0}^{p-1} \binom{2k}{k}\binom{4k}{2k} \left(\frac{1-x}{128}\right)^k$$

$$\equiv (-1)^{[\frac{p}{4}]} \sum_{k=0}^{p-1} \binom{2k}{k}\binom{4k}{2k} \left(\frac{1+x}{128}\right)^k \pmod{p},$$

$$P_{[\frac{p}{6}]}(x) \equiv \sum_{k=0}^{p-1} \binom{3k}{k}\binom{6k}{3k} \left(\frac{1-x}{864}\right)^k$$

$$\equiv (-1)^{[\frac{p}{6}]} \sum_{k=0}^{p-1} \binom{3k}{k}\binom{6k}{3k} \left(\frac{1+x}{864}\right)^k \pmod{p}.$$

证   由引理 20.2 知, 当 $1 \leqslant k \leqslant \dfrac{p-1}{2}$ 时 $\dbinom{(p-1)/2+k}{2k} \equiv \dbinom{2k}{k} \Big/ (-16)^k$

$\pmod{p^2}$, 故在 (21.8) 中取 $n = \dfrac{p-1}{2}$, 即得 $P_{\frac{p-1}{2}}(x) \equiv \sum_{k=0}^{(p-1)/2} \dbinom{2k}{k}^2$

$\times \left(\dfrac{1-x}{32}\right)^k \pmod{p^2}$.   注意到 $P_n(-x) = (-1)^n P_n(x)$(推论 11.1), 便有

$P_{\frac{p-1}{2}}(x) = (-1)^{\frac{p-1}{2}} P_{\frac{p-1}{2}}(-x) \equiv (-1)^{\frac{p-1}{2}} \sum_{k=0}^{(p-1)/2} \dbinom{2k}{k}^2 \left(\dfrac{1+x}{32}\right)^k \pmod{p^2}$.

设 $a \in \mathbb{Z}_p$, $\langle a \rangle_p < k \leqslant p-1$, 则 $\dbinom{a}{k} = \dfrac{a(a-1)\cdots(a-k+1)}{k!} \equiv 0 \pmod{p}$,

故由 (21.8) 得

$$P_{\langle a \rangle_p}(x) = \sum_{k=0}^{\langle a \rangle_p} \binom{\langle a \rangle_p}{k}\binom{\langle a \rangle_p + k}{k} \left(\frac{x-1}{2}\right)^k$$

$$= \sum_{k=0}^{\langle a \rangle_p} \binom{\langle a \rangle_p}{k} \binom{-1 - \langle a \rangle_p}{k} \left(\frac{1-x}{2} \right)^k$$

$$\equiv \sum_{k=0}^{\langle a \rangle_p} \binom{a}{k} \binom{-1-a}{k} \left(\frac{1-x}{2} \right)^k$$

$$\equiv \sum_{k=0}^{p-1} \binom{a}{k} \binom{-1-a}{k} \left(\frac{1-x}{2} \right)^k \pmod{p}.$$

对 $m \in \{3, 4, 6\}$, 令

$$a = \begin{cases} -\dfrac{1}{m}, & \text{若 } p \equiv 1 \pmod{m}, \\[2mm] -\dfrac{m-1}{m}, & \text{若 } p \equiv m-1 \pmod{m}, \end{cases}$$

则有 $\langle a \rangle_p = \left[\dfrac{p}{m} \right]$, $\binom{a}{k}\binom{-1-a}{k} = \binom{-1/m}{k}\binom{-1+1/m}{k}$, 故由上知

$$P_{[\frac{p}{m}]}(x) \equiv \sum_{k=0}^{p-1} \binom{-1/m}{k}\binom{-1+1/m}{k} \left(\frac{1-x}{2} \right)^k \pmod{p}.$$

现在应用引理 21.3 及 $P_n(-x) = (-1)^n P_n(x)$ 即得定理中关于 $P_{[\frac{p}{m}]}(x)$ 模 p 的同余式.

设 $a, b, n \in \mathbb{Z}^+$, 若有 $x, y \in \mathbb{Z}$ 使得 $n = ax^2 + by^2$, 则我们简记为 $n = ax^2 + by^2$. 根据二元二次型理论, 在不计正负号情况下, 每个 $4k+1$ 形素数可唯一表为 $x^2 + 4y^2$, 每个 $3k+1$ 形素数可唯一表为 $x^2 + 3y^2$, 每个 $8k+1$ 或 $8k+3$ 形素数可唯一表为 $x^2 + 2y^2$, 每个 $7k+1$, $7k+2$ 或 $7k+4$ 形素数可唯一表为 $x^2 + 7y^2$.

定理 21.27 (孙智伟猜想, 孙智宏 [22] 与 Tauraso 独立证明) 设 p 为奇素数, 则

$$\sum_{k=0}^{(p-1)/2} \frac{\binom{2k}{k}^2}{32^k} \equiv \begin{cases} 2x - \dfrac{p}{2x} \pmod{p^2}, \\ \qquad \text{若 } p = x^2 + y^2 \equiv 1 \pmod{4} \text{ 且 } 4 \mid x - 1, \\ 0 \pmod{p^2}, \quad \text{若 } p \equiv 3 \pmod{4}. \end{cases}$$

证 根据定理 21.26 与推论 11.1 知

$$\sum_{k=0}^{\frac{p-1}{2}} \frac{\binom{2k}{k}^2}{32^k} \equiv P_{\frac{p-1}{2}}(0) = \begin{cases} (-1)^{\frac{p-1}{4}} 2^{-\frac{p-1}{2}} \binom{(p-1)/2}{(p-1)/4} \pmod{p^2}, & \text{若 } 4 \mid p-1, \\ 0 \pmod{p^2}, & \text{若 } 4 \mid p-3. \end{cases}$$

当 $p = x^2 + y^2 \equiv 1 \pmod 4$ 且 $4 \mid x-1$ 时, Chowla, Dwork 与 Evans 证明 (见 [1]) 了

$$\binom{(p-1)/2}{(p-1)/4} \equiv \frac{2^{p-1}+1}{2}\left(2x - \frac{p}{2x}\right) \pmod{p^2}. \tag{21.9}$$

因 $(-1)^{\frac{p-1}{4}} 2^{\frac{p-1}{2}} \equiv 1 + \frac{1}{2}(2^{p-1}-1) \pmod{p^2}$, 由上知

$$\sum_{k=0}^{(p-1)/2} \frac{\binom{2k}{k}^2}{32^k} \equiv \frac{1 + \frac{1}{2}(2^{p-1}-1)}{1 + \frac{1}{2}(2^{p-1}-1)}\left(2x - \frac{p}{2x}\right) = 2x - \frac{p}{2x} \pmod{p^2}.$$

于是定理得证.

定理 21.28　设 p 为奇素数, 则

(i) (孙智伟猜想, 孙智宏证明 [22]) 当 $p = x^2 + y^2 \equiv 1 \pmod 4$ 且 $4 \mid x-1$ 时

$$\sum_{k=0}^{(p-1)/2} \frac{\binom{2k}{k}^2}{8^k} \equiv \sum_{k=0}^{(p-1)/2} \frac{\binom{2k}{k}^2}{(-16)^k} \equiv (-1)^{\frac{p-1}{4}}\left(2x - \frac{p}{2x}\right) \pmod{p^2};$$

(ii) (孙智伟 [44]) 当 $p \equiv 3 \pmod 4$ 时

$$\sum_{k=0}^{(p-1)/2} \frac{\binom{2k}{k}^2}{8^k} \equiv -\sum_{k=0}^{(p-1)/2} \frac{\binom{2k}{k}^2}{(-16)^k} \equiv (-1)^{\frac{p+1}{4}} \frac{p}{\binom{(p-1)/2}{(p-3)/4}} \pmod{p^2}.$$

证　在定理 21.23 中取 $a = -\frac{1}{2}$, 并注意到 $\binom{-1/2}{k} = \binom{2k}{k}/(-4)^k$ 得

$$\sum_{k=0}^{(p-1)/2} \frac{\binom{2k}{k}^2}{(-16)^k} \equiv \begin{cases} 2^{-\frac{p-1}{2}} \binom{(p-1)/2}{(p-1)/4} \pmod{p^2}, & \text{若 } 4 \mid p-1, \\ (-1)^{\frac{p-3}{4}} \dfrac{p}{\binom{(p-1)/2}{(p-3)/4}} \pmod{p^2}, & \text{若 } 4 \mid p-3. \end{cases}$$

由于 $p \equiv 1 \pmod 4$ 时 $(-1)^{\frac{p-1}{4}} 2^{\frac{p-1}{2}} \equiv 1 + \frac{1}{2}(2^{p-1}+1) \pmod{p^2}$, 由上及 (21.9) 知

$\sum_{k=0}^{\frac{p-1}{2}} \dfrac{\binom{2k}{k}^2}{(-16)^k}$ 模 p^2 同余式得证. 又根据定理 21.26,

$$\sum_{k=0}^{\frac{p-1}{2}} \frac{\binom{2k}{k}^2}{8^k} \equiv P_{\frac{p-1}{2}}(-3) = (-1)^{\frac{p-1}{2}} P_{\frac{p-1}{2}}(3) \equiv (-1)^{\frac{p-1}{2}} \sum_{k=0}^{\frac{p-1}{2}} \frac{\binom{2k}{k}^2}{(-16)^k} \pmod{p^2},$$

故定理得证.

在定理 20.25 中取 $A_k = \dfrac{1}{2^k}$, $a = -\dfrac{1}{3}, -\dfrac{1}{4}, -\dfrac{1}{6}$ 并利用引理 21.3 可得

定理 21.29 (孙智伟 [44]) 设 $p > 3$ 为素数, 则

当 $p \equiv 2 \pmod 3$ 时, $\displaystyle\sum_{k=0}^{p-1} \frac{\binom{2k}{k}\binom{3k}{k}}{54^k} \equiv 0 \pmod{p^2}$,

当 $p \equiv 5, 7 \pmod 8$ 时, $\displaystyle\sum_{k=0}^{p-1} \frac{\binom{2k}{k}\binom{4k}{2k}}{128^k} \equiv 0 \pmod{p^2}$,

当 $p \equiv 3 \pmod 4$ 时, $\displaystyle\sum_{k=0}^{p-1} \frac{\binom{6k}{3k}\binom{3k}{k}}{864^k} \equiv 0 \pmod{p^2}$.

下面的定理是深刻的, 我们略去其证明. 根据定理 21.26、推论 11.1 与定理 13.2, 容易证明相应的同余式模 p 成立.

定理 21.30 (孙智伟猜想, 孙智宏证明 [24,26,28]) 设 $p > 3$ 为素数, 则

(i) 当 $p = x^2 + 3y^2 \equiv 1 \pmod 3$ 且 $3 \mid x - 1$ 时,

$$\sum_{k=0}^{p-1} \frac{\binom{2k}{k}\binom{3k}{k}}{54^k} \equiv 2x - \frac{p}{2x} \pmod{p^2};$$

(ii) 当 $p = x^2 + 2y^2 \equiv 1, 3 \pmod 8$ 且 $4 \mid x - 1$ 时,

$$\sum_{k=0}^{p-1} \frac{\binom{2k}{k}\binom{4k}{2k}}{128^k} \equiv (-1)^{\frac{p-1}{2} + [\frac{p}{8}]} \left(2x - \frac{p}{2x}\right) \pmod{p^2};$$

(iii) 当 $p = x^2 + y^2 \equiv 1 \pmod 4$ 且 $4 \mid x - 1$ 时,

$$\sum_{k=0}^{p-1} \frac{\binom{6k}{3k}\binom{3k}{k}}{864^k} \equiv \begin{cases} 2x - \dfrac{p}{2x} \pmod{p^2}, & \text{若 } p \equiv 1 \pmod{12} \text{ 且 } 3 \nmid x, \\ -2x + \dfrac{p}{2x} \pmod{p^2}, & \text{若 } p \equiv 1 \pmod{12} \text{ 且 } 3 \mid x, \\ 2y - \dfrac{p}{2y} \pmod{p^2}, & \text{若 } p \equiv 5 \pmod{12} \text{ 且 } 3 \mid x - y. \end{cases}$$

定理 21.31 (孙智宏 [24])　设 $p > 3$ 为素数, 则

$$P_{[\frac{p}{4}]}(t) \equiv -\sum_{x=0}^{p-1} (x^3 + 4x^2 + 2(1-t)x)^{\frac{p-1}{2}}$$

$$\equiv -\left(\frac{6}{p}\right) \sum_{x=0}^{p-1} \left(x^3 - \frac{3}{2}(3t+5)x + 9t + 7\right)^{\frac{p-1}{2}} \pmod p,$$

从而 $t \in \mathbb{Z}_p$ 时有

$$P_{[\frac{p}{4}]}(t) \equiv -\left(\frac{6}{p}\right) \sum_{x=0}^{p-1} \left(\frac{x^3 - \dfrac{3}{2}(3t+5)x + 9t + 7}{p}\right) \pmod p.$$

证　由于 $r \in \mathbb{Z}^+$ 时 $p^{r-1}/(r+1) \in \mathbb{Z}_p$, 对 $k \in \mathbb{Z}^+$, 由定理 17.3 及推论 17.6 知

$$\sum_{x=0}^{p-1} x^k = \sum_{r=0}^{k} \binom{k}{r} p B_{k-r} \frac{p^r}{r+1} \equiv p B_k \equiv \begin{cases} p - 1 \pmod p, & \text{若 } p - 1 \mid k, \\ 0 \pmod p, & \text{若 } p - 1 \nmid k. \end{cases}$$

设 $(x^3 + 4x^2 + 2(1-t)x)^{\frac{p-1}{2}} = \sum_{k=1}^{\frac{3(p-1)}{2}} a_k x^k$, 则由上有

$$a_{p-1} \equiv -\sum_{k=1}^{3(p-1)/2} a_k \sum_{x=0}^{p-1} x^k = -\sum_{x=0}^{p-1} (x^3 + 4x^2 + 2(1-t)x)^{\frac{p-1}{2}} \pmod p.$$

另一方面,

$$(x^3 + 4x^2 + 2(1-t)x)^{\frac{p-1}{2}}$$

$$= x^{\frac{p-1}{2}} \sum_{k=0}^{\frac{p-1}{2}} \binom{(p-1)/2}{k} (x^2 + 4x)^{\frac{p-1}{2}-k} (2(1-t))^k$$

$$= x^{\frac{p-1}{2}} \sum_{k=0}^{\frac{p-1}{2}} \binom{(p-1)/2}{k} \sum_{r=0}^{\frac{p-1}{2}-k} \binom{(p-1)/2-k}{r} x^{2r} (4x)^{\frac{p-1}{2}-k-r} (2(1-t))^k.$$

当 $k \leqslant \left[\frac{p}{4}\right]$ 时利用 (21.1) 易见

$$\binom{(p-1)/2-k}{k} = \binom{(p-1)/2}{2k} \frac{(2k)!}{\frac{p-1}{2} \cdot \frac{p-3}{2} \cdots \left(\frac{p-1}{2}-k+1\right) \cdot k!}$$

$$\equiv \binom{-1/2}{2k} \frac{(-2)^k \cdot (2k)!}{1 \cdot 3 \cdots (2k-1) \cdot k!} = \frac{\binom{4k}{2k}}{(-4)^k} \pmod{p}.$$

因此, 由上及 (21.1) 与定理 21.26 得到

$$a_{p-1} = \sum_{k=0}^{[p/4]} \binom{(p-1)/2}{k} \binom{(p-1)/2-k}{k} 4^{\frac{p-1}{2}-2k} (2(1-t))^k$$

$$\equiv \sum_{k=0}^{[p/4]} \frac{1}{(-4)^k} \binom{2k}{k} \frac{1}{(-4)^k} \binom{4k}{2k} 4^{-2k} \cdot 2^k (1-t)^k$$

$$= \sum_{k=0}^{[p/4]} \binom{4k}{2k} \binom{2k}{k} \left(\frac{1-t}{128}\right)^k \equiv P_{[\frac{p}{4}]}(t) \pmod{p}.$$

于是

$$P_{[\frac{p}{4}]}(t) \equiv a_{p-1} \equiv -\sum_{x=0}^{p-1} (x^3 + 4x^2 + 2(1-t)x)^{\frac{p-1}{2}}$$

$$\equiv -\sum_{x=0}^{p-1} \left(\left(x - \frac{4}{3}\right)^3 + 4\left(x - \frac{4}{3}\right)^2 + 2(1-t)\left(x - \frac{4}{3}\right)\right)^{\frac{p-1}{2}}$$

$$= -\sum_{x=0}^{p-1} \left(x^3 - \frac{2}{3}(3t+5)x + \frac{8}{27}(9t+7)\right)^{\frac{p-1}{2}}$$

$$= -\sum_{x=0}^{p-1} \left(\left(\frac{2x}{3}\right)^3 - \frac{2}{3}(3t+5) \cdot \frac{2x}{3} + \frac{8}{27}(9t+7)\right)^{\frac{p-1}{2}}$$

$$= -\left(\frac{8}{27}\right)^{\frac{p-1}{2}} \sum_{x=0}^{p-1} \left(x^3 - \frac{3}{2}(3t+5)x + 9t+7\right)^{\frac{p-1}{2}} \pmod{p}.$$

因 $\left(\frac{8}{27}\right)^{\frac{p-1}{2}} \equiv \left(\frac{8 \cdot 27}{p}\right) = \left(\frac{6}{p}\right) \pmod{p}$, 故定理得证.

定理 21.32 (孙智宏[24])　设 $p > 3$ 为素数, $t \in \mathbb{Z}_p$, $t \not\equiv 0 \pmod{p}$, 则

$$(\sqrt{t})^{\frac{p-1}{2}} P_{\frac{p-1}{2}}(\sqrt{t}) \equiv \left(\frac{t}{p}\right) P_{[\frac{p}{4}]}\left(\frac{2}{t} - 1\right)$$

$$\equiv -\left(\frac{-6}{p}\right) \sum_{x=0}^{p-1} \left(\frac{x^3 - 3t(t+3)x + 2t^2(t-9)}{p}\right) \pmod{p}.$$

证　对 $k \leqslant \left[\frac{p}{4}\right]$, 易见 $\binom{(p-1)/2}{k} \equiv \binom{-1/2}{k} = \binom{2k}{k}/(-4)^k \pmod{p}$,

$$(-1)^{\frac{p-1}{2}} \binom{p-1-2k}{(p-1)/2}$$

$$= (-1)^{\frac{p-1}{2}} \frac{(p-1-2k)(p-2-2k)\cdots\left(p - \left(\frac{p-1}{2} + 2k\right)\right)}{\frac{p-1}{2}!}$$

$$\equiv \frac{(2k+1)(2k+2)\cdots\left(\frac{p-1}{2} + 2k\right)}{\frac{p-1}{2}!}$$

$$= \frac{\left(\frac{p-1}{2} + 2k\right)\left(\frac{p-1}{2} + 2k - 1\right)\cdots\left(\frac{p-1}{2} + 1\right)}{(2k)!}$$

$$\equiv \frac{(4k-1)(4k-3)\cdots 3 \cdot 1}{2^{2k} \cdot (2k)!} = \frac{(4k)!}{2^{2k} \cdot (2k)! \cdot 2^{2k} \cdot (2k)!} = \frac{1}{2^{4k}} \binom{4k}{2k} \pmod{p}.$$

由此, 根据 (21.7)、定理 21.26 和定理 21.31 得

$$(\sqrt{t})^{\frac{p-1}{2}} P_{\frac{p-1}{2}}(\sqrt{t}) = \frac{1}{2^{\frac{p-1}{2}}} \sum_{k=0}^{[p/4]} \binom{(p-1)/2}{k} \binom{p-1-2k}{(p-1)/2} (-1)^k t^{\frac{p-1}{2} - k}$$

$$\equiv \left(\frac{-2}{p}\right) \sum_{k=0}^{[p/4]} \frac{1}{(-4)^k} \binom{2k}{k} \cdot \frac{1}{2^{4k}} \binom{4k}{2k} (-1)^k t^{\frac{p-1}{2} - k}$$

$$\equiv (-1)^{[\frac{p}{4}]} \left(\frac{t}{p}\right) \sum_{k=0}^{[p/4]} \binom{4k}{2k} \binom{2k}{k} \frac{1}{(64t)^k} \equiv \left(\frac{t}{p}\right) P_{[\frac{p}{4}]}\left(\frac{2}{t} - 1\right)$$

$$\equiv -\left(\frac{6t}{p}\right) \sum_{x=0}^{p-1} \left(\frac{x^3 - \frac{3(t+3)}{t}x + \frac{18-2t}{t}}{p}\right)$$

$$= -\left(\frac{-6}{p}\right) \sum_{x=0}^{p-1} \left(\frac{(-tx)^3 - 3(t+3)t(-tx) - (18 - 2t)t^2}{p}\right)$$

$$= -\left(\frac{-6}{p}\right) \sum_{x=0}^{p-1} \left(\frac{x^3 - 3t(t+3)x + 2t^2(t-9)}{p}\right) \pmod{p}.$$

于是定理得证.

现在不加证明地指出如下类似结果, 证明详见孙智宏的论文 [25,26].

定理 21.33 (孙智宏 [25,26]) 设 $p > 3$ 为素数, $t \in \mathbb{Z}_p$, 则

$$P_{[\frac{p}{3}]}(t) \equiv -\left(\frac{p}{3}\right) \sum_{x=0}^{p-1} \left(\frac{x^3 + 3(4t-5)x + 2(2t^2 - 14t + 11)}{p}\right) \pmod{p},$$

$$P_{[\frac{p}{6}]}(t) \equiv -\left(\frac{3}{p}\right) \sum_{x=0}^{p-1} \left(\frac{x^3 - 3x + 2t}{p}\right) \pmod{p}.$$

根据定理 21.26、定理 21.31 和定理 21.33, 孙智宏证明了下面定理模素数 p 之特殊情形.

定理 21.34 (王晨, 孙智伟 [49]) 设 $p > 3$ 为素数, 则

$$\sum_{k=0}^{p-1} \frac{\binom{2k}{k}\binom{4k}{2k}}{48^k} \equiv \begin{cases} \left(\frac{x}{3}\right)\left(2x - \dfrac{p}{2x}\right) \pmod{p^2}, & \text{若 } p = x^2 + 3y^2 \equiv 1 \pmod 3, \\ \dfrac{3p}{2\binom{(p+1)/2}{(p+1)/6}} \pmod{p^2}, & \text{若 } p \equiv 2 \pmod 3, \end{cases}$$

$$\sum_{k=0}^{p-1} \frac{\binom{2k}{k}\binom{4k}{2k}}{72^k} \equiv \begin{cases} \left(\frac{6}{p}\right)(-1)^{\frac{x-1}{2}}\left(2x - \dfrac{p}{2x}\right) \pmod{p^2}, \\ \qquad\qquad\qquad \text{若 } p = x^2 + 4y^2 \equiv 1 \pmod 4, \\ \left(\frac{6}{p}\right)\dfrac{p}{3\binom{(p-1)/2}{(p-3)/4}} \pmod{p^2}, & \text{若 } p \equiv 3 \pmod 4, \end{cases}$$

$$\sum_{k=0}^{p-1} \frac{\binom{2k}{k}\binom{3k}{k}}{24^k} \equiv \begin{cases} \binom{(2p-2)/3}{(p-1)/3} \pmod{p^2}, & \text{若 } 3 \mid p - 1, \\ p\binom{(2p+2)/3}{(p+1)/3}^{-1} \pmod{p^2}, & \text{若 } 3 \mid p - 2. \end{cases}$$

通过数值计算, 作者发现如下猜想.

猜想 21.2 设 p 为奇素数, $a \in \mathbb{Z}_p$, 则

$$\left(\sum_{k=1}^{p-1}\frac{\binom{a}{k}\binom{-1-a}{k}}{k}\right)^2 \equiv -2\sum_{k=1}^{p-1}\frac{\binom{a}{k}\binom{-1-a}{k}}{k^2} \pmod{p^2}.$$

此猜想模 p 情形可从 Tauraso 论文 [47] 推出.

21.3 三个二项式系数乘积之和的同余式

引理 21.9 设 n 为非负整数, 则

$$\sum_{k=0}^{n}\binom{a}{k}\binom{-1-a}{k}\binom{a}{n-k}\binom{-1-a}{n-k}$$
$$=\sum_{k=0}^{n}\binom{2k}{k}\binom{a}{k}\binom{-1-a}{k}\binom{k}{n-k}(-1)^{n-k}.$$

证 令 $S_1(n)$, $S_2(n)$ 分别表示上面恒等式的左边与右边和式, 使用数学软件 Maple 容易验证: 对 $i=1,2$ 和 $n=2,3,\cdots$, 有

$$n^3 S_i(n) = (2n-1)(n^2-n-2a(a+1))S_i(n-1)$$
$$+ (n-1)(2a+n)(2a+2-n)S_i(n-2).$$

又 $S_1(0)=1=S_2(0)$, $S_1(1)=-2a(a+1)=S_2(1)$, 故数列 $S_1(n)$ 与 $S_2(n)$ 有相同初值和递推关系, 从而必有 $S_1(n)=S_2(n)$.

定理 21.35 设 p 为奇素数, $a\in\mathbb{Z}_p$, 则

$$\sum_{k=0}^{p-1}\binom{2k}{k}\binom{a}{k}\binom{-1-a}{k}(t(1-t))^k \equiv \left(\sum_{k=0}^{p-1}\binom{a}{k}\binom{-1-a}{k}t^k\right)^2 \pmod{p^2},$$

从而

$$\sum_{k=0}^{p-1}\binom{2k}{k}\binom{a}{k}\binom{-1-a}{k}(t(1-t))^k \equiv P_{\langle a\rangle_p}(1-2t)^2 \pmod{p}.$$

证 对 $k\in\left\{\dfrac{p+1}{2},\cdots,p-1\right\}$, 易见 $p\Big|\binom{2k}{k}$,

$$\binom{a}{k}\binom{-1-a}{k}=(-1)^k\frac{(a+k)(a+k-1)\cdots(a-k+1)}{k!^2}\equiv 0 \pmod{p}.$$

应用引理 21.9 得到

$$\sum_{k=0}^{p-1} \binom{a}{k}\binom{-1-a}{k}\binom{2k}{k}(t(1-t))^k$$

$$\equiv \sum_{k=0}^{(p-1)/2} \binom{a}{k}\binom{-1-a}{k}\binom{2k}{k}(t(1-t))^k$$

$$= \sum_{k=0}^{(p-1)/2} \binom{a}{k}\binom{-1-a}{k}\binom{2k}{k}t^k\sum_{r=0}^{k}\binom{k}{r}(-t)^r$$

$$= \sum_{n=0}^{p-1} t^n \sum_{k=0}^{\min\{n,\frac{p-1}{2}\}} \binom{a}{k}\binom{-1-a}{k}\binom{2k}{k}\binom{k}{n-k}(-1)^{n-k}$$

$$\equiv \sum_{n=0}^{p-1} t^n \sum_{k=0}^{n}\binom{a}{k}\binom{-1-a}{k}\binom{2k}{k}\binom{k}{n-k}(-1)^{n-k}$$

$$= \sum_{n=0}^{p-1} t^n \sum_{k=0}^{n}\binom{a}{k}\binom{-1-a}{k}\binom{a}{n-k}\binom{-1-a}{n-k}$$

$$= \sum_{k=0}^{p-1}\binom{a}{k}\binom{-1-a}{k}t^k\sum_{n=k}^{p-1}\binom{a}{n-k}\binom{-1-a}{n-k}t^{n-k}$$

$$= \sum_{k=0}^{p-1}\binom{a}{k}\binom{-1-a}{k}t^k$$

$$\times \left(\sum_{r=0}^{p-1}\binom{a}{r}\binom{-1-a}{r}t^r - \sum_{r=p-k}^{p-1}\binom{a}{r}\binom{-1-a}{r}t^r\right) \pmod{p^2}.$$

设 $\langle a\rangle_p$ 为 a 模 p 的最小非负剩余, 当 $\langle a\rangle_p < k \leqslant p-1$ 时有 $\binom{a}{k} \equiv 0 \pmod{p}$, 当 $0 \leqslant k \leqslant \langle a\rangle_p$ 且 $p-k \leqslant r \leqslant p-1$ 时有 $r \geqslant p-k > p-1-\langle a\rangle_p$, 从而 $\binom{-1-a}{r} \equiv 0 \pmod{p}$. 因此, 当 $0 \leqslant k \leqslant p-1$ 且 $p-k \leqslant r \leqslant p-1$ 时有 $\binom{a}{k}\binom{-1-a}{r} \equiv 0 \pmod{p}$, 从而将 a 替换成 $-1-a$ 后得到 $\binom{-1-a}{k}\binom{a}{r} \equiv 0 \pmod{p}$, 于是此时总有 $\binom{a}{k}\binom{-1-a}{k}\binom{a}{r}\binom{-1-a}{r} \equiv 0 \pmod{p^2}$.

综上可得定理中第一个同余式, 根据定理 21.26 证明知: $P_{\langle a\rangle_p}(1-2t) \equiv \sum_{k=0}^{p-1}\binom{a}{k}\binom{-1-a}{k}t^k \pmod{p}$, 故又有第二个同余式. 于是定理得证.

推论 21.9 (孙智宏 [24,25,26])　设 p 为奇素数, 则

$$\sum_{k=0}^{(p-1)/2} \binom{2k}{k}^3 \left(\frac{t(1-t)}{16}\right)^k \equiv \left(\sum_{k=0}^{(p-1)/2} \binom{2k}{k}^2 \left(\frac{t}{16}\right)^k\right)^2$$

$$\equiv P_{\frac{p-1}{2}}(1-2t)^2 \pmod{p^2},$$

$$\sum_{k=0}^{p-1} \binom{2k}{k}^2 \binom{3k}{k} \left(\frac{t(1-t)}{27}\right)^k \equiv \left(\sum_{k=0}^{p-1} \binom{2k}{k}\binom{3k}{k} \left(\frac{t}{27}\right)^k\right)^2 \pmod{p^2} \quad (p>3),$$

$$\sum_{k=0}^{p-1} \binom{2k}{k}^2 \binom{4k}{2k} \left(\frac{t(1-t)}{64}\right)^k \equiv \left(\sum_{k=0}^{p-1} \binom{2k}{k}\binom{4k}{2k} \left(\frac{t}{64}\right)^k\right)^2 \pmod{p^2},$$

$$\sum_{k=0}^{p-1} \binom{2k}{k}\binom{3k}{k}\binom{6k}{3k} \left(\frac{t(1-t)}{432}\right)^k$$

$$\equiv \left(\sum_{k=0}^{p-1} \binom{3k}{k}\binom{6k}{3k} \left(\frac{t}{432}\right)^k\right)^2 \pmod{p^2} \quad (p>3).$$

证　在定理 21.35 中取 $a = -\dfrac{1}{2}, -\dfrac{1}{3}, -\dfrac{1}{4}, -\dfrac{1}{6}$, 并应用引理 21.3 即得.

定理 21.36　设 p 为奇素数, 则

$$\sum_{k=0}^{\frac{p-1}{2}} \frac{\binom{2k}{k}^3}{(-8)^k} \equiv \sum_{k=0}^{\frac{p-1}{2}} \frac{\binom{2k}{k}^3}{64^k} \equiv \begin{cases} 4x^2 - 2p \pmod{p^2}, & \text{若 } p = 4n+1 = x^2 + 4y^2, \\ 0 \pmod{p^2}, & \text{若 } p \equiv 3 \pmod 4. \end{cases}$$

证　在推论 21.9 第一个式子中取 $t = -1, \dfrac{1}{2}$, 然后应用定理 21.28 与定理 21.27 即得.

利用 Long, Ramakrishna[7] 与 Tauraso[48] 的工作, 作者证明:

定理 21.37 ([35])　设 p 为奇素数, 则

$$\sum_{k=0}^{\frac{p-1}{2}} \frac{\binom{2k}{k}^3}{64^k} \equiv \begin{cases} 4x^2 - 2p - \dfrac{p^2}{4x^2} \pmod{p^3}, & \text{若 } p = x^2 + 4y^2 \equiv 1 \pmod 4, \\ -\dfrac{p^2}{4}\left(\dfrac{(p-3)/2}{(p-3)/4}\right)^{-2} \pmod{p^3}, & \text{若 } p \equiv 3 \pmod 4, \end{cases}$$

当 $p = x^2 + 4y^2 \equiv 1 \pmod 4$ 时也有

$$(-1)^{\frac{p-1}{4}} \sum_{k=0}^{\frac{p-1}{2}} \frac{\binom{2k}{k}^3}{(-512)^k} \equiv 4x^2 - 2p - \frac{p^2}{4x^2} \pmod{p^3}.$$

猜想 21.3 (孙智宏 [32]) 设 p 为奇素数, 则

$$\sum_{k=0}^{\frac{p-1}{2}} \frac{\binom{2k}{k}^3}{(-8)^k} \equiv \begin{cases} 4x^2 - 2p - \dfrac{p^2}{4x^2} \ (\mathrm{mod}\ p^3), & \text{若}\ p = x^2 + 4y^2 \equiv 1\ (\mathrm{mod}\ 4), \\ \dfrac{3}{4} p^2 \binom{(p-3)/2}{(p-3)/4}^{-2} (\mathrm{mod}\ p^3), & \text{若}\ p \equiv 3\ (\mathrm{mod}\ 4), \end{cases}$$

并且当 $p \equiv 3\ (\mathrm{mod}\ 4)$ 时

$$\sum_{k=0}^{(p-1)/2} \frac{\binom{2k}{k}^3}{(-512)^k} \equiv (-1)^{\frac{p+1}{4}} \frac{p^2}{8} \binom{(p-3)/2}{(p-3)/4}^{-2} \ (\mathrm{mod}\ p^3).$$

定理 21.38 (孙智伟猜想, 孙智宏 [24] 证明) 设 p 为奇素数, 则

$$\sum_{k=0}^{(p-1)/2} \binom{2k}{k}^3 \equiv \begin{cases} 4x^2 - 2p\ (\mathrm{mod}\ p^2), & \text{若}\ p = x^2 + 7y^2 \equiv 1, 2, 4\ (\mathrm{mod}\ 7), \\ 0\ (\mathrm{mod}\ p^2), & \text{若}\ p \equiv 3, 5, 6\ (\mathrm{mod}\ 7). \end{cases}$$

证 根据定理 21.32, 有

$$(\sqrt{-63})^{\frac{p-1}{2}} P_{\frac{p-1}{2}}(\sqrt{-63})$$

$$\equiv -\left(\frac{-6}{p}\right) \sum_{u=0}^{p-1} \left(\frac{u^3 - 3(-63)(-63+3)u + 2(-63)^2(-63-9)}{p} \right)$$

$$= -\left(\frac{-6}{p}\right) \sum_{v=0}^{p-1} \left(\frac{(18v)^3 - 35 \cdot 18^2(18v) - 98 \cdot 18^3}{p} \right)$$

$$= -\left(\frac{-3}{p}\right) \sum_{v=0}^{p-1} \left(\frac{v^3 - 35v - 98}{p} \right) \ (\mathrm{mod}\ p).$$

由 [20] 知

$$\sum_{u=0}^{p-1} \left(\frac{u^3 + 21u^2 + 112u}{p} \right) = \begin{cases} -2x \left(\dfrac{x}{7}\right), & \text{若}\ p = x^2 + 7y^2 \equiv 1, 2, 4\ (\mathrm{mod}\ 7), \\ 0, & \text{若}\ p \equiv 3, 5, 6\ (\mathrm{mod}\ 7). \end{cases}$$

由此

$$\sum_{v=0}^{p-1} \left(\frac{v^3 - 35v - 98}{p} \right)$$

$$= \sum_{u=0}^{p-1}\left(\frac{(u+7)^3-35(u+7)-98}{p}\right) = \sum_{u=0}^{p-1}\left(\frac{u^3+21u^2+112u}{p}\right)$$

$$= \begin{cases} -2x\left(\dfrac{x}{7}\right), & \text{若 } p = x^2+7y^2 \equiv 1,2,4 \pmod 7, \\ 0, & \text{若 } p \equiv 3,5,6 \pmod 7. \end{cases}$$

由上得

$$P_{\frac{p-1}{2}}(\sqrt{-63}) \equiv \begin{cases} (\sqrt{-63})^{-\frac{p-1}{2}}\left(\dfrac{-3}{p}\right)2x\left(\dfrac{x}{7}\right) \equiv (\sqrt{-7})^{-\frac{p-1}{2}}\left(\dfrac{-1}{p}\right)2x\left(\dfrac{x}{7}\right) \pmod p, \\ \qquad\qquad\qquad \text{若 } p = x^2+7y^2 \equiv 1,2,4 \pmod 7, \\ 0 \pmod p, \quad \text{若 } p \equiv 3,5,6 \pmod 7. \end{cases}$$

根据推论 21.9,

$$\sum_{k=0}^{(p-1)/2}\binom{2k}{k}^3 \equiv P_{\frac{p-1}{2}}(\sqrt{-63})^2 \pmod{p^2}.$$

两式相结合得到

$$\sum_{k=0}^{(p-1)/2}\binom{2k}{k}^3 \equiv \begin{cases} 4x^2 \pmod p, & \text{若 } p = x^2+7y^2 \equiv 1,2,4 \pmod 7, \\ 0 \pmod{p^2}, & \text{若 } p \equiv 3,5,6 \pmod 7. \end{cases}$$

现在设 $p \equiv 1,2,4 \pmod 7$, 从而有 $p = x^2+7y^2$, 并可选择 x,y 符号使得 $x+y \equiv 1 \pmod 4$. 根据 [2], $P_{\frac{p-1}{2}}(\sqrt{-63}) \equiv x - y\sqrt{-7} \pmod{p^2}$, 从而

$$P_{\frac{p-1}{2}}\left(\sqrt{-63}\right)\left(P_{\frac{p-1}{2}}\left(\sqrt{-63}\right)-2x\right) = \left(P_{\frac{p-1}{2}}\left(\sqrt{-63}\right)-x\right)^2 - x^2$$
$$\equiv -7y^2 - x^2 = -p \pmod{p^2},$$

故 $P_{\frac{p-1}{2}}(\sqrt{-63}) \equiv 2x \pmod p$. 令 $P_{\frac{p-1}{2}}(\sqrt{-63}) \equiv 2x+kp \pmod{p^2}$, 则 $(2x+kp)kp \equiv -p \pmod{p^2}$, 从而 $k \equiv -\dfrac{1}{2x} \pmod p$, $P_{\frac{p-1}{2}}(\sqrt{-63}) \equiv 2x - \dfrac{p}{2x} \pmod{p^2}$.

于是, $\sum_{k=0}^{(p-1)/2}\binom{2k}{k}^3 \equiv P_{\frac{p-1}{2}}(\sqrt{-63})^2 \equiv (2x-\dfrac{p}{2x})^2 \equiv 4x^2 - 2p \pmod{p^2}$.

综上定理得证.

注 21.6　设 p 为奇素数, 1998 年 Ono[17] 获得 $\sum_{k=0}^{(p-1)/2}\binom{2k}{k}^3$ 模 p 的同余式. 2009 年孙智伟猜想定理 21.38. 在 2013 年论文 [24] 中, 孙智宏给出了上述证明. 2016 年 Kibelbek, Long, Moss, Sheller 与 Yuan[5] 用类似方法证明了定理 21.38.

设 p 为奇素数, $p \equiv 1, 2, 4 \pmod 7$, $p = x^2 + 7y^2$, 1848 年 Eisenstein 证明 (见 [1]) 了

$$\binom{3[p/7]}{[p/7]} \equiv \begin{cases} 2x \pmod p, & \text{若 } p \equiv 1 \pmod 7, x \equiv 1 \pmod 7, \\ 2x \pmod p, & \text{若 } p \equiv 2 \pmod 7, x \equiv 3 \pmod 7, \\ \dfrac{2}{5}x \pmod p, & \text{若 } p \equiv 4 \pmod 7, x \equiv 2 \pmod 7. \end{cases}$$

下面的定理 21.39 类似于定理 21.38, 可用类似方法证明.

定理 21.39 (孙智伟猜想, 孙智宏[24] 证明) 设 p 为奇素数, 则

$$\sum_{k=0}^{\frac{p-1}{2}} \frac{\binom{2k}{k}^3}{4096^k} \equiv \begin{cases} (-1)^{\frac{p-1}{2}}(4x^2 - 2p) \pmod{p^2}, \\ \qquad \text{若 } p = x^2 + 7y^2 \equiv 1, 2, 4 \pmod 7, \\ 0 \pmod{p^2}, \quad \text{若 } p \equiv 3, 5, 6 \pmod 7, \end{cases}$$

$$\sum_{k=0}^{\frac{p-1}{2}} \frac{\binom{2k}{k}^3}{16^k} \equiv (-1)^{\frac{p-1}{2}} \sum_{k=0}^{\frac{p-1}{2}} \frac{\binom{2k}{k}^3}{256^k} \equiv \begin{cases} 4x^2 - 2p \pmod{p^2}, \\ \qquad \text{若 } p = x^2 + 3y^2 \equiv 1 \pmod 3, \\ 0 \pmod{p^2}, \quad \text{若 } p \equiv 2 \pmod 3, \end{cases}$$

定理 21.40 (孙智宏[32] 猜想, 毛国帅[11] 证明) 设 p 为奇素数, 则

$$\sum_{k=0}^{\frac{p-1}{2}} \frac{\binom{2k}{k}^3}{(-64)^k} \equiv \begin{cases} 4x^2 - 2p - \dfrac{p^2}{4x^2} \pmod{p^3}, \\ \qquad \text{若 } p \equiv 1 \pmod 8, \text{从而 } p - x^2 + 2y^2, \\ \dfrac{p^2}{3} \binom{[p/4]}{[p/8]}^{-2} \pmod{p^3}, \quad \text{若 } p \equiv 5 \pmod 8, \\ \dfrac{3}{2}p^2 \binom{[p/4]}{[p/8]}^{-2} \pmod{p^3}, \quad \text{若 } p \equiv 7 \pmod 8. \end{cases}$$

注 21.7 若 p 为 $8k + 3$ 形素数且 $p = x^2 + 2y^2$, 孙智宏[32] 猜想

$$\sum_{k=0}^{\frac{p-1}{2}} \frac{\binom{2k}{k}^3}{(-64)^k} \equiv -\left(4x^2 - 2p - \frac{p^2}{4x^2}\right) \pmod{p^3}.$$

和式 $\sum_{k=0}^{\frac{p-1}{2}} \frac{\binom{2k}{k}^3}{(-64)^k}$ 模 p^2 的同余式由孙智伟猜想、孙智宏[24] 证明.

猜想 21.4 (孙智宏[32,35]) 设 $p \neq 2, 7$ 为素数, 则

$$\sum_{k=0}^{(p-1)/2} \binom{2k}{k}^3 \equiv \begin{cases} 4x^2 - 2p - \dfrac{p^2}{4x^2} \pmod{p^3}, \\ \qquad\qquad 若\ p = x^2 + 7y^2 \equiv 1,2,4 \pmod 7, \\ -11p^2 \dbinom{[3p/7]}{[p/7]}^{-2} \pmod{p^3}, \quad 若\ 7 \mid p-3, \\ -\dfrac{11}{16}p^2 \dbinom{[3p/7]}{[p/7]}^{-2} \pmod{p^3}, \quad 若\ 7 \mid p-5, \\ -\dfrac{11}{4}p^2 \dbinom{[3p/7]}{[p/7]}^{-2} \pmod{p^3}, \quad 若\ 7 \mid p-6. \end{cases}$$

猜想 21.5 (孙智宏[32])　设 $p > 3$ 为素数, 则当 $p = x^2 + 3y^2 \equiv 1 \pmod 3$ 时

$$\sum_{k=0}^{(p-1)/2} \frac{\binom{2k}{k}^3}{16^k} \equiv (-1)^{\frac{p-1}{2}} \sum_{k=0}^{(p-1)/2} \frac{\binom{2k}{k}^3}{256^k} \equiv 4x^2 - 2p - \frac{p^2}{4x^2} \pmod{p^3},$$

当 $p \equiv 2 \pmod 3$ 时

$$\sum_{k=0}^{(p-1)/2} \frac{\binom{2k}{k}^3}{16^k} \equiv -8(-1)^{\frac{p-1}{2}} \sum_{k=0}^{(p-1)/2} \frac{\binom{2k}{k}^3}{256^k} \equiv -p^2 \binom{(p-1)/2}{(p-5)/6}^{-2} \pmod{p^3}.$$

猜想 21.6 (孙智宏[32])　设 $p \neq 2,7$ 为素数, 则

$$(-1)^{\frac{p-1}{2}} \sum_{k=0}^{(p-1)/2} \frac{\binom{2k}{k}^3}{4096^k} \equiv \begin{cases} 4x^2 - 2p - \dfrac{p^2}{4x^2} \pmod{p^3}, \\ \qquad\qquad 若\ p = x^2 + 7y^2 \equiv 1,2,4 \pmod 7, \\ -\dfrac{9}{32}p^2 \dbinom{[3p/7]}{[p/7]}^{-2} \pmod{p^3}, \quad 若\ p \equiv 3 \pmod 7, \\ -\dfrac{9}{512}p^2 \dbinom{[3p/7]}{[p/7]}^{-2} \pmod{p^3}, \quad 若\ p \equiv 5 \pmod 7, \\ -\dfrac{9}{128}p^2 \dbinom{[3p/7]}{[p/7]}^{-2} \pmod{p^3}, \quad 若\ p \equiv 6 \pmod 7. \end{cases}$$

定理 21.41 (孙智宏[37])　设 p 为 $4k+1$ 形素数, 从而 $p = x^2 + 4y^2 (x,y \in \mathbb{Z})$, 则

$$\sum_{k=0}^{(p-1)/2} \frac{\binom{2k}{k}^3}{64^k(k+1)} \equiv 4x^2 - 2p \pmod{p^3}.$$

注 21.8　从孙智伟论文 [40] 中容易推出定理 21.41 中同余式模 p^2 正确.

下面的四个猜想类似于定理 21.41, 可以说简单、漂亮、深刻, 作者在 [36] 中已证明了模 p^2 情形.

猜想 21.7 (孙智宏 [35]) 设 p 为 $4k+1$ 形素数, $p = x^2 + 4y^2(x, y \in \mathbb{Z})$, 则

$$\sum_{k=0}^{(p-1)/2} \frac{\binom{2k}{k}^3}{(-8)^k(k+1)} \equiv -24y^2 + 2p \pmod{p^3},$$

$$\sum_{k=0}^{(p-1)/2} \frac{\binom{2k}{k}^3}{(-512)^k(k+1)} \equiv (-1)^{\frac{p-1}{4}}(-32y^2 + 2p) \pmod{p^3}.$$

猜想 21.8 (孙智宏 [35]) 设 p 为 $3k+1$ 形素数, $p = x^2 + 3y^2(x, y \in \mathbb{Z})$, 则

$$\sum_{k=0}^{(p-1)/2} \frac{\binom{2k}{k}^3}{16^k(k+1)} \equiv -16y^2 + 2p \pmod{p^3},$$

$$\sum_{k=0}^{(p-1)/2} \frac{\binom{2k}{k}^3}{256^k(k+1)} \equiv (-1)^{\frac{p-1}{2}}(-8y^2 + 2p) \pmod{p^3}.$$

猜想 21.9 (孙智宏 [35]) 设 p 为奇素数, $p \equiv 1, 3 \pmod 8$, 从而 $p = x^2 + 2y^2(x, y \in \mathbb{Z})$, 则

$$\sum_{k=0}^{(p-1)/2} \frac{\binom{2k}{k}^3}{(-64)^k(k+1)} \equiv (-1)^{\frac{p-1}{2}}(-12y^2 + 2p) \pmod{p^3}.$$

猜想 21.10 (孙智宏 [35]) 设 p 为奇素数, $p \equiv 1, 2, 4 \pmod 7$, 从而 $p = x^2 + 7y^2(x, y \in \mathbb{Z})$, 则

$$\sum_{k=0}^{(p-1)/2} \frac{\binom{2k}{k}^3}{k+1} \equiv -44y^2 + 2p \pmod{p^3},$$

$$\sum_{k=0}^{(p-1)/2} \frac{\binom{2k}{k}^3}{4096^k(k+1)} \equiv (-1)^{\frac{p-1}{2}}(72y^2 + 2p) \pmod{p^3}.$$

定理 21.42 (Rodriguez-Villegas 猜想, Mortenson[15], 孙智伟 [40] 证明) 设 $p > 3$ 为素数, 则

$$\sum_{k=0}^{p-1} \frac{\binom{2k}{k}^2\binom{3k}{k}}{108^k} \equiv \begin{cases} 4x^2 - 2p \pmod{p^2}, & \text{若 } p = x^2 + 3y^2 \equiv 1 \pmod 3, \\ 0 \pmod{p^2}, & \text{若 } p \equiv 2 \pmod 3, \end{cases}$$

$$\sum_{k=0}^{p-1} \frac{\binom{2k}{k}^2\binom{4k}{2k}}{256^k} \equiv \begin{cases} 4x^2 - 2p \pmod{p^2}, & \text{若 } p = x^2 + 2y^2 \equiv 1,3 \pmod 8, \\ 0 \pmod{p^2}, & \text{若 } p \equiv 5,7 \pmod 8, \end{cases}$$

$$\left(\frac{p}{3}\right)\sum_{k=0}^{p-1} \frac{\binom{2k}{k}\binom{3k}{k}\binom{6k}{3k}}{12^{3k}} \equiv \begin{cases} 4x^2 - 2p \pmod{p^2}, & \text{若 } p = x^2 + 4y^2 \equiv 1 \pmod 4, \\ 0 \pmod{p^2}, & \text{若 } p \equiv 3 \pmod 4. \end{cases}$$

定理 21.43 (孙智宏 [32] 猜想, 毛国帅 [11] 证明)　设 $p > 3$ 为素数, 则

$$\sum_{k=0}^{p-1} \frac{\binom{2k}{k}^2\binom{3k}{k}}{108^k} \equiv \begin{cases} 4x^2 - 2p - \dfrac{p^2}{4x^2} \pmod{p^3}, & \text{若 } p = x^2 + 3y^2 \equiv 1 \pmod 3, \\ -\dfrac{p^2}{2}\binom{(p-1)/2}{(p-5)/6}^{-2} \pmod{p^3}, & \text{若 } p \equiv 2 \pmod 3, \end{cases}$$

$$\sum_{k=0}^{p-1} \frac{\binom{2k}{k}^2\binom{4k}{2k}}{256^k} \equiv \begin{cases} 4x^2 - 2p - \dfrac{p^2}{4x^2} \pmod{p^3}, & \text{若 } p = x^2 + 2y^2 \equiv 1 \pmod 8, \\ \dfrac{p^2}{3}\binom{[p/4]}{[p/8]}^{-2} \pmod{p^3}, & \text{若 } p \equiv 5 \pmod 8, \\ -\dfrac{3}{2}p^2\binom{[p/4]}{[p/8]}^{-2} \pmod{p^3}, & \text{若 } p \equiv 7 \pmod 8. \end{cases}$$

猜想 21.11 (孙智宏 [32])　设 $p > 3$ 为素数, 则

$$\left(\frac{p}{3}\right)\sum_{k=0}^{p-1} \frac{\binom{2k}{k}\binom{3k}{k}\binom{6k}{3k}}{12^{3k}}$$

$$\equiv \begin{cases} 4x^2 - 2p - \dfrac{p^2}{4x^2} \pmod{p^3}, & \text{若 } p = x^2 + 4y^2 \equiv 1 \pmod 4, \\ \dfrac{5}{12}p^2\binom{(p-3)/2}{(p-3)/4}^{-2} \pmod{p^3}, & \text{若 } p \equiv 3 \pmod 4. \end{cases}$$

注 21.9　若 p 为 $8k+3$ 形素数且 $p = x^2 + 2y^2$, 孙智宏 [32] 猜想

$$\sum_{k=0}^{p-1} \frac{\binom{2k}{k}^2\binom{4k}{2k}}{256^k} \equiv 4x^2 - 2p - \frac{p^2}{4x^2} \pmod{p^3}.$$

刘纪彩[6] 曾利用 p-adic Gamma 函数猜想

$$\sum_{k=0}^{p-1}\frac{\binom{2k}{k}^2\binom{3k}{k}}{108^k}, \quad \sum_{k=0}^{p-1}\frac{\binom{2k}{k}^2\binom{4k}{2k}}{256^k}, \quad \sum_{k=0}^{p-1}\frac{\binom{2k}{k}\binom{3k}{k}\binom{6k}{3k}}{12^{3k}}$$

模 p^3 的不同表达式. 最近孙智宏与叶东曦在论文 *Supercongruences involving products of three binomial coefficients via Beukers method* (Results Math., 2025, 26pp) 中应用 Beukers 方法证明了猜想 21.3—猜想 21.6 和猜想 21.11 中与二次型有关的同余式.

在论文 [32] 与 [35] 中, 孙智宏提出许多关于和式

$$\sum_{k=0}^{p-1}\frac{\binom{2k}{k}^2\binom{3k}{k}}{m^k}, \quad \sum_{k=0}^{p-1}\frac{\binom{2k}{k}^2\binom{4k}{2k}}{m^k}, \quad \sum_{k=0}^{p-1}\frac{\binom{2k}{k}\binom{3k}{k}\binom{6k}{3k}}{m^k},$$

$$\sum_{k=0}^{p-2}\frac{\binom{2k}{k}^2\binom{3k}{k}}{m^k(k+1)}, \quad \sum_{k=0}^{p-2}\frac{\binom{2k}{k}^2\binom{4k}{2k}}{m^k(k+1)}, \quad \sum_{k=0}^{p-2}\frac{\binom{2k}{k}\binom{3k}{k}\binom{6k}{3k}}{m^k(k+1)}$$

模 $p^3(p$ 为素数$)$ 的猜想. 限于篇幅, 我们只列举几个典型猜想.

猜想 21.12 (孙智宏[32,35]) 设 $p>3$ 为素数, 则

$$\sum_{k=0}^{p-1}\frac{\binom{2k}{k}^2\binom{3k}{k}}{1458^k} \equiv \begin{cases} 4x^2-2p-\dfrac{p^2}{4x^2} \ (\mathrm{mod}\ p^3), & \text{若 } p=x^2+3y^2\equiv 1\ (\mathrm{mod}\ 3), \\ 0\ (\mathrm{mod}\ p^3), & \text{若 } p\equiv 2\ (\mathrm{mod}\ 3), \end{cases}$$

$$\sum_{k=0}^{p-2}\frac{\binom{2k}{k}^2\binom{3k}{k}}{1458^k(k+1)} \equiv \begin{cases} 2(-1)^{\frac{p-1}{2}}p\ (\mathrm{mod}\ p^3), & \text{若 } p\equiv 1\ (\mathrm{mod}\ 3), \\ -12R_3(p)+2(-1)^{\frac{p-1}{2}}p\ (\mathrm{mod}\ p^2), & \text{若 } p\equiv 2\ (\mathrm{mod}\ 3), \end{cases}$$

其中

$$R_3(p)=\left(1+2p+\frac{4}{3}(2^{p-1}-1)-\frac{3}{2}(3^{p-1}-1)\right)\binom{(p-1)/2}{[p/6]}^2.$$

猜想 21.13 (孙智宏[35]) 设 p 为 $3k+1$ 形素数, $4p=x^2+27y^2(x,y\in\mathbb{Z})$, $3\mid x-1$, 则

$$\sum_{k=0}^{p-2}\frac{\binom{2k}{k}^2\binom{3k}{k}}{(-192)^k(k+1)} \equiv \frac{3}{2}x^2-4p\ (\mathrm{mod}\ p^3).$$

注 21.10　在猜想 21.13 条件下, 孙智宏在 [36] 中已证猜想 21.13 中同余式模 p^2 成立. Gauss 与 Jacobi 曾证明了

$$x \equiv \frac{1}{\left(\dfrac{p-1}{3}\right)!^3} \equiv -\binom{2(p-1)/3}{(p-1)/3} \pmod{p}.$$

猜想 21.14 (孙智宏[35])　设 $p > 5$ 为素数, 则

$$\sum_{k=0}^{p-2} \frac{\binom{2k}{k}^2 \binom{3k}{k}}{(-27)^k(k+1)}$$

$$\equiv \begin{cases} -84y^2 + 2p \pmod{p^3}, & \text{若 } p = x^2 + 15y^2 \equiv 1, 19 \pmod{30}, \\[2mm] 28y^2 - 2p \pmod{p^3}, & \text{若 } p = 3x^2 + 5y^2 \equiv 17, 23 \pmod{30}, \\[2mm] \dfrac{2}{5^{[\frac{p}{3}]+1}} \binom{[p/3]}{[p/15]}^2 \pmod{p}, & \text{若 } p \equiv 7 \pmod{30}, \\[2mm] \dfrac{1}{2 \cdot 5^{[\frac{p}{3}]+1}} \binom{[p/3]}{[p/15]}^2 \pmod{p}, & \text{若 } p \equiv 11 \pmod{30}, \\[2mm] \dfrac{32}{5^{[\frac{p}{3}]+1}} \binom{[p/3]}{[p/15]}^2 \pmod{p}, & \text{若 } p \equiv 13 \pmod{30}, \\[2mm] \dfrac{8}{5^{[\frac{p}{3}]+1}} \binom{[p/3]}{[p/15]}^2 \pmod{p}, & \text{若 } p \equiv 29 \pmod{30}. \end{cases}$$

注 21.11　设 p 为 $15k + 4$ 形素数, $p = x^2 + 15y^2 (x, y \in \mathbb{Z})$, 由 [1] 知
$2x\left(\dfrac{x}{3}\right) \equiv -5^{\frac{p-1}{3}} \binom{(p-1)/3}{(p-4)/15} \pmod{p}.$

猜想 21.15 (孙智宏[35])　设 $p \neq 2, 11$ 为素数,

(i) 若 $p \equiv 1, 3, 4, 5, 9 \pmod{11}$, 从而 $4p = x^2 + 11y^2 (x, y \in \mathbb{Z})$, 则

$$\sum_{k=0}^{p-2} \frac{\binom{2k}{k}^2 \binom{3k}{k}}{64^k(k+1)} \equiv -\frac{25}{2}y^2 + 2p \pmod{p^3};$$

(ii) 若 $p \equiv 2, 6, 7, 8, 10 \pmod{11}$, 则

$$\sum_{k=0}^{p-2} \frac{\binom{2k}{k}^2 \binom{3k}{k}}{64^k(k+1)} \equiv \begin{cases} -\dfrac{50}{11} R_{11}(p) \ (\mathrm{mod}\ p), & \text{当 } p \equiv 2\ (\mathrm{mod}\ 11) \text{ 时,} \\[2mm] -\dfrac{32}{11} R_{11}(p) \ (\mathrm{mod}\ p), & \text{当 } p \equiv 6\ (\mathrm{mod}\ 11) \text{ 时,} \\[2mm] -\dfrac{2}{11} R_{11}(p) \ (\mathrm{mod}\ p), & \text{当 } p \equiv 7\ (\mathrm{mod}\ 11) \text{ 时,} \\[2mm] -\dfrac{72}{11} R_{11}(p) \ (\mathrm{mod}\ p), & \text{当 } p \equiv 8\ (\mathrm{mod}\ 11) \text{ 时,} \\[2mm] -\dfrac{18}{11} R_{11}(p) \ (\mathrm{mod}\ p), & \text{当 } p \equiv 10\ (\mathrm{mod}\ 11) \text{ 时,} \end{cases}$$

其中

$$R_{11}(p) = \binom{[3p/11]}{[p/11]}^2 \binom{[6p/11]}{[3p/11]}^2 \binom{[4p/11]}{[2p/11]}^{-2}.$$

注 21.12 设 p 为 $11k+1$ 形素数, $4p = x^2 + 11y^2 (x, y \in \mathbb{Z})$, $x \equiv 2\ (\mathrm{mod}\ 11)$, Jacobi 证明 (见 [1]) 了

$$x \equiv \binom{3\,[p/11]}{[p/11]} \binom{6\,[p/11]}{3\,[p/11]} \binom{4\,[p/11]}{2\,[p/11]}^{-1} \ (\mathrm{mod}\ p).$$

Joux 与 Morain[4] 证明 p 为大于 3 的素数时有

$$\sum_{n=0}^{p-1} \left(\frac{n^3 - 96 \cdot 11n + 112 \cdot 11^2}{p} \right) = \begin{cases} \left(\dfrac{3}{p}\right) \left(\dfrac{x}{11}\right) x, \\[2mm] \qquad \text{若 } \left(\dfrac{p}{11}\right) = 1, \text{ 从而 } 4p = x^2 + 11y^2, \\[2mm] 0, \quad \text{若 } \left(\dfrac{p}{11}\right) = -1. \end{cases}$$

猜想 21.16 (孙智宏 [35]) 设 $p \neq 2, 5$ 为素数,

$$R_{20}(p) = \binom{(p-1)/2}{[p/20]} \binom{(p-1)/2}{[3p/20]},$$

则

$$\sum_{k=0}^{p-2} \frac{\binom{2k}{k}^2 \binom{4k}{2k}}{(-1024)^k(k+1)}$$

$$\equiv \begin{cases} -32y^2 + 2p \pmod{p^3}, & \text{若 } p \equiv 1,9 \pmod{20}, \text{ 从而 } p = x^2 + 5y^2, \\ 16y^2 - 2p \pmod{p^3}, & \text{若 } p \equiv 3,7 \pmod{20}, \text{ 从而 } 2p = x^2 + 5y^2, \\ \dfrac{4}{5}R_{20}(p) \pmod{p}, & \text{若 } p \equiv 11 \pmod{20}, \\ \dfrac{36}{5}R_{20}(p) \pmod{p}, & \text{若 } p \equiv 13 \pmod{20}, \\ \dfrac{28}{15}R_{20}(p) \pmod{p}, & \text{若 } p \equiv 17 \pmod{20}, \\ \dfrac{84}{5}R_{20}(p) \pmod{p}, & \text{若 } p \equiv 19 \pmod{20}. \end{cases}$$

注 21.13　设 p 为 $20k+1$ 形素数，$p = x^2 + 5y^2 (x, y \in \mathbb{Z})$，1840 年 Cauchy 证明 $4x^2 \equiv \dbinom{(p-1)/2}{(p-1)/20}\dbinom{(p-1)/2}{3(p-1)/20} \pmod{p}$.

猜想 21.17 (孙智宏 [35])　设 p 为奇素数，$\left(\dfrac{p}{163}\right) = 1$，从而 $4p = x^2 + 163y^2(x, y \in \mathbb{Z})$，则

$$\left(\frac{-10005}{p}\right)\sum_{k=0}^{p-2}\frac{\dbinom{2k}{k}\dbinom{3k}{k}\dbinom{6k}{3k}}{(-640320)^{3k}(k+1)} \equiv -\frac{554179195816658}{5}y^2 + 2p \pmod{p^3}.$$

注 21.14　设 $p > 3$ 为素数，Joux 与 Morain[4] 证明了

$$\sum_{n=0}^{p-1}\left(\frac{n^3 - 80 \cdot 23 \cdot 29 \cdot 163n + 14 \cdot 11 \cdot 19 \cdot 127 \cdot 163^2}{p}\right)$$

$$= \begin{cases} \left(\dfrac{2}{p}\right)\left(\dfrac{x}{163}\right)x, & \text{若 } \left(\dfrac{p}{163}\right) = 1, \text{ 从而 } 4p = x^2 + 163y^2, \\ 0, & \text{若 } \left(\dfrac{p}{163}\right) = -1. \end{cases}$$

引理 21.10　设 p 为奇素数，$a \in \mathbb{Z}_p$，$a \not\equiv 0, -1 \pmod{p}$，$m, n \in \{0, 1, 2, \cdots\}$，则

$$\sum_{k=\langle a\rangle_p+1}^{p-1}\binom{a}{k}^m\left(1 - \frac{2}{a}k\right)^{2n+1} \equiv 0 \pmod{p^{m+1}},$$

当 $\langle a\rangle_p$ 为偶数时也有

$$\sum_{k=\langle a\rangle_p+1}^{p-1}\binom{a}{k}^m(-1)^k\left(1 - \frac{2}{a}k\right)^{2n} \equiv 0 \pmod{p^{m+1}}.$$

证 当 $\langle a\rangle_p = p - 2$ 时, 有 $\binom{a}{p-1} \equiv 1 - \dfrac{2}{a}(p-1) \equiv 0 \pmod{p}$, 故 $\binom{a}{p-1}^m \left(1 - \dfrac{2}{a}(p-1)\right)^{2n+1} \equiv 0 \pmod{p^{m+1}}$. 现设 $1 \leqslant \langle a\rangle_p < p - 2$, 对 $k \in \{\langle a\rangle_p + 1, \cdots, p-1\}$ 可见

$$\binom{a}{k}^m = \left(\frac{a(a-1)\cdots(a-\langle a\rangle_p)(a - \langle a\rangle_p - 1)\cdots(a-(k-1))}{k!}\right)^m$$

$$\equiv \frac{(a-\langle a\rangle_p)^m}{(a+1)^m}\left(\frac{(\langle a\rangle_p + 1)!(-1)^{k-1-\langle a\rangle_p}(k-1-\langle a\rangle_p)!}{k!}\right)^m$$

$$= \frac{(a-\langle a\rangle_p)^m}{(a+1)^m} \cdot \frac{1}{\left(\dbinom{-2-\langle a\rangle_p}{k-1-\langle a\rangle_p}\right)^m}$$

$$\equiv \frac{(a-\langle a\rangle_p)^m}{(a+1)^m} \cdot \frac{1}{\left(\dbinom{p-2-\langle a\rangle_p}{k-1-\langle a\rangle_p}\right)^m} \pmod{p^{m+1}}.$$

因此, 对非负整数 s 和 t 有

$$\sum_{k=\langle a\rangle_p+1}^{p-1} \binom{a}{k}^m (-1)^{ks}\left(1 - \frac{2}{a}k\right)^t$$

$$\equiv \sum_{k=\langle a\rangle_p+1}^{p-1} \frac{(u-\langle u\rangle_p)^m}{(a+1)^m} \cdot \frac{(-1)^{ks}}{\left(\dbinom{p-2-\langle a\rangle_p}{k-1-\langle a\rangle_p}\right)^m}\left(1 - \frac{2}{a}k\right)^t$$

$$= \frac{(a-\langle a\rangle_p)^m}{(a+1)^m} \sum_{r=0}^{p-2-\langle a\rangle_p} \frac{(-1)^{(\langle a\rangle_p+1+r)s}\left(1 - \dfrac{2}{a}(\langle a\rangle_p + 1 + r)\right)^t}{\left(\dbinom{p-2-\langle a\rangle_p}{r}\right)^m}$$

$$\equiv (-1)^{(\langle a\rangle_p+1)s}\frac{(a-\langle a\rangle_p)^m}{(a+1)^m} \sum_{r=0}^{p-2-\langle a\rangle_p} (-1)^{rs}\frac{\left(-1 - \dfrac{2}{a}(1+r)\right)^t}{\left(\dbinom{p-2-\langle a\rangle_p}{r}\right)^m} \pmod{p^{m+1}}.$$

注意到

$$\sum_{r=0}^{p-2-\langle a\rangle_p}(-1)^{rs}\frac{\left(-1-\dfrac{2}{a}(1+r)\right)^t}{\dbinom{p-2-\langle a\rangle_p}{r}^m}$$

$$=\sum_{r=0}^{p-2-\langle a\rangle_p}(-1)^{(p-2-\langle a\rangle_p-r)s}\frac{\left(-1-\dfrac{2}{a}(1+p-2-\langle a\rangle_p-r)\right)^t}{\dbinom{p-2-\langle a\rangle_p}{r}^m}$$

$$\equiv(-1)^{(\langle a\rangle_p+1)s+t}\sum_{r=0}^{p-2-\langle a\rangle_p}(-1)^{rs}\frac{\left(-1-\dfrac{2}{a}(1+r)\right)^t}{\dbinom{p-2-\langle a\rangle_p}{r}^m}\pmod p,$$

对 $(\langle a\rangle_p+1)s+t\equiv1\ (\mathrm{mod}\ 2)$, 有 $\sum_{r=0}^{p-2-\langle a\rangle_p}(-1)^{rs}\dfrac{\left(-1-\frac{2}{a}(1+r)\right)^t}{\binom{p-2-\langle a\rangle_p}{r}^m}\equiv0\ (\mathrm{mod}\ p)$,

从而 $\sum_{k=\langle a\rangle_p+1}^{p-1}\binom{a}{k}^m(-1)^{ks}\left(1-\dfrac{2}{a}k\right)^t\equiv0\ (\mathrm{mod}\ p^{m+1})$. 取 $(s,t)=(0,2n+1)$, $(1,2n)$ 即得所需.

引理 21.11　设 n 为正整数, $C_n(a)=\sum_{k=0}^{n-1}(a-2k)\dbinom{a}{k}^3$, 则

$$C_n(a)+C_n(a+1)=\frac{(2a+2-n)n^3}{(a+1-n)^3}\dbinom{a}{n}^3.$$

由此, 当 p 为奇素数, $a\in\mathbb{Z}_p$ 且 $a\not\equiv-1\ (\mathrm{mod}\ p)$ 时有

$$C_p(a)+C_p(a+1)\equiv\frac{2(a-\langle a\rangle_p)^3}{(\langle a\rangle_p+1)^2}\pmod{p^4}.$$

证　易见 $\dbinom{a+1}{k}=\dfrac{a+1}{a+1-k}\dbinom{a}{k}$, $\dbinom{a}{k+1}=\dfrac{a-k}{k+1}\dbinom{a}{k}$, 且

$$(a-2k)+(a+1-2k)\frac{(a+1)^3}{(a+1-k)^3}=(2a+1-k)-\frac{(2a+2-k)k^3}{(a+1-k)^3}.$$

令 $G(a,k)=\dfrac{(2a+2-k)k^3}{(a+1-k)^3}\dbinom{a}{k}^3$, 则有

$$(a - 2k)\binom{a}{k}^3 + (a + 1 - 2k)\binom{a+1}{k}^3 = G(a, k+1) - G(a, k).$$

因此,

$$C_n(a) + C_n(a+1) = \sum_{k=0}^{n-1}(G(a, k+1) - G(a, k)) = G(a, n).$$

取 $n = p$ 为素数, 注意到

$$\binom{a}{p} = \frac{a - \langle a \rangle_p}{p} \cdot \frac{a(a-1)\cdots(a - \langle a \rangle_p + 1) \cdot (a - \langle a \rangle_p - 1)\cdots(a - (p-1))}{(p-1)!}$$

$$\equiv \frac{a - \langle a \rangle_p}{p} \pmod{p},$$

便有

$$C_p(a) + C_p(a+1) = \frac{(2a + 2 - p)p^3}{(a+1-p)^3}\binom{a}{p}^3 \equiv \frac{2(a - \langle a \rangle_p)^3}{(\langle a \rangle_p + 1)^2} \pmod{p^4}.$$

定理 21.44　设 $p > 3$ 为素数, $a \in \mathbb{Z}_p$, $a \not\equiv 0 \pmod{p}$, 则

$$\sum_{k=0}^{p-1}\left(1 - \frac{2}{a}k\right)\binom{a}{k}^3 \equiv \sum_{k=0}^{\langle a \rangle_p}\left(1 - \frac{2}{a}k\right)\binom{a}{k}^3$$

$$= (-1)^{\langle a \rangle_p}\frac{a - \langle a \rangle_p}{a} + \frac{(a - \langle a \rangle_p)^3}{a}F_{p-3}(-a) \pmod{p^4}.$$

证　由引理 21.1 或 (21.5) 知, $\sum_{r=1}^{\langle a \rangle_p}\frac{(-1)^r}{r^2} \equiv \frac{1}{2}(-1)^{\langle a \rangle_p}E_{p-3}(-a) \pmod{p}$, 故

$$\sum_{r=1}^{p-1}\frac{(-1)^r}{r^2} \equiv \frac{1}{2}E_{p-3}(1) = \frac{1}{2^{p-2}}\sum_{k=0}^{p-3}\binom{p-3}{k}E_k = 0 \pmod{p}.$$

令 $C_p(b) = \sum_{k=0}^{p-1}(b - 2k)\binom{b}{k}^3$, 当 $k = 1, 2, \cdots, \langle a \rangle_p$ 时 $\langle a - k \rangle_p = \langle a \rangle_p - k$, 故由

引理 21.11 知 $C_p(a - k) + C_p(a - k + 1) \equiv \frac{2(a - \langle a \rangle_p)^3}{(\langle a \rangle_p - k + 1)^2} \pmod{p^4}$. 于是由上得

$$C_p(a) + (-1)^{\langle a \rangle_p - 1}C_p(a - \langle a \rangle_p)$$

$$= \sum_{k=1}^{\langle a \rangle_p}(-1)^{k-1}\big(C_p(a - k) + C_p(a - k + 1)\big)$$

$$\equiv \sum_{k=1}^{\langle a\rangle_p}(-1)^{k-1}\frac{2(a-\langle a\rangle_p)^3}{(\langle a\rangle_p-k+1)^2}=2(-1)^{\langle a\rangle_p}(a-\langle a\rangle_p)^3\sum_{r=1}^{\langle a\rangle_p}\frac{(-1)^r}{r^2}$$

$$\equiv (a-\langle a\rangle_p)^3 E_{p-3}(-a)\ (\mathrm{mod}\ p^4),$$

从而

$$C_p(a-\langle a\rangle_p)=a-\langle a\rangle_p+\sum_{k=1}^{p-1}(a-\langle a\rangle_p-2k)\frac{(a-\langle a\rangle_p)^3}{k^3}\binom{a-\langle a\rangle_p-1}{k-1}^3$$

$$\equiv a-\langle a\rangle_p+\sum_{k=1}^{p-1}(-2k)\frac{(a-\langle a\rangle_p)^3}{k^3}(-1)^{k-1}\equiv a-\langle a\rangle_p\ (\mathrm{mod}\ p^4).$$

因此,

$$\sum_{k=0}^{p-1}\left(1-\frac{2}{a}k\right)\binom{a}{k}^3=\frac{C_p(a)}{a}$$

$$\equiv (-1)^{\langle a\rangle_p}\frac{a-\langle a\rangle_p}{a}+\frac{(a-\langle a\rangle_p)^3}{a}E_{p-3}(-a)\ (\mathrm{mod}\ p^4).$$

在引理 21.10 中取 $m=3, n=0$ 即得余下结论. 于是定理得证.

推论 21.10　设 $p>3$ 为素数, 则

$$\sum_{k=0}^{(p-1)/2}(4k+1)\frac{\binom{2k}{k}^3}{(-64)^k}\equiv (-1)^{\frac{p-1}{2}}p+p^3E_{p-3}\ (\mathrm{mod}\ p^4),$$

$$\sum_{k=0}^{p-1}(12k+1)\binom{-1/6}{k}^3$$

$$\equiv (3-2(-1)^{[\frac{p}{3}]})(-1)^{\frac{p-1}{2}}p+\frac{5}{9}(3-2(-1)^{[\frac{p}{3}]})^3p^3E_{p-3}\ (\mathrm{mod}\ p^4).$$

证　注意到 $E_{p-3}\left(\dfrac{1}{2}\right)=\dfrac{1}{2^{p-3}}E_{p-3}\equiv 4E_{p-3}\ (\mathrm{mod}\ p)$, 由引理 21.6 知, $E_{p-3}\left(\dfrac{1}{6}\right)=\dfrac{3^{p-3}+1}{2\cdot 6^{p-3}}E_{p-3}\equiv 20E_{p-3}\ (\mathrm{mod}\ p)$. 由此在定理 21.44 中, 取 $a=-\dfrac{1}{2},-\dfrac{1}{6}$ 即得推论.

注 21.15　推论 21.10 中第一个同余式由孙智伟 [42] 首先获得, 模 p^3 的相应同余式由 Van Hamme 猜想, Mortenson 首先证明. 贺兵 [3] 对 $m\in\mathbb{Z}^+$ 及

$p \equiv \pm 1 \pmod{m}$ 给出 $\sum_{k=0}^{p-1}(2km+1)\binom{-1/m}{k}^3$ 模 p^3 的同余式. 类似于定理 21.44, 我们还可证明: 当 $p > 3$ 为素数, $a \in \mathbb{Z}_p$ 且 $a \not\equiv 0 \pmod{p}$ 时有

$$\sum_{k=0}^{p-1}\left(1-\frac{2}{a}k\right)^3\binom{a}{k}^3 \equiv \sum_{k=0}^{\langle a\rangle_p}\left(1-\frac{2}{a}k\right)^3\binom{a}{k}^3$$

$$\equiv -3(-1)^{\langle a\rangle_p}\frac{a-\langle a\rangle_p}{a}+\frac{(a-\langle a\rangle_p)^3}{a^3}\left(4-3a^2E_{p-3}(-a)\right) \pmod{p^4}.$$

参 考 读 物

[1] Berndt B C, Evans R J, Williams K S. Gauss and Jacobi Sums. New York: Wiley, 1998.

[2] Coster M J, Van Hamme L. Supercongruences of Atkin and Swinnerton-Dyer type for Legendre polynomials. J. Number Theory, 1991, 38: 265-286.

[3] He B. On some conjectures of Swisher. Results Math., 2017, 71: 1223-1234.

[4] Joux A, Morain F. Sur les sommes de caractères liées aux courbes elliptiques à multiplication complexe. J. Number Theory, 1995, 55: 108-128.

[5] Kibelbek J, Long L, Moss K, Sheller B, Yuan H. Supercongruences and complex multiplication. J. Number Theory, 2016, 164: 166-178.

[6] Liu J C. Supercongruences involving p-adic Gamma functions. Bull. Aust. Math. Soc., 2018, 98: 27-37.

[7] Long L, Ramakrishna R. Some supercongruences occurring in truncated hypergeometric series. Adv. Math., 2016, 290: 773-808.

[8] Mattarei S, Tauraso R. Congruences for central binomial sums and finite polylogarithms. J. Number Theory, 2013, 133: 131-157.

[9] Mao G S. On a supercongruence conjecture of Z.-W. Sun. preprint(2020), arXiv: 2003. 14221v2.

[10] Mao G S. Proof of a conjecture of Adamchuk. J. Combin. Theory, Ser. A, 2021, 182: Art. 105478, 16pp.

[11] Mao G S. On some congruence conjectures involving binary quadratic forms. Publ. Res. Inst. Math. Sci., to appear.

[12] Mao G S, Sun Z W. New congruences involving products of two binomial coefficients. Ramanujan J., 2019, 49: 237-256.

[13] Mao G S, Tauraso R. Three pairs of congruences concerning sums of central binomial coefficients. Int. J. Number Theory, 2021, 17: 2301-2314.

[14] Mortenson E. Supercongruences between truncated $_2F_1$ by hypergeometric functions and their Gaussian analogs. Trans. Amer. Math. Soc., 2003, 355: 987-1007.

[15] Mortenson E. Supercongruences for truncated $_{n+1}F_n$ hypergeometric series with applications to certain weight three newforms. Proc. Amer. Math. Soc., 2005, 133: 321-330.

· 326 ·　　　　　　　　　　　　　　　第 21 讲　二项式系数的同余式

[16] Mortenson E. A p-adic supercongruence conjecture of van Hamme. Proc. Amer. Math. Soc., 2008, 136: 4321-4328.

[17] Ono K. Values of Gaussian hypergeometric series. Trans. Amer. Math. Soc., 1998, 350: 1205-1223.

[18] Pan H, Sun Z W. Proof of three conjectures on congruences. Sci. China Math., 2014, 57: 2091-2102.

[19] Pan H, Tauraso R, Wang C. A local-global theorem for p-adic supercongruences. J. Reine Angew. Math., 2022, 790: 53-83.

[20] Rajwade A R. On a conjecture of Williams. Bull. Soc. Math. Belg. Ser. B, 1984, 36: 1-4.

[21] 孙智宏, 组合和 $\displaystyle\sum_{\substack{k=0 \\ k\equiv r \pmod m}}^{n} \binom{n}{k}$ 及其数论应用 (II). 南京大学学报数学半年刊, 1993, 10: 105-118.

[22] Sun Z H. Congruences concerning Legendre polynomials. Proc. Amer. Math. Soc., 2011, 139: 1915-1929.

[23] Sun Z H. Identities and congruences for a new sequence. Int. J. Number Theory, 2012, 8: 207-225.

[24] Sun Z H. Congruences concerning Legendre polynomials II. J. Number Theory, 2013, 133: 1950-1976.

[25] Sun Z H. Congruences involving $\binom{2k}{k}^2\binom{3k}{k}$. J. Number Theory, 2013, 133: 1572-1595.

[26] Sun Z H. Legendre polynomials and supercongruences. Acta Arith., 2013, 159: 169-200.

[27] Sun Z H. Congruences concerning Legendre polynomials III. Int. J. Number Theory, 2013, 9: 965-999.

[28] Sun Z H. Generalized Legendre polynomials and related supercongruences. J. Number Theory, 2014, 143: 293-319.

[29] Sun Z H. Super congruences concerning Bernoulli polynomials. Int. J. Number Theory, 2015, 11: 2393-2404.

[30] Sun Z H. Supercongruences involving Euler polynomials. Proc. Amer. Math. Soc., 2016, 144: 3295-3308.

[31] Sun Z H. Supercongruences involving Bernoulli polynomials. Int. J. Number Theory, 2016, 12: 1259-1271.

[32] Sun Z H. Congruences involving binomial coefficients and Apéry-like numbers. Publ. Math. Debrecen, 2020, 96: 315-346.

[33] Sun Z H. New supercongruences involving products of two binomial Coefficients. Bull. Aust. Math. Soc., 2020, 101: 367-378.

[34] Sun Z H. Supercongruences and binary quadratic forms. Acta Arith., 2021, 199: 1-32.

[35] Sun Z H. Supercongruences involving Apéry-like numbers and binomial coefficients. AIMS Math., 2022, 7: 2729-2781.

[36] Sun Z H. Congruences concerning binomial coefficients and binary quadratic forms. preprint(2022), arXiv: 2210.17255v4.

[37] Sun Z H. Supercongruences involving products of three binomial coefficients. Rev. Real Acad. Cienc. Exactas Fis. Nat. Ser. A-Mat., 2023, 117: Art, 131, 26pp.

[38] Sun Z W. Binomial coefficients, Catalan numbers and Lucas quotients. Sci. China Math., 2010, 53: 2473-2488.

[39] Sun Z W. Super congruences and Euler numbers. Sci. China Math., 2011, 54: 2509-2535.

[40] Sun Z W. On sums involving products of three binomial coefficients. Acta Arith., 2012, 156: 123-141.

[41] Sun Z W. On sums of Apéry polynomials and related congruences. J. Number Theory, 2012, 132: 2673-2699.

[42] Sun Z W. A refinement of a congruence result by van Hamme and Mortenson. Illinois J. Math., 2012, 56: 967-979.

[43] Sun Z W. Fibonacci numbers modulo cubes of primes. 台湾数学杂志, 2013, 17: 1523-1543.

[44] Sun Z W. Supercongruences involving products of two binomial coefficients. Finite Fields Appl., 2013, 22: 24-44.

[45] Sun Z W. Two new kinds of numbers and related divisibility results. Colloq. Math., 2018, 154: 241-273.

[46] Sun Z W, Tauraso R. New congruences for central binomial coefficients. Adv. Appl. Math., 2010, 45: 125-148.

[47] Tauraso R. Supercongruences for a truncated hypergeometric series. Integers, 2012, 12: A45, 12pp.

[48] Tauraso R. A supercongruence involving cubes of Catalan numbers. Integers, 2020, 20: A44, 6pp.

[49] Wang C, Sun Z W. Proof of some conjectural hypergeometric supercongruences via curious identities. J. Math. Anal. Appl., 2022, 505: Art. 125575, 20pp.

第 22 讲 类似 Apéry 数

Sylvester(西尔维斯特): 在现代数学中定理让位于理论, 任何真理不过是无穷链中的一环.

1979 年法国数学家 Apéry 在证明 $\zeta(3) = \sum_{n=1}^{\infty} \frac{1}{n^3}$ 为无理数的过程中引入 Apéry 数 A_n 与 A'_n, 自此 Apéry 数的许多组合和数论性质被发现. 人们也认识到还有一些具有类似性质的 Apéry-like 数, 如 Domb 数 D_n, Franel 数 f_n. 本讲综述已经发现的类似 Apéry 数性质和猜想, 其中包含作者未曾发表的一些猜想.

22.1 三项递推序列的恒等式与同余式

对满足一定条件的三项递推序列, 我们可构造一般的恒等式.

定理 22.1 设 $r(n), s(n)$ 为给定数列, $r(n) \neq 0$ $(n = 0, 1, 2, \cdots)$, $c \neq 0$, 令

$$u_{-1} = 0, \ u_0 = 1, \ r(n+1)u_{n+1} = s(n)u_n - cr(n)u_{n-1} \quad (n \geqslant 0),$$

则对正整数 m 有

$$\sum_{n=0}^{m-1} s(n)(-c)^{m-1-n}u_n^2 = r(m)u_m u_{m-1}, \tag{22.1}$$

$$\sum_{n=0}^{m-1} (r(n)x^2 - s(n)x + cr(n+1))x^{m-1-n}u_n$$

$$= r(m)(cu_{m-1} - xu_m) + x^{m+1}r(0), \tag{22.2}$$

$$\sum_{n=0}^{m-1} ((n-3)r(n)x^2 - (n-2)s(n)x + c(n-1)r(n+1))\frac{u_n}{x^n}$$

$$= \frac{r(m)}{x^{m-1}}((m-2)cu_{m-1} - (m-3)xu_m) - 3x^2 r(0), \tag{22.3}$$

$$\sum_{n=0}^{m-1} ((m-n)r(n)x^2 - s(n)(m-1-n)x$$

$$+ c(m-2-n)r(n+1))\frac{u_n}{x^n}$$

$$= -\frac{r(m)}{x^{m-1}}cu_{m-1} + mx^2 r(0). \tag{22.4}$$

证 令 $F(n) = \dfrac{r(n)u_nu_{n-1}}{(-c)^n}$, 则

$$F(n+1) - F(n) = \frac{r(n+1)u_{n+1}u_n}{(-c)^{n+1}} - \frac{r(n)u_nu_{n-1}}{(-c)^n} = \frac{s(n)u_n^2}{(-c)^{n+1}},$$

故

$$\sum_{n=0}^{m-1} \frac{s(n)u_n^2}{(-c)^{n+1}} = \sum_{n=0}^{m-1} (F(n+1) - F(n)) = F(m) - F(0) = \frac{r(m)u_mu_{m-1}}{(-c)^m}.$$

这就证明了 (22.1).

现证 (22.2). 当 $x = 0$ 时, (22.2) 左右两边均为 $cr(m)u_{m-1}$, 故等式成立. 现设 $x \neq 0$, 令 $f(n) = \dfrac{r(n)}{x^{n-1}}(cu_{n-1} - u_nx)$ $(n \geqslant 0)$, 则

$$f(n+1) - f(n) = \frac{cr(n+1)}{x^n}u_n - \frac{r(n+1)}{x^{n-1}}u_{n+1} - \frac{cr(n)}{x^{n-1}}u_{n-1} + \frac{r(n)x}{x^{n-1}}u_n$$

$$= (r(n)x^2 - s(n)x + cr(n+1))\frac{u_n}{x^n}.$$

因此

$$\sum_{n=0}^{m-1} (r(n)x^2 - s(n)x + cr(n+1))\frac{u_n}{x^n} = \sum_{n=0}^{m-1} (f(n+1) - f(n))$$

$$= f(m) - f(0) = f(m) + r(0)x^2.$$

由此推出 (22.2).

把 (22.2) 两边同除以 x^{m-2} 再对 x 求导可得 (22.3), 把 (22.2) 两边同除以 x 求导再除以 x^{m-3} 可得 (22.4). 于是定理得证.

推论 22.1 设 $x \neq 0$, $m \in \mathbb{Z}^+$, $P_n(t)$ 为 Legendre 多项式, 则

$$\sum_{n=0}^{m-1} ((x^2 - 2tx + 1)n + 1 - tx)\frac{P_n(t)}{x^n} = \frac{m}{x^{m-1}}(P_{m-1}(t) - xP_m(t)),$$

从而 p 为奇数且 $d \neq 0$ 时

$$\sum_{n=0}^{(p-1)/2} ((d+2)n + 1)\frac{\dbinom{2n}{n}}{(-2d)^n} = \frac{p\dbinom{p-1}{(p-1)/2}}{(-2d)^{\frac{p-1}{2}}}.$$

于是 $p > 3$ 为素数, $d \in \mathbb{Z}_p$ 且 $d \not\equiv 0 \pmod{p}$ 时

$$\sum_{n=0}^{(p-1)/2} ((d+2)n+1) \frac{\binom{2n}{n}}{(-2d)^n} \equiv \left(\frac{8}{d}\right)^{\frac{p-1}{2}} p + \left(\frac{2d}{p}\right) \frac{p^4}{12} B_{p-3} \pmod{p^5}.$$

证　在 (22.2) 中取 $r(n) = n$, $s(n) = (2n+1)t$, $c = 1, u_n = P_n(t)$, 则有第一个等式. 根据推论 11.1, $P_{2n+1}(0) = 0$, $P_{2n}(0) = \binom{2n}{n}(-4)^{-n}$. 于是在推论第一个等式中取 $t = 0, m = p$ 为奇数, 得

$$\sum_{n=0}^{(p-1)/2} (2(x^2+1)n+1) \frac{\binom{2n}{n}}{(-4x^2)^n} = \sum_{k=0}^{p-1} ((x^2+1)k+1) \frac{P_k(0)}{x^k} = \frac{p}{x^{p-1}} P_{p-1}(0)$$

$$= \frac{p}{x^{p-1}} \cdot \frac{\binom{p-1}{(p-1)/2}}{(-4)^{\frac{p-1}{2}}} = \frac{p \binom{p-1}{(p-1)/2}}{(-4x^2)^{\frac{p-1}{2}}}.$$

现在令 $x = \sqrt{d/2}$ 即得推论中第二个等式. 对正整数 k, n 令 $H_n^{(k)} = \sum_{r=1}^{n} \frac{1}{r^k}$, $H_n = H_n^{(1)}$, $q_p(2) = (2^{p-1}-1)/p$, 由定理 17.16 和 Kummer 同余式 (见定理 17.19) 知

$$H_{\frac{p-1}{2}} \equiv -2q_p(2) + pq_p(2)^2 - \frac{2}{3}p^2 q_p(2)^3 - \frac{7}{12}p^2 B_{p-3} \pmod{p^3},$$

$$H_{\frac{p-1}{2}}^{(2)} \equiv \frac{7}{3} p B_{p-3} \pmod{p^2}, \quad H_{\frac{p-1}{2}}^{(3)} \equiv -2 B_{p-3} \pmod{p}.$$

容易证明 $k = 1, 2, \ldots, p-1$ 时

$$(-1)^k \binom{p-1}{k} \equiv 1 - pH_k + \frac{p^2}{2}(H_k^2 - H_k^{(2)}) - \frac{p^3}{6}(H_k^3 - 3H_k H_k^{(2)} + 2H_k^{(3)}) \pmod{p^4},$$

详见第 17 讲参考读物 [9]. 于是

$$(-1)^{\frac{p-1}{2}} \binom{p-1}{(p-1)/2}$$

$$\equiv 1 - pH_{\frac{p-1}{2}} + \frac{p^2}{2}(H_{\frac{p-1}{2}}^2 - H_{\frac{p-1}{2}}^{(2)}) - \frac{p^3}{6}(H_{\frac{p-1}{2}}^3 - 3H_{\frac{p-1}{2}} H_{\frac{p-1}{2}}^{(2)} + 2H_{\frac{p-1}{2}}^{(3)})$$

$$\equiv 1 + 2pq_p(2) - p^2 q_p(2)^2 + \frac{2}{3}p^3 q_p(2)^3 + \frac{7}{12}p^3 B_{p-3}$$

$$+ \frac{p^2}{2}\left((-2q_p(2) + pq_p(2)^2)^2 - \frac{7}{3}p B_{p-3}\right) - \frac{p^3}{6}\left((-2q_p(2))^3 + 2(-2B_{p-3})\right)$$

$$\equiv 1 + 2pq_p(2) + p^2 q_p(2)^2 + \frac{p^3}{12}B_{p-3} = 4^{p-1} + \frac{p^3}{12}B_{p-3} \pmod{p^4},$$

从而

$$\sum_{n=0}^{(p-1)/2} ((d+2)n+1) \frac{\binom{2n}{n}}{(-2d)^n} = \frac{p \binom{p-1}{(p-1)/2}}{(-2d)^{\frac{p-1}{2}}} \equiv \frac{p}{(2d)^{\frac{p-1}{2}}} \left(4^{p-1} + \frac{p^3}{12}B_{p-3} \right)$$

$$\equiv \left(\frac{8}{d} \right)^{\frac{p-1}{2}} p + \left(\frac{2d}{p} \right) \frac{p^4}{12} B_{p-3} \pmod{p^5}.$$

推论 22.2 (毛国帅 [40]) 设 $c \neq 0$, u_n 满足 $u_0 = 1$, $u_1 = b$,

$$(n+1)^2 u_{n+1} = (an(n+1) + b)u_n - cn^2 u_{n-1} \quad (n = 1, 2, 3, \cdots),$$

则 $m \in \mathbb{Z}^+$ 且 $x \neq 0$ 时

$$\sum_{n=0}^{m-1} \left((x^2 - ax + c)n^2 + (2c - ax)n + c - bx \right) \frac{u_n}{x^n} = \frac{m^2}{x^{m-1}}(cu_{m-1} - xu_m).$$

证 在 (22.2) 中令 $r(n) = n^2$, $s(n) = an(n+1) + b$ 计算即得.

推论 22.3 (毛国帅 [40]) 设 $c \neq 0$, u_n 满足 $u_0 = 1$, $u_1 = b$,

$$(n+1)^3 u_{n+1} = (2n+1)(an(n+1) + b)u_n - cn^3 u_{n-1} \quad (n = 1, 2, 3, \cdots),$$

则 $m \in \mathbb{Z}^+$ 且 $x \neq 0$ 时

$$\sum_{n=0}^{m-1} \left((x^2 - 2ax + c)n^3 + (3c - 3ax)n^2 + (3c - (a+2b)x)n + c - bx \right) \frac{u_n}{x^n}$$

$$= \frac{m^3}{x^{m-1}}(cu_{m-1} - xu_m).$$

证 在 (22.2) 中令 $r(n) = n^3$, $s(n) = (2n+1)(an(n+1) + b)$ 计算即得.

注 22.1 当 $r(n) = n^k$ 时 (22.1) 由孙智宏在 [60] 中给出. 在推论 22.3 等式中令 $m \to +\infty$, 则知 $|x|$ 充分大时

$$\sum_{n=0}^{\infty} \left((x^2 - 2ax + c)n^3 + 3(c - ax)n^2 + (3c - (a+2b)x)n + c - bx \right) \frac{u_n}{x^n} = 0.$$

定理 22.2 (孙智宏 [60]) 设 $r \in \mathbb{Z}^+$, $c \in \mathbb{Z}$, $c \neq 0$, $s(n)$ 是 n 的整系数多项式, 且 $n \in \mathbb{Z}$ 时有 $s(-1-n) = (-1)^r s(n)$, 数列 $\{u_n\}$ 定义为

$$u_0 = 1, \quad u_1 = s(0), \quad (n+1)^r u_{n+1} = s(n)u_n - cn^r u_{n-1} \ (n \geqslant 1).$$

若 p 为奇素数, $p \nmid c$, 且 $u_p \in \mathbb{Z}_p$, 则 $n = 0, 1, 2, \cdots, p-1$ 时有

$$u_n \equiv u_{p-1}c^n u_{p-1-n} \equiv \begin{cases} \left(\dfrac{c}{p}\right) c^n u_{p-1-n} \pmod{p}, & \text{若 } p \nmid u_{\frac{p-1}{2}}, \\[3mm] (-1)^{r-1}\left(\dfrac{c}{p}\right) c^n u_{p-1-n} \pmod{p}, & \text{若 } p \mid u_{\frac{p-1}{2}}. \end{cases}$$

特别有

$$u_{p-1} \equiv \begin{cases} \left(\dfrac{c}{p}\right) \pmod{p}, & \text{若 } p \nmid u_{\frac{p-1}{2}}, \\[3mm] (-1)^{r-1}\left(\dfrac{c}{p}\right) \pmod{p}, & \text{若 } p \mid u_{\frac{p-1}{2}}. \end{cases}$$

推论 22.4 (Ille-Schur) 设 p 为奇素数, $n \in \{0, 1, \cdots, p-1\}$, $P_n(x)$ 为 Legendre 多项式, 则

$$P_n(x) \equiv P_{p-1-n}(x) \pmod{p}.$$

证 在定理 22.2 中取 $c = r = 1$, $s(n) = (2n+1)x$, $u_n = P_n(x)$ 即得.

22.2 第一类 Apéry-like 数

定义 22.1 设 $a, b, c \in \mathbb{Z}$, $c \neq 0$, 数列 $\{A_n(a,b,c)\}$ 由下式给出:

$$A_0(a,b,c) = 1, \quad A_1(a,b,c) = b,$$

$$(n+1)^3 A_{n+1}(a,b,c)$$

$$= (2n+1)(an(n+1)+b)A_n(a,b,c) - cn^3 A_{n-1}(a,b,c) \quad (n = 1,2,3,\cdots),$$

如果对每个正整数 n 都有 $A_n(a,b,c) \in \mathbb{Z}$, 则称 $A_n(a,b,c)$ 是第一类 Apéry-like 数.

容易验证: $A_n(1,5,1) = 2n(n+1)+1$.

定义 22.2 Apéry 数 A_n 定义为

$$A_n = \sum_{k=0}^{n} \binom{n}{k}^2 \binom{n+k}{k}^2 \quad (n = 0, 1, 2, \cdots).$$

最初几个 Apéry 数如下:

$$A_1 = 5, \quad A_2 = 73, \quad A_3 = 1445, \quad A_4 = 33001, \quad A_5 = 819005, \quad A_6 = 21460825.$$

1979 年法国数学家 Apéry 在证明 $\zeta(3) = \sum_{n=1}^{\infty} \frac{1}{n^3}$ 为无理数的过程中引入 Apéry 数 A_n. 自此 Apéry 数的许多组合和数论性质被发现.

定理 22.3 (Apéry[4], [53, A005259]) 设 n 为非负整数, 则 $A_n = A_n(17, 5, 1)$, 从而

$$(n+1)^3 A_{n+1} = (2n+1)(17n^2 + 17n + 5)A_n - n^3 A_{n-1} \ (n \geqslant 1).$$

若令 $U_0 = 0$, $U_1 = 1$, $(n+1)^3 U_{n+1} = (2n+1)(17n^2 + 17n + 5)U_n - n^3 U_{n-1}$ $(n \geqslant 1)$, 则

$$\lim_{n \to +\infty} \frac{U_n}{A_n} = \frac{\zeta(3)}{6}.$$

定理 22.4 (Van der Poorten 猜想, Cohen, Hirschhorn 证明 [19,20])

$$\lim_{n \to +\infty} \frac{A_n}{(2\sqrt{2}\, n\pi)^{-\frac{3}{2}}(1+\sqrt{2})^{4n+2}} = 1.$$

定理 22.5 当 $|x| \geqslant 34$ 时有

$$\sum_{n=0}^{\infty} \left((x^2 - 34x + 1)n^3 - (51x - 3)n^2 - (27x - 3)n - 5x + 1\right)\frac{A_n}{x^n} = 0.$$

证 在推论 22.3 中取 $a = 17$, $b = 5$, $c = 1$, $u_n = A_n$ 知 m 为正整数时有

$$\sum_{n=0}^{m-1} \left((x^2 - 34x + 1)n^3 - (51x - 3)n^2 - (27x - 3)n - 5x + 1\right)\frac{A_n}{x^n}$$

$$= \frac{m^3}{x^{m-1}}(A_{m-1} - xA_m).$$

由于 $|x| \geqslant 34 > (1+\sqrt{2})^4$, 根据定理 22.4 知, $\lim\limits_{m \to +\infty} \frac{m^3}{x^{m-1}}(A_{m-1} - xA_m) = 0$, 从而在前一等式中令 $m \to +\infty$ 即得定理结论.

定理 22.6 (Osburn, Sahu, Straub[51]) 设 $a \in \{2, 3, 4, \cdots\}$, $b, c \in \{0, 1, 2, \cdots\}$,

$$u_n = \sum_{k=0}^{n} \binom{n}{k}^a \binom{n+k}{k}^b \binom{2k}{n}^c \quad (n = 0, 1, 2, \cdots),$$

则 $p > 3$ 为素数, $m, r \in \mathbb{Z}^+$ 时有

$$u_{mp^r} \equiv u_{mp^{r-1}} \pmod{p^{3r}}.$$

推论 22.5 (Coster[14],1988)　设 $p > 3$ 为素数, $m, r \in \mathbb{Z}^+$, 则

$$A_{mp^r} \equiv A_{mp^{r-1}} \pmod{p^{3r}}.$$

注 22.2　1982 年 Gessel[15] 首先证明推论 22.5 在 $r = 1$ 的情形. 最近刘纪彩 [28] 推广定理 22.6, 得到了 $u_{mp^r} - u_{mp^{r-1}}$ 模 p^{3r+1} 的同余式.

定理 22.7 (刘纪彩 [28])　设 $p > 3$ 为素数, $m, r \in \mathbb{Z}^+$, 令

$$C_m = \sum_{k=0}^{m} \binom{m}{k}^2 \binom{m+k}{k}^2 ((m-k)^2 - 2km^2),$$

则

$$A_{mp^r} \equiv A_{mp^{r-1}} + \frac{2}{3} C_m p^{3r} B_{p-3} \pmod{p^{3r+1}}.$$

定理 22.8 (张勇 [80])　设 $p > 5$ 为素数, $r \in \mathbb{Z}^+$, 则

$$A_{p^r} \equiv A_{p^{r-1}} + 14 p^{3r-2} H_{p-1} \pmod{p^{3r+2}}.$$

注 22.3　刘纪彩与王晨 [30] 首先证明 $r = 1$ 情形.

通过 Maple 计算, 现作出如下猜想:

猜想 22.1　设 $p > 5$ 为素数, $m, r \in \mathbb{Z}^+$, C_m 由定理 22.7 给出, 则

$$A_{mp^r} - A_{mp^{r-1}} \equiv 2 C_m p^{3r} \left(\frac{B_{2p-4}}{2p-4} - 2 \frac{B_{p-3}}{p-3} \right) \pmod{p^{3r+2}}.$$

定理 22.9 (Beukers[5], 1985)　设 $p > 3$ 为素数, $m, r \in \mathbb{Z}^+$, 则

$$A_{mp^r-1} \equiv A_{mp^{r-1}-1} \pmod{p^{3r}}.$$

定理 22.10　设 $p > 3$ 为素数, 则

$$A_{p-1} \equiv 1 + \frac{2}{3} p^3 B_{p-3} \pmod{p^4}.$$

注 22.4　定理 22.10 由孙智宏猜想, 以及刘纪彩、王晨 [30] 证明.

猜想 22.2　设 $p > 3$ 为素数, $m, r \in \mathbb{Z}^+$, 则存在仅依赖于 m 的奇数 c_m 使得

$$A_{mp^r-1} - A_{mp^{r-1}-1} \equiv \frac{2}{3} m^3 c_m p^{3r} B_{p-3} \pmod{p^{3r+1}},$$

并且 $c_1 = 1$, $c_2 = 1$, $c_3 = -17$, $c_4 = -703$, $c_5 = -21499$, $c_6 = -628145$.

定理 22.11 (Beukers[6], 1987)　设 p 为奇素数, $m, r \in \mathbb{Z}^+$, $2 \nmid m$, 则

$$A_{\frac{mp^r-1}{2}} - a(p)A_{\frac{mp^{r-1}-1}{2}} + p^3 A_{\frac{mp^{r-2}-1}{2}} \equiv 0 \pmod{p^r},$$

其中 $a(n)$ 由下式给出:

$$q\prod_{n=1}^{\infty}(1-q^{2n})^4(1-q^{4n})^4 = \sum_{n=1}^{\infty} a(n)q^n \quad (|q| < 1). \tag{22.5}$$

定理 22.12 (Beukers[6] 猜想, Ahlgren 与 Ono[1] 证明)　设 $a(n)$ 由 (22.5) 给出, $p > 3$ 为素数, 则

$$A\left(\frac{p-1}{2}\right) \equiv a(p) \pmod{p^2}.$$

定理 22.13　设 $p > 3$ 为素数, 则

$$\sum_{n=0}^{p-1}(2n+1)A_n \equiv p + \frac{7}{6}p^4 B_{p-3} \pmod{p^5},$$

$$\sum_{n=0}^{p-1}(2n+1)(-1)^n A_n \equiv \left(\frac{p}{3}\right)p \pmod{p^3},$$

$$\sum_{n=0}^{p-1}(2n+1)^3 A_n \equiv p^3 \pmod{p^6},$$

$$\sum_{n=0}^{p-1}(2n+1)^3(-1)^n A_n = -\frac{p}{3}\left(\frac{p}{3}\right) \pmod{p^3}.$$

注 22.5　定理 22.13 中第一个同余式由孙智伟 [67] 证明, 第二个同余式由孙智伟猜想, 郭军伟、曾江 [18] 证明, 第三个同余式由郭军伟、曾江证明 (Int. J. Number Theory 8(2012), 2003—2016), 第四个同余式由孙智伟 [73] 证明.

引理 22.1　设 $d > 1$ 为整数, p 为奇素数, $p = x^2 + dy^2$, $x, y \in \mathbb{Z}$, $p \neq d$, 若在 p-adic 整数环中 $x + y\sqrt{-d} \not\equiv 0 \pmod{p}$, 则

$$x + y\sqrt{-d} \equiv 2x - \frac{p}{2x} - \frac{p^2}{8x^3} \pmod{p^3},$$

$$(x + y\sqrt{-d})^2 \equiv 4x^2 - 2p - \frac{p^2}{4x^2} \pmod{p^3}.$$

证　设 $A = x + y\sqrt{-d}$, 则 $(A-x)^2 = -dy^2 = x^2 - p$, 从而 $A(A-2x) = -p$. 于是 $A \equiv 2x \pmod{p}$. 令 $A = 2x + \frac{kp}{2x}$, 则 $\frac{kp}{2x}\left(2x + \frac{kp}{2x}\right) = -p$, 即 $k + \frac{k^2 p}{4x^2} = -1$.

由此有

$$A = 2x + \frac{kp}{2x} = 2x - \frac{\left(1 + \frac{k^2 p}{4x^2}\right) p}{2x} \equiv 2x - \frac{p}{2x} - \frac{p^2}{8x^3} \pmod{p^3}.$$

于是

$$A^2 \equiv \left(2x - \frac{p}{2x} - \frac{p^2}{8x^3}\right)^2 \equiv \left(2x - \frac{p}{2x}\right)^2 - 2 \cdot 2x \cdot \frac{p^2}{8x^3} = 4x^2 - 2p - \frac{p^2}{4x^2} \pmod{p^3}.$$

定理 22.14 设 $p > 3$ 为素数, 则

$$\sum_{n=0}^{p-1} A_n \equiv \begin{cases} 0 \pmod{p^2}, & \text{若 } p \equiv 5, 7 \pmod 8, \\ 4x^2 - 2p - \dfrac{p^2}{4x^2} \pmod{p^3}, & \text{若 } p = x^2 + 2y^2 \equiv 1, 3 \pmod 8. \end{cases}$$

注 22.6 设 p 为奇素数, 当 $p \equiv 5, 7 \pmod 8$ 时定理 22.14 中同余式由孙智伟猜想, 王晨与孙智伟在 [78] 中证明. 当 $p = x^2 + 2y^2 \equiv 1, 3 \pmod 8$ 时定理 22.14 中同余式由孙智宏猜想, Beukers 在 [7] 中证明 $x + y\sqrt{-d} \not\equiv 0 \pmod p$ 时 $\sum_{n=0}^{p-1} A_n \equiv (x + y\sqrt{-d})^2 \pmod{p^3}$. 应用引理 22.1 即得所需结果.

猜想 22.3 (孙智宏 [60]) 设 $p > 3$ 为素数, 则

$$\sum_{n=0}^{p-1} A_n \equiv \begin{cases} \dfrac{17}{27} p^2 \left(\dfrac{[p/4]}{[p/8]}\right)^{-2} \pmod{p^3}, & \text{若 } p \equiv 5 \pmod 8, \\ -\dfrac{17}{6} p^2 \left(\dfrac{[p/4]}{[p/8]}\right)^{-2} \pmod{p^3}, & \text{若 } p \equiv 7 \pmod 8, \end{cases}$$

$$\sum_{n=0}^{p-1} (-1)^n A_n \equiv \begin{cases} 4x^2 - 2p - \dfrac{p^2}{4x^2} \pmod{p^3}, & \text{若 } p = x^2 + 3y^2 \equiv 1 \pmod 3, \\ \dfrac{5}{4} p^2 \left(\dfrac{(p-1)/2}{(p-5)/6}\right)^{-2} \pmod{p^3}, & \text{若 } p \equiv 2 \pmod 3. \end{cases}$$

注 22.7 猜想 22.3 中同余式模 p^2 情形由孙智伟 [67] 首先猜想.

定义 22.3 设 p 为奇素数, $H_n = \sum_{k=1}^n \dfrac{1}{k}$ 为调和数, 定义

$$R_1(p) = (2p + 2 - 2^{p-1}) \left(\frac{(p-1)/2}{[p/4]}\right)^2,$$

$$R_2(p) = \left(5 - 4(-1)^{\frac{p-1}{2}}\right)$$

$$\times \left(1 + (4 + 2(-1)^{\frac{p-1}{2}})p - 4(2^{p-1} - 1) - \frac{p}{2}H_{[\frac{p}{8}]}\right) \left(\begin{array}{c} (p-1)/2 \\ p/8 \end{array}\right)^2,$$

$$R_3(p) = \left(1 + 2p + \frac{4}{3}(2^{p-1} - 1) - \frac{3}{2}(3^{p-1} - 1)\right) \left(\begin{array}{c} (p-1)/2 \\ [p/6] \end{array}\right)^2.$$

猜想 22.4 (孙智宏[63]) 设 $p > 3$ 为素数, 则

$$\sum_{n=0}^{p-1} n^2 A_n \equiv \begin{cases} \dfrac{15}{16}x^2 - \dfrac{31}{32}p + \dfrac{p^2}{128x^2} \pmod{p^3}, \\ \qquad\qquad 若\ p = x^2 + 2y^2 \equiv 1, 3 \pmod 8, \\ -\dfrac{3}{64}R_2(p) - \dfrac{p}{2} \pmod{p^2}, \quad 若\ p \equiv 5, 7 \pmod 8, \end{cases}$$

$$\sum_{n=0}^{p-1} (-1)^n n^2 A_n \equiv \begin{cases} \dfrac{8}{9}x^2 - \dfrac{17}{18}p + \dfrac{p^2}{72x^2} \pmod{p^3}, \\ \qquad\qquad 若\ p = x^2 + 3y^2 \equiv 1 \pmod 3, \\ \dfrac{2}{9}R_3(p) + \dfrac{p}{2} \pmod{p^2}, \qquad 若\ p \equiv 2 \pmod 3. \end{cases}$$

定义 22.4 Domb 数 D_n 定义为

$$D_n = \sum_{k=0}^{n} \binom{n}{k}^2 \binom{2k}{k}\binom{2n-2k}{n-k} \quad (n = 0, 1, 2, \cdots).$$

Domb 数的最初几个数值如下:

$$D_0 = 1, \quad D_1 = 4, \quad D_2 = 28, \quad D_3 = 256, \quad D_4 = 2716, \quad D_5 = 31504.$$

使用数学软件 Maple 中 sumtools, 容易发现 $\{D_n\}$ 满足如下递推关系.

定理 22.15 ([53, A002895]) 设 n 为非负整数, 则 $D_n = A_n(10, 4, 64)$, 从而

$$(n+1)^3 D_{n+1} = (2n+1)(10n^2 + 10n + 4)D_n - 64n^3 D_{n-1} \quad (n \geqslant 1).$$

定理 22.16 (Chan, Zudilin[12], 孙智宏[56]) 设 n 为非负整数, 则

$$D_n = \sum_{k=0}^{[n/2]} \binom{2k}{k}^2 \binom{3k}{k}\binom{n+k}{3k} 4^{n-2k}$$

$$= \sum_{k=0}^{n} \binom{n}{k}\binom{2k}{k}^2 \binom{n+2k}{n}(-1)^k 16^{n-k}.$$

定理 22.17 (孙智伟[53])　设 n 为非负整数, 则

$$D_n = \sum_{k=0}^{n}(-1)^{n-k}\binom{n}{k}\binom{2k}{n}\binom{2k}{k}\binom{2n-2k}{n-k} = \frac{1}{4^n}\sum_{k=0}^{n}\frac{\binom{2k}{k}\binom{2n-2k}{n-k}^3}{\binom{n}{k}^2}.$$

定理 22.18 (Cooper)　存在常数 C 使得

$$\lim_{n\to+\infty}\frac{D_n}{C(n\pi)^{-\frac{3}{2}}16^n} = 1.$$

注 22.8　作者询问 Cooper 关于 D_n 的渐近公式, Cooper 根据 [13, Theorem 10.1] 证明定理 22.18 并猜测 $C = 2$.

定理 22.19　当 $|x| > 16$ 时

$$\sum_{n=0}^{\infty}\left((x^2 - 20x + 64)n^3 + 3(64 - 10x)n^2 + (192 - 18x)n + 64 - 4x\right)\frac{D_n}{x^n} = 0.$$

证　由于 $D_n = A_n(10, 4, 64)$, 在推论 22.3 中取 $a = 10$, $b = 4$, $c = 64$, $u_n = D_n$ 知 m 为正整数时有

$$\sum_{n=0}^{m-1}\left((x^2 - 20x + 64)n^3 + 3(64 - 10x)n^2 + (192 - 18x)n + 64 - 4x\right)\frac{D_n}{x^n}$$
$$= \frac{m^3}{x^{m-1}}(64D_{m-1} - xD_m). \tag{22.6}$$

根据定理 22.18, $\displaystyle\lim_{m\to+\infty}\frac{m^3}{x^{m-1}}(64D_{m-1} - xD_m) = 0$, 故在 (22.6) 中令 $m \to +\infty$ 取极限即得定理结论.

定理 22.20 (Osburn, Sahu[50])　设 $p > 3$ 为素数, $m, r \in \mathbb{Z}^+$, 则

$$D_{mp^r} \equiv D_{mp^{r-1}} \pmod{p^{3r}}.$$

注 22.9　Chan, Cooper 与 Sica 在 [9] 中首先证明 $r = 1$ 情形.

定理 22.21 (刘纪彩[27])　设 $p > 3$ 为素数, $m \in \mathbb{Z}^+$, 令

$$C_m = \sum_{k=0}^{m}\binom{m}{k}^2\binom{2k}{k}\binom{2m-2k}{m-k}\left(km(m-k) + k^3 + (m-k)^3\right),$$

则

$$D_{mp} \equiv D_m + \left(8m^3 D_{m-1} - \frac{2}{3}C_m\right)p^3 B_{p-3} \pmod{p^4}.$$

定理 22.22 (张勇[80]) 设 $p > 3$ 为素数, $r \in \mathbb{Z}^+$, 则

$$D_{p^r} \equiv D_{p^{r-1}} + \frac{16}{3}p^{3r}B_{p-3} \pmod{p^{3r+1}}.$$

猜想 22.5 设 $p > 3$ 为素数, $m, r \in \mathbb{Z}^+$, C_m 由定理 22.21 给出, 则

$$D_{mp^r} \equiv D_{mp^{r-1}} + \left(8m^3 D_{m-1} - \frac{2}{3}C_m\right)p^{3r} B_{p-3} \pmod{p^{3r+1}}.$$

定理 22.23 (孙智宏[60] 猜想, 毛国帅, 王婕[44] 证明) 设 $p > 3$ 为素数, 则

$$D_{p-1} \equiv 64^{p-1} - \frac{p^3}{6}B_{p-3} \pmod{p^4}.$$

猜想 22.6 设 $p > 3$ 为素数, $m, r \in \mathbb{Z}^+$, 则存在仅依赖于 m 的正整数 c_m 使得

$$D_{mp^r-1} - 64^{mp^{r-1}(p-1)} D_{mp^{r-1}-1} \equiv -\frac{1}{6}m^3 c_m p^{3r} B_{p-3} \pmod{p^{3r+1}},$$

并且 $c_1 = 1$, $c_2 = 11$, $c_3 = 112$, $c_4 = 1243$, $c_5 = 14756$, $c_6 = 183824$.

定理 22.24 设 $p > 3$ 为素数, 则

$$\sum_{n=0}^{p-1}(3n+1)\frac{D_n}{(-32)^n} \equiv (-1)^{\frac{p-1}{2}}p + p^3 E_{p-3} \pmod{p^4},$$

$$\sum_{n=0}^{p-1}(3n+2)\frac{D_n}{(-2)^n} \equiv 2(-1)^{\frac{p-1}{2}}p + 6p^3 E_{p-3} \pmod{p^4},$$

当 $3 \mid p-1$ 时, $\displaystyle\sum_{n=0}^{p-1}(3n+2)\frac{D_n}{4^n} \equiv 2\sum_{n=0}^{p-1}(3n+1)\frac{D_n}{16^n} \equiv \frac{2p^2}{\binom{(p-1)/2}{(p-1)/6}^2} \pmod{p^3},$

当 $3 \mid p-2$ 时, $\displaystyle\sum_{n=0}^{p-1}\frac{nD_n}{4^n} \equiv -\sum_{n=0}^{p-1}\frac{nD_n}{16^n} \equiv \frac{4}{3}R_3(p) \pmod{p^2},$

$$\sum_{n=0}^{p-1}(3n^2+n)\frac{D_n}{16^n} \equiv -4p^3(2^{p-1}-1) \pmod{p^5},$$

$$\sum_{n=0}^{p-1}(2n+1)\frac{D_n}{8^n} \equiv p + \frac{35}{24}p^4 B_{p-3} \pmod{p^5}.$$

注 22.10　设 $p > 3$ 为素数, 毛国帅与赵宋安邦 [47] 证明了作者关于 D_{2p-1} 模 p^4 的同余式猜想. 定理 22.24 中第一个同余式由孙智伟 [70] 提出, 刘纪彩 [24] 证明; 第二个同余式由孙智宏 [59] 猜想, 刘纪彩 [24] 证明; 第三和第四个同余式由毛国帅和刘艳 [42] 证明, 其中第四个同余式由孙智宏首先猜想; 第五个同余式属于穆彦平和孙智伟 [48]. 第六个同余式由孙智宏 [59] 猜想, 毛国帅 [39] 证明.

定理 22.25　设 $p > 3$ 为素数, 则

$$\sum_{n=0}^{p-1}(2n+1)^3\frac{D_n}{8^n} \equiv 9p - 8p^3 + p^4\left(-72 \cdot \frac{2^{p-1}-1}{p} + \frac{105}{8}B_{p-3}\right) \pmod{p^5},$$

$$\sum_{n=0}^{p-1}(9n^3 + 21n^2 + 10n)\frac{D_n}{(-2)^n} \equiv 6(-1)^{\frac{p+1}{2}}p + 6p^3(1 - 3E_{p-3}) \pmod{p^4},$$

$$\sum_{n=0}^{p-1}(9n^3 + 6n^2 + n)\frac{D_n}{(-32)^n} \equiv (-1)^{\frac{p+1}{2}}p + p^3(1 - E_{p-3}) \pmod{p^4}.$$

证　根据 (22.6)、定理 22.22 和定理 22.23 知, 当 $x \in \mathbb{Z}_p$ 且 $x \not\equiv 0 \pmod{p}$ 时有

$$\sum_{n=0}^{p-1}\left((x^2 - 20x + 64)n^3 + 3(64 - 10x)n^2 + (192 - 18x)n + 64 - 4x\right)\frac{D_n}{x^n}$$

$$= \frac{p^3}{x^{p-1}}(64D_{p-1} - xD_p) \equiv \frac{64^p - 4x}{x^{p-1}}p^3 \pmod{p^5}. \tag{22.7}$$

令 $x = 8$ 并注意到 $8^{p-1} = (2^{p-1} - 1 + 1)^3 \equiv 3(2^{p-1} - 1) + 1 \pmod{p^2}$ 便有

$$\sum_{n=0}^{p-1}-4\left(8n^3 + 12n^2 - 12n - 8\right)\frac{D_n}{8^n}$$

$$\equiv \left(64 \cdot 8^{p-1} - 32 \cdot 8^{-(p-1)}\right)p^3 \equiv 32\left(1 + 9\left(2^{p-1} - 1\right)\right)p^3 \pmod{p^5},$$

由此应用定理 22.24 知

$$\sum_{n=0}^{p-1}(2n+1)^3\frac{D_n}{8^n} = \sum_{n=0}^{p-1}(8n^3 + 12n^2 - 12n - 8 + 9(2n+1))\frac{D_n}{8^n}$$

$$\equiv -8\left(1 + 9\left(2^{p-1} - 1\right)\right)p^3 + 9\left(p + \frac{35}{24}p^4 B_{p-3}\right) \pmod{p^5}.$$

在 (22.7) 中令 $x = -2$ 得

$$12 \sum_{n=0}^{p-1} (9n^3 + 21n^2 + 10n + 3(3n+2)) \frac{D_n}{(-2)^n} \equiv 72p^3 \pmod{p^4}.$$

由此应用定理 22.24 即得定理中第二个同余式. 在 (22.7) 中令 $x = -32$ 得

$$192 \sum_{n=0}^{p-1} (9n^3 + 6n^2 + n + (3n+1)) \frac{D_n}{(-32)^n} \equiv 192p^3 \pmod{p^4}.$$

由此应用定理 22.24 即得定理中第三个同余式.

猜想 22.7 (孙智宏 [59]) 设 $p > 3$ 为素数, 则

$$\sum_{n=0}^{p-1} (5n+4) D_n \equiv 4p \left(\frac{p}{3}\right) + 28p^3 U_{p-3} \pmod{p^4},$$

$$\sum_{n=0}^{p-1} (2n+1) \frac{D_n}{(-8)^n} \equiv p \left(\frac{p}{3}\right) + \frac{5}{2} p^3 U_{p-3} \pmod{p^4},$$

$$\sum_{n=0}^{p-1} (5n+1) \frac{D_n}{64^n} \equiv p \left(\frac{p}{3}\right) - 2p^3 U_{p-3} \pmod{p^4},$$

其中 U_{2n} 由 $U_0 = 1$, $U_{2n} = -2 \sum_{k=1}^{n} \binom{2n}{2k} U_{2n-2k}$ $(n \geqslant 1)$ 给出.

猜想 22.8 设 $p > 3$ 为素数, 则

$$\sum_{n=0}^{p-1} (2n+1)^5 \frac{D_n}{8^n} \equiv 721p - 592p^3 \pmod{p^4},$$

$$\sum_{n=0}^{p-1} (2n+1)^5 \frac{D_n}{(-8)^n} \equiv \frac{203}{27} \left(\frac{p}{3}\right) p \pmod{p^3}.$$

定理 22.26 (孙智宏猜想, 毛国帅, 刘艳 [42] 证明) 设 $p > 3$ 为素数, 则

$$\sum_{n=0}^{p-1} \frac{D_n}{4^n} \equiv \frac{3\left(\frac{p}{3}\right) - 1}{2} \sum_{n=0}^{p-1} \frac{D_n}{16^n}$$

$$\equiv \begin{cases} 4x^2 - 2p - \dfrac{p^2}{4x^2} \pmod{p^3}, & \text{若 } p = x^2 + 3y^2 \equiv 1 \pmod{3}, \\[3mm] \dfrac{p^2}{2} \dbinom{(p-1)/2}{(p-5)/6}^{-2} \pmod{p^3}, & \text{若 } p \equiv 2 \pmod{3}. \end{cases}$$

注 22.11　定理 22.26 中同余式模 p^2 情形由孙智伟猜想, 孙智宏 [64] 证明.

定理 22.27 (孙智宏猜想, 毛国帅, 刘艳 [42] 证明)　设 $p > 3$ 为素数, 则

$$\sum_{n=0}^{p-1} n^2 \frac{D_n}{4^n} \equiv \begin{cases} \dfrac{16}{9}x^2 - \dfrac{8}{9}p - \dfrac{7p^2}{18x^2} \pmod{p^3}, \\ \qquad\qquad\qquad 若\ p = x^2 + 3y^2 \equiv 1 \pmod 3, \\ -\dfrac{20}{9}R_3(p) \pmod{p^2}, \qquad 若\ p \equiv 2 \pmod 3, \end{cases}$$

$$\sum_{n=0}^{p-1} n^2 \frac{D_n}{16^n} \equiv \begin{cases} \dfrac{4}{9}x^2 - \dfrac{2}{9}p - \dfrac{p^2}{18x^2} \pmod{p^3}, \\ \qquad\qquad\qquad 若\ p = x^2 + 3y^2 \equiv 1 \pmod 3, \\ \dfrac{4}{9}R_3(p) \pmod{p^2}, \qquad 若\ p \equiv 2 \pmod 3. \end{cases}$$

猜想 22.9 (孙智宏 [60,63])　设 $p > 3$ 为素数,

(i) 若 $p \equiv 1 \pmod 3$, 从而 $p = x^2 + 3y^2$ $(x, y \in \mathbb{Z})$, 则

$$\sum_{n=0}^{p-1} \frac{D_n}{(-2)^n} \equiv \sum_{n=0}^{p-1} \frac{D_n}{(-32)^n} \equiv 4x^2 - 2p - \frac{p^2}{4x^2} \pmod{p^3},$$

$$\sum_{n=0}^{p-1} n^2 \frac{D_n}{(-2)^n} \equiv \frac{40}{27}x^2 - \frac{20 + 26(-1)^{(p-1)/2}}{27}p + \frac{p^2}{18x^2} \pmod{p^3},$$

$$\sum_{n=0}^{p-1} n^2 \frac{D_n}{(-32)^n} \equiv \frac{4}{27}x^2 - \frac{2 + 5(-1)^{(p-1)/2}}{27}p + \frac{p^2}{36x^2} \pmod{p^3}.$$

(ii) 若 $p \equiv 2 \pmod 3$, 则

$$\sum_{n=0}^{p-1} \frac{D_n}{(-2)^n} \equiv 4\sum_{n=0}^{p-1} \frac{D_n}{(-32)^n} \equiv 2p^2 \binom{(p-1)/2}{(p-5)/6}^{-2} \pmod{p^3},$$

$$\sum_{n=0}^{p-1} n^2 \frac{D_n}{(-2)^n} \equiv \frac{8}{27}R_3(p) - \frac{26}{27}(-1)^{\frac{p-1}{2}}p \pmod{p^2},$$

$$\sum_{n=0}^{p-1} n^2 \frac{D_n}{(-32)^n} \equiv \frac{8}{27}R_3(p) - \frac{5}{27}(-1)^{\frac{p-1}{2}}p \pmod{p^2}.$$

猜想 22.10 (孙智宏[60,63]) 设 $p > 3$ 为素数, 则

$$\sum_{n=0}^{p-1} n^2 \frac{D_n}{8^n} \equiv \begin{cases} \dfrac{3}{2}x^2 - \dfrac{5}{4}p - \dfrac{p^2}{16x^2} \pmod{p^3}, \\ \qquad\qquad\qquad 若\ p = x^2 + 2y^2 \equiv 1,3 \pmod 8, \\ -\dfrac{3}{8}R_2(p) - \dfrac{p}{2} \pmod{p^2}, \qquad 若\ p \equiv 5,7 \pmod 8, \end{cases}$$

$$\sum_{n=0}^{p-1} \frac{D_n}{8^n} \equiv \begin{cases} 4x^2 - 2p - \dfrac{p^2}{4x^2} \pmod{p^3}, \\ \qquad\qquad\qquad 若\ p = x^2 + 2y^2 \equiv 1,3 \pmod 8, \\ \dfrac{p^2}{27}\dbinom{[p/4]}{[p/8]}^{-2} \pmod{p^3}, \qquad 若\ 8 \mid p-5, \\ -\dfrac{p^2}{6}\dbinom{[p/4]}{[p/8]}^{-2} \pmod{p^3}, \qquad 若\ 8 \mid p-7. \end{cases}$$

猜想 22.11 (孙智宏[60,63,66]) 设 $p > 3$ 为素数,

(i) 若 $p \equiv 1,7 \pmod{24}$, 从而 $p = x^2 + 6y^2 (x, y \in \mathbb{Z})$, 则

$$\sum_{n=0}^{p-1} \frac{D_n}{(-8)^n} \equiv 4x^2 - 2p - \frac{p^2}{4x^2} \pmod{p^3},$$

$$\sum_{n=0}^{p-1} n^2 \frac{D_n}{(-8)^n} \equiv \frac{11}{18}x^2 - \frac{29}{36}p + \frac{7}{144x^2}p^2 \pmod{p^3};$$

(ii) 若 $p \equiv 5,11 \pmod{24}$, 从而 $p = 2x^2 + 3y^2 (x, y \in \mathbb{Z})$, 则

$$\sum_{n=0}^{p-1} \frac{D_n}{(-8)^n} \equiv 8x^2 - 2p - \frac{p^2}{8x^2} \pmod{p^3},$$

$$\sum_{n=0}^{p-1} n^2 \frac{D_n}{(-8)^n} \equiv \frac{11}{9}x^2 + \frac{7}{36}p + \frac{7}{288x^2}p^2 \pmod{p^3};$$

(iii) 若 $p \equiv 13,17,19,23 \pmod{24}$, $R_{24}(p) = \dbinom{(p-1)/2}{[p/24]}\dbinom{(p-1)/2}{[5p/24]}$,
则

$$\sum_{n=0}^{p-1} n^2 \frac{D_n}{(-8)^n} \equiv -\frac{1}{9}\sum_{k=0}^{p-1} \frac{\dbinom{2k}{k}^2\dbinom{3k}{k}}{216^k(k+1)} - \frac{17}{36}\left(\frac{p}{3}\right)p \pmod{p^2},$$

$$\sum_{n=0}^{p-1} \frac{D_n}{(-8)^n} \equiv \begin{cases} \dfrac{5p^2}{R_{24}(p)} \pmod{p^3}, & \text{若 } p \equiv 13 \pmod{24}, \\[3mm] -\dfrac{5p^2}{R_{24}(p)} \pmod{p^3}, & \text{若 } p \equiv 17 \pmod{24}, \\[3mm] -\dfrac{25p^2}{77R_{24}(p)} \pmod{p^3}, & \text{若 } p \equiv 19 \pmod{24}, \\[3mm] \dfrac{25p^2}{77R_{24}(p)} \pmod{p^3}, & \text{若 } p \equiv 23 \pmod{24}. \end{cases}$$

猜想 22.12 (孙智宏 [60,63,66]) 设 $p > 5$ 为素数,

(i) 若 $p \equiv 1, 19 \pmod{30}$, 从而 $p = x^2 + 15y^2$ $(x, y \in \mathbb{Z})$, 则

$$\sum_{n=0}^{p-1} D_n \equiv \sum_{n=0}^{p-1} \frac{D_n}{64^n} \equiv 4x^2 - 2p - \frac{p^2}{4x^2} \pmod{p^3},$$

$$\sum_{n=0}^{p-1} n^2 D_n \equiv \frac{592}{225}x^2 - \frac{656}{225}p + \frac{16p^2}{225x^2} \pmod{p^3},$$

$$\sum_{n=0}^{p-1} n^2 \frac{D_n}{64^n} \equiv \frac{52}{225}x^2 - \frac{26}{225}p - \frac{13p^2}{450x^2} \pmod{p^3}.$$

(ii) 若 $p \equiv 17, 23 \pmod{30}$, 从而 $p = 3x^2 + 5y^2$ $(x, y \in \mathbb{Z})$, 则

$$\sum_{n=0}^{p-1} D_n \equiv \sum_{n=0}^{p-1} \frac{D_n}{64^n} \equiv 2p - 12x^2 + \frac{p^2}{12x^2} \pmod{p^3},$$

$$\sum_{n=0}^{p-1} n^2 D_n \equiv -\frac{592}{75}x^2 + \frac{656}{225}p - \frac{16p^2}{675x^2} \pmod{p^3},$$

$$\sum_{n=0}^{p-1} n^2 \frac{D_n}{64^n} \equiv -\frac{52}{75}x^2 + \frac{26}{225}p + \frac{13p^2}{1350x^2} \pmod{p^3}.$$

(iii) 若 $p \equiv 7, 11, 13, 29 \pmod{30}$, $R_{60}(p) = 5^{-[\frac{p}{3}]} \begin{pmatrix} [p/3] \\ [p/15] \end{pmatrix}^2$, 则

$$\sum_{n=0}^{p-1} n^2 D_n \equiv \frac{16}{45} \sum_{k=0}^{p-1} \frac{\binom{2k}{k}^2 \binom{3k}{k}}{(-27)^k(k+1)} - \frac{296}{225}\left(\frac{p}{3}\right)p \pmod{p^2},$$

$$\sum_{n=0}^{p-1} n^2 \frac{D_n}{64^n} \equiv \frac{16}{45} \sum_{k=0}^{p-1} \frac{\binom{2k}{k}^2 \binom{3k}{k}}{(-27)^k(k+1)} + \frac{64}{225}\left(\frac{p}{3}\right)p \pmod{p^2}.$$

$$\sum_{n=0}^{p-1} D_n \equiv -\frac{212}{13} \sum_{n=0}^{p-1} \frac{D_n}{64^n} \equiv \begin{cases} \dfrac{53p^2}{8R_{60}(p)} \pmod{p^3}, & \text{若 } 30 \mid p-7, \\[2mm] \dfrac{53p^2}{2R_{60}(p)} \pmod{p^3}, & \text{若 } 30 \mid p-11, \\[2mm] \dfrac{53p^2}{128R_{60}(p)} \pmod{p^3}, & \text{若 } 30 \mid p-13, \\[2mm] \dfrac{53p^2}{32R_{60}(p)} \pmod{p^3}, & \text{若 } 30 \mid p-29. \end{cases}$$

定义 22.5 Almkvist-Zudilin 数 $\{b_n\}$ 由下式给出:

$$b_n = \sum_{k=0}^{[n/3]} \binom{2k}{k}\binom{3k}{k}\binom{n}{3k}\binom{n+k}{k}(-3)^{n-3k} \quad (n = 0, 1, 2, \cdots),$$

$\{b_n\}$ 的前几个数值为

$b_0 = 1$, $b_1 = -3$, $b_2 = 9$, $b_3 = -3$, $b_4 = -279$, $b_5 = 2997$, $b_6 = -19431$.

使用数学软件 Maple 中 sumtools, 容易发现 $\{b_n\}$ 满足如下三项递推关系.

定理 22.28 ([53, A125143]) 设 n 为非负整数, 则 $b_n = A_n(-7, -3, 81)$, 从而

$$(n+1)^3 b_{n+1} = -(2n+1)(7n(n+1)+3)b_n - 81n^3 b_{n-1} \quad (n \geqslant 1).$$

定理 22.29 (Chan, Zudilin[12]) 设 n 为非负整数, 则

$$b_n = \sum_{k=0}^{[n/3]} \binom{2k}{k}^2 \binom{4k}{2k}\binom{n+k}{4k}(-3)^{n-3k}$$

$$= \sum_{k=0}^{n} \binom{2k}{k}^2 \binom{4k}{2k}\binom{n+3k}{4k}(-27)^{n-k}.$$

定理 22.30 (Amdeberhan, Tauraso[3]) 设 $p > 3$ 为素数, $m \in \mathbb{Z}^+$, 则 $b_{mp} \equiv b_m \pmod{p^3}$.

注 22.12 设 $p > 3$ 为素数, $m, r \in \mathbb{Z}^+$, 在论文注记中 Amdeberhan 和 Tauraso 宣称也容易证明更一般同余式 $b_{mp^r} \equiv b_{mp^{r-1}} \pmod{p^{3r}}$.

定理 22.31 (刘艳, 毛国帅 [31]) 设 $p > 3$ 为素数, 则

$$b_p \equiv -3 - 6p^3 B_{p-3} \pmod{p^4}, \quad b_{p-1} \equiv 81^{p-1} - \frac{2}{27}p^3 B_{p-3} \pmod{p^4}.$$

注 22.13 设 $p > 3$ 为素数, 作者在预印本 [61] 中证明 $b_{p-1} \equiv 81^{p-1} \pmod{p^3}$, 并在 [60] 中猜想定理 22.31 中第二个同余式.

基于 Maple 计算, 作者猜想如下一般结果:

猜想 22.13   设 $p > 3$ 为素数, $m, r \in \mathbb{Z}^+$.

(i) 存在仅依赖于 m 的奇数 C_m 使得

$$b_{mp^r} - b_{mp^{r-1}} \equiv 2m^3 C_m p^{3r} B_{p-3} \pmod{p^{3r+1}},$$

并且 $C_1 = -3$, $C_2 = 9$, $C_3 = -29$, $C_4 = 33$, $C_5 = 657$, $C_6 = -8121$, $C_7 = 57663$, $C_8 = -238383$, $C_9 = -349859$;

(ii) 存在仅依赖于 m 的奇数 c_m 使得

$$b_{mp^r-1} - 81^{mp^{r-1}(p-1)} b_{mp^{r-1}-1} \equiv -\frac{2}{27} m^3 c_m p^{3r} B_{p-3} \pmod{p^{3r+1}},$$

并且 $c_1 = 1$, $c_2 = -3$, $c_3 = -17$, $c_4 = 309$, $c_5 = -2619$, $c_6 = 14307$, $c_7 = -27621$, $c_8 = -464859$.

猜想 22.14 (孙智宏[59])   设 $p > 3$ 为素数, 则

$$\sum_{n=0}^{p-1} (4n+3) b_n \equiv 3 \left(\frac{p}{3}\right) p + 21 p^3 U_{p-3} \pmod{p^4},$$

$$\sum_{n=0}^{p-1} (4n+3) \frac{b_n}{(-3)^n} \equiv 3 \left(\frac{p}{3}\right) p + 14 p^3 U_{p-3} \pmod{p^4},$$

$$\sum_{n=0}^{p-1} (2n+1) \frac{b_n}{9^n} \equiv \left(\frac{p}{3}\right) p + \frac{5}{2} p^3 U_{p-3} \pmod{p^4},$$

$$\sum_{n=0}^{p-1} (2n+1) \frac{b_n}{(-9)^n} \equiv \sum_{n=0}^{p-1} (4n+1) \frac{b_n}{81^n} \equiv \left(\frac{p}{3}\right) p + p^3 U_{p-3} \pmod{p^4},$$

$$\sum_{n=0}^{p-1} (4n+1) \frac{b_n}{(-27)^n} \equiv \left(\frac{p}{3}\right) p - 2 p^3 U_{p-3} \pmod{p^4}.$$

定理 22.32   设 $p > 3$ 为素数, 则

$$\sum_{n=0}^{p-1} (4n+3) b_n \equiv 3 \left(\frac{p}{3}\right) p \pmod{p^3},$$

$$\sum_{n=0}^{p-1} (2n+1) \frac{b_n}{(-9)^n} \equiv \sum_{n=0}^{p-1} (4n+1) \frac{b_n}{81^n} \equiv \left(\frac{p}{3}\right) p \pmod{p^3},$$

$$\sum_{n=0}^{p-1} (4n^3 + 11n^2 + 6n) b_n \equiv -\frac{7}{2} \left(\frac{p}{3}\right) p \pmod{p^3},$$

$$\sum_{n=0}^{p-1} (2n+1)^3 \frac{b_n}{(-9)^n} \equiv -11 \left(\frac{p}{3}\right) p \pmod{p^3},$$

$$\sum_{n=0}^{p-1} (4n^3 + n^2) \frac{b_n}{81^n} \equiv -\frac{p}{6} \left(\frac{p}{3}\right) \pmod{p^3}.$$

证 前两个同余式由刘纪彩在 [26] 中证明. 我们只证后三个同余式, 在推论 22.3 中取 $a = -7$, $b = -3$, $c = 81$, $u_n = b_n$ 并应用定理 22.31 知 $x \in \mathbb{Z}_p$ 且 $x \not\equiv 0 \pmod{p}$ 时

$$\sum_{n=0}^{p-1} \left((x^2 + 14x + 81)n^3 + (243 + 21x)n^2 + (243 + 13x)n + 81 + 3x\right) \frac{b_n}{x^n}$$

$$= p^3 x^{-(p-1)} (81 b_{p-1} - x b_p) \equiv (3x + 81) p^3 \pmod{p^4}. \tag{22.8}$$

由此, 取 $x = 1, -9, 81$ 再根据定理中前两个同余式即可推出定理中后三个同余式.

根据计算新增加如下猜想:

猜想 22.15 设 $p > 3$ 为素数, 则

$$\sum_{n=0}^{p-1} (2n+1)^5 \frac{b_n}{9^n} \equiv 13 \left(\frac{p}{3}\right) p \pmod{p^3},$$

$$\sum_{n=0}^{p-1} (2n+1)^5 \frac{b_n}{(-9)^n} \equiv 841 \left(\frac{p}{3}\right) p \pmod{p^3},$$

$$\sum_{n=0}^{p-1} (4n^3 - 3n^2 - n) \frac{b_n}{(-27)^n} \equiv 0 \pmod{p^4}.$$

定理 22.33 当 $|x| > 81$ 时

$$\sum_{n=0}^{\infty} \left((x^2 + 14x + 81)n^3 + (243 + 21x)n^2 + (243 + 13x)n + 81 + 3x\right) \frac{b_n}{x^n} = 0.$$

证 Chan 与 Verrill[11] 证明 $\sum_{n=0}^{\infty} (4n+1) \frac{b_n}{81^n} = \frac{3\sqrt{3}}{2\pi}$. 由此 $\lim\limits_{n \to +\infty} (4n + 1) \frac{b_n}{81^n} = 0$, 从而 $|x| > 81$ 时 $\lim\limits_{n \to +\infty} n^3 \frac{b_n}{x^n} = \lim\limits_{n \to +\infty} n \frac{b_n}{81^n} \cdot \frac{n^2}{\left(\frac{x}{81}\right)^n} = 0$. 于是在 (22.8) 中令 $p \to +\infty$ 知 $|x| > 81$ 时

$$\sum_{n=0}^{\infty} \left((x^2 + 14x + 81)n^3 + (243 + 21x)n^2 + (243 + 13x)n + 81 + 3x\right) \frac{b_n}{x^n}$$

$$= \lim_{p \to +\infty} \frac{p^3}{x^{p-1}}(81 b_{p-1} - x b_p) = 0.$$

注 22.14　如果 $\lim_{n \to +\infty} n^3 \dfrac{b_n}{81^n} = 0$, 则定理 22.33 对 $x = 81$ 也成立, 从而有

$$\sum_{n=0}^{\infty}(4n^3 + n^2)\frac{b_n}{81^n} = -\frac{1}{6}\sum_{n=0}^{\infty}(4n+1)\frac{b_n}{81^n} = -\frac{1}{6}\cdot\frac{3\sqrt{3}}{2\pi} = -\frac{\sqrt{3}}{4\pi}.$$

猜想 22.16 (孙智宏[60,63])　设 $p > 3$ 为素数, 则

$$\sum_{n=0}^{p-1}\frac{b_n}{(-9)^n} \equiv \begin{cases} 4x^2 - 2p - \dfrac{p^2}{4x^2} \pmod{p^3}, & \text{若 } p = x^2 + 3y^2 \equiv 1 \pmod 3, \\[2mm] \dfrac{p^2}{4}\left(\dfrac{(p-1)/2}{(p-5)/6}\right)^{-2} \pmod{p^3}, & \text{若 } p \equiv 2 \pmod 3, \end{cases}$$

$$\sum_{n=0}^{p-1} n^2 \frac{b_n}{(-9)^n} \equiv \begin{cases} -\dfrac{p}{2} + \dfrac{p^2}{8x^2} \pmod{p^3}, & \text{若 } p = x^2 + 3y^2 \equiv 1 \pmod 3, \\[2mm] 2R_3(p) + \dfrac{p}{2} \pmod{p^2}, & \text{若 } p \equiv 2 \pmod 3. \end{cases}$$

猜想 22.17 (孙智宏[60,63])　设 $p > 3$ 为素数,

(i) 若 $p \equiv 1, 3 \pmod 8$, 从而 $p = x^2 + 2y^2$ ($x, y \in \mathbb{Z}$), 则

$$\sum_{n=0}^{p-1} b_n \equiv \sum_{n=0}^{p-1}\frac{b_n}{81^n} \equiv 4x^2 - 2p - \frac{p^2}{4x^2} \pmod{p^3},$$

$$\sum_{n=0}^{p-1} n^2 b_n \equiv \frac{33}{16}x^2 - \frac{33 + 40\left(\frac{p}{3}\right)}{32}p + \frac{7p^2}{128x^2} \pmod{p^3},$$

$$\sum_{n=0}^{p-1} n^2 \frac{b_n}{81^n} \equiv \frac{x^2}{16} - \frac{3 + 8\left(\frac{p}{3}\right)}{96}p + \frac{5p^2}{384x^2} \pmod{p^3};$$

(ii) 若 $p \equiv 5, 7 \pmod 8$, 则

$$\sum_{n=0}^{p-1} b_n \equiv \frac{141}{13}\sum_{n=0}^{p-1}\frac{b_n}{81^n} \equiv \begin{cases} -\dfrac{47}{27}p^2\left(\dfrac{[p/4]}{[p/8]}\right)^{-2} \pmod{p^3}, & \text{若 } 8 \mid p - 5, \\[2mm] \dfrac{47}{6}p^2\left(\dfrac{[p/4]}{[p/8]}\right)^{-2} \pmod{p^3}, & \text{若 } 8 \mid p - 7, \end{cases}$$

$$\sum_{n=0}^{p-1} n^2 b_n \equiv \frac{3}{64}R_2(p) - \frac{5}{4}\left(\frac{p}{3}\right)p \pmod{p^2},$$

$$\sum_{n=0}^{p-1} n^2 \frac{b_n}{81^n} \equiv \frac{3}{64}R_2(p) - \frac{1}{12}\left(\frac{p}{3}\right)p \pmod{p^2}.$$

猜想 22.18 (孙智宏 [60,63]) 设 $p > 3$ 为素数,

(i) 若 $p \equiv 1 \pmod{12}$, 从而 $p = x^2 + 9y^2 \ (x, y \in \mathbb{Z})$, 则

$$\sum_{n=0}^{p-1} \frac{b_n}{(-3)^n} \equiv \sum_{n=0}^{p-1} \frac{b_n}{(-27)^n} \equiv 4x^2 - 2p - \frac{p^2}{4x^2} \pmod{p^3},$$

$$\sum_{n=0}^{p-1} n^2 \frac{b_n}{(-3)^n} \equiv \frac{9}{4}x^2 - \frac{21}{8}p + \frac{3p^2}{32x^2} \pmod{p^3},$$

$$\sum_{n=0}^{p-1} n^2 \frac{b_n}{(-27)^n} \equiv \frac{1}{4}x^2 - \frac{1}{8}p - \frac{p^2}{32x^2} \pmod{p^3};$$

(ii) 若 $p \equiv 5 \pmod{12}$, 从而 $2p = x^2 + 9y^2 \ (x, y \in \mathbb{Z})$, 则

$$\sum_{n=0}^{p-1} \frac{b_n}{(-3)^n} \equiv \sum_{n=0}^{p-1} \frac{b_n}{(-27)^n} \equiv 2p - 2x^2 + \frac{p^2}{2x^2} \pmod{p^3},$$

$$\sum_{n=0}^{p-1} n^2 \frac{b_n}{(-3)^n} \equiv -\frac{9}{8}x^2 + \frac{21}{8}p - \frac{3p^2}{16x^2} \pmod{p^3},$$

$$\sum_{n=0}^{p-1} n^2 \frac{b_n}{(-27)^n} \equiv -\frac{1}{8}x^2 + \frac{1}{8}p + \frac{p^2}{16x^2} \pmod{p^3};$$

(iii) 若 $p \equiv 7, 11 \pmod{12}$, 则

$$\sum_{n=0}^{p-1} \frac{b_n}{(-3)^n} \equiv -15 \sum_{n=0}^{p-1} \frac{b_n}{(-27)^n} \equiv \begin{cases} -\dfrac{5}{3}p^2 \dbinom{[p/3]}{[p/12]}^{-2} \pmod{p^3}, \\ \qquad\qquad\qquad\qquad 若 \ 12 \mid p-7, \\ \dfrac{5}{6}p^2 \dbinom{[p/3]}{[p/12]}^{-2} \pmod{p^3}, \\ \qquad\qquad\qquad\qquad 若 \ 12 \mid p-11, \end{cases}$$

$$\sum_{n=0}^{p-1} n^2 \frac{b_n}{(-3)^n} \equiv \frac{3}{128} \sum_{k=0}^{p-1} \frac{\binom{2k}{k}^2 \binom{4k}{2k}}{(-12288)^k (k+1)} - \frac{87}{64} \left(\frac{p}{3}\right) p \pmod{p^2},$$

$$\sum_{n=0}^{p-1} n^2 \frac{b_n}{(-27)^n} \equiv \frac{3}{128} \sum_{k=0}^{p-1} \frac{\binom{2k}{k}^2 \binom{4k}{2k}}{(-12288)^k (k+1)} + \frac{9}{64} \left(\frac{p}{3}\right) p \pmod{p^2}.$$

猜想 22.19 (孙智宏[60,63])　设 $p > 3$ 为素数,

(i) 若 $p \equiv 1, 7 \pmod{24}$, 从而 $p = x^2 + 6y^2$ $(x, y \in \mathbb{Z})$, 则

$$\sum_{n=0}^{p-1} \frac{b_n}{9^n} \equiv 4x^2 - 2p - \frac{p^2}{4x^2} \pmod{p^3},$$

$$\sum_{n=0}^{p-1} n^2 \frac{b_n}{9^n} \equiv \frac{9}{16}x^2 - \frac{25}{32}p + \frac{7p^2}{128x^2} \pmod{p^3};$$

(ii) 若 $p \equiv 5, 11 \pmod{24}$, 从而 $p = 2x^2 + 3y^2$ $(x, y \in \mathbb{Z})$, 则

$$\sum_{n=0}^{p-1} \frac{b_n}{9^n} \equiv -8x^2 + 2p + \frac{p^2}{8x^2} \pmod{p^3},$$

$$\sum_{n=0}^{p-1} n^2 \frac{b_n}{9^n} \equiv -\frac{9}{8}x^2 + \frac{25}{32}p - \frac{7p^2}{256x^2} \pmod{p^3};$$

(iii) 若 $p \equiv 13, 17, 19, 23 \pmod{24}$, $R_{24}(p) = \begin{pmatrix} (p-1)/2 \\ [p/24] \end{pmatrix} \begin{pmatrix} (p-1)/2 \\ [5p/24] \end{pmatrix}$,

则

$$\sum_{n=0}^{p-1} \frac{b_n}{9^n} \equiv \begin{cases} -\dfrac{23p^2}{5R_{24}(p)} \pmod{p^3}, & \text{若 } p \equiv 13, 17 \pmod{24}, \\[3mm] \dfrac{23p^2}{77R_{24}(p)} \pmod{p^3}, & \text{若 } p \equiv 19, 23 \pmod{24}, \end{cases}$$

$$\sum_{n=0}^{p-1} n^2 \frac{b_n}{9^n} \equiv \frac{1}{8}\left(\frac{p}{3}\right) \sum_{k=0}^{p-1} \frac{\binom{2k}{k}^2 \binom{3k}{k}}{216^k(k+1)} - \frac{1 + 16\left(\frac{p}{3}\right)}{32}p \pmod{p^2}.$$

定义 22.6　数列 $\{T_n\}$ 定义为

$$T_n = \sum_{k=0}^{n} \binom{n}{k}^2 \binom{2k}{n}^2 \quad (n = 0, 1, 2, \cdots).$$

T_n 的前几个数值如下:

$$T_1 = 4, \quad T_2 = 40, \quad T_3 = 544, \quad T_4 = 8536, \quad T_5 = 145504, \quad T_6 = 2618176.$$

使用数学软件 Maple 中 sumtools, 容易发现 $\{T_n\}$ 满足如下三项递推关系.

定理 22.34 ([53, A290575]) 设 n 为非负整数, 则 $T_n = A_n(12, 4, 16)$, 从而

$$(n+1)^3 T_{n+1} = (2n+1)(12n(n+1) + 4)T_n - 16n^3 T_{n-1} \quad (n \geqslant 1).$$

定理 22.35 (孙智宏 [59]) 设 n 为非负整数, 则

$$T_n = \sum_{k=0}^{[n/2]} \binom{2k}{k}^2 \binom{4k}{2k} \binom{n+2k}{4k} 4^{n-2k}.$$

定理 22.36 (孙智宏猜想, 毛国帅, 王婕 [44] 证明) 设 $p > 3$ 为素数, 则

$$T_{p-1} \equiv 16^{p-1} + \frac{p^3}{4} B_{p-3} \pmod{p^4}.$$

注 22.15 孙智宏在 [59] 中证明了定理 22.36 中同余式模 p^3 情形.

定理 22.37 (刘纪彩 [28]) 设 $p > 3$ 为素数, $m, r \in \mathbb{Z}^+$,

$$C_m = \sum_{k=0}^{m} \binom{m}{k}^2 \binom{2k}{m}^2 (14km^2 - 30k^2m + 12k^3 + 7(m-k)^2)$$

$$+ \sum_{k=0}^{m} \binom{m}{k}^2 \binom{2k+1}{m}^2 (m-k)^2 (18m - 12k - 5),$$

则

$$T_{mp^r} \equiv T_{mp^{r-1}} + \frac{1}{3} C_m p^{3r} B_{p-3} \pmod{p^{3r+1}}.$$

猜想 22.20 设 $p > 3$ 为素数, $m, r \in \mathbb{Z}^+$, 则存在仅依赖于 m 的整数 c_m 使得

$$T_{mp^{r-1}} - 16^{mp^{r-1}(p-1)} T_{mp^{r-1}-1} \equiv \frac{1}{4} m^3 c_m p^{3r} B_{p-3} \pmod{p^{3r+1}},$$

并且 $c_1 = 1$, $c_2 = -3$, $c_3 = -72$, $c_4 = -1311$, $c_5 = -23944$, $c_6 = -448376$.

定理 22.38 设 p 为素数, $p \neq 2, 3, 7$, 则

$$\sum_{n=0}^{p-1} (7n+4) T_n \equiv 4p \pmod{p^2},$$

$$\sum_{n=0}^{p-1} (2n+1) \frac{T_n}{4^n} \equiv p + \frac{7}{6} p^4 B_{p-3} \pmod{p^5},$$

$$\sum_{n=0}^{p-1}(2n+1)\frac{T_n}{(-4)^n}\equiv(-1)^{\frac{p-1}{2}}p+p^3E_{p-3}\pmod{p^4}.$$

注 22.16　孙智宏在 [59] 中证明了定理 22.38 中第一个同余式以及第二个同余式模 p^4 成立和第三个同余式模 p^3 成立, 并猜想定理中后两同余式, 后两同余式最终由刘纪彩 [25] 证明.

定理 22.39　设 $p>3$ 为素数, 则

$$\sum_{n=0}^{p-1}(2n+1)^3\frac{T_n}{4^n}\equiv p+p^4\left(-8\cdot\frac{2^{p-1}-1}{p}+\frac{7}{6}B_{p-3}\right)\pmod{p^5},$$

$$\sum_{n=0}^{p-1}(2n+1)^3\frac{T_n}{(-4)^n}\equiv(-1)^{\frac{p+1}{2}}p+p^3\left(2-E_{p-3}\right)\pmod{p^4}.$$

证　设 $x\in\mathbb{Z}_p$, $x\not\equiv0\pmod p$, 在推论 22.3 中取 $a=12$, $b=4$, $c=16$, $m=p$, $u_n=T_n$ 并应用定理 22.36 和定理 22.37 得

$$\sum_{n=0}^{p-1}\left((x^2-24x+16)n^3+(48-36x)n^2+(48-20x)n+16-4x\right)\frac{T_n}{x^n}$$

$$=\frac{p^3}{x^{p-1}}(16T_{p-1}-xT_p)\equiv\frac{16^p-4x}{x^{p-1}}p^3\pmod{p^5}.\tag{22.9}$$

取 $x=4$ 得

$$\sum_{n=0}^{p-1}(2n^3+3n^2+n)\frac{T_n}{4^n}\equiv-\frac{1}{2}\left(16^{p-1}-1\right)p^3\equiv-2\left(2^{p-1}-1\right)p^3\pmod{p^5}.$$

由此利用定理 22.38 知

$$\sum_{n=0}^{p-1}(2n+1)^3\frac{T_n}{4^n}=\sum_{n=0}^{p-1}\left(4\left(2n^3+3n^2+n\right)+(2n+1)\right)\frac{T_n}{4^n}$$

$$\equiv-8\left(2^{p-1}-1\right)p^3+p+\frac{7}{6}p^4B_{p-3}\pmod{p^5}.$$

在 (22.9) 中取 $x=-4$ 并应用定理 22.38 类似可证定理中第二个同余式.

猜想 22.21　设 $p>3$ 为素数, 则

$$\sum_{n=0}^{p-1}(7n+4)T_n\equiv4p+\frac{25}{3}p^4B_{p-3}\pmod{p^5},$$

$$\sum_{n=0}^{p-1}(7n+3)\frac{T_n}{16^n}\equiv3p+\frac{25}{12}p^4B_{p-3}\pmod{p^5},$$

$$\sum_{n=0}^{p-1}(2n+1)^5\frac{T_n}{4^n} \equiv 17p \pmod{p^4},$$

$$\sum_{n=0}^{p-1}(2n+1)^5\frac{T_n}{(-4)^n} \equiv (-1)^{\frac{p-1}{2}}p \pmod{p^3}.$$

注 22.17 猜想 22.21 中前两个同余式已经由作者在 [59] 中给出.

定理 22.40 (孙智宏[59]) 设 p 为奇素数, 则

$$\sum_{n=0}^{p-1}\frac{T_n}{4^n} \equiv \begin{cases} \dfrac{1}{2^{p-1}}\left(\begin{array}{c}(p-1)/2\\(p-1)/4\end{array}\right)^2\left(1-\dfrac{p^2}{2}E_{p-3}\right) \equiv 4x^2-2p-\dfrac{p^2}{4x^2} \pmod{p^3}, \\ \qquad\qquad\qquad\qquad\quad 若\ 4\mid p-1, 从而\ p=x^2+4y^2, \\ -\dfrac{p^2}{4}\left(\begin{array}{c}(p-3)/2\\(p-3)/4\end{array}\right)^{-2} \\ \qquad\qquad\qquad\qquad\quad \pmod{p^3}, \quad 若\ 4\mid p-3. \end{cases}$$

定理 22.41 (孙智宏猜想, 毛国帅, 赵文卓[46] 证明) 设 p 为奇素数, 则

$$\sum_{n=0}^{p-1}n^2\frac{T_n}{4^n} \equiv \begin{cases} -4y^2 \pmod{p^3}, & 若\ p=x^2+4y^2\equiv 1 \pmod 4, \\ -\dfrac{1}{4}R_1(p)-\dfrac{1}{2}p \pmod{p^2}, & 若\ p\equiv 3 \pmod 4, \end{cases}$$

$$\sum_{n=0}^{p-1}n^3\frac{T_n}{4^n} \equiv \begin{cases} 2y^2+\dfrac{p}{4}+\dfrac{p^2}{64y^2} \pmod{p^3}, & 若\ p=x^2+4y^2\equiv 1 \pmod 4, \\ \dfrac{3}{8}R_1(p)+\dfrac{1}{2}p \pmod{p^2}, & 若\ p\equiv 3 \pmod 4. \end{cases}$$

定理 22.42 (孙智宏[59]) 设 $p\neq 7$ 为奇素数, 则

$$\sum_{n=0}^{p-1}T_n \equiv \begin{cases} 4x^2-2p \pmod{p^2}, & 若\ p=x^2+7y^2\equiv 1,2,4 \pmod 7, \\ 0 \pmod{p^2}, & 若\ p\equiv 3,5,6 \pmod 7. \end{cases}$$

猜想 22.22 (孙智宏[59]) 设 $p\neq 7$ 为奇素数,
(i) 若 $p\equiv 1,2,4 \pmod 7$, 从而 $p=x^2+7y^2$, 则

$$\sum_{n=0}^{p-1}T_n \equiv \sum_{n=0}^{p-1}\frac{T_n}{16^n} \equiv 4x^2-2p-\frac{p^2}{4x^2} \pmod{p^3};$$

(ii) 若 $p \equiv 3, 5, 6 \pmod{7}$, 则

$$\sum_{n=0}^{p-1} T_n \equiv -\frac{20}{29} \sum_{n=0}^{p-1} \frac{T_n}{16^n} \equiv \begin{cases} \dfrac{5}{16} p^2 \left(\dfrac{3[p/7]}{[p/7]} \right)^{-2} \pmod{p^3}, & \text{若 } 7 \mid p - 3, \\[3mm] \dfrac{45}{256} p^2 \left(\dfrac{3[p/7]}{[p/7]} \right)^{-2} \pmod{p^3}, & \text{若 } 7 \mid p - 5, \\[3mm] \dfrac{125}{7744} p^2 \left(\dfrac{3[p/7]}{[p/7]} \right)^{-2} \pmod{p^3}, & \text{若 } 7 \mid p - 6. \end{cases}$$

猜想 22.23 (孙智宏[59,63]) 设 $p > 7$ 为素数,

(i) 若 $p \equiv 1, 3 \pmod{8}$, 从而 $p = x^2 + 2y^2 (x, y \in \mathbb{Z})$, 则

$$\sum_{n=0}^{p-1} \frac{T_n}{(-4)^n} \equiv 4x^2 - 2p - \frac{p^2}{4x^2} \pmod{p^3},$$

$$\sum_{n=0}^{p-1} n^2 \frac{T_n}{(-4)^n} \equiv \frac{3}{4} x^2 - \frac{3 + 4(-1)^{\frac{p-1}{2}}}{8} p + \frac{p^2}{32x^2} \pmod{p^3};$$

(ii) 若 $p \equiv 5, 7 \pmod{8}$, 则

$$\sum_{n=0}^{p-1} \frac{T_n}{(-4)^n} \equiv \begin{cases} -\dfrac{5}{9} p^2 \left(\dfrac{[p/4]}{[p/8]} \right)^{-2} \pmod{p^3}, & \text{若 } 8 \mid p - 5, \\[3mm] \dfrac{5}{2} p^2 \left(\dfrac{[p/4]}{[p/8]} \right)^{-2} \pmod{p^3}, & \text{若 } 8 \mid p - 7, \end{cases}$$

$$\sum_{n=0}^{p-1} n^2 \frac{T_n}{(-4)^n} \equiv \frac{1}{16} R_2(p) - \frac{1}{2} (-1)^{\frac{p-1}{2}} p \pmod{p^2}.$$

猜想 22.24 (孙智宏[63]) 设 $p \neq 2, 7$ 为素数,

(i) 若 $p \equiv 1, 2, 4 \pmod{7}$, 从而 $p = x^2 + 7y^2 (x, y \in \mathbb{Z})$, 则

$$\sum_{n=0}^{p-1} n^2 T_n \equiv \frac{80}{49} x^2 - \frac{40}{49} p - \frac{10p^2}{49x^2} \pmod{p^3},$$

$$\sum_{n=0}^{p-1} n^2 \frac{T_n}{16^n} \equiv \frac{52}{49} x^2 - \frac{68}{49} p + \frac{4p^2}{49x^2} \pmod{p^3};$$

(ii) 若 $p \equiv 3, 5, 6 \pmod{7}$, 则

$$\sum_{n=0}^{p-1} n^2 T_n \equiv \frac{16}{7} \sum_{k=0}^{(p-1)/2} \frac{\left(\dbinom{2k}{k} \right)^3}{k+1} + \frac{128}{49} p \pmod{p^2},$$

$$\sum_{n=0}^{p-1} n^2 \frac{T_n}{16^n} \equiv \frac{16}{7} \sum_{k=0}^{(p-1)/2} \frac{\binom{2k}{k}^3}{k+1} + \frac{86}{49}p \pmod{p^2}.$$

定义 22.7 设 n 为非负整数, $G_n(x)$ 与 $V_n(x)$ 由下式给出:

$$G_n(x) = \sum_{k=0}^{n} \binom{n}{k}(-1)^k \binom{x}{k}\binom{-1-x}{k},$$

$$V_n(x) = \sum_{k=0}^{n} \binom{n}{k}\binom{n+k}{k}(-1)^k \binom{x}{k}\binom{-1-x}{k}.$$

孙智宏在论文 [65] 中系统地研究了 $G_n(x)$ 的同余性质, 现在我们讨论 $V_n(x)$, 因为它包含几个重要的第一类 Apéry-like 数列.

定义 22.8 设 $m \in \mathbb{Z}^+, p_1, \cdots, p_s$ 为 m 所有不同的奇素因子, 定义

$$\lambda(m) = \begin{cases} 1, & \text{若 } m = 1, \\ p_1 \cdots p_s m^2, & \text{若 } m > 1 \text{ 为奇数}, \\ 4p_1 \cdots p_s m^2, & \text{若 } m \text{ 为偶数}. \end{cases}$$

引理 22.2 ([65]) 设 $k, m \in \mathbb{Z}^+, r \in \mathbb{Z}$, 则

$$\binom{r/m}{k}\binom{-1-r/m}{k}\lambda(m)^k \in \mathbb{Z}.$$

证 设 p 为素数, 对 $n \in \mathbb{Z}^+$ 令 $\mathrm{ord}_p n$ 表示 p 在 n 中的指数, 即使得 $p^\alpha \mid n$ 成立的最大的非负整数 α. 熟知

$$\mathrm{ord}_p k! = \left[\frac{k}{p}\right] + \left[\frac{k}{p^2}\right] + \left[\frac{k}{p^3}\right] + \cdots.$$

因此,

$$\mathrm{ord}_p k! \leqslant \frac{k}{p} + \frac{k}{p^2} + \frac{k}{p^3} + \cdots = \frac{k}{p-1}, \quad \text{从而} \quad \mathrm{ord}_p k!^2 \leqslant \frac{2k}{p-1}.$$

若 $p \nmid m$, 则 $\frac{r}{m} \in \mathbb{Z}_p$, 从而 $\binom{r/m}{k}\binom{-1-r/m}{k}\lambda(m)^k \in \mathbb{Z}_p$. 现设 $p \mid m$, 因

$$\binom{\frac{r}{m}}{k}\binom{-1-r/m}{k}\lambda(m)^k$$

$$= r(r-m)\cdots(r-(k-1)m)(-r-m)\cdots(-r-km)\left(\frac{\lambda(m)}{m^2}\right)^k \cdot \frac{1}{k!^2},$$

以及

$$\operatorname{ord}_p\left(\frac{\lambda(m)}{m^2}\right)^k = \begin{cases} k \geqslant \dfrac{2k}{p-1} \geqslant \operatorname{ord}_p k!^2, & \text{若 } p > 2, \\[2mm] 2k = \dfrac{2k}{p-1} \geqslant \operatorname{ord}_p k!^2, & \text{若 } p = 2, \end{cases}$$

故知 $p \mid m$ 时 $\begin{pmatrix} r/m \\ k \end{pmatrix}\begin{pmatrix} -1-r/m \\ k \end{pmatrix}\lambda(m)^k \in \mathbb{Z}_p$. 因此对任何素数 p 总

有 $\begin{pmatrix} r/m \\ k \end{pmatrix}\begin{pmatrix} -1-r/m \\ k \end{pmatrix}\lambda(m)^k \in \mathbb{Z}_p$. 由此可见, $\begin{pmatrix} r/m \\ k \end{pmatrix}\begin{pmatrix} -1-r/m \\ k \end{pmatrix}$

$\lambda(m)^k \in \mathbb{Z}$.

定理 22.43 设 n 为非负整数, $m \in \mathbb{Z}^+$, $r \in \mathbb{Z}$, r 与 m 互质, 则

$$\lambda(m)^n V_n\left(\frac{r}{m}\right) = A_n\left(\lambda(m), \frac{\lambda(m)}{m^2}((m+r)^2+r^2), \lambda(m)^2\right).$$

证 根据引理 22.2 有

$$\lambda(m)^n V_n\left(\frac{r}{m}\right) = \sum_{k=0}^{n}\binom{n}{k}\binom{n+k}{k}(-1)^k\begin{pmatrix} r/m \\ k \end{pmatrix}\begin{pmatrix} -1-r/m \\ k \end{pmatrix}\lambda(m)^n \in \mathbb{Z}.$$

又 $\lambda(m)^0 V_0\left(\dfrac{r}{m}\right) = 1$, $\lambda(m)V_1\left(\dfrac{r}{m}\right) = \dfrac{\lambda(m)}{m^2}((m+r)^2+r^2)$. 应用数学软件 Maple 中 sumtools 软件包, 可知

$$(n+1)^3 V_{n+1}(x) = (2n+1)(n(n+1)+2x^2+2x+1)V_n(x) - n^3 V_{n-1}(x) \quad (n \geqslant 1).$$
$$\tag{22.10}$$

因此,

$$(n+1)^3 \lambda(m)^{n+1} V_{n+1}\left(\frac{r}{m}\right)$$

$$= (2n+1)\left(n(n+1)+2\frac{r^2}{m^2}+2\frac{r}{m}+1\right)\lambda(m)^{n+1} V_n\left(\frac{r}{m}\right)$$

$$\quad - n^3 \lambda(m)^{n+1} V_{n-1}\left(\frac{r}{m}\right)$$

$$= (2n+1)\left(\lambda(m)n(n+1)+\frac{\lambda(m)}{m^2}((m+r)^2+r^2)\right)\lambda(m)^n V_n\left(\frac{r}{m}\right)$$

$$- \lambda(m)^2 n^3 \lambda(m)^{n-1} V_{n-1}\left(\frac{r}{m}\right) \quad (n \geqslant 1).$$

于是定理得证.

定义 22.9 设 n 为非负整数, 数列 $V_n, V_n^{(3)}, V_n^{(4)}, V_n^{(6)}$ 定义如下:

$$V_n = 16^n V_n\left(-\frac{1}{2}\right) = \sum_{k=0}^{n} \binom{n}{k}\binom{n+k}{k}(-1)^k \binom{2k}{k}^2 16^{n-k},$$

$$V_n^{(3)} = 27^n V_n\left(-\frac{1}{3}\right) = \sum_{k=0}^{n} \binom{n}{k}\binom{n+k}{k}(-1)^k \binom{2k}{k}\binom{3k}{k} 27^{n-k},$$

$$V_n^{(4)} = 64^n V_n\left(-\frac{1}{4}\right) = \sum_{k=0}^{n} \binom{n}{k}\binom{n+k}{k}(-1)^k \binom{2k}{k}\binom{4k}{2k} 64^{n-k},$$

$$V_n^{(6)} = 432^n V_n\left(-\frac{1}{6}\right) = \sum_{k=0}^{n} \binom{n}{k}\binom{n+k}{k}(-1)^k \binom{3k}{k}\binom{6k}{3k} 432^{n-k}.$$

由定理 22.43 知

$$V_n = A_n(16, 8, 256), \quad V_n^{(3)} = A_n(27, 15, 729),$$
$$V_n^{(4)} = A_n(64, 40, 4096), \quad V_n^{(6)} = A_n(432, 312, 186624).$$

$V_n, V_n^{(3)}, V_n^{(4)}, V_n^{(6)}$ 的前几个数值如下:

$V_1 = 8, \ V_2 = 88, \ V_3 = 1088, \ V_4 = 14296, \ V_5 = 195008, \ V_6 = 2728384,$

$V_1^{(3)} = 15, \ V_2^{(3)} = 297, \ V_3^{(3)} = 6495, \ V_4^{(3)} = 149481, \ V_5^{(3)} = 3549015,$

$V_1^{(4)} = 40, \ V_2^{(4)} = 2008, \ V_3^{(4)} = 109120, \ V_4^{(4)} = 6173656, \ V_5^{(4)} = 357903040,$

$V_1^{(6)} = 312, \ V_2^{(6)} = 114264, \ V_3^{(6)} = 44196288, \ V_4^{(6)} = 17571260376.$

定理 22.44 设 n 为非负整数, 则

$$V_n(x) = \sum_{k=0}^{n} \binom{x}{k}^2 \binom{-1-x}{n-k}^2 = \sum_{k=0}^{n} \binom{n}{k}\binom{n+k}{k}(-1)^{n-k} G_k(x).$$

证 令 $V_n'(x) = \sum_{k=0}^{n} \binom{x}{k}^2 \binom{-1-x}{n-k}^2$, 则 $V_0'(x) = 1 = V_0(x)$, $V_1'(x) = x^2 + (x+1)^2 = V_1(x)$. 运用 Maple 中 sumtools 发现

$$(n+1)^3 V_{n+1}'(x) = (2n+1)(n(n+1) + 2x^2 + 2x + 1)V_n'(x) - n^3 V_{n-1}'(x) \quad (n \geqslant 1).$$

因此 $V_n'(x) = V_n(x)$ $(n \geqslant 0)$. 在定理 20.17 证明中等式取 $a_k = (-1)^k \binom{x}{k} \binom{-1-x}{k}$
知

$$\sum_{k=0}^{n} \binom{n}{k} \binom{n+k}{k} (-1)^{n-k} G_k(x) = \sum_{k=0}^{n} \binom{n}{k} \binom{n+k}{k} (-1)^k \binom{x}{k} \binom{-1-x}{k}$$
$$= V_n(x).$$

于是定理得证.

推论 22.6　设 n 为非负整数, 则

$$V_n = \sum_{k=0}^{n} \binom{2k}{k}^2 \binom{2n-2k}{n-k}^2.$$

证　在定理 22.44 中取 $x = -\dfrac{1}{2}$ 并注意到 $\binom{-1/2}{k} = \binom{2k}{k}/(-4)^k$ 即得.

定理 22.45 (Almkvist, Zudilin[2], Zudilin[81])　设 n 为非负整数, 则

$$V_n = \sum_{k=0}^{n} \binom{2k}{k}^3 \binom{k}{n-k} (-16)^{n-k},$$
$$V_n^{(4)} = \sum_{k=0}^{n} \binom{2k}{k}^3 \binom{2n-2k}{n-k} 16^{n-k}.$$

在预印本 [61—63] 中作者获得包含 $V_n, V_n^{(3)}, V_n^{(4)}, V_n^{(6)}$ 的许多同余式, 也提出许多相关猜想. 毛国帅及其合作者解决了作者的部分猜想.

定理 22.46 (孙智宏猜想, 毛国帅 [33,34] 证明)　设 $p > 3$ 为素数, 则

$$V_p \equiv 8 + 40p^3 B_{p-3} \pmod{p^4},$$
$$V_p^{(3)} \equiv 15 + 132p^3 B_{p-3} \pmod{p^4},$$
$$V_p^{(4)} \equiv 40 + 704p^3 B_{p-3} \pmod{p^4},$$
$$V_p^{(6)} \equiv 312 + 16120p^3 B_{p-3} \pmod{p^4},$$
$$V_{p-1} \equiv 256^{p-1} - \frac{3}{2}p^3 B_{p-3} \pmod{p^4},$$
$$V_{p-1}^{(3)} \equiv 729^{p-1} - \frac{92}{27}p^3 B_{p-3} \pmod{p^4},$$
$$V_{p-1}^{(4)} \equiv 4096^{p-1} - \frac{17}{2}p^3 B_{p-3} \pmod{p^4},$$

$$V_{p-1}^{(6)} \equiv 186624^{p-1} - \frac{1705}{54}p^3 B_{p-3} \pmod{p^4}.$$

注 22.18 设 $p > 3$ 为素数, 孙智宏在 [62] 中证明了定理 22.46 中同余式模 p^3 情形, 并猜想定理 22.46. 毛国帅 [33,34] 还证明了孙智宏猜想的 $V_{2p}, V_{2p-1},$ $V_{2p}^{(3)}, V_{2p-1}^{(3)}, V_{2p}^{(4)}, V_{2p-1}^{(4)}, V_{2p}^{(6)}, V_{2p-1}^{(6)}$ 模 p^4 的同余式.

猜想 22.25 设 $p > 3$ 为素数, $m, r \in \mathbb{Z}^+$.

(i) 存在仅依赖于 m 的正整数 C_m 使得

$$V_{mp^r} - V_{mp^{r-1}} \equiv 8m^3 C_m p^{3r} B_{p-3} \pmod{p^{3r+1}},$$

并且 $C_1 = 5, C_2 = 41, C_3 = 456, C_4 = 5673, C_5 = 74840, C_6 = 1023720$;

(ii) 存在仅依赖于 m 的正整数 c_m 使得

$$V_{mp^r-1} - 256^{mp^{r-1}(p-1)} V_{mp^{r-1}-1} \equiv -\frac{1}{2}m^3 c_m p^{3r} B_{p-3} \pmod{p^{3r+1}},$$

并且 $c_1 = 3, c_2 = 31, c_3 = 376, c_4 = 4895, c_5 = 66408, c_6 = 925784$.

猜想 22.26 设 $p > 3$ 为素数, $m, r \in \mathbb{Z}^+$.

(i) 存在仅依赖于 m 的正奇数 C_m 使得

$$V_{mp^r}^{(3)} - V_{mp^{r-1}}^{(3)} \equiv 12m^3 C_m p^{3r} B_{p-3} \pmod{p^{3r+1}},$$

并且 $C_1 = 11, C_2 = 171, C_3 = 3437, C_4 = 75783, C_5 = 1753191, C_6 = 41773365$;

(ii) 存在仅依赖于 m 的正奇数 c_m 使得

$$V_{mp^r-1}^{(3)} - 729^{mp^{r-1}(p-1)} V_{mp^{r-1}-1}^{(3)} \equiv -\frac{4}{27}m^3 c_m p^{3r} B_{p-3} \pmod{p^{3r+1}},$$

且 $c_1 = 23, c_2 = 423, c_3 = 9041, c_4 = 205779, c_5 = 4853763, c_6 = 117171945$.

猜想 22.27 设 p 为奇素数, $m, r \in \mathbb{Z}^+$.

(i) 存在仅依赖于 m 的正整数 C_m 使得

$$V_{mp^r}^{(4)} - V_{mp^{r-1}}^{(4)} \equiv 64m^3 C_m p^{3r} B_{p-3} \pmod{p^{3r+1}},$$

并且 $C_1 = 11, C_2 = 457, C_3 = 23288, C_4 = 1275689, C_5 = 72533416, C_6 = 4219185640$;

(ii) 存在仅依赖于 m 的正整数 c_m 使得

$$V_{mp^r-1}^{(4)} - 4096^{mp^{r-1}(p-1)} V_{mp^{r-1}-1}^{(4)} \equiv -\frac{1}{2}m^3 c_m p^{3r} B_{p-3} \pmod{p^{3r+1}},$$

并且 $c_1 = 17, c_2 = 799, c_3 = 42536, c_4 = 2382623, c_5 = 137314552, c_6 = 8060117080$.

猜想 22.28 设 p 为奇素数, $m, r \in \mathbb{Z}^+$.

(i) 存在仅依赖于 m 的正整数 C_m 使得

$$V_{mp^r}^{(6)} - V_{mp^{r-1}}^{(6)} \equiv 40m^3 C_m p^{3r} B_{p-3} \pmod{p^{3r+1}},$$

并且 $C_1 = 403$, $C_2 = 129825$, $C_3 = 48113656$, $C_4 = 18725091873$, $C_5 = 7472765\text{-}329128$, $C_6 = 3028255461527976$;

(ii) 若 $p > 3$, 则存在仅依赖于 m 的正整数 c_m 使得

$$V_{mp^r-1}^{(6)} - 186624^{mp^{r-1}(p-1)} V_{mp^{r-1}-1}^{(6)} \equiv -\frac{5}{54} m^3 c_m p^{3r} B_{p-3} \pmod{p^{3r+1}},$$

并且

$$c_1 = 341, \quad c_2 = 119223, \quad c_3 = 45444680, \quad c_4 = 17938964919,$$

$$c_5 = 7220448518616, \quad c_6 = 2942750995811352.$$

定理 22.47　设 $p > 3$ 为素数, $t \in \mathbb{Z}_p$, 则

当 $t \not\equiv -2 \pmod{p}$ 时

$$\sum_{n=0}^{p-1} \left(t^2 n^3 - 6tn^2 - 4tn - t + 2(2n+1) \right) \frac{V_n}{(8t+16)^n}$$

$$\equiv \frac{4 \cdot 256^{p-1} - t - 2}{(8t+16)^{p-1}} p^3 - (5t+16)p^6 B_{p-3} \pmod{p^7},$$

当 $t \not\equiv -9 \pmod{p}$ 时

$$\sum_{n=0}^{p-1} \left(t^2 n^3 - 27tn^2 - 19tn - 5t + 36(2n+1) \right) \frac{V_n^{(3)}}{(3t+27)^n}$$

$$\equiv \frac{81 \cdot 729^{p-1} - 5t - 45}{(3t+27)^{p-1}} p^3 - (44t+672)p^6 B_{p-3} \pmod{p^7},$$

当 $t \not\equiv -64 \pmod{p}$ 时

$$\sum_{n=0}^{p-1} \left(t^2 n^3 - 192tn^2 - 144tn - 40t + 1536(2n+1) \right) \frac{V_n^{(4)}}{(t+64)^n}$$

$$\equiv \frac{4096^p - 40(t+64)}{(t+64)^{p-1}} p^3 - (704t+79872)p^6 B_{p-3} \pmod{p^7},$$

当 $t \not\equiv -432 \pmod{p}$ 时

$$\sum_{n=0}^{p-1} (t^2 n^3 - 1296tn^2 - 1056tn - 312t + 51840(2n+1)) \frac{V_n^{(6)}}{(t+432)^n}$$

$$\equiv \frac{186624^p - 312(t+432)}{(t+432)^{p-1}}p^3 - (16120t + 12856320)p^6 B_{p-3} \pmod{p^7}.$$

证 在推论 22.3 中取 $a = 16$, $b = 8$, $c = 256$, $m = p$, $x = 8t + 16$, $u_n = V_n$ 并应用定理 22.46 知, $t \not\equiv -2 \pmod{p}$ 时有

$$\sum_{n=0}^{p-1} \left(t^2 n^3 - 6tn^2 - 4tn - t + 4n + 2\right) \frac{V_n}{(8t+16)^n}$$

$$= \frac{p^3}{64(8t+16)^{p-1}}(256 V_{p-1} - (8t+16)V_p)$$

$$\equiv \frac{p^3}{64(8t+16)^{p-1}}\left(256\left(256^{p-1} - \frac{3}{2}p^3 B_{p-3}\right) - (8t+16)(8 + 40p^3 B_{p-3})\right)$$

$$\equiv \frac{4 \cdot 256^{p-1} - t - 2}{(8t+16)^{p-1}}p^3 - (5t+16)p^6 B_{p-3} \pmod{p^7}.$$

类似地, 在推论 22.3 中取 $a = 27$, $b = 15$, $c = 729$, $m = p$, $x = 3t + 27$, $u_n = V_n^{(3)}$ 并应用定理 22.46 得到定理中第二个同余式, 取 $a = 64$, $b = 40$, $c = 4096$, $m = p$, $x = t + 64$, $u_n = V_n^{(4)}$ 并应用定理 22.46 得到第三个同余式, 取 $a = 432$, $b = 312$, $c = 186624$, $m = p$, $x = t + 432$, $u_n = V_n^{(6)}$ 并应用定理 22.46 得到第四个同余式.

注 22.19 在定理 22.47 中取 $t = 0$ 得到简单而有趣的超同余式. 利用推论 22.3 及 π 级数已知结果, 类似定理 22.33 及注 22.14 处理方法可证:

$$\sum_{n=0}^{\infty} (n^3 - 3n^2)\frac{V_n}{32^n} = \frac{2}{\pi}, \quad \sum_{n=0}^{\infty}(8n^3 - 3n^2 + 2n)\frac{V_n^{(3)}}{243^n} = \frac{3\sqrt{3}}{2\pi},$$

$$\sum_{n=0}^{\infty}(6n^3 - 6n^2 - 1)\frac{V_n^{(4)}}{256^n} = \frac{16}{3\sqrt{3}\,\pi},$$

$$\sum_{n=0}^{\infty}(27n^3 + 9n^2 - 2n)\frac{V_n^{(4)}}{(-512)^n} = -\frac{4}{\pi},$$

$$\sum_{n=0}^{\infty}(189n^3 - 9n^2 + 10n)\frac{V_n^{(4)}}{4096^n} = \frac{832}{49\sqrt{7}\,\pi}.$$

定理 22.48 (孙智宏[62]) 设 $p > 3$ 为素数, 则

$$\sum_{n=1}^{p-1}\frac{V_n}{16^n} \equiv \frac{7}{2}p^3 B_{p-3} \pmod{p^4},$$

$$\sum_{n=0}^{p-1} \frac{V_n^{(3)}}{27^n} \equiv (-1)^{[\frac{p}{3}]} p + 14p^3 U_{p-3} \pmod{p^4},$$

$$\sum_{n=0}^{p-1} \frac{V_n^{(4)}}{64^n} \equiv (-1)^{\frac{p-1}{2}} p + 13p^3 E_{p-3} \pmod{p^4},$$

$$\sum_{n=0}^{p-1} \frac{V_n^{(6)}}{432^n} \equiv (-1)^{[\frac{p}{3}]} p + \frac{155}{4} p^3 U_{p-3} \pmod{p^4}.$$

定理 22.49　设 $p > 3$ 为素数, 则

$$\sum_{n=0}^{p-1} (2n+1) \frac{V_n}{(-16)^n} \equiv (-1)^{\frac{p-1}{2}} p + 3p^3 E_{p-3} \pmod{p^4},$$

$$\sum_{n=0}^{p-1} (2n+1) \frac{V_n^{(3)}}{(-27)^n} \equiv (-1)^{[\frac{p}{3}]} p + 7p^3 U_{p-3} \pmod{p^4},$$

$$\sum_{n=0}^{p-1} (2n+1) \frac{V_n^{(4)}}{(-64)^n} \equiv (-1)^{[\frac{p}{4}]} p + 13p^3 s_{p-3} \pmod{p^4},$$

$$\sum_{n=0}^{p-1} (2n+1) \frac{V_n^{(6)}}{(-432)^n} \equiv (-1)^{\frac{p-1}{2}} p + \frac{155}{9} p^3 E_{p-3} \pmod{p^4},$$

其中 $\{s_n\}$ 由 $s_0 = 1$ 和 $s_n = 1 - \sum_{k=0}^{n-1} \binom{n}{k} 2^{2n-1-2k} s_k (n \geqslant 1)$ 给出.

注 22.20　定理 22.49 中第一个同余式等价于孙智伟猜想, 由王晨 [77] 首先证明, 其余同余式由作者在 [62] 中给出. 毛国帅与杨均钧 [45] 在作者预印本 [62] 基础上得到 $\sum_{n=0}^{p-1} (2n+1)^3 (-1)^n V_n(x)$ 模 p^4 的类似同余式.

定理 22.50　设 $p > 3$ 为素数, 则

$$\sum_{n=0}^{p-1} \frac{nV_n}{32^n} \equiv -2p^3 E_{p-3} \pmod{p^4},$$

$$\sum_{n=0}^{p-1} (n+1) \frac{V_n}{8^n} \equiv (-1)^{\frac{p-1}{2}} p + 5p^3 E_{p-3} \pmod{p^4}.$$

注 22.21　定理 22.50 是孙智伟 [71] 提出的猜想, 第一个同余式由毛国帅和曹植坚 [41] 证明, 第二个同余式由王晨 [77] 证明.

定理 22.51 (孙智宏猜想, 毛国帅 [33] 证明)　设 $p > 3$ 为素数, 则

$$\sum_{n=0}^{p-1} \frac{V_n}{32^n} \equiv \begin{cases} 4x^2 - 2p - \dfrac{p^2}{4x^2} \pmod{p^3}, & \text{若 } p = x^2 + 4y^2 \equiv 1 \pmod{4}, \\ -\dfrac{1}{4} p^2 \dbinom{(p-3)/2}{(p-3)/4}^{-2} \pmod{p^3}, & \text{若 } p \equiv 3 \pmod{4}, \end{cases}$$

$$\sum_{n=0}^{p-1} n^2 \frac{V_n}{32^n} \equiv \begin{cases} 2x^2 - p - \dfrac{p^2}{4x^2} \pmod{p^3}, & \text{若 } p = x^2 + 4y^2 \equiv 1 \pmod 4, \\ \dfrac{1}{2} R_1(p) \pmod{p^2}, & \text{若 } p \equiv 3 \pmod 4, \end{cases}$$

$$\sum_{n=0}^{p-1} n^3 \frac{V_n}{32^n} \equiv \begin{cases} 6x^2 - 3p - \dfrac{3p^2}{4x^2} \pmod{p^3}, & \text{若 } p = x^2 + 4y^2 \equiv 1 \pmod 4, \\ \dfrac{3}{2} R_1(p) \pmod{p^2}, & \text{若 } p \equiv 3 \pmod 4. \end{cases}$$

猜想 22.29 (孙智宏 [61-63]) 设 $p > 3$ 为素数, 则

$$\sum_{n=0}^{p-1} \frac{V_n}{8^n} \equiv \sum_{n=0}^{p-1} \frac{V_n}{(-16)^n} \equiv \begin{cases} 4x^2 - 2p - \dfrac{p^2}{4x^2} \pmod{p^3}, \\ \qquad \text{若 } p = x^2 + 4y^2 \equiv 1 \pmod 4, \\ \dfrac{3}{4} p^2 \begin{pmatrix} (p-3)/2 \\ (p-3)/4 \end{pmatrix}^{-2} \pmod{p^3}, \text{ 若 } p \equiv 3 \pmod 4, \end{cases}$$

$$\sum_{n=0}^{p-1} n^2 \frac{V_n}{8^n} \equiv \begin{cases} -24y^2 \pmod{p^3}, & \text{若 } p = x^2 + 4y^2 \equiv 1 \pmod 4, \\ \dfrac{1}{2} R_1(p) + 3p \pmod{p^2}, & \text{若 } p \equiv 3 \pmod 4, \end{cases}$$

$$\sum_{n=0}^{p-1} n^2 \frac{V_n}{(-16)^n} \equiv \begin{cases} \dfrac{1}{2} x^2 - \dfrac{3}{4} p + \dfrac{p^2}{16x^2} \pmod{p^3}, \\ \qquad \text{若 } p = x^2 + 4y^2 \equiv 1 \pmod 4, \\ \dfrac{1}{8} R_1(p) + \dfrac{1}{2} p \pmod{p^2}, & \text{若 } p \equiv 3 \pmod 4. \end{cases}$$

猜想 22.30 设 $p > 3$ 为素数, 则

$$\sum_{n=0}^{p-1} (8n+7) \frac{V_n^{(3)}}{3^n} \equiv 7 \left(\frac{p}{3}\right) p + \frac{278}{3} p^3 U_{p-3} \pmod{p^4},$$

$$\sum_{n=0}^{p-1} (8n+1) \frac{V_n^{(3)}}{243^n} \equiv \left(\frac{p}{3}\right) p - \frac{22}{3} p^3 U_{p-3} \pmod{p^4},$$

$$\sum_{n=0}^{p-1} (9n+8) V_n^{(4)} \equiv 8 \left(\frac{p}{7}\right) p \pmod{p^3},$$

$$\sum_{n=0}^{p-1} (9n+7) \frac{V_n^{(4)}}{(-8)^n} \equiv 7(-1)^{\frac{p-1}{2}} p + 79 p^3 E_{p-3} \pmod{p^4},$$

$$\sum_{n=0}^{p-1}(n+1)\frac{V_n^{(4)}}{16^n} \equiv \left(\frac{p}{3}\right)p + \frac{35}{2}p^3 U_{p-3} \pmod{p^4},$$

$$\sum_{n=0}^{p-1}\frac{nV_n^{(4)}}{256^n} \equiv -\frac{15}{4}p^3 U_{p-3} \pmod{p^4},$$

$$\sum_{n=0}^{p-1}(9n+2)\frac{V_n^{(4)}}{(-512)^n} \equiv 2(-1)^{\frac{p-1}{2}}p + 8p^3 E_{p-3} \pmod{p^4},$$

$$\sum_{n=0}^{p-1}(9n+1)\frac{V_n^{(4)}}{4096^n} \equiv \left(\frac{p}{7}\right)p \pmod{p^3}.$$

猜想 22.31　设 $p > 3$ 为素数, 则

$$\sum_{n=0}^{p-1}\frac{V_n^{(3)}}{(-27)^n} \equiv \begin{cases} 4x^2 - 2p - \dfrac{p^2}{4x^2} \pmod{p^3}, \\ \qquad\qquad\qquad 若\ p = x^2 + 3y^2 \equiv 1 \pmod 3, \\ \dfrac{7}{4}p^2 \binom{(p-1)/2}{(p-5)/6}^{-2} \pmod{p^3}, \quad 若\ p \equiv 2 \pmod 3, \end{cases}$$

$$\sum_{n=0}^{p-1}\frac{n^2 V_n^{(3)}}{(-27)^n} \equiv \begin{cases} \dfrac{4}{9}x^2 - \dfrac{13}{18}p + \dfrac{5p^2}{72x^2} \pmod{p^3}, \\ \qquad\qquad\qquad 若\ p = x^2 + 3y^2 \equiv 1 \pmod 3, \\ \dfrac{2}{9}R_3(p) + \dfrac{p}{2} \pmod{p^2}, \qquad 若\ p \equiv 2 \pmod 3, \end{cases}$$

$$\sum_{n=0}^{p-1}\frac{V_n^{(3)}}{243^n} \equiv \begin{cases} x^2 - 2p - \dfrac{p^2}{x^2} \pmod{p^3}, \\ \qquad\qquad\qquad 若\ 3 \mid p-1, 从而\ 4p = x^2 + 27y^2, \\ -\dfrac{p^2}{2}\binom{[2p/3]}{[p/3]}^{-2} \pmod{p^3}, \qquad 若\ p \equiv 2 \pmod 3, \end{cases}$$

$$\sum_{n=0}^{p-1}\frac{n^2 V_n^{(3)}}{243^n} \equiv \begin{cases} \dfrac{1}{16}x^2 - \dfrac{1}{8}p - \dfrac{p^2}{8x^2} \pmod{p^3}, \\ \qquad\qquad\qquad 若\ 3 \mid p-1, 从而\ 4p = x^2 + 27y^2, \\ \dfrac{1}{8}(2p+1)\binom{[2p/3]}{[p/3]}^2 \pmod{p^2}, \quad 若\ p \equiv 2 \pmod 3. \end{cases}$$

猜想 22.32　设 $p \neq 2, 3, 7$ 为素数, 则

$$\sum_{n=0}^{p-1} V_n^{(4)} \equiv \begin{cases} 4x^2 - 2p - \dfrac{p^2}{4x^2} \pmod{p^3}, \\ \qquad \text{若 } p = x^2 + 7y^2 \equiv 1,2,4 \pmod 7, \\ \dfrac{149}{3} p^2 \dbinom{[3p/7]}{[p/7]}^{-2} \pmod{p^3}, \quad \text{若 } p \equiv 3 \pmod 7, \\ \dfrac{149}{48} p^2 \dbinom{[3p/7]}{[p/7]}^{-2} \pmod{p^3}, \quad \text{若 } p \equiv 5 \pmod 7, \\ \dfrac{149}{12} p^2 \dbinom{[3p/7]}{[p/7]}^{-2} \pmod{p^3}, \quad \text{若 } p \equiv 6 \pmod 7, \end{cases}$$

$$\sum_{n=0}^{p-1} n^2 V_n^{(4)} \equiv \begin{cases} \dfrac{4192}{1323} x^2 - \dfrac{4336}{1323} p + \dfrac{4p^2}{147x^2} \pmod{p^3}, \\ \qquad \text{若 } p = x^2 + 7y^2 \equiv 1,2,4 \pmod 7, \\ -\dfrac{8}{63} \sum_{k=0}^{\frac{p-1}{2}} \dfrac{\dbinom{2k}{k}^3}{k+1} + \dfrac{2048}{1323} p \pmod{p^2}, \ \text{若 } p \equiv 3,5,6 \pmod 7. \end{cases}$$

关于 $V_n, V_n^{(3)}, V_n^{(4)}, V_n^{(6)}$ 的更多猜想参见作者论文 [61-63]. 最近孙智宏与叶东曦在预印本 *Supercongruences via Beukers' method* (arXiv: 2408.09776v4) 中运用 Beukers 方法部分地解决了猜想 22.3、猜想 22.9—猜想 22.11、猜想 22.22、猜想 22.23 和猜想 22.29 中与二次型关联的同余式猜想.

22.3　第二类 Apéry-like 数

定义 22.10　设 $a,b,c \in \mathbb{Z}$, $c \neq 0$, 数列 $\{A_n'(a,b,c)\}$ 由下式给出:

$$A_0'(a,b,c) = 1, \quad A_1'(a,b,c) = b,$$

$$(n+1)^2 A_{n+1}'(a,b,c) = (an(n+1)+b)A_n'(a,b,c) - cn^2 A_{n-1}'(a,b,c) \quad (n \geqslant 1),$$

如果对每个正整数 n 都有 $A_n'(a,b,c) \in \mathbb{Z}$, 则称 $A_n'(a,b,c)$ 是第二类 Apéry-like 数.

定理 22.52 ([10, Remark 6.5], [13, Theorem 4.4])　设 $A_n'(a,b,c)$ 是第二类 Apéry-like 数, 则 $|x|$ 充分小时有

$$\left(\sum_{n=0}^{\infty} A_n'(a,b,c) x^n \right)^2 = \frac{1}{1-cx^2} \sum_{n=0}^{\infty} \binom{2n}{n} A_n'(a,b,c) \left(\frac{x(1-ax+cx^2)}{(1-cx^2)^2} \right)^n.$$

猜想 22.33　设 $A_n'(a,b,c)$ 是第二类 Apéry-like 数, p 为奇素数, $x \in \mathbb{Z}_p$, $cx^2 \not\equiv 1 \pmod p$, 则

$$\left(\sum_{n=0}^{p-1} A_n'(a,b,c)x^n \right)^2 \equiv \sum_{n=0}^{p-1} \binom{2n}{n} A_n'(a,b,c) \left(\frac{x(1-ax+cx^2)}{(1-cx^2)^2} \right)^n \pmod{p}.$$

注 22.22 在论文 [59] 和 [60] 中, 作者已对 $A_n'(12,4,32)$ 及 $A_n'(-9,-3,27)$ 证明猜想 22.33 中同余式.

定义 22.11 Apéry 数 A_n' 定义为

$$A_n' = \sum_{k=0}^{n} \binom{n}{k}^2 \binom{n+k}{k} \quad (n=0,1,2,\cdots).$$

1979 年 Apéry 在证明 $\zeta(2) = \sum_{n=1}^{\infty} \dfrac{1}{n^2}$ 为无理数的过程中引入 Apéry 数 $\{A_n'\}$. A_n' 最初几个数值如下:

$$A_0' = 1, \ A_1' = 3, \ A_2' = 19, \ A_3' = 147, \ A_4' = 1251, \ A_5' = 11253, \ A_6' = 104959.$$

定理 22.53 (Apéry[4], [53, A005258]) 设 n 为非负整数, 则 $A_n' = A_n'(11,3,-1)$, 从而

$$(n+1)^2 A_{n+1}' = (11n^2 + 11n + 3)A_n' + n^2 A_{n-1}' \quad (n \geqslant 1).$$

定理 22.54 设 n 为非负整数, 则

$$(\text{Bala}^{[53]}) \quad A_n' = \sum_{k=0}^{n} (-1)^{n-k} \binom{n}{k} \binom{n+k}{k}^2,$$

$$(\text{Luschny}^{[53]}) \quad A_n' = \binom{2n}{n} \sum_{k=0}^{n} \frac{\binom{n}{k}^3}{\binom{2n}{k}},$$

$$(\text{Paule, Schneider}^{[53]}) \quad A_n' = (-1)^n \sum_{k=0}^{n} \binom{n}{k}^5 \left(1 - 5kH_k + 5kH_{n-k} \right),$$

$$(\text{孙智伟}^{[70]}) \quad \binom{2n}{n} A_n' = \sum_{k=0}^{n} \binom{n}{k}^2 \binom{2k}{n} \binom{n+2k}{n}.$$

定理 22.55 (刘纪彩[28]) 设 $p > 3$ 为素数, $m, r \in \mathbb{Z}^+$,

$$C_m = \sum_{k=0}^{m} \binom{m}{k}^2 \binom{m+k}{k} \left(2(m-k)^2 - 3m^2(m-k) - 2k^2 m \right),$$

则

$$A_{mp^r}' \equiv A_{mp^{r-1}}' + \frac{1}{3} C_m p^{3r} B_{p-3} \pmod{p^{3r+1}}.$$

注 22.23 1988 年 Coster[14] 证明了 $A'_{mp^r} \equiv A'_{mp^{r-1}} \pmod{p^{3r}}$.
根据 Maple 计算, 增加如下猜想:

猜想 22.34 设 $p > 3$ 为素数, $m, r \in \mathbb{Z}^+$, C_m 如上, 则

$$A'_{mp^r} \equiv A'_{mp^{r-1}} + C_m p^{3r} \left(\frac{B_{2p-4}}{2p-4} - 2\frac{B_{p-3}}{p-3} \right) \pmod{p^{3r+2}}.$$

定理 22.56 (Beukers[5]) 设 $p > 3$ 为素数, $m, r \in \mathbb{Z}^+$, 则

$$A'_{mp^r-1} \equiv A'_{mp^{r-1}-1} \pmod{p^{3r}}.$$

定理 22.57 设 $p > 3$ 为素数, 则
(i) (孙智宏猜想, 刘纪彩, 王晨 [30] 证明)

$$A'_{p-1} \equiv 1 + \frac{5}{3}p^3 B_{p-3} \pmod{p^4};$$

(ii) (孙智宏猜想, 毛国帅, 赵宋安邦 [47] 证明)

$$A'_{2p-1} \equiv 3 + \frac{200}{3}p^3 B_{p-3} \pmod{p^4}.$$

基于 Maple 计算, 现提出如下一般猜想:

猜想 22.35 设 $p > 3$ 为素数, $m, r \in \mathbb{Z}^+$, 则

$$A'_{mp^r-1} - A'_{mp^{r-1}-1}$$
$$\equiv \frac{5}{3}m^3 \left(\sum_{k=1}^{m} \binom{m}{k} \binom{m-1}{k-1} \binom{m+k-1}{k-1} \right) p^{3r} B_{p-3} \pmod{p^{3r+1}}.$$

定理 22.58 设 $p > 3$ 为素数, 则

$$A'_{\frac{p-1}{2}} \equiv \begin{cases} 4x^2 - 2p \pmod{p^2}, & \text{若 } p \equiv 1 \pmod 4, \text{ 从而 } p = x^2 + 4y^2, \\ 0 \pmod{p^2}, & \text{若 } p \equiv 3 \pmod 4, \end{cases}$$

且当 $p \equiv 3 \pmod 4$ 时有

$$A'_{\frac{p-1}{2}} \equiv \frac{p^2}{3 \left(\dfrac{(p-3)/2}{(p-3)/4} \right)^2} \pmod{p^3}.$$

注 22.24 定理 22.58 第一部分首先由 Beukers[6] 猜想, Ishikawa[21] 证明了 $p \equiv 1 \pmod 4$ 情形, Van Hamme[76] 证明了 $p \equiv 3 \pmod 4$ 情形. Gomez, McCarthy 与 Young[16] 推广了 Beukers 的猜想, 证明 $p > 3$ 为素数且 $r \in \mathbb{Z}^+$ 时有

$$A'_{\frac{p^r-1}{2}} \equiv \begin{cases} (x+2yi)^{2r} + (x-2yi)^{2r} \pmod{p^2}, & \text{若 } p = x^2 + 4y^2 \equiv 1 \pmod 4, \\ 0 \pmod{p^2}, & \text{若 } p \equiv 3 \pmod 4. \end{cases}$$

定理 22.58 第二部分由作者在 [60] 中猜想, 新近解决, 参见作者预印本论文 *Congruences for the Apéry numbers modulo p^3* (arXiv: 2409.06544v2).

猜想 22.36 (孙智宏)　设 p 为 $4k+1$ 形素数, 从而 $p = x^2 + 4y^2 (x, y \in \mathbb{Z})$, 则

$$A'_{\frac{p-1}{2}} \equiv \frac{1}{2^{p-1}} \binom{(p-1)/2}{(p-1)/4}^2 \left(1 + \frac{p^2}{3} E_{p-3}\right)$$

$$\equiv 4x^2 - 2p + p^2 \left(\frac{10}{3} x^2 E_{p-3} - \frac{1}{4x^2}\right)$$

$$\equiv \frac{5}{3} \cdot \frac{1}{2^{p-1}} \binom{(p-1)/2}{(p-1)/4}^2 - \frac{2}{3}\left(4x^2 - 2p - \frac{p^2}{4x^2}\right) \pmod{p^3}.$$

定理 22.59 (Stienstra, Beukers[54])　设 p 为奇素数, $m \in \{1, 3, 5, \cdots\}$, $r \in \{2, 3, 4, \cdots\}$, 则

$$A'_{\frac{mp^r-1}{2}} \equiv \begin{cases} (4x^2 - 2p)A'_{\frac{mp^{r-1}-1}{2}} - p^2 A'_{\frac{mp^{r-2}-1}{2}} \pmod{p^r}, \\ \qquad\qquad \text{若 } p = x^2 + 4y^2 \equiv 1 \pmod 4, \\ p^2 A'_{\frac{mp^{r-2}-1}{2}} \pmod{p^r}, \qquad \text{若 } p \equiv 3 \pmod 4. \end{cases}$$

猜想 22.37 (孙智宏 [60])　设 p 为 $4k+3$ 形素数, $m \in \{1, 3, 5, \cdots\}$, $r \in \{2, 3, 4, \cdots\}$, 则

$$A'_{\frac{mp^r-1}{2}} \equiv p^2 A'_{\frac{mp^{r-2}-1}{2}} \pmod{p^{2r}}.$$

猜想 22.38 (孙智宏 [60])　设 p 为奇素数, m 为正奇数, 则

$$A'_{\frac{mp^2-1}{2}} \equiv A'_{\frac{p-1}{2}} A'_{\frac{mp-1}{2}} \pmod{p^2}.$$

定理 22.60 (曹惠琴, Matiyasevich, 孙智伟 [8])　设 $p > 3$ 为素数, 则

$$\sum_{n=0}^{p-1} (11n^2 + 13n + 4)A'_n \equiv 4p^2 + 4p^7 B_{p-5} \pmod{p^8},$$

$$\sum_{n=0}^{p-1} (11n^2 + 9n + 2)(-1)^n A'_n \equiv 2p^2 + 10p^3 \sum_{k=1}^{p-1} \frac{1}{k} - p^7 B_{p-5} \pmod{p^8}.$$

猜想 22.39 (孙智伟[70]) 设 $p > 3$ 为素数, 则

$$\sum_{n=0}^{p-1} \frac{\binom{2n}{n} A_n'}{18^n} \equiv \begin{cases} 4x^2 - 2p \pmod{p^2}, & \text{若 } p \equiv 1 \pmod 4, \text{ 从而 } p = x^2 + 4y^2, \\ 0 \pmod{p^2}, & \text{若 } p \equiv 3 \pmod 4, \end{cases}$$

$$\sum_{n=0}^{p-1} \frac{\binom{2n}{n} A_n'}{4^n} \equiv \begin{cases} x^2 - 2p \pmod{p^2}, & \text{若 } \left(\frac{p}{11}\right) = 1, \text{ 从而 } 4p = x^2 + 11y^2, \\ 0 \pmod{p^2}, & \text{若 } \left(\frac{p}{11}\right) = -1, \end{cases}$$

$$\sum_{n=0}^{p-1} \frac{\binom{2n}{n} A_n'}{36^n} \equiv \begin{cases} x^2 - 2p \pmod{p^2}, & \text{若 } \left(\frac{p}{19}\right) = 1, \text{ 从而 } 4p = x^2 + 19y^2, \\ 0 \pmod{p^2}, & \text{若 } \left(\frac{p}{19}\right) = -1. \end{cases}$$

注 22.25 孙智宏在 [66] 中证明猜想 22.39 中第二个同余式模奇素数 p 成立.

猜想 22.40 (孙智宏[66]) 设 $p > 3$ 为素数, 则

$$\sum_{n=0}^{p-1} \frac{\binom{2n}{n} A_n'}{18^n(2n-1)}$$

$$\equiv \begin{cases} -\dfrac{4}{3}x^2 + \dfrac{26}{27}p \pmod{p^2}, & \text{若 } p = x^2 + 4y^2 \equiv 1 \pmod 4, \\ \dfrac{8}{27}p - \dfrac{10}{9}R_1(p) \pmod{p^2}, & \text{若 } p \equiv 3 \pmod 4. \end{cases}$$

猜想 22.41 (孙智宏[66]) 设 p 为素数, $p \neq 2, 3, 19$, 则

$$\sum_{n=0}^{p-1} \frac{\binom{2n}{n} A_n'}{36^n(2n-1)}$$

$$\equiv \begin{cases} \dfrac{74}{9}y^2 - \dfrac{22}{27}p \pmod{p^2}, \\ \qquad\qquad \text{若 } \left(\dfrac{p}{19}\right) = 1, \text{ 从而 } 4p = x^2 + 19y^2, \\ -\dfrac{40}{3}\left(\dfrac{-6}{p}\right) \displaystyle\sum_{k=0}^{p-1} \dfrac{\binom{2k}{k}\binom{3k}{k}\binom{6k}{3k}}{(-96)^{3k}(2k-1)} - \dfrac{1397}{864}p \pmod{p^2}, \\ \qquad\qquad \text{若 } \left(\dfrac{p}{19}\right) = -1. \end{cases}$$

猜想 22.42 (孙智宏 [66]) 设 p 为素数, $p \neq 2, 3, 11$, 则

$$\sum_{n=0}^{p-1} \frac{\binom{2n}{n} A'_n}{4^n (2n-1)}$$

$$\equiv \begin{cases} 2p - 2y^2 \pmod{p^2}, & \text{若} \left(\dfrac{p}{11}\right) = 1, \text{从而} \ 4p = x^2 + 11y^2, \\ 5 \displaystyle\sum_{k=0}^{p-1} \frac{\binom{2k}{k}^2 \binom{3k}{k}}{64^k (k+1)} + 3p \pmod{p^2}, & \text{若} \left(\dfrac{p}{11}\right) = -1. \end{cases}$$

定义 22.12 Franel 数 f_n 定义为

$$f_n = \sum_{k=0}^{n} \binom{n}{k}^3 \quad (n = 0, 1, 2, \cdots).$$

Franel 数的前几个数值如下:

$$f_0 = 1, \quad f_1 = 2, \quad f_2 = 10, \quad f_3 = 56, \quad f_4 = 346, \quad f_5 = 2252, \quad f_6 = 15184.$$

定理 22.61 ([53, A000172]) 设 n 为非负整数, 则 $f_n = A'_n(7, 2, -8)$, 从而

$$(n+1)^2 f_{n+1} = (7n^2 + 7n + 2) f_n + 8n^2 f_{n-1} \quad (n \geqslant 1).$$

定理 22.62 设 n 为非负整数, 则

$$f_n = \sum_{k=0}^{n} \binom{n}{k}^2 \binom{2k}{n} = \frac{1}{2^n} \sum_{k=0}^{n} \binom{2k}{k} \binom{2n-2k}{n-k} \binom{2k}{n}$$

$$= \sum_{k=0}^{[n/2]} \binom{2k}{k} \binom{3k}{k} \binom{n+k}{3k} 2^{n-2k} = \sum_{k=0}^{n} \binom{2k}{k} \binom{3k}{k} \binom{n+2k}{3k} (-4)^{n-k}.$$

注 22.26 定理 22.62 中 f_n 的第一个表达式由 Strehl [55] 给出, 后三个表达式由孙智伟 [53,68] 给出.

定理 22.63 ([10], Strehl [55]) 设 n 为非负整数, 则

$$A_n = \sum_{k=0}^{n} \binom{n}{k} \binom{n+k}{k} f_k, \qquad \frac{D_n}{8^n} = \sum_{k=0}^{n} \binom{n}{k} \binom{n+k}{k} \frac{f_k}{(-8)^k}.$$

定理 22.64 (刘纪彩 [28]) 设 $p > 3$ 为素数, $m, r \in \mathbb{Z}^+$,

$$C_m = \sum_{k=0}^{m} \binom{m}{k}^3 (k^3 + 2k^2 m - 2km^2),$$

则

$$f_{mp^r} \equiv f_{mp^{r-1}} + \frac{1}{2}C_m p^{3r} B_{p-3} \pmod{p^{3r+1}}.$$

注 22.27 1988 年 Coster[14] 首先证明 $f_{mp^r} \equiv f_{mp^{r-1}} \pmod{p^{3r}}$. Maple 计算显示定理 22.64 中同余式对 $p = 3$ 也成立.

定理 22.65 (潘颢 [52]) 设 p 为奇素数, 则

$$f_{p-1} \equiv 8^{p-1} + \frac{5}{8}p^3 B_{p-3} \pmod{p^4}.$$

猜想 22.43 设 p 为奇素数, $m, r \in \mathbb{Z}^+$, 则存在仅依赖于 m 的正整数 c_m 使得

$$f_{mp^r-1} \equiv 8^{mp^{r-1}(p-1)} f_{mp^{r-1}-1} + \frac{1}{8}m^3 c_m p^{3r} B_{p-3} \pmod{p^{3r+1}},$$

并且 $c_1 = 5$, $c_2 = 17$, $c_3 = 92$, $c_4 = 553$, $c_5 = 3550$, $c_6 = 23720$, $c_7 = 162944$, $c_8 = 1142249$.

定理 22.66 设 p 为奇素数, $x \in \mathbb{Z}_p$, $x \not\equiv 0 \pmod{p}$, 则

$$\sum_{n=0}^{p-1}\left((x+1)(x-8)n^2 - (7x+16)n - (2x+8)\right)\frac{f_n}{x^n}$$

$$\equiv -\frac{8^p + 2x}{x^{p-1}}p^2 - \frac{x+10}{2}p^5 B_{p-3} \pmod{p^6}.$$

证 在推论 22.2 中取 $a = 7$, $b = 2$, $c = -8$, $m = p$, $u_n = f_n$ 并应用定理 22.64 和定理 22.65 即得.

注 22.28 定理 22.66 本质上为毛国帅所知, 尽管他只在 [40] 中处理 $x = -1, 8$ 之情形.

猜想 22.44 (孙智宏 [58,60]) 设 p 为奇素数, 若 $p \equiv 1, 3 \pmod{8}$, 从而 $p = x^2 + 2y^2 (x, y \in \mathbb{Z})$, 则

$$f_{\frac{p-1}{2}} \equiv (-1)^{\frac{p-1}{2}}\left((3 \cdot 2^{p-1} + 1)x^2 - 2p\right) \pmod{p^2},$$

$$f_{\frac{p^2-1}{2}} \equiv 4x^4(3 \cdot 2^{p-1} + 1) - 16px^2 \pmod{p^2};$$

若 $p \equiv 5, 7 \pmod{8}$, 则 $f_{\frac{p^2-1}{2}} \equiv p^2 \pmod{p^3}$, 且 m 为正奇数, $r \in \{2, 3, 4, \cdots\}$ 时有 $f_{\frac{mp^r-1}{2}} \equiv p^2 f_{\frac{mp^{r-2}-1}{2}} \pmod{p^{2r-1}}$.

定理 22.67 (孙智伟 [68]) 设 $p > 3$ 为素数, 则

$$\sum_{n=0}^{p-1}(-1)^n f_n \equiv \left(\frac{p}{3}\right) \pmod{p^2}, \quad \sum_{n=1}^{p-1}(-1)^n \frac{f_n}{n} \equiv 0 \pmod{p^2}.$$

定理 22.68　设 p 为 $3k+1$ 形素数, $p = x^2 + 3y^2(x, y \in \mathbb{Z})$, $3 \mid x - 1$, 则

$$\sum_{n=0}^{p-1} \frac{f_n}{2^n} \equiv \sum_{n=0}^{p-1} \frac{f_n}{(-4)^n} \equiv 2x - \frac{p}{2x} \pmod{p^2},$$

$$\sum_{n=0}^{p-1} (3n+4) \frac{f_n}{2^n} \equiv 2 \sum_{n=0}^{p-1} (3n+2) \frac{f_n}{(-4)^n} \equiv 4x \pmod{p^2}.$$

若 p 为 $6k+5$ 形素数, 则

$$\sum_{n=0}^{p-1} \frac{f_n}{2^n} \equiv -2 \sum_{n=0}^{p-1} \frac{f_n}{(-4)^n} \equiv \frac{p}{\dbinom{(p-1)/2}{(p-5)/6}} \pmod{p^2}.$$

注 22.29　定理 22.68 中第一、三个同余式由孙智伟 [69] 给出, 第二个同余式由孙智伟猜想, 毛国帅与刘艳 [43] 证明.

猜想 22.45 (孙智伟 [74])　设 $p > 3$ 为素数, 则

$$\sum_{n=0}^{p-1} \frac{f_n}{8^n} \equiv \left(\frac{p}{3} \right) - \frac{p^2}{2} U_{p-3} \pmod{p^3}.$$

猜想 22.46 (孙智宏 [60])　设 p 为奇素数, 则

$$\sum_{n=0}^{p-1} \binom{2n}{n} \frac{f_n}{(-4)^n} \equiv \begin{cases} 4x^2 - 2p - \dfrac{p^2}{4x^2} \pmod{p^3}, \\ \qquad\qquad 若 \ p = 3k+1 = x^2 + 3y^2 (k, x, y \in \mathbb{Z}), \\ \dfrac{p^2}{2} \dbinom{(p-1)/2}{(p-5)/6}^{-2} \pmod{p^3}, \quad 若 \ p \equiv 2 \pmod{3}. \end{cases}$$

注 22.30　组合孙智伟 [69] 与孙智宏结果可知, 猜想 22.46 中同余式模 p^2 成立, 详见 [58].

定理 22.69 (孙智宏 [58])　设 $p > 5$ 为素数, 则

$$\sum_{n=0}^{p-1} \binom{2n}{n} \frac{f_n}{50^n} \equiv \begin{cases} 4x^2 \pmod{p}, & 若 \ p = x^2 + 3y^2 \equiv 1 \pmod{3}, \\ 0 \pmod{p}, & 若 \ p \equiv 2 \pmod{3}. \end{cases}$$

$$\sum_{n=0}^{p-1} \binom{2n}{n} \frac{f_n}{32^n} \equiv \begin{cases} 4x^2 \pmod{p}, & 若 \ p = x^2 + 6y^2 \equiv 1, 7 \pmod{24}, \\ 0 \pmod{p}, & 若 \ p \equiv 17, 23 \pmod{24}. \end{cases}$$

$$\sum_{n=0}^{p-1} \binom{2n}{n} \frac{f_n}{(-49)^n} \equiv \begin{cases} 4x^2 \pmod{p}, & 若 \ p = x^2 + 15y^2 \equiv 1, 19 \pmod{30}, \\ 0 \pmod{p}, & 若 \ p \equiv 11, 29 \pmod{30}. \end{cases}$$

此外,

当 $p = x^2 + 5y^2 \equiv 1, 9 \pmod{20}$ 时, $\displaystyle\sum_{n=0}^{p-1}\binom{2n}{n}\frac{f_n}{16^n} \equiv 4x^2 \pmod{p}$,

当 $p = x^2 + 9y^2 \equiv 1 \pmod{12}$ 时, $\displaystyle\sum_{n=0}^{p-1}\binom{2n}{n}\frac{f_n}{(-16)^n} \equiv 4x^2 \pmod{p}$,

当 $p = x^2 + 15y^2 \equiv 1, 19 \pmod{30}$ 时, $\displaystyle\sum_{n=0}^{p-1}\binom{2n}{n}\frac{f_n}{5^n} \equiv 4x^2 \pmod{p}$.

注 22.31 设 p 为奇素数, 关于 $\sum_{n=0}^{p-1}\binom{2n}{n}\frac{f_n}{m^n}$ 模 p^2 的许多猜想参见作者论文 [58].

定义 22.13 数列 $\{S_n\}$ 定义为

$$S_n = \sum_{k=0}^{n}\binom{n}{k}\binom{2k}{k}\binom{2n-2k}{n-k} \quad (n = 0, 1, 2, \cdots).$$

S_n 的前几个数值如下:

$$S_0 = 1, \ S_1 = 4, \ S_2 = 20, \ S_3 = 112, \ S_4 = 676, \ S_5 = 4304,$$
$$S_6 = 28496, \ S_7 = 194240, \ S_8 = 1353508, \ S_9 = 9593104.$$

运用 Maple 软件中 sumtools 可知, S_n 满足三项递推关系.

定理 22.70 ([53, A081085], Jovovic(2003)) 设 n 为非负整数, 则 $S_n = A'_n(12, 4, 32)$, 从而

$$(n+1)^2 S_{n+1} = (12n(n+1) + 4)S_n - 32n^2 S_{n-1} \quad (n \geqslant 1).$$

定理 22.71 (Zagier[79], 2009) 设 n 为非负整数, 则

$$S_n = \sum_{k=0}^{[n/2]}\binom{2k}{k}^2\binom{n}{2k}4^{n-2k}.$$

定理 22.72 (Larcombe, French [Congr. Numer. 143(2000), 33-64]) 设 n 为非负整数, 则

$$S_n = \sum_{k=0}^{[n/2]}(-4)^k\binom{2n-2k}{n-k}^2\binom{n-k}{k} = \frac{1}{2^n}\sum_{k=0}^{n}\frac{\binom{2k}{k}^2\binom{2n-2k}{n-k}^2}{\binom{n}{k}}.$$

定理 22.73 (孙智伟 [53,75])　设 n 为非负整数, 则

$$S_n = \sum_{k=0}^{n} \binom{2k}{k}^2 \binom{k}{n-k} (-4)^{n-k}$$

$$= \frac{1}{(-2)^n} \sum_{k=0}^{n} \binom{2k}{k} \binom{2n-2k}{n-k} \binom{k}{n-k} (-4)^k.$$

定理 22.74 (吉晓娟, 孙智宏 [23])　设 n 为非负整数, 则

$$S_n = 2 \sum_{k=1}^{n} \binom{n-1}{k-1} \binom{2k}{k} \binom{2n-2k}{n-k}.$$

定理 22.75 (孙智宏 [57,59])　设 n 为非负整数, 则

$$\sum_{k=0}^{n} \binom{n}{k} (-1)^k 4^{n-k} S_k = \begin{cases} 0, & \text{若 } n \text{ 为奇数,} \\ \binom{n}{n/2}^2, & \text{若 } n \text{ 为偶数,} \end{cases}$$

$$\sum_{k=0}^{n} \binom{n}{k} (-1)^k \frac{S_k}{8^k} = \frac{S_n}{8^n},$$

$$\sum_{k=0}^{n} \binom{n}{k} \binom{n+k}{k} (-8)^{n-k} S_k = \begin{cases} 0, & \text{若 } n \text{ 为奇数,} \\ (-1)^{\frac{n}{2}} \binom{n}{n/2}^3, & \text{若 } n \text{ 为偶数,} \end{cases}$$

$$\sum_{k=0}^{n} \binom{n}{k} \binom{n+k}{k} (-4)^{n-k} S_k = T_n.$$

定理 22.76 (吉晓娟, 孙智宏 [23])　设 p 为奇素数, 则

$$S_{np} - S_n \equiv \begin{cases} 8n^2 S_{n-1} (-1)^{\frac{p-1}{2}} p^2 E_{p-3} \pmod{p^3}, & \text{若 } p > 3 \text{ 且 } p \nmid n, \\ 9(n-1) S_n \pmod{p^3}, & \text{若 } p = 3 \text{ 且 } 3 \nmid n, \\ 0 \pmod{p^{3+r}}, & \text{若 } p \mid n, \ p^r \mid n, \ p^{r+1} \nmid n. \end{cases}$$

定理 22.77 (孙智宏 [60] 猜想, 毛国帅, 王婕 [44] 证明)　设 $p > 3$ 为素数, 则

$$S_{p-1} \equiv (-1)^{\frac{p-1}{2}} 32^{p-1} + p^2 E_{p-3} \pmod{p^3}.$$

注 22.32　孙智宏在 [59] 中证明定理 22.77 中同余式模 p^2 成立.

定理 22.78 (Osburn, Sahu[50], 吉晓娟, 孙智宏 [23])　设 p 为奇素数, $m, r \in \mathbb{Z}^+$, 则

$$S_{mp^r} \equiv S_{mp^{r-1}} \pmod{p^{2r}}.$$

通过 Maple 计算发现如下猜想:

猜想 22.47 设 $p > 3$ 为素数, $m, r \in \mathbb{Z}^+$, 则

$$S_{mp^r} \equiv S_{mp^{r-1}} + 8m^2 S_{m-1}(-1)^{\frac{p-1}{2} \cdot r} p^{2r} E_{p-3} \pmod{p^{2r+1}}.$$

若 $r > 1$, 则有

$$S_{mp^r} \equiv S_{mp^{r-1}} - 8m^2 S_{mp-1}(-1)^{\frac{p-1}{2}(r-1)} p^{2r}(E_{2p-4} - 2E_{p-3}) \pmod{p^{2r+2}}.$$

注 22.33 张勇[80] 证明猜想 22.47 中第一个同余式在 $m = 1$ 时成立. 吉晓娟与孙智宏[23] 证明 $S_{mp^r-1} \equiv (-1)^{\frac{p-1}{2}} S_{mp^{r-1}-1} \pmod{p^r}$.

猜想 22.48 设 $p > 3$ 为素数, $m, r \in \mathbb{Z}^+$, 则存在仅依赖于 m 的正整数 c_m 使得

$$S_{mp^r-1} \equiv (-1)^{\frac{p-1}{2}} 32^{mp^{r-1}(p-1)} S_{mp^{r-1}-1} + m^2 c_m p^{2r} E_{p-3} \pmod{p^{2r+1}},$$

并且 $c_1 = 1$, $c_2 = 5$, $c_3 = 28$, $c_4 = 169$, $c_5 = 1076$, $c_6 = 7124$, $c_7 = 48560$, $c_8 = 338377$.

猜想 22.49 (孙智宏[57,60]) 设 p 为奇素数, 若 $p \equiv 1, 3 \pmod 8$, 从而 $p = x^2 + 2y^2 (x, y \in \mathbb{Z})$, 则

$$S_{\frac{p-1}{2}} \equiv (5 \cdot 2^{p-1} - 1)x^2 - 2p \pmod{p^2},$$
$$S_{\frac{p^2-1}{2}} \equiv 4(5 \cdot 2^{p-1} - 1)x^4 - 16x^2 p \pmod{p^2}.$$

若 $p \equiv 5, 7 \pmod 8$, 则 $S_{\frac{p^2-1}{2}} \equiv p^2 \pmod{p^3}$, 且 m 为正奇数, $r \in \{2, 3, 4, \cdots\}$ 时有

$$S_{\frac{mp^r-1}{2}} \equiv p^2 S_{\frac{mp^{r-2}-1}{2}} \pmod{p^{2r-1}}.$$

定理 22.79 设 p 为奇素数, 则
(i) (孙智伟猜想, 毛国帅[32] 证明)

$$\sum_{n=0}^{p-1} \frac{S_n}{4^n} \equiv 1 + 2(-1)^{\frac{p-1}{2}} p^2 E_{p-3} \pmod{p^3},$$

$$\sum_{n=0}^{p-1} \frac{S_n}{8^n} \equiv (-1)^{\frac{p-1}{2}} - p^2 E_{p-3} \pmod{p^3};$$

(ii) (孙智宏[59,66])

$$\sum_{n=1}^{p-1} \frac{nS_n}{4^n} \equiv -1 \pmod{p^2}, \quad \sum_{n=1}^{p-1} \frac{nS_n}{8^n} \equiv (1 - (-1)^{\frac{p-1}{2}})p^2 \pmod{p^3}.$$

注 22.34　应用推论 22.2, 毛国帅 [40] 将定理 22.79 中最后一个同余式推广到模 p^5 情形.

定理 22.80 (孙智宏 [57])　设 p 为奇素数, 则

$$\sum_{k=0}^{(p-1)/2} \binom{2k}{k}^2 \frac{S_k}{128^k}$$

$$\equiv \begin{cases} 8x^3 - 6xp \ (\mathrm{mod}\ p^2), & \text{若 } p = x^2 + 4y^2 \equiv 1 \ (\mathrm{mod}\ 4) \text{ 且 } 4 \mid x-1, \\ 0 \ (\mathrm{mod}\ p^2), & \text{若 } p \equiv 3 \ (\mathrm{mod}\ 4). \end{cases}$$

定理 22.81 (孙智宏 [57,66] 猜想, 毛国帅 [35] 证明)　设 p 为奇素数, 则

$$\sum_{n=0}^{p-1} \frac{\binom{2n}{n} S_n}{16^n} \equiv \begin{cases} 4x^2 - 2p \ (\mathrm{mod}\ p^2), & \text{若 } p = x^2 + 4y^2 \equiv 1 \ (\mathrm{mod}\ 4), \\ 0 \ (\mathrm{mod}\ p^2), & \text{若 } p \equiv 3 \ (\mathrm{mod}\ 4), \end{cases}$$

$$\sum_{n=0}^{p-1} \frac{\binom{2n}{n} S_n}{16^n (2n-1)} \equiv \begin{cases} 0 \ (\mathrm{mod}\ p^2), & \text{若 } 4 \mid p-1, \\ (2^{p-1} - 2p - 2) \binom{(p-1)/2}{(p-3)/4}^2 \ (\mathrm{mod}\ p^2), & \text{若 } 4 \mid p-3. \end{cases}$$

猜想 22.50 (孙智宏 [57,60])　设 p 为奇素数, $m \in \{\pm 156816, \pm 1584, \pm 784, \pm 144, \pm 48, 16, \pm 9\}$, $m \not\equiv 0, -16 \ (\mathrm{mod}\ p)$, 则

$$\sum_{n=0}^{p-1} \binom{2n}{n} \frac{S_n}{(m+16)^n} \equiv \left(\frac{m(m+16)}{p} \right) \sum_{k=0}^{p-1} \frac{\binom{2k}{k}^2 \binom{4k}{2k}}{m^{2k}} \ (\mathrm{mod}\ p^2).$$

此外,

$$\sum_{n=0}^{p-1} \binom{2n}{n} \frac{S_n}{16^n} \equiv \sum_{k=0}^{p-1} \frac{\binom{2k}{k}^3}{64^k} \ (\mathrm{mod}\ p^4),$$

$$(-1)^{\frac{p-1}{2}} \sum_{n=0}^{p-1} \binom{2n}{n} \frac{S_n}{32^n} \equiv \begin{cases} 4x^2 - 2p - \dfrac{p^2}{4x^2} \ (\mathrm{mod}\ p^3), \\ \qquad \text{若 } p \equiv 1, 3 \ (\mathrm{mod}\ 8), p > 3, \text{ 从而 } p = x^2 + 2y^2, \\ -\dfrac{7}{27} p^2 \left(\dfrac{[p/4]}{[p/8]} \right)^{-2} \ (\mathrm{mod}\ p^3), & \text{若 } 8 \mid p-5, \\ \dfrac{7}{6} p^2 \left(\dfrac{[p/4]}{[p/8]} \right)^{-2} \ (\mathrm{mod}\ p^3), & \text{若 } 8 \mid p-7. \end{cases}$$

注 22.35 在 [57] 中作者证明猜想 22.50 模奇素数 p 成立.

关于 $\sum_{n=0}^{p-1}\binom{2n}{n}\dfrac{S_n}{m^n}$ 及 $\sum_{n=0}^{p-1}\binom{2n}{n}\dfrac{S_n}{m^n(2n-1)}$ 的更多猜想, 读者可参看孙智宏论文 [57, 59, 60, 66].

定义 22.14 数列 $\{a_n\}$ 定义为

$$a_n = \sum_{k=0}^{n}\binom{n}{k}^2\binom{2k}{k} \quad (n=0,1,2,\cdots).$$

a_n 的前几个数值如下:

$$a_0=1, \quad a_1=3, \quad a_2=15, \quad a_3=93, \quad a_4=639, \quad a_5=4653, \quad a_6=35169.$$

运用 Maple 中 sumtools, 容易验证 a_n 满足如下递推关系.

定理 22.82 ([53, A002893]) 设 n 为非负整数, 则 $a_n = A'_n(10,3,9)$, 从而

$$(n+1)^2 a_{n+1} = (10n(n+1)+3)a_n - 9n^2 a_{n-1} \quad (n\geqslant 1).$$

定理 22.83 ([10, 55]) 设 n 为非负整数, 则

$$\sum_{k=0}^{n}\binom{n}{k}(-1)^{n-k}a_k = f_n,$$

$$\sum_{k=0}^{n}\binom{n}{k}\binom{n+k}{k}(-1)^{n-k}a_k = A_n,$$

$$\sum_{k=0}^{n}\binom{n}{k}\binom{n+k}{k}(-9)^{n-k}a_k = b_n.$$

定理 22.84 (孙智宏[60] 猜想, 毛国帅[36] 证明) 设 $p>3$ 为素数, 则

$$a_{p-1} \equiv (-1)^{[\frac{p}{3}]}9^{p-1} + p^2 U_{p-3} \pmod{p^3}.$$

定理 22.85 (Osburn, Sahu[49]) 设 $p>3$ 为素数, $m,r\in\mathbb{Z}^+$, 则

$$a_{mp^r} \equiv a_{mp^{r-1}} \pmod{p^{2r}}.$$

定理 22.86 设 $p>3$ 为素数, 则

$$a_{mp} \equiv a_m + 3m^2 a_{m-1}(-1)^{[\frac{p}{3}]}p^2 U_{p-3} \pmod{p^3}.$$

证 刘纪彩在 [27] 中证明了

$$a_{mp} \equiv a_m + (-1)^{[\frac{p}{3}]} p^2 B_{p-2}\left(\frac{1}{3}\right) \cdot \frac{1}{2} \sum_{k=0}^{m-1} \binom{m}{k}^2 \binom{2k}{k}(m-k)^2 \pmod{p^3}.$$

由引理 21.6 知, $B_{p-2}\left(\frac{1}{3}\right) \equiv 6U_{p-3} \pmod{p}$. 又

$$m^2 a_{m-1} = m^2 \sum_{k=0}^{m-1} \binom{m-1}{k}^2 \binom{2k}{k} = m^2 \sum_{k=0}^{m-1} \frac{(m-k)^2}{m^2} \binom{m}{k}^2 \binom{2k}{k},$$

故定理得证.

猜想 22.51 设 p 为奇素数, m, r 为正整数, 若 $p > 3$, 则

$$a_{mp^r} \equiv a_{mp^{r-1}} + 3m^2 a_{m-1}(-1)^{[\frac{p}{3}]r} p^{2r} U_{p-3} \pmod{p^{2r+1}};$$

若 $p = 3$, 则

$$a_{m3^r} \equiv \begin{cases} a_{m3^{r-1}} + r \cdot 3^{2r} \pmod{3^{2r+1}}, & \text{若 } m = 1 \text{ 且 } r \leqslant 2, \\ a_{m3^{r-1}} \pmod{3^{2r+1}}, & \text{若 } m > 1 \text{ 或 } r > 2. \end{cases}$$

猜想 22.52 设 $p > 3$ 为素数, $m, r \in \mathbb{Z}^+$, 则存在仅依赖于 m 的正奇数 c_m 使得

$$a_{mp^r-1} \equiv (-1)^{[\frac{p}{3}]} 9^{mp^{r-1}(p-1)} a_{mp^{r-1}-1} + m^2 c_m p^{2r} U_{p-3} \pmod{p^{2r+1}},$$

并且 $c_1 = 1$, $c_2 = 5$, $c_3 = 31$, $c_4 = 213$, $c_5 = 1551$, $c_6 = 11723$, $c_7 = 90945$, $c_8 = 719253$.

定理 22.87 (Stienstra, Beukers[54]) 设 $p > 3$ 为素数, $m \in \{1, 3, 5, \cdots\}$, $r \in \{2, 3, 4, \cdots\}$, 则

$$a_{\frac{mp^r-1}{2}} \equiv \begin{cases} (4x^2 - 2p)a_{\frac{mp^{r-1}-1}{2}} - p^2 a_{\frac{mp^{r-2}-1}{2}} \pmod{p^r}, \\ \qquad \qquad \text{若 } p = x^2 + 3y^2 \equiv 1 \pmod 3, \\ p^2 a_{\frac{mp^{r-2}-1}{2}} \pmod{p^r}, \qquad \text{若 } p \equiv 2 \pmod 3. \end{cases}$$

猜想 22.53 (孙智宏 [60]) 设 $p > 3$ 为素数, 若 $p \equiv 1 \pmod 3$, 从而 $p = x^2 + 3y^2 (x, y \in \mathbb{Z})$, 则

$$a_{\frac{p-1}{2}} \equiv (9^{p-1} + 3)x^2 - 2p \pmod{p^2};$$

若 $p \equiv 2 \pmod 3$, $m \in \{1, 3, 5, \cdots\}$, $r \in \{2, 3, 4, \cdots\}$, 则

$$a_{\frac{mp^r-1}{2}} \equiv p^2 a_{\frac{mp^{r-2}-1}{2}} \pmod{p^{2r-1}}.$$

猜想 22.54 设 $p > 3$ 为素数, 则

(i)

$$\sum_{n=0}^{p-1} \frac{a_n}{9^n} \equiv \left(\frac{p}{3}\right) - \frac{5}{4} p^2 U_{p-3} \pmod{p^3};$$

(ii) (孙智伟[69])

$$\sum_{n=0}^{p-1} \frac{a_n}{(-3)^n} \equiv \frac{3\left(\frac{p}{3}\right) - 1}{2} \sum_{n=0}^{p-1} \frac{a_n}{3^n} \equiv \begin{cases} \left(\frac{x}{3}\right)\left(2x - \dfrac{p}{2x}\right) \pmod{p^2}, \\ \qquad \text{若 } p = x^2 + 3y^2 \equiv 1 \pmod 3, \\ -\dfrac{p}{\dbinom{(p-1)/2}{(p-5)/6}} \pmod{p^2}, \text{ 若 } 3 \mid p - 2. \end{cases}$$

定理 22.88 (孙智宏[66]) 设 p 为奇素数, $m \in \mathbb{Z}_p$, $m \not\equiv 0, 1 \pmod p$, 则

$$\sum_{k=0}^{p-1} \frac{a_k}{m^k} \equiv \begin{cases} \displaystyle\sum_{k=0}^{p-1} \frac{\dbinom{2k}{k}\dbinom{3k}{k}}{((m-3)^3/(m-1))^k} \pmod p, & \text{若 } m \not\equiv 3 \pmod p, \\ \displaystyle\sum_{k=0}^{p-1} \frac{\dbinom{2k}{k}\dbinom{3k}{k}}{((m+3)^3/(m-1)^2)^k} \pmod p, & \text{若 } m \not\equiv -3 \pmod p. \end{cases}$$

定理 22.89 (孙智宏[56]) 设 p 为奇素数, $u \in \mathbb{Z}_p$, $(9u+1)(27u+1) \not\equiv 0 \pmod p$, 则

$$\sum_{n=0}^{p-1} \binom{2n}{n} \left(\frac{u}{(1+9u)^2}\right)^n a_n \equiv \sum_{k=0}^{p-1} \binom{2k}{k}^2 \binom{4k}{2k} \left(\frac{u}{(1+27u)^4}\right)^k \pmod p.$$

猜想 22.55 (孙智宏[66]) 设 $p > 3$ 为素数, $m \in \{-112, -400, -2704, -24304, -1123600\}$, $p \nmid m(m+4)$, 则

$$\sum_{n=0}^{p-1} \binom{2n}{n} \frac{a_n}{(m+4)^n} \equiv \left(\frac{m(m+4)}{p}\right) \sum_{n=0}^{p-1} \binom{2n}{n} \frac{f_n}{m^n} \pmod{p^2}.$$

猜想 22.56 (孙智宏[66]) 设 $p > 3$ 为素数, 则

$$(-1)^{\frac{p-1}{2}} \sum_{n=0}^{p-1} \binom{2n}{n} \frac{a_n}{54^n} \equiv \begin{cases} 4x^2 - 2p \pmod{p^2}, & \text{若 } p = x^2 + 3y^2 \equiv 1 \pmod 3, \\ 0 \pmod{p^2}, & \text{若 } p \equiv 2 \pmod 3. \end{cases}$$

$$(-1)^{\frac{p-1}{2}} \sum_{n=0}^{p-1} \frac{\binom{2n}{n} a_n}{54^n(2n-1)} \equiv \begin{cases} \dfrac{52}{9} y^2 - \dfrac{26 + 2(-1)^{\frac{p-1}{2}}}{27} p \pmod{p^2}, \\ \qquad\qquad\qquad 若 \ p = x^2 + 3y^2 \equiv 1 \pmod{3}, \\ \dfrac{32}{27} R_3(p) + \dfrac{2}{27}(-1)^{\frac{p-1}{2}} p \pmod{p^2}, \ 若\ 3 \mid p-2. \end{cases}$$

猜想 22.57 (孙智宏[66])　设 $p > 5$ 为素数, 若 $p \equiv 7, 11, 13, 29 \pmod{30}$, 则

$$\left(\frac{p}{3}\right) \sum_{n=0}^{p-1} \binom{2n}{n} \frac{a_n}{9^n} \equiv \begin{cases} \dfrac{31}{16} p^2 \cdot 5^{[p/3]} \binom{[p/3]}{[p/15]}^{-2} \pmod{p^3}, & 若\ 30 \mid p-7, \\[3mm] \dfrac{31}{4} p^2 \cdot 5^{[p/3]} \binom{[p/3]}{[p/15]}^{-2} \pmod{p^3}, & 若\ 30 \mid p-11, \\[3mm] \dfrac{31}{256} p^2 \cdot 5^{[p/3]} \binom{[p/3]}{[p/15]}^{-2} \pmod{p^3}, & 若\ 30 \mid p-13, \\[3mm] \dfrac{31}{64} p^2 \cdot 5^{[p/3]} \binom{[p/3]}{[p/15]}^{-2} \pmod{p^3}, & 若\ 30 \mid p-29; \end{cases}$$

若 $p \equiv 1, 17, 19, 23 \pmod{30}$, 则

$$\left(\frac{p}{3}\right) \sum_{n=0}^{p-1} \binom{2n}{n} \frac{a_n}{9^n} \equiv \begin{cases} 4x^2 - 2p - \dfrac{p^2}{4x^2} \pmod{p^3}, \\ \qquad 若\ p \equiv 1, 19 \pmod{30}, 从而\ p = x^2 + 15y^2, \\ 2p - 12x^2 + \dfrac{p^2}{12x^2} \pmod{p^3}, \\ \qquad 若\ p \equiv 17, 23 \pmod{30}, 从而\ p = 3x^2 + 5y^2. \end{cases}$$

关于 $\sum_{n=0}^{p-1} \binom{2n}{n} \dfrac{a_n}{m^n}$ 及 $\sum_{n=0}^{p-1} \binom{2n}{n} \dfrac{a_n}{m^n(2n-1)}$ 的更多猜想, 读者可参看孙智宏论文 [56,66].

定义 22.15　数列 $\{W_n\}$ 定义为

$$W_n = \sum_{k=0}^{[n/3]} \binom{2k}{k} \binom{3k}{k} \binom{n}{3k} (-3)^{n-3k} \quad (n = 0, 1, 2, \cdots).$$

W_n 的前几个数值如下:

$$W_0 = 1, \ W_1 = -3, \ W_2 = 9, \ W_3 = -21, \ W_4 = 9, \ W_5 = 297,$$
$$W_6 = -2421, \ W_7 = 12933, \ W_8 = -52407, \ W_9 = 145293.$$

运用 Maple 中 sumtools, 容易验证 W_n 满足如下递推关系:

定理 22.90 ([53, A291898]) 设 n 为非负整数, 则 $W_n = A_n'(-9, -3, 27)$, 从而

$$(n+1)^2 W_{n+1} = (-9n(n+1) - 3)W_n - 27n^2 W_{n-1} \quad (n \geqslant 1).$$

定理 22.91 (Osburn, Sahu, Straub 猜想, Gorodetsky[17] 证明) 设 $p > 3$ 为素数, $m, r \in \mathbb{Z}^+$, 则

$$W_{mp^r} \equiv W_{mp^{r-1}} \pmod{p^{2r}}.$$

定理 22.92 (孙智宏猜想, 毛国帅 [37] 证明) 设 $p > 3$ 为素数, 则

$$W_p \equiv -3 - 9(-1)^{[\frac{p}{3}]} p^2 U_{p-3} \pmod{p^3},$$
$$W_{2p} \equiv 9 + 108(-1)^{[\frac{p}{3}]} p^2 U_{p-3} \pmod{p^3},$$
$$W_{3p} \equiv -21 - 729(-1)^{[\frac{p}{3}]} p^2 U_{p-3} \pmod{p^3}.$$

经 Maple 计算, 现增加如下一般猜想:

猜想 22.58 设 p 为奇素数, $m, r \in \mathbb{Z}^+$, $mp^r > 3$, 则

$$W_{mp^r} \equiv W_{mp^{r-1}} - 9m^2 W_{m-1}(-1)^{[\frac{p}{3}]r} p^{2r} U_{p-3} \pmod{p^{2r+1}}.$$

猜想 22.59 设 p 为奇素数, $m, r \in \mathbb{Z}^+$, 则存在只依赖于 m 的奇数 c_m 使得

$$W_{mp^r-1} \equiv (-1)^{[\frac{p}{3}]} 27^{mp^{r-1}(p-1)} W_{mp^{r-1}-1} + m^2 c_m p^{2r} U_{p-3} \pmod{p^{2r+1}},$$

并且 $c_1 = 1$, $c_2 = -3$, $c_3 = 7$, $c_4 = -3$, $c_5 = -99$, $c_6 = 807$, $c_7 = -4311$, $c_8 - 17469$.

定理 22.93 (孙智宏 [60]) 设 p 为奇素数, 则

$$W_{\frac{p-1}{2}} \equiv \begin{cases} 4x^2 \pmod{p}, & \text{若 } p \equiv 1 \pmod 4, \text{从而 } p = x^2 + 4y^2 (x, y \in \mathbb{Z}), \\ 0 \pmod{p}, & \text{若 } p \equiv 3 \pmod 4. \end{cases}$$

猜想 22.60 (孙智宏 [60]) 设 p 为奇素数, $m \in \{1, 3, 5, \cdots\}$, $r \in \{2, 3, 4, \cdots\}$,

(i) 若 $p \equiv 1 \pmod 4$, 从而 $p = x^2 + 4y^2 (x, y \in \mathbb{Z})$, 则

$$W_{\frac{p-1}{2}} \equiv (27^{p-1} + 3)x^2 - 2p \pmod{p^2},$$
$$W_{\frac{mp^r-1}{2}} \equiv (4x^2 - 2p)W_{\frac{mp^{r-1}-1}{2}} - p^2 W_{\frac{mp^{r-2}-1}{2}} \pmod{p^r}.$$

(ii) 若 $p \equiv 3 \pmod 4$, 则 $W_{\frac{mp^r-1}{2}} \equiv p^2 W_{\frac{mp^{r-2}-1}{2}} \pmod{p^{2r-1}}$.

定理 22.94 (孙智宏 [64]) 设 $p > 3$ 为素数, 则

$$\sum_{n=0}^{p-1}\frac{W_n}{(-3)^n} \equiv \begin{cases} -x+\dfrac{p}{x} \ (\mathrm{mod}\ p^2), \\ \qquad\text{若 } 3\mid p-1,\text{ 从而 } 4p=x^2+27y^2(x,y\in\mathbb{Z}),\ 3\mid x-1, \\ -\dfrac{p}{3}\left(\dfrac{p-2}{3}!\right)^3\ (\mathrm{mod}\ p^2),\quad\text{若 } p\equiv 2\ (\mathrm{mod}\ 3). \end{cases}$$

猜想 22.61　设 $p>3$ 为素数, 则

(i) (孙智宏 [60]) 当 $p\equiv 1\ (\mathrm{mod}\ 3)$ 时 $\sum_{n=0}^{p-1}\dfrac{nW_n}{(-9)^n}\equiv 0\ (\mathrm{mod}\ p^2)$.

(ii) (孙智伟 [69])

$$\sum_{n=0}^{p-1}\frac{W_n}{(-9)^n} \equiv \begin{cases} \left(\dfrac{x}{3}\right)\left(-x+\dfrac{p}{x}\right)\ (\mathrm{mod}\ p^2), \\ \qquad\text{若 } 3\mid p-1,\text{ 从而 } 4p=x^2+27y^2(x,y\in\mathbb{Z}), \\ 0\ (\mathrm{mod}\ p^2),\quad\text{若 } p\equiv 2\ (\mathrm{mod}\ 3). \end{cases}$$

定理 22.95 (孙智宏 [60,66] 猜想, 毛国帅 [35] 证明)　设 $p>3$ 为素数, 则

$$\sum_{n=0}^{p-1}\binom{2n}{n}\frac{W_n}{(-12)^n} \equiv \begin{cases} x^2-2p\ (\mathrm{mod}\ p^2),\quad\text{若 } 3\mid p-1,\text{ 从而 } 4p=x^2+27y^2, \\ 0\ (\mathrm{mod}\ p^2),\qquad\quad\text{若 } 3\mid p-2, \end{cases}$$

$$\sum_{n=0}^{p-1}\frac{\binom{2n}{n}W_n}{(-12)^n(2n-1)} \equiv \begin{cases} 0\ (\mathrm{mod}\ p^2),\qquad\qquad\qquad\text{若 } 3\mid p-1, \\ -2(2p+1)\dbinom{[2p/3]}{[p/3]}^2\ (\mathrm{mod}\ p^2),\quad\text{若 } 3\mid p-2. \end{cases}$$

猜想 22.62 (孙智宏 [60])　设 $p>7$ 为素数, 则

$$\left(\frac{p}{3}\right)\sum_{n=0}^{p-1}\binom{2n}{n}\frac{W_n}{(-27)^n} \equiv \begin{cases} 4x^2-2p-\dfrac{p^2}{4x^2}\ (\mathrm{mod}\ p^3), \\ \qquad\text{若 } p=x^2+7y^2\equiv 1,2,4\ (\mathrm{mod}\ 7), \\ \dfrac{5}{16}p^2\dbinom{3[p/7]}{[p/7]}^{-2}\ (\mathrm{mod}\ p^3),\quad\text{若 } 7\mid p-3, \\ \dfrac{45}{256}p^2\dbinom{3[p/7]}{[p/7]}^{-2}\ (\mathrm{mod}\ p^3),\quad\text{若 } 7\mid p-5, \\ \dfrac{125}{7744}p^2\dbinom{3[p/7]}{[p/7]}^{-2}\ (\mathrm{mod}\ p^3),\quad\text{若 } 7\mid p-6, \end{cases}$$

$$\left(\frac{p}{3}\right)\sum_{n=0}^{p-1}\binom{2n}{n}\frac{W_n}{54^n} \equiv \begin{cases} 4x^2-2p-\dfrac{p^2}{4x^2}\ (\mathrm{mod}\ p^3), \\ \qquad\text{若 } p=x^2+4y^2\equiv 1\ (\mathrm{mod}\ 4), \\ -\dfrac{p^2}{4}\dbinom{(p-3)/2}{(p-3)/4}^{-2}\ (\mathrm{mod}\ p^3),\quad\text{若 } 4\mid p-3. \end{cases}$$

注 22.36　作者在 [60] 中证明猜想 22.62 中同余式模 p 成立.

猜想 22.63 (孙智宏[60])　设 p 为奇素数, $m \in \{-640320, -5280, -960, -96,$
$-32, 20, 255\}$, $m(m-12) \not\equiv 0 \pmod{p}$, 则

$$\sum_{n=0}^{p-1} \binom{2n}{n} \frac{W_n}{(m-12)^n} \equiv \left(\frac{m(m-12)}{p}\right) \sum_{k=0}^{p-1} \frac{\binom{2k}{k}\binom{3k}{k}\binom{6k}{3k}}{m^{3k}} \pmod{p^2}.$$

猜想 22.64 (孙智宏[60])　设 $p > 3$ 为素数, 则

$$\sum_{n=0}^{p-1} \binom{2n}{n}(7n+2)\frac{W_n}{(-27)^n} \equiv 2\left(\frac{p}{3}\right)p - 4p^3 U_{p-3} \pmod{p^4}.$$

注 22.37　设 $p > 3$ 为素数, 作者在 [66] 中提出关于 $\sum_{n=0}^{p-1} \dfrac{\binom{2n}{n}W_n}{m^n(2n-1)}$ 模
p^2 的更多猜想, 在 [60] 中提出关于 $\sum_{n=0}^{p-1} \binom{2n}{n}(an+b)\dfrac{W_n}{m^n}$ 模 p^2 的更多猜想.

在定义 22.7 中我们曾引入

$$G_n(x) = \sum_{k=0}^{n} \binom{n}{k}(-1)^k \binom{x}{k}\binom{-1-x}{k} \quad (n = 0, 1, 2, \cdots).$$

定理 22.96 (孙智宏[65])　设 n 为非负整数, 则

$$G_n(x) = \sum_{k=0}^{n} \binom{x}{k}^2 (-1)^{n-k} \binom{-1-x}{n-k}.$$

关于 $G_n(x)$ 更多性质, 参见作者论文 [65]. 现在讨论与 $G_n(x)$ 有关的几个
Apéry-like 序列.

定义 22.16　设 n 为非负整数, 序列 $G_n, G_n^{(3)}, G_n^{(4)}, G_n^{(6)}$ 由下式给出:

$$G_n = 16^n G_n\left(-\frac{1}{2}\right) = \sum_{k=0}^{n} \binom{n}{k}(-1)^k \binom{2k}{k}^2 16^{n-k},$$

$$G_n^{(3)} = 27^n G_n\left(-\frac{1}{3}\right) = \sum_{k=0}^{n} \binom{n}{k}(-1)^k \binom{2k}{k}\binom{3k}{k} 27^{n-k},$$

$$G_n^{(4)} = 64^n G_n\left(-\frac{1}{4}\right) = \sum_{k=0}^{n} \binom{n}{k}(-1)^k \binom{2k}{k}\binom{4k}{2k} 64^{n-k},$$

$$G_n^{(6)} = 432^n G_n\left(-\frac{1}{6}\right) = \sum_{k=0}^{n} \binom{n}{k}(-1)^k \binom{3k}{k}\binom{6k}{3k}432^{n-k}.$$

序列 $G_n, G_n^{(3)}, G_n^{(4)}, G_n^{(6)}$ 的前面几个数值如下:

$G_0 = 1,\ G_1 = 12,\ G_2 = 164,\ G_3 = 2352,\ G_4 = 34596,\ G_5 = 516912,$

$G_0^{(3)} = 1,\ G_1^{(3)} = 21,\ G_2^{(3)} = 495,\ G_3^{(3)} = 12171,\ G_4^{(3)} = 305919,$

$G_0^{(4)} = 1,\ G_1^{(4)} = 52,\ G_2^{(4)} = 2980,\ G_3^{(4)} = 176848,\ G_4^{(4)} = 10686244,$

$G_0^{(6)} = 1,\ G_1^{(6)} = 372,\ G_2^{(6)} = 148644,\ G_3^{(6)} = 60907728.$

定理 22.97 (孙智宏 [65])　设 n 为非负整数, $m \in \mathbb{Z}^+$, $r \in \mathbb{Z}$, $(r,m) = 1$, 则

$$\lambda(m)^n G_n\left(\frac{r}{m}\right) = A_n'\left(2\lambda(m), \frac{\lambda(m)}{m^2}(m^2 + rm + r^2), \lambda(m)^2\right),$$

其中 $\lambda(m)$ 由定义 22.8 给出.

推论 22.7　设 n 为非负整数, 则

$$G_n = A_n'(32, 12, 256),\quad G_n^{(3)} = A_n'(54, 21, 729),$$
$$G_n^{(4)} = A_n'(128, 52, 4096),\quad G_n^{(6)} = A_n'(864, 372, 186624).$$

定理 22.98 (孙智伟 [71])　设 n 为非负整数, 则

$$\binom{2n}{n}G_n = \sum_{k=0}^{n} \binom{2k}{k}^2 \binom{4k}{2k}\binom{k}{n-k}(-64)^{n-k}.$$

定理 22.99 (孙智宏 [65])　设 $p > 3$ 为素数, 则

$$G_p \equiv 12 + 64(-1)^{\frac{p-1}{2}}p^2 E_{p-3} \pmod{p^3},$$
$$G_p^{(3)} \equiv 21 + 243(-1)^{[\frac{p}{3}]}p^2 U_{p-3} \pmod{p^3},$$
$$G_p^{(4)} \equiv 52 + 1024(-1)^{[\frac{p}{4}]}p^2 s_{p-3} \pmod{p^3},$$
$$G_p^{(6)} \equiv 372 + 8640(-1)^{\frac{p-1}{2}}p^2 E_{p-3} \pmod{p^3},$$

其中 $\{s_n\}$ 由 $s_0 = 1$ 和 $s_n = 1 - \sum_{k=0}^{n-1}\binom{n}{k}2^{2n-1-2k}s_k$ $(n \geqslant 1)$ 给出.

基于 Maple 计算, 现提出如下一般猜想:

猜想 22.65　设 p 为奇素数, $m, r \in \mathbb{Z}^+$, 则

$$G_{mp^r}^{(3)} \equiv G_{mp^{r-1}}^{(3)} + 243m^2 G_{m-1}^{(3)}(-1)^{[\frac{p}{3}]r}p^{2r}U_{p-3} \pmod{p^{2r+1}},$$

$$G_{mp^r}^{(6)} \equiv G_{mp^{r-1}}^{(6)} + 8640m^2 G_{m-1}^{(6)}(-1)^{\frac{p-1}{2}\cdot r}p^{2r}E_{p-3} \pmod{p^{2r+1}},$$

当 $p > 3$ 时 $G_{mp^r} \equiv G_{mp^{r-1}} + 64m^2 G_{m-1}(-1)^{\frac{p-1}{2}\cdot r}p^{2r}E_{p-3} \pmod{p^{2r+1}},$

当 $p > 3$ 时 $G_{mp^r}^{(4)} \equiv G_{mp^{r-1}}^{(4)} + 1024m^2 G_{m-1}^{(4)}(-1)^{[\frac{p}{4}]r}p^{2r}s_{p-3} \pmod{p^{2r+1}}.$

定理 22.100 设 $p > 3$ 为素数, 则

$$G_{p-1} \equiv (-1)^{\frac{p-1}{2}}256^{p-1} + 3p^2 E_{p-3} \pmod{p^3},$$
$$G_{p-1}^{(3)} \equiv (-1)^{[\frac{p}{3}]}729^{p-1} + 7p^2 U_{p-3} \pmod{p^3},$$
$$G_{p-1}^{(4)} \equiv (-1)^{[\frac{p}{4}]}4096^{p-1} + 13p^2 s_{p-3} \pmod{p^3},$$
$$G_{p-1}^{(6)} \equiv (-1)^{\frac{p-1}{2}}186624^{p-1} + \frac{155}{9}p^2 E_{p-3} \pmod{p^3}.$$

注 22.38 第一个同余式由作者猜想并证明模 p^2 情形, 而后刘纪彩与尼贺霞 [29] 证明. 后三个同余式由作者在 [65] 中给出.

基于 Maple 计算, 作者发现如下有趣猜想:

猜想 22.66 设 $p > 3$ 为素数, $m, r \in \mathbb{Z}^+$, 则存在仅依赖于 m 的正整数 c_m 使得

$$G_{mp^r-1} \equiv (-1)^{\frac{p-1}{2}}256^{mp^{r-1}(p-1)}G_{mp^{r-1}-1} + m^2 c_m p^{2r} E_{p-3} \pmod{p^{2r+1}},$$

并且 $c_1 = 3$, $c_2 = 41$, $c_3 = 588$, $c_4 = 8649$, $c_5 = 129228$, $c_6 = 1951556$, $c_7 = 29700912$, $c_8 = 454689481$.

猜想 22.67 设 p 为奇素数, $m, r \in \mathbb{Z}^+$, 则存在仅依赖于 m 的正奇数 c_m 使得

$$G_{mp^r-1}^{(3)} \equiv (-1)^{[\frac{p}{3}]}729^{mp^{r-1}(p-1)}G_{mp^{r-1}-1}^{(3)} + m^2 c_m p^{2r} U_{p-3} \pmod{p^{2r+1}},$$

并且 $c_1 = 7$, $c_2 = 165$, $c_3 = 4057$, $c_4 = 101973$, $c_5 = 2598057$, $c_6 = 66804267$, $c_7 = 1729215495$, $c_8 = 44986655637$.

猜想 22.68 设 $p > 3$ 为素数, $m, r \in \mathbb{Z}^+$, 则存在仅依赖于 m 的正整数 c_m 使得

$$G_{mp^r-1}^{(4)} \equiv (-1)^{[\frac{p}{4}]}4096^{mp^{r-1}(p-1)}G_{mp^{r-1}-1}^{(4)} + m^2 c_m p^{2r} s_{p-3} \pmod{p^{2r+1}},$$

并且 $c_1 = 13$, $c_2 = 745$, $c_3 = 44212$, $c_4 = 2671561$, $c_5 = 163225588$, $c_6 = 10047392836$, $c_7 = 621809306320$, $c_8 = 38639238435529$.

猜想 22.69   设 $p > 3$ 为素数, $m, r \in \mathbb{Z}^+$, 则存在仅依赖于 m 的正整数 c_m 使得

$$G_{mp^r-1}^{(6)} \equiv (-1)^{\frac{p-1}{2}} 186624^{mp^{r-1}(p-1)} G_{mp^{r-1}-1}^{(6)} + \frac{5}{9} m^2 c_m p^{2r} E_{p-3} \pmod{p^{2r+1}},$$

并且 $c_1 = 31$, $c_2 = 12387$, $c_3 = 5075644$, $c_4 = 2106688323$, $c_5 = 881258820156$, $c_6 = 370585884993132$.

定理 22.101 (孙智宏 [65])   设 $p > 3$ 为素数, 则

$$G_{\frac{p-1}{2}} \equiv \begin{cases} 4^p x^2 - 2p \pmod{p^2}, & \text{若 } p = x^2 + 4y^2 \equiv 1 \pmod 4, \\ 0 \pmod{p^2}, & \text{若 } p \equiv 3 \pmod 4, \end{cases}$$

$$G_{\frac{p-1}{2}}^{(3)} \equiv \begin{cases} 27^{\frac{p-1}{2}} (4x^2 - 2p) \pmod{p^2}, & \text{若 } p = x^2 + 3y^2 \equiv 1 \pmod 3, \\ 0 \pmod p, & \text{若 } p \equiv 2 \pmod 3, \end{cases}$$

$$G_{\frac{p-1}{2}}^{(4)} \equiv \begin{cases} 8^{p-1} \cdot 4x^2 - 2p \pmod{p^2}, & \text{若 } p = x^2 + 2y^2 \equiv 1, 3 \pmod 8, \\ 0 \pmod p, & \text{若 } p \equiv 5, 7 \pmod 8, \end{cases}$$

$$G_{\frac{p-1}{2}}^{(6)} \equiv \begin{cases} 432^{\frac{p-1}{2}} \left(\frac{p}{3}\right) \cdot 4x^2 - 2p \pmod{p^2}, & \text{若 } p = x^2 + 4y^2 \equiv 1 \pmod 4, \\ 0 \pmod p, & \text{若 } p \equiv 3 \pmod 4. \end{cases}$$

定理 22.102 (孙智宏 [65])   设 p 为奇素数, $m \in \mathbb{Z}_p$, $m \not\equiv 0 \pmod p$, 则

$$\sum_{n=0}^{p-1} \frac{\binom{2n}{n} G_n}{m^n} \equiv \left(\sum_{k=0}^{p-1} \frac{\binom{2k}{k}\binom{4k}{2k}}{m^k} \right)^2 \pmod{p^2}.$$

定理 22.103   设 p 为奇素数, 则
(i) (孙智宏 [65])

$$\sum_{n=0}^{p-1} \frac{\binom{2n}{n} G_n}{64^n (n+1)} \equiv (-1)^{\frac{p-1}{2}} \pmod{p^2}.$$

(ii) (孙智宏 [65] 猜想, 毛国帅 [35] 证明)

$$\sum_{n=0}^{p-1} \frac{\binom{2n}{n} G_n}{64^n (2n-1)} \equiv 2(-1)^{\frac{p-1}{2}} p^2 \pmod{p^3}.$$

猜想 22.70 (孙智宏[65]) 设 p 为奇素数, 则

$$\sum_{n=0}^{p-1} \frac{\binom{2n}{n} G_n}{128^n} \equiv \begin{cases} 4x^2 - 2p - \dfrac{p^2}{4x^2} \pmod{p^3}, \\ \qquad\qquad 若\ p = x^2 + 2y^2 \equiv 1, 3 \pmod 8, \\ \dfrac{1}{3} p^2 \begin{bmatrix} [p/4] \\ [p/8] \end{bmatrix}^{-2} \pmod{p^3}, \quad 若\ p \equiv 5 \pmod 8, \\ -\dfrac{3}{2} p^2 \begin{bmatrix} [p/4] \\ [p/8] \end{bmatrix}^{-2} \pmod{p^3}, 若\ p \equiv 7 \pmod 8. \end{cases}$$

注 22.39 作者在 [65] 中证明猜想 22.70 中同余式模 p^2 成立.

猜想 22.71 (孙智宏[65]) 设 $p > 3$ 为素数,

(i) 若 $p \equiv 1 \pmod 4$, 从而 $p = x^2 + 4y^2 (x, y \in \mathbb{Z})$, $4 \mid x - 1$, 则

$$\sum_{n=0}^{p-1} \frac{G_n}{(-16)^n} \equiv (-1)^{\frac{p-1}{4}} \sum_{n=0}^{p-1} \frac{G_n}{8^n} \equiv (-1)^{\frac{p-1}{4}} \sum_{n=0}^{p-1} \frac{G_n}{32^n} \equiv 2x - \frac{p}{2x} \pmod{p^2},$$

$$\sum_{n=0}^{p-1} \frac{n G_n}{(-16)^n} \equiv \frac{(-1)^{\frac{p-1}{4}}}{3} \sum_{n=0}^{p-1} \frac{n G_n}{8^n} \equiv (-1)^{\frac{p+3}{4}} \sum_{n=0}^{p-1} \frac{n G_n}{32^n} \equiv -x + \frac{p}{2x} \pmod{p^2}.$$

(ii) 若 $p \equiv 3 \pmod 4$, 则

$$\sum_{n=0}^{p-1} \frac{G_n}{(-16)^n} \equiv \frac{2}{3}(-1)^{\frac{p+1}{4}} \sum_{n=0}^{p-1} \frac{G_n}{8^n} \equiv 2(-1)^{\frac{p-3}{4}} \sum_{n=0}^{p-1} \frac{G_n}{32^n} \equiv \frac{p}{\binom{(p-3)/2}{(p-3)/4}} \pmod{p^2}.$$

注 22.40 作者在 [65] 中证明猜想 22.71 中同余式模素数 p 成立. 关于包含 $G_n, G_n^{(3)}, G_n^{(4)}, G_n^{(6)}$ 的更多同余式猜想详见作者论文 [65].

定义 22.17 Verrill 序列 Q_n 定义为

$$Q_n = \sum_{k=0}^{n} \binom{n}{k} (-8)^{n-k} f_k \quad (n = 0, 1, 2, \cdots).$$

Q_n 的前几个数值如下:

$$Q_1 = -6, \quad Q_2 = 42, \quad Q_3 = -312, \quad Q_4 = 2394, \quad Q_5 = -18756, \quad Q_6 = 149136.$$

定理 22.104 ([53, A093388]) 设 n 为非负整数, 则 $Q_n = A_n'(-17, -6, 72)$, 从而

$$(n+1)^2 Q_{n+1} = (-17n(n+1) - 6)Q_n - 72n^2 Q_{n-1} \quad (n \geqslant 1).$$

定理 22.105 ([10])　设 n 为非负整数, 则

$$\sum_{k=0}^{n}\binom{n}{k}8^{n-k}Q_k = f_n, \quad \sum_{k=0}^{n}\binom{n}{k}9^{n-k}Q_k = a_n,$$

$$\sum_{k=0}^{n}\binom{n}{k}\binom{n+k}{k}8^{n-k}Q_k = (-1)^n D_n,$$

$$\sum_{k=0}^{n}\binom{n}{k}\binom{n+k}{k}9^{n-k}Q_k = b_n.$$

定理 22.106 (毛国帅 [38])　设 $p > 3$ 为素数, $m \in \mathbb{Z}^+$, 则

$$Q_{mp} \equiv Q_m - 30m^2 Q_{m-1}(-1)^{[\frac{p}{3}]}p^2 U_{p-3} \pmod{p^3}.$$

根据 Maple 计算, 发现如下猜想:

猜想 22.72　设 $p > 3$ 为素数, $m, r \in \mathbb{Z}^+$, 则

$$Q_{mp^r} \equiv Q_{mp^{r-1}} - 30m^2 Q_{m-1}(-1)^{[\frac{p}{3}]r}p^{2r}U_{p-3} \pmod{p^{2r+1}}.$$

猜想 22.73　设 $p > 3$ 为素数, $m, r \in \mathbb{Z}^+$, 则存在仅依赖于 m 的整数 c_m 使得

$$Q_{mp^r-1} \equiv (-1)^{[\frac{p}{3}]}72^{mp^{r-1}(p-1)}Q_{mp^{r-1}-1} + \frac{5}{2}m^2 c_m p^{2r}U_{p-3} \pmod{p^{2r+1}},$$

并且 $c_1 = 1$, $c_2 = -7$, $c_3 = 52$, $c_4 = -399$, $c_5 = 3126$, $c_6 = -24856$, $c_7 = 199872$, $c_8 = -1621647$.

定理 22.107　设 $p > 3$ 为素数, 则

$$\sum_{n=0}^{p-1}\frac{Q_n}{(-8)^n} \equiv 1 \pmod{p^2}, \quad \sum_{n=0}^{p-1}\frac{Q_n}{(-9)^n} \equiv \left(\frac{p}{3}\right) \pmod{p^2},$$

$$\sum_{n=0}^{p-1}\frac{(n+3)Q_n}{(-8)^n} \equiv \begin{cases} 3p^2 \pmod{p^3}, & \text{若 } p \equiv 1 \pmod 3, \\ -15p^2 \pmod{p^3}, & \text{若 } p \equiv 2 \pmod 3, \end{cases}$$

$$\sum_{n=0}^{p-1}\frac{(n-2)Q_n}{(-9)^n} \equiv \begin{cases} -2p^2 \pmod{p^3}, & \text{若 } p \equiv 1 \pmod 3, \\ 14p^2 \pmod{p^3}, & \text{若 } p \equiv 2 \pmod 3. \end{cases}$$

注 22.41　定理 22.107 中前两个同余式由作者在 [66] 中给出, 后两个同余式由作者猜想, 毛国帅在 [40] 中证明.

猜想 22.74 设 $p > 3$ 为素数, 则

$$\sum_{n=0}^{p-1} \frac{Q_n}{(-9)^n} \equiv \left(\frac{p}{3}\right) - 2p^2 U_{p-3} \pmod{p^3}.$$

定理 22.108 (孙智宏[66]) 设 p 为奇素数, $m \in \mathbb{Z}_p$, $m \not\equiv 0, 1 \pmod{p}$, 则

$$\sum_{k=0}^{p-1} \frac{Q_k}{(-8m)^k} \equiv \begin{cases} \displaystyle\sum_{k=0}^{p-1} \frac{\binom{2k}{k}\binom{3k}{k}}{((4m-3)^3/(m-1))^k} \pmod{p}, & \text{若 } m \not\equiv \frac{3}{4} \pmod{p}, \\ \displaystyle\sum_{k=0}^{p-1} \frac{\binom{2k}{k}\binom{3k}{k}}{(-(2m-3)^3/(m-1)^2)^k} \pmod{p}, & \text{若 } m \not\equiv \frac{3}{2} \pmod{p}. \end{cases}$$

猜想 22.75 (孙智宏[66]) 设 $p > 3$ 为素数, 则

$$\sum_{n=0}^{p-1} \frac{Q_n}{(-6)^n} \equiv \frac{3\left(\frac{p}{3}\right) - 1}{2} \sum_{n=0}^{p-1} \frac{Q_n}{(-12)^n}$$

$$\equiv \begin{cases} \left(\frac{x}{3}\right)\left(2x - \frac{p}{2x}\right) \pmod{p^2}, & \text{若 } p = x^2 + 3y^2 \equiv 1 \pmod 3, \\ -\dfrac{p}{\binom{(p-1)/2}{(p-5)/6}} \pmod{p^2}, & \text{若 } p \equiv 2 \pmod 3. \end{cases}$$

猜想 22.76 (孙智宏[66]) 设 $p > 3$ 为素数, 则

$$\sum_{n=0}^{p-1} \binom{2n}{n} \frac{Q_n}{18^n} \equiv \frac{3\left(\frac{p}{3}\right) - 1}{2} \sum_{n=0}^{p-1} \binom{2n}{n} \frac{Q_n}{(-36)^n}$$

$$\equiv \begin{cases} 4x^2 - 2p - \dfrac{p^2}{4x^2} \pmod{p^3}, & \text{若 } p = x^2 + 3y^2 \equiv 1 \pmod 3, \\ \dfrac{p^2}{\binom{(p-1)/2}{(p-5)/6}^2} \pmod{p^3}, & \text{若 } p \equiv 2 \pmod 3. \end{cases}$$

猜想 22.77 (孙智宏[60]) 设 $p > 3$ 为素数, $p \equiv 1, 5, 7, 11 \pmod{24}$. 若 $p \equiv 1, 7 \pmod{24}$, 从而 $p = x^2 + 6y^2 (x, y \in \mathbb{Z})$, 则 $\left(\frac{3}{p}\right) Q_{\frac{p-1}{2}} \equiv (72^{p-1} + 3) x^2 - 2p \pmod{p^2}$; 若 $p \equiv 5, 11 \pmod{24}$, 从而 $p = 2x^2 + 3y^2 (x, y \in \mathbb{Z})$, 则 $\left(\frac{3}{p}\right) Q_{\frac{p-1}{2}} \equiv 2(72^{p-1} + 3) x^2 - 2p \pmod{p^2}$.

注 22.42　作者在 [66] 中证明猜想 22.75 与猜想 22.76 中同余式模素数 p 成立. 关于包含 Q_n 的更多同余式猜想详见作者论文 [66].

最后介绍研究 Apéry-like 数同余式必需的几个一般变换公式.

定理 22.109 (孙智宏[65])　设 p 为奇素数, $m \in \mathbb{Z}_p$, $m \not\equiv 0, 1 \pmod{p}$. 若 $u_0, u_1, \cdots, u_{p-1} \in \mathbb{Z}_p$, $v_n = \sum_{k=0}^{n} \binom{n}{k}(-1)^k u_k$ $(n \geqslant 0)$, 则有

$$\sum_{k=0}^{p-1} \frac{v_k}{m^k} \equiv \sum_{k=0}^{p-1} \frac{u_k}{(1-m)^k} \pmod{p},$$

$$\sum_{k=0}^{p-1} v_k \equiv \sum_{k=0}^{p-1} \frac{p}{k+1} u_k - p^2 \sum_{k=0}^{p-2} \frac{H_k}{k+1} u_k \pmod{p^3}.$$

定理 22.110 (孙智伟[72])　设 p 为奇素数, $m \in \mathbb{Z}_p$, $m \not\equiv 0, 4 \pmod{p}$, $u_0, u_1, \cdots, u_{p-1} \in \mathbb{Z}_p$, $v_n = \sum_{k=0}^{n} \binom{n}{k}(-1)^k u_k$ $(n \geqslant 0)$, 则

$$\sum_{k=0}^{p-1} \binom{2k}{k} \frac{v_k}{m^k} \equiv \left(\frac{m(m-4)}{p}\right) \sum_{k=0}^{p-1} \binom{2k}{k} \frac{u_k}{(4-m)^k} \pmod{p}.$$

定理 22.111 (孙智宏[57])　设 p 为奇素数, $u, c_0, c_1, \cdots, c_{p-1} \in \mathbb{Z}_p$, $u \not\equiv 1 \pmod{p}$, 则

$$\sum_{k=0}^{p-1} \binom{2k}{k} \left(\frac{u}{(1-u)^2}\right)^k c_k \equiv \sum_{n=0}^{p-1} u^n \sum_{k=0}^{n} \binom{n}{k}\binom{n+k}{k} c_k \pmod{p}.$$

定理 22.112 (孙智宏[58])　设 $p > 3$ 为素数, $c_0, c_1, \cdots, c_{p-1} \in \mathbb{Z}_p$, 则

$$\sum_{n=0}^{p-1} \sum_{k=0}^{n} \binom{n}{k}\binom{n+k}{k} c_k \equiv \sum_{k=0}^{p-1} \frac{p}{2k+1}(-1)^k c_k \pmod{p^3}.$$

参 考 读 物

[1] Ahlgren S, Ono K. A Gaussian hypergeometric series evaluation and Apéry number congruences. J. Reine Angew. Math., 2000, 518: 187-212.

[2] Almkvist G, Zudilin W . Differential equations, mirror maps and zeta values//Mirror Symmetry. Cambridge & Providence: International Press & Amer. Math. Soc., 2006: 481-515.

[3] Amdeberhan T, Tauraso R . Supercongruences for the Almkvist-Zudilin numbers. Acta Arith., 2016, 173: 255-268.

[4] Apéry R. Irrationalité de $\zeta(2)$ et $\zeta(3)$. Astérisque, 1979, 61: 11-13.

[5] Beukers F. Some congruences for the Apéry numbers. J. Number Theory, 1985, 21: 141-155.

[6] Beukers F. Another congruence for the Apéry numbers. J. Number Theory, 1987, 25: 201-210.

[7] Beukers F. Supercongruences using modular forms. preprint(2024), arXiv: 2403.03301.

[8] Cao H Q, Matiyasevich Y, Sun Z W. Congruences for Apéry numbers $\beta_n = \sum_{k=0}^{n} \binom{n}{k}^2 \times \binom{n+k}{k}$. Int. J. Number Theory, 2020, 16: 981-1003.

[9] Chan H H, Cooper S, Sica F. Congruences satisfied by Apéry-like numbers. Int. J. Number Theory, 2010, 6: 89-97.

[10] Chan H H, Tanigawa Y, Yang Y, Zudilin W. New analogues of Clausen's identities arising from the theory of modular forms. Adv. Math., 2011, 228: 1294-1314.

[11] Chan H H, Verrill H. The Apéry numbers, the Almkvist–Zudilin numbers and new series for $1/\pi$. Math. Res. Lett., 2009, 16: 405-420.

[12] Chan H H, Zudilin W. New representations for Apéry-like sequences. Mathematika, 2010, 56: 107-117.

[13] Cooper S. Apéry-like sequences defined by four-term recurrence relations. in: "Hypergeometric Functions and Their Generalizations", Contemporary Math., AMS, 2025, 818: 137-180.

[14] Coster M J. Supercongruences. PhD thesis, University of Leiden, 1988.

[15] Gessel I. Some congruences for Apéry numbers. J. Number Theory, 1982, 14: 362-368.

[16] Gomez A, McCarthy D, Young D. Apéry-like numbers and families of newforms with complex multiplication. Res. Number Theory, 2019, 5(5): 1-12.

[17] Gorodetsky O. New representations for all sporadic Apéry-like sequences, with applications to congruences. Exp. Math., 2023, 32: 641-656.

[18] Guo V J W, Zeng J. Proof of some conjectures of Z.-W. Sun on congruences for Apéry polynomials. J. Number Theory, 2012, 132: 1731-1740.

[19] Hirschhorn M D. Estimating the Apéry numbers. Fibonacci Quart., 2012, 50: 129-131.

[20] Hirschhorn M D. Estimating the Apéry numbers II. Fibonacci Quart., 2013, 51: 215-217.

[21] Ishikawa T. Super congruence for the Apéry numbers. Nagoya Math. J., 1990, 118: 195-202.

[22] Jarvis F, Verrill H A. Supercongruences for the Catalan-Larcombe-French numbers. Ramanujan J., 2010, 22: 171-186.

[23] Ji X J, Sun Z H. Congruences for Catalan-Larcombe-French numbers. Publ. Math. Debrecen, 2017, 90: 387-406.

[24] Liu J C. Supercongruences for sums involving Domb numbers. Bull. Sci. Math., 2021, 169: Art.102992, 13pp.

[25] Liu J C. On two supercongruences for sums of Apéry-like numbers. Rev. R. Acad. Cienc. Exactas Fís. Nat. Ser. A-Mat., 2021, 115: Art.151, 7pp.

[26] Liu J C. Ramanujan-type supercongruences involving Almkvist-Zudilin numbers. Results Math., 2022, 77: Art. 67, 11pp.

[27] Liu J C. Supercongruences involving Apéry-like numbers and Bernoulli numbers. preprint(2024), arXiv: 2403.19503.

[28] Liu J C. An extension of Gauss congruences for Apéry numbers. preprint(2024), arXiv: 2404.16636.

[29] Liu J C, Ni H X. On two supercongruences involving Almkvist-Zudilin sequences. Czech. Math. J., 2021, 71: 1211-1219.

[30] Liu J C, Wang C. Congruences for the $(p-1)$th Apéry number. Bull. Aust. Math. Soc., 2019, 99: 362-368.

[31] Liu Y, Mao G S. Proof of some conjectural congruences involving Almkvist-Zudilin numbers b_n. preprint (2023), ResearchGate:10.13140/RG.2.2.11577.65121.

[32] Mao G S. Proof of two conjectural supercongruences involving Catalan–Larcombe–French numbers. J. Number Theory, 2017, 179: 88-96.

[33] Mao G S. On some conjectural congruences involving Apéry-like numbers V_n. preprint (2021), ResearchGate: 10.13140/RG. 2.2.12308.42880.

[34] Mao G S. Proof of some conjectural congruences involving Apéry-like sequences $\{m^n V_n(x)\}$ and $\{m^n G_n(x)\}$. preprint (2022), ResearchGate: 10.13140 /RG.2.2.30183. 52644/1.

[35] Mao G S. Proof of some conjectural congruences involving binomial coefficients and Apéry-like numbers. preprint (2022), ResearchGate: 10.13140/RG.2.2.20316.26240/1, Front. Math., to appear.

[36] Mao G S. On some congruences involving Apéry-like numbers and harmonic numbers. preprint(2023), ResearchGate:10.13140/RG.2.2.12985.17760.

[37] Mao G S. Proof of some congruence conjectures of Z.-H. Sun involving Apéry-like numbers W_n. preprint (2023), ResearchGate: 10.13140/RG.2.2.23176.19205.

[38] Mao G S. Congruences involving Franel numbers and Apéry-like numbers. preprint (2023), ResearchGate: 10.13140/RG.2.2.23378.73922.

[39] Mao G S. On three conjectural congruences involving Domb numbers and Franel numbers. preprint(2024), ResearchGate: 10.13140/RG.2.2.28230.48964.

[40] Mao G S. Proof of some supercongruences involving Apéry-like sequences via their recursive formula. preprint(2024), ResearchGate: 10.13140/RG.2.2.30690.54720.

[41] Mao G S, Cao Z J. On two congruence conjectures. C. R. Acad. Sci. Paris, Ser. I, 2019, 357: 815–822.

[42] Mao G S, Liu Y. Proof of some conjectural congruences involving Domb numbers and binary quadratic forms. J. Math Anal. Appl., 2022, 516: Art. 126493, 22pp.

[43] Mao G S, Liu Y. On two congruence conjectures of Z.-W. Sun involving Franel numbers. Proc. Roy. Soc. Edinb., 2023, 154: 1-19.

[44] Mao G S, Wang J. On some congruences involving Domb numbers and harmonic numbers. Int. J. Number Theory, 2019, 15: 2179- 2200.

[45] Mao G S, Yang J J. Supercongruences involving Apéry-like sequences $\{m^n G_n(x)\}$ and $\{m^n V_n(x)\}$. Period. Math. Hung., 2023, 87: 303-314.

[46] Mao G S, Zhao W Z. Supercongruences involving Apéry-like numbers and binary quadratic forms. preprint (2022), ResearchGate: 10.13140/RG.2.2.18100.32641/1.

[47] Mao G S, ZhaoSong A B. On three conjectural congruences of Z.-H. Sun involving Apéry and Apéry-like numbers. Monatsh. Math., 2023, 201: 197-216.

[48] Mu Y P, Sun Z W. Telescoping method and congruences for double sums. Int. J. Number Theory, 2018, 14: 143-165.

[49] Osburn R, Sahu B. Supercongruences for Apéry-like numbers. Adv. in Appl. Math., 2011, 47: 631-638.

[50] Osburn R, Sahu B. A supercongruence for generalized Domb numbers. Funct. Approx. Comment. Math., 2013, 48: 29-36.

[51] Osburn R, Sahu B, Straub A. Supercongruences for sporadic sequences. Proc. Edinb. Math. Soc., 2016, 59: 503-518.

[52] Pan H. On a generalization of Carlitz's congruence. Int. J. Mod. Math., 2009, 4: 87-93.

[53] Sloane N J A. The On-Line Encyclopedia of Integer Sequences. (OEIS) https://oeis.org/.

[54] Stienstra J, Beukers F. On the Picard-Fuchs equation and the formal Brauer group of certain elliptic $K3$-surfaces. Math. Ann., 1985, 271: 269-304.

[55] Strehl V. Binomial identities-combinatorial and algorithmic aspects. Discrete Math., 1994, 136: 309-346.

[56] Sun Z H. Congruences for Domb and Almkvist-Zudilin numbers. Integral Transforms Spec. Func., 2015, 26: 642-659.

[57] Sun Z H. Identities and congruences for Catalan-Larcombe-French numbers. Int. J. Number Theory, 2017, 13: 835-851.

[58] Sun Z H. Congruences for sums involving Franel numbers. Int. J. Number Theory, 2018, 14: 123-142.

[59] Sun Z H. Super congruences for two Apéry-like sequences. J. Difference Equ. Appl., 2018, 24: 1685-1713.

[60] Sun Z H. Congruences involving binomial coefficients and Apéry-like numbers. Publ. Math. Debrecen, 2020, 96: 315-346.

[61] Sun Z H. New congruences involving Apéry-like numbers. preprint (2020), arXiv: 2004. 07172.

[62] Sun Z H. Congruences for two types of Apéry-like sequences. preprint (2020), arXiv: 2005. 02081.

[63] Sun Z H. New conjectures involving binomial coefficients and Apéry-like numbers. preprint (2021), arXiv: 2111. 04538.

[64] Sun Z H. Supercongruences and binary quadratic forms. Acta Arith., 2021, 199: 1-32.

[65] Sun Z H. Congruences for certain families of Apéry-like sequences. Czech. Math. J., 2022, 72: 875-912.

[66] Sun Z H, Supercongruences involving Apéry-like numbers and binomial coefficients. AIMS Math., 2022, 7: 2729-2781.

[67] Sun Z W. On sums of Apéry polynomials and related congruences. J. Number Theory, 2012,132: 2673-2699.

[68] Sun Z W. Congruences for Franel numbers. Adv. Appl. Math., 2013, 51: 524-535.

[69] Sun Z W. Connections between $p = x^2 + 3y^2$ and Franel numbers. J. Number Theory, 2013, 133: 2914-2928.

[70] Sun Z W. Conjectures and results on x^2 mod p^2 with $4p = x^2 + dy^2$// Number Theory and Related Area. Beijing & Boston: Higher Education Press & International Press, 2013: 149-197.

[71] Sun Z W. Some new series for $1/\pi$ and related congruences. Nanjing Univ. J. Math. Biquarterly, 2014, 31: 150-164.

[72] Sun Z W. New series for some special values of L-functions. Nanjing Univ. J. Math. Biquarterly, 2015, 32: 189-218.

[73] Sun Z W. Congruences involving $g_n(x) = \sum_{k=0}^{n} \binom{n}{k}^2 \binom{2k}{k} x^k$. Ramanujan J., 2016, 40: 511-533.

[74] Sun Z W. Open conjectures on congruences. Nanjing Univ. J. Math. Biquarterly, 2019, 36: 1-99.

[75] Sun Z W. List of conjectural series for powers of π and other constants// Ramanujan's Identities. Harbin: Press of Harbin Institute of Tech., 2021: 205-261.

[76] Van Hamme L. Proof of a conjecture of Beukers on Apéry numbers// Proceedings of the Conference on p-adic Analysis. Brussels: Vrije University Brussel, 1986: 189-195.

[77] Wang C. On two conjectural supercongruences of Z.-W. Sun. Ramanujan J., 2021, 56: 1111-1121.

[78] Wang C, Sun Z W. p-adic analogues of hypergeometric identities and their applications. preprint(2019), arXiv: 1910.06856.

[79] Zagier D. Integral solutions of Apéry-like recurrence equations// Groups and Symmetries: From the Neolithic Scots to John McKay. Providence: CRM Proceedings and Lecture Notes, 2009, 47: 349-366.

[80] Zhang Y. Some conjectural supercongruences related to Bernoulli and Euler numbers. Rocky Mountain J. Math., 2022, 52: 1105-1126.

[81] Zudilin W. Ramanujan-type formulae for $1/\pi$: A second wind? // Modular Forms and String Duality. Providence & Toronto: Amer. Math. Soc. & Fields Inst., 2008: 179-188.

第 23 讲　群的概念与性质

Poincaré: 群论就是摒弃其内容而化为纯粹形式的整个数学.

代数原来就是解方程, 从 Galois(伽罗瓦) 开始转为对群等代数结构的探讨. 本讲介绍群的基础知识.

23.1　群的定义与例

Galois 通过发明群、域等概念以及 Galois 理论彻底地解决了哪些代数方程可用根式求解的一般问题. Galois 的工作打破了传统的认为代数就是计算求解的框架, 而转向数学结构的探讨, 这一转变引起代数学乃至整个数学一场最深刻的革命. Galois 证明每个代数方程对应一个 Galois 群, 代数方程是否可根式解归结为 Galois 群是否为可解群.

Galois 在讨论方程根式解问题时运用的群今天称为置换群, 1844—1846 年间 Cauchy 在置换群方面做了一系列工作. 1848 年 Cayley(凯莱) 提出抽象群定义, 但没有引起人们的注意. 1858 年 Dedekind(戴德金) 对有限群给出抽象定义. 1879 年 Frobenius 与 Stickelberger 提出抽象群概念应包括同余、Gauss 的二次型复合以及 Galois 的置换群, 一直到 1880 年群的新概念才引起人们的注意.

一旦接受抽象群的概念, 数学家们就转而求证抽象群的定理, 建立抽象群论, 并发现它在数学及数学之外学科中的多种应用. 1874—1883 年 Lie (李) 创立李群与李代数理论, 并应用于微分方程; 1880 年 Klein 指出几何学的目标是要研究几何图形在变换群下的不变量或不变性质, 不同的变换群导致不同的几何学. 此外, 群在拓扑学、晶体分类、量子力学及统一场论中都发挥重要作用.

定义 23.1　群 G 是一个非空集合, 在 G 的元素间规定一种运算 (不妨称为乘法), 它满足如下四个条件:

1° 封闭性　　　　若 $a, b \in G$, 则 $ab \in G$;

2° 结合律　　　　若 $a, b, c \in G$, 则 $a(bc) = (ab)c$;

3° 存在单位元　　存在 $e \in G$ 使得对任给 $a \in G$ 有 $ae = ea = a$;

4° 存在逆元　　　任给 $a \in G$, 存在 $a^{-1} \in G$ 使得 $aa^{-1} = a^{-1}a = e$.

注 23.1　(1) 定义 23.1 中的 e 称为群 G 的单位元, a^{-1} 称为 a 的逆元.

(2) 一个群的单位元是唯一的. 若 e, e' 为群 G 的两个单位元, 则 $e' = ee' = e$.

(3) 群中每个元素的逆元是唯一的. 若 b, c 均为 a 的逆元, 则 $ab = ba = e, ac = ca = e$, 故 $b = be = b(ac) = (ba)c = ec = c$.

(4) 当群的运算为加法时常用 θ 表示单位元, $-a$ 表示 a 的逆元.

注 23.2 定义 23.1 中条件 $3°, 4°$ 可减弱为如下条件:

$3'$. 存在左单位元　存在 $e \in G$ 使得对任给 $a \in G$ 有 $ea = a$.

$4'$. 存在左逆元　任给 $a \in G$, 存在 $a^{-1} \in G$ 使 $a^{-1}a = e$.

若 $1°, 2°, 3', 4'$ 成立, 则

$$aa^{-1} = (ea)a^{-1} = e(aa^{-1}) = ((a^{-1})^{-1}a^{-1})(aa^{-1})$$
$$= (a^{-1})^{-1}(a^{-1}(aa^{-1})) = (a^{-1})^{-1}((a^{-1}a)a^{-1}) = (a^{-1})^{-1}(ea^{-1})$$
$$= (a^{-1})^{-1}a^{-1} = e,$$

故 a^{-1} 也是 a 的右逆元, 又 $ae = a(a^{-1}a) = (aa^{-1})a = ea = a$, 故 e 也是 a 的右单位元, 从而 $3°, 4°$ 成立.

定理 23.1 群 G 中任意 n 个元素 $a_1, \cdots, a_n$ 的乘积由它们自身及顺序唯一决定, 即与所加括号无关.

证　今用归纳法证明. 当 $n = 3$ 时由群的定义知 $a_1(a_2a_3) = (a_1a_2)a_3$, 故定理成立. 现设定理对少于 n 个元素的乘积正确, 则当 $m < n$ 时 $a_1, \cdots, a_m$ 的乘积唯一确定, 记该乘积为 $a_1 \cdots a_m$, 则

$$(a_1 \cdot a_2 \cdots a_m)(a_{m+1} \cdots a_n)$$
$$= (a_1 \cdot (a_2 \cdots a_m))(a_{m+1} \cdots a_n) = a_1(a_2 \cdots a_m)(a_{m+1} \cdots a_n)$$
$$= a_1(a_2 \cdots a_n).$$

由此

$$a_1(a_2a_3 \cdots a_n) = (a_1a_2)(a_3 \cdots a_n) = \cdots = (a_1a_2 \cdots a_{n-1})a_n.$$

这说明定理对 n 个元素的乘积正确, 从而定理得证.

由定理 23.1 知, 群中元素 $a_1, \cdots, a_n$ 的乘积唯一确定, 可记为 $a_1 \cdots a_n$. 例如: $abcd = a(b(cd)) = a((bc)d) = (ab)(cd) = ((ab)c)d$.

定义 23.2　设 G 为群, $a \in G, a^{-1}$ 为 a 的逆元, n 为正整数, e 为单位元, 规定

$$a^0 = e, \quad a^n = \underbrace{a \cdots a}_{n\text{个}}, \quad a^{-n} = \underbrace{a^{-1} \cdots a^{-1}}_{n\text{个}}.$$

设 G 为群, m, n 为整数, $a \in G$, 容易验证

$$a^m \cdot a^n = a^{m+n}, \quad a^m \cdot a^{-n} = a^{m-n}, \quad (a^m)^n = a^{mn}.$$

定理 23.2 设 G 为群, $a, b, c \in G$, 则有

(i) $(ab)^{-1} = b^{-1}a^{-1}$;

(ii)(消去律) 若 $ac = bc$ 或 $ca = cb$, 则 $a = b$.

证 (i) 因 $(b^{-1}a^{-1})(ab) = b^{-1}(a^{-1}a)b = b^{-1}eb = b^{-1}b = e$, 故 $(ab)^{-1} = b^{-1}a^{-1}$.

(ii) 由于 $ac = bc$, 故 $(ac)c^{-1} = (bc)c^{-1}$, 从而

$$a = a(cc^{-1}) = (ac)c^{-1} = (bc)c^{-1} = b(cc^{-1}) = be = b.$$

同理 $ca = cb$ 蕴含 $a = b$.

定义 23.3 如果群 G 只有有限个元素, 则称 G 为有限群, G 的元素个数 $|G|$ 称为 G 的阶. 如果 H 是群 G 的子集, 且对 G 的运算构成群, 则称 H 为 G 的子群. 如果群 G 的运算还满足交换律, 即对任给 $a, b \in G$ 有 $ab = ba$, 则称 G 为交换群或 Abel(阿贝尔) 群.

例 23.1 全体非零有理数 (实数、复数) 对乘法构成群, 1 为单位元, a 的逆元为 $\dfrac{1}{a}$.

例 23.2 设 n 为正整数, 则 $x^n = 1$ 的所有根 $\mathrm{e}^{2\pi\mathrm{i}\frac{r}{n}}$ ($r = 0, 1, \cdots, n-1$) 对复数乘法构成群, 称为 n 次单位根群, 记为 U_n.

例如: $U_4 = \{1, -1, \mathrm{i}, -\mathrm{i}\}$, $U_3 = \{1, \omega, \omega^2\}$, $U_6 = \{1, -1, \omega, -\omega, \omega^2, -\omega^2\}$, 其中 $\omega = (-1 + \sqrt{3}\mathrm{i})/2$ 为三次单位根.

例 23.3 整数集 $\mathbb{Z}$ 对加法运算构成群, 0 为单位元, a 的逆元为 $-a$.

例 23.4 设 m 为正整数, 则 m 的整数倍构成的集合 $m\mathbb{Z}$ 对加法运算构成群.

例 23.5 设 i, j, k 满足

$$i^2 = j^2 = k^2 = -1, \quad ij = -ji = k, \quad jk = -kj = i, \quad ki = -ik = j,$$

则 $\{\pm 1, \pm i, \pm j, \pm k\}$ 对乘法构成群, 称为四元数群.

定义 23.4 设 m 为正整数, a 为整数, 称

$$\bar{a} = a + m\mathbb{Z} = \{x \in \mathbb{Z} \mid x \equiv a \pmod{m}\} = \{a + km \mid k \in \mathbb{Z}\}$$

为模 m 的一个剩余类, 并规定如下运算:

$$\bar{a} + \bar{b} = \overline{a+b}, \quad \bar{a} - \bar{b} = \overline{a-b}, \quad \bar{a}\bar{b} = \overline{ab}.$$

例如: 在模 7 的剩余类中 $\bar{4} + \bar{5} = \bar{9} = \bar{2}$, $\bar{4} \cdot \bar{5} = \overline{20} = \bar{6}$.

例 23.6 设 m 为正整数, 则模 m 的剩余类集合 $\mathbb{Z}_m = \{\bar{0}, \bar{1}, \cdots, \overline{m-1}\}$ 对剩余类加法构成群.

例 23.7　设 p 为素数, 则 $\mathbb{Z}_p^* = \{\bar{1}, \bar{2}, \cdots, \overline{p-1}\}$ 对剩余类乘法构成群.

例 23.8　设 p 为奇素数, 则 $1, 2, \cdots, p-1$ 中所有 p 的平方剩余对模 p 乘法构成群.

例 23.9　全体元素为实数的 n 阶可逆矩阵对矩阵乘法构成群, 称为 n 阶一般线性群. (单位矩阵为单位元, 矩阵 A 的逆就是其逆矩阵 A^{-1}).

例 23.10　全体元素为实数的行列式为 1 的 n 阶矩阵对矩阵乘法构成群, 称为 n 阶特殊线性群.

例 23.11　设 (a, b, c) 及 (a', b', c') 是两个判别式为 $d < 0$ 的本原正定二次型, 满足 $\gcd\left(a, a', \dfrac{b+b'}{2}\right) = 1$, 规定

$$[a, b, c][a', b', c'] = \left[aa', b_0, \frac{b_0^2 - d}{4aa'}\right],$$

其中 $b_0 \in \{0, 1, \cdots, 2aa' - 1\}$ 满足

$$b_0 \equiv b \pmod{2a}, \quad b_0 \equiv b' \pmod{2a'}, \quad b_0^2 \equiv d \pmod{4aa'},$$

则判别式为 d 的本原二次型等价类构成群 $H(d)$, 称为判别式为 d 的型类群.

定义 23.5　设 $M = \{a_1, a_2, \cdots, a_n\}$, σ 为 M 到 M 自身的一个一一对应 (双射), 则称 σ 为 M 上的一个置换, 或称为 $a_1, \cdots a_n$ 的一个置换, 记为

$$\sigma = \begin{pmatrix} a_1 & a_2 & \cdots & a_n \\ \sigma(a_1) & \sigma(a_2) & \cdots & \sigma(a_n) \end{pmatrix}.$$

定义 23.6　设 σ, τ 为有限集 M 上的两个置换, 规定 σ, τ 的复合 (或乘积) 为 $\sigma\tau(a) = \sigma(\tau(a))(a \in M)$.

例如: $M = \{1, 2, 3\}$,

$$\sigma = \begin{pmatrix} 1 & 2 & 3 \\ 2 & 3 & 1 \end{pmatrix}, \quad \tau = \begin{pmatrix} 1 & 2 & 3 \\ 3 & 1 & 2 \end{pmatrix}, \quad \sigma\tau = \begin{pmatrix} 1 & 2 & 3 \\ 1 & 2 & 3 \end{pmatrix} = e.$$

定理 23.3　设 M 为非空集合, 则 M 上的所有置换在复合运算下构成群.

证　设 σ, τ 为 M 上的置换, 则易见 $\sigma\tau$ 也为 M 上的置换, 又若 s 为 M 的置换, 则对任给 $a \in M$ 有 $\sigma(\tau s)(a) = \sigma(\tau s(a)) = \sigma(\tau(s(a))) = \sigma\tau(s(a)) = (\sigma\tau)s(a)$, 故结合律成立. 令 I 为恒等置换, 即 $I(a) = a$ $(a \in M)$, 则 $I\sigma(a) = I(\sigma(a)) = \sigma(a)$, 故 $I\sigma = \sigma$, 即 I 为左单位元. 若 σ^{-1} 为 σ 的逆映射, 即 $\sigma^{-1}: \sigma(a) \to a$, 则 $\sigma^{-1}\sigma(a) = \sigma^{-1}(\sigma(a)) = a$, 故 $\sigma^{-1}\sigma = I$, 即 σ^{-1} 为 σ 的左逆元.

综上, M 上的所有置换在复合运算下满足群的公理, 故构成群.

定义 23.7 设 M 为非空集合, 则称 M 上所有置换构成的群为 M 的变换群. 若 $M = \{1, 2, \cdots, n\}$, 则 M 的变换群称为 n 次对称群, 记为 S_n. 若 G 为 S_n 的子群, 则称 G 为 n 次置换群.

例如: 设 e, σ, τ 由定义 23.6 后例子给出, 则 $\{e, \sigma, \tau\}$ 为 3 次置换群.

23.2 陪集与 Lagrange 定理

定义 23.8 设 G 为群, H 为 G 的子群, $a \in G$, 称 $aH = \{ah \mid h \in H\}$ 为 H 在 G 中的一个左陪集, $Ha = \{ha \mid h \in H\}$ 为 H 在 G 中的一个右陪集.

定理 23.4 设 H 为群 G 的子群, a, b 为 G 中元素, 则

(i) $|aH| = |H|$;

(ii) 若 $h \in H$, 则 $hH = H$;

(iii) 若 $b \in aH$, 则 $aH = bH$;

(iv) 若 $aH \neq bH$, 则 $aH \cap bH = \varnothing$.

证 先证 (i). 若 $h_1, h_2 \in H$, 则 $ah_1 \neq ah_2 \iff h_1 \neq h_2$, 故当 $H = \{h_1, h_2, \cdots, h_k, \cdots\}$ 时 $aH = \{ah_1, ah_2, \cdots, ah_k, \cdots\}$, 从而 $|aH| = |H|$.

现在证 (ii). 任给 $g, h \in H$, 有 $hg \in H$, 故 $hH \subseteq H$, 又 $h^{-1}g \in H$, 从而 $g = h \cdot h^{-1}g \in hH$, 故 $H \subseteq hH$. 于是 $hH = H$.

再证 (iii). 因 $b \in aH$, 故存在 $h \in H$ 使 $b = ah$, 于是 $bH = ahH = aH$.

最后证 (iv). 若 $c \in aH \cap bH$, 则 $c \in aH, c \in bH$, 故由 (iii) 得 $aH = cH = bH$. 此与 $aH \neq bH$ 矛盾.

定理 23.5 设 H 为群 G 的子群, 则在不计次序的情况下 G 可唯一地表成两两互不相交 (无公共元素) 的 H 的左陪集的并, 即存在 G 中元素 $a_1, \cdots, a_k, \cdots$ 使 $G = a_1H \cup a_2H \cup \cdots \cup a_kH \cup \cdots$, 且 $i \neq j$ 时 $a_iH \cap a_jH = \varnothing$.

证 任取 $a_1 \in G$ 作 H 的左陪集 a_1H, 再取 $a_2 \notin a_1H$, 构作左陪集 a_2H, 则 $a_1H \neq a_2H$, 从而 $a_1H \cap a_2H = \varnothing$. 一般地, 若已作好 $k-1$ 个两两不相交的左陪集 $a_1H, a_2H, \cdots, a_{k-1}H$, 则可选取 $a_k \notin a_1H \cup \cdots \cup a_{k-1}H$ 而构作左陪集 a_kH. 对 $i = 1, 2, \cdots k-1$, 由于 $a_k \notin a_iH$, 故 $a_kH \neq a_iH$, 从而 $a_kH \cap a_iH = \varnothing$. 于是 $a_1H, \cdots, a_kH$ 两两不相交, 重复这样的步骤可得 $G = a_1H \cup a_2H \cup \cdots \cup a_kH \cup \cdots$, 且 $i \neq j$ 时 $a_iH \cap a_jH = \varnothing$.

若 G 还可表为 $G = b_1H \cup \cdots \cup b_jH \cup \cdots$, 且 $i \neq j$ 时 $b_iH \cap b_jH = \varnothing$, 则对任一正整数 k 有 $b_k \in a_1H \cup a_2H \cup \cdots \cup a_sH \cup \cdots$. 由此存在 $i_k \in \{1, 2, \cdots\}$ 使 $b_k \in a_{i_k}H$, 于是 $b_kH = a_{i_k}H$, 同理存在正整数 j_k 使 $a_kH = b_{j_k}H$. 于是 $\{a_1H, \cdots, a_kH, \cdots\} = \{b_1H, \cdots, b_kH, \cdots\}$, 从而定理得证.

定义 23.9 设 H 为群 G 的子集, $a_1H, \cdots, a_kH, \cdots$ 为 H 在 G 中的所有互不相同 (互不相交) 的左陪集, 则称 $G = a_1H \cup \cdots \cup a_kH \cup \cdots$ 为 G 对 H 的左陪集分解式. H 在 G 中的左陪集个数称为 H 在 G 中的指数, 记为 $|G : H|$.

例 23.12 $G = \{\pm 1, \pm\omega, \pm\omega^2\}$ $\left(\omega = \dfrac{-1 + \sqrt{3}\mathrm{i}}{2}\right)$,

$$H_1 = \{1, -1\}, \quad G = H_1 \cup \omega H_1 \cup \omega^2 H_1, \quad |G : H_1| = 3,$$
$$H_2 = \{1, \omega, \omega^2\}, \quad G = H_2 \cup (-1)H_2, \quad |G : H_2| = 2.$$

定理 23.6 (Lagrange 定理) 设 G 为有限群, H 为 G 的子群, 则 $|G| = |G : H| \cdot |H|$, 从而有 $|H| \mid |G|$.

证 因 G 为有限群, 故 $|G : H|$ 有限. 设 G 对 H 的左陪集分解式为

$$G = a_1H \cup a_2H \cup \cdots \cup a_rH,$$

则由 $|aH| = |H|$ 及 $i \neq j$ 时 $a_iH \cap a_jH = \varnothing$ 知

$$|G| = |a_1H \cup a_2H \cup \cdots \cup a_rH| = |a_1H| + |a_2H| + \cdots + |a_rH|$$
$$= \underbrace{|H| + |H| + \cdots + |H|}_{r\text{个}} = r|H| = |G : H| \cdot |H|,$$

从而 $|H| \mid |G|$. 由此定理获证.

定义 23.10 设 G 为群, $a \in G$, e 为 G 的单位元, 若 n 为使得 $a^n = e$ 的最小自然数, 则称 a 的阶为 n, 若不存在自然数 n 使得 $a^n = e$, 则称 a 的阶为无穷. 因 $a^0 = e$, 易见群 G 中所有 a 的幂构成 G 的子群, 称为由 a 生成的循环子群, 记为 (a). 若 $G = (a)$, 则称 G 为循环群, a 为 G 的生成元.

例 23.13 在群 $G = \{\pm 1, \pm\mathrm{i}\}$ 中 -1 为 2 阶元, $\pm\mathrm{i}$ 为 4 阶元, $\{1, -1\} = (-1)$, $G = (\mathrm{i})$.

定理 23.7 循环群的子群为循环群.

证 设 $G = (a)$ 为循环群, H 为 G 的子群. 若 H 中只有单位元, 则 H 为循环群. 若 H 至少含有两个元素, 由于 $a^{-k} \in H$ 蕴含 $a^k \in H$, 故存在最小正整数 m 使 $a^m \in H$. 因 H 为子群, 故 t 为整数时 $a^{tm} = (a^m)^t \in H$. 设 $a^s \in H$, 则由带余除法知存在唯一一对整数 (t, r) 使得 $s = tm + r, r \in \{0, 1, \cdots, m-1\}$. 由此 $a^r = a^{s-tm} = a^s \cdot (a^m)^{-t} \in H$. 因 $0 \leqslant r \leqslant m-1$, 故由 m 的最小性知 $r = 0$, 从而 $s = tm$. 于是 $H = (a^m)$ 为循环群.

定理 23.8 设 e 为 n 阶群 G 的单位元, 则对任给 $a \in G$ 有 $a^n = e$.

证 设 $a \in G$, 因 G 有限, 故 a 的阶有限, 从而存在最小自然数 m 使得 $a^m = e$, 易见 $(a) = \{e, a, \cdots, a^{m-1}\}$. 由 Lagrange 定理知 $|(a)| \mid |G|$, 即 $m \mid n$, 故 $a^n = (a^m)^{\frac{n}{m}} = e^{\frac{n}{m}} = e$.

根据定理 23.8 和例 23.7 可推出: 若 p 为素数, $a \in \mathbb{Z}$, $p \nmid a$, 则有 $\bar{a}^{p-1} = \bar{1}$, 即 $a^{p-1} \equiv 1 \pmod{p}$. 这就是著名的 Fermat 小定理.

23.3 子群与正规子群

定理 23.9 设 G 为群, H 为 G 的非空子集, 则 H 为 G 的子群的充分必要条件是对任给 $a, b \in H$ 有 $ab^{-1} \in H$.

证 设 e 为群 G 单位元, 若 H 为 G 的子群, $a, b \in H$, 则 $b^{-1} \in H$, 从而 $ab^{-1} \in H$. 反之, 若对任给 $a, b \in H$ 有 $ab^{-1} \in H$, 则 $e = aa^{-1} \in H$, $a^{-1} = ea^{-1} \in H$, 从而 $ab = a(b^{-1})^{-1} \in H$. 又结合律成立, 故 H 为 G 的子群.

定理 23.10 设 G 为群, H 为 G 的有限非空子集, 则 H 为 G 的子群的充分必要条件是 H 对 G 的运算封闭, 即当 $a, b \in H$ 时有 $ab \in H$.

证 必要性显然成立, 现证充分性. 设 e 为群 G 单位元, H 对 G 的运算封闭. 若 $a \in H$, 我们断言 $a^{-1} \in H$. 因 a 的正整数幂属于 H, H 为有限集合, 故有非负整数 m, n 使 $a^m = a^n$ 且 $m \geqslant n + 1$. 由此 $a^{m-n} = e$, 从而 $a^{-1} = a^{m-n-1} \in H$. 于是 $a, b \in H$ 时有 $ab^{-1} \in H$, 进而由定理 23.9 知 H 为 G 的子群.

定理 23.11 设 H_1, H_2 为群 G 的子群, 则 $H_1 \cap H_2$ 也是 G 的子群.

证 设 e 为群 G 单位元, 因 $e \in H_1 \cap H_2$, 故 $H_1 \cap H_2$ 非空. 若 $a, b \in H_1 \cap H_2$, 则 $a, b \in H_1, a, b \in H_2$, 故 $ab^{-1} \in H_1, ab^{-1} \in H_2$, 从而 $ab^{-1} \in H_1 \cap H_2$. 于是由定理 23.9 知 $H_1 \cap H_2$ 为 G 的子群.

设 H 为群 G 的子群, $x \in G, h, h' \in H$, 则

$$(xhx^{-1})(xh'x^{-1})^{-1} = xhx^{-1}xh'^{-1}x^{-1} = x(hh'^{-1})x^{-1},$$

故由定理 23.9 知 $xHx^{-1} = \{xhx^{-1} \mid h \in H\}$ 为 G 的子群.

定义 23.11 设 H 为群 G 的子群, $x \in G$, 则称 $xHx^{-1} = \{xhx^{-1} \mid h \in H\}$ 为 H 的共轭子群, xHx^{-1} 与 H 共轭.

容易验证: 子群的共轭是等价关系, 即满足自反性 (H 与 H 共轭), 对称性 (若 H_1 与 H_2 共轭, 则 H_2 与 H_1 共轭) 和传递性 (若 H_1 与 H_2 共轭, H_2 与 H_3 共轭, 则 H_1 与 H_3 共轭).

定义 23.12 设 G 为 n 阶群, p 为 n 的素因子, 若 G 的子群 H 的阶为 p 的正整数幂, 则称 H 为 G 的 p-子群. 若 H 为 G 的 p-子群, $|H| = p^{\alpha}$, 但 $p^{\alpha+1} \nmid n$, 则称 H 为 G 的 Sylow(西罗)p-子群.

定理 23.12 (Sylow 第一定理)　设 G 为 n 阶群, p 为 n 的素因子, $p^s \mid n$, 则 G 中一定存在 p^s 阶子群.

定理 23.13 (Sylow 第二定理)　设 G 为 n 阶群, p 为 n 的素因子, 则 G 的每个 p-子群都是某个 Sylow p-子群的子群, 且 G 的所有 Sylow p-子群相互共轭.

定理 23.14 (Sylow 第三定理)　设 G 为 n 阶群, p 为 n 的素因子, $N(p)$ 为 G 中不同的 Sylow p-子群个数, 则

$$N(p) \mid |G| \quad \text{且} \quad N(p) \equiv 1 \pmod{p}.$$

注 23.3　1832 年 Galois 在其遗留的手稿中猜想: 若素数 p 整除置换群 G 的阶, 则 G 一定有 p 阶子群. 1844 年 Cauchy 证明 Galois 的断言. 1872 年 Sylow 对置换群发现 Sylow 定理, 1887 年 Frobenius 对抽象群归纳证明 Sylow 定理. Sylow 定理证明详见 [1,2,3].

定义 23.13　设 H 为群 G 的子群, 若对任给 $a \in G$ 有 $aH = Ha$, 则称 H 为 G 的正规子群, 记为 $H \triangleleft G$.

例如: 设 $G = \{\pm 1, \pm i, \pm j, \pm k\}$，则 $H = \{\pm 1, \pm i\}$ 为 G 的正规子群.

定理 23.15　设 H 为群 G 的子群, 则 H 为 G 的正规子群当且仅当对任给 $a \in G$ 及 $h \in H$ 有 $aha^{-1} \in H$.

证　设 $a \in G, h \in H$, 若 $H \triangleleft G$, 则 $aH = Ha$, 从而存在 $h' \in H$ 使得 $ah = h'a$. 于是 $aha^{-1} = h'aa^{-1} = h' \in H$. 反之, 若对任给 $a \in G$ 及 $h \in H$ 有 $aha^{-1} \in H$, 则 $ah = aha^{-1} \cdot a \in Ha$, 故 $aH \subseteq Ha$. 又 $ha = a \cdot a^{-1}ha \in aH$, 故 $Ha \subseteq aH$, 从而 $aH = Ha$. 于是 $H \triangleleft G$.

定理 23.16　设 H_1, H_2 为群 G 的正规子群, 则 $H_1 \cap H_2$ 也是 G 的正规子群.

证　任取 $a \in G$ 及 $h \in H_1 \cap H_2$, 由于 H_1, H_2 为群 G 的正规子群, 由定理 23.15 知 $aha^{-1} \in H_1$, $aha^{-1} \in H_2$, 从而 $aha^{-1} \in H_1 \cap H_2$. 于是应用定理 23.15 知 $H_1 \cap H_2 \triangleleft G$.

定理 23.17　设 H 为群 G 的正规子群, 则 H 在 G 中的所有互不相同的陪集对乘法 $aH \cdot bH = abH$ 作成群, 且此群的阶为 $|G|/|H|$.

证　设 e 为 G 的单位元, $a, b, c, d \in G$, 若 $cH = aH$, $dH = bH$, 则 $cdH = cbH = cHb = aHb = abH$, 故陪集乘法定义有意义, 易见陪集对乘法运算封闭性成立. 又 $(aH \cdot bH) \cdot cH = abH \cdot cH = abcH = aH \cdot (bH \cdot cH)$, 故结合律成立. 因 $H \cdot aH = eaH = aH$, 故 $H = eH$ 为左单位元. 由于 $a^{-1}H \cdot aH = a^{-1}aH = eH = H$, 故 $a^{-1}H$ 为 aH 的左逆元. 于是, 由群的定义知 H 在 G 中所有不同的陪集构成群, 此群的阶为陪集个数 $|G:H|$, 且由 Lagrange 定理知 $|G:H| = |G|/|H|$.

定义 23.14　设 H 为 G 的正规子群, 则称 H 在 G 中的不同陪集构成的群为 G 对 H 的商群, 记为 G/H.

由 Lagrange 定理知, $|G/H| = |G : H| = |G|/|H|$.

例 23.14 设 $G = \{1, -1, i, -i\}$, $H = \{1, -1\}$, 则 $G/H = \{H, iH\}$.

例 23.15 设 $G = \mathbb{Z}, H = m\mathbb{Z}$, 则 $G/H = \{m\mathbb{Z}, 1 + m\mathbb{Z}, \cdots, m - 1 + m\mathbb{Z}\}$.

例 23.16 设 $G = \{\pm 1, \pm i, \pm j, \pm k\}$ 为四元数群, $H = \{\pm 1, \pm i\}$, 则 $G/H = \{H, jH\}$.

23.4 群 的 同 构

定义 23.15 设 G_1 和 G_2 是两个群, 若存在 G_1 到 G_2 上的一一对应 (双射) φ, 使得对 G_1 中任两个元素 a, b 有 $\varphi(ab) = \varphi(a)\varphi(b)$, 则称 G_1 同构于 G_2, 记作 $G_1 \cong G_2$, 映射 φ 称为 G_1 到 G_2 的同构映射 (同构). 当 $G_1 = G_2$ 时同构映射 φ 称为 G_1 的自同构.

在同构之下, 两群对应的元素在各自的运算之下有相同的关系, 因此同构的群本质上是同一个群, 只是表现形式不同而已.

容易验证群的同构是等价关系, 即有: ① (自反性) $G_1 \cong G_1$; ② (对称性) 若 $G_1 \cong G_2$, 则 $G_2 \cong G_1$; ③ (传递性) 若 $G_1 \cong G_2$, $G_2 \cong G_3$, 则 $G_1 \cong G_3$.

例 23.17 令 $G_1 = \{1, -1\}$ (数的乘法), $G_2 = \{\bar{0}, \bar{1}\}$ (模 2 剩余类加法), $\varphi(1) = \bar{0}$, $\varphi(-1) = \bar{1}$, 则 φ 为群 G_1 到 G_2 的同构映射, $G_1 \cong G_2$.

例 23.18 设 $G = \{\pm 1, \pm i\}$, $\varphi(i^r) = (-i)^r$ ($0 \leqslant r \leqslant 3$), 则 φ 为 G 的自同构.

例 23.19 设 G 为群, $a \in G$, 则映射 $\sigma(g) = aga^{-1}(g \in G)$ 为 G 的自同构.

证 设 $g, h \in G$, 易见 $aga^{-1} = aha^{-1} \Longleftrightarrow g = h$, 故 σ 为 G 到 G 的双射. 又 $\sigma(gh) = agha^{-1} = aga^{-1} \cdot aha^{-1} = \sigma(g)\sigma(h)$, 故 σ 为 G 的自同构.

定理 23.18 (Cayley) 每个 n 阶群都同某个 n 次置换群同构.

证 设 $G = \{a_1, a_2, \cdots, a_n\}$ 为群, 取定 G 中元素 a_i, 易见 $a_i a_1, a_i a_2, \cdots, a_i a_n$ 均在 G 中且各不相同, 故为 $a_1, \cdots, a_n$ 的一个重新排列. 由此确定一个置换 σ_i, 令 $a_i a_j = a_{\sigma_i(j)}$, 则 σ_i 可表为

$$\sigma_i = \begin{pmatrix} 1 & 2 & \cdots & n \\ \sigma_i(1) & \sigma_i(2) & \cdots & \sigma_i(n) \end{pmatrix}.$$

现让 i 变动, 定义映射 $\varphi(a_i) = \sigma_i (i = 1, 2, \cdots, n)$. 易见当 $1 \leqslant i, j \leqslant n$ 时

$$a_i = a_j \Longleftrightarrow a_i a_k = a_j a_k (k = 1, 2, \cdots, n)$$
$$\Longleftrightarrow \sigma_i(k) = \sigma_j(k) \ (k = 1, 2, \cdots, n)$$
$$\Longleftrightarrow \sigma_i = \sigma_j,$$

故 φ 为 G 到 $\{\sigma_1, \cdots, \sigma_n\}$ 上的一一对应. 又

$$
\begin{pmatrix} a_1 & a_2 & \cdots & a_n \\ a_i a_1 & a_i a_2 & \cdots & a_i a_n \end{pmatrix} \begin{pmatrix} a_1 & a_2 & \cdots & a_n \\ a_j a_1 & a_j a_2 & \cdots & a_j a_n \end{pmatrix}
$$

$$
= \begin{pmatrix} a_1 & a_2 & \cdots & a_n \\ a_i a_j a_1 & a_i a_j a_2 & \cdots & a_i a_j a_n \end{pmatrix},
$$

令 $\sigma_{ij} = \varphi(a_i a_j)$ 知

$$
\begin{pmatrix} 1 & 2 & \cdots & n \\ \sigma_i(1) & \sigma_i(2) & \cdots & \sigma_i(n) \end{pmatrix} \begin{pmatrix} 1 & 2 & \cdots & n \\ \sigma_j(1) & \sigma_j(2) & \cdots & \sigma_j(n) \end{pmatrix}
$$

$$
= \begin{pmatrix} 1 & 2 & \cdots & n \\ \sigma_{ij}(1) & \sigma_{ij}(2) & \cdots & \sigma_{ij}(n) \end{pmatrix},
$$

即 $\sigma_i \sigma_j = \sigma_{ij}$. 于是 $\varphi(a_i a_j) = \sigma_i \sigma_j = \varphi(a_i) \varphi(a_j)$ $(i, j = 1, 2, \cdots, n)$, 从而 φ 为 G 到 n 次置换群 $\{\sigma_1, \sigma_2, \cdots, \sigma_n\}$ 的同构映射, 即有 $G \cong \{\sigma_1, \sigma_2, \cdots, \sigma_n\}$.

参 考 读 物

[1]　胡冠章, 王殿军. 应用近世代数. 3 版. 北京: 清华大学出版社, 2006.
[2]　徐明曜. 有限群导引. 北京: 科学出版社, 2007.
[3]　周炜. 数论、群论、有限域. 北京: 清华大学出版社, 2013.

第 24 讲　三、四次剩余

Gauss: 只有有勇气钻研到深处的人, 才能到达数论这门学科令人心醉的迷人之处.

本讲介绍三、四次互反律历史及三、四次剩余判别条件, 其中包含孙智宏的相关研究成果.

24.1　Euler 与 Gauss 关于三、四次剩余的工作

本讲中 $\mathbb{Z}$ 表示整数集合, $\mathbb{Z}^+$ 表示正整数集合.

定义 24.1　设 p 为奇素数, $a \in \mathbb{Z}$, $p \nmid a$, $k \in \{2, 3, 4, \cdots\}$, 若存在 $x \in \mathbb{Z}$ 使得 $x^k \equiv a \pmod{p}$, 则称同余式 $x^k \equiv a \pmod{p}$ 可解 (有解), 并称 a 为 p 的 k 次剩余, 否则称同余式 $x^k \equiv a \pmod{p}$ 无解, 并称 a 为 p 的 k 次非剩余.

对奇素数 p, $1, 2, \cdots, p-1$ 在模 p 同余意义下对乘法构成 $p-1$ 阶循环群. 这是 Euler 猜想、Gauss 证明的基本事实. 由此容易证明:

定理 24.1 (Euler 判别条件)　设 p 为奇素数, $a \in \mathbb{Z}$, $p \nmid a$, $k \in \{2, 3, 4, \cdots\}$, 则

$$a \text{ 为 } p \text{ 的 } k \text{ 次剩余} \iff a^{\frac{p-1}{(k, p-1)}} \equiv 1 \pmod{p}.$$

在 18 世纪 Euler 证明了两平方和定理, 即在不计次序和正负号情况下, 每个 $4k+1$ 形素数可唯一地表成两个整数的平方和. 设 p 为 $3k+1$ 形素数, Euler 证明存在唯一的一对正整数 L, M 使得 $4p = L^2 + 27M^2$.

Euler 在 1748—1750 年间研究三、四次剩余, 凭着他非凡的归纳能力猜出 $2, 3, 5, 7, 10$ 为 $3k+1$ 形素数的三次剩余条件和 $2, 3, 5$ 为 $4k+1$ 形素数的四次剩余条件, 特别提出如下惊人猜想:

Euler 猜想 1　设 p 为 $3k+1$ 形素数, 则

$$x^3 \equiv 2 \pmod{p} \text{有解} \iff p = A^2 + 27B^2 \ (A, B \in \mathbb{Z}),$$

$$x^3 \equiv 3 \pmod{p} \text{有解} \iff 4p = A^2 + 243B^2 \ (A, B \in \mathbb{Z}).$$

Euler 猜想 2　设 p 为 $4k+1$ 形素数, 则

$$x^4 \equiv 2 \pmod{p} \text{有解} \iff p = A^2 + 64B^2 \ (A, B \in \mathbb{Z}),$$

$$x^4 \equiv 5 \pmod{p} \text{有解} \iff p = A^2 + 100B^2 \ (A, B \in \mathbb{Z}).$$

1807 年 2 月 15 日 Gauss 在数学日记中写道: "开始研究三、四次剩余理论", 1813 年他在数学日记中写道: "经过七年的冥思苦索, 终于掌握了双二次剩余的理论." 1828 年与 1832 年 Gauss 出版了关于四次剩余的两篇重要文章, 在 1828 年论文中他证明了 Euler 关于 2 为 $4k+1$ 形素数 p 的四次剩余判别条件的猜想. Gauss 认为在 $\mathbb{Z}$ 中不存在合适的四次互反律, 故转而研究复整数中的四次剩余问题. 在 1832 年的文章最后 Gauss 猜想复整数中的四次互反律, 并说四次互反律的证明是 "算术中最深奥的秘密", 他打算在下一篇四次剩余论文中作出证明. 事实上, Gauss 再也没有出版四次剩余的论文. 他想写的《算术研究》续篇也没有写出和发表.

当 $a, b \in \mathbb{Z}$ 时称 $a+bi$ 为 Gauss 整数或复整数, Gauss 整数构成的集合称为 Gauss 整数环, 记为 $\mathbb{Z}[i]$. $\pm 1, \pm i$ 称为 $\mathbb{Z}[i]$ 中单位元. 设 $a+bi$ 为 Gauss 整数, 但不是单位元, 若 $a+bi$ 表为两个 Gauss 整数乘积时其中必有一数为单位元, 则称 $a+bi$ 为 Gauss 素数. 按两平方和定理, $4k+1$ 形素数 p 可表为 $a^2+b^2 (a, b \in \mathbb{Z})$, 因此 $p = (a+bi)(a-bi)$, p 不是 Gauss 素数. 但 $1+i$, $4k+3$ 形素数 p, $a+bi$ (a^2+b^2 为 $4k+1$ 形素数) 都是 Gauss 素数. 在 Gauss 整数环中有类似的整除、同余概念, 唯一分解定理, Fermat 小定理及二次互反律. 这就扩大了数论的研究范围, 从研究 (有理) 整数转向研究代数整数 (首一的整系数代数方程根), 由此产生代数数论.

若 $a+bi$ 为 Gauss 素数, $2 \mid b$, $a \equiv 1-b \pmod 4$, 则称 $a+bi$ 为 $\mathbb{Z}[i]$ 中本原素数. 每一 Gauss 素数都是一个单位元与本原素数乘积. 对 Gauss 整数 $a+bi$ 及本原素数 $c+di$ 有如下类似的 Fermat 小定理:

$$(a+bi)^{c^2+d^2} \equiv a+bi \pmod{c+di}.$$

由此 $c+di \nmid a+bi$ 时存在 $r \in \{0,1,2,3\}$ 使得 $(a+bi)^{\frac{c^2+d^2-1}{4}} \equiv i^r \pmod{c+di}$. 据此 Gauss 引入如下类似 Legendre 符号的四次剩余符号:

$$\left(\frac{a+bi}{c+di}\right)_4 = \begin{cases} 0, & \text{当 } c+di \mid a+bi \text{ 时,} \\ i^r, & \text{当 } c+di \nmid a+bi \text{ 且 } (a+bi)^{\frac{c^2+d^2-1}{4}} \equiv i^r \pmod{c+di} \text{ 时.} \end{cases}$$

设 $a+bi, c+di \in \mathbb{Z}[i]$, Gauss 考虑 $x^4 \equiv a+bi \pmod{c+di}$ 在 $\mathbb{Z}[i]$ 中是否有解, 即是否存在 $x, y \in \mathbb{Z}[i]$ 使 $x^4 = a+bi+y(c+di)$. 类似的 Euler 判别条件为: 当 $c+di$ 为本原素数且 $c+di \nmid a+bi$ 时

$$x^4 \equiv a+bi \pmod{c+di} \text{ 在 } \mathbb{Z}[i] \text{ 中有解} \iff \left(\frac{a+bi}{c+di}\right)_4 = 1.$$

Gauss 在 1832 年四次剩余论文最后提出如下四次互反律 (参见 [1,2,4,11,12]):

四次互反律 设 $a + bi, c + di$ 为 $\mathbb{Z}[i]$ 中不同的本原素数, 则

$$\left(\frac{a+bi}{c+di}\right)_4 = (-1)^{\frac{a-1}{2} \cdot \frac{c-1}{2}} \left(\frac{c+di}{a+bi}\right)_4.$$

Gauss 去世后人们在他的遗稿中发现四次互反律的分圆证明和几何证明. 但有数学家说, 那很可能是在看到 Eisenstein 的证明后写的. 利用四次互反律可证明 Euler 关于 2, 3, 5 为 $4k+1$ 形素数 p 的四次剩余猜想.

设 $a, b \in \mathbb{Z}$, $a \equiv 1 \pmod{2}$, $b \equiv 0 \pmod{2}$, 则 $a+bi$ 可表为 $\pm(a_1+b_1 i) \cdots (a_r + b_r i)$, 其中 $a_j + b_j i$ 为 $\mathbb{Z}[i]$ 中本原素数. 由此我们可对 $c, d \in \mathbb{Z}$ 定义四次 Jacobi 符号

$$\left(\frac{c+di}{a+bi}\right)_4 = \left(\frac{c+di}{a_1+b_1 i}\right)_4 \cdots \left(\frac{c+di}{a_r+b_r i}\right)_4.$$

类似于广义二次互反律, 由四次互反律可证明:

定理 24.2 (广义四次互反律[20]) 设 $a, b, c, d \in \mathbb{Z}$, $2 \nmid ac$, $b \equiv d \equiv 0 \pmod{2}$, 则有

$$\left(\frac{a+bi}{c+di}\right)_4 = (-1)^{\frac{b}{2} \cdot \frac{c-1}{2} + \frac{d}{2} \cdot \frac{a+b-1}{2}} \left(\frac{c+di}{a+bi}\right)_4.$$

24.2 三次互反律及其优先权争论

设 $\omega = (-1 + \sqrt{-3})/2$, 称 $\mathbb{Z}[\omega] = \{a + b\omega \mid a, b \in \mathbb{Z}\}$ 为 Eisenstein 整数环. $\pm 1, \pm \omega, \pm \omega^2$ 称为 $\mathbb{Z}[\omega]$ 中单位元. 设 $a + b\omega \in \mathbb{Z}[\omega]$, 但不是单位元, 若 $a + b\omega$ 表为 $\mathbb{Z}[\omega]$ 中两数乘积时其中必有一数为单位元, 则称 $a + b\omega$ 为 Eisenstein 素数. 按二元二次型理论, $3k+1$ 形素数 p 可表为 $a^2 - ab + b^2 (a, b \in \mathbb{Z})$, 因此 $p = (a+b\omega)(a+b\omega^2)$, p 不是 Eisenstein 素数. 但 $1 - \omega$, $3k+2$ 形素数 p, $a + b\omega$ ($a^2 - ab + b^2$ 为 $3k+1$ 形素数) 都是 Eisenstein 素数.

若 $a, b \in \mathbb{Z}$, $a \equiv 2 \pmod{3}$, $3 \mid b$, $a + b\omega$ 为 Eisenstein 素数, 则称 $a + b\omega$ 为 $\mathbb{Z}[\omega]$ 中本原素数. 每一 Eisenstein 素数都是一个单位元与本原素数乘积. 对 $a + b\omega \in \mathbb{Z}[\omega]$ 及本原素数 $c + d\omega$ 有如下类似的 Fermat 小定理:

$$(a+b\omega)^{c^2-cd+d^2} \equiv a + b\omega \pmod{c+d\omega}.$$

由此 $c + d\omega \nmid a + b\omega$ 时存在 $r \in \{0, 1, 2\}$ 使得 $(a+b\omega)^{\frac{c^2-cd+d^2-1}{3}} \equiv \omega^r \pmod{c+d\omega}$. 据此 Eisenstein 引入如下三次剩余符号:

$$\left(\frac{a+b\omega}{c+d\omega}\right)_3 = \begin{cases} 0, & \text{当 } c+d\omega \mid a+b\omega \text{ 时,} \\ \omega^r, & \text{当 } c+d\omega \nmid a+b\omega \\ & \text{且 } (a+b\omega)^{\frac{c^2-cd+d^2-1}{3}} \equiv \omega^r \pmod{c+d\omega} \text{ 时.} \end{cases}$$

Eisenstein 在 $\mathbb{Z}[\omega]$ 中考虑三次剩余问题. 类似的 Euler 判别条件为: 当 $c+d\omega$ 为本原素数且 $c+d\omega \nmid a+b\omega$ 时

$$x^3 \equiv a+b\omega \ (\mathrm{mod}\ c+d\omega) \ \text{在}\ \mathbb{Z}[\omega]\ \text{中有解} \iff \left(\frac{a+b\omega}{c+d\omega}\right)_3 = 1.$$

Eisenstein 在 1844 年论文 [8,9] 中提出并证明如下的三次互反律:

Eisenstein 三次互反律　设 $a+b\omega, c+d\omega$ 为 $\mathbb{Z}[\omega]$ 中不同的本原素数, 则

$$\left(\frac{a+b\omega}{c+d\omega}\right)_3 = \left(\frac{c+d\omega}{a+b\omega}\right)_3.$$

设 $a,b \in \mathbb{Z}$, $a \not\equiv 0 \ (\mathrm{mod}\ 3)$, $b \equiv 0 \ (\mathrm{mod}\ 3)$, 则 $a+b\omega$ 可表为 $\pm(a_1 + b_1\omega)\cdots(a_r + b_r\omega)$, 其中 $a_j + b_j\omega$ 为 $\mathbb{Z}[\omega]$ 中本原素数. 由此我们可对 $c,d \in \mathbb{Z}$ 定义三次 Jacobi 符号

$$\left(\frac{c+d\omega}{a+b\omega}\right)_3 = \left(\frac{c+d\omega}{a_1 + b_1\omega}\right)_3 \cdots \left(\frac{c+d\omega}{a_r + b_r\omega}\right)_3.$$

类似于广义二次互反律, 由 Eisenstein 三次互反律可证明:

定理 24.3 (广义三次互反律 [12])　设 $a,b,c,d \in \mathbb{Z}$, $3 \nmid ac$, $b \equiv d \equiv 0 \ (\mathrm{mod}\ 3)$, 则有

$$\left(\frac{a+b\omega}{c+d\omega}\right)_3 = \left(\frac{c+d\omega}{a+b\omega}\right)_3.$$

1844 年 21 岁的柏林大学新生 Eisenstein 在 Crelle 杂志上发表了 23 篇重要论文, 其中包含三、四次互反律的首次证明. 随后 Jacobi 宣称他在 1837 年给学生的讲课中给出过三、四次互反律的类似证明, 并于 1846 年在 Crelle 杂志发表 (J. Reine Angew. Math., 1846, 30: 166—182). Jacobi 在 1846 年的文章说: "三、四次互反律的这些证明通过我在哥尼斯堡的讲座笔记已广泛传播, 如 Dirichlet 和 Kummer 在几年前就已知道, 而由 Eisenstein 先生新近在 Crelle 杂志第 27 卷出版." Eisenstein 愤怒地否认有任何剽窃, 并说: "根据 Jacobi 的评论, 我离开了互反律, 直到最近我用椭圆函数获得互反定律的新证明." Dirichlet 注意到 Eisenstein 的文章大为减少, 评论说: "Eisenstein 已学会了自我批评." 但这只是事实的一半. 1845 年 Eisenstein 利用 Abel 的椭圆函数论给出三、四次互反律的解析证明, 1844—1845 年他先后出版了四次互反律的五个证明, 1850 年 Eisenstein 对一般的奇素数 k 建立 k 次互反律, 即著名的 Eisenstein 互反律. Gauss 对 Eisenstein 大加赞赏, 称其为 "世纪罕见的天才." 1852 年 Eisenstein 29 岁时因患肺结核而离开人世.

受 Gauss 1825 年宣读的四次剩余论文 (1828 年出版) 鼓舞, 1827 年 Jacobi 在 Crelle 杂志上不加证明地宣布了如下结果 [13].

Jacobi 有理三次互反律 (1827) 设 p, q 为不同的 $3k+1$ 形素数, $4p = L^2 + 27M^2$, $4q = L'^2 + 27M'^2$, $L, M, L', M' \in \mathbb{Z}$, $L \equiv L' \equiv 1 \pmod 3$, 则

$$x^3 \equiv q \pmod{p} \text{有解}$$

$$\Longleftrightarrow x^3 \equiv \frac{LM' - L'M}{LM' + L'M} \pmod{q} \text{有解}.$$

Jacobi 从未出版上述结果证明. 孙智宏在 [16] 中证明了如下更强的结果:

定理 24.4 设 p, q 为不同的 $3k+1$ 形素数, $4p = L^2 + 27M^2$, $4q = L'^2 + 27M'^2$, $L, M, L', M' \in \mathbb{Z}$, $L \equiv L' \equiv 1 \pmod 3$, 则

$$q^{\frac{p-1}{3}} \equiv \left(\frac{-1 - L/(3M)}{2} \right)^r \pmod{p}$$

$$\Longleftrightarrow \left(\frac{LM' - L'M}{LM' + L'M} \right)^{\frac{q-1}{3}} \equiv \left(\frac{-1 - L'/(3M')}{2} \right)^r \pmod{q},$$

其中 $r \in \{0, 1, 2\}$.

24.3 Dirichlet, Scholz 和 Burde 的有理四次互反律

受 Gauss 四次剩余论文的启发, Dirichlet 证明了如下的有理四次互反律 [7]:

定理 24.5 (Dirichlet 有理四次互反律 (1828)) 设 p 为 $4k+1$ 形素数, $p = a^2 + b^2$, $a, b \in \mathbb{Z}$, $2 \mid b$, q 为另一奇素数使得有整数 λ 满足 $\lambda^2 \equiv p \pmod q$, 则

$$(-1)^{\frac{q-1}{2}} q \text{为 } p \text{ 的四次剩余} \iff \lambda(b + \lambda) \text{为 } q \text{ 的二次剩余}.$$

Jacobi 称赞 Dirichlet 这项工作是 "精明的杰作".

设 p 为 $4k+1$ 形素数, 则熟知 Pell 方程 $x^2 - py^2 = -4$ 一定有整数解, 令 (x_0, y_0) 为 $x^2 - py^2 = -4$ 的最小正解 (使得 $(x_0 + y_0\sqrt{p})/2$ 最小), 称 $\varepsilon_p = (x_0 + y_0\sqrt{p})/2$ 为二次域 $\mathbb{Q}(\sqrt{p})$ 的基本单位.

1934 年 Scholz 重新发现属于 Schönemann (J. Reine Angew. Math., 1839, 19: 289—308) 的如下漂亮结果.

定理 24.6 (Scholz 有理四次互反律 [15]) 设 p, q 为不同的 $4k+1$ 形素数,

$$\left(\frac{p}{q}\right) = \left(\frac{q}{p}\right) = 1, \text{ 则 } \left(\frac{\varepsilon_q}{p}\right) = \left(\frac{\varepsilon_p}{q}\right), \text{ 且}$$

$$x^4 \equiv q \pmod{p} \text{ 有解 } \iff \begin{cases} x^4 \equiv p \pmod{q} \text{ 有解, } & \text{当 } \left(\frac{\varepsilon_p}{q}\right) = 1 \text{ 时,} \\ x^4 \equiv p \pmod{q} \text{ 无解, } & \text{当 } \left(\frac{\varepsilon_p}{q}\right) = -1 \text{ 时.} \end{cases}$$

值得指出, 孙智宏在 [1] 中证明 Scholz 互反律中 $\left(\frac{\varepsilon_q}{p}\right) = \left(\frac{\varepsilon_p}{q}\right)$ 可仅由二次互反律推出.

1969 年 Burde 在 Crelle 杂志上证明了如下 $\mathbb{Z}$ 中的四次互反律而引起轰动 [5].

定理 24.7 (Burde 有理四次互反律 (1969))　设 p, q 为不同的 $4k+1$ 形素数, $x^2 \equiv p \pmod{q}$ 有解, $p = a^2 + b^2$, $q = c^2 + d^2$, $a, b, c, d \in \mathbb{Z}$, $b \equiv d \equiv 0 \pmod{2}$.

(i) 若 $x^2 \equiv ac - bd \pmod{q}$ 有解, 则

$$x^4 \equiv q \pmod{p}\text{有解} \iff x^4 \equiv p \pmod{q}\text{有解};$$

(ii) 若 $x^2 \equiv ac - bd \pmod{q}$ 无解, 则

$$x^4 \equiv q \pmod{p}\text{有解} \iff x^4 \equiv p \pmod{q}\text{无解}.$$

Burde 有理四次互反律一度被认为是独立于四次互反律的重要结果. 但作者在 [3,21] 中说明它是四次互反律的简单推论. 事实上, Burde 有理四次互反律非常类似于 Jacobi 在 1827 年提出的有理三次互反律, 并且 T. Gosset 在 1911 年就建立了与 Burde 有理四次互反律等价的结果 (Mess. Math., 1911, 41: 65—90). 尽管如此, Burde 有理四次互反律产生了很大的影响, 掀起三、四、八次互反律研究的新热潮, 直到今天还没有穷尽. 美国女数学家 E. Lehmer(1906—2007)、加拿大数论学家 K. S. Williams(1940—) 和作者都做了许多有理互反律的工作, 参见 [2,4,12,14].

24.4　用群表述的有理三、四次互反律

对素数 q, 令 $\mathbb{Z}_q$ 为模 q 的剩余类集合, 即

$$\mathbb{Z}_q = \{q\mathbb{Z}, 1 + q\mathbb{Z}, \cdots, q - 1 + q\mathbb{Z}\} = \mathbb{Z}/q\mathbb{Z},$$

则 $\mathbb{Z}_q$ 为 q 个元素的域. 在 [16] 中作者引入如下定义:

定义 24.2 对素数 $q > 3$ 令 $G(q) = \{\infty\} \cup \{x \mid x^2 \neq -3,\ x \in \mathbb{Z}_q\}$, 对 $x, y \in G(q)$ 规定二元运算

$$x * y = \frac{xy - 3}{x + y} \quad (\infty * x = x * \infty = x).$$

例如: $G(7) = \{0, \pm 1, \pm 3, \infty\}$. 在 $G(7)$ 中

$$3 * 3 = \frac{3 \cdot 3 - 3}{3 + 3} = 1, \quad 1 * (-1) = \frac{1 \cdot (-1) - 3}{1 + (-1)} = \infty.$$

定理 24.8 (孙智宏[16]) 设 $q > 3$ 为素数, 则 $G(q)$ 是 $q - \left(\frac{q}{3}\right)$ 阶循环群, 从而其中所有三次幂构成一个 $\dfrac{q - \left(\dfrac{q}{3}\right)}{3}$ 阶循环子群 $G_0(q)$.

定理 24.9 (孙智宏[16,19], 有理三次互反律) 设 $p, q > 3$ 为不同素数, $p \equiv 1 \pmod 3$, $4p = L^2 + 27M^2$ $(L, M \in \mathbb{Z})$, 则

$$x^3 \equiv q \pmod p \text{有解} \Longleftrightarrow \frac{L}{3M} \text{是 } G(q) \text{ 中某元素三次幂}$$

$$\Longleftrightarrow q \mid M \text{ 或者存在整数 } s \text{ 使得 } \frac{L}{3M} \equiv \frac{s^3 - 9s}{3s^2 - 3} \pmod q.$$

若 $G(q)/G_0(q) = \{G_0(q), G_1(q), G_2(q)\}$, $L \equiv 1 \pmod 3$, 则

$$q^{\frac{p-1}{3}} \equiv \frac{-1 - L/(3M)}{2} \pmod p \Longleftrightarrow \frac{L}{3M} \in G_1(q).$$

例如: 对素数 $q > 3$, 记 $G(q)$ 中元素三次幂构成的子群为 $G_0(q)$, 则

$$G_0(5) = G_0(7) = \{0, \infty\},\ G_0(11) = \{0, \pm 5, \infty\}, G_0(13) = \{0, \pm 4, \infty\},$$

故当 p 为 $3k + 1$ 形素数且 $4p = L^2 + 27M^2$ 时

$x^3 \equiv 5 \pmod p \text{有解} \Longleftrightarrow 5 \mid L \text{ 或 } 5 \mid M,$

$x^3 \equiv 7 \pmod p \text{有解} \Longleftrightarrow 7 \mid L \text{ 或 } 7 \mid M,$

$x^3 \equiv 11 \pmod p \text{有解} \Longleftrightarrow 11 \mid L,\ 11 \mid M \text{ 或 } L \equiv \pm 5 \cdot 3M \pmod{11},$

$x^3 \equiv 13 \pmod p \text{有解} \Longleftrightarrow 13 \mid L,\ 13 \mid M, \text{ 或 } L \equiv \pm 4 \cdot 3M \pmod{13}.$

类似地我们有用群表述的有理四次互反律.

定义 24.3　对奇素数 q, 令 $H(q) = \{\infty\} \cup \{x \mid x^2 \neq -1,\ x \in \mathbb{Z}_q\}$, 对 $x, y \in H(q)$ 规定二元运算

$$x * y = \frac{xy - 1}{x + y} \quad (\infty * x = x * \infty = x).$$

例如: $H(5) = \{0, \pm 1, \infty\}$. 在 $H(5)$ 中

$$1 * 0 = \frac{0 \cdot 1 - 1}{0 + 1} = -1, \quad 1 * (-1) = \frac{1 \cdot (-1) - 1}{1 + (-1)} = \infty.$$

定理 24.10 (孙智宏 [17])　设 q 为奇素数, 则 $H(q)$ 是 $q - (-1)^{\frac{q-1}{2}}$ 阶循环群, 从而其中所有四次幂构成一个 $(q - (-1)^{\frac{q-1}{2}})/4$ 阶循环子群 $H_0(q)$.

注 24.1　一般地, 对正整数 d 及奇素数 q $(q \nmid d)$, 令

$$G(q) = \{\infty\} \cup \{x \mid x^2 \neq -d,\ x \in \mathbb{Z}_q\}.$$

对 $x, y \in G(q)$ 规定二元运算 $x * y = \dfrac{xy - d}{x + y}(\infty * x = x * \infty = x)$, 则可证 $G(q)$ 也是循环群!

定理 24.11 (孙智宏 [17], 有理四次互反律)　设 p, q 为不同奇素数, $p \equiv 1 \pmod 4$, $p = a^2 + b^2 (a, b \in \mathbb{Z})$, $2 \mid b$, 则

$$x^4 \equiv (-1)^{\frac{q-1}{2}} q \pmod p \text{有解}$$
$$\Longleftrightarrow \frac{a}{b} \text{是 } H(q) \text{ 中某元素四次幂}$$
$$\Longleftrightarrow q \mid b \text{ 或者存在整数 } s \text{ 使得 } \frac{a}{b} \equiv \frac{s^4 - 6s^2 + 1}{4s^3 - 4s} \pmod q$$

且

$$x^2 \equiv (-1)^{\frac{q-1}{2}} q \pmod p \text{有解}$$
$$\Longleftrightarrow \frac{a}{b} \text{是 } H(q) \text{ 中元素二次幂 (平方)}$$
$$\Longleftrightarrow q \mid b \text{ 或者存在整数 } s \text{ 使得 } \frac{a}{b} \equiv \frac{s^2 - 1}{2s} \pmod q.$$

例如:　对奇素数 q 记 $H(q)$ 中元素四次幂构成的子群为 $H_0(q)$, 则

$$H_0(3) = H_0(5) = \{\infty\}, \quad H_0(7) = \{0, \infty\},$$
$$H_0(11) = \{\pm 2, \infty\}, \quad H_0(13) = \{\pm 3, \infty\},$$

故当 p 为 $4k+1$ 形素数且 $p = a^2 + b^2 (a, b \in \mathbb{Z}, 2 \mid b)$ 时

$x^4 \equiv -3 \pmod{p}$有解 $\iff$ $3 \mid b$,

$x^4 \equiv 5 \pmod{p}$有解 $\iff$ $5 \mid b$,

$x^4 \equiv -7 \pmod{p}$有解 $\iff$ $7 \mid a$ 或 $7 \mid b$,

$x^4 \equiv -11 \pmod{p}$有解 $\iff$ $11 \mid b$ 或 $a \equiv \pm 2b \pmod{11}$,

$x^4 \equiv 13 \pmod{p}$有解 $\iff$ $13 \mid b$ 或 $a \equiv \pm 3b \pmod{13}$.

24.5 用二元二次型判别三、四次剩余

在 Fermat 猜想和 Euler 工作的鼓舞下, 1773 年 Lagrange 创建二元二次型理论, 用于探讨正整数 n 表为一般的二元二次型 $ax^2 + bxy + cy^2 (a, b, c \in \mathbb{Z}, a > 0)$ 的可能性和方法数问题. Gauss 在《算术研究》[10] 中对具有同一判别式的两个二次型引入二次乘积或复合的概念, 两个判别式相同的二次型复合后仍为具有同样判别式的二次型. 判别式为 d 的所有本原二次型等价类在复合意义下构成 Abel 群, 称为型类群 $H(d)$, 群的阶为类数 $h(d)$. 例如:

$$H(-4) = \{[1, 0, 1]\}, \quad H(-20) = \{[1, 0, 5], [2, 2, 3]\},$$
$$H(-44) = \{[1, 0, 11], [3, 2, 4], [3, -2, 4]\}.$$

孙智宏在 [18,19] 中通过对三、四次 Jacobi 符号的巧妙计算利用二元二次型彻底解决了判别一般整数 m 是否为素数 p 的三、四次剩余问题.

定理 24.12 ([18, Theorem 5.1]) 设 m 是非零整数, $m = 2^\alpha m_0 (2 \nmid m_0)$, m' 为 m_0 的不同素因子乘积, $m^* = 4m'/(4, m_0 - \alpha - 1)$, p 为 $4k+1$ 形素数, $p \nmid m$, 则 m 为 p 的四次剩余当且仅当 p 由

$$G(m) = \left\{ [a, 2b, c] \,\middle|\, \gcd(a, 2b, c) = 1, \ (2b)^2 - 4ac = -16m^{*2}, \right.$$

$$\left. a > 0, \ 4 \mid a - 1, \ (a, m) = 1, \ \left(\frac{(m+1)b - 2m^*(m-1)\mathrm{i}}{a} \right)_4 = 1 \right\}$$

中某一个二次型类表示, 并且当 m 与 $-m$ 都不是平方数时 $G(m)$ 是类群 $H(-16m^{*2})$ 中指数为 4 的子群.

例如: 当 p 是 $4k+1$ 形素数时,

5是 p 的四次剩余 $\iff$ $p = x^2 + 100y^2$,

-5 是 p 的四次剩余 $\iff p = x^2 + 400y^2$ 或者 $16x^2 + 16xy + 29y^2$.

定理 24.13 ([19, Theorem 4.4])　设 p 为 $3k+1$ 形素数, $m \in \mathbb{Z}$, $m \not\equiv 0$, $\pm 1 \pmod{p}$, $m \not\equiv 1 \pmod{3}$, m 不含立方因子, m_0 是 m 的大于 3 的不同素因子乘积, 令

$$k_3 = \begin{cases} 1, & \text{若 } m \equiv 8 \pmod{9}, \\ 3, & \text{若 } m \equiv 2, 5 \pmod{9}, \\ 9, & \text{若 } m \equiv 0 \pmod{3}, \end{cases}$$

$k = \dfrac{3 + (-1)^m}{2} k_3 m_0$, $p = ax^2 + bxy + cy^2$, $a, b, c, x, y \in \mathbb{Z}$, $b^2 - 4ac = -3k^2$, $(a, 6m) = 1$, 则

$$m \text{ 为 } p \text{ 的三次剩余} \iff \left(\frac{(m-1)b + k(m+1)(1+2\omega)}{a} \right)_3 = 1.$$

例如: 当 p 是 $3k+1$ 形素数时,

3是 p 的三次剩余 $\iff p = x^2 + xy + 61y^2$,

5是 p 的三次剩余 $\iff p = x^2 + xy + 169y^2$ 或 $13x^2 + xy + 13y^2$,

10是 p 的三次剩余 $\iff p = x^2 + 75y^2$ 或 $3x^2 + 25y^2$.

参 考 读 物

[1]　孙智宏. 关于四次剩余符号与互反律的注记. 南京大学学报数学半年刊, 1992, 9: 92-101.

[2]　孙智宏. Eisenstein 与三四次互反律. 南京大学学报数学半年刊, 2019, 36: 185-200.

[3]　Weil A. 数论——从汉穆拉比到勒让德的历史导引. 胥鸣伟, 译. 北京: 高等教育出版社, 2010.

[4]　Berndt B C, Evans R J, Williams K S. Gauss and Jacobi Sums. New York: Wiley, 1998.

[5]　Burde K. Ein rationales biquadratisches Reziprozitätsgesetz. J. Reine Angew. Math., 1969, 235: 175-184.

[6]　Collison M J. The origins of the cubic and biquadratic reciprocity laws. Arch. History Exact Sci., 1977, 17: 63-69.

[7]　Dirichlet L. Recherches sur les diviseurs premiers d'une classe de formules du quatrième degré. J. Reine Angew. Math., 1828, 3: 35-69.

[8]　Eisenstein G. Beweis des Reciprocitätssatzes für die cubischen Reste in der Theorie der aus den dritten Wurzeln der Einheit zusammengesetzten Zahlen. J. Reine Angew. Math., 1844, 27: 289-310.

[9] Eisenstein G. Nachtrag zum cubischen Reciprocitätssatze für die aus den dritten Wurzeln der Einheit zusammengesetzten Zahlen, Criterien des cubischen Characters der Zahl 3 und ihrer Teiler. J. Reine Angew. Math., 1844, 28: 28-35.

[10] Gauss C F. Disquisitiones Arithmeticae (1801). English version, Translated by Clarke A A. New York: Springer, 1986.

[11] Gauss C F. Theoria residuorum biquadraticorum, Commentatio secunda. Comment. Soc. Regiae Sci. Göttingen, 1832, 7: 93-148.

[12] Ireland K, Rosen M. A Classical Introduction to Modern Number Theory. 2nd ed. New York: Springer, 1990.

[13] Jacobi C G J. De residuis cubicis commentatio numerosa. J. Reine Angew. Math., 1827, 2: 66-69.

[14] Lemmermeyer F. Reciprocity Laws: From Euler to Eisenstein. Berlin: Springer, 2000.

[15] Scholz A. Über die Lösbarkeit der Gleichung $t^2 - Du^2 = -4$. Math. Z., 1934, 39: 95-111.

[16] Sun Z H. On the theory of cubic residues and nonresidues. Acta Arith., 1998, 84: 291-335.

[17] Sun Z H. Supplements to the theory of quartic residues. Acta Arith., 2001, 97: 361-377.

[18] Sun Z H. Quartic residues and binary quadratic forms. J. Number Theory, 2005, 113: 10-52.

[19] Sun Z H. Cubic residues and binary quadratic forms. J. Number Theory, 2007, 124: 62-104.

[20] Sun Z H. Quartic, octic residues and Lucas sequences. J. Number Theory, 2009, 129: 499-550.

[21] Sun Z H. Congruences for $q^{[p/8]}$ (mod p). Acta Arith., 2013, 159: 1-25.

第 25 讲 　 对称设计与差集

Bohr(玻尔): 一个真理和一个很深的真理是不一样的. 一个真理是对的, 真理的反面是错的; 一个很深的真理是对的, 很深真理的反面也是对的.

对称设计是最重要的区组设计, 差集与对称设计及数论中幂剩余有关联. 本讲介绍对称设计概念与差集构造方法.

25.1 　 对 称 设 计

定义 25.1 设 $X = \{x_1, \cdots, x_v\}$, $B = \{B_1, \cdots, B_v\}$ 为 X 的 v 个子集构成的子集族, 若

(1) $B_1, \cdots, B_v$ 均为 X 的 k 元子集;

(2) X 的每对元素恰是 $B_1, \cdots, B_v$ 中 λ 个集合的 2 元子集;

(3) $k, \lambda \in \{1, \cdots, v-1\}$,

则称 $B = \{B_1, \cdots, B_v\}$ 为 X 上 (v, k, λ) 对称设计, X 称为基集, $B_1, \cdots, B_v$ 称为该设计的区组.

定理 25.1 设 $B = \{B_1, \cdots, B_v\}$ 为基集 X 上 (v, k, λ) 对称设计, 则

(1) $k(k-1) = \lambda(v-1)$;

(2) X 中每个元素恰属于 k 个区组.

证 设 $x \in X$, 考察区组 $B_1, \cdots, B_v$ 中含 x 的所有 2 元子集个数. 由于每对元素恰是 λ 个区组的 2 元子集, $X - \{x\}$ 中含有 $v-1$ 个元素, 故 $B_1, \cdots, B_v$ 中形如 $\{x, y\}$ ($y \in X - \{x\}$) 的 2 元子集总数为 $\lambda(v-1)$. 又若设 $B_{i_1}, \cdots, B_{i_r}$ 为 $B_1, \cdots, B_v$ 中所有含 x 的区组, 则易见 B_{i_j} 中含有 x 的二元子集个数为 $k-1$, 从而 $B_1, \cdots, B_v$ 中含 x 的所有 2 元子集个数为 $r(k-1)$. 于是比较上述结果得 $r(k-1) = \lambda(v-1)$.

由于每个区组恰含 k 个元素, 故 $|B_1| + \cdots + |B_v| = kv$. 又 X 中有 v 个元素, 每个元素恰属于 r 个区组, 故 $|B_1| + \cdots + |B_v| = rv$. 因此 $r = k$. 于是定理得证.

例 25.1

$$B = \{\{0,1,3\}, \{1,2,4\}, \{2,3,5\}, \{3,4,6\}, \{4,5,0\}, \{5,6,1\}, \{6,0,2\}\}$$

为 $X = \{0, 1, \cdots, 6\}$ 上 $(7, 3, 1)$ 对称设计.

定义 25.2　设 $B = \{B_1, \cdots, B_v\}$ 为基集 $X = \{x_1, \cdots, x_v\}$ 上 (v, k, λ) 对称设计, 对 $i, j \in \{1, \cdots, v\}$ 令

$$a_{ij} = \begin{cases} 1, & \text{当 } x_j \in B_i \text{ 时,} \\ 0, & \text{当 } x_j \notin B_i \text{ 时,} \end{cases}$$

则称 $A = (a_{ij})_{v \times v}$ 为该 (v, k, λ) 对称设计的关联矩阵.

定理 25.2　设 A 是元素全为 0 或 1 的 v 阶矩阵, 则

$$A \text{ 为 } (v, k, \lambda) \text{ 对称设计的关联矩阵}$$

$$\Longleftrightarrow A'A = (k - \lambda)I + \lambda J \quad \text{且} \quad AJ = kJ,$$

其中 A' 为 A 的转置矩阵, I 为 v 阶单位矩阵, J 是元素全为 1 的 v 阶矩阵.

证　必要性. 设 $B = \{B_1, \cdots, B_v\}$ 为基集 $X = \{x_1, \cdots, x_v\}$ 上 (v, k, λ) 对称设计, $A = (a_{ij})_{v \times v}$ 为其关联矩阵, 根据定理 25.1 知 $A'A$ 的第 i 行第 j 列元素为

$$\sum_{s=1}^{v} a_{si} a_{sj} = \begin{cases} k, & \text{当 } i = j \text{ 时,} \\ \lambda, & \text{当 } i \neq j \text{ 时,} \end{cases}$$

故 $A'A = (k - \lambda)I + \lambda J$. 又 AJ 为 v 阶矩阵, 其中第 i 行第 j 列元素为 $\sum_{s=1}^{v} a_{is}$. 由于第 i 个区组恰含 k 个元素, 故 $\sum_{s=1}^{v} a_{is} = k$, 从而 $AJ = kJ$.

充分性.　设 $A = (a_{ij})_{v \times v}$ 是元素全为 0 或 1 的 v 阶矩阵, 满足 $A'A = (k - \lambda)I + \lambda J$ 与 $AJ = kJ$. 令

$$X = \{x_1, \cdots, x_v\}, \quad B_i = \{x_j \mid u_{ij} - 1, \ 1 \leqslant j \leqslant v\} \ (i = 1, 2, \cdots, v),$$

则 $B_1, \cdots, B_v$ 为 X 的子集. 由 $AJ = kJ$ 知 $\sum_{s=1}^{v} a_{is} = k$, 故 $a_{i1}, \cdots, a_{iv}$ 中恰有 k 个为 1, 从而 $|B_i| = k$. 于是 $B_1, \cdots, B_v$ 均为 X 的 k 元子集. 当 $i \neq j$ 时, 由 $A'A = (k - \lambda)I + \lambda J$ 知 $\sum_{s=1}^{v} a_{si} a_{sj} = \lambda$, 故恰有 λ 个 s 使得 $a_{si} = a_{sj} = 1$, 从而 $\{x_i, x_j\}$ 恰为 $B_1, \cdots, B_v$ 中 λ 个集合的子集. 由此 $B = \{B_1, \cdots, B_v\}$ 是 X 上的 (v, k, λ) 对称设计.

定理 25.3　设 A 为 (v, k, λ) 对称设计的关联矩阵, 则

$$|A'A| = k^2 (k - \lambda)^{v-1} \neq 0,$$

从而 v 为偶数时 $k - \lambda$ 为完全平方数.

证　由定理 25.2 知

$$|A'A| = |(k - \lambda)I + \lambda J| = \begin{vmatrix} k & \lambda & \lambda & \cdots & \lambda \\ \lambda & k & \lambda & \cdots & \lambda \\ \vdots & \vdots & \vdots & & \vdots \\ \lambda & \lambda & \lambda & \cdots & k \end{vmatrix}$$

$$
= \begin{vmatrix} k & \lambda - k & \lambda - k & \cdots & \lambda - k \\ \lambda & k - \lambda & 0 & \cdots & 0 \\ \vdots & \vdots & \vdots & & \vdots \\ \lambda & 0 & 0 & \cdots & k - \lambda \end{vmatrix} \quad \text{(第一列乘以 } -1 \text{ 加到各列)}
$$

$$
= \begin{vmatrix} k + (v-1)\lambda & 0 & 0 & \cdots & 0 \\ \lambda & k - \lambda & 0 & \cdots & 0 \\ \vdots & \vdots & \vdots & & \vdots \\ \lambda & 0 & 0 & \cdots & k - \lambda \end{vmatrix} \quad \text{(各行加到第一行)}
$$

$$
= (k + (v-1)\lambda) \begin{vmatrix} k - \lambda & 0 & 0 & \cdots & 0 \\ 0 & k - \lambda & 0 & \cdots & 0 \\ \vdots & \vdots & \vdots & & \vdots \\ \lambda & 0 & 0 & \cdots & k - \lambda \end{vmatrix} \quad \text{(按第一行展开)}
$$

$$
= (k + (v-1)\lambda)(k-\lambda)^{v-1} = (k + k(k-1))(k-\lambda)^{v-1}
$$
$$
= k^2 (k-\lambda)^{v-1}.
$$

由于 $k < v$, $k(k-1) = \lambda(v-1)$, 故知 $k \neq \lambda$, 从而 $|A'A| = k^2(k-\lambda)^{v-1} \neq 0$. 于是

$$
|A|^2 = |A'| \cdot |A| = |A'A| = k^2((k-\lambda)^{\frac{v}{2}-1})^2(k-\lambda).
$$

注意到 A 是元素为 0 或 1 的矩阵, 故由行列式定义知 $|A|$ 为整数. 因此 v 为偶数时由上推出 $k - \lambda$ 为完全平方数.

利用四平方和定理, Bruck, Ryser 和 Chowla 巧妙地证明了下面的著名定理, 我们略去定理证明.

定理 25.4 (Bruck-Ryser-Chowla 定理)　若存在 (v, k, λ) 对称设计, 则当 v 为奇数时不定方程 $x^2 = (k-\lambda)y^2 + (-1)^{\frac{v-1}{2}}\lambda z^2$ 有不全为零的整数解.

例 25.2　证明不存在 $(43, 7, 1)$ 对称设计.

证　令 $v = 43, k = 7, \lambda = 1$, 若存在这样的对称设计, 则由 Bruck-Ryser-Chowla 定理知 $x^2 = 6y^2 - z^2$ 有非零整数解. 不妨设 $x = x_0, y = y_0, z = z_0$ 为 $x^2 + z^2 = 6y^2$ 的非零整数解且最大公因子 $(x_0, y_0, z_0) = 1$, 则 $x_0{}^2 + z_0{}^2 \equiv 0 \pmod 3$. 由此得 $x_0 \equiv z_0 \equiv 0 \pmod 3$. 从而 $9 \mid 6y_0{}^2$. 于是 $3 \mid y_0$, 进而有 $3 \mid (x_0, y_0, z_0)$. 此与 $(x_0, y_0, z_0) = 1$ 矛盾. 可见 $x^2 = 6y^2 - z^2$ 没有非零整数解, 从而不存在 $(43, 7, 1)$ 对称设计.

注 25.1　若存在 (v, k, λ) 对称设计, 则有

(1) $0 < \lambda < k < v$;

(2) $\lambda(v-1) = k(k-1)$;

(3) 当 $2 \mid v$ 时 $k-\lambda$ 为平方数, 当 $2 \nmid v$ 时不定方程 $x^2 = (k-\lambda)y^2 + (-1)^{\frac{v-1}{2}} \lambda z^2$ 有非零整数解.

人们猜想 (1),(2),(3) 也是 (v,k,λ) 对称设计存在的充分条件, 但迄今未能证明或反证.

已知的对称设计参数有

$$(v,k,\lambda) = (7,3,1), (13,4,1), (11,5,2), (21,5,1), (16,6,2), (19,9,4),$$
$$(23,11,5), (31,6,1), (31,10,3), (37,9,2), (57,8,1).$$

25.2 差　　集

定义 25.3　设 v,k,λ 为正整数, $\lambda < k < v$, $d_1, d_2, \cdots, d_k \in \{0, 1, \cdots, v-1\}$ 且两两不同. 若在模 v 同余意义下, $1, 2, \cdots, v-1$ 都恰有 λ 种方式表成 d_1, $d_2, \cdots, d_k$ 中两数之差, 则称 $D = \{d_1, d_2, \cdots, d_k\}$ 为 (v,k,λ)-差集, 其中 $\lambda = 1$ 的差集称为平面差集.

例 25.3　$D = \{1, 2, 4\}$ 是 $(7,3,1)$-差集, 在模 7 同余意义下 $1, 2, 3, 4, 5, 6$ 都恰有一种方式写成 D 中两数之差, 即有

$$1 = 2 - 1, \quad 2 = 4 - 2, \quad 3 = 4 - 1, \quad 4 \equiv 1 - 4 \pmod{7},$$
$$5 \equiv 2 - 4 \pmod{7}, \quad 6 \equiv 1 - 2 \pmod{7}.$$

例 25.4　平面差集的例子:

$$v = 3, \quad k = 2, \quad D = \{0, 1\};$$
$$v = 7, \quad k = 3, \quad D = \{0, 1, 3\};$$
$$v = 7, \quad k = 3, \quad D = \{0, 1, 5\};$$
$$v = 13, \quad k = 4, \quad D = \{0, 1, 3, 9\};$$
$$v = 21, \quad k = 5, \quad D = \{0, 1, 4, 14, 16\};$$
$$v = 31, \quad k = 6, \quad D = \{0, 1, 3, 8, 12, 18\};$$
$$v = 91, \quad k = 10, \quad D = \{0, 1, 3, 9, 27, 49, 56, 61, 77, 81\}.$$

例 25.5　$D = \{1, 3, 4, 5, 9\}$ 是 $(11,5,2)$-差集. 在模 11 同余意义下 $1, 2, \cdots,$ 10 都恰有两种方式表成 D 中两数之差, 例如: $7 \equiv 1 - 5 \equiv 5 - 9 \pmod{11}$, $8 = 9 - 1 \equiv 1 - 4 \pmod{11}$, $9 \equiv 1 - 3 \equiv 3 - 5 \pmod{11}$.

定理 25.5　设 $D = \{d_1, \cdots, d_k\}$ 为 (v, k, λ)-差集, 对 $s = 1, 2, \cdots, v$ 令 $B_s = D + s$ 为 D 中元素加上 s 后模 v 的最小非负剩余构成的集合, 则 $B = \{B_1, B_2, \cdots, B_v\}$ 为 $X = \{0, 1, \cdots, v-1\}$ 上的 (v, k, λ) 对称设计.

证　任取 $x, y \in X$, 在模 v 同余意义下 $x - y$ 恰可用 λ 种方式表成 D 中两数之差, 即存在 $a_i, b_i \in D$ 使得 $x - y \equiv a_i - b_i \pmod{v}$ $(i = 1, 2, \cdots, \lambda)$, 且 $(a_1, b_1), \cdots, (a_\lambda, b_\lambda)$ 两两不同. 令 s_i 为 $x - a_i$ 与 $y - b_i$ 模 v 的最小非负剩余, 则 $x, y \in D + s_i$, 从而 $\{x, y\}$ 是 $B_{s_1}, \cdots, B_{s_\lambda}$ 的 2 元子集.

若 $t \in \{1, 2, \cdots, v\}$, $x, y \in D + t$, 则存在 $a, b \in D$ 使得 $x \equiv a + t \pmod{v}$ 与 $y \equiv b + t \pmod{v}$, 从而 $x - y \equiv a - b \pmod{v}$. 于是存在 $i \in \{1, 2, \cdots, \lambda\}$ 使得 $a = a_i, b = b_i$.

由上知, $\{x, y\}$ 恰是 $B = \{B_1, B_2, \cdots, B_v\}$ 中 λ 个 B_i 的 2 元子集. 又 $|B_1| = |B_2| = \cdots = |B_v| = |D| = k$, 故 $B = \{B_1, B_2, \cdots, B_v\}$ 为 $X = \{0, 1, \cdots, v-1\}$ 上的 (v, k, λ) 对称设计.

1938 年 Singer(辛格) 引入差集概念并证明如下重要定理:

定理 25.6 (Singer 定理 [6])　设 $n \in \{2, 3, 4, \cdots\}$, q 为素数幂,

$$v = \frac{q^{n+1} - 1}{q - 1}, \quad k = \frac{q^n - 1}{q - 1}, \quad \lambda = \frac{q^{n-1} - 1}{q - 1},$$

则存在 (v, k, λ)-差集.

设 p 为奇素数, k 为 $p - 1$ 的正因子, 由模 p 的乘法群为循环群知, p 的互不同余的 k 次剩余恰有 $\dfrac{p-1}{k}$ 个.

例如:

13的平方剩余为 $\{1, 3, 4, 9, 10, 12\}$,　13的立方剩余为 $\{1, 5, 8, 12\}$,

13的四次剩余为 $\{1, 3, 9\}$.

定理 25.7 (Paley[5], 1933)　设 $p \equiv 3 \pmod{4}$ 为素数, 则 $1, 2, \cdots, p-1$ 中 p 的所有平方剩余构成 $\left(p, \dfrac{p-1}{2}, \dfrac{p-3}{4}\right)$-差集, 即 $1, 2, \cdots, p-1$ 在模 p 同余意义下都恰有 $\dfrac{p-3}{4}$ 种方式表成 p 的两个平方剩余之差.

例如:

$$p = 7, \quad D = \{1, 2, 4\}, \quad \lambda = \frac{p-3}{4} = 1,$$

$$p = 11, \quad D = \{1, 3, 4, 5, 9\}, \quad \lambda = \frac{p-3}{4} = 2,$$

$$p = 19, \quad D = \{1,4,5,6,7,9,11,16,17\}, \quad \lambda = \frac{p-3}{4} = 4.$$

定理 25.7 的证明 设 D 为 $1,2,\cdots,p-1$ 中 p 的所有不同平方剩余构成的集合, 则 D 对模 p 乘法构成 $\dfrac{p-1}{2}$ 阶群. 由于 $p \equiv 3 \pmod 4$, 对 $t \in \{1,2,\cdots,p-1\}$, t 和 $p-t$ 中恰有一个为 p 的平方剩余. 记 $\lambda(t)$ 为模 p 同余意义下 t 表为 D 中两数之差的方法数, 因 $t \equiv a - b \pmod p \iff p - t \equiv b - a \pmod p$, 故知 $\lambda(t) = \lambda(p-t)$.

设 $a,b,x,y \in D$, 则由 D 对模 p 乘法构成群知 $x^{-1}ya, x^{-1}yb$ 也是 p 的平方剩余, 且

$$x \equiv a - b \pmod p \iff y \equiv x^{-1}ya - x^{-1}yb \pmod p.$$

由此知 $\lambda(x) = \lambda(y)$, 从而 $\lambda(1) = \lambda(2) = \cdots = \lambda(p-1)$, 即在模 p 同余意义下 $1,2,\cdots,p-1$ 中每个数恰可用 $\lambda(1)$ 种方式表为 D 中两数之差. 又 D 中不同元素的有序对恰有 $\dfrac{p-1}{2}\left(\dfrac{p-1}{2} - 1\right)$ 个. 因此 $(p-1)\cdot\lambda(1) = \dfrac{p-1}{2}\left(\dfrac{p-1}{2} - 1\right)$, 从而 $\lambda(1) = \dfrac{p-3}{4}$. 于是 $1,2,\cdots,p-1$ 中 p 的平方剩余构成 $\left(p, \dfrac{p-1}{2}, \dfrac{p-3}{4}\right)$-差集.

定理 25.8 (Chowla[3], 1944)　设 $p \equiv 1 \pmod 4$ 为素数, D_0 为 p 的四次剩余集合, 则

(i) 当 $p = 1 + 4t^2 (2 \nmid l)$ 时, D_0 是 $\left(p, \dfrac{p-1}{4}, \dfrac{p-5}{16}\right)$-差集;

(ii) 当 $p = 3^2 + 4t^2 (2 \nmid t)$ 时, $D_0 \cup \{0\}$ 为 $\left(p, \dfrac{p+3}{4}, \dfrac{p+3}{16}\right)$-差集.

例如: $p = 37$ 的四次剩余集合 $D = \{1,7,9,10,12,16,26,33,34\}$ 是 $(37,9,2)$ 差集, $p = 13$ 时 $D = \{0,1,3,9\}$ 为 $(13,4,1)$-差集.

定理 25.9 (Lehmer[4], 1953)　当 $p = 1 + 8s^2 = 9 + 64t^2 (2 \nmid st)$ 为素数时 p 的所有 8 次剩余为 $\left(p, \dfrac{p-1}{8}, \dfrac{p-9}{64}\right)$-差集.

例如: 73 的 8 次剩余集合 $D = \{1,2,4,8,16,32,37,55,64\}$ 为 $(73,9,1)$-差集.

定理 25.10 (Lehmer[4], 1953)　若 $p = 49 + 8s^2 = 441 + 64t^2 (s,t \in \mathbb{Z})$ 为素数, D_0 为 p 的所有 8 次剩余, 则 $D_0 \cup \{0\}$ 为 $\left(p, \dfrac{p+7}{8}, \dfrac{p+7}{64}\right)$-差集.

对 (v,k,λ)-差集, 由于它相应于 (v,k,λ) 对称设计, 故有 $k(k-1) = \lambda(v-1)$. 对于平面差集, $\lambda = 1$, 故有 $v = k^2 - k + 1$. 令 $n = k - 1$, 则 $v = n^2 + n + 1$, $k = n + 1$, $\lambda = 1$.

定义 25.4   设 n 为正整数, 称 $v = n^2 + n + 1$, $k = n + 1$, $\lambda = 1$ 的差集为 n 阶平面差集.

根据 Singer 定理, $n = p^\alpha$ 为素数幂时 n 阶平面差集存在, 从而存在 $v = p^{2\alpha} + p^\alpha + 1, k = 1 + p^\alpha, \lambda = 1$ 的对称设计.

猜想 25.1   设 $n > 1$ 为整数, n 不是素数幂, 则 n 阶平面差集不存在.

这个公开猜想离解决还很遥远, 人们才刚刚解决 10 阶平面差集的不存在问题.

参 考 读 物

[1] 邵嘉裕. 组合数学. 上海: 同济大学出版社, 1991.

[2] 沈灏. 组合设计理论. 2 版. 上海: 上海交通大学出版社, 2008.

[3] Chowla S. A property of biquadratic residues. Proc. Nat. Acad. Sci. India Sect. A, 1944, 14: 45-46.

[4] Lehmer E. On residue difference sets. Canad J. Math., 1953, 5: 425-432.

[5] Paley R E A C. On orthogonal matrices. J. Math. Phys., 1933, 12: 311-320.

[6] Singer J. A theorem in finite projective geometry and some applications to number theory. Trans. Amer. Math. Soc, 1938, 43: 377-385.

附录　数学英雄 Euler

Leonhard Euler(莱昂哈德·欧拉), 1707—
1783, 瑞士伟大数学家.

主要贡献

开创初等数论、微分几何、变分法、刚体力
学，发展微积分、微分方程、天体力学、分析力
学、流体力学. 主要代表著作为《无穷分析引论》
(1748), 《微分学原理》(1755), 《积分学原理》
(1768—1770),《寻求具有某种极大或极小性质的
曲线的技巧》(1744),《刚体运动理论》(1765).

研究风格

Euler 是善用归纳法的大师, 他凭观察、大胆猜测和巧妙证明得出许多重要发
现. Euler 的计算能力, 特别是形式计算和形式变换的高超技巧无与伦比, 他始终
探求既能简明应用于计算, 又能保证计算结果足够准确的算法, 但在严密性方面
有欠缺. Euler 科学气质最突出的特色是非凡的机敏, 由于这种机敏他甚至对于不
经意的提示或者刺激都有反应. 他也没有忽视观察的机会, 每个机会都被迅速地
抓住了, 引起一长串令人印象深刻的研究. Euler 有着惊人的记忆力和永不满足的
好奇心, 穷其一生, 即便在丧失视力之后, 似乎在他脑袋里装着他那个时代的整个
数学. 一旦他开始着手一个问题, 不仅他会一次又一次地回到它, 而且他喜爱把他
的网撒得越来越宽, 总是期望揭开越来越多的秘密.

同行评价

Arago(阿拉果): Euler 对于计算毫不费力, 就像人呼吸和老鹰飞翔一样.

Neumann(纽曼): Euler 是数学家中的英雄.

Laplace(拉普拉斯): 读读 Euler, 他是我们一切人的老师.

Gauss(高斯): 学习 Euler 的著作乃是认识数学的最好途径.

Kline(克莱茵): 历史上从来没有一个人像 Euler 那样多产, 像他那样巧妙地
把握数学, 像他那样产生那么多令人钦佩的结果. 他是顶呱呱的方法发明家和熟
练的能工巧匠.

生平事迹

1707 年 4 月 15 日 Euler 在巴塞尔出生, 他的父亲是位牧师, 13 岁时 Euler

考进巴塞尔大学, 先后学习哲学、神学并自学数学, 17 岁时获得硕士学位. Euler 在自传中写道: "1720 年我作为一名普通学生进入大学, 我很快找到机会熟识了著名的 John Bernoulli 教授. 他把帮助我在数学方面继续前行当成他特殊的乐趣, 因为他课多忙碌, 所以他拒绝了私人授课, 然而他给了我大量有益的建议, 包括让我找到一些更难的数学书, 并能发奋去读. 万一遇到难点, 他允许我每周六下午去见他. 此时他会亲切地谈论我遇到的难点. 他帮我克服障碍的办法, 正是人们期望的. 每当他排除我学习中的一个障碍, 其他十个也立刻迎刃而解. 这确实是在数学科学中取得满意进步的最好方法." 在硕士毕业后的两年, Euler 一边求职、一边撰写关于声音传播和船舶建造的论文. 在 John Bernoulli 支持下, Euler 申请巴塞尔大学物理教授职位, 因为年轻未获成功. 1727 年在 John Bernoulli 之子 Daniel Bernoulli 举荐下 Euler 来到俄国圣彼得堡科学院, 先在医学部任职, 学习解剖学和生理学, 研究耳朵的构造, 后调到数学部, 在 Daniel Bernoulli 回国后 Euler 接替了他的职位.

在首次寓居圣彼得堡的 14 年间, Euler 发表了近 90 篇论文, 出版两卷本专著《力学》, 这是分析力学的开端. Euler 还先后 12 次获得巴黎科学院的竞赛奖金. 1732 年他推翻 Fermat 关于 Fermat 数 $F_n = 2^{2^n} + 1$ 总为素数的猜想, 证明了 $F_5 = 641 \times 6700417$. 1736 年他用图论方法解决了哥尼斯堡七桥问题, 还提出一种计算月球轨道的方法, 并为俄国学校撰写数学教材, 解决俄国政府向他提出的许多实际问题, 包括绘制一张俄国地图. 也正是在此期间他右眼失明 (1735), 归因于他过度用眼和结核病所致.

Euler 的妻子是俄国一位画家的女儿, 他们曾有 13 个孩子, 其中 8 个过早夭折, 成年的有 3 个儿子和 2 个女儿. 他的大儿子后来也是数学家, 在 Euler 失明后成为他的助手. Euler 是能在任何地方、任何条件下进行工作的数学家. 他很喜欢孩子, 写论文时常常把一个婴儿抱在膝上, 而较大的孩子都围着他玩, 显示出令人难以置信的轻松.

由于俄国政治动乱, 1741 年 Euler 接受普鲁士国王腓特烈二世的召唤, 前往柏林科学院. 在柏林的 25 年间 Euler 惊人地高效和多产, 撰写了约 380 篇论文, 发表了近 280 篇论文, 许多划时代杰作都是在此期间完成的. 除研究数学外, 他还被委托承担科学院多项职责, 包括人事问题、财政事务、图书资料、养老保险、天文台和植物园. 尽管在科学院承担许多事务, Euler 从未被委任科学院院长一职. 腓特烈大帝觉得 Euler 太书生气、不爱多讲话, 还是"独眼龙"数学家, 所以在院长莫佩蒂离开后考虑邀请 Euler 的竞争对手 D'Alembert(达朗贝尔) 担任科学院院长, 这导致 1766 年 Euler 接受俄国女沙皇的邀请, 回到圣彼得堡科学院.

到俄国后不久, Euler 左眼白内障日益严重, 1771 手术后不幸感染, 导致双目失明. 失明后 Euler 依靠他顽强的毅力、惊人的记忆力和心算能力以及助手和儿子的帮助, 仍然大量地产出论文. 后来他的木房子失火, 他被仆人救出, 许多书稿和论文烧毁. 1773 年 Euler 妻子去世, 3 年后 Euler 娶了他妻子的妹妹, 这也是他妻子的遗愿. 1783 年 9 月 18 日, Euler 给孙子讲了一堂数学课, 完成气球上升中的数学计算, 并和助手们讨论新发现的天王星轨道, 然后突然中风辞世. 正如 Condorcet(孔多塞) 所说: "他只有停止生命, 才会停止计算." 按照 Euler 助手描述, Euler 谦虚、大度、单纯、正直、博览群书, 是虔诚的新教徒.

Euler 在世时发表约 560 篇论著, Euler 去世后圣彼得堡科学院出版 Euler 遗作长达近 50 年, Euler 发表的论文总计有 865 篇, 此外还出版了 20 多本书. Euler 的工作遍及数学及其应用科学的几乎所有领域, 他的全集共有 76 大卷, 直至 20 世纪 80 年代才出版完工. 他在半个世纪中写下了浩如烟海的书籍和论文, 我们几乎可以在每一个数学分支里看到他的名字. 以他命名的数学词汇有 Euler 数、Euler 常数、Euler 多项式、Euler 函数、Euler 定理、Euler 公式、Euler 方程、Euler 方法、Euler 线、Euler 恒等式、Euler 变换、Euler 积分、Euler 判别条件、Euler-Maclaurin 公式等. Euler 采用了许多简明、精炼的数学符号, 如: $f(x), e, i, \pi, \Delta y, \sum$ 等, 这些符号一直沿用至今.

在所有的数学分支中, Euler 在他那个时代都达到了无可争议的领导地位. 他的竞争对手 D'Alembert 厌恶地称 Euler 是 "有魔力的人", 因为 D'Alembert 的许多结果都被 Euler 超越. Euler 取得巨大成功主要归因于他惊人的勤奋、巨大的热情、非凡的机敏、强烈的好奇心和大量的计算. 据说他一看到级数和积分, 禁不住就要去运算. Euler 写作论著时通常会讲解他的发现过程以及新发现带给他的惊奇和喜悦, 这使得他的论著比别的数学家著作更能吸引和启迪读者. 事实上, 后世许多数学家都通过阅读 Euler 的著作受到激励和获得灵感.

Euler 对微积分和微分方程的发展作出了重大贡献, 他发掘和增进了微积分的威力, 被誉为 "分析的化身". 他的《无穷分析引论》(2 卷,1748), 《微分学原理》(1755) 以及《积分学原理》(3 卷,1768—1770) 都是里程碑式的著作, 被称为 "华丽三部曲", 书中总结了他在初等函数、特殊函数、无穷级数、无穷乘积、连分数、数的分拆、积分和微分方程等领域的许多发现.

在 Jacob Bernoulli 关于等周问题 (给定周长的平面闭曲线中以圆围成的面积最大) 和最速降线问题 (求连接一点 A 到不在其垂直下方的另一点 B 的曲线使质点从 A 沿该曲线下滑所花时间最少) 解答的启发下, 对给定函数 f, Euler 考虑如何选取函数 $y = y(x)$ 使得积分 $J = \int_{x_1}^{x_2} f(x, y, y')dx$ 达到极大或极小, 1736 年 Euler 通过改造 Jacob Bernoulli 关于最速降线问题的解答成功地证明 $y = y(x)$ 必须满足 Euler(微分) 方程 $f_y - \frac{d}{dx}f_{y'} = 0$, 这里 f_y 和 $f_{y'}$ 理解为 f 分别对 y 和

y' 的偏导数. 1744 年 Euler 出版《寻求具有某种极大或极小性质的曲线的技巧》, 在书中应用 Euler(微分) 方程处理了极小旋转曲面、弹性杆问题等大量例子. 这本书立即给他带来声誉, 他被看作当时活着的最伟大数学家. 变分法作为一个新的数学分支也就随着这本书的出版诞生了.

　　Goldbach(哥德巴赫) 对数论的热情以及他所提供的信息与鼓励推动了 Euler 在数论中作出一系列发现. Euler 对数论有一种狂热的热情. 他白手起家, 一个接一个地解决 Fermat 的猜想. 例如: 他花了 7 年时间证明两平方和定理, 花了 40 年时间试图证明四平方和定理 (每个自然数都是四个整数平方和). Euler 的每篇数论文章都有很多热情洋溢的话. Gauss 说: "这个领域特有的美吸引着每一个活跃在这方面的人, 但没有谁比 Euler 流露得更多." Euler 的数论工作, 虽说延伸了五十多年, 但也只占他的数量巨大的成品 76 卷中的 4 卷.

　　John Bernoulli 一直关注 Euler 取得的成功, Euler 成名后他写信给 Euler 说: "当我向你介绍高等分析的时候它还是个孩子, 而你现在正在把它带大成人." John Bernoulli 对 Euler 的称呼也不断变化, 从 "非常博学与机智的青年" (1728)、"高度知名而博学之士" (1729)、"高度知名且最为睿智的数学家" 到 "无与伦比的 Euler" 和 "数学家中的王子" (1745), 反映他对 Euler 的喜爱、欣赏和敬佩.

　　最后让我们看一下 Euler 的几个代表性发现, 这些发现展示了 Euler 超人的智慧和数学无穷的魅力.

　　(1) Euler 多面体公式: $V - E + F = 2$, 其中 V, E, F 分别为多面体的顶点数、棱数和面数.

　　(2) Euler 公式: $\mathrm{e}^{\mathrm{i}x} = \cos x + \mathrm{i}\sin x$.

　　(3) Euler 关于 $\sin x$ 的无穷乘积:

$$\sin x = x \prod_{n=1}^{\infty} \left(1 - \frac{x^2}{n^2 \pi^2} \right).$$

　　(4) 设 $\{B_n\}$ 为 Bernoulli 数, 即 $B_0 = 1$, $\sum_{k=0}^{n-1} \binom{n}{k} B_k = 0$ $(n = 2, 3, \cdots)$, 则

$$\sum_{n=1}^{\infty} \frac{1}{n^{2m}} = \frac{(-1)^{m-1} B_{2m} (2\pi)^{2m}}{2 \cdot (2m)!} \quad (m = 1, 2, 3, \cdots).$$

　　(5) Euler 常数

$$\gamma = \lim_{n \to +\infty} \left(1 + \frac{1}{2} + \cdots + \frac{1}{n} - \ln n \right) = 0.5772156649 \cdots.$$

　　(6) Euler 恒等式:

$$\prod_{k=1}^{\infty} (1 - q^k) = 1 + \sum_{n=1}^{\infty} (-1)^n \left(q^{\frac{3n^2-n}{2}} + q^{\frac{3n^2+n}{2}} \right) \quad (|q| < 1).$$

(7) e 的连分数展式:

$$\frac{e-1}{2} = \cfrac{1}{1 + \cfrac{1}{6 + \cfrac{1}{10 + \cfrac{1}{14 + \cfrac{1}{\ddots}}}}}.$$

(8) Euler 定理: 设 n 为正整数, a 是与 n 互质的整数, Euler 函数 $\varphi(n)$ 是 $1, 2, \cdots, n$ 中与 n 互质的数的个数, 则 $a^{\varphi(n)} \equiv 1 \pmod{n}$.

参 考 读 物

[1] O'Connor J J, Robertson E F. Leonhard Euler. 1998, https:// mathshistory.st-andrews. ac.uk/Biographies/Euler/.

[2] Gautschi W. 莱昂哈德·欧拉: 生平, 为人及其工作. 袁钧, 译. 数学译林, 2008, (2-3): 157-165, 188, 239-248.

[3] James I. 数学巨匠: 从欧拉到冯诺伊曼. 潘澍原, 林开亮, 等, 译. 上海: 上海科技教育出版 社, 2016.

[4] Weil A. 数论——从汉穆拉比到勒让德的历史导引. 胥鸣伟, 译. 北京: 高等教育出版社, 2010.